办公大师经典丛书

中文版 Excel 2019 高级 VBA 编程宝典

(第9版)

[美] 迈克尔·亚历山大(Michael Alexander) 著
　　 迪克·库斯莱卡(Dick Kusleika)

石　磊　译

清华大学出版社
北　京

北京市版权局著作权合同登记号 图字：01-2019-4794
Michael Alexander, Dick Kusleika
Excel 2019 Power Programming with VBA
EISBN：978-1-119-51492-3
Copyright © 2019 by John Wiley & Sons, Inc., Indianapolis, Indiana
All Rights Reserved. This translation published under license.
Trademarks: Wiley and the Wiley logo are trademarks or registered trademarks of John Wiley & Sons, Inc. and/or its affiliates, in the United States and other countries, and may not be used without written permission. Microsoft and Excel are registered trademarks of Microsoft Corporation. All other trademarks are the property of their respective owners. John Wiley & Sons, Inc. is not associated with any product or vendor mentioned in this book.
本书中文简体字版由 Wiley Publishing, Inc. 授权清华大学出版社出版。未经出版者书面许可，不得以任何方式复制或抄袭本书内容。
Copies of this book sold without a Wiley sticker on the cover are unauthorized and illegal.

本书封面贴有 Wiley 公司防伪标签，无标签者不得销售。
版权所有，侵权必究。举报：010-62782989，beiqinquan@tup.tsinghua.edu.cn。

图书在版编目(CIP)数据

中文版 Excel 2019 高级 VBA 编程宝典：第 9 版 /(美)迈克尔•亚历山大(Michael Alexander),(美)迪克•库斯莱卡(Dick Kusleika) 著；石磊 译. —北京：清华大学出版社，2020.5（2024.6重印）
(办公大师经典丛书)
书名原文：Excel 2019 Power Programming with VBA
ISBN 978-7-302-55195-9

Ⅰ. ①中… Ⅱ. ①迈… ②迪… ③石… Ⅲ. ①表处理软件 Ⅳ. ①TP391.13

中国版本图书馆 CIP 数据核字(2020)第 050412 号

责任编辑：王　军　韩宏志
装帧设计：孔祥峰
责任校对：成凤进
责任印制：丛怀宇

出版发行：清华大学出版社
　　　　　网　　址：https://www.tup.com.cn, https://www.wqxuetang.com
　　　　　地　　址：北京清华大学学研大厦 A 座　　邮　　编：100084
　　　　　社 总 机：010-83470000　　　　　　　　　邮　　购：010-62786544
　　　　　投稿与读者服务：010-62776969, c-service@tup.tsinghua.edu.cn
　　　　　质 量 反 馈：010-62772015, zhiliang@tup.tsinghua.edu.cn
印 装 者：三河市铭诚印务有限公司
经　　销：全国新华书店
开　　本：190mm×260mm　　印　　张：38.5　　字　　数：983 千字
版　　次：2020 年 5 月第 1 版　　印　　次：2024 年 6 月第 6 次印刷
定　　价：128.00 元

产品编号：082451-01

译者序

在现代化办公中，Excel 软件是人们经常用到的一种数据处理工具。随着用户对办公软件的数据处理能力要求的不断提高，简单地使用 Excel 远远不能满足实际办公需求，VBA 的灵活应用可实现更多数据处理功能，从而极大地提高了办公效率和质量。目前 Excel 的最新版本是 Excel 2019，与上一版 Excel 2016 相比，整体布局基本相同，但也有不少细节变化。例如，"Excel 选项"对话框中新增了一个"数据"选项卡，该选项卡主要用于数据分析和数据导入设置；另外，在"数据"选项卡中单击"编辑默认布局"按钮，可在打开的"编辑默认布局"对话框中的"报表布局"下拉列表框中对数据透视表的默认布局效果进行更改；对函数比较熟悉、经常手动输入函数的 Excel 用户都知道，在 Excel 2016 中输入函数时，只会提示以输入字符开头的函数，而在 Excel 2019 中输入函数时，会提示包含输入字符的函数；Excel 2019 中获取外部数据时也发生了一些轻微的变化，增加了"自表格"|"区域"功能，以便你获取工作表中的数据；增加了"最近使用的源"功能，以便你快速获取最近导入过的数据；Excel 2019 中还直接集成了各种类型的矢量图标，通过"插入图标"功能就可以直接将其插入表格中。还有一些有趣的新增功能，读者在具体使用时可以自己体会到，这里就不一一赘述了。

与上一版《中文版 Excel 2016 高级 VBA 编程宝典(第 8 版)》相比，这个最新版本在章节安排上变动不大，首先为读者提供关于 VBA 编程方面的基础知识，并列举各种示例来展示所有这些知识点。接下来介绍 VBA 的高级编程技术以及用户窗体方面的知识，最后着重介绍如何开发 Excel 应用程序以及与之相关的方方面面的信息。整本书的内容编排由浅入深，每章还提供了配套的示例供读者下载，在学习时强烈建议按照本书的操作步骤一步步地深入理解相应功能，熟练掌握这些技能后，相信你能根据工作中的实际需求，灵活运用这些功能来解决各类问题。

本书中文版的面世得到了清华大学出版社编辑们的鼎力相助，在此非常感谢他们的辛勤付出。

译者在翻译过程中尽量遵照作者的意愿，将原书内容尽可能直观且准确流畅地展现给读者，但限于个人水平，总会存在一定的问题，如你在学习过程中有任何意见和建议，望不吝赐教，谢谢！

译　者

作者简介

Michael Alexander 是一名微软认证应用程序开发人员(MCAD)，著有Microsoft Access和Microsoft Excel高级业务分析的相关书籍。他在咨询和开发Microsoft Office解决方案方面拥有超过20年的经验。Michael因对Excel社区的持续贡献而被评为Microsoft MVP。可以通过www.datapigtechnologies.com网站与他取得联系。

Dick Kusleika 是12次Microsoft Excel MVP，与Microsoft Office合作超过20年。Dick为客户开发基于Access和Excel的解决方案，并在美国和澳大利亚举办了Office产品培训研讨会。Dick还在www.dailydoseofexcel.com上撰写与Excel相关的博客。

技术编辑简介

Doug Holland 是微软公司的架构师,与合作伙伴一起通过微软云、Office 365 和 HoloLens 等技术推动数字化转型。他拥有牛津大学软件工程硕士学位,与妻子和五个孩子居住在北加州。

Guy Hart-Davis 撰写了多部计算机书籍,如 *Word 2000 Developer's Handbook*、*AppleScript: A Beginner's Guide*、*iMac Portable Genius*、*Samsung Galaxy S8 Maniac's Guide*。

致 谢

向 Wiley & Sons 出版社的所有专业人士致以最衷心的感谢，他们投入了大量的时间才得以使本书面世，也要感谢 Doug Holland 和 Guy Hart-Davis 对本书中的示例和文本提出了许多改进建议。特别感谢我们的家人，感谢她们没有计较我们为了本书而牺牲家庭团聚时间。最后，要感谢 John Walkenbach 多年来在这本书的前几版所做的工作。他在策划 Excel 知识方面的努力不仅有助于数百万 Excel 用户实现他们的学习目标，还激励了无数 Excel MVP 与 Excel 社区分享他们的专业知识。

对大多数人来讲，想要学习 Excel VBA 编程技术都起因于需要执行一些利用 Excel 的标准工具无法完成的任务。对于我们每个人来讲，任务都各不相同。任务可能是需要为数据集中的所有行自动创建单独的工作簿，也可能是需要自动通过电子邮箱发送几十封报告。不管你面对的是什么样的任务，基本上都可以肯定已经有人使用 Excel VBA 来解决跟你一样的问题了。

就 Excel VBA 来讲，最美妙的事莫过于你不是必须成为专家后才能解决问题。你可以为解决一个具体问题而学习相关知识，也可以为处理各种自动化场景而深入学习各种技巧。

无论你的目标如何，本书所讲解的 Excel 2019 编程技术都可以帮助你驾驭 VBA 语言的强大功能来使任务自动化，并使工作更省心更有效率。

本书涵盖的内容

本书主要介绍 VBA(Visual Basic for Applications)，这是一种构建于 Excel(和其他 Microsoft Office 应用程序)中的编程语言。更具体地说，本书将展示如何编写使 Excel 中各种任务自动化的程序。本书涵盖了从录制简单的宏乃至创建复杂的、面向用户的应用程序和实用程序等所有内容。

你可按自己所需来学习本书的内容，可以从头读到尾，也可以从中挑出觉得对自己有用的部分。VBA 编程通常都是面向任务的，因此在面对一个具有挑战性的任务时，可以先从本书中查一查哪些章节是专门针对你所面对的问题的。

本书并没有涵盖 VSTO(Visual Studio Tools for Office)中的内容。VSTO 是一门较新技术，它使用了 Visual Basic .NET 和 Microsoft Visual C#。VSTO 也可用于控制 Excel 和其他 Microsoft Office 应用程序。

你可能知道，Excel 2019 也可用于其他平台。例如，你可在浏览器中使用微软的 Excel Web App，甚至在 iPad 和平板电脑上运行 Excel。这些版本不支持 VBA。也就是说，本书介绍的是针对 Windows 平台的 Excel 2019 桌面版本。

本书读者对象

本书并不是为 Excel 的初学者编写的。如果读者对使用 Excel 没有任何经验，那么最好先阅读 Wiley 出版社出版的由 John Walkenbach 撰写的《中文版 Excel 2019 宝典》，该书全面概括了 Excel 的所有功能，它是为各个层次的读者服务的。

为发挥本书的最大功效，读者应该是有一定使用经验的 Excel 用户。本书假设读者已经掌握了如下技能：

- 如何创建工作簿、插入工作表、保存文件等
- 如何在工作簿中导航
- 如何使用 Excel 功能区用户界面
- 如何输入公式
- 如何使用 Excel 的工作表函数
- 如何给单元格和单元格区域命名
- 如何使用基本的 Windows 功能，例如文件管理方法和剪贴板的使用

所需的资源

Excel 有多种版本，包括 Web 版本和平板电脑及手机版本。本书是专门为适用于 Windows 的 Microsoft Excel 2019 的桌面版本编写的。如果你计划开发将在早期版本的 Excel 中使用的应用程序，我们强烈建议你使用目标受众所使用的早期版本的 Excel。在过去几年中，Microsoft 对具有 Office 365 的 Excel 网络版本采用了敏捷发布周期，几乎每月生成发布更新。

为充分学习本书的知识，应该安装 Excel 的完整版。如果想要学习本书中的高级技术(如 Excel)与其他 Office 程序之间的通信，你还需要安装 Office 软件。

你使用哪种 Windows 版本并不重要。任何可以运行 Windows 的计算机系统都足够了，但使用具有充足内存的快速计算机会好得多。Excel 是一个大型程序，在较慢的系统或内存最少的系统上使用它可能会非常令人沮丧。

请注意，本书不适用于 Mac 计算机上的 Microsoft Excel 版本。

本书约定

请花点时间阅读本节内容，这里介绍本书使用的一些约定。

Excel 命令

Excel 使用上下文相关的功能区系统。顶部的单词(如"插入""视图"等)称为"选项卡"。单击某个选项卡，图标的功能区就将显示最适合当前任务的命令。每个图标都有一个名称，通常显示在该图标的旁边或下方。图标是按组排列的，组名显示在图标下方。

本书约定：先指明的是选项卡的名称，随后是组的名称，最后是图标的名称。例如，用于处

理单元格中自动换行的命令如下所示：

"开始"｜"对齐方式"｜"自动换行"

单击第一个选项卡，即"文件"选项卡，将进入一个名为 Backstage 的新界面。Backstage 窗口的左侧有一列命令。为了指明 Backstage 命令，先使用单词"文件"，然后是命令名。例如，下面的命令将显示"Excel 选项"对话框：

"文件"｜"选项"

VBE 命令

VBE 是在其中使用 VBA 代码的窗口。VBE 使用传统的"菜单和工具栏"界面。下面的命令指单击"工具"菜单并选中"引用"菜单项：

"工具"｜"引用"

键盘的约定

需要使用键盘来输入数据。此外，使用键盘还可以直接操作菜单和对话框，如果双手已经放到键盘上，那么这种方法会更方便一些。

输入

较长的输入通常以等宽字体显示在单独一行中。例如，书中会以下文的方式提示输入以下公式：

```
=VLOOKUP(StockNumber,PriceList,2)
```

VBA 代码

本书包含许多 VBA 代码片段以及完整的过程清单。每个清单以等宽字体显示，每行代码占据单独一行(笔者直接从 VBA 模块中复制这些清单，并把它们粘贴到自己的字处理程序中)。为使代码更易于阅读，书中使用一个或多个制表符进行缩进。缩进是可选的，但确实可以帮助限定一起出现的语句。

当本书中的单独一行放不下一行代码时，本书使用标准的 VBA 续行符：在一行的结尾，采用空格后跟下画线字符的方式表明代码行延伸到了下一行。例如，下面两行是一条代码语句：

```
columnCount = Application.WorksheetFunction._
    CountA(Range ("A:A"))+1
```

可按上面的显示把代码输入到两行中，或者删除下画线字符并把代码输入到一行中。

函数、文件名和命名单元格区域

Excel 的工作表函数以大写字母显示，如"在单元格 C20 中输入一个 SUM 公式"。对于 VBA 过程名、属性、方法和对象，本书经常混合使用大写和小写字母以便读者阅读这些名称。

鼠标约定

你将会遇到下列一些与鼠标相关的术语。

鼠标指针：这是移动鼠标时在屏幕上移动的小图形。鼠标指针通常是箭头，但当你移动到屏幕的某些区域或执行某些操作时，它会改变形状。

鼠标指向：移动鼠标，使鼠标指针位于指定项上。例如，"指向工具栏上的'保存'按钮。"
单击：按左键一次并立即松开。
右键单击：按右键一次并立即松开。Excel 中使用鼠标右键打开适合当前选择的任何内容的快捷菜单。
双击：连续按下鼠标左键两次。
拖动：按下鼠标左键，并在移动鼠标时按住它。拖动通常用于选择单元格区域或更改对象的大小。

图标的含义

本书使用一些图标来引起读者的注意，告诉读者这些信息非常重要。

注意：
使用"注意"图标来告诉读者这些信息很重要，也许有助于读者掌握随后任务的概念，或有助于理解后面资料的一些基础知识。

提示：
"提示"图标指出更有效的工作方式或可能不是很明显的方法。

在线资源：
这类图标表明示例文件可在下载的示例文件包中找到。具体说明参见前言中的"关于下载的示例文件包"一节。

警告：
"警告"图标表明在操作时不小心可能会导致出现问题。

交叉参考：
这类图标表明请读者参阅其他章节中关于某个主题的详细信息。

本书的组织结构

本书的章节分为四个主要部分和一个附录。

第 I 部分　Excel VBA 基础知识

第 I 部分介绍 Excel VBA，为创建和管理 Excel 子例程和函数提供编程基础知识。第 1 章全面介绍 Excel 应用开发方面的各种概念。第 2~6 章讨论在进行 VBA 编程时需要了解的各种知识。第 7 章则列举许多有用的示例助你巩固前面所学的 VBA 知识点。

第 II 部分　高级 VBA 技术

第 II 部分涵盖一些 VBA 高级编程技术。第 8 章和第 9 章讨论如何使用 VBA 来处理透视表和图表(包括迷你图)。第 10 章讨论在与其他应用程序(如 Word 和 Outlook)交互时所采用的各种技术。第 11 章介绍如何处理文件和外部数据源。

第 III 部分　操作用户窗体

该部分的 4 章内容主要介绍自定义对话框(也称为用户窗体)。第 12 章介绍创建自定义用户窗体的一些内置方法。第 13 章介绍用户窗体以及可供使用的各种控件。第 14 章和第 15 章则列举从基本到高级的自定义对话框的大量示例。

第 IV 部分　开发 Excel 应用程序

该部分讲述创建面向用户的应用程序的重要内容。第 16 章手把手教你创建加载项。第 17 章和第 18 章讨论如何修改 Excel 的功能区和快捷菜单。第 19 章介绍向应用程序提供在线帮助的几种不同方法。第 20 章介绍类模块。第 21 章探讨在进行 Excel VBA 编程时与兼容性相关的一些信息。

附录 A 是一份参考指南，列出作为 VBA 中关键字的所有语句和函数。

关于下载的示例文件包

本书中讨论过的几乎所有知识都配有示例。可以下载本书中所包含的很多有用示例。

本书的配书网站是 www.wiley.com/go/excel2019powerprogramming。

也可扫本书封底的二维码直接下载。

目 录

第 I 部分 Excel VBA 基础知识

第 1 章 电子表格应用开发入门············3
- 1.1 什么是电子表格应用············3
- 1.2 应用开发的步骤············4
- 1.3 确定用户的需求············4
- 1.4 对满足这些需求的应用进行规划······5
- 1.5 确定最适用的用户界面············6
  - 1.5.1 自定义功能区············7
  - 1.5.2 自定义快捷菜单············7
  - 1.5.3 创建快捷键············7
  - 1.5.4 创建自定义对话框············8
  - 1.5.5 在工作表中使用 ActiveX 控件······8
  - 1.5.6 开始开发工作············9
- 1.6 关注最终用户············10
  - 1.6.1 测试应用············10
  - 1.6.2 应用的安全问题············11
  - 1.6.3 如何让应用程序看起来更简明美观············12
  - 1.6.4 创建用户帮助系统············12
  - 1.6.5 将开发成果归档············13
  - 1.6.6 给用户发布应用程序············13
  - 1.6.7 在必要时对应用进行更新············13
- 1.7 其他开发问题············14
  - 1.7.1 用户安装的 Excel 版本············14
  - 1.7.2 语言问题············14
  - 1.7.3 系统速度············14
  - 1.7.4 显示模式············15

第 2 章 VBA 概述············16
- 2.1 宏录制器············16
  - 2.1.1 创建你的第一个宏············16
  - 2.1.2 比较宏录制的绝对模式和相对模式············19
  - 2.1.3 关于宏录制的其他概念············22
- 2.2 Visual Basic 编辑器概述············26
  - 2.2.1 了解 VBE 组件············26
  - 2.2.2 使用工程资源管理器············27
  - 2.2.3 使用代码窗口············29
  - 2.2.4 自定义 VBA 环境············31
  - 2.2.5 "编辑器格式"选项卡············32
  - 2.2.6 "通用"选项卡············33
  - 2.2.7 "可连接的"选项卡············33
- 2.3 VBA 的基础知识············34
  - 2.3.1 了解对象············34
  - 2.3.2 了解集合············35
  - 2.3.3 了解属性············35
  - 2.3.4 了解方法············37
- 2.4 使用 Range 对象············38
  - 2.4.1 找到 Range 对象的属性············39
  - 2.4.2 Range 属性············39
  - 2.4.3 Cells 属性············40
  - 2.4.4 Offset 属性············42
- 2.5 需要记住的基本概念············43
- 2.6 学习更多信息············44
  - 2.6.1 阅读本书剩余的章节············44

	2.6.2	让 Excel 来帮助编写宏 …… 45
	2.6.3	使用帮助系统 …… 45
	2.6.4	使用对象浏览器 …… 45
	2.6.5	从网上获取 …… 46
	2.6.6	利用用户论坛 …… 47
	2.6.7	访问专家博客 …… 47
	2.6.8	通过 YouTube 查找视频 …… 48
	2.6.9	通过 Microsoft Office Dev Center 获取信息 …… 48
	2.6.10	解析其他的 Excel 文件 …… 48
	2.6.11	咨询周围的 Excel 人才 …… 48

第 3 章 VBA 编程基础 …… 49
- 3.1 VBA 语言元素概览 …… 49
- 3.2 注释 …… 51
- 3.3 变量、数据类型和常量 …… 52
  - 3.3.1 定义数据类型 …… 53
  - 3.3.2 声明变量 …… 54
  - 3.3.3 变量的作用域 …… 56
  - 3.3.4 使用常量 …… 58
  - 3.3.5 使用字符串 …… 60
  - 3.3.6 使用日期 …… 60
- 3.4 赋值语句 …… 61
- 3.5 数组 …… 63
  - 3.5.1 声明数组 …… 63
  - 3.5.2 声明多维数组 …… 64
  - 3.5.3 声明动态数组 …… 64
- 3.6 对象变量 …… 64
- 3.7 用户自定义的数据类型 …… 66
- 3.8 内置函数 …… 66
- 3.9 处理对象和集合 …… 69
  - 3.9.1 With-End With 结构 …… 69
  - 3.9.2 For Each-Next 结构 …… 70
- 3.10 控制代码的执行 …… 71
  - 3.10.1 GoTo 语句 …… 72
  - 3.10.2 If-Then 结构 …… 72
  - 3.10.3 Select Case 结构 …… 76
  - 3.10.4 指令块的循环 …… 79

第 4 章 VBA 的子过程 …… 86
- 4.1 关于过程 …… 86
  - 4.1.1 子过程的声明 …… 87
  - 4.1.2 过程的作用域 …… 88
- 4.2 执行子过程 …… 89
  - 4.2.1 通过"运行子过程/用户窗体"命令执行过程 …… 89
  - 4.2.2 从"宏"对话框执行过程 …… 89
  - 4.2.3 用 Ctrl+快捷键组合执行过程 …… 90
  - 4.2.4 从功能区执行过程 …… 91
  - 4.2.5 从自定义快捷菜单中执行过程 …… 91
  - 4.2.6 从另一个过程中执行过程 …… 91
  - 4.2.7 通过单击对象执行过程 …… 95
  - 4.2.8 在事件发生时执行过程 …… 96
  - 4.2.9 从"立即窗口"执行过程 …… 97
- 4.3 向过程中传递参数 …… 97
- 4.4 错误处理技术 …… 100
  - 4.4.1 捕获错误 …… 101
  - 4.4.2 错误处理示例 …… 102
- 4.5 使用子过程的实际示例 …… 104
  - 4.5.1 目标 …… 104
  - 4.5.2 工程需求 …… 105
  - 4.5.3 已经了解的信息 …… 105
  - 4.5.4 解决方法 …… 105
  - 4.5.5 初步的录制工作 …… 106
  - 4.5.6 初始设置 …… 107
  - 4.5.7 代码的编写 …… 108
  - 4.5.8 排序过程的编写 …… 109
  - 4.5.9 更多测试 …… 113
  - 4.5.10 修复问题 …… 113
- 4.6 实用程序的可用性 …… 116
- 4.7 对工程进行评估 …… 117

第 5 章 创建函数过程 …… 118
- 5.1 子过程与函数过程的比较 …… 118
- 5.2 为什么创建自定义的函数 …… 119
- 5.3 自定义函数示例 …… 119
  - 5.3.1 在工作表中使用函数 …… 119

	5.3.2	在 VBA 过程中使用函数 ········· 120
	5.3.3	分析自定义函数 ················· 121
5.4	函数过程 ································· 122
	5.4.1	函数的作用域 ····················· 123
	5.4.2	执行函数过程 ····················· 124
5.5	函数过程的参数 ······················· 126
5.6	函数示例 ································ 126
	5.6.1	无参数的函数 ····················· 126
	5.6.2	带有一个参数的函数 ············ 128
	5.6.3	带有两个参数的函数 ············ 131
	5.6.4	使用数组作为参数的函数 ······ 132
	5.6.5	带有可选参数的函数 ············ 133
	5.6.6	返回 VBA 数组的函数 ··········· 134
	5.6.7	返回错误值的函数 ··············· 136
	5.6.8	带有不定数量参数的函数 ······ 138
5.7	模拟 Excel 的 SUM 函数 ············ 139
5.8	扩展后的日期函数 ···················· 142
5.9	函数的调试 ······························· 143
5.10	使用"插入函数"对话框 ············ 144
	5.10.1	使用 MacroOptions 方法 ······ 144
	5.10.2	指定函数类别 ····················· 146
	5.10.3	手动添加函数说明 ··············· 147
5.11	使用加载项存储自定义函数 ······ 148
5.12	使用 Windows API ···················· 148
	5.12.1	Windows API 示例 ··············· 149
	5.12.2	确定 Windows 目录 ············· 149
	5.12.3	检测 Shift 键 ······················ 150
	5.12.4	了解有关 API 函数的更多信息 ··························· 151

第 6 章 了解 Excel 事件 ················· 152

6.1	Excel 可以监视的事件类型 ········ 152
	6.1.1	了解事件发生的顺序 ············ 153
	6.1.2	存放事件处理程序的位置 ······ 153
	6.1.3	禁用事件 ···························· 154
	6.1.4	输入事件处理代码 ··············· 155
	6.1.5	使用参数的事件处理程序 ······ 156
6.2	工作簿级别的事件 ···················· 157

	6.2.1	Open 事件 ···························· 158
	6.2.2	Activate 事件 ························· 159
	6.2.3	SheetActivate 事件 ················ 159
	6.2.4	NewSheet 事件 ······················ 159
	6.2.5	BeforeSave 事件 ···················· 160
	6.2.6	Deactivate 事件 ····················· 160
	6.2.7	BeforePrint 事件 ···················· 160
	6.2.8	BeforeClose 事件 ··················· 162
6.3	检查工作表事件 ······················· 163
	6.3.1	Change 事件 ························· 164
	6.3.2	监视特定单元格区域的修改 ···· 165
	6.3.3	SelectionChange 事件 ············ 169
	6.3.4	BeforeDoubleClick 事件 ········· 170
	6.3.5	BeforeRightClick 事件 ············ 170
6.4	监视应用程序事件 ···················· 171
	6.4.1	启用应用程序级别的事件 ······ 172
	6.4.2	确定工作簿何时被打开 ········· 173
	6.4.3	监视应用程序级别的事件 ······ 174
	6.4.4	访问与对象无关联的事件 ······ 174
	6.4.5	OnTime 事件 ························· 174
	6.4.6	OnKey 事件 ··························· 176

第 7 章 VBA 编程示例与技巧 ········ 179

7.1	通过示例学习 ··························· 179
7.2	处理单元格区域 ······················· 179
	7.2.1	复制单元格区域 ··················· 180
	7.2.2	移动单元格区域 ··················· 181
	7.2.3	复制大小可变的单元格区域 ···· 181
	7.2.4	选中或者识别各种类型的单元格区域 ······················ 182
	7.2.5	调整单元格区域大小 ············ 184
	7.2.6	提示输入单元格中的值 ········· 184
	7.2.7	在下一个空单元格中输入一个值 ······························· 186
	7.2.8	暂停宏的运行以便获得用户选中的单元格区域 ··············· 187
	7.2.9	计算选中单元格的数目 ········· 188

	7.2.10	确定选中的单元格区域的类型	189
	7.2.11	有效地循环遍历选中的单元格区域	191
	7.2.12	删除所有空行	193
	7.2.13	任意次数地复制行	194
	7.2.14	确定单元格区域是否包含在另一个单元格区域内	195
	7.2.15	确定单元格的数据类型	196
	7.2.16	读写单元格区域	197
	7.2.17	在单元格区域中写入值的更好方法	198
	7.2.18	传递一维数组中的内容	200
	7.2.19	将单元格区域传递给 Variant 类型的数组	201
	7.2.20	按数值选择单元格	201
	7.2.21	复制非连续的单元格区域	203
7.3	处理工作簿和工作表		204
	7.3.1	保存所有工作簿	204
	7.3.2	保存和关闭所有工作簿	205
	7.3.3	隐藏除选区之外的区域	205
	7.3.4	创建超链接内容表	206
	7.3.5	同步工作表	207
7.4	VBA 技巧		208
	7.4.1	切换布尔类型的属性值	208
	7.4.2	显示日期和时间	209
	7.4.3	显示友好时间	210
	7.4.4	获得字体列表	211
	7.4.5	对数组进行排序	213
	7.4.6	处理一系列文件	213
7.5	用于代码中的一些有用函数		215
	7.5.1	FileExists 函数	215
	7.5.2	FileNameOnly 函数	216
	7.5.3	PathExists 函数	216
	7.5.4	RangeNameExists 函数	216
	7.5.5	SheetExists 函数	217
	7.5.6	WorkbookIsOpen 函数	217
	7.5.7	检索已经关闭的工作簿中的值	218
7.6	一些有用的工作表函数		220
	7.6.1	返回单元格的格式信息	220
	7.6.2	会说话的工作表	221
	7.6.3	显示保存或打印文件的时间	221
	7.6.4	理解对象的父对象	222
	7.6.5	计算介于两个值之间的单元格数目	223
	7.6.6	确定行或列中最后一个非空的单元格	224
	7.6.7	字符串与模式匹配	225
	7.6.8	从字符串中提取第 n 个元素	226
	7.6.9	拼写出数字	227
	7.6.10	多功能函数	228
	7.6.11	SHEETOFFSET 函数	228
	7.6.12	返回所有工作表中的最大值	229
	7.6.13	返回没有重复随机整数元素的数组	230
	7.6.14	随机化单元格区域	232
	7.6.15	对单元格区域进行排序	233
7.7	Windows API 调用		234
	7.7.1	理解 API 声明	234
	7.7.2	确定文件的关联性	235
	7.7.3	确定默认打印机的信息	236
	7.7.4	确定视频显示器的信息	237
	7.7.5	读写注册表	238

第 II 部分　高级 VBA 技术

第 8 章　使用透视表……243

8.1	数据透视表示例		243
	8.1.1	创建数据透视表	244
	8.1.2	检查录制的数据透视表代码	245
	8.1.3	整理录制的数据透视表代码	246
8.2	创建更复杂的数据透视表		248
	8.2.1	创建数据透视表的代码	249
	8.2.2	更复杂数据透视表的工作原理	250

8.3	创建多个数据透视表	251	9.18.2	创建未链接的图表	287
8.4	创建转换的数据透视表	254	9.18.3	用 MouseOver 事件显示文本	289
			9.18.4	滚动图表	291

第9章 使用图表 ... 257

- 9.1 关于图表 ... 257
  - 9.1.1 图表的位置 ... 257
  - 9.1.2 宏录制器和图表 ... 258
  - 9.1.3 Chart 对象模型 ... 258
- 9.2 创建嵌入式图表 ... 259
- 9.3 在图表工作表上创建图表 ... 261
- 9.4 修改图表 ... 261
- 9.5 使用 VBA 激活图表 ... 262
- 9.6 移动图表 ... 262
- 9.7 使用 VBA 使图表取消激活 ... 264
- 9.8 确定图表是否被激活 ... 264
- 9.9 从 ChartObjects 或 Charts 集合中删除图表 ... 264
- 9.10 循环遍历所有图表 ... 265
- 9.11 调整 ChartObjects 对象的大小并对齐 ... 267
- 9.12 创建大量图表 ... 268
- 9.13 导出图表 ... 271
- 9.14 修改图表中使用的数据 ... 272
  - 9.14.1 基于活动单元格修改图表数据 ... 273
  - 9.14.2 用 VBA 确定图表中使用的单元格区域 ... 274
- 9.15 使用 VBA 在图表上显示任意数据标签 ... 277
- 9.16 在用户窗体中显示图表 ... 279
- 9.17 理解图表事件 ... 281
  - 9.17.1 使用图表事件的一个示例 ... 282
  - 9.17.2 为嵌入式图表启用事件 ... 284
  - 9.17.3 示例：在嵌入式图表上使用图表事件 ... 285
- 9.18 VBA 制图技巧 ... 287
  - 9.18.1 在整个页面上打印嵌入式图表 ... 287

- 9.19 使用迷你图 ... 292

第 10 章 与其他应用程序的交互 ... 296

- 10.1 了解 Microsoft Office 自动化 ... 296
  - 10.1.1 了解"绑定"概念 ... 296
  - 10.1.2 一个简单的自动化示例 ... 298
- 10.2 从 Excel 中自动执行 Access 任务 ... 299
  - 10.2.1 从 Excel 中运行 Access 查询 ... 299
  - 10.2.2 从 Excel 运行 Access 宏 ... 300
- 10.3 从 Excel 自动执行 Word 任务 ... 301
  - 10.3.1 将 Excel 数据传递给 Word 文档 ... 301
  - 10.3.2 模拟 Word 文档的邮件合并功能 ... 302
- 10.4 从 Excel 自动执行 PowerPoint 任务 ... 304
  - 10.4.1 将 Excel 数据发送到 PowerPoint 演示文稿中 ... 304
  - 10.4.2 将所有 Excel 图表发送到 PowerPoint 演示文稿中 ... 305
  - 10.4.3 将工作表转换成 PowerPoint 演示文稿 ... 307
- 10.5 从 Excel 自动执行 Outlook 任务 ... 308
  - 10.5.1 以附件形式发送活动工作簿 ... 308
  - 10.5.2 以附件形式发送指定单元格区域 ... 309
  - 10.5.3 以附件形式发送指定的单个工作表 ... 310
  - 10.5.4 发送给联系人列表中的所有 Email 地址 ... 311
- 10.6 从 Excel 启动其他应用程序 ... 312

	10.6.1	使用 VBA 的 Shell 函数 ……… 313
	10.6.2	使用 Windows 的 ShellExecute API 函数 ……… 315
	10.6.3	使用 AppActivate 语句 ……… 316
	10.6.4	激活"控制面板"对话框 ……… 317

第 11 章 处理外部数据和文件 ……… 318
- 11.1 处理外部数据连接 ……… 318
- 11.2 Power Query 基础介绍 ……… 318
  - 11.2.1 了解查询步骤 ……… 323
  - 11.2.2 刷新 Power Query 数据 ……… 324
  - 11.2.3 管理已有的查询 ……… 324
  - 11.2.4 使用 VBA 创建动态连接 ……… 325
  - 11.2.5 遍历工作簿中的所有连接 ……… 327
- 11.3 使用 ADO 和 VBA 来提取外部数据 ……… 328
  - 11.3.1 连接字符串 ……… 328
  - 11.3.2 声明记录集 ……… 329
  - 11.3.3 引用 ADO 对象库 ……… 330
  - 11.3.4 以编程方式使用 ADO 连接 Access ……… 331
  - 11.3.5 对活动工作簿使用 ADO ……… 332
- 11.4 处理文本文件 ……… 334
  - 11.4.1 打开文本文件 ……… 334
  - 11.4.2 读取文本文件 ……… 335
  - 11.4.3 编写文本文件 ……… 335
  - 11.4.4 获取文件序号 ……… 335
  - 11.4.5 确定或设置文件位置 ……… 335
  - 11.4.6 读写语句 ……… 336
- 11.5 文本文件操作示例 ……… 336
  - 11.5.1 导入文本文件的数据 ……… 336
  - 11.5.2 将单元格区域的数据导出到文本文件 ……… 337
  - 11.5.3 将文本文件的内容导出到单元格区域 ……… 338
  - 11.5.4 记录 Excel 日志的用法 ……… 339
  - 11.5.5 筛选文本文件 ……… 339
- 11.6 执行常见的文件操作 ……… 340
  - 11.6.1 使用与 VBA 文件相关的指令 ……… 341
  - 11.6.2 使用 FileSystemObject 对象 ……… 345
- 11.7 压缩和解压缩文件 ……… 347
  - 11.7.1 压缩文件 ……… 347
  - 11.7.2 解压缩文件 ……… 348

第 III 部分 操作用户窗体

第 12 章 使用自定义对话框 ……… 353
- 12.1 创建用户窗体之前需要了解的内容 ……… 353
- 12.2 使用输入框 ……… 353
  - 12.2.1 VBA 的 InputBox 函数 ……… 353
  - 12.2.2 Excel 的 InputBox 方法 ……… 356
- 12.3 VBA 的 MsgBox 函数 ……… 359
- 12.4 Excel 的 GetOpenFilename 方法 ……… 363
- 12.5 Excel 的 GetSaveAsFilename 方法 ……… 366
- 12.6 提示输入目录名称 ……… 366
- 12.7 显示 Excel 的内置对话框 ……… 367
- 12.8 显示数据记录单 ……… 369
  - 12.8.1 使得数据记录单变得可以访问 ……… 369
  - 12.8.2 通过使用 VBA 来显示数据记录单 ……… 370

第 13 章 用户窗体概述 ……… 371
- 13.1 Excel 如何处理自定义对话框 ……… 371
- 13.2 插入新的用户窗体 ……… 372
- 13.3 向用户窗体中添加控件 ……… 372
- 13.4 "工具箱"中的控件 ……… 373
  - 13.4.1 复选框 ……… 373
  - 13.4.2 组合框 ……… 374
  - 13.4.3 命令按钮 ……… 374
  - 13.4.4 框架 ……… 374
  - 13.4.5 图像 ……… 374

	13.4.6	标签·····375
	13.4.7	列表框·····375
	13.4.8	多页·····375
	13.4.9	选项按钮·····375
	13.4.10	RefEdit·····375
	13.4.11	滚动条·····375
	13.4.12	数值调节钮·····375
	13.4.13	TabStrip·····375
	13.4.14	文本框·····376
	13.4.15	切换按钮·····376
13.5	调整用户窗体的控件·····377
13.6	调整控件的属性·····378
	13.6.1	使用"属性"窗口·····378
	13.6.2	共同属性·····379
	13.6.3	满足键盘用户的需求·····381
13.7	显示用户窗体·····383
	13.7.1	调整显示位置·····384
	13.7.2	显示非模态的用户窗体·····384
	13.7.3	显示基于变量的用户窗体·····384
	13.7.4	加载用户窗体·····384
	13.7.5	关于事件处理程序·····385
13.8	关闭用户窗体·····385
13.9	创建用户窗体的示例·····386
	13.9.1	创建用户窗体·····386
	13.9.2	编写代码显示对话框·····389
	13.9.3	测试对话框·····390
	13.9.4	添加事件处理程序·····391
	13.9.5	完成对话框·····392
	13.9.6	了解事件·····392
	13.9.7	数值调节钮的事件·····394
	13.9.8	数值调节钮与文本框配套使用·····395
13.10	引用用户窗体的控件·····397
13.11	自定义"工具箱"·····399
	13.11.1	在"工具箱"中添加新页·····399
	13.11.2	自定义或组合控件·····399
	13.11.3	添加新的ActiveX控件·····400
13.12	创建用户窗体的模板·····401
13.13	用户窗体问题检测列表·····402

第14章 用户窗体示例·····403

14.1	创建用户窗体式菜单·····403	
	14.1.1	在用户窗体中使用命令按钮·····403
	14.1.2	在用户窗体中使用列表框·····404
14.2	从用户窗体选中单元格区域·····405	
14.3	创建欢迎界面·····407	
14.4	禁用用户窗体的关闭按钮·····408	
14.5	改变用户窗体的大小·····409	
14.6	在用户窗体中缩放和滚动工作表·····411	
14.7	列表框技巧·····412	
	14.7.1	向列表框控件中添加条目·····413
	14.7.2	确定列表框中选中的条目·····417
	14.7.3	确定列表框中的多个选中条目·····417
	14.7.4	单个列表框中的多个列表·····418
	14.7.5	列表框条目的转移·····419
	14.7.6	在列表框中移动条目·····420
	14.7.7	使用多列的列表框控件·····422
	14.7.8	使用列表框选中工作表中的行·····423
	14.7.9	使用列表框激活工作表·····425
	14.7.10	通过文本框来筛选列表框·····428
14.8	在用户窗体中使用多页控件·····429	
14.9	使用外部控件·····431	
14.10	使标签动画化·····433	

第15章 高级用户窗体技术·····436

15.1	非模态对话框·····436	
15.2	显示进度条·····439	
	15.2.1	创建独立的进度条·····440
	15.2.2	集成到用户窗体中的进度条·····444
	15.2.3	创建非图形化进度条·····447
15.3	创建向导·····448	
	15.3.1	为向导设置多页控件·····449

15.3.2	在向导用户窗体中添加按钮	450
15.3.3	编写向导按钮的程序	450
15.3.4	编写向导中的相关代码	451
15.3.5	使用向导执行任务	453

15.4 模仿 MsgBox 函数 454
- 15.4.1 模仿 MsgBox 函数：MyMsgBox 函数的代码 455
- 15.4.2 MyMsgBox 函数的工作原理 456
- 15.4.3 使用 MyMsgBox 函数 457

15.5 带有可移动控件的用户窗体 457
15.6 没有标题栏的用户窗体 459
15.7 使用用户窗体模拟工具栏 460
15.8 使用用户窗体来模仿任务面板 462
15.9 可调整大小的用户窗体 463
15.10 用一个事件处理程序处理多个用户窗体控件 466
15.11 在用户窗体中选择颜色 468
15.12 在用户窗体中显示图表 470
- 15.12.1 将图表保存为 GIF 文件 471
- 15.12.2 更改图像控件的 Picture 属性 471

15.13 使用户窗体半透明 471
15.14 用户窗体上的数字推盘 473
15.15 用户窗体上的电动扑克 474

第 IV 部分 开发 Excel 应用程序

第 16 章 创建和使用加载项 477
16.1 什么是加载项 477
- 16.1.1 加载项与标准工作簿的比较 477
- 16.1.2 创建加载项的原因 478

16.2 理解 Excel 的加载项管理器 480
16.3 创建加载项 481
16.4 加载项示例 482
- 16.4.1 为加载项示例添加描述信息 483
- 16.4.2 创建加载项 483
- 16.4.3 安装加载项 484
- 16.4.4 测试加载项 485
- 16.4.5 发布加载项 485
- 16.4.6 修改加载项 485

16.5 比较 XLAM 和 XLSM 文件 486
- 16.5.1 XLAM 文件中的 VBA 集合成员 486
- 16.5.2 XLSM 和 XLAM 文件的可见性 487
- 16.5.3 XLSM 和 XLAM 文件的工作表和图表工作表 487
- 16.5.4 访问加载项中的 VBA 过程 488

16.6 用 VBA 操作加载项 491
- 16.6.1 向 AddIns 集合中添加项 491
- 16.6.2 从 AddIns 集合中删除项 492
- 16.6.3 AddIn 对象属性 492
- 16.6.4 作为工作簿访问加载项 495
- 16.6.5 AddIn 对象事件 496

16.7 优化加载项的性能 496
16.8 加载项的特殊问题 497
- 16.8.1 确保加载项已经安装 497
- 16.8.2 从加载项中引用其他文件 499

第 17 章 使用功能区 500
17.1 功能区基础 500
17.2 自定义功能区 501
- 17.2.1 向功能区中添加按钮 502
- 17.2.2 向快速访问工具栏中添加按钮 504
- 17.2.3 自定义功能区的局限性 505

17.3 创建自定义的功能区 505
- 17.3.1 将按钮添加到现有的选项卡中 506

17.3.2	向已有的选项卡中添加复选框	510
17.3.3	功能区控件演示	513
17.3.4	dynamicMenu 控件示例	520
17.3.5	关于自定义功能区的其他内容	522

17.4 VBA 和功能区 ·················· 523
 17.4.1 访问功能区控件 ········· 523
 17.4.2 使用功能区 ·············· 524
 17.4.3 激活选项卡 ·············· 526
17.5 创建老式工具栏 ················ 526
 17.5.1 老式工具栏的局限性 ····· 526
 17.5.2 创建工具栏的代码 ······· 526

第 18 章 使用快捷菜单 ············ 529
18.1 命令栏简介 ···················· 529
 18.1.1 命令栏的类型 ············ 529
 18.1.2 列出快捷菜单 ············ 530
 18.1.3 引用命令栏 ·············· 531
18.2 引用命令栏中的控件 ··········· 531
18.3 命令栏控件的属性 ·············· 532
18.4 显示所有的快捷菜单项 ········· 533
18.5 使用 VBA 自定义快捷菜单 ····· 534
18.6 重置快捷菜单 ··················· 536
 18.6.1 禁用快捷菜单 ············ 537
 18.6.2 禁用快捷菜单项 ·········· 538
 18.6.3 向"单元格"快捷菜单中添加一个新项 ··········· 538
 18.6.4 向快捷菜单添加一个子菜单 ··················· 540
 18.6.5 将快捷菜单限制到单个工作簿 ················· 542
18.7 快捷菜单与事件 ················ 542
 18.7.1 自动添加和删除菜单 ····· 542
 18.7.2 禁用或隐藏快捷菜单项 ··· 543
 18.7.3 创建一个上下文相关的快捷菜单 ················ 543

第 19 章 为应用程序提供帮助 ······ 546
19.1 Excel 应用程序的"帮助" ····· 546
19.2 使用 Excel 组件的帮助系统 ···· 548
 19.2.1 为帮助系统使用单元格批注 ···················· 548
 19.2.2 为帮助系统使用文本框 ··· 549
 19.2.3 使用工作表来显示帮助文本 ···················· 550
 19.2.4 在用户窗体中显示帮助信息 ···················· 551
19.3 在 Web 浏览器中显示"帮助" ····················· 554
 19.3.1 使用 HTML 文件 ········ 554
 19.3.2 使用一个 MHTML 文件 ·· 555
19.4 使用 HTML 帮助系统 ·········· 556
 19.4.1 使用 Help 方法来显示 HTML 帮助信息 ········· 557
 19.4.2 将"帮助"文件与应用程序相关联 ············· 558
 19.4.3 将一个帮助主题与一个 VBA 函数相关联 ········ 558

第 20 章 理解类模块 ·············· 560
20.1 什么是类模块 ·················· 560
 20.1.1 内置的类模块 ··········· 561
 20.1.2 自定义类模块 ··········· 561
20.2 创建 NumLock 类 ·············· 562
 20.2.1 插入类模块 ············· 562
 20.2.2 给类模块添加 VBA 代码 ·· 563
 20.2.3 使用 CNumLock 类 ······ 564
20.3 属性、方法和事件编程 ········· 565
 20.3.1 对象属性编程 ··········· 565
 20.3.2 对象的方法编程 ········· 566
 20.3.3 类模块事件 ············· 567
20.4 QueryTable 事件 ················ 567
20.5 创建存储类的类 ················ 570
 20.5.1 创建 CSalesRep 和 CSalesReps 类 ············ 570

20.5.2 创建 CInvoice 和 CInvoices 类 ·················· 572
20.5.3 用对象填充父类 ·················· 573
20.5.4 计算佣金 ·················· 574

第 21 章 兼容性问题 ·················· 576
21.1 什么是兼容性 ·················· 576
21.2 兼容性问题的类型 ·················· 577
21.3 避免使用新功能 ·················· 578
21.4 在 Mac 机器上是否可用 ·················· 579
21.5 处理 64 位 Excel ·················· 580
21.6 创建一个国际化应用程序 ·················· 581
21.7 多语言应用程序 ·················· 582
21.8 VBA 语言的考虑 ·················· 583
21.9 使用本地属性 ·················· 583
21.10 系统设置识别 ·················· 584
21.11 日期和时间设置 ·················· 586

附录 A VBA 语句和函数引用 ·················· 587
A.1 VBA 语句 ·················· 587
A.2 函数 ·················· 590

第 I 部分

Excel VBA 基础知识

第 1 章　电子表格应用开发入门

第 2 章　VBA 概述

第 3 章　VBA 编程基础

第 4 章　VBA 的子过程

第 5 章　创建函数过程

第 6 章　了解 Excel 事件

第 7 章　VBA 编程示例与技巧

第 1 章

电子表格应用开发入门

本章内容：
- 了解电子表格应用开发中的基本步骤
- 确定最终用户的需求
- 设计应用以满足用户的需求
- 开发并测试应用
- 记录开发过程并编写用户文档

1.1 什么是电子表格应用

就本书而言，电子表格应用是一个电子表格文件或一组相关文件，其设计目的是让开发人员以外的其他人不必经过专门培训就可以执行特定任务。根据这个定义，你已开发的大多数电子表格文件可能都不符合电子表格应用程序的要求。在你的电脑硬盘上，可能有几十个或几百个电子表格文件，但可以肯定的是，其中大多数都不是为他人使用而设计的。

优秀的电子表格应用应该具备以下特点：
- 最终用户可用来执行在其他情况下无法执行的任务。
- 给问题提供合适的解决方案(电子表格环境不可能总是最佳方法)。
- 完成预设的目标。这一条看起来很简单，但实际上应用经常完不成预设目标。
- 生成精确的结果并摒除漏洞。
- 运用恰当有效的方法和算法来完成工作。
- 在用户被迫面对错误之前先捕获这些错误。
- 不允许用户无意或有意地删除或修改重要组件。
- 用户界面清晰且逻辑一致，用户可一眼看出该如何进行操作。
- 公式、宏、用户界面元素有据可查，如有必要可进行后续修改。
- 当用户的需求随时间发生变化时，只需要对应用进行简单修改而不必做重大改变。
- 具有简单易用的帮助系统，至少在主要操作步骤中能提供有用的信息。
- 是轻型的，可在装有适当软件(本书中指的是某个版本的Excel)的任何系统上运行。

在日常应用开发中，我们通常需要创建很多不同使用级别的电子表格应用，这一点显而易见，可能是只需要填充空白的模板，也可能是极其复杂的应用；复杂应用使用自定义的界面后，看起来都已经不像是电子表格了。

1.2 应用开发的步骤

开发有效的电子表格应用并没有什么简单的万全之策。在创建这类应用时每个人都有各自的风格，另外，每个工程(project)也都不一样，因此需要适合应用自身的创建方法。最后，你的合作伙伴(或所服务的用户)的需求和技术经验也会在开发过程中起到一定作用。

电子表格开发人员通常进行如下活动：

- 确定用户的需求
- 对满足这些需求的应用进行规划
- 确定最合适的用户界面
- 创建电子表格、公式、宏和用户界面
- 测试和调试应用
- 使应用更安全
- 使应用更加简明美观
- 将开发成果进行归档
- 开发用户文档和帮助系统
- 给用户发布应用
- 必要时对应用进行更新

不是每个应用都需要上述所有步骤，不同工程之间上述活动的执行顺序也有所不同。下面将对每个活动进行详细描述，对于这些活动中会涉及的具体技术细节，我们将在后续章节中进行讨论。

1.3 确定用户的需求

当开发新的 Excel 工程时，首先要做的就是准确识别出最终用户的需求。如果没有尽早详尽评估出用户的需要，通常在后期将不得不对应用进行调整，从而额外增加了工作量。因此，在起始阶段就应该确定到底有哪些需求。

有些工程中，你会非常熟悉最终用户——甚至有时你就是最终用户。但另一些工程中(例如，如果你是为新客户开发应用的咨询顾问)，你可能会对用户或用户的情况一无所知。

那么，如何确定用户的需求呢？如果准备开发电子表格应用，最好直接接触最终用户并询问具体问题。要是把收集到的所有信息都写下来，画好流程图，关注最具体细节，那就更好了。总之，尽量做好充足准备以确保你最终交付的产品正是客户所需要的。

下面是一些指导原则，能帮助你在这一阶段更轻松一些：

- 首先，不要假定你了解用户的需求。这阶段的自作聪明只会导致后续的一系列问题。

- 如有可能，直接与应用的最终用户(而非他们的管理人员或经理)对话。
- 若说最该做的事，应该是了解当前要做哪些改变以满足用户的需求。如果可以在现有的应用上进行简单修改，你就可以节省一部分工作量。看看当前解决方案至少能让你对操作更熟悉一些。
- 确定在用户的站点上有哪些可用的资源。例如，确定是否需要面对工作环境中硬件或软件的限制。
- 如有可能，确定一下将要用到的具体硬件系统。如果应用会在较慢的系统中运行，就得考虑这个因素。
- 确定将使用哪个版本的 Excel。请记住，在 macOS、移动平台和 Windows 上都可以运行的 Excel 版本。具体用哪种版本，必须是在编写自动化 Excel 解决方案时考虑清楚。虽然微软已经设法敦促用户将软件更新到最新版本，但大多数 Excel 用户还是没有更新。
- 了解最终用户的软件使用水平。这一信息可以帮助你更合理地设计应用。
- 确定开发应用需要的时间，以及整个工程的生命周期中是否已预料到所有变化。这一信息对你在工程中付出的所有努力有所影响，可以帮助你有计划地应对变化。

最后，如果在完成应用开发前发现工程规范发生了改变，你也别太惊讶，这种事情很常见，如果有心理准备面对变化，而不受到变化的惊吓，这已经是件好事了。反正只要确保你的合同(如果有)中写清楚如果规范发生改变时有什么对策就行了。

1.4 对满足这些需求的应用进行规划

确定了最终用户的需求后，接下来就该直接进入 Excel 的开发工作了。要相信面临同样问题的人的忠告：试着控制自己。没有一套设计蓝图，建筑师就无法盖房，同样，没有一些计划，也没法开发电子表格应用程序。计划的形式取决于工程的范围以及你的整体工作风格，不过最好花点时间去想想接下来要做什么并拿出活动计划。

在你卷起袖子在键盘前坐定准备开工前，最好再想想还有没有其他途径解决问题，在这个计划过程中可以用到 Excel 的所有知识，最好避免钻进死胡同，不要在死胡同里盲目地行走。

如果你去问一打 Excel 专家如何去根据确切的规范来设计一个应用，大概你会得到一打能够满足这些规范的且各不相同的工程实现方案。在这些解决方案中，因为 Excel 会为解决同一问题而提供多种选项，有些选项将优于另一些。如果对 Excel 了如指掌，就可以随心所欲地选择最合适的方法来很好地解决工程中的问题。有时一个小创意都可以产生明显优于其他方法的奇效。

因此，在列计划的开始阶段，应该考虑如下一些常见的问题。

- **文件结构**：想想是准备使用一个带有多个工作表的工作簿、多个使用单工作表的工作簿还是模板文件。
- **数据结构**：应该考虑准备如何构建数据，还要确定准备使用外部数据库文件、存储在云上的数据源，还是在工作表中存储数据。
- **插件或工作簿文件**：某些情况下，对于你的最终产品来讲，插件可能是最好的选择。你可以把标准工作簿和插件结合起来使用。

- **Excel 的版本**：你的 Excel 应用现在只在 Excel 2019 中使用吗？还是也需要在 Excel 的早期版本上运行？在其他平台(如 macOS 或移动设备)上运行的 Excel 版本是什么情况？这些问题都很重要，因为 Excel 的每个新版本添加的功能都不适用于先前的版本。
- **错误处理**：错误处理是应用程序中的主要问题。你需要确定应用程序如何检测和处理错误。例如，如果你的应用程序对活动工作表执行数据透视表操作，就需要能够处理在处于活动状态的工作表上不存在数据透视表的情况。
- **具体功能的使用**：如果你的应用程序需要汇总大量数据，就可以考虑使用 Excel 的透视表功能。或者可以使用 Excel 的数据验证功能对数据项输入进行有效性验证。
- **性能问题**：在应用开发阶段就要考虑如何提高应用的速度和效率，而不应该等到应用开发结束了以及用户在使用过程中抱怨时才想到这个问题。
- **安全级别**：Excel 提供了多种保护选项以限制访问工作簿中的特定元素。例如你可以锁定单元格以防止公式被改变，可对具体文件进行加密，以防止未授权用户查看或访问。预先确定你需要保护的内容，以及对此采用什么级别的保护措施，可使工作变得容易些。

> **注意：**
> 需要注意，Excel 的保护功能并非百分百有效，事实上差得远。如果你特别希望解决应用程序的安全问题，Excel 并非最佳平台。

在该阶段，你可能需要去处理许多与工程相关的因素，尽量考虑所有选择，而不要一想到某个方案就赶紧使用。

要记住设计时需要考虑的另一个因素，那就是对变化要有所计划。如果你将应用程序设计得尽量通用，那就当是帮自己忙了。例如，不要为特定单元格区域单独编写一个过程，而应该编写一个接受任何范围作为参数的过程。当需要进行不可避免的改变时，这样的设计能帮助你在进行修正时更轻松一些。而且，你将看到，做某个工程时的工作与做另一个工程时的工作类似，因此，在做工程规划时要尽量考虑可重用性。

避免让最终用户完全影响你解决问题的方法。例如，你碰到一位经理，他说部门需要一个应用程序，以便将文本文件导入另一个应用中。不要混淆用户的需求和解决方案，其实用户的真实需求是共享数据。使用中间文本文件来做到数据共享只是一种可能的办法，应该还存在更好的解决办法。换言之，不要让用户来定义用什么样的方法来解决他们的问题。确定最佳方法是你的工作。

1.5 确定最适用的用户界面

在开发供他人使用的电子表格应用时，需要额外关注用户界面问题。通过用户界面，用户就可以与应用进行交互以及执行 VBA 宏。

自从 Excel 2007 问世以来，有些用户界面方面的功能就落伍了。从实际用途来讲，定制菜单和工具栏就被淘汰了。因此，开发人员必须学习如何使用功能区。

Excel 提供了如下一些与用户界面设计相关的功能。

- 自定义功能区
- 自定义快捷菜单
- 创建快捷键
- 自定义对话框(UserForm)
- 可直接放在工作表上的控件(例如列表框或命令按钮)

下面将简单讨论这些功能，后续章节还会更深入地进行讲解。

1.5.1 自定义功能区

开发人员可以在功能区实现相当多的控制功能，比如打开 Excel 应用时可用的选项卡和命令。虽然 Excel 允许最终用户修改功能区，但通过代码来改变用户界面不是件简单的任务。

> **交叉参考：**
> 关于功能区的使用信息请参阅第 17 章。

1.5.2 自定义快捷菜单

Excel 允许 VBA 开发人员自定义右键快捷菜单。快捷菜单可以让用户方便地触发某个事件，而不需要费力地从工作区域中让光标移动太远的距离。图 1-1 展示了右击单元格时出现的自定义快捷菜单。

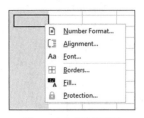

图 1-1 自定义快捷菜单

> **交叉参考：**
> 第 18 章描述了如何使用 VBA 创建快捷菜单，包括 Excel 2013 中引入的单文档界面带来的一些局限性。

1.5.3 创建快捷键

另一个可由你自由选择的用户界面选项是自定义快捷菜单。Excel 可以用 Ctrl(或 Shift+Ctrl)组合键来定义宏。当用户按下定义好的组合键时，就可以执行宏。

不过，需要先声明两点。第一，要让用户清楚哪些键是活动的，这些键能做什么。第二，不要再给已作他用的组合键定义新功能。你为宏设定的组合键优先级将高于内置的快捷键。例如，Ctrl+S 是用来保存当前文件的内置 Excel 快捷键。如果你将这个组合键定义为一个宏的快捷键，就不能再用 Ctrl+S 来保存文件了。记住，快捷键是区分大小写的，所以，你可以使用像 Ctrl+Shift+S 这样的组合键。

1.5.4 创建自定义对话框

对于对话框，凡是用过计算机的人都很熟悉。因此，在设计应用时，自定义 Excel 对话框将在用户界面中发挥着重要作用。

图 1-2 就是一个自定义对话框的例子。

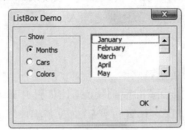

图 1-2　Excel 的 UserForm 功能中的对话框

自定义对话框即 UserForm，UserForm 可以让用户输入信息，获得用户的选择或偏好，能够指引整个应用的使用过程。组成 UserForm 的元素(按钮、下拉列表、复选框等)，我们称为控件——更确切地说，是 ActiveX 控件。Excel 提供了 ActiveX 控件的标准种类，当然，你也可以引入第三方控件。

在对话框中添加完控件后，可将其关联到工作表单元格，这样就不需要任何宏(除了用来显示对话框的简单宏)。将控件和单元格相关联很简单，但并不是从对话框中获得用户输入的最好办法。这时最常见的做法是为自定义对话框开发 VBA 宏。

> **交叉参考：**
> 第Ⅲ部分将详细讨论 UserForm。

1.5.5　在工作表中使用 ActiveX 控件

Excel 同样允许你将 UserForm 的 ActiveX 控件与工作表的绘图层(位于表顶部的可以保存图像、图表和其他对象的不可见层)相关联。图 1-3 展示了一个将一些 UserForm 控件直接内嵌到工作表的简单工作表模型。这个表包含下列 ActiveX 控件：复选框、滚动条以及两组单选按钮。这个工作簿没有使用宏，而是直接将控件关联到工作表单元格上。

> **在线资源：**
> 这个工作表可从本书的示例文件包中找到，文件名是 worksheet controls.xlsx。

最常用的控件应该是命令按钮。就它自身而言，并没有什么功能，你需要给每个命令按钮添加一个宏。

如果在工作表中直接使用对话框控件，就不再需要自定义对话框。只要向工作表中添加少量的 ActiveX 控件(或表单控件)就可以极大地简化电子表格的操作。选择这些 ActiveX 控件时，用户可通过选中熟悉的控件(而不用在单元格中输入对应条目)来完成。

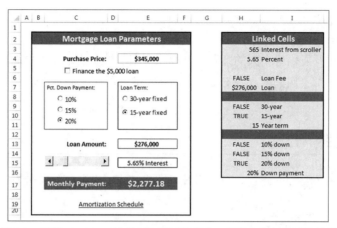

图 1-3　可将 UserForm 控件添加到工作表中，并将它们与单元格关联

通过"开发工具"|"控件"|"插入"命令(如图 1-4 所示)可以访问这些控件。如果"开发工具"选项卡不在功能区中，则可以通过使用"Excel 选项"对话框中的"自定义功能区"选项卡来添加。

控件有两种类型：表单控件和 ActiveX 控件。两种控件有各自的优缺点。通常来讲，表单控件更易于使用，但 ActiveX 控件使用起来更灵活一些。表 1-1 总结了这两类控件。

图 1-4　使用功能区给工作表添加控件

表 1-1　ActiveX 控件与表单控件

	ActiveX 控件	表单控件
Excel 版本	Excel 97 / Excel 2000 / Excel 2002 / Excel 2003 / Excel 2007 / Excel 2010 / Excel 2013 / Excel 2016 / Excel 2019	Excel 5 / Excel 95 / Excel 97 / Excel 2000 / Excel 2003 / Excel 2007 / Excel 2010 / Excel 2013 / Excel 2016 / Excel 2019
可用控件	复选框、文本框、命令按钮、选项按钮、列表框、组合框、切换按钮、数值调节钮、滚动条、标签、图像控件(以及其他可添加的控件)	分组框、按钮、复选框、选项按钮、列表框、组合下拉编辑框、滚动条、下拉列表
宏代码存储位置	工作表的代码模块中	任何标准 VBA 模块中
宏名称	对应控件名(例如 CommandButton1_Click)	指定的任意名
对应	UserForm 控件	Excel 97之前版本中的Dialog Sheet控件
自定义	范围很广，使用"属性"对话框	很少
响应事件	是	仅在单击或改变事件时

1.5.6　开始开发工作

确认用户需求后，就要确定你将采用什么方法来满足这些需求，并确定在用户界面上使用哪

些组件，现在该着手处理细节问题开始创建应用了。对于具体工程来讲，这一步显然要花费整个开发周期的绝大部分时间。

如何进行应用的开发由你个人的开发风格以及应用的性质决定。除了简单的填空型模板工作簿外，你的应用基本都会用到宏。在 Excel 中创建宏挺简单的，但要创建出优秀的宏并不容易。

1.6 关注最终用户

本节将讨论一些重要开发问题。在应用开发即将结束，准备打包并分发时，这些问题将浮出水面。

1.6.1 测试应用

在使用商业软件应用时，是不是碰到过很多次应用程序在关键时刻掉链子的情况？这问题很可能是因为程序未经充分测试从而未捕获到所有 bug 引起的。所有著名软件都有 bug，但最优秀软件中的 bug 都是很隐蔽的。因此，有时你也必须解决 Excel 中的 bug，这样应用才能正确执行。

创建完应用程序后，就该进行测试。测试是最重要的步骤之一，当然，测试和调试程序时所花费的时间并不会和创建程序一样多。实际上，在开发阶段应该做大量的测试。不过别忘了，不管是在工作表中编写 VBA 例程还是创建公式，都应该确保应用程序是在按设定好的途径工作。

像标准的编译后的应用程序一样，你所开发的电子表格应用也很容易有 bug。bug 的定义有两种。一是程序(或应用)运行时本不该发生的事情发生了；二是程序运行时本该发生的事情没有发生。这两类 bug 都很令人生厌，你必须分配出一部分开发时间来对应用程序在所有可能的条件下进行测试，并修复你发现的任何问题。

对你为其他人所开发的电子表格应用程序进行详尽测试是非常重要的。而且，考虑到它的最终用户，你还需要注意到应用程序的安全问题。换句话说，你要尽量预测到可能发生的所有错误和其他乱七八糟的事情，并努力去避免，或者说至少能通过和缓的手段来解决它们。这种预见不仅能帮助最终用户也能让你的工作更容易些，并且保护你的工作信誉。你也可以考虑进行 beta 测试，那你的最终用户就是最合适的人选了，因为他们是将要使用你的产品的人(下面将解释什么是 beta 测试)。

虽然你不可能对所有的可能性都进行有效测试，但宏可以处理一些常见类型的错误。例如，如果用户在输入数值型字符时输入了文本字符串会发生什么情况？如果工作簿还没打开时用户就想运行宏会怎么样？如果用户没有进行任何选择就取消了对话框会发生什么？如果用户按下 Ctrl+F6 组合键跳转到下一个窗口又会怎么样？如果你经验丰富，就会对这些类型的问题很熟悉，不用多想就知道该如何处理它们。

> **什么是 beta 测试？**
>
> 对于新产品来讲，软件生产通常都会有一个严格的测试周期，经过全面的内部测试，该预发布产品通常会让一些感兴趣的用户进行 beta 测试。这一阶段通常会暴露出产品最终版发布前要解决的其他一些问题。

> 如果你正开发的 Excel 应用的最终用户人数不少，你就需要考虑一下 beta 测试。这个测试可以让你的预期用户在具有不同预先设置的硬件上使用你的应用。
>
> 在自行完成对应用的个人测试并觉得应用可以发布后就可以开始 beta 测试了。你需要确定一批用户来帮助你。如果将用户文档、安装程序、帮助等最终都包含在应用中的内容也发布出来，测试过程会更好些。可通过多种方法对测试进行评估，如面对面的讨论、电子邮件、调查问卷以及电话调查等。
>
> 在你准备全面发布应用之前，你大概一直要关注那些你需要解决的问题以及需要做的改进。当然，beta 测试阶段会额外花费一些时间，所以不是所有的工程都能这么奢侈地挤出时间来进行 beta 测试。

1.6.2 应用的安全问题

提到这个问题，其实会发现摧毁电子表格其实相当容易。删除一条关键公式或值所引起的错误会影响整个电子表格，甚至影响其他相关的工作表。甚至更糟的是，如果保存了已被破坏的工作表，还会覆盖硬盘上原本完好的备份。除非有备份的过程能进行替代，否则，应用的用户就会陷入麻烦，而你就可能会因此而被抱怨。

当用户(尤其是初学者)使用你的应用时，你显然应该已经知道为什么要给应用加一些保护了。Excel 提供了以下一些技术来保护整张工作表及工作表中的局部区域。

- **锁定指定单元格**：可锁定指定的单元格(利用"单元格"的"格式"对话框中的"保护"选项卡)，这样用户就不能修改它们。仅当使用"审阅"|"更改"|"保护工作表"命令来保护文档时锁定会生效。"保护工作表"对话框中的选项允许你指定用户可以在受保护工作表上执行哪些操作(如图 1-5 所示)。

图1-5 使用"保护工作表"对话框来指定用户能做什么和不能做什么

- **隐藏指定单元格中的公式**：你可以隐藏指定单元格中的公式(利用"单元格"的"格式"对话框中的"保护"选项卡)，这样其他用户就看不到了。同样，仅当使用"审阅"|"更改"|"保护工作表"命令来保护文档时隐藏生效。
- **保护整个工作簿**：你可以保护整个工作簿——工作簿的结构、窗口的位置和大小。使用"审阅"|"更改"|"保护工作簿"命令可以生效。
- **锁定工作表中的对象**：使用任务面板上的"属性"区域可以锁定对象(例如形状)，防止对象被移动或更改。要访问任务面板的属性区域，可以右击对象，选择"大小和属性"。仅当使用"审阅"|"更改"|"保护工作表"命令来保护文档时锁定对象会生效。默认情况下，所有对象都是被锁定的。
- **隐藏行、列、工作表和文档**：可隐藏行、列、工作表和整个工作簿。把它们隐藏起来可让工作表看起来没那么乱，还可以防止别人的窥探。

- **将 Excel 工作簿指定为推荐的只读模式**：可将 Excel 工作簿指定为推荐的只读模式(和使用密码)，以确保文件不会被任何修改所重写。可在"常规选项"对话框中进行这种指定。在"文件"|"另存为"对话框中，单击"工具"按钮，从中就可以选择"常规选项"。
- **设置密码**：可对工作簿设置密码以防其他未授权用户打开你的文件。选择"文件"|"信息"|"保护工作簿"|"用密码进行加密"。
- **使用密码保护的加载项**：可使用经过密码保护过的加载项，这样可防止用户对它的工作表进行任何修改。

> **Excel 的密码并不是万无一失的**
>
> 需要注意，利用一些商业的密码破解工具，可轻易绕开 Excel 的密码。Excel 2007 及后续版本的安全性看起来比先前的版本更高些，但实际上还是防不住有心破解密码的用户。所以，不要认为密码保护万无一失，对于无心的用户来讲密码是有用的，但对于有意想破解密码的人来讲，他们很可能得逞。

1.6.3 如何让应用程序看起来更简明美观

如果你用过很多不同的软件包，就应该知道有很多程序用户界面设计很差，很难使用，外观也很简陋。所以如果你给别人开发电子表格，最好多花费点精力设计一下应用的外观。

计算机程序的外观对用户有非常重大的影响，对于用 Excel 开发的应用程序来讲，也同样如此。不过，"情人眼里出西施"，所以，如果你确实更擅长于执行问题分析之类的工作，那可以考虑找些审美能力更强的人来帮你提供外观设计方面的帮助。

最终用户都喜欢美观的用户界面，如果你多花点时间去考虑设计和审美问题，你的应用程序的外观看起来就会更美观更专业。一个让人眼前一亮的应用至少说明了它的开发者愿意花时间和精力去尽力完善这个产品。你可以参考以下建议：

- **保持一致性**。例如，在设计对话框时，尽可能去模仿 Excel 对话框的外观和感觉。在格式、字体、文字大小以及颜色方面要保持一致。
- **尽量简洁**。开发人员有个常见的误区是在单个屏幕或对话框中塞进去大量信息。较好的做法是一次只出现一块或两块信息。
- **划分界面**。如果使用输入界面来征求用户的信息，就要考虑将其分成若干个看起来不那么拥挤的界面。如果使用了复杂的对话框，就需要使用多页控件为对话框定义多个页面，创建出一个类似于选项卡的对话框。
- **不要过度使用颜色**。少用点颜色。用的颜色太多容易让界面看起来花哨且俗艳。
- **关注版式和图表**。注意数字的格式和使用一致的字体、字号和边框。

不过，对于审美的评价都是主观的，如果心有疑虑，尽量保持简洁清晰就好了。

1.6.4 创建用户帮助系统

就用户文档而言，基本上你有两种选择：纸质文档或电子文档。对 Windows 应用程序来讲提供电子帮助是标准配置。幸运的是，Excel 也提供了帮助——而且是上下文相关的帮助。编写帮助文本内容需要花费不少额外的精力，但对于大型工程来讲，还是有必要的。

另一个需要注意的是对应用的支持。换句话说就是如果用户碰到困难了，谁来接电话解决？如果你不打算自己来处理常规问题，就需要指定专人。有些情况下，你需要做好安排以便将技术性较强或与 bug 相关的问题提交给开发人员。

> **交叉参考：**
> 第 19 章将讨论为应用提供帮助的一些替代方案。

1.6.5 将开发成果归档

将电子表格应用组成一个整体是一回事，想让它为其他人所知又是另一回事了。和传统的编程一样，彻底梳理并将工作归档很重要。如果你想返工的话，这样的文档可以提供很大帮助，同时，该文档也可以帮助接手你工作的其他人。

如何对工作簿应用进行归档呢？你可以将信息存储在工作表或其他文件中。如果愿意的话，你甚至可以使用纸质文档。最简单的方式应该就是用一个单独的工作表来存储工程的注释和关键信息。对于 VBA 代码，可随意使用注释(注释符之后的 VBA 文本都会被忽略，因为该文本会被视为注释)。虽然现在你觉得一段简洁的 VBA 代码看起来非常易于理解，但如果过几个月后再来看，就会发现除非使用了 VBA 注释功能，要不然你对代码的理解就已经完全模糊了。

1.6.6 给用户发布应用程序

完成工程后，就该给最终用户发布应用了。你打算如何发布呢？有很多种途径可以选择，具体选择哪种全看现实因素了。

你可以提供下载链接或安装盘，写上几条指令，就可以安装了。或者你还想亲自安装应用程序，但你也知道这并不是常见的方式。还有一种办法是开发可以自动执行任务的官方安装程序。你可以用传统的编程语言编写这样的程序、购买通用的安装程序，或者用 VBA 编写该程序。

Excel 中所集成的技术可以让开发人员对自己的应用进行数字签名。数字签名可以帮助最终用户识别出应用的作者，以确保该工程没被改动过，而且还可以防止宏病毒的扩散或其他潜在的破坏性代码。要对工程进行数字签名，首先要从正规的证书颁发机构申请数字证书(或者通过创建你自己的数字证书对你的工程自签名)。参考帮助系统或微软的网站可获得更多信息。

1.6.7 在必要时对应用进行更新

发布完应用后，是不是就万事大吉了呢？你已经可以轻松坐着享受，忘掉开发应用时遇到或解决掉的各种问题。在极少数情况下，你确实可以这样。不过，更常见的情况是，使用你应用的用户不会完全满意。哪怕你的应用完全遵循最初所有的规范要求，但用户在使用应用时，还是会生出其他要求希望应用能够满足。

当你更新或修正应用时，将发现在第一阶段就做好设计并且对开发过程进行归档是件非常明智的事。

1.7 其他开发问题

在开发应用时你就需要关注一些问题——尤其是你不能完全确定使用应用的用户是谁的话。如果你所开发的应用将会被广泛应用(例如共享应用软件)，你没办法知道应用将会被如何使用，会在什么系统上运行，或者会同时运行其他什么软件。

1.7.1 用户安装的 Excel 版本

虽然 Excel 2019 已经发布了，但很多大公司还在使用早期版本的 Excel。不过，谁都不能保证为 Excel 2010 开发的应用程序能和 Excel 的后续版本完美适应。如果你希望自己的应用适用于各种版本的 Excel，最好的办法是针对最低版本进行开发，但在各种版本下对它进行测试。

同样，你需要关注微软使用服务包发布的会对 Excel 的任何安全更新和新变更(针对独立版本的 Excel)。如果你有些用户使用 Office 365，则要注意一下由于微软采用的是敏捷发布周期，应允许微软按月向 Office 365 发布更新。对于那些喜欢看到往 Excel 中添加新功能的人来说，这是个好消息。但如果考虑到要管理新功能与应用程序的兼容性，这消息就没那么美好了。

虽然这些版本中引入的更改可能很少，但有可能导致你应用中的某些组件不能再如当初设计时所设定的那样工作。

> **交叉参考：**
> 第 21 章将讨论兼容性问题。

1.7.2 语言问题

如果你的最终用户使用的都是英文版的 Excel，那你很幸运。因为非英文版的 Excel 并不能百分百地兼容，这也就意味着你还需要做些额外的测试工作。另外需要记住，即使有两个用户使用的都是英文版的 Excel，但他们的 Windows 区域设置可能并不一样。某些情况下，你需要注意到这些潜在的问题。

> **交叉参考：**
> 第 21 章将重点讨论语言问题。

1.7.3 系统速度

尽管系统的速度和处理能力在现代 PC 及设备上已不太成问题，但测试应用程序的性能和速度仍然是值得推荐的最佳做法。在你的计算机系统上几乎是即时执行的过程，换到另一个系统上可能就会花好几秒。在计算机世界，几秒钟的时间几乎是不被人接受的。

> **提示：**
> 如果对使用 VBA 已经有一定的经验，你会发现想达到一个目标以及尽快达成目标有多种方法。在编码时考虑运行速度是个很好的习惯。本书中有些章节会对这一问题进行讲解。

1.7.4 显示模式

你该知道，用户的显示器设置千差万别。高分辨率显示器及双屏扩展显示器慢慢变得流行起来。如果你有超高分辨率的显示器，并不能假定别人的显示器都和你的一样。

如果你的应用中指定了如何在单个屏幕中显示的具体信息，那视频分辨率就是个问题。例如，你开发了一个模式为 1280*1024 才满屏的输入屏，那如果用户的计算机分辨率设置成 1024*768，就需要拖动滚动条或进行缩放才能看到完整屏幕。

另外必须注意，还原后(即不是最大化也不是最小化)的工作簿应该以还原前的窗口大小并在原来的位置显示出来。在有些极端情况下，可能会出现这样的状况：在高分辨率显示器保存的窗口，在低分辨率系统上运行时，可能在屏幕上完全显示不出来。

不过，由于你不可能自动缩放内容，因此除了显示分辨率外，其他都没什么区别。有些情况下，可缩放工作表(使用状态栏中的缩放控件)，不过这样做确实很困难。因此，如果不能确定应用程序的最终用户将使用什么样的视频分辨率的话，在设计应用时最好还是采用大众化的选择——800*600 或者 1024*768 模式。

在本书后续章节中，我们可以了解到，在 VBA 中调用 Windows API 就可以确定用户的视屏分辨率。有时，可能需要根据用户的视屏分辨率通过编程方式加以调整。

第 2 章

VBA 概述

本章内容：
- 使用 Excel 宏录制器
- 使用 VBE(Visual Basic 编辑器)
- 理解 Excel 对象模型
- 深入介绍 Range 对象
- 了解如何求助

2.1 宏录制器

从本质上讲，宏就是你可以调用来执行很多动作的 VBA 代码，在 Excel 中，可以编写或录制宏。

Excel 编程中的术语会有点混乱。从技术角度看，已录制的宏和手动创建的 VBA 过程没什么区别。术语"宏"和"VBA 过程"通常会交叉使用。很多 Excel 用户会将所有 VBA 过程都称为宏。不过，绝大多数人一说起宏，指的都是已录制的宏。

录制宏类似于在你的智能手机里添加一条电话号码。你首先拨打电话并将号码保存下来。然后在有需要时，按一下按钮就可以重新拨打该号码了。如同在智能手机上操作一样，你可以在 Excel 中录制动作并执行它们。在录制时，Excel 在后台会很繁忙，将击键和鼠标单击操作翻译并存储为 VBA 代码。录制完宏后，你可随时播放录制下来的这些操作。

毫无疑问，熟悉 VBA 的最好方式就是在 Excel 中打开宏录制器，然后录制所执行的一些动作。采用这种方法可以快速学习与任务相关的 VBA 语法。

在本节中，将对宏进行介绍，并学习如何使用宏录制器来熟悉 VBA。

2.1.1 创建你的第一个宏

在开始录制你的第一个宏前，首先需要找到宏录制器，它位于"开发工具"选项卡上。不过，Excel 默认情况下是隐藏"开发工具"选项卡的——在直接安装完的 Excel 中是看不到它的。如果打算使用 VBA 宏，就需要使"开发工具"选项卡可见。通过下列步骤可使其可见。

(1) 选择"文件"|"Excel 选项"。

(2) 在"Excel 选项"对话框中选择"自定义功能区"。

(3) 在右边的列表框中，选中"开发工具"。

(4) 单击"确定"按钮返回。

现在，在 Excel 功能区中就可以看到"开发工具"选项卡了，可以在"开发工具"选项卡上的"代码"组中选择"录制宏"命令。该选择将会激活"录制宏"对话框，如图 2-1 所示。

图 2-1 "录制宏"对话框

> **注意：**
> 你也可以通过选择"视图"|"宏"|"宏"|"录制宏"来找到宏录制器。不过，如果你打算使用 VBA 宏，就该确认一下"开发工具"选项卡是否可见，这样才能保证访问到开发工具的所有功能。

下面是"录制宏"对话框中的 4 个部分。

- **宏名**：这就不用解释了，就是用来对宏进行命名。Excel 会给宏指定一个默认名，如宏 1，但你应该重新命名以更好地描述这个宏实际是用来干什么的。例如，可将用来格式化通用表的宏命名为 FormatTable。
- **快捷键**：每个宏都需要事件或发生点什么才会运行。这个事件可以是按下按钮、打开工作簿或者这里所说的击键组合。如果你想给宏指定一个快捷键，可以输入键的组合以触发宏的运行，这是可选的，并不是必需的。
- **保存在**：当前工作簿是默认选项。将宏保存在当前工作簿中意味着宏是和活动的 Excel 文件一起保存的。再次打开该工作簿时，可以运行该宏。同样，如果你将该工作簿发送给另一个用户，该用户也可以运行该宏(用户应该正确设置宏的安全性——本章后面将会详细讲解)。
- **说明**：这也是可选的，不过如果工作表中的宏太多或你需要给用户详细说明一下这个宏的作用是什么，这个说明就会派上用场。当你打开了多个工作簿或者在个人宏工作簿中存储了宏时，该说明也可以对宏进行区分。

打开"录制宏"对话框后，按照下面的步骤就可以创建一个简单的宏，该宏可以在"工作表"单元格里输入你的姓名：

(1) 在为宏命名时输入一个新名称，替换掉默认名宏 1，本例中命名为 MyName。

(2) 在快捷键区域的编辑框中输入大写的 N，就给该宏指定了一个组合键 Ctrl+Shift+N。

(3) 单击"确定"关闭"录制宏"对话框，开始录制动作。

(4) 在 Excel 工作表中选取任意一个单元格，在所选单元格中输入你的姓名，然后单击"确认"按钮。

(5) 选择"开发工具"|"代码"|"停止录制"。或单击状态栏上的"停止录制"按钮(状态栏左侧的方形图标)。

1. 检查宏

Excel 将该宏存储在一个被自动创建的名为模块 1 的新模块中。激活 Visual Basic 编辑器，可以查看该模块的代码。有两种方法可以激活 VB 编辑器：

- 按 Alt+F11 组合键。
- 选择"开发工具"|"代码"|Visual Basic 命令。

在 VB 编辑器中，工程窗口显示了所有打开的工作簿和加载项。该列表以树状图形式显示在屏幕左侧，可以展开或折叠。刚才所录制的代码就保存在当前工作簿的模块 1 中。双击模块 1，模块中的代码就会在代码窗口中显示出来。

> **注意：**
> 如果你在 VB 编辑器中看不到工程资源管理器，可以到菜单中激活一下，选择"视图"|"工程资源管理器"，或者使用快捷键 Ctrl+R。

这个宏的代码应该与以下代码类似：

```
Sub MyName()
''  MyName Macro
''  Keyboard Shortcut: Ctrl+Shift+N
    ActiveCell.FormulaR1C1 = "Michael Alexander"
End Sub
```

所录制的这个宏就是被命名为 MyName 的子过程。该语句可以告诉 Excel 执行该宏时应该做什么。

注意，Excel 会在过程的顶部插入一些注释。这些注释是显示在"录制宏"对话框中的一些信息。这些注释行(以撇号开头)并不是必需的，把它们删掉对宏的运行没有任何影响。如果忽略掉这些注释，可以看到这个过程其实只有一条 VBA 语句。

```
ActiveCell.FormulaR1C1 = "Michael Alexander"
```

这条语句可将你在录制时输入的姓名插入活动单元格中。

2. 测试宏

要记录该宏前，可设置选项，将该宏指定给 Ctrl+Shift+N 组合键。要测试宏，可使用以下两种方法之一返回 Excel：

- 按 Alt+F11 组合键。
- 在 VB 编辑器窗口的标准工具栏中单击 "视图"|Microsoft Excel 按钮。

当 Excel 处于活动状态时，激活一个工作表，该工作表可能在包含 VBA 模块的工作簿中，也可能在其他工作簿中。选择一个单元格，按下 Ctrl+Shift+N 组合键。该宏会立即将宏名称输入单元格中。

> **注意：**
> 在上例中，你在开始记录宏之前选择了目标单元格；这个步骤至关重要。如果在启用宏录制器期间选择了一个单元格，则会将你选择的实际单元格记录到宏中。此时，宏始终将设置那个特定单元格的格式，它就不会是一个通用的宏。

3. 编辑宏

录制完宏后，你还可以修改它。例如，假定你希望姓名被加粗，当然，你可以重新录制一个宏，但显然修改一下更简单，只需要编辑一下代码就可以了。按 Alt+F11 组合键激活 VB 编辑器窗口，激活模块 1，在示例代码的下方插入

```
ActiveCell.Font.Bold = True
```

被编辑后的宏如下所示：

```
Sub MyName()
''  MyName Macro
''  Keyboard Shortcut: Ctrl+Shift+N
    ActiveCell.Font.Bold = True
    ActiveCell.FormulaR1C1 = "Michael Alexander"
End Sub
```

测试一下这个新的宏，可以看到名字被如愿加粗了。

2.1.2 比较宏录制的绝对模式和相对模式

刚才已经讲解了宏录制器界面的基础知识，现在要深入学习如何录制更复杂一些的宏。首先你需要了解 Excel 有两种录制模式——绝对引用和相对引用。

1. 通过绝对引用录制宏

Excel 的默认录制模式就是绝对引用。你可能知道，术语"绝对引用"通常用于公式中的单元格引用中。如果一个公式中的单元格引用是一个绝对引用，该公式被粘贴到其他位置后，单元格引用不会自动进行调整。

亲自动手试一试，就能很好地理解宏是如何应用这个概念的。打开第 2 章中的 Sample.xlsm 文件，录制一个对 Branchlist 工作表中的行进行计数的宏(如图 2-2 所示)。

	A	B	C	D	E	F	G	H	I
1		Region	Market	Branch			Region	Market	Branch
2		NORTH	BUFFALO	601419			SOUTH	CHARLOTTE	173901
3		NORTH	BUFFALO	701407			SOUTH	CHARLOTTE	301301
4		NORTH	BUFFALO	802202			SOUTH	CHARLOTTE	302301
5		NORTH	CANADA	910181			SOUTH	CHARLOTTE	601306
6		NORTH	CANADA	920681			SOUTH	DALLAS	202600
7		NORTH	MICHIGAN	101419			SOUTH	DALLAS	490260
8		NORTH	MICHIGAN	501405			SOUTH	DALLAS	490360
9		NORTH	MICHIGAN	503405			SOUTH	DALLAS	490460
10		NORTH	MICHIGAN	590140			SOUTH	FLORIDA	301316
11		NORTH	NEWYORK	801211			SOUTH	FLORIDA	701309
12		NORTH	NEWYORK	802211			SOUTH	FLORIDA	702309
13		NORTH	NEWYORK	804211			SOUTH	NEWORLEANS	601310
14		NORTH	NEWYORK	805211			SOUTH	NEWORLEANS	602310
15		NORTH	NEWYORK	806211			SOUTH	NEWORLEANS	801607

图 2-2 统计前的包含了两个表的工作表

> **在线资源：**
> 本章中的示例文件都可从本书的配套网站中找到，从配套网站中可了解到关于本书的更多信息。

根据下列步骤录制宏：

(1) 在录制前，选中单元格 A1。
(2) 从"开发工具"选项卡中选择录制宏。
(3) 将宏命名为 AddTotal。
(4) 在"保存"中选择"当前工作簿"作为保存位置。
(5) 单击"确定"按钮开始录制。

这时 Excel 开始录制你的动作。录制时，执行以下步骤：

(1) 选中单元格 A16，并在单元格中输入 Total。
(2) 选中 D 列中的第一个空单元格(D16)，输入=COUNTA(D2:D15)。这时在 D 列底部会出现 Branch 的个数。COUNTA 函数可用来将所有的 Branch 数量存储为文本格式。
(3) 单击"开发工具"选项卡上的"停止录制"按钮结束对宏的录制。

处理过的工作表应如图 2-3 所示。

图 2-3　统计后的工作表

为看清宏是如何工作的，删除刚才添加的统计行，通过下列步骤播放一下宏：

(1) 从"开发工具"选项卡中选择"宏"。
(2) 找到刚才录制的宏 AddTotal。
(3) 单击"运行"按钮。

如果没有问题的话，宏会完美演示一遍你的动作并会对表进行统计。不过这里有个问题：不管你怎么试，AddTotal 宏都不能在第二张表上运行。为什么？因为你将它录制成了一个绝对模式的宏。

为理解这究竟是什么意思，我们可以检查一下底层的代码。从"开发工具"选项卡中选中"宏"，打开如图 2-4 所示的"宏"对话框。默认情况下，"宏"对话框会列出所有打开的 Excel 工作簿(包括你可能安装的插件)中可用的宏。将"位置"更改为"当前工作簿"，你就可以只显示出包含在活动工作簿中的那些宏。

选择 AddTotal 宏，单击"编辑"按钮，打开 VB 编辑器，就可以看到在录制宏时所编写的代码：

```
Sub AddTotal()
    Range("A16").Select
```

图 2-4　Excel 的"宏"对话框

```
    ActiveCell.FormulaR1C1 = "Total"
    Range("D16").Select
    ActiveCell.FormulaR1C1 = "=COUNTA(R[-14]C:R[-1]C)"
End Sub
```

特别需要注意宏的第 2 和第 4 行代码。你要求 Excel 选择的单元格区域是 A16 和 D16 时，代码中显示的单元格区域正是你所选的。因为是在绝对引用模式下录制的宏，Excel 会将你对区域的选择视为绝对的。也就是说，如果你选择了单元格 A16，Excel 就会自动指定这个单元格。在下一节中，将分析在相对引用模式下录制宏时做同样的选择会有什么不同。

2. 通过相对引用录制宏

在 Excel 的宏环境下，相对是指相对于当前活动单元格。因此在录制相对引用宏和运行这类宏时，你应当也要注意一下活动单元格的选择。

首先，打开第 2 章的 Sample.xlsm 文件(该文件可从本书的配套网站下载)。接下来通过下列操作步骤录制相对引用宏：

(1) 从"开发工具"选项卡中选择"使用相对引用"选项，如图 2-5 所示。
(2) 录制前，先选中单元格 A1。
(3) 从"开发工具"选项卡中选择"录制宏"。
(4) 将宏命名为 AddTotalRelative。
(5) 为保存位置选择"当前工作簿"。
(6) 单击"确定"按钮开始录制。
(7) 选择单元格 A16 并在单元格中输入 Total。
(8) 在 D 列中选择第一个空的单元格 D16，输入＝COUNTA(D2:D15)。
(9) 在"开发工具"选项卡上单击"停止录制"，完成对宏的录制。

图 2-5　录制相对引用宏

这时，你已经有两个宏了，下面看一下新录制宏的代码。

从"开发工具"选项卡中选择宏，打开"宏"对话框。选中 AddTotalRelative 宏并单击"编辑"。打开 VB 编辑器，可以看到录制宏时所编写的代码，具体如下所示：

```
Sub AddTotalRelative()
    ActiveCell.Offset(15, 0).Range("A1").Select
    ActiveCell.FormulaR1C1 = "Total"
    ActiveCell.Offset(0, 3).Range("A1").Select
    ActiveCell.FormulaR1C1 = "=COUNTA(R[-14]C:R[-1]C)"
End Sub
```

注意，代码中完全没有指向任何具体单元格区域的引用(除了起始点 A1)。我们来看一下这段 VBA 代码中的相关部分究竟是什么样的。

注意，在第二行中，Excel 使用了活动单元格的 Offset 属性。这个属性告诉指针向上、向下、向左或向右移动多少个单元格。

Offset 属性代码告诉 Excel 相对活动单元格(本例中是 A1)向下移动 15 行，移动 0 列。这时不需要像录制绝对引用宏时 Excel 必须明确选定一个单元格。

下面看一下这个宏是如何运行的，先删除统计行，并按下列步骤进行操作：
(1) 选中单元格 A1。
(2) 从"开发工具"选项卡中选择"宏"。
(3) 选中 AddTotalRelative 宏。
(4) 单击"运行"按钮。
(5) 选中单元格 F1。
(6) 从"开发工具"选项卡中选择"宏"。
(7) 选中 AddTotalRelative 宏。
(8) 单击"运行"按钮。

注意一下这个宏，与先前的宏并不一样，是对两组数据进行处理。因为宏是相对于当前活动单元格的数据进行统计，统计结果是准确的。

要想让这个宏正确运行，需要确保以下两点：
- 在运行宏前要选择正确的起始单元格。
- 对于将要录制宏的数据，要保证数据块中的行数一样，列数也一样。

希望这个简单示例能帮助你对绝对引用和相对引用宏录制有初步的了解。

2.1.3 关于宏录制的其他概念

至此你应当已经能比较顺利地录制 Excel 宏了。下面还将介绍其他几个重要概念，在编写或录制宏时也需要牢记心中。

默认情况下，Excel 工作簿的标准文件扩展名为.xlsx。注意，扩展名为.xlsx 的文件中不能包含宏。如果工作簿中包含了宏，再将该工作簿保存为.xlsx 文件，那该工作簿中的所有 VBA 代码都会被自动删除掉。不过，在你将包含宏的工作簿保存为.xlsx 文件时，Excel 会警告你，宏的内容会被删除。

如果你想要保存宏，就必须将文件存为支持宏的 Excel 工作簿，这种文件的扩展名为.xlsm。这样做可以让我们直观地了解到所有带.xlsx 扩展名的工作簿都是安全的，而扩展名为.xlsm 的文件则可能有安全隐患。

或者你也可以将工作簿保存为 Excel 97-2003 工作簿(其扩展名为.xls)。.xls 文件类型可以包含宏，但不支持 Excel 的一些现代功能，比如条件格式图标集和数据透视表切片器。一般情况下，只有存在特定原因时(例如，需要让工作簿与仅能处理.xls 文件的外接程序交互)，才使用此文件类型。

1. Excel 中的宏安全问题

随着 Office 2010 的发布，微软在 Office 安全模型中进行了重大改变。最重大的改变之一就是受信任的文档这一概念。不需要纠缠技术细节，我们只要知道受信任的文档本质上就是你已认定安全的包含了宏的工作簿。

如果你打开包含了宏的工作簿，将在功能区中出现黄色消息栏说明已禁用宏(活动内容)。

如果单击"启用内容"，该文件就会自动成为受信任的文档。这意味着只要你在计算机上打开该文件，就不会再被提醒启用活动内容。其基本思路就是：如果你告诉了 Excel 你"信任"某个启用了宏的工作簿，那以后每次打开该工作簿时都很可能要使用这些宏。因此，Excel 会记住你之前启用过宏，不再在该工作簿中提示有关宏的更多信息。

这对于你和你的客户来讲是个好消息。只要启用过一次某个宏，客户就不会再收到与这个宏相关的消息警告了，你也不必因为宏被禁用而担心你创建的宏不能被启用。

2. 受信任位置

如果你一想到与宏相关的消息还是觉得很受困扰的话，可以为你的文件设置一个受信任位置。受信任位置是一个只存放受信任工作簿的目录，该目录被视为安全区域。只要工作簿位于受信任位置中，你和你的客户不必受到安全限制就能运行启用了宏的工作簿。

按下列步骤可以设置受信任位置：

(1) 在"开发工具"选项卡上选中"宏安全性"按钮。这将激活"信任中心"对话框。

(2) 单击"受信任位置"按钮，打开"受信任位置"菜单(如图 2-6 所示)，将显示出所有被认为可信任的目录。

(3) 单击"添加新位置"按钮。

(4) 单击"浏览"，寻找并指定你认为可作为受信任位置的目录。

指定了受信任位置后，从该位置打开的任何 Excel 文件都可以自动启动宏。

图 2-6　在"受信任位置"菜单中可添加被认为受信任的目录

3. 将宏保存到个人宏工作簿中

大多数用户自己创建的宏都用于特定工作簿中，但有些情况下可能希望能在所有工作簿中使用某些宏。这时你可将这些通用的宏保存到个人宏工作簿中，以方便使用。当启动 Excel 后就会加载个人宏工作簿。只有使用个人宏工作簿录制了宏，才会出现这个名为 personal.xlsb 的文件。

要在个人宏工作簿中录制宏，可先在"录制宏"对话框中选择"个人宏工作簿"。这个选项位于"保存在"旁边的下拉列表中。

如果你在个人宏工作簿中保存宏，那在加载使用了宏的工作簿时就不用记着再去打开个人宏工作簿了。想退出时，Excel 会询问是否想将这些改变保存到个人宏工作簿中。

> **注意：**
> 为免碍事，个人宏工作簿通常都是隐藏的。

4. 将宏指定给按钮和其他表单控件

我们在创建宏时，都希望以后能以一种简单易行的方法来运行宏。一个基本的按钮就可以提供这种简单有效的用户界面。

很巧，为了帮助用户直接在电子表格上创建用户界面，Excel 专门设计并提供了一组表单控件。表单控件有多种不同的类型，从按钮(最常用的控件)到滚动条都有。

表单控件使用起来很简单，只需要将表单控件放到电子表格上，并将宏指定给它——当然，宏需要先录制完成。宏指定给控件后，单击控件就可运行该宏。

为你之前创建的 AddTotalRelative 宏创建一个按钮，步骤如下所示：

(1) 单击"开发工具"选项卡中的"插入"按钮(如图 2-7 所示)。
(2) 从显示出来的下拉列表中选择"按钮"表单控件。
(3) 单击你想放置按钮的位置。

将按钮控件拖至电子表格上时，就会弹出"指定宏"对话框，如图 2-8 所示，会询问你将哪个宏指定给这个按钮。

图 2-7 "开发工具"选项卡中的表单控件

图 2-8 为新添加的按钮指定一个宏

(4) 选择你想指定给该按钮的宏，单击"确定"按钮。

现在，只要单击这个按钮就可以运行你的宏了。记住，表单控件组(如图2-7所示)中的所有控件的工作方式都和命令控件一样，只要右击并选择指定宏就可将宏指定给该控件。

> **注意：**
> 看一下图2-7中的表单控件和ActiveX控件。虽然看起来类似，但实际上是截然不同的。表单控件是为电子表格专门设计的，而ActiveX控件则是为Excel的用户窗体设计的。通常来讲，在电子表格中必须使用表单控件。为什么呢？表单控件需要的开销较少，因此执行起来更好，配置表单控件远比配置ActiveX控件更简单。

5. 将宏放置到快速访问工具栏上

你还可将宏指定给快速访问工具栏上的按钮。快速访问工具栏位于功能区的上方或下方。通过下列步骤你可以添加运行你的宏的自定义按钮：

(1) 右击"快速访问工具栏"并选择"自定义快速工具访问栏"，打开如图2-9所示的对话框。

图2-9 将宏添加到快速访问工具栏

(2) 单击"Excel选项"对话框左侧的"快速访问工具栏"。
(3) 从左边的"从下列位置选择命令"下拉列表中选择"宏"。
(4) 选择你想要添加的宏并单击"添加"按钮。
(5) 单击"修改"按钮可改变该宏前面的图标。
(6) 单击"确定"按钮。

2.2 Visual Basic 编辑器概述

打开 Excel 后，Visual Basic 编辑器实际上是一个单独运行的应用程序。要想看到这个隐藏的 VBE 环境，需要激活它才行。激活 VBE 的最快捷方法是打开 Excel 后按 Alt+F11 组合键。要想返回 Excel，再按一下 Alt+F11 组合键。

你也可以通过使用 Excel 界面上"开发工具"选项卡中的 Visual Basic 命令来激活 VBE。

2.2.1 了解 VBE 组件

图 2-10 就是 VBE 编程界面，对其中的关键区域做了标注。你的 VBE 编程窗口未必和图 2-10 所示的界面完全一样。VBE 包含了一些窗口，而且可高度自定义。可以隐藏窗口、重新放置窗口、固定窗口位置等。

图 2-10　标注出重要区域的 VBE

1. 菜单栏

VBE 菜单栏的使用方法和你以前遇到的所有菜单栏一样。菜单栏中包含了各种可以使用 VBE 中大量组件的命令。你还可以看到许多菜单命令后面有与之对应的快捷键。

VBE 也支持快捷菜单，在 VBE 窗口内的任何地方右击就可以弹出常见命令的快捷菜单。

2. 工具栏

默认情况下，标准工具栏就位于菜单栏的正下方，是 VBE 可用的 4 大工具栏之一。可以自定义工具栏、把它们来回移动、显示其他工具栏等。如果愿意，可使用"视图"|"工具栏"对工具栏进行各种调整。不过大多数人都使用默认样式。

3. 工程资源管理器

工程资源管理器中的树状图显示出 Excel 中当前打开了的所有工作簿(包含加载项和隐藏工

作簿)。双击这些工程对象就可以展开或折叠。本章 2.2.2 一节将对工程资源管理器进行更详细的讨论。

如果工程资源管理器不可见,可按 Ctrl+R 组合键或者使用"视图"|"工程资源管理器"命令。单击工程资源管理器标题栏上的"关闭"按钮就可将之隐藏。也可在工程资源管理器的任意位置右击,弹出快捷菜单后选择隐藏命令。

4. 代码窗口

代码窗口中包含了 VBA 代码。工程中的任何一个对象都有一个与之相关联的代码窗口。如果想查看对象的代码窗口,可以双击工程资源管理器中的对象。例如,如果想查看 Sheet1 这个对象的代码窗口,可以在工程资源管理器中双击 Sheet1。如果你没有添加过 VBA 代码,代码窗口就会是空的。

本章 2.2.3 一节将对代码窗口做进一步的讲解。

5. 立即窗口

立即窗口可能可见也可能不可见。如果不可见,可按 Ctrl+G 组合键或使用"视图"|"立即窗口"命令。单击立即窗口标题栏上的"关闭"按钮就可将之隐藏。也可在立即窗口的任意位置右击,弹出快捷菜单后选择隐藏命令。

在直接执行 VBA 语句以及调试代码时,立即窗口非常有用。如果你才开始使用 VBA,这个窗口的作用并不大,可先隐藏起来给其他窗口腾出屏幕空间。

2.2.2 使用工程资源管理器

在使用 VBE 时,认为当前打开的每个 Excel 工作簿和加载项都是一个"工程"。可以把工程当成按照可扩展树的形式来排列的对象集合。通过单击"工程资源管理器"窗口中的工程名称左侧的加号(+)可以展开一个工程。通过单击工程名称左侧的减号(-)可折叠工程。或者,你可以双击该工程来展开或折叠它们。

图 2-11 显示了工程资源管理器,其中列出了两个工程:名为 Book1 的工作簿和名为 Book2 的工作簿。

图 2-11 工程资源管理器窗口中列出两个工程,工程都已展开,显示出所有对象

每个工程展开后，至少显示一个节点——"Microsoft Excel 对象"。这个节点展开后，会为工作簿中的每个工作表(每个工作表都被视为一个对象)显示一个项，还会显示另一个名为 ThisWorkbook 的对象(它代表的是 Workbook 对象)。如果工程中包含任何 VBA 模块，那么工程列表还会显示"模块"节点。

1. 添加新的 VBA 模块

在录制宏时，Excel 将自动插入一个 VBA 模块，以保存录制的代码。录制宏对应的模块保存在哪个工作簿中，取决于你在录制宏前选择将宏保存在什么位置。

一般情况下，VBA 模块保存以下三种类型的代码。

- **声明**：提供给 VBA 的一条或多条信息语句。例如，你可以声明你准备使用的变量的数据类型，或者设置一些其他模块范围内的选项。
- **子过程**：一组执行一些动作的编程指令。所有的录制宏都是子过程。
- **函数过程**：一组返回单个值的编程指令(类似于工作表函数，如 Sum)。

单个 VBA 模块可以存储任意数量的子过程、函数过程和声明。如何编写 VBA 模块完全由你自己决定。有些人更倾向于将一个应用的所有 VBA 代码都保存在单个 VBA 模块中；也有些人喜欢将代码分散到多个不同的模块中。这都是个人选择，跟摆放自己家里的家具差不多。

采用下列步骤可将一个新的 VBA 模块手动添加到工程中：

(1) 在工程资源管理器窗口选择工程的名称。

(2) 选择"插入"|"模块"。

或者可以：

(1) 右击工程的名称。

(2) 从快捷菜单中选择"插入"|"模块"命令。

新模块将被添加到工程资源管理器窗口中的模块文件夹下(如图 2-12 所示)。在指定工作簿中创建的所有模块都会被放置到该"模块"文件夹中。

图 2-12 "模块"文件夹下的代码模块在工程资源管理器窗口中都是可见的

2. 删除 VBA 模块

如果想删除以后不再用的代码模块，只需要按以下步骤进行操作：

(1) 在工程资源管理器窗口中选择模块的名称。

(2) 选择"文件"|"删除 XXX",XXX 指模块名。注意,Excel 会询问你在删除前是否想要导出模块。如果你想将模块备份或将之导入到另一个工作簿中,可以单击"是的"。

或者可以:

(1) 右击工程资源管理器窗口中的模块名称。

(2) 从快捷菜单中选择"删除 XXX"。

> **注意:**
> 可以删除 VBA 模块,但是不能删除与工作簿关联的模块(如 ThisWorkbook 模块)和与表对象相关联的模块(如 Sheet 模块)。

2.2.3 使用代码窗口

随着你对 VBA 的了解更加深入,将需要花费很多时间来学习如何使用代码窗口。所录制的宏都保存在模块中,你可以直接进入 VBA 模块中输入 VBA 代码。

1. 窗口的最大化和最小化

在 Excel 中,代码窗口和工作簿窗口非常相似。可将它最大化、最小化、调整大小、隐藏、调整位置等。大多数人认为在工作时最大化窗口最方便,因为这样可以看到更多的代码,还可以避免分心。

如果要最大化"代码"窗口,只需要在标题栏中单击最大化按钮(在 X 按钮后面)或双击标题栏即可。如果想将代码窗口还原到原来的大小,单击还原按钮即可。最大化窗口后,标题栏会不可见,在菜单栏这一行"帮助"的最右边,可以找到还原按钮。

有时,希望看到两个或多个代码窗口。例如,要比较两个模块中的代码或者要把一个模块中的代码复制到另一个模块中。可手动调整窗口的大小,或者通过"窗口"|"水平平铺"或者"窗口"|"垂直平铺"命令来自动调整窗口大小。

可以通过选择 Ctrl+Tab 组合键在代码窗口之间快速切换。如果持续按该组合键,则会在所有打开的代码窗口中循环切换。选择 Ctrl+Shift+Tab 组合键则会以相反顺序在窗口间循环切换。

最小化"代码"窗口可以使其不再碍事,还可以单击某个"代码"窗口的标题栏中的"关闭"按钮完全关闭窗口(关闭窗口只是将之隐藏,并不会丢失任何东西)。如果要重新打开该窗口,只需要在"工程资源管理器"窗口中双击相应的对象即可。这些代码窗口使用起来非常简单。

2. 向模块中放置 VBA 代码

在进行实质性操作前,首先必须保证 VBA 模块中要有一些 VBA 代码。有三种方式可以实现:

- 用 Excel 宏录制器录制你的动作,将它们转变成 VBA 代码。
- 直接输入这些代码。
- 从一个模块中复制 VBA 代码,将这些代码粘贴到另一个模块中。

你已经了解了一些通过使用 Excel 宏录制器创建代码的好办法。不过,录制宏后,不是所有的任务都可以被转换成 VBA 代码。经常会出现需要直接在模块中输入代码的情况。直接输入代码主要是指你手动输入一行行代码或者从其他地方将代码复制粘贴过来。

在 VBA 模块中输入和编辑文本，效果会和你预期的一样。可以选择、复制、剪切、粘贴文本等。

VBA 中的一条指令可以要多长有多长。但是，考虑到可读性，你可以用续行符把一条很长的指令分解成长度适中的多行。因此，在代码行的末尾加上一个空格和一个下画线字符(_)，然后按回车键并继续在下一行输入这条指令(又称为语句)。例如，下面的代码中将一条 VBA 语句分成 3 行：

```
Selection.Sort Key1:=Range("A1"), _
    Order1:=xlAscending, Header:=xlGuess, _
    Orientation:=xlTopToBottom
```

这条语句如果在一行上(即没有续行符)，其执行结果和上述代码的结果是完全一样的。注意该语句的第二行和第三行缩进了，缩进是可选的，但可以帮助你看清这三行代码并不是独立语句，而属于同一条语句。

VBE 可以进行多级的"撤消"和"恢复"操作。如果你不小心删除了一条不该删除的语句，可重复单击工具栏上的"撤消"按钮(或按 Ctrl+Z 组合键)，直到该指令恢复为止。使用"撤消"操作后，也可以使用"恢复"按钮来恢复之前"撤消"时所做的更改。

现在想试试如何输入代码了？按下述步骤试一试吧：

(1) 在 Excel 中创建一个新的工作簿。
(2) 按 Alt+F11 激活 VBE。
(3) 在工程资源管理器窗口中单击新工作簿的名称。
(4) 选择"插入"|"模块"，向工程资源管理器窗口中插入 VBA 模块。
(5) 将下列代码输入到模块中：

```
Sub GuessName()
    Dim Msg as String
    Dim Ans As Long
    Msg = "Is your name " & Application.UserName & "?"
    Ans = MsgBox(Msg, vbYesNo)
    If Ans = vbNo Then MsgBox "Oh, never mind."
    If Ans = vbYes Then MsgBox "I must be clairvoyant!"
End Sub
```

(6) 确保光标位于你刚才输入的代码文本范围内，然后按 F5 键执行该过程。

> **提示：**
> F5 是"运行"|"运行子过程/用户窗体"命令的快捷键。

当你输入第(5)步中的代码时，VBE 会对你所输入的文本进行调整。例如，输入 Sub 语句后，VBE 会自动插入 End Sub 语句。如果没有在等号两侧加上空格，VBE 会帮助插入空格。VBE 还会对有些文本进行变色及大写处理。这都是很正常的，VBE 可以通过这些方式使得代码更整洁，可读性更强。

按上述步骤操作后，将可以创建出一个 VBA 子过程，即我们所说的宏。按 F5 键后，Excel 就会执行代码。也就是说，Excel 会评估每一条语句，按你的意图去执行。你可以无限次执行这条宏——不过很可能执行几十次后你就没兴趣了。

这条简单的宏涉及下述概念：
- 定义子过程(第一行)
- 声明变量(Dim 语句)
- 为变量赋值(Msg 和 Ans)
- 连接两个字符串(用&操作符)
- 使用内置的 VBA 函数(MsgBox)
- 使用内置的 VBA 常量(vbYesNo、vbNo 和 vbYes)
- 使用 If-Then 结构(两次)
- 结束子过程(最后一行)

如前所述，你可将代码复制粘贴到 VBA 模块中。例如，你为一个工程所编写的子过程或函数过程也可以用于另一个工程。激活模块后使用常见的复制粘贴方式(即 Ctrl+C 组合键是复制，Ctrl+V 组合键是粘贴)，将代码粘贴过去后可免除再次输入代码的麻烦。粘贴到 VBA 模块中的代码，同样可以按需要进行修改。

或者，你可右击模块并选择"导出文件"选项，这样可将模块保存为.bas 文件。有了.bas 文件后，你就可以打开另一个工作簿，打开 VBE，然后选择"文件"|"导入文件"来导入保存过的.bas 文件。

2.2.4 自定义 VBA 环境

如果你立志要成为一名 Excel 程序员，那肯定需要花费大量时间来研究 VBA 模块。为使编程过程更舒适，VBE 提供了相当多的自定义选项。

激活 VBE 后，选择"工具"|"选项"，就可以看到一个带了四个选项卡的对话框："编辑器""编辑器格式""通用""可连接的"。下面花点时间来研究一下各个选项卡中的选项。

"编辑器"选项卡

单击"选项"对话框中的"编辑器"选项卡，所能看到的选项如图 2-13 所示。使用"编辑器"选项卡中的选项可以控制 VBE 中的某些设置。

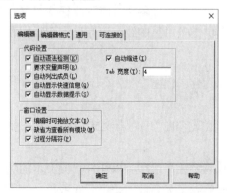

图 2-13　"选项"对话框中的"编辑器"选项卡

"自动语法检测"选项：自动语法检测设置用来确定在输入 VBA 代码时如果发现了语法错误 VBE 是否弹出一个对话框。该对话框会告诉用户大概出了什么问题。如果不选中该设置，VBE 会用不同颜色将语法错误显示出来，以便与其他代码区分开来，这样你可以不用处理屏幕上弹出来的任何对话框了。

"要求变量声明"选项：如果设置了"要求变量声明"选项，VBE 会在你插入的任何新 VBA 模块的最开始处插入下述语句：Option Explicit。改变该设置只会影响到新模块，对已有模块没有任何影响。如果该语句出现在你的模块中，就必须显式定义你所使用的每个变量。使用 Dim 语句是声明变量的一种方式。

"自动列出成员"选项：如果设置了"自动列出成员"选项，在转入 VBA 代码时 VBE 就会提供一些帮助。它所显示的列表内容可以从逻辑上完善你所要输入的语句。这是 VBE 最好的功能之一。

"自动显示快速信息"选项：如果设置了"自动显示快速信息"选项，VBE 将显示出与你输入的函数及它们的参数相关的信息。这跟你开始输入新模块时 Excel 会列出和某个函数相关的参数有点类似。

"自动显示数据提示"选项：如果设置了"自动显示数据提示"选项，在调试代码时，光标放到哪个变量上，VBE 就会显示出该变量的值。默认情况下该设置是开启的，因为相当有用，没理由将它关闭。

"自动缩进"设置："自动缩进"设置用来确定在输入新的代码行时 VBE 是否自动将之如前面行的缩进量那样进行缩进。大多数 Excel 开发人员都会在代码中使用缩进，因此这个选项通常都是开启的。

"Tab 宽度"设置："Tab 宽度"设置用来增加或减少缩进代码或按键盘上 Tab 键时的空格数。

"编辑时可拖放文本"选项：选中"编辑时可拖放文本"选项，可让你通过鼠标拖放操作复制和移动文本。

"缺省为查看所有模块"选项："缺省为查看所有模块"选项为新模块设置默认状态(不影响已有的模块)。如果设置了该选项，代码窗口中的过程就会以单个可滚动列表显示出来。如果关闭该选项，你一次就只能看到一个过程。

"过程分隔符"选项：选中"过程分隔符"选项，在代码窗口中每个过程的底部就会出现分隔线。分隔线会给过程之间提供一条可见的线，可帮助你清晰地看出一段代码从什么地方结束从什么地方开始。

2.2.5 "编辑器格式"选项卡

图2-14显示了"选项"对话框中的"编辑器格式"选项卡。有了该选项卡，可以自定义 VBE 的外观。

"代码颜色"选项："代码颜色"选项可以让你设置文本的颜色以及 VBA 代码中各类元素的背景色。这主要是个人偏好问题。大多数 Excel 开发人员会使用默认颜色。不过，如果你想改变一下的话，就可以使用这些设置。

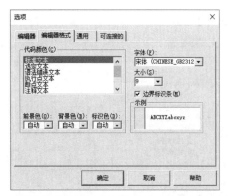

图 2-14 利用"编辑器格式"选项卡可以改变 VBE 的外观

"字体"选项："字体"选项允许选择在 VBA 模块中使用的字体。在等宽字体中，所有字符的宽度完全相同。这样使得代码更便于阅读，这是因为字符在垂直方向上排列得非常好，而且很容易就能辨别出多个空格(有时这样会比较有用)。

"大小"选项："大小"选项指定 VBA 模块中的字体大小。这同样可以完全根据个人的喜好来设置，由显示器的分辨率和自己的视力来决定。

"边界标识条"选项："边界标识条"选项控制是否在模块中显示垂直边界标识条。应该保持它的选中状态，否则在调试代码时，就看不到提供帮助的图形方式的标识条。

2.2.6 "通用"选项卡

图 2-15 显示了"选项"对话框中"通用"选项卡下可用的所有选项。在几乎所有情况下，使用默认选项就可以了。"通用"选项卡中的最重要设置是"错误捕获"。如果你准备开始编辑 Excel 宏，最好将"错误捕获"设置为"遇到未处理的错误时中断"。这样可以保证当你输入代码时 Excel 会警告你出错了——而不是等到运行代码时才一一改错。

图 2-15 "选项"对话框中的"通用"选项卡

2.2.7 "可连接的"选项卡

图 2-16 显示了"可连接的"选项卡。这些选项用来确定 VBE 中各类窗口的表现方式。在停靠窗口时，它沿 VBE 编程窗口的一个边缘放置并固定位置，这样更容易识别和定位具体窗口。

如果所有窗口都未连接到 VBE 的边框上，那么会有太多窗口浮动在其中，这种状况就非常混乱。一般情况下，会发现默认设置效果不错。

图 2-16 "选项"对话框中的"可连接的"选项卡

2.3 VBA 的基础知识

VBA 是一种面向对象的编程语言。面向对象的编程，其基本概念就是软件应用程序(本例中指的是 Excel)是由各种各样单独的对象组成，每个对象都有其自身独特的功能和使用方式。Excel 应用包含了工作簿、工作表、单元格、图表、透视表、形状等。每个对象都有其自己的功能，我们称之为"属性"，以及都有其自身的使用方式，我们称之为"方法"。

可将这个概念理解为你每天都要遇到的对象，比如计算机、汽车或者厨房里的冰箱。这些对象都有可识别点，例如高度、重量和颜色。它们又都有各自的用途，例如计算机可用来使用 Excel，汽车可载你长途旅行，冰箱可冷藏冷冻易腐烂食品。

VBA 对象也有它们可识别的属性和使用方法。工作表单元格是一个对象，它有一些可描述的功能(即它的属性)，如它的位置、高度、所填充的颜色等。工作簿也是 VBA 对象，它有一些可用的功能(即它的方法)，如打开、关闭工作簿，将图表或透视表添加到工作簿中。

在 Excel 中，每天都会接触到 Workbook 对象、Worksheet 对象和 Range 对象。你可能会将这些对象看成是 Excel 的全部，而不会真正认为它们是独立的。然而，Excel 本质上是将这些对象看成一个名为 Excel 对象模型的分层模型的部分。Excel 对象模型是一组被清晰定义的对象，通过对象之间的关系可以将这些对象排列起来。

2.3.1 了解对象

在真实世界中，可将你看到的任何事物都称为对象。你所居住的房子，这是对象。房子里的房间，也都是一个个单独的对象。房间里可能会有壁橱，这些壁橱同样也是对象。房子、房间、壁橱，你可以发现这三者之间存在着分层的关系。Excel 中也运用了同样的道理。

在 Excel 中，Application 对象是包罗万象的对象——类似于你的房子。在 Application 对象中，Excel 有 Workbook 对象，在 Workbook 对象中有 Worksheet 对象，在 Worksheet 对象中有 Range 对象。它们是分层结构中的所有对象。

要获得 VBA 中的特定对象，可遍历一下对象模型。例如，要获取 Sheet1 中的单元格 A1，需要输入下列代码：

```
Application.ThisWorkbook.Sheets("Sheet1").Range("A1").Select
```

大多数情况下，我们都清楚对象模型的层级，所以不需要把每一级都写出来。

输入下述代码也可以得到单元格 A1，因为 Excel 会推断出你指的是活动工作簿和活动工作表：

```
Range("A1").Select
```

实际上，如果光标已经在单元格 A1 上，你就可以只使用 ActiveCell 对象，而不需要将区域指出来：

```
Activecell.Select
```

2.3.2 了解集合

许多 Excel 对象都属于集合。例如，你的房子位于一个街区中，这个街区就是房子的集合。每个街区都位于城市中，这个城市就是街区的集合。Excel 将集合看成对象本身。

每个 Workbook 对象中都有 Worksheet 集合。Worksheet 集合是一个可通过 VBA 调用的对象。Workbook 对象中的每个 Worksheet 对象都位于 Worksheet 集合中。

如果你想引用 Worksheet 集合中的一个 Worksheet 对象，可以通过它在集合中的位置来引用它，如从 1 开始的索引号，或将它的名称作为引用文本。如果你在只包含一个名为 MySheet 的工作表的工作簿中运行下面两行代码，会发现它们所做的事是一样的：

```
Worksheets(1).Select
Worksheets("MySheet").Select
```

如果活动工作簿中有两张工作表，分别名为 MySheet 和 YourSheet，输入下列任意一行语句都可以引用第二个工作表：

```
Worksheets(2).Select
Worksheets("YourSheet").Select
```

如果你想引用某个不活动工作簿中的名为 MySheet 的工作表，就需要限定工作表的引用和工作簿的引用，如下所示：

```
Workbooks("MyData.xlsx").Worksheets("MySheet").Select
```

2.3.3 了解属性

属性本质上就是对象的特征。房子会有颜色、面积、房龄等。有些属性可以改变——如房子的颜色。有些属性就不能修改——如房子的建成年份。

同样，Excel 中的对象(如 Worksheet 对象)的表名属性可以改变，但 Rows.Count 行属性就不能改变。

通过引用某个对象及其属性就可以引用对象的属性了。例如,你可以通过改变工作表的 Name 属性来改变工作表的名称。

在这个例子中,将 Sheet1 重命名为 MySheet:

```
Sheets("Sheet1").Name = "MySheet"
```

有些属性是只读的,这意味着你不能直接给它赋值——如单元格的 Text 属性。Text 属性直接给单元格指定了格式化了的值,你不能重写或修改。

有些带有参数的属性可以进一步指定属性的值。比如,下面这行代码就使用 RowAbsolute 和 ColumnAbsolute 变量将单元格 A1 的 Address 属性返回为绝对引用($A$1):

```
MsgBox Range("A1").Address(RowAbsolute:=True, ColumnAbsolute:=True)
```

为活动对象指定属性

在使用 Excel 时,一次只能激活一个工作簿。在被激活的工作簿中,一次也仅能激活一个表。如果该表是工作表,就只有一个单元格是活动单元格(即使选中了多个单元格区域也是如此)。对活动工作簿、活动工作表和活动单元格有所了解后,将发现 VBA 还提供了引用这些活动对象的简便方法。

这种引用对象的方法非常有用,因为你不必知道所要操作的具体工作簿、工作表以及单元格区域。通过利用 Application 对象的属性,VBA 可以轻松引用对象。例如,Application 对象有一个 ActiveCell 属性,可以返回对活动单元格的引用。下列指令将值 1 赋给了活动单元格:

```
ActiveCell.Value = 1
```

注意,在上述例子中,我们忽略掉了对 Application 对象和对活动工作表的引用,因为这两者都是默认的。如果该活动表不是工作表的话,这条指令就会失败。例如,如果激活图表工作表再让 VBA 执行这条语句,过程就会中断,出现一条错误消息。

如果在工作表中选定了区域,活动单元格就是所选区域内的一个单元格。也就是说,活动单元格永远是单个单元格(不可能是多个单元格)。

Application 对象还有 Selection 属性,可以返回对任何所选对象的引用。这些对象可以是单个单元格(活动单元格)、一段区域内的单元格,或者类似 ChartObject、TextBox、Shape 这样的对象。

表 2-1 列出了 Application 对象的其他一些属性,它们在处理单元格和区域时比较有用。

表 2-1 Application 对象的一些有用属性

属性	返回对象
ActiveCell	活动单元格
ActiveChart	活动图表工作表或工作表中包含在 ChartObject 对象中的图表。如果没有激活图表,该属性为 Nothing
ActiveSheet	活动表(工作表或图表工作表)
ActiveWindow	活动窗口
ActiveWorkbook	活动工作簿
Selection	被选中的对象。可以是 Range 对象、Shape 对象、ChartObject 对象等

(续表)

属性	返回对象
ThisWorkbook	包含了正被执行的 VBA 过程的工作簿。该对象和 ActiveWorkbook 对象可能一样也可能不一样

使用这些属性来返回对象，好处是不需要知道哪个单元格、哪个工作表或哪个工作簿是活动的，也不需要给对象提供具体的引用。这样编写 VBA 代码时就不需要指定到具体的工作簿、工作表和区域。例如，下列指令虽然不清楚活动单元格的位置，但同样可以清除活动单元格的内容：

```
ActiveCell.ClearContents
```

下面这条指令可显示出活动工作表的名称：

```
MsgBox ActiveSheet.Name
```

如果想知道活动工作簿的名称和目录路径，可以使用如下语句：

```
MsgBox ActiveWorkbook.FullName
```

如果选中了工作表中单元格的区域，通过执行一条语句就可以用值填充这个区域的单元格。在下例里，Application 对象的 Selection 属性返回与所选单元格相对应的 Range 对象。这条指令简单地修改了这个 Range 对象的 Value 属性，其结果是用单个值填充了所选中的单元格区域：

```
Selection.Value = 12
```

注意，如果选中了其他对象(如ChartObject或者Shape)，上述语句就会生成错误，因为ChartObject对象和Shape对象没有Value属性。

不过，下列语句会将值 12 填充到在选中非 Range 对象之前就已经选中的 Range 对象中。如果在帮助系统中查找 RangeSelection 属性，会发现该属性仅能用于 Window 对象：

```
ActiveWindow.RangeSelection.Value = 12
```

如果想知道活动窗口中选中了多少个单元格，则可以访问 Count 属性，具体如下所示：

```
MsgBox ActiveWindow.RangeSelection.Count
```

2.3.4 了解方法

方法是可在对象上执行的动作。将方法当作动词会有助于你理解，比如你可以粉刷房子，在 VBA 中就可翻译成 house.paint。

举个 Excel 方法的简单例子，Range 对象的 Select 方法，如下所示：

```
Range("A1").Select
```

Range 对象的 Copy 方法：

```
Range("A1").Copy
```

有些方法会带有参数，表明是如何应用它们的。例如，如果显式定义 Destination 参数，就可以更有效地使用 Paste 方法。

```
ActiveSheet.Paste Destination:=Range("B1")
```

> **关于参数**
>
> 经常会引发 VBA 新程序员困惑的问题大多和参数有关。有些方法使用参数来进一步明确所要采取的动作，有些属性使用参数来进一步指定属性的值。在有些情况下，使用一个或多个参数是可选的。
>
> 我们来看一下 Workbook 对象的 Protect 方法。查看一下帮助系统，会发现 Protect 方法带有 3 个参数：password、structure 和 windows。这 3 个参数对应于"保护结构和窗口"对话框中的选项。
>
> 例如，如果想保护名为 MyBook.xlsx 的工作簿，可以使用如下语句：
>
> ```
> Workbooks("MyBook.xlsx").Protect "xyzzy", True, False
> ```
>
> 在这个例子中，工作簿被密码(参数 1)保护了，它的结构也被保护了(参数 2)，但没有保护窗口(参数 3)。
>
> 如果不想给密码赋值，则可使用如下语句：
>
> ```
> Workbooks("MyBook.xlsx").Protect , True, False
> ```
>
> 注意，第一个参数被忽略了，而且我们用逗号隔出了占位符。
>
> 如果使用命名参数，会使得代码的可读性更强，还是举上面的例子，在代码中使用命名参数：
>
> ```
> Workbooks("MyBook.xlsx").Protect Structure:=True, Windows:=False
> ```
>
> 对于带有多个可选参数的方法，以及你只需要使用其中几个参数时，使用命名参数是个好办法。如果使用了命名参数，就不需要为省略掉的参数使用占位符了。
>
> 对于返回值的属性(和方法)，必须给参数加上圆括号。例如，Range 对象的 Address 属性带有 5 个可选参数。因为 Address 属性会返回值，但参数上没加圆括号，下述语句就是无效的：
>
> ```
> MsgBox Range("A1").Address False ' invalid
> ```
>
> 加了圆括号后才是正确的语法，如下所示：
>
> ```
> MsgBox Range("A1").Address(False)
> ```
>
> 也可以用命名参数来编写语句：
>
> ```
> MsgBox Range("A1").Address(rowAbsolute:=False)
> ```
>
> 深入学习 VBA 后你会更清晰地发现其中的细微差别。

2.4 使用 Range 对象

在 VBA 中大量的工作都会涉及工作表中的单元格和单元格区域。下面将以 Range 对象作为案例分析来研究具体的对象。

2.4.1 找到 Range 对象的属性

打开 VB 编辑器，单击菜单栏中的"帮助"|"Microsoft Visual Basic for Application 帮助"，将会进入 Microsoft Developer Network(MSDN)网站。在 MSDN 上，搜索 Range 可以看到与 Range 对象相关的网页。你会看到 Range 对象有 3 个属性，可用来通过 VBA 处理工作表。

- Worksheet 或 Range 类对象的 Range 属性
- Worksheet 对象的 Cells 属性
- Range 对象的 Offset 属性

2.4.2 Range 属性

Range 属性返回一个 Range 对象。如果在帮助系统中查阅有关 Range 属性的信息，就会了解到该属性有下列两种语法：

```
object.Range(cell1)
object.Range(cell1, cell2)
```

Range 属性应用于两类对象：Worksheet 对象或 Range 对象。这里的 cell1 和 cell2 指的是占位符，Excel 认为它们是确定单元格区域(第一个实例)和描绘单元格区域(第二个实例)的项。下面列举几个使用 Range 属性的示例。

在本章前面的部分中也曾看到类似下面语句的示例。下面的指令只是在指定的单元格中输入一个值。在这个示例中，将数值 12.3 放到活动工作簿的工作表 Sheet1 的单元格 A1 中：

```
Worksheets("Sheet1").Range("A1").Value = 12.3
```

Range 属性还可以识别工作簿中定义的名称。因此，如果单元格名为 Input，那么可以使用下列语句把数值输入到这个命名的单元格内：

```
Worksheets("Sheet1").Range("Input").Value = 100
```

下面的示例把数值输入到活动工作表上包含 20 个单元格的单元格区域内。如果活动工作表不是工作表，将出现一条错误消息：

```
ActiveSheet.Range("A1:B10").Value = 2
```

下面的示例产生的结果与上面的示例产生的结果相同：

```
Range("A1", "B10") = 2
```

然而，这个示例中省略了工作表引用，因此假定是活动工作表。此外，还省略了数值的属性，因此该属性是默认的属性(对于 Range 对象而言即为 Value 属性)。这个示例还使用了 Range 属性的第二种语法。在这种语法下，第一个参数是单元格区域左上角的单元格，而第二个参数是单元格区域右下角的单元格。

下面的示例使用了 Excel 单元格区域交集运算符(空格表示)，返回两个单元格区域的交集。在这个示例中，交集为单元格 C6。因此，该语句在单元格 C6 中输入 3：

```
Range("C1:C10 A6:E6") = 3
```

最后，如果你引用的范围是不连续范围(即并非所有单元格彼此相邻的范围)，则可以使用逗号作为联合运算符。例如，如下语句在构成不连续范围的五个单元格中输入数值 4。注意逗号都在引号中。

```
Range("A1,A3,A5,A7,A9") = 4
```

至此，所有示例都在 Worksheet 对象上使用了 Range 属性。正如前面所提到的那样，还可以使用 Range 对象的 Range 属性。

这个示例将 Range 对象看成工作表中左上角的单元格，然后在单元格 B2 中输入数值 5。换句话说，返回的引用相对于 Range 对象的左上角。因此，下面的语句将把数值 5 直接输入活动单元格右下方的单元格中：

```
ActiveCell.Range("B2") = 5
```

幸好，除了通过 Range 属性访问单元格，还有一种更清晰的方式：Offset 属性。在下一节中将讨论这一属性。

2.4.3 Cells 属性

引用单元格区域的另一种方法是使用 Cells 属性。与 Range 属性类似，可在 Worksheet 对象和 Range 对象上使用 Cells 属性。在查阅帮助系统后，就会明白 Cells 属性有下列 3 种语法格式：

```
object.Cells(rowIndex, columnIndex)
object.Cells(rowIndex)
object.Cells
```

下面举例说明如何使用 Cells 属性。第一个示例将数值 9 输入 Sheet1 的单元格 A1 中。在这个示例中，使用的是第一种语法，其中接收行的索引号(1~1 048 576)和列的索引号(1~16 384)作为参数：

```
Worksheets("Sheet1").Cells(1, 1) = 9
```

下面的示例把数值 7 输入到活动工作表的单元格 D3(也就是第 3 行、第 4 列中的单元格)中：

```
ActiveSheet.Cells(3, 4) = 7
```

还可以在 Range 对象上使用 Cells 属性。为此，Cells 属性返回的 Range 对象是相对于被引用 Range 的左上方的单元格。这有点令人迷惑。下面的示例可能有助于弄清楚这一问题。接下来的指令将把数值 5 输入到活动单元格内。请记住，在这个示例中，把活动单元格看成工作表中的单元格 A1：

```
ActiveCell.Cells(1, 1) = 5
```

> **注意：**
> 这种单元格引用方式真正的好处将在讨论变量的循环时显示出来(具体请参见第 3 章)，大部分情况下，不使用实际数值而是使用变量作为参数。

为将数值 5 输入到活动单元格正下方的单元格中，可以使用下列指令：

```
ActiveCell.Cells(2, 1) = 5
```

上面这个示例的含义是：从活动单元格开始，把这个单元格看成单元格 A1。把数值 5 输入位于第 2 行、第 1 列中的单元格中。

Cells 属性的第二种语法是使用单个参数，数值范围是 1～17 179 869 184。这个数字与 Excel 工作表中的单元格数目相等。单元格从 A1 开始编号，然后向右编号，并依次向下进入到下一行。第 16 384 个单元格编号为 XFD1，第 16 385 个单元格编号为 A2。

下面的示例把数值 2 输入活动工作表的单元格 SZ1(它是工作表中的第 520 个单元格)中：

```
ActiveSheet.Cells(520) = 2
```

为了显示工作表的最后一个单元格(XFD1048576)中的数值，采用下列语句：

```
MsgBox ActiveSheet.Cells(17179869184)
```

这种语法还可用在 Range 对象上。这种情况下，返回的单元格是相对于引用的 Range 对象。例如，如果 Range 对象是 A1:D10(40 个单元格)，那么 Cells 属性可以有一个数值为 1～40 的参数，该属性返回 Range 对象中的一个单元格。在接下来的示例中，数值 2000 输入单元格 A2 中，因为 A2 是所引用的单元格区域中的第 5 个单元格(从上向右，然后向下计算)：

```
Range("A1:D10").Cells(5) = 2000
```

> **注意：**
> 在上面的示例中，Cells 属性的参数值并不局限于 1~40。如果该参数的值超过了单元格区域中单元格的数量，就继续计算，就像单元格区域比实际的要大一样。因此，类似前面示例的语句就可以更改单元格 A1:D10 区域之外的某个单元格的数值。例如，如下语句可修改单元格 A11 中的数值：
>
> ```
> Range("A1:D10").Cells(41)=2000
> ```

Cells 属性的第三种语法仅返回所引用的工作表上的所有单元格。与前面两种语法所不同的是，在这种语法中，返回的数据不是单个的单元格。下面的示例在活动工作表上使用了 Cells 属性，又在它返回的单元格区域上使用了 ClearContents 方法，结果是清除了工作表上每个单元格中的内容：

```
ActiveSheet.Cells.ClearContents
```

> **从单元格中获取信息**
>
> 如果需要获取单元格的内容，VBA 提供了几个选项。下面列出最常用的属性：
> - Formula 属性用于返回公式(如果单元格中有公式的话)。如果单元格不包含公式，则返回单元格中的一个值。Formula 属性是一个"读/写"属性，有 FormulaR1C1、FormulaLocal 和 FormulaArray 等变体(详情请参阅帮助系统)。
> - Value 属性返回单元格中一个原始的、未经格式化的值。该属性是一个"读/写"属性。
> - Text属性返回单元格中显示的文本。如果单元格中包含数字值，这个属性将包含所有格

> 式,例如逗号和货币符号。Text 属性是一个只读属性。
> - Value2 属性与 Value 属性类似,不过不使用 Date 和 Currency 数据类型。相反,Value2 把 Date 和 Currency 数据类型转换成包含 Double 类型的 Variant 数据类型。如果单元格中包含日期 3/16/2016,Value 会将其作为 Date 返回,而 Value2 会将其作为一个 double 类型(如 42445)返回。

2.4.4 Offset 属性

与 Range 和 Cells 属性一样,Offset 属性也返回 Range 对象。但与刚才讨论的其他两种方法不同的是,Offset 属性只应用于 Range 对象,而不应用于其他的类。它的语法如下所示:

```
object.Offset(rowOffset, columnOffset)
```

Offset 属性接收两个参数,位置都相对于指定的 Range 对象的左上角单元格。参数的值可以是正值(向下或向右的单元格)、负值(向上或向左的单元格)或者零。下面的示例把数值 12 输入活动单元格正下方的单元格内:

```
ActiveCell.Offset(1,0).Value = 12
```

下面的示例把数值 15 输入到活动单元格正上方的单元格内:

```
ActiveCell.Offset(-1,0).Value = 15
```

如果活动单元格位于第一行,那么上面示例中的 Offset 属性将产生错误,因为它不能返回不存在的 Range 对象。

Offset 属性很有用,特别是在循环过程中使用变量时。第 3 章将讨论这些主题。

当使用相对引用模式录制宏时,Excel 使用 Offset 属性引用相对于起始位置的单元格(也就是宏录制开始的活动单元格)。例如,使用宏录制器生成了下列代码。从单元格 B1 中的单元格指针开始,将值输入到 B1:B3 的单元格区域中,然后返回到 B1。

```
Sub Macro1()
    ActiveCell.FormulaR1C1 = "1"
    ActiveCell.Offset(1, 0).Range("A1").Select
    ActiveCell.FormulaR1C1 = "2"
    ActiveCell.Offset(1, 0).Range("A1").Select
    ActiveCell.FormulaR1C1 = "3"
    ActiveCell.Offset(-2, 0).Range("A1").Select
End Sub
```

注意,宏录制器使用了 FormulaR1C1 属性。一般来说,希望使用 Value 属性把数值输入某个单元格中。然而,使用 FormulaR1C1 甚至 Formula 都会产生同样的结果。此外要注意,生成的代码引用了单元格 A1,然而这个宏中根本没有用到这个单元格。这是宏录制过程中的一种很奇怪的现象,它生成的代码比较复杂,不一定是必需的代码。你可以删除对 Range("A1")的所有引用,但宏仍然能工作得很好:

```
Sub Modified_Macro1()
    ActiveCell.FormulaR1C1 = "1"
```

```
    ActiveCell.Offset(1, 0).Select
    ActiveCell.FormulaR1C1 = "2"
    ActiveCell.Offset(1, 0).Select
    ActiveCell.FormulaR1C1 = "3"
    ActiveCell.Offset(-2, 0).Select
End Sub
```

实际上,还有一个效率更高的宏的版本,你不需要做任何的选择,如下所示:

```
Sub Macro1()
    ActiveCell = 1
    ActiveCell.Offset(1, 0) = 2
    ActiveCell.Offset(2, 0) = 3
End Sub
```

2.5 需要记住的基本概念

在本节中,对于想要成为 VBA 高手的人来讲,增加了一些很重要的基本概念。在使用 VBA 并阅读后续章节的过程中,这些概念将越来越清晰:

- **对象有独特的属性和方法**。每个对象都有自己的一套属性和方法。然而,某些对象的一些属性(如 Name)和方法(如 Delete)是相同的。
- **不进行选择的情况下即可处理对象**。这与平常认为的在 Excel 中处理对象的方式正好相反。毕竟要在 Excel 中使得对象,必须先手动选择对象,对吧?然而,使用 VBA 时并非如此,在没有首先选择对象的情况下,对对象执行操作效率更高。但在录制宏时,Excel 会记录你执行的每个步骤,包括在使用它们之前先选择对象。这些是没有必要的步骤,可能会使得宏的运行速度变慢。你通常可以删除录制的宏中关于所选对象的代码。
- **理解集合的概念很重要**。大多数时候,通过引用对象所在的集合可以间接地引用某个对象。例如,要访问名为 Myfile 的 Workbook 对象,按照如下方式引用 Workbooks 集合:

    ```
    Workbooks("Myfile.xlsx")
    ```

    该引用返回一个对象,该对象就是要处理的工作簿。

- **属性可以返回对另一个对象的引用**。例如,在下面的语句中,Font 属性返回 Range 对象中包含的一个 Font 对象。Bold 是 Font 对象中而不是 Range 对象中的一个属性。

    ```
    Range("A1").Font.Bold = True
    ```

- **有很多不同的方法可以引用相同的对象**。假设有一个名为 Sales 的工作簿,它是唯一打开的工作簿。该工作簿只有一个名为 Summary 的工作表。可以采用下列任意一种方式引用这个工作表:

    ```
    Workbooks("Sales.xlsx").Worksheets("Summary")
    Workbooks(1).Worksheets(1)
    Workbooks(1).Sheets(1)
    Application.ActiveWorkbook.ActiveSheet
    ActiveWorkbook.ActiveSheet
    ```

```
ActiveSheet
```

使用哪种方法通常是由对工作区的了解程度决定的。例如，如果有多个工作簿是打开的，那么第二种或第三种方法就不可靠。如果要使用活动工作表(不管是哪一个工作表)，可以使用后三种方法中的任意一种。如果希望完全确定所引用的是某个特定工作簿上的特定工作表，第一种方法是最佳选择。

> **关于代码示例**
>
> 本书呈现了许多简短的 VBA 代码片段，让你在学习过程中重视起来，或者给你提供示例。有些情况下，这些代码仅是单条语句或者只是一条表达式，本身并不是一条有效的指令。
>
> 例如，下面就是一条表达式：
>
> ```
> Range("A1").Value
> ```
>
> 为测试这条表达式，你需要验证它。MsgBox 函数就是个很方便实用的工具：
>
> ```
> MsgBox Range("A1").Value
> ```
>
> 为检验这些示例，要将语句放到 VBA 模块的过程中，如下所示：
>
> ```
> Sub Test()
>     ' statement goes here
> End Sub
> ```
>
> 然后将光标放到过程上，按 F5 键来执行代码。还要确保这些代码是在正确的环境下执行。比如，如果语句引用了 Sheet1，就要确保活动工作簿有一个名为 Sheet1 的工作表。
>
> 如果代码仅仅是单条语句，可以使用 VBE 立即窗口。立即窗口在立即执行语句时很有用——因为不需要创建过程。如果立即窗口没有显示出来，在 VBE 中按 Ctrl+G 组合键即可。
>
> 只需要在立即窗口中输入 VBA 语句然后按回车键。要在立即窗口中验证表达式，需要在表达式前加上问号(?)，这是代替 Print 的简便方式。
>
> ```
> ? Range("A1").Value
> ```
>
> 在立即窗口中，该表达式的结果就会在下一行显示出来。

2.6 学习更多信息

如果你是首次接触 VBA，可能会被对象、属性和方法这堆名词搞晕。这也很正常，"罗马不是一天建成的"，你也不可能一天就成为 VBA 专家。学习 VBA 是个花时间且需要实践的过程，在这条路上，你并不孤独，有很多资源可以帮助你深入学习下去。本节将再介绍一些你在学习时可能会用到的一些资源。

2.6.1 阅读本书剩余的章节

请别忘了，本章的章名为"VBA 概述"。本书剩余的章节讲述了大量其他的细节内容，还提供了很多有用的示例。

2.6.2 让 Excel 来帮助编写宏

获取宏帮助的最佳地点之一就是 Excel 中的宏录制器。用宏录制器录制宏时，Excel 会自动编写该宏的底层 VBA。录制完毕后，就可以查阅代码，看看录制器做了什么，还可以将所创建的宏修改得更符合自己的需求。

例如，假定你需要创建一个宏，能够刷新工作簿中的所有透视表，以及清除每个透视表中的所有筛选器。从无到有地编写这样一个宏是较麻烦的任务。但你可以开启宏录制器，记录下刷新所有透视表以及清除所有筛选器的动作。停止录制后，你可以检查一下这个宏，并对它做些必要的修改。

2.6.3 使用帮助系统

对于一个 Excel 新用户来讲，帮助系统可能就像个笨重的装置，只会返回一些和最初的搜索主题没什么关系的混乱主题列表。但事实上，如果你学会如何使用 Excel 帮助系统后，这基本上是能为搜索主题提供帮助的最简捷方式了。

在使用 Excel 的帮助系统时，你只需要谨记两条原则：寻求帮助时的位置问题，以及需要连接到网络上来使用 Excel 帮助系统。

寻求帮助时的位置问题

在 Excel 中实际上有两个帮助系统：一个提供 Excel 功能上的帮助，另一个则提供 VBA 编程主题方面的帮助。在搜索时你不要随便进行全面搜索，因为 Excel 只会根据与你在 Excel 中当前位置相关的帮助系统来设定搜索标准。这就意味着你得到的帮助内容是由你在 Excel 中工作的区域决定的。因此，如果你想得到与宏和 VBA 编程这类主题相关的帮助，就应该位于 VBA 编辑器中再进行搜索，这样可以确保在正确的帮助系统中执行关键字搜索。

需要连接到网络上

在搜索某个主题的帮助内容时，Excel 会先检查一下你是否连网。如果连上了，Excel 就会转到 MSDN 网站，在该网站中，你可以根据想要得到帮助的主题进行搜索。如果没连到网上，Excel 会弹出消息提示"你需要先连网才能使用帮助"。

2.6.4 使用对象浏览器

"对象浏览器"工具很方便，它为每个可用的对象列出了所有属性和方法。激活了VBE之后，就可以采用下列 3 种方式之一打开"对象浏览器"：

- 按 F2 键。
- 从菜单中选择"视图"|"对象浏览器"命令。
- 单击"标准"工具栏上的"对象浏览器"按钮。

"对象浏览器"如图 2-17 所示。

图 2-17　对象浏览器是一个内容广泛的参考源

"对象浏览器"左上角的下拉列表中包含了有权访问的所有对象库的列表：
- Excel 本身
- MSForms(用于创建自定义的对话框)
- Office(所有 Microsoft Office 应用程序共有的对象)
- Stdole(OLE 自动化对象)
- VBA
- 当前的工程(在"工程资源管理器"中选择的工程)以及该工程所引用的所有工作簿

在左上角下拉列表中所做的选择决定了显示在"类"窗口中的内容，而在"类"窗口中所做的选择决定了成员窗口中可见的内容。

选择了一种库后，可以搜索特殊的文本字符串，进而获得包含该文本的属性和方法的列表。为此，在第二个下拉列表中输入文本，然后单击双筒望远镜图标("搜索"按钮)来完成此操作。

(1) 选择感兴趣的库。如果不能确定哪个库合适，可选择"所有库"。

(2) 在库列表下的下拉列表中输入想要查找的对象。

(3) 单击"搜索"按钮开始文本搜索。

"搜索结果"窗口显示出匹配的文本。选择一个对象，进而在"类"窗口中显示它的类。选择一个类，进而显示它的成员(属性、方法和常量)。请注意底部的窗格，其中显示了有关该对象的更多信息。可按 F1 键直接找到合适的帮助主题。

"对象浏览器"一开始看起来有点复杂，但是会越来越觉得它很有用。

2.6.5　从网上获取

你可能需要的所有宏语法都可能会从网上的某处找到。

就编程而言，从很多方面来讲，程序员从无到有地创建代码变得越来越少见，而如何获取现成的代码并将它合理修改后应用到具体场景中变得越来越普遍。

如果打算为某个具体任务创建一个宏，可以到网上简单描述一下你想要完成的任务，描述前别忘了输入"Excel VBA"，会有意想不到的惊喜。

例如，如果想要编写一个删除工作表中所有空白行的宏，可以搜索"Excel VBA 删除工作表中的空白行"。从网上就可以找到曾经解决过同样问题的解决方案。而且，十有八九，你会找到一些示例代码，用这些资源起步就可逐步构建自己的宏了。

2.6.6 利用用户论坛

如果你觉得自己两眼一抹黑，可以去相应论坛提问，以获得针对你的具体情况的指导。

用户论坛是包含了特定主题的在线社区。在这类论坛中，你可以提问如何解决你的具体问题，会有专家给出有针对性的建议。回答问题的用户通常都是愿意热心帮助社区用户解决实际困难的志愿者。

专门面向 Excel 的论坛很多，要找到 Excel 论坛，在搜索引擎中输入"Excel 论坛"即可。

要想搜索到更多的用户论坛，有一些小技巧：

- 在论坛发帖前先阅读并遵守论坛规则，这些规则包括如何提问，社区交往的礼仪等。
- 为所提的问题拟定简洁精炼的标题，勿用类似"求助""求建议"之类的抽象标题。
- 尽可能地缩小所提问题的范围，不要提类似"我怎么在 Excel 里建个能开发票的宏啊"这样的问题。
- 需要注意，回答你提问的人都是些有自己本职工作的志愿者，只是利用业余时间在社区里回答问题。
- 常去论坛看看。提问后可能会收到具体的各类解决方法。那你应该回复一下别人的回答或者继续提问。
- 感谢回答了你问题的专家。如果觉得有些回答对你自己有帮助，应该花点时间回复一下提供了帮助的专家，感谢他的热心回答。

2.6.7 访问专家博客

有些专家比较乐意将自己的研究成果通过博客分享出来，这类博客基本都是各类技巧和诀窍的汇总，能帮助你提升自己的应用技能，更让人开心的是，它们是免费的！

虽然这些博客未必能直接解决你的具体需求，但提供的文章可以提升 Excel 操作技能，会引导你思考如何在实际应用环境中使用 Excel。

下面是网上最优秀的 Excel 博客的部分列表：

http://chandoo.org

http://www.contextures.com

http://www.datapigtechnologies.com/blog

http://www.dailydoseofexcel.com

http://www.excelguru.ca/blog

http://www.mrexcel.com

2.6.8 通过 YouTube 查找视频

有些人通过观看如何完成任务的视频可能学习效果会更好些。如果你觉得看视频比看在线文档效果更好，可以考虑挖掘一下 YouTube 里的视频资源。YouTube 中有很多频道，有很多让人惊叹的用户热心分享自己的知识，你会很惊讶地发现居然有那么多高质量的免费视频。

输入网址 www.YouTube.com，可输入关键字"Excel VBA"。

2.6.9 通过 Microsoft Office Dev Center 获取信息

Microsoft Office Dev Center 这个网站可以帮助新开发人员迅速熟悉 Office 产品。想要了解和 Excel 相关的内容，可访问 https://msdn.microsoft.com/en-us/library/office/fp179694.aspx。

虽然这个网址导航过去有点儿慢，但确实可提供所有免费的资源，包括示例代码、工具、循序渐进的操作指令等。

2.6.10 解析其他的 Excel 文件

就像从后院里挖金子似的，已有的 Excel 文件也是个可以学习的宝库。你可以打开这些包含了宏的文件，查看一下底层代码，看看是如何使用宏的。你可以一行行地查看这些代码行，或许能从中学到点新技术。甚至你可能会发现可以整块复制过来的有用代码可马上用于自己的工作簿中。

2.6.11 咨询周围的 Excel 人才

在你的公司、部门、小组或者社区里有没有 Excel 方面的人才？可以和他们交朋友，很多 Excel 专家都乐于分享自己的知识。可向他们提问或者寻求如何解决宏问题的建议。

第3章

VBA 编程基础

本章内容:
- 理解 VBA 语言元素,包括变量、数据类型、常量和数组
- 使用 VBA 内置的函数
- 处理对象和集合
- 控制过程的执行

3.1 VBA 语言元素概览

如果你以前使用过其他编程语言,可能会比较熟悉本章中的许多内容。不过 VBA 还有一些独特之处,因此即使经验丰富的编程人员也可能会发现一些新的内容。

本章将探讨 VBA 语言元素,它们是用来编写 VBA 例程的关键字和控制结构。

首先从一个简单的 VBA Sub 过程开始讲述。这个简单过程存储在一个 VBA 模块中,它计算前 100 个正数的总和。在代码执行完毕后,此过程显示一条表示结果的消息。

```
Sub VBA_Demo()
    ' This is a simple VBA Example
    Dim Total As Long, i As Long
    Total = 0
    For i = 1 To 100
        Total = Total + i
    Next i
    MsgBox Total
End Sub
```

这个过程使用了一些常见的 VBA 语言元素,其中包括:
- 一行注释(注释行前面使用了单引号)
- 一条变量声明语句(该行以 Dim 开头)
- 两个变量(Total 和 i)
- 两条赋值语句(Total = 0 和 Total = Total + i)
- 一个循环结构(For-Next 结构)

- 一个 VBA 函数(MsgBox 函数)

所有这些语言元素都将在本章后续的小节中进行阐述。

> **注意:**
> VBA 过程不需要处理任何对象。例如上面的过程没有在对象上做任何事情,只是对数据进行了处理。

输入 VBA 代码

VBA 模块中的 VBA 代码由指令组成。按照惯例,每一行使用一条指令。然而,这个标准不是必须要遵守的,在一行中可以使用冒号隔开多条指令。在下面的示例中,在一行上组合了 4 条指令:

```
Sub OneLine()
    x= 1: y= 2: z= 3: MsgBox x + y + z
End Sub
```

大部分编程人员都认为每行使用一条指令会使得代码更容易阅读:

```
Sub MultipleLines()
    x = 1
    y = 2
    z = 3
    MsgBox x + y + z
End Sub
```

每行的长度不受限制,在看到 VBA 模块窗口的右边缘时,可以使用滚动条把内容往左移。对于稍长的代码行,可能会使用 VBA 的换行连续序列,用空格和下画线表示。例如:

```
Sub LongLine()
    SummedValue = _
        Worksheets("Sheet1").Range("A1").Value + _
        Worksheets("Sheet2").Range("A1").Value
End Sub
```

在录制宏时,Excel 通常使用下画线将长语句分在多行内。

在输入指令之后,VBA 执行下列动作以提高可读性:

- 在运算符之间插入空格。例如,如果输入 Ans=1+2(不带空格),VBA 将其转换成:

```
Ans = 1 + 2
```

- VBA 调整关键字、属性和方法的字母的大小写。例如,如果输入下面的文本:

```
Result=activesheet.range("a1").value=12
```

VBA 就将其转换为:

```
Result = ActiveSheet.Range("a1").Value = 12
```

请注意,这里没有更改引号中的文本(在这个示例中即为"a1")。

- 因为 VBA 变量的名称不区分大小写,所以默认情况下 VBE 将调整拥有相同字母的所有变量的名称，以便它们的大小写与最近键入的字母的大小写匹配。例如，如果一开始指定了一个变量myvalue(所有字母都是小写)，然后输入变量MyValue(大小写混合)，VBA 就把这个变量的所有其他匹配项都改为 MyValue。用 Dim 或类似的语句声明变量时，会发生异常，此时，变量的名称总与它声明时一样。
- VBA 将扫描指令以检查是否存在语法错误。如果 VBA 发现了一个错误，那么它会改变这行代码的颜色，并且可能显示一条描述此问题的消息。选择 Visual Basic 编辑器的"工具" | "选项"命令，显示"选项"对话框，在这里可以控制错误代码的颜色(使用"编辑器格式"选项卡)以及是否显示错误消息(使用"编辑器"选项卡中的"自动语法检测"选项)。

3.2 注释

"注释"就是嵌入在代码中的描述性文本，VBA 会忽略注释中的文本。使用注释可以清晰地描述正在做的事情，这是很好的想法，因为指令的目的不一定总是很明显。

可以使注释占用整行，也可在位于同一行指令的后面插入注释。注释用单引号标明。除非单引号包含在引号中，否则 VBA 将忽略单引号之后直到一行末尾处的任何文本。例如，下面的语句不包含注释，即使它含有一个单引号：

```
Msg = "Can't continue"
```

下面的示例显示了一个带有 3 条注释的 VBA 过程：

```
Sub CommentDemo()
' This procedure does nothing of value
    x = 0   'x represents nothingness
' Display the result
    MsgBox x
End Sub
```

尽管单引号是首选的注释符号，但也可以使用关键字 Rem 将代码行标识为注释。例如：

```
Rem -- The next statement prompts the user for a filename
```

关键字 Rem(Remark 的简写)实际上是从 BASIC 的旧版本中沿袭而来的，出于兼容性目的才包含在 VBA 中。与单引号不同的是，Rem 关键字只能用在一行的开始处，而不能与其他指令共用同一行。

为充分地利用注释的作用，下面罗列了一些常规提示：
- 使用注释来简要描述编写每个过程的目的。
- 使用注释来描述对过程所做的修改。
- 使用注释指出正在以一种与众不同的或不标准的方式使用函数或构件。
- 使用注释描述变量的目的，以便本人和其他人都能明白含义模糊的名称所隐藏的内涵。
- 使用注释描述为了克服 Excel 的故障和局限而开发出的解决办法。
- 与其编写代码后写注释，倒不如编写代码的同时写注释。

- 完成所有编码后，请花一些时间返回并整理你的注释，删除不再需要的注释，并对可能不完整或含糊不清的注释做进一步的阐释。

> **提示：**
>
> 某些情况下，可能会想要测试一个不含某个特殊指令或一组指令的过程。那么不用删除这些指令，只要将它们转换为注释即可，方法是在指令开始的地方插入一个单引号。随后，在执行这个例程时，VBA 就会忽略掉这些指令。要想把注释再转换回指令，只需要删除单引号即可。
>
> Visual Basic 编辑器(VBE)的"编辑"工具栏包含了两个非常有用的按钮(默认情况下不会显示"编辑"工具栏。选择"视图"|"工具栏"|"编辑"命令可以打开该工具栏)。选择一组指令，然后单击"设置注释块"按钮可以把指令转换成注释，单击"解除注释块"按钮可将一组注释转换回指令。

3.3 变量、数据类型和常量

VBA 的主要目的就是处理数据。某些数据存在于对象中，如工作表的单元格区域内。其他数据存储在创建的变量中。

"变量"只是一些已命名的位于计算机内存中的存储位置。变量可以接纳很多种的"数据类型"，从简单的布尔值(True 或 False)到复杂的双精度数值(参见下一节)。给变量赋值时，使用等号运算符(详情请参阅 3.4 节)。

如果尽可能用描述性的语言定义变量的名称，会省很多事。然而，VBA 还规定了一些有关变量名称的规则：

- 可以使用字母、数字和一些标点符号，但是第一个字符必须是字母。
- VBA 不区分大小写。为了使得变量的名称更具有可读性，编程人员常使用混合的大小写(如 InterestRate 而不是用 interestrate)。
- 不能使用空格或句点。为使变量名称更具有可读性，编程人员常使用下画线字符(如 Interest_Rate)。
- 不能在变量名中嵌入特殊类型的声明字符(#、$、%、&或!)。
- 变量名最多可以包含 254 个字符，但是不推荐创建如此长的变量名称。

下面列出一些赋值表达式的示例，其中使用了各种类型的变量。变量名称位于等号的左侧，每条语句都把等号右侧的数值赋给左侧的变量。

```
x = 1
InterestRate = 0.075
LoanPayoffAmount = 243089.87
DataEntered = False
x = x + 1
MyNum = YourNum * 1.25
UserName = "Bob Johnson"
DateStarted = #12/14/2012#
```

VBA 有很多"保留字",这些单词不能用在变量或过程的名称中。如果使用其中的一个保留字作为名称,就会得到一条错误消息。例如,尽管保留字 Next 可能让变量名称更具有描述性,但是下面的指令会产生语法错误:

```
Next = 132
```

但是,语法错误消息不一定将错误描述准确。如果打开了"自动语法检测"选项,上面的指令将产生错误消息"编译错误:缺少:变量(Compile error:Expected:variable)"。如果关闭"自动语法检测"选项,执行这条语句将得到错误消息"编译错误:语法错误(Compile error: Syntax error)"。如果这条错误消息说"把保留字用作变量名"就直观明了。因此,如果某条指令产生一条奇怪的错误消息,那么可以查看 VBA 的帮助系统来确保变量的名称在 VBA 中没有特殊的用法。

3.3.1 定义数据类型

因为 VBA 可自动处理运用数据时涉及的所有细节,所以会使得编程人员更省事。不是所有的编程语言都是这样省事的。例如,某些语言是严格类型的,这意味着编程人员必须显式定义每个变量所使用的数据类型。

"数据类型"是指数据如何存储在内存中,如作为整数、实数和字符串等。尽管 VBA 可以自动维护数据的类型,但这是要付出代价的:执行的速度更慢以及对内存的使用效率不够高。其结果是,在运行大型的或复杂的应用程序时,VBA 处理数据类型的工作可能导致问题。将变量显式地声明为某种特殊的数据类型的另一个好处是在编译阶段 VBA 可以执行其他某些错误检测,而在其他的应用程序中可能很难定位这些错误。

表 3-1 列出了 VBA 内置的数据类型的分类(请注意,还可以定义自定义的数据类型,详情请参阅 3.7 节)。

表 3-1 VBA 内置的数据类型

数据类型	所使用的字节	数值的范围
Byte	1 字节	0~255
Boolean	2 字节	True 或 False
Integer	2 字节	–32 768~32 767
Long	4 字节	–2 147 483 648~2 147 483 647
Single	4 字节	–3.402 823E38~–1.401 298E–45(适用于负值);1.401 298E–45~3.402 823E38(适用于正值)
Double	8 字节	–1.797 693 134 862 32E308~–4.940 656 458 412 47E–324(适用于负值);4.940 656 458 412 47E–324~1.797 693 134 862 32E308(适用于正值)
Currency	8 字节	–922 337 203 685 477.5808~922 337 203 685 477.580 7
Decimal	12 字节	不带小数位时 +/–79 228 162 514 264 337 593 543 950 335; 带 28 个小数位时+/–7.922 816 251 426 433 759 354 395 033 5

(续表)

数据类型	所使用的字节	数值的范围
Date	8 字节	0100 年 1 月 1 日～9999 年 12 月 31 日
Object	4 字节	任意对象的引用
String(变长)	10 字节+字符串的长度	0～大约 20 亿个字符
String(定长)	字符串的长度	1～大约 65 400 个字符
Variant(数字)	16 字节	最大到双精度数据类型的任意数值。也可以保存诸如 Empty、Error、Nothing 和 Null 的特殊数值
Variant(字符)	22 字节+字符串的长度	0～大约 20 亿
用户自定义	因元素类型而异	因元素类型而异

> **注意:**
> Decimal 是一种与众不同的数据类型，因为实际上是不能声明该数据类型的。事实上，它是 Variant 的子类型，必须使用 VBA 的 CDec 函数将 Variant 类型转换为 Decimal 数据类型。

一般来说，最好使用占用字节最少却能处理所有赋给它的数据的数据类型。在 VBA 使用数据时，执行的速度与 VBA 为其配置的字节数有关。换言之，数据使用的字节数越少，VBA 访问和处理数据的速度就越快。

对于工作表计算而言，Excel 使用 Double 数据类型。为能在 VBA 中处理数字时不丢失任何的精度，使用这种数据类型非常好。对于整数计算而言，如果确信数值不会超过 32 767，则可以使用 Integer 数据类型。否则，要使用 Long 数据类型。事实上，因为 Long 数据类型可能比使用 Integer 数据类型的速度要快一些，所以甚至在数值小于 32 767 时也推荐使用 Long 数据类型。在处理 Excel 工作表行的编号时，就要使用 Long 数据类型，这是因为工作表中行的编号超过了 Integer 数据类型所允许的最大值。

3.3.2 声明变量

如果不为 VBA 例程中使用的某个变量声明数据类型，VBA 将使用默认的数据类型 Variant。存储为 Variant 数据类型的数据行为根据所处理的内容不同将改变数据的类型。

下面的过程阐述了变量如何假定不同的数据类型：

```
Sub VariantDemo()
    MyVar = True
    MyVar = MyVar *100
    MyVar = MyVar / 4
    MyVar = "Answer: " & MyVar
    MsgBox MyVar
End Sub
```

在 VariantDemo 过程中，MyVar 最开始为 Boolean 型。乘法运算将其转换为 Integer 型，而除法运算将其转换成 Double 型。最后，把 MyVar 附加到一个字符串后，又把 MyVar 转换成字符串。MsgBox 语句显示出最后的字符串：

```
Answer: -25.
```

为进一步阐明处理 Variant 数据类型中存在的潜在问题，可以试着执行下面这个过程：

```
Sub VariantDemo2()
    MyVar = "123"
    MyVar = MyVar + MyVar
    MyVar = "Answer: " & MyVar
    MsgBox MyVar
End Sub
```

消息框将显示"Answer:123123"。这可能不是期望得到的结果。在处理包含文本字符串的变量时，运算符"+"将执行字符串的连接操作。

1. 确定数据类型

可以使用 VBA 的 TypeName 函数来确定变量的数据类型。下面是对上一个过程修改后的版本。在这个版本中，每一步都显示出 MyVar 的数据类型。

```
Sub VariantDemo3()
    MyVar = True
    MsgBox TypeName(MyVar)
    MyVar = MyVar * 100
    MsgBox TypeName(MyVar)
    MyVar = MyVar / 4
    MsgBox TypeName(MyVar)
    MyVar = "Answer: "& MyVar
    MsgBox TypeName(MyVar)
    MsgBox MyVar
End Sub
```

多亏了 VBA，未声明变量的数据类型转换是自动的行为，这个过程看起来像一种简单的解决之道，但请记住这是以速度和内存为代价的，而且可能出现错误，甚至都无法了解到底是什么错误。

在过程中使用每个变量之前，对变量进行声明是一种非常好的习惯。对变量的声明将告诉 VBA 变量的名称和数据类型。声明变量有以下两个主要好处。

- **程序运行得更快并能更有效地使用内存**：默认的数据类型 Variant 将导致 VBA 重复执行那些耗时的检查并占据更多内存。如果 VBA 知道了数据的类型，就不必进行检查，而且可以保留刚好足够的内存来存储数据。
- **避免出现与错误拼写变量名称有关的问题**：前提是使用 Option Explicit 强制声明所有的变量(请参阅下一节)。假设使用了一个未加声明的变量 CurrentRate，然后在这个例程中插入了语句 CurentRate= .075，那么很难察觉这个拼写错误的变量名称，它将导致例程得到不正确的结果。

2. 强制声明所有变量

为了强制声明所使用的所有变量，在 VBA 模块中使用下列语句作为第一条指令：

```
Option Explicit
```

当上述语句存在时，如果过程中含有一个未声明的变量名称，VBA 甚至不会执行该过程。VBA 将发出一条错误消息(如图 3-1 所示)，在继续执行之前必须声明变量。

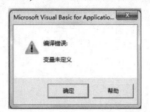

图 3-1 VBA 告知过程中含有未声明变量名称的方法

> **提示：**
> 为确保无论何时插入新的 VBA 模块都会自动插入 OptionExplicit 语句，应该在 VBE 的"选项"对话框的"编辑器"选项卡中启用"要求变量声明"选项(选择"工具"|"选项"命令)。强烈建议这么设置。请注意这个选项不会影响现有模块。

3.3.3 变量的作用域

变量的"作用域"决定了变量可以用在哪些模块和过程中。表 3-2 列出了变量作用域的三种类型。

表 3-2 变量的作用域

作用域	如何声明这种作用域的变量
单个过程	在过程中包括一个 Dim 或 Static 语句
单个模块	在模块内的第一个过程之前包括一个 Dim 或 Private 语句
所有模块	在模块内的第一个过程之前包括一个 Public 语句

下面将进一步讨论每种作用域。

> **关于本章示例的注解**
> 这一章包含了 VBA 代码的很多示例，通常都是以简单过程的形式呈现。这些示例尽可能简单地阐述各种概念，大部分这些示例都不执行任何特别有用的任务。实际上，通常都以另一种(可能更有效的)方式执行这些任务。换言之，实际工作中不会使用这些示例。后续章节提供了更多有用的代码示例。

1. 局部变量

"局部变量"是在过程中声明的一种变量。局部变量只能用在声明它的过程中。当此过程结束时，变量也就不复存在，Excel 也会释放出它占有的内存。如果需要在过程结束时，变量保留自己的数值，那么可以把该变量声明为静态变量(请参阅稍后的"静态变量"一节)。

最常用的声明局部变量的方式是将一条 Dim 语句放在 Sub 和 End Sub 两个语句之间。通常，Dim 语句放在 Sub 语句的后面、过程代码的前面。

> **注意：**
> 你可能会对单词 Dim 感到奇怪，实际上 Dim 是 Dimension 的简写形式。在旧版的 BASIC 中，该语句专门用于声明数组的维数。在 VBA 中，Dim 关键字可以用于声明任意变量，而不只是数组。

下面的过程中使用了 6 个局部变量，它们都用 Dim 语句进行了声明：

```
Sub MySub()
    Dim x As Integer
    Dim First As Long
    Dim InterestRate As Single
    Dim TodaysDate As Date
    Dim UserName As String
    Dim MyValue
'   - [The procedure's code goes here] -
End Sub
```

注意，上面示例中的最后一条 Dim 语句并没有声明数据类型；只是命名了变量。因此，该变量变成了 Variant 数据类型。

也可以用一条 Dim 语句声明多个变量。例如：

```
Dim x As Integer, y As Integer, z As Integer
Dim First As Long, Last As Double
```

> **警告：**
> 与其他一些语言不同，VBA 不允许将一组变量以逗号分开的方式声明为某个特殊的数据类型。例如，下面的语句尽管有效，却不能将所有变量声明为整数类型：
>
> ```
> Dim i, j, k As Integer
> ```
>
> 在 VBA 中，只把 k 声明为整数类型，其他的变量为 Variant 类型。要想把 i、j 和 k 声明为整数类型，可使用下面的语句：
>
> ```
> Dim i As Integer, j As Integer, k As Integer
> ```

如果把某个变量声明为具有局部作用域的变量，那么同一个模块中的其他过程可以使用相同的变量名称，但是该变量的每个实例在它自己的过程中是唯一的。

一般来说，局部变量是最高效的，这是因为当过程结束后，VBA将释放这些变量占用的内存。

2. 模块作用域下的变量

有时，你可能希望在模块的所有过程中都可以使用某个变量。如果是这样，只需要在模块的第一个过程之前(在任何过程或函数之外)声明这个变量即可。

在下面的示例中，Dim 语句是模块中的第一条指令。Procedure1 过程和 Procedure2 过程都有权访问 CurrentValue 变量。

```
Dim CurrentValue as Long

Sub Procedure1()
'    - [Code goes here] -
End Sub

Sub Procedure2()
'    - [Code goes here] -
End Sub
```

通常，当某个过程正常结束时(也就是说当语句执行到 End Sub 或 End Function 语句时)，模块作用域下的变量的值不会改变。但有一种情况例外，那就是使用 End 语句中止过程时。当 VBA 遇到 End 语句时，所有模块作用域下的变量都将丢失它们的值。

3. 公共变量

为能在工程的所有 VBA 模块的所有过程中都可以使用某个变量，需要将变量声明为模块层次上的变量(即在第一个过程之前进行变量的声明)，此时使用关键字 Public 进行声明而不是使用 Dim 进行声明。举例如下：

```
Public CurrentRate as Long
```

关键字 Public 使得变量 CurrentRate 在 VBA 工程内的任意过程中都可以使用，甚至在工程内的其他模块中也可以使用。必须在模块中(任意模块)的第一个过程之前插入这条语句。这种声明必须出现在标准的 VBA 模块中，而不能出现在工作表或用户窗体的代码模块中。

4. 静态变量

静态变量的情况比较特殊。这些变量在过程层次上进行变量的声明，当过程正常结束时，静态变量保持它们的值不变。然而，如果有一条 End 语句中止了该过程，静态变量将丢失它的值。注意，End 语句与 End Sub 语句并不相同。

可以使用关键字 Static 声明静态变量：

```
Sub MySub()
    Static Counter as Long
    '- [Code goes here] -
End Sub
```

3.3.4 使用常量

在过程执行时，变量的值可能会发生变化(这就是将其称为"变量"的缘故)。有时，还需要引用从不发生改变的值或字符串，即"常量"。

可以在代码中使用常量来代替硬编码的值或字符串，这是一个非常好的编程习惯。例如，如果过程需要多次引用某个具体的值(如利率)，那么最好把该值声明为一个常量，并在表达式中使用该常量的名称而不是值。这项技术不仅可以让代码更具可读性，而且在需要修改代码时使得修改的工作变得更简单——只需要修改一条指令就可以了，不必修改多处。

声明常量

规定使用 Const 语句来声明常量。这里有一些示例，如下所示：

```
Const NumQuarters as Integer = 4
Const Rate = .0725, Period = 12
Const ModName as String = "Budget Macros"
Public Const AppName as String = "Budget Application"
```

上面第二个示例并没有声明数据的类型。因此，VBA 将根据它的值确定数据类型。Rate 变量的类型为 Double，Period 变量的类型为 Integer。因为常量的值从不会发生改变，所以通常会将常量声明为某种特定的数据类型。

与变量相同，常量也有作用域。如果希望只在某个过程中使用常量，应在 Sub 或 Function 语句之后声明它，使其成为一个局部常量。如果要在某个模块的所有过程中使用某个常量，应在该模块中的第一个过程之前声明它。如果要在工作簿的所有模块中使用某个常量，应使用 Public 关键字并在一个模块的第一个过程之前声明它。例如：

```
Public Const InterestRate As Double = 0.0725
```

> **注意：**
> 如果 VBA 代码试图修改常量的值，则会产生错误(对常量进行赋值是不允许的)。这可能正是所期望的。毕竟常量就是常量，不是变量，因此不需要它发生变化。

使用预定义的常量

Excel 和 VBA 提供了很多预定义的常量，这些常量不用声明即可使用。实际上，甚至不需要知道这些常量的值就可以使用它们。一般来说，宏录制器使用的是常量而不是实际的值。下面的过程使用一个内置的常量(xlLandscape)将活动工作表的页面方向设置为横向：

```
Sub SetToLandscape()
    ActiveSheet.PageSetup.Orientation = xlLandscape
End Sub
```

通过记录宏来发现可以使用的各种常量，这通常很有用。如果选中了"自动列出成员"选项，那么在输入代码的同时通常会获得一些帮助(如图 3-2 所示)。很多情况下，VBA 列出了可以赋给一个属性的所有常量。

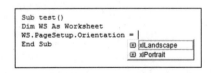

图 3-2　VBA 显示了一列可以赋给某个属性的常量

xlLandscape 的实际值为 2(使用"立即窗口"就可以发现这个设置)。 用于更改页面方向的另一个内置常量是 xlPortrait，它的值为 1。很显然，如果使用内置的常量，就没必要知道它们的值。

> **注意：**
> "对象浏览器"可以显示出 Excel 和 VBA 的所有常量的列表。在 VBE 中，按 F2 键就可以打开"对象浏览器"。

3.3.5 使用字符串

与 Excel 一样，VBA 既可以处理数字又可以处理文本(字符串)。VBA 中有以下两类字符串。
- 定长的字符串：声明时包含指定的字符个数。最大长度为 65 535 个字符。
- 变长的字符串：理论上最多可以容纳 20 亿个字符。

字符串中的每个字符都需要一字节的存储空间，此外还需要少量的存储空间用来存储每个字符串的题头(header)。当用 Dim 语句把一个变量声明为 String 数据类型时，可以指定字符串的长度(也就是定长的字符串)，还可以让 VBA 动态处理字符串的长度(变长字符串)。

在下面的示例中，把 MyString 变量声明为一个最大长度为 50 个字符的字符串。也把 YourString 声明为一个字符串，但它是一个变长字符串，因此长度不定。

```
Dim MyString As String * 50
Dim YourString As String
```

3.3.6 使用日期

可以使用字符串变量存储日期，但是字符串不是真正的日期(意味着不能在字符串变量上面执行日期计算)。使用 Date 数据类型是处理日期的最佳方式。

定义为日期的变量将使用 8 字节的存储空间，日期的范围可从 0100 年 1 月 1 日到 9999 年 12 月 31 日，跨越了将近 1 万年，对于甚至是最为苛刻的财务预算来说已足够了。Date 数据类型还可以用于存储与时间有关的数据。在 VBA 中，指定日期和时间时使用散列符号(#)把它们括起来。

> **注意：**
> VBA 能够处理的日期范围远远大于 Excel 自己的日期范围。Excel 是从 1900 年 1 月 1 日开始，一直到 9999 年 12 月 31 日。因此，请注意，不要试图在工作表中使用超出 Excel 许可日期范围的日期。

> **交叉参考：**
> 第 5 章将介绍一些相对简单的 VBA 函数，使用它们可以创建能够在工作表中操作 1900 年之前的日期的公式。

> **关于 Excel 的日期问题**
> 众所周知，Excel 错误地假定 1900 年是一个闰年。即使没有 1900 年 2 月 29 日这一天，Excel 还是接受下面的公式并显示结果为 1900 年 2 月 29 日：
>
> ```
> =Date(1900,2,29)
> ```
>
> VBA 没有这种日期故障。VBA 中的 DateSerial 函数等同于 Excel 的 DATE 函数。下面的表达式返回 1900 年 3 月 1 日(正确结果)：
>
> ```
> DateSerial(1900,2,29)
> ```

因此，Excel 的日期序号系统与 VBA 的日期序号系统还不完全一致。对于 1900 年 1 月 1 日到 1900 年 2 月 28 日之间的日期，这两个系统返回的数值不同。

下面举例说明将变量和常量声明为 Date 数据类型：

```
Dim Today As Date
Dim StartTime As Date
Const FirstDay As Date = #1/1/2013#
Const Noon = #12:00:00#
```

警告：
即使系统可能设置为以另一种格式来显示日期(如日/月/年)，但是日期总是使用月/日/年的格式来定义的。

如果使用一个消息框来显示日期，它就会根据系统的短日期格式进行显示。同样，也会根据系统的时间格式(12 小时或 24 小时)显示时间。可在 Windows 的"控制面板"中使用"区域设置"选项修改这些系统的设置。

3.4 赋值语句

"赋值语句"是一条 VBA 指令，它进行数学计算并将结果赋给某个变量或对象。Excel 的帮助系统把"表达式"定义为"输出字符串、数字或对象的关键字、运算符、变量和常量的组合。表达式可以执行计算、处理字符或测试数据"。

这是对表达式很准确的解释。在 VBA 中所做的很多事情都涉及开发(以及调试)表达式。如果知道如何在 Excel 中创建公式，那么在 VBA 中创建表达式也没有任何问题。输入工作表公式之后，Excel 就可以在单元格中显示出结果。另一方面，VBA 表达式的结果可以赋值给变量或用作属性值。

VBA 使用等号(=)作为赋值运算符。下面是一些赋值语句的示例(表达式位于等号的右侧)：

```
x = 1
x = x + 1
x = (y * 2) / (z * 2)
FileOpen = True
FileOpen = Not FileOpen
Range("TheYear").Value = 2010
```

提示：
表达式可能非常复杂。可以使用换行连续序列(空格后面再加下画线)，进而使得长表达式变得更便于阅读。

表达式通常使用函数。这些函数可以是内置的 VBA 函数、Excel 的工作表函数或是使用 VBA 开发的自定义函数。3.8 一节将讨论内置的 VBA 函数。

在 VBA 中，运算符扮演着非常重要的角色。比较熟悉的运算符可用来描述数学运算，其中包括加(+)、减(−)、乘(*)、除(/)、乘幂(^)以及字符串连接(&)。不太熟悉的运算符是反斜杠(\，用于整数除法中)和 Mod 运算符(用在取模运算中)。Mod 运算符返回两个数相除后的余数。例如，下面的表达式返回值为2：

```
17 Mod 3
```

VBA 还支持比较运算符，这些运算符与 Excel 公式中使用的比较运算符相同：等于(=)、大于(>)、小于(<)、大于等于(>=)、小于等于(<=)和不等于(<>)。

除了一个例外，VBA 中的运算符的优先顺序与 Excel 中的完全一样(如表 3-3 所示)。当然，可以添加括号来改变本来的优先顺序。

表 3-3 运算符的优先顺序

运算符	运算	优先顺序
^	乘幂	1
*和/	乘和除	2
+和−	加和减	3
&	字符串连接	4
=、<、>、<=、>=、<>	比较	5

> **警告：**
> VBA 中对取反运算符(负号)采取了与 Excel 不同的处理方式。在 Excel 中，下面的公式返回 25：
>
> ```
> =-5^2
> ```
>
> 在 VBA 中，执行这条语句后 x 等于-25：
>
> ```
> x = -5 ^ 2
> ```
>
> VBA 首先执行乘幂运算，然后应用求反运算符。下面的语句返回 25：
>
> ```
> x = (-5) ^ 2
> ```

在下面的语句中，最后 x 的赋值为 10，这是因为乘法运算符的优先级要高于加法运算符。

```
x = 4 + 3 * 2
```

为了避免混淆，最好把上述语句写成：

```
x = 4 + (3 * 2)
```

此外，VBA 提供了一套完备的逻辑运算符，如表 3-4 所示。更多关于这些运算符的完整信息(包括示例)，可使用 VBA 的帮助系统。

表 3-4 VBA 的逻辑运算符

运算符	用途
Not	执行表达式的逻辑"非"运算
And	执行两个表达式的逻辑"与"运算

(续表)

运算符	用　途
Or	执行两个表达式的逻辑"或"运算
Xor	执行两个表达式的逻辑"异或"运算
Eqv	执行两个表达式的逻辑"等价"运算
Imp	执行两个表达式的逻辑"蕴涵"运算

下面的指令使用了 Not 运算符，进而在活动窗口是否显示网格线的两种选项之间切换。DisplayGridlines 属性的值为 True 或 False。因此，使用 Not 运算符将把 False 值改为 True，True 值改为 False。

```
ActiveWindow.DisplayGridlines = Not ActiveWindow.DisplayGridlines
```

下面的表达式执行逻辑 And(与)运算。当工作表 Sheet1 是活动工作表而且活动单元格位于第一行时，MsgBox 语句将显示 True。如果其中一个条件或两个条件都不满足，MsgBox 语句将显示为 False。

```
MsgBox ActiveSheet.Name = "Sheet1" And ActiveCell.Row = 1
```

下面的表达式执行逻辑 Or(或)运算。当工作表 Sheet1 或工作表 Sheet2 是活动工作表时，MsgBox 语句将显示为 True。

```
MsgBox ActiveSheet.Name = "Sheet1" Or ActiveSheet.Name = "Sheet2"
```

3.5 数组

"数组"是一组拥有相同名称的同类元素。使用数组名称和一个索引号可以引用数组中的某个特定元素。例如，可定义一个包含 12 个字符串变量的数组，这样每个变量就对应于一个月份的名称。如果把该数组命名为 MonthNames，那么可以把这个数组的第一个元素称为 MonthNames(0)，第二个数组元素称为 MonthNames(1)，以此类推，直到 MonthNames(11)。

3.5.1 声明数组

可以用 Dim 或 Public 语句来声明数组，就像声明普通的变量一样。还可以指定数组中包含的元素数目。为此，需要指定第一个索引号、关键字 To 以及最后一个索引号，这些都用括号括起来。下面举例说明如何声明一个包含 100 个整数的数组，如下所示：

```
Dim MyArray(1 To 100) As Integer
```

> **提示：**
> 在声明数组时，必须指定的只有上界索引号；如果只指定上界索引号，VBA 将假定 0 是下界索引号。因此，下面两条语句的效果完全一样：
> ```
> Dim MyArray(0 to 100) As Integer
> ```

```
Dim MyArray(100) As Integer
```
这两种情况下，数组均由 101 个元素组成。

默认情况下，VBA 假设数组的索引号是从 0 开始的。如果想让 VBA 假定 1 是所有只声明了上界索引号的数组的下界索引号，就要在模块的任意过程之前包含下列语句：

```
Option Base 1
```

3.5.2 声明多维数组

上一节中的数组示例都是一维数组。虽然很少有超过三维的数组，但是 VBA 数组的维数最多可达 60 维。下列语句声明了一个包含 100 个整数的二维数组：

```
Dim MyArray(1 To 10, 1 To 10) As Integer
```

可以认为上面的数组为一个 10×10 的矩阵。为了引用二维数组中的某个特定的元素，必须指定两个索引号。例如，下面说明了如何把数值赋给上述数组中的一个元素：

```
MyArray(3, 4) = 125
```

下面的示例声明了一个含有 1000 个元素的三维数组(可将三维数组视为一个立方体)。

```
Dim MyArray(1 To 10, 1 To 10, 1 To 10) As Integer
```

引用该数组中的一个项需要使用 3 个索引号：

```
MyArray(4, 8, 2) = 0
```

3.5.3 声明动态数组

动态数组没有提供元素的数目。因此，在声明动态数组时应使用一组空括号：

```
Dim MyArray() As Integer
```

然而，在代码中使用动态数组之前，必须使用 ReDim 语句说明 VBA 数组中包含多少个元素。常常使用一个变量来指定数组中元素的个数，直到过程执行结束后才知道该变量的值。例如，如果变量 x 含有一个数值，那么可使用如下语句来定义数组的大小：

```
ReDim MyArray (1 to x)
```

可使用任意次数的 ReDim 语句，每当需要时就可以更改数组的大小。如果改变了数组的维数，将破坏现有的数值。如果要保持数组中的现有值，可使用 ReDim Preserve 语句。例如：

```
ReDim Preserve MyArray (1 to y)
```

本章在讨论循环时还会谈到数组(请参阅第 3.10.4 节)。

3.6 对象变量

"对象变量"是代表一个完整对象的变量，如单元格区域或工作表。对象变量很重要，原因

有如下两个:
- 可以显著地简化代码。
- 可使代码的执行速度更快。

与普通变量一样,使用 Dim 或 Public 语句声明对象变量。例如,下面的语句把变量 InputArea 声明为一个 Range 对象变量:

```
Dim InputArea As Range
```

使用关键字 Set 可以把对象赋给变量,例如:

```
Set InputArea = Range("C16:E16")
```

为了查看对象变量如何简化代码,可以试试下面的过程,其中没有使用对象变量:

```
Sub NoObjVar()
    Worksheets("Sheet1").Range("A1").Value = 124
    Worksheets("Sheet1").Range("A1").Font.Bold = True
    Worksheets("Sheet1").Range("A1").Font.Italic = True
    Worksheets("Sheet1").Range("A1").Font.Size = 14
    Worksheets("Sheet1").Range("A1").Font.Name = "Cambria"
End Sub
```

这个例程把数值输入到活动工作簿的工作表 Sheet1 上的单元格 A1 中,然后应用一些格式设置改变了字体和字号。需要手动键入很多代码。为了减少手动的操作(并提高代码的效率),可以用一个对象变量简化此例程:

```
Sub ObjVar()
    Dim MyCell As Range
    Set MyCell = Worksheets("Sheet1").Range("A1")
    MyCell.Value = 124
    MyCell.Font.Bold = True
    MyCell.Font.Italic = True
    MyCell.Font.Size = 14
    MyCell.Font.Name = Cambria
End Sub
```

将变量 MyCell 声明为一个 Range 对象后,Set 语句把一个对象赋给它。然后,后面的语句就可用更简单的 MyCell 引用来替代冗长的 Worksheets("Sheet1").Range("A1")引用。

> **提示:**
> 把对象赋给一个变量后,VBA 就可以更快地访问它,这要比使用普通的长引用快得多。因此,当速度变得很重要时,就应该使用对象变量。之所以出现速度的不同,是与"点的处理"有关。VBA 每次遇到一个点,如 Sheets(1).Range("A1"),就需要花费时间去解析这个引用。使用对象变量可以减少要处理的点的数目。处理的点越少,处理的时间也就越短。加快代码执行速度的另一种方法是使用 With-End With 结构,它也会减少要处理的点的数目。本章后续部分将讨论这个结构。

在本章后面讨论循环时,对象变量的真正价值将越来越清晰。

3.7 用户自定义的数据类型

VBA 允许用户创建自定义的数据类型。用户自定义数据类型可以方便处理一些数据类型。例如，如果应用程序要处理客户的信息，可能需要创建一个名为 CustomerInfo 的用户自定义数据类型，如下所示：

```
Type CustomerInfo
    Company As String
    Contact As String
    RegionCode As Long
    Sales As Double
End Type
```

> **注意：**
> 在模块的最上端与任何过程之前定义自定义的数据类型。

在创建了用户自定义的数据类型后，可使用 Dim 语句把变量声明为这种类型。通常，将数组定义为这种类型。例如：

```
Dim Customers(1 To 100) As CustomerInfo
```

该数组中的这 100 个元素由 4 部分组成(像用户自定义的数据类型 CustomerInfo 指定的那样)，可采用如下语句引用记录中某个特定的部分：

```
Customers(1).Company = "Acme Tools"
Customers(1).Contact = "Tim Robertson"
Customers(1).RegionCode = 3
Customers(1).Sales = 150674.98
```

还可以作为一个整体处理数组中的元素。例如，要把Customers(1)中的信息复制到Customers(2)中，可以使用下面的指令：

```
Customers(2) = Customers(1)
```

上面的示例等同于下面的指令块：

```
Customers(2).Company = Customers(1).Company
Customers(2).Contact = Customers(1).Contact
Customers(2).RegionCode = Customers(1).RegionCode
Customers(2).Sales = Customers(1).Sales
```

3.8 内置函数

与大多数编程语言一样，VBA 包含各种内置函数，它们可以简化计算和操作。很多 VBA 函数都与 Excel 的工作表函数类似(或一样)。例如，VBA 函数 UCase 可以把字符串参数的值转换为大写字母，该函数等同于 Excel 的工作表函数 UPPER。

交叉参考：
附录 A 中包含了 VBA 函数的完整列表，并对每个函数有简单的说明。所有这些函数的详细说明都可在 VBA 帮助系统中找到。

提示：
在编写代码时，为获得 VBA 函数的列表，可以键入 VBA，后面再跟一个句点(".")。VBE 就会显示出包含其所有成员的列表，其中包括函数(如图 3-3 所示)。函数的前面都有绿色的图标。如果这项技术无法实现，就要确保选择了"自动列出成员"选项。选择"工具"|"选项"命令，然后单击"编辑器"选项卡即可选中该选项。

图 3-3　在 VBE 中显示 VBA 函数的列表

在 VBA 表达式中使用函数的方式与在工作表公式中使用函数的方式相同。下面举例说明，假设有一个简单的过程，该过程使用 VBA 的 Sqr 函数计算某个变量的平方根，然后把结果存储在另一个变量中，最后显示出结果：

```
Sub ShowRoot()
    Dim MyValue As Double
    Dim SquareRoot As Double
    MyValue = 25
    SquareRoot = Sqr(MyValue)
    MsgBox SquareRoot
End Sub
```

VBA 的 Sqr 函数等同于 Excel 中的 SQRT 工作表函数。

在 VBA 代码中，可使用很多(但不是所有的)Excel 的工作表函数。WorksheetFunction 对象包含在 Application 对象中，WorksheetFunction 对象包含可从 VBA 过程调用的所有工作表函数。

为在 VBA 语句中使用工作表函数，只需要在函数名称的前面加上如下所示的语句：

```
Application.WorksheetFunction
```

下面的示例阐述了如何在 VBA 过程中使用 Excel 的工作表函数。在 Excel 中很少用到 Roman 函数，它可将十进制数转换成罗马数字。

```
Sub ShowRoman()
    Dim DecValue As Long
    Dim RomanValue As String
    DecValue = 1939
    RomanValue = Application.WorksheetFunction.Roman(DecValue)
```

```
    MsgBox RomanValue
End Sub
```

在执行这个过程时，MsgBox 函数将显示出字符串 MCMXXXIX。

不能使用具有等价的 VBA 函数的工作表函数，理解这一点很重要。例如，VBA 不能访问 Excel 的 SQRT 工作表函数，这是因为 VBA 有它自己的该函数的版本：Sqr。因此，下面的语句将产生错误消息：

```
MsgBox Application.WorksheetFunction.Sqrt(123)    'error
```

> **交叉参考：**
> 正如将在第 5 章中详细讨论的，可使用 VBA 来创建用户定义的工作表函数，使得函数可以像 Excel 内置的工作表函数一样工作。

MsgBox 函数

MsgBox 函数是最有用的 VBA 函数之一。本章的很多示例都使用了这个函数来显示变量的数值。

这个函数通常是简单自定义对话框的一个很好替代品，也是一种优秀的调试工具。因为可在任意时刻插入 MsgBox 函数，进而暂停代码的执行并显示计算或赋值的结果。

大多数函数都返回一个值，也就是赋给变量的值。MsgBox 函数不仅返回一个值，还显示一个对话框，用户可以对其做出反应。MsgBox 函数返回的数值代表了用户对该对话框的反应。在不需要用户做出反应，而希望利用显示的消息的优点时，也可以使用 MsgBox 函数。

MsgBox 函数正式的语法包含 5 个参数(方括号中的参数是可选的)：

```
MsgBox(prompt[, buttons][, title][, helpfile, context])
```

- prompt(必需的)：该消息显示在弹出的对话框中。
- buttons(可选的)：指定在消息框中出现哪些按钮和图标的值。使用内置常量，如 vbYesNo。
- title(可选的)：出现在消息框标题栏中的文本。默认值为 Microsoft Excel。
- helpfile(可选的)：与消息框关联的帮助文件的名称。
- context(可选的)：帮助主题的上下文 ID。它表示要显示的某个特定的帮助主题。如果使用了 context 参数，还必须使用 helpfile 参数。

可把消息框返回的数值赋给一个变量，或在不使用赋值语句的情况下使用函数，如图 3-4 所示。下面的示例把结果值赋给了变量 Ans：

图 3-4　显示的对话框

```
Dim Ans As Long
```

```
Ans = MsgBox("Continue?", vbYesNo + vbQuestion, "Tell me")
If Ans = vbNo Then Exit Sub
```

注意，buttons 参数中使用了两个内置常量之和(vbYesNo+vbQuestion)。使用 vbYesNo 可在消息框中显示两个按钮：一个按钮的标签为"是"，另一个按钮的标签为"否"。把 vbQuestion 添加到参数中还会显示一个问号图标，如图 3-4 所示。执行了第一条语句后，Ans 就包含两个数值中的其中一个值，分别用常量 vbYes 或 vbNo 表示。在这个示例中，如果用户单击了"否"按钮，过程将结束。

更多关于 MsgBox 函数的信息请参考第 12 章。

3.9 处理对象和集合

作为 Excel 编程人员，要在处理对象和集合方面花费大量的时间。因此，需要知道最有效的编写代码方式，进而处理这些对象和集合。VBA 提供了两个重要的结构，这些结构可以简化对象和集合的处理：

- With-End With 结构
- For Each-Next 结构

3.9.1 With-End With 结构

With-End With 结构允许在单个对象上执行多项操作。为理解 With-End With 结构的工作机理，可以试验一下下面的过程，该过程修改了选中区域格式的 6 个属性(选中区域假定为一个 Range 对象)：

```
Sub ChangeFont1()
    Selection.Font.Name = "Cambria"
    Selection.Font.Bold = True
    Selection.Font.Italic = True
    Selection.Font.Size = 12
    Selection.Font.Underline = xlUnderlineStyleSingle
    Selection.Font.ThemeColor = xlThemeColorAccent1
End Sub
```

可使用 With-End With 结构重新编写该过程。下面的过程执行的操作与上面的过程完全相同：

```
Sub ChangeFont2()
    With Selection.Font
        .Name = "Cambria"
        .Bold = True
        .Italic = True
        .Size = 12
        .Underline = xlUnderlineStyleSingle
        .ThemeColor = xlThemeColorAccent1
    End With
End Sub
```

有些人认为该过程的第二种形式实际上更难阅读。请记住，我们的目的是提高速度。虽然第一个版本可能更直接、更容易读懂，但在更改某个对象的多个属性时，使用 With-End With 结构的过程要比在每个语句中显式地引用对象的过程快得多。

> **注意：**
> 在录制 VBA 宏时，一旦有机会，Excel 就使用 With-End With 结构。要看到一个好的这种结构的示例，可以试着录制如下动作：使用"页面布局"|"页面设置"|"纸张方向"|"横向"命令将页面修改为横向。

3.9.2　For Each-Next 结构

在前面的章节中讲过，"集合"是一组相关的对象。例如，Workbooks 集合是所有打开的 Workbook 对象的集合，还可以使用其他很多集合。

假设要在集合的所有对象上执行某个动作，或要对集合的所有对象求值并在特定条件下采取动作，这些都是使用 For Each-Next 结构的好机会，因为在使用 For Each-Next 结构时，不必知道集合中有多少元素。

For Each-Next 结构的语法如下所示：

```
For Each element In collection
    [instructions]
    [Exit For]
    [instructions]
Next [element]
```

下面的过程在活动工作簿中的 Worksheets 集合上使用 For Each-Next 结构。在执行这个过程时，MsgBox 函数显示出每个工作表的 Name 属性(如果活动工作簿中有 5 个工作表，就调用 MsgBox 函数 5 次)。

```
Sub CountSheets()
    Dim Item as Worksheet
    For Each Item In ActiveWorkbook.Worksheets
        MsgBox Item.Name
    Next Item
End Sub
```

> **注意：**
> 在前面的示例中，Item 是一个对象变量(更确切地讲是 Worksheet 对象)。名称 Item 并没有什么特别之处；可以在该处使用任何有效的变量名称。

下面的示例使用了 For Each-Next 结构来遍历 Windows 集合中的所有对象，并计算隐藏窗口的总数：

```
Sub HiddenWindows()
    Dim iCount As Integer
    Dim Win As Window
    iCount = 0
```

```
    For Each Win In Windows
        If Not Win.Visible Then iCount = iCount + 1
    Next Win
    MsgBox iCount & " hidden windows."
End Sub
```

对于每个窗口而言,如果窗口是隐藏的,那么变量 iCount 将递增。当循环结束后,消息框将显示 iCount 的数值。

在下面的示例中,关闭了除活动工作簿之外的所有工作簿。这个过程使用了 If-Then 结构对 Workbooks 集合中的每个工作簿求值。

```
Sub CloseInactive()
    Dim Book as Workbook
    For Each Book In Workbooks
        If Book.Name <> ActiveWorkbook.Name Then Book.Close
    Next Book
End Sub
```

For Each-Next 结构常见的一个用法是遍历单元格区域中的所有单元格。下一个 For Each-Next 结构的示例将在用户选择了单元格区域之后执行。因为选区中的每个单元格都是一个 Range 对象,所以 Selection 对象将扮演由 Range 对象组成的集合的角色。这个过程对每个单元格求值,并使用 VBA 的 UCase 函数把单元格的内容转换为大写字母(数字单元格不受影响)。

```
Sub MakeUpperCase()
    Dim Cell as Range
    For Each Cell In Selection
        Cell.Value = UCase(Cell.Value)
    Next Cell
End Sub
```

VBA 提供了在计算集合中所有元素之前就退出 For-Next 循环的方法,即添加一条 Exit For 语句。下面的示例选择了活动工作表的第一行中第一个负数。

```
Sub SelectNegative()
    Dim Cell As Range
    For Each Cell In Range("1:1")
        If Cell.Value < 0 Then
            Cell.Select
            Exit For
        End If
    Next Cell
End Sub
```

该示例使用 If-Then 结构来检查每个单元格的数值。如果单元格是负值,那么选定该单元格,然后在执行 Exit For 语句时结束该循环。

3.10 控制代码的执行

一些 VBA 过程从最上面一行代码逐行执行到最下面一行代码。如录制的宏通常就以这种方式工作。然而，经常需要控制例程的流程，通过跳过某些语句、多次执行某些语句以及测试条件来决定例程接下来要做什么。

前面详细介绍了 For Each-Next 结构，这是一种循环类型。这一节将讨论控制 VBA 过程执行的其他方式：

- GoTo 语句
- If-Then 结构
- Select Case 结构
- For-Next 循环
- Do While 循环
- Do Until 循环

3.10.1 GoTo 语句

改变程序流程最直接的方法就是使用 GoTo 语句。该语句只是将程序的执行转移到一条新的指令，必须要有标签标识此指令(带冒号的文本字符串或不带冒号的数字)。VBA 过程可以包含任意数量的标签，但是 GoTo 语句不能转移到过程之外的指令。

在下面的过程中，使用了 VBA 的 InputBox 函数来获得用户的姓名。如果姓名不是 Howard，那么过程将转移到执行带有 WrongName 标签的分支并结束。否则，该过程执行其他代码。Exit Sub 语句将结束该过程的执行。

```
Sub GoToDemo()
    UserName = InputBox("Enter Your Name:")
    If UserName <> "Howard" Then GoTo WrongName
    MsgBox ("Welcome Howard...")
'       -[More code here] -
    Exit Sub
WrongName:
    MsgBox "Sorry. Only Howard can run this macro."
End Sub
```

这个简单过程也一样有用，但是这并不是一个编程的好示例。一般来说，只在没有其他办法可以执行某些动作时才使用 GoTo 语句。实际上，在 VBA 中只在一种情况下必须使用 GoTo 语句，那就是进行错误处理时(请参阅本书第 7 章)。

最后需要指出的是，上面示例的目的并非为了阐述有用的安全技巧。

3.10.2 If-Then 结构

VBA 中最常用的指令分组可能就是 If-Then 结构。这种常用的指令提供了赋予应用程序决策能力的方式。好的决策是成功编写程序的关键。

If-Then 结构的基本语法如下所示：

```
If condition Then true_instructions [Else false_instructions]
```

If-Then 结构用于有条件地执行一条或多条语句。Else 子句是可选的，如果包含 Else 子句，那么当正在测试的条件结果不是 True 时,Else 子句允许执行一条或多条指令。

下面的过程阐述了不含 Else 子句的 If-Then 结构。这个示例处理的内容与时间有关。VBA 使用了与 Excel 相似的日期和时间序号系统。把一天之内的时间表示为小数,如正午表示为 0.5。VBA 的 Time 函数返回代表时间的值,与系统时钟一样。

在下面的示例中,如果时间是在正午之前,就显示一条消息。如果当前的系统时间大于等于 0.5,这个过程就结束,而且不发生任何状况。

```
Sub GreetMe1()
    If Time < 0.5 Then MsgBox "Good Morning"
End Sub
```

另一种给该例程编写代码的方法是使用多个语句,如下所示:

```
Sub GreetMe1a()
    If Time < 0.5 Then
        MsgBox "Good Morning"
    End If
End Sub
```

请注意,If 语句有一个对应的 End If 语句。在该示例中,如果条件为 True,那么只执行一个语句。然而,可以把任意数量的语句放在 If 和 End If 语句之间。

如果希望在时间过了正午之后显示不同的问候语,就添加另一个 If-Then 语句,如下所示:

```
Sub GreetMe2()
    If Time < 0.5 Then MsgBox "Good Morning"
    If Time >= 0.5 Then MsgBox "Good Afternoon"
End Sub
```

注意,第二个 If-Then 语句中使用了>=(大于等于)来表示时间。这种情况就包括正午时分(12:00)。

还有一种方法运用 If-Then 结构的 Else 子句,例如:

```
Sub GreetMe3()
    If Time < 0.5 Then MsgBox "Good Morning" Else _
        MsgBox "Good Afternoon"
End Sub
```

请注意,这里使用了换行连续序列,If-Then-Else 实际上是一条语句。

如果需要执行基于条件的多条语句,使用下面的形式:

```
Sub GreetMe3a()
    If Time < 0.5 Then
        MsgBox "Good Morning"
        ' Other statements go here
    Else
        MsgBox "Good Afternoon"
        ' Other statements go here
    End If
End Sub
```

如果想把这个例程进行扩展，以便处理 3 个条件(如早、中和晚)，可使用 3 条 If-Then 语句或一个 ElseIf 的格式。第一种方法更简单：

```
Sub GreetMe4()
    If Time < 0.5 Then MsgBox "Good Morning"
    If Time >= 0.5 And Time < 0.75 Then MsgBox "Good Afternoon"
    If Time >= 0.75 Then MsgBox "Good Evening"
End Sub
```

数值 0.75 表示下午 6 点，说明已经度过了一天的四分之三，也可以称为傍晚。

在上面的示例中，即使满足了第一个条件(也就是在早晨)，过程中的每条指令仍然都得以执行。更有效的过程可以包含一个当条件满足时结束例程的结构。例如，在早晨显示消息 Good Morning，然后不对多余的条件进行评估就退出过程。在设计如此小的过程时，速度上的差异是无关紧要的。但对于更复杂的应用程序来说，则需要另一种语法：

```
If condition Then
    [true_instructions]
[ElseIf condition-n Then
    [alternate_instructions]]
[Else
    [default_instructions]]
End If
```

下面介绍如何使用上述语法重新编写 GreetMe 过程：

```
Sub GreetMe5()
    If Time < 0.5 Then
        MsgBox "Good Morning"
    ElseIf Time >= 0.5 And Time < 0.75 Then
        MsgBox "Good Afternoon"
    Else
        MsgBox "Good Evening"
    End If
End Sub
```

使用这种语法，当条件为 True 时，就执行条件语句并结束 If-Then 结构的执行。换句话说，不评估多余的条件。尽管这种语法的效率更高，但代码可能更难理解。

下面的过程阐述了使用另一种方法来编写上述示例的代码。其中使用了嵌套的 If-Then-Else 结构(没有使用 ElseIf)。这个过程效率更高，也更容易读懂。请注意，每个 If 语句都有一个相应的 End If 语句。

```
Sub GreetMe6()
    If Time < 0.5 Then
        MsgBox "Good Morning"
    Else
        If Time >= 0.5 And Time < 0.75 Then
            MsgBox "Good Afternoon"
        Else
            If Time >= 0.75 Then
                MsgBox "Good Evening"
```

```
            End If
         End If
      End If
End Sub
```

下面的示例中使用了 If-Then 结构的简单形式。这个过程提示用户输入 Quantity 的值，然后，它会显示出基于这个数值的相应折扣。注意，这里的 Quantity 声明为 Variant 数据类型。这是因为如果取消了 InputBox，Quantity 将包含空字符串(而不是数值)。为简化代码，这个过程不执行其他任何错误检测。例如，该过程不保证输入的数值为非负数值。

```
Sub Discount1()
    Dim Quantity As Variant
    Dim Discount As Double
    Quantity = InputBox("Enter Quantity: ")
    If Quantity = "" Then Exit Sub
    If Quantity >= 0 Then Discount = 0.1
    If Quantity >= 25 Then Discount = 0.15
    If Quantity >= 50 Then Discount = 0.2
    If Quantity >= 75 Then Discount = 0.25
    MsgBox "Discount: " & Discount
End Sub
```

注意，这个过程中的每一个 If-Then 语句始终都会执行，并且 Discount 的值可以更改。然而，最终得到的值即为期望的值。

下面的过程使用另一种语法对上一个过程的代码重新进行了编写。这种情况下，在执行了 True 指令块后，该过程立即结束。

```
Sub Discount2()
    Dim Quantity As Variant
    Dim Discount As Double
    Quantity = InputBox("Enter Quantity:")
    If Quantity = "" Then Exit Sub
    If Quantity >= 0 And Quantity < 25 Then
        Discount = 0.1
    ElseIf Quantity < 50 Then
        Discount = 0.15
    ElseIf Quantity < 75 Then
        Discount = 0.2
    Else
        Discount = 0.25
    End If
    MsgBox "Discount: " & Discount
End Sub
```

VBA 的 IIf 函数

VBA 提供了替代 If-Then 结构的另一种方法，即使用 IIf 函数。这个函数包含 3 个参数，功能类似于 Excel 的 IF 工作表函数。语法格式如下所示：

IIf(expr, truepart, falsepart)

- expr(必需的)：需要求值的表达式。

- truepart(必需的)：当 expr 返回为 True 时，返回的值或表达式。
- falsepart(必需的)：当 expr 返回为 False 时，返回的值或表达式。

下面的指令阐述了 IIf 函数的用法。如果单元格 A1 包含零值或为空时，消息框将显示 Zero；如果单元格 A1 包含其他内容，消息框将显示 Nonzero。

```
MsgBox IIf(Range("A1") = 0, "Zero", "Nonzero")
```

即使第一个参数(expr)为 True，第三个参数(falsepart)仍然要进行计算，理解这一点是非常重要的。因此，如果 n 的值为 0，下面的语句将生成一个除零的错误消息：

```
MsgBox IIf(n = 0, 0, 1 / n)
```

3.10.3 Select Case 结构

在三个或多个选项之间做出选择时，Select Case 结构很有用处。该结构还可以处理两个选项的问题，它是 If-Then-Else 结构很好的替代。Select Case 结构的语法格式如下所示：

```
Select Case testexpression
    [Case expressionlist-n
        [instructions-n]]
    [Case Else
        [default_instructions]]
End Select
```

下面的 Select Case 结构的示例说明了 3.10.2 节讲述的 GreetMe 示例的另一种代码编写方式：

```
Sub GreetMe()
    Dim Msg As String
    Select Case Time
        Case Is < 0.5
            Msg = "Good Morning"
        Case 0.5 To 0.75
            Msg = "Good Afternoon"
        Case Else
            Msg = "Good Evening"
    End Select
    MsgBox Msg
End Sub
```

下面的示例使用 Select Case 结构对 Discount 示例进行重新编写。该过程假设 Quantity 的数值总是为整数。为简单起见，该过程没有执行错误检测。

```
Sub Discount3()
  Dim Quantity As Variant
  Dim Discount As Double
  Quantity = InputBox("Enter Quantity: ")
  Select Case Quantity
     Case ""
         Exit Sub
     Case 0 To 24
```

```
            Discount = 0.1
        Case 25 To 49
            Discount = 0.15
        Case 50 To 74
            Discount = 0.2
        Case Is >= 75
            Discount = 0.25
    End Select
    MsgBox "Discount: " & Discount
End Sub
```

Case 语句还可以使用逗号把一种情况下的多个数值分开。下面的过程使用 VBA 的 WeekDay 函数确定当天是否为周末(即 Weekday 函数返回 1 或 7)。然后，该过程显示相应的消息：

```
Sub GreetUser1()
    Select Case Weekday(Now)
        Case 1, 7
            MsgBox "This is the weekend"
        Case Else
            MsgBox "This is not the weekend"
    End Select
End Sub
```

下面的示例显示了对前面的过程进行编码的另一种方法：

```
Sub GreetUser2()
    Select Case Weekday(Now)
        Case 2, 3, 4, 5, 6
            MsgBox "This is not the weekend"
        Case Else
            MsgBox "This is the weekend"
    End Select
End Sub
```

还有一种对该过程编码的方式，即使用 To 关键字指定值的范围：

```
Sub GreetUser3()
    Select Case Weekday(Now)
        Case 2 To 6
            MsgBox "This is not the weekend"
        Case Else
            MsgBox "This is the weekend"
    End Select
End Sub
```

为演示 VBA 的灵活性，最后的示例中评估每个情况，直到其中一个表达式为 True：

```
Sub GreetUser4()
    Select Case True
        Case Weekday(Now) = 1
            MsgBox "This is the weekend"
        Case Weekday(Now) = 7
            MsgBox "This is the weekend"
```

```
        Case Else
            MsgBox "This is not the weekend"
    End Select
End Sub
```

每个 Case 语句下面都可以编写任意数量的指令。如果这种情况下求出的值为 True，就执行所有指令。如果每个情况下都只有一条指令，那么和前面的示例一样，可能想把指令与关键字 Case 放在同一行上(但不要忘记 VBA 语句分隔符：冒号)。这种处理方式使得代码变得更简洁，例如：

```
Sub Discount3()
    Dim Quantity As Variant
    Dim Discount As Double
    Quantity = InputBox("Enter Quantity:")
    Select Case Quantity
        Case "": Exit Sub
        Case  0 To 24: Discount = 0.1
        Case 25 To 49: Discount = 0.15
        Case 50 To 74: Discount = 0.2
        Case Is >= 75: Discount = 0.25
    End Select
    MsgBox "Discount: " & Discount
End Sub
```

> **提示：**
> 只要发现为 True 的情况，VBA 就退出 Select Case 结构。因此，为了最大限度地提高效率，应先检测最可能发生的情况。

还可以嵌套 Select Case 结构。例如，在下面的过程中，使用 VBA 的 TypeName 函数来确定选择的对象(单元格区域、什么都不选择或其他对象)。如果选择的是单元格区域，过程将执行嵌套的 Select Case 结构并测试单元格区域内的单元格数目。如果选择的是一个单元格，将显示 One cell is selected。否则将显示一条关于所选择行数的消息。

```
Sub SelectionType()
    Select Case TypeName(Selection)
        Case "Range"
            Select Case Selection.Count
Case 1
MsgBox "One cell is selected"
Case Else
MsgBox Selection.Rows.Count &" rows"
            End Select
        Case "Nothing"
            MsgBox "Nothing is selected"
        Case Else
            MsgBox "Something other than a range"
    End Select
End Sub
```

该过程还演示了 Case Else 的用法，这是个针对一切情况的案例。只要需要，就可以多层嵌套

Select Case 结构，但是请确保每个 Select Case 语句都有一个对应的 End Select 语句。

这个过程也演示了在代码中使用缩进排列可以使结构清晰易懂。例如，请看如下没有使用缩进排列代码的同一个过程：

```
Sub SelectionType()
Select Case TypeName(Selection)
Case "Range"
Select Case Selection.Count
Case 1
MsgBox "One cell is selected"
Case Else
MsgBox Selection.Rows.Count &" rows"
End Select
Case "Nothing"
MsgBox "Nothing is selected"
Case Else
MsgBox "Something other than a range"
End Select
End Sub
```

看到没有，上述代码因为结构不清晰读起来很困难。

3.10.4 指令块的循环

"循环"是指重复指令块的过程。要么知道循环的次数，要么可以由程序中变量的值来确定循环的次数。

下面的代码把相邻的数字输入一个单元格区域中，这是一种"很糟糕的循环"。这个过程使用两个变量分别来存储起始值(StartVal)以及要填充的单元格的总数目(NumToFill)。这个循环使用 GoTo 语句来控制流程。如果 iCount 变量(它跟踪填充了的单元格数目)的值小于 NumToFill，那么程序控制循环回到 DoAnother。

```
Sub BadLoop()
    Dim StartVal As Integer
    Dim NumToFill As Integer
    Dim iCount As Integer
    StartVal = 1
    NumToFill = 100
    ActiveCell.Value = StartVal
    iCount = 1
DoAnother:
    ActiveCell.Offset(iCount, 0).Value = StartVal + iCount
    iCount = iCount + 1
    If iCount < NumToFill Then GoTo DoAnother Else Exit Sub
End Sub
```

这个过程按照预定的设计执行，那么为什么要说它是"糟糕的循环"呢？这是因为，一般来说，在不是绝对必要的情况下，不赞成编程人员使用 GoTo 语句。使用 GoTo 语句进行循环违背了结构化程序设计的理念(请参阅本节下文中的补充说明"什么是结构化程序设计")。实际上，

GoTo 语句使得代码更难阅读，因为几乎不可能通过代码缩进编排来表示一个循环。此外，这种条理不清的循环使得过程更容易出错。而且，使用大量的标签将导致"意大利面条式代码"(这种代码结构性很差，而且流程没有规则可言)。

因为 VBA 有很多结构化的循环命令，所以绝对没必要依赖于 GoTo 语句进行决策。

1. For-Next 循环

最简单的一种好循环就是 For-Next 循环。它的语法如下所示：

```
For counter = start To end [Step stepval]
    [instructions]
    [Exit For]
    [instructions]
Next [counter]
```

在下面的 For-Next 循环示例中，没有使用可选的 Step 值或可选的 Exit For 语句。这个例程执行 Sum = Sum + Sqr(Count)语句 100 次，然后显示出结果(也就是前 100 个整数的平方根的总和)。

```
Sub SumSquareRoots()
    Dim Sum As Double
    Dim Count As Integer
    Sum = 0
    For Count = 1 To 100
        Sum = Sum + Sqr(Count)
    Next Count
    MsgBox Sum
End Sub
```

在这个示例中，Count(循环的计数器变量)从 1 开始，每循环重复一次，Count 就增加 1。Sum 变量只是累加 Count 的每个值的平方根。

什么是结构化程序设计？

从编程人员那里总能听到术语"结构化程序设计"，还会发现人们认为结构化程序要优于非结构化程序。

那么什么才是结构化程序设计呢？用 VBA 可以实现结构化程序设计吗？

作为结构化程序设计，基本的前提是例程或代码片段应该只有一个入口和一个出口。换言之，代码的主体应该是独立单元，而程序控制应该不跳入这个单元内部或从这个单元中间退出。其结果是，结构化程序设计排除了对 GoTo 语句的使用。在编写结构化代码时，程序会有序前进并易于跟踪，而在意大利面条式代码中程序则四处转移。

与非结构化程序相比，结构化程序方便了阅读和理解。更重要的是，这样的代码还更易修改。

VBA 是一种结构化语言，提供了标准的结构化构造，如 If-Then-Else、Select Case、For-Next、Do Until 以及 Do While 循环。而且，VBA 完全支持模块化的代码结构。

如果是程序设计方面的初学者，最好养成良好的结构化程序设计习惯。

> **警告：**
> 在使用 For-Next 循环时，循环计数器是一个普通的变量，没有什么特别的，理解这一点很重要。因此，在 For 和 Next 语句之间执行的代码块内，循环计数器上的数值可能会发生变化。然而，这是一种不良的编程习惯，而且可能导致不可预知的结果产生。事实上，应该采取一些预防措施以确保代码不会修改循环计数器的数值。

还可以使用 Step 值跳过循环中的某些值。下面对上例进行了改写，它对 1~100 之间的奇数的平方根求和。

```
Sub SumOddSquareRoots()
    Dim Sum As Double
    Dim Count As Integer
    Sum = 0
    For Count = 1 To 100 Step 2
        Sum = Sum + Sqr(Count)
    Next Count
    MsgBox Sum
End Sub
```

在这个过程中，Count 从 1 开始，然后提取 3、5、7 等奇数。在这个循环中 Count 的最后一个值是 99。当循环结束时，Count 的值为 101。

For-Next 循环中的 Step 数值也可能是负值。下面的过程删除了活动工作表中第 2、4、6、8 和第 10 行的内容：

```
Sub DeleteRows()
    Dim RowNum As Long
    For RowNum = 10 To 2 Step -2
        Rows(RowNum).Delete
    Next RowNum
End Sub
```

读者可能会疑惑为什么在 DeleteRows 过程中使用一个负的 Step 数值。如下面的过程所示，如果使用一个正的 Step 数值，将删除一些错误的行。这是因为被删除行下方的行的号码将得到一个新行号。例如，如果删除了第 2 行，那么第 3 行将变成新的第 2 行。使用负的 Step 值则确保删除正确的行。

```
Sub DeleteRows2()
    Dim RowNum As Long
    For RowNum = 2 To 10 Step 2
        Rows(RowNum).Delete
    Next RowNum
End Sub
```

下面的过程执行与本节开头的 BadLoop 示例相同的任务。但这里去掉了 GoTo 语句，从而由一个糟糕的循环变成使用 For-Next 结构的良好循环。

```
Sub GoodLoop()
    Dim StartVal As Integer
    Dim NumToFill As Integer
```

```
        Dim iCount As Integer
        StartVal = 1
        NumToFill = 100
        For iCount = 0 To NumToFill - 1
            ActiveCell.Offset(iCount, 0).Value = StartVal + iCount
        Next iCount
    End Sub
```

For-Next 循环还可在循环中包含一条或多条 Exit For 语句。在遇到这条语句时，循环立即中止，控制权交给当前 For-Next 循环的 Next 语句后面的一条语句。下面的示例说明了 Exit For 语句的用法。这个过程确定了在活动工作表中的列 A 中包含最大值的单元格是哪一个：

```
Sub ExitForDemo()
    Dim MaxVal As Double
    Dim Row As Long
    MaxVal = Application.WorksheetFunction.Max(Range("A:A"))
    For Row = 1 To 1048576
        If Cells(Row, 1).Value = MaxVal Then
            Exit For
        End If
    Next Row
    MsgBox "Max value is in Row " & Row
    Cells(Row, 1).Activate
End Sub
```

使用 Excel 的 MAX 函数可以计算出列中的最大值，然后将这个值赋给 MaxVal 变量。For-Next 循环将检查该列中的每一个单元格。如果被检查的单元格的值等于 MaxVal 变量的值，Exit For 语句就结束这个过程，并执行 Next 语句后面的语句。这些语句将显示最大值所在的行并激活这个单元格。

> **注意：**
> 此处的 ExitForDemo 过程是为了说明如何退出 For-Next 循环。然而，这还不是激活单元格区域中最大值的最有效方法。实际上，用一条语句即可完成此项任务：
>
> ```
> Range("A:A").Find(Application.WorksheetFunction.Max _
> (Range("A:A"))).Activate
> ```

前面的示例使用了较简单的循环。但循环中可以包含任意数量的语句，甚至可以将 For-Next 循环嵌套在其他 For-Next 循环中。如下例所示，使用嵌套的 For-Next 循环来初始化一个 10×10×10 的数组，使得数组中的元素值都为 -1。当过程结束时，MyArray 中的 1000 个元素每一个的取值都为 -1。

```
Sub NestedLoops()
    Dim MyArray(1 to 10, 1 to 10, 1 to 10)
    Dim i As Integer, j As Integer, k As Integer
    For i = 1 To 10
        For j = 1 To 10
            For k = 1 To 10
```

```
            MyArray(i, j, k) = -1
        Next k
    Next j
Next i
'   [More code goes here]
End Sub
```

2. Do While 循环

Do While 循环是 VBA 中提供的另一种循环结构。与 For-Next 循环不同的是，只有在满足指定的条件时才会执行 Do While 循环。

Do While 循环有两种语法格式，如下所示：

```
Do [While condition]
    [instructions]
    [Exit Do]
    [instructions]
Loop
```

或

```
Do
    [instructions]
    [Exit Do]
    [instructions]
Loop [While condition]
```

正如所看到的那样，VBA 允许把 While 条件放在循环的开头或结尾处。这两种语法的区别在于对条件进行评估时，在第一种语法中，有可能从来都不执行循环的内容，而在第二种语法中，则至少执行一次循环的内容。

下面的示例把一组日期插入活动工作表中。日期对应于当前这个月的日历，日期输入活动单元格开头的列中。

> **注意：**
> 这些示例使用了一些与日期有关的 VBA 函数:
> - Date 返回当前日期。
> - Month 返回作为参数的日期对应的月份。
> - DateSerial 返回以年、月、日作为参数对应的日期。

第一个示例演示了 Do While 循环的用法。它在循环开始处就测试条件：EnterDates1 过程把当月的日期写到工作表的一个以活动单元格为起点的列中。

```
Sub EnterDates1()
'   Do While, with test at the beginning
    Dim TheDate As Date
    TheDate = DateSerial(Year(Date), Month(Date), 1)
    Do While Month(TheDate) = Month(Date)
        ActiveCell = TheDate
        TheDate = TheDate + 1
```

```
            ActiveCell.Offset(1, 0).Activate
    Loop
End Sub
```

这个过程使用一个名为 TheDate 的变量，该变量包含了写到工作表中的日期。该变量的初始值为当月的第一天。在该循环体内，变量 TheDate 的数值将输入活动单元格中，然后 TheDate 将递增，并激活下一个单元格。继续循环，直到变量 TheDate 的月份与当前日期中的月份相同时为止。

下面的过程与 EnterDates1 过程的效果一样，但它采用了 Do While 的第二种语法格式，该循环将在循环末尾处检查循环条件：

```
Sub EnterDates2()
'   Do While, with test at the end
    Dim TheDate As Date
    TheDate = DateSerial(Year(Date), Month(Date), 1)
    Do
        ActiveCell = TheDate
        TheDate = TheDate + 1
        ActiveCell.Offset(1, 0).Activate
    Loop While Month(TheDate) = Month(Date)
End Sub
```

Do While 循环也可以包含一条或多条 Exit Do 语句。遇到 Exit Do 语句时，循环会立即结束，控制权将交给 Loop 语句后面的语句。

3. Do Until 语句

Do Until 循环结构非常类似于 Do While 结构。只有在测试条件时，这两种结构的区别才很明显。在 DoWhile 循环中，当循环条件值为 True 时就执行循环；而在 Do Until 循环中，一直执行循环，直至循环条件值为 True。

Do Until 也有两种语法格式：

```
Do [Until condition]
    [instructions]
    [Exit Do]
    [instructions]
Loop
```

或

```
Do
    [instructions]
    [Exit Do]
    [instructions]
Loop [Until condition]
```

下面的两个示例与前一节中 Do While 日期录入示例所完成的功能相同。唯一的区别在于这两个过程计算条件的位置不同(位于循环开始处或结尾处)。下面是第一个示例：

```
Sub EnterDates3()
```

```
'   Do Until, with test at beginning
    Dim TheDate As Date
    TheDate = DateSerial(Year(Date), Month(Date), 1)
    Do Until Month(TheDate) <> Month(Date)
        ActiveCell = TheDate
        TheDate = TheDate + 1
        ActiveCell.Offset(1, 0).Activate
    Loop
End Sub
```

下面是第二个示例:

```
Sub EnterDates4()
'   Do Until, with test at end
    Dim TheDate As Date
    TheDate = DateSerial(Year(Date), Month(Date), 1)
    Do
        ActiveCell = TheDate
        TheDate = TheDate + 1
        ActiveCell.Offset(1, 0).Activate
    Loop Until Month(TheDate) <> Month(Date)
End Sub
```

以下示例原来用于 Do While 循环中,但重新编写之后用于 Do Until 循环中。两者的区别在于 Do 语句那一行。下面的示例使得代码更简单一些,因为它避免使用 Do While 示例中的负值。

```
Sub DoUntilDemo1()
    Dim LineCt As Long
    Dim LineOfText As String
    Open "c:\data\textfile.txt" For Input As #1
    LineCt = 0
    Do Until EOF(1)
        Line Input #1, LineOfText
        Range("A1").Offset(LineCt, 0) = UCase(LineOfText)
        LineCt = LineCt + 1
    Loop
    Close #1
End Sub
```

> **注意:**
> VBA 还支持一种循环: While Wend。包含这种循环结构主要是出于兼容性的目的。下面的示例就是通过 While Wend 循环编写的日期录入过程的代码:
>
> ```
> Sub EnterDates5()
>     Dim TheDate As Date
>     TheDate = DateSerial(Year(Date), Month(Date), 1)
>     While Month(TheDate) = Month(Date)
>         ActiveCell = TheDate
>         TheDate = TheDate + 1
>         ActiveCell.Offset(1, 0).Activate
>     Wend
>     End Sub
> ```

第 4 章

VBA 的子过程

本章内容：
- 声明和创建 VBA 的子过程
- 执行过程
- 向过程传递参数
- 使用错误处理技术
- 开发一个有用的过程示例

4.1 关于过程

"过程"是位于 VBA 模块中的一系列 VBA 语句，可在 VBE 中访问这些 VBA 模块。一个模块可以包含任意数量的过程。过程中保存一组完成预定任务的 VBA 语句。大多数 VBA 代码都包含在过程中。

你可通过多种方式来调用或执行过程。执行过程时，可从头到尾执行，也可中途结束执行。

> **提示：**
> 过程的代码可以任意长，但很多人都不愿意创建执行很多不同操作的且极其长的过程。实际上，你可编写一些小的过程，每个过程都只有一个目的，然后设计一个主过程来调用这些小过程。这种方法使得代码更便于维护。

需要编写一些过程来接收参数。"参数"是过程使用的信息，在执行过程时会传递给过程。过程参数的工作方式与在 Excel 工作表函数中使用的参数非常相似。过程中的指令使用这些参数执行操作，过程的结果通常就基于这些参数。

> **交叉参考：**
> 尽管本章主要介绍子过程，但 VBA 还支持函数过程，这部分内容将在第 5 章中讨论。第 7 章还将介绍关于这两个过程(子过程和函数过程)的很多示例，你可以将这些融入自己的工作中。

4.1.1 子过程的声明

使用 Sub 关键字声明的过程必须遵循下面的语法格式：

```
[Private | Public][Static] Sub name ([arglist])
    [instructions]
    [Exit Sub]
    [instructions]
End Sub
```

下面简单介绍组成子过程的各个元素：

- Private(可选的)：表明只有同一个模块中的其他过程才可访问这个过程。
- Public(可选的)：表明该工作簿中所有模块中的所有其他过程都可访问这个过程。如果该过程用在包含 Option Private Module 语句的模块中，那么这个过程在该工程外部不可用(其他工作簿或 Microsoft Office 应用程序可能试图调用模块中的过程)。
- Static(可选的)：表明过程结束时将保存过程的变量。
- Sub(必需的)：这个关键字表示过程的开始点。
- name(必需的)：任何有效的过程名称。
- arglist(可选的)：表示括在括号里的变量列表。这些变量将接收传递给过程的参数，并使用逗号分隔参数。如果该过程不使用任何参数，就必须有一组空括号。
- instructions(可选的)：代表有效的 VBA 指令。
- Exit Sub(可选的)：在过程正式结束之前，立即退出过程。
- End Sub(必需的)：表示过程的结束。

> **给过程命名**
>
> 每个过程都必须有一个名称。一般来说，给过程命名的规则与变量名称相同。理想情况下，过程的名称应该描述其内在进程的目标。较好的规则是使用包括一个动词和一个名词的名称(如 ProcessDate、PrintReport、Sort_Array 或 CheckFilename 等)。如果不是编写使用一次后就会删除的过程，就应当避免使用没有意义的名称，如 DoIt、Update 和 Fix 等。
>
> 一些编程人员还喜欢使用类似于句子一样的名称来描述过程(如 WriteReportToTextFile 和 Get_Print_Options_and_Print_Report)。
>
> 注意，示例过程名称中每个单词的第一个字母是大写。这种名为 Pascal casing 的命名规则，有着良好的实际应用效果。

> **注意：**
> 除了一些例外情况，模块中的所有 VBA 指令都必须包含在过程中。例外的情况包括模块层次上的变量声明、用户自定义数据类型的定义以及其他一些用于指定模块层次上选项的指令等(如 Option Explicit)。

4.1.2 过程的作用域

第 3 章讲述了变量的作用域决定了可以使用该变量的模块和过程。类似地，过程的作用域也决定其他哪些过程可以调用它。

1. 公共的过程

默认情况下，过程是"公共的"。也就是说，工作簿中所有模块中的其他过程都可以调用该过程。使用关键字 Public 不是必需的，但为清晰起见，编程人员通常都写上这个关键字。下面的两个过程都是公共的：

```
Sub First()
' ... [code goes here] ...
End Sub

Public Sub Second()
' ... [code goes here] ...
End Sub
```

2. 私有的过程

私有的过程可被同一模块中的其他过程调用，但不可被其他模块中的其他过程调用。

> **注意：**
> 在用户使用"宏"对话框时(按 Alt+F8 快捷键)，Excel 只显示公共的过程。因此，如果某个过程设计为只能被同一模块中的其他过程调用，就应该确保这些过程声明为 Private，这样就可以防止用户从"宏"对话框查看和选择这些过程。

下面的示例声明了一个名为 MySub 的私有过程：

```
Private Sub MySub()
' ... [code goes here] ...
End Sub
```

> **提示：**
> 可将模块中的所有过程(即使是那些使用关键字 Public 声明的过程) 强制设为私有的过程——通过在第一个 Sub 语句之前包含下列语句：
> ```
> Option Private Module
> ```
> 如果在模块中编写了上述语句，那么可在 Sub 声明中省略掉关键字 Private。

Excel 的宏录制器一般将新的子过程创建为 Macro1、Macro2 等。除非需要修改录制的代码，否则这些过程都是公共的过程，而且从不使用任何参数。

4.2 执行子过程

本节将讲述执行或调用 VBA 子过程的多种方法：

- 可使用"运行"|"运行子过程/用户窗体"命令(在 VBE 菜单中)，或按 F5 快捷键调用子过程，还可以使用"标准"工具栏中的"运行子过程/用户窗体"按钮。这些方法都假定鼠标指针在过程中。
- 从 Excel 的"宏"对话框中调用子过程。
- 使用指定给过程的 Ctrl 键(假定已经指定了一个)调用子过程。
- 可通过单击工作表上分配给该过程的按钮或形状来调用子过程。
- 可通过编写的另一个过程调用子过程。子过程和函数过程可以执行其他过程。
- 可从添加到快速访问工具栏的图标调用子过程。
- 可从添加到功能区中的按钮调用子过程。
- 可从自定义快捷菜单中调用子过程。
- 可指定在事件发生时运行子过程。这些事件包括打开工作簿、保存工作簿、关闭工作簿、更改单元格的值、激活工作表。
- 最后，可从 VBE 中的"立即窗口"运行子过程。只要输入过程的名称(包括可能适用的任何参数)，然后按回车键即可。

下面将讨论这些用于执行过程的方法。

> **注意:**
> 很多情况下，除非在合适的上下文中执行，否则过程将无法正常运行。例如，如果过程需要使用活动工作表，而当前图表工作表是活动的，那么这个过程将会运行失败。一个好的过程应包含检查合适的上下文的代码，如果不能继续运行，应会优雅退出。

4.2.1 通过"运行子过程/用户窗体"命令执行过程

VBE 的"运行"|"运行子过程/用户窗体"菜单命令主要用于在开发的同时测试过程。编程人员可能从未期望用户必须激活 VBE 来执行某个过程。在 VBE 中选择"运行"|"运行子过程/用户窗体"命令来执行当前过程(换句话说，是包含鼠标指针的过程)。还可以按 F5 键或使用"标准"工具栏中的"运行子过程/用户窗体"按钮。

如果鼠标指针不在过程当中，VBE 将显示"宏"对话框，以便选择要执行的过程。

4.2.2 从"宏"对话框执行过程

选择 Excel 的"视图"|"宏"|"宏"命令显示"宏"对话框，如图 4-1 所示(还可按 Alt+F8 快捷键或选择"开发工具"|"代码"|"宏"来访问这个对话框)。使用"位置"下拉列表框限制显示的宏的范围(例如，仅显示活动工作簿中的宏)。

"宏"对话框不显示以下信息：

- 函数过程

- 使用关键字 Private 声明的子过程
- 需要一个或多个参数的子过程
- 包含在加载项中的子过程
- 存储在 ThisWorkbook、Sheet1 或 UserForm1 等对象的代码模块中的事件过程

图 4-1 "宏"对话框

> 提示：
> 即使"宏"对话框中没有列出存储在加载项中的过程，只要知道名称，仍可执行这一过程。只需要在"宏"对话框中的"宏名"文本框中输入过程名称，然后单击"执行"按钮即可。

4.2.3 用 Ctrl+快捷键组合执行过程

可为没有使用任何参数的任意过程指定一个 Ctrl 快捷键组合。例如，如果把 Ctrl+U 快捷键组合指定给名为 UpdateCustomer List 的过程，那么按 Ctrl+U 快捷键即可执行该过程。

当开始录制宏时，在"录制新宏"对话框中可以指定一个快捷键。然而，也可在任意时刻指定快捷键。如果要给过程指定 Ctrl 快捷键(或更改某个过程的快捷键)，可按如下步骤操作：

(1) 激活 Excel 并显示"宏"对话框(Alt+F8 快捷键是其中一种打开方法)。
(2) 从"宏"对话框的列表框中选择合适的过程。
(3) 单击"选项"按钮显示"宏选项"对话框(如图 4-2 所示)。

图 4-2 "宏选项"对话框允许指定 Ctrl 键快捷方式，还可按自己的意愿为过程添加说明

(4) 在 Ctrl+文本框中输入字符。

注意：
输入 Ctrl+文本框中的字符是区分大小写的。如果输入了小写字母 s，那么快捷键组合为 Ctrl+s。如果输入了大写字母 S，那么快捷键组合为 Ctrl+Shift+S。

(5) 输入说明信息(可选的)。如果输入宏的说明信息，那么在列表框中选择这个过程后，说明信息就会显示在"宏"对话框的底部。

(6) 单击"确定"按钮关闭"宏选项"对话框，然后单击"取消"按钮关闭"宏"对话框。

警告：
如果把 Excel 的一个预定义的快捷键组合指定给某个过程，那么自定义的快捷键组合的指定优先于 Excel 预定义的快捷键组合的指定。例如，Ctrl+S 是用来保存活动工作簿的预定义快捷键。而若将 Ctrl+S 快捷键指定给了某个过程，那么按下 Ctrl+S 快捷键就不再保存活动工作簿。

提示：
Excel 2019 不使用键盘上的 J、M 和 Q 键作为 Ctrl+键组合。Excel 也不使用太多的 Ctrl+Shift+组合键，它们主要用于不太明确的命令。

4.2.4 从功能区执行过程

Excel 2007 中引入了功能区用户界面。在 Excel 2007 版本中，为了自定义功能区，需要编写 XML 代码向功能区中添加新按钮或其他控件。请注意，功能区的修改是在 Excel 之外进行的，不能使用 VBA 进行修改。

从 Excel 2010 起，用户可直接在 Excel 中修改功能区。只要右击功能区的任一部分并从快捷菜单中选择"自定义功能区"。向功能区添加新控件并为该控件指定 VBA 宏这一过程十分简单。不过，这必须手动完成。换句话说，不能使用 VBA 向功能区中添加控件。

交叉参考：
更多关于定制功能区的信息请参阅第 17 章。

4.2.5 从自定义快捷菜单中执行过程

通过单击自定义快捷菜单中的菜单项也可执行宏。当在 Excel 中的某个对象或单元格区域上右击时，就会出现快捷菜单。编写 VBA 代码可以轻松地将新工程添加到任何 Excel 快捷菜单。

交叉参考：
更多关于自定义快捷菜单的信息请参阅第 18 章。

4.2.6 从另一个过程中执行过程

执行过程最常用的一种方法是从另一个 VBA 过程中调用此过程。为此，可以采用下列 3 种方式：

- 输入过程的名称以及它的参数(如果有)，参数用逗号隔开。不要将参数列表放在括号内。
- 在过程名称以及它的参数(如果有)前使用关键字 Call，参数用括号括起来并用逗号隔开。Call 关键字在技术上是可选的，因为你不需要用它来运行指定的过程。但是，许多 Excel 开发人员仍然使用它作为另一个过程被调用的明确指示。
- 使用 Application 对象的 Run 方法。当需要运行某个过程，而又把过程的名称指定给某个变量时，Run 方法是很有用的。然后可将这个变量作为参数传递给 Run 方法。

下面是一个采用两个参数的简单子过程。这个过程显示两个参数的乘积。

```
Sub AddTwo (arg1, arg2)
    MsgBox arg1 * arg2
End Sub
```

下列 3 条语句演示了执行 AddTwo 过程并传递两个参数的 3 种不同方式。三者产生相同的结果。

```
AddTwo 12, 6
Call AddTwo (12, 6)
Run "AddTwo", 12, 6
```

> **提示：**
> 尽管是可选的，但请考虑始终使用 Call 关键字。它不仅清楚地表明正在调用另一个过程，而且当你想要搜索代码中明确调用其他过程的所有实例时，Call 关键字也会派上用场。

使用 Run 方法最佳时机可能是在过程名称指定给某个变量时。实际上，这是以这种方式执行过程的唯一方式。下例演示了这一点。Main 过程使用 VBA 的 WeekDay 函数确定星期几(从星期天开始，用 1~7 之间的整数表示)。SubToCall 变量被赋予一个代表过程名称的字符串，Run 方法然后调用相应的过程(WeekEnd 或 Daily 过程)。

```
Sub Main()
    Dim SubToCall As String
    Select Case WeekDay(Now)
        Case 1, 7: SubToCall = "WeekEnd"
        Case Else: SubToCall = "Daily"
    End Select
        Application.Run SubToCall
End Sub

Sub WeekEnd()
    MsgBox "Today is a weekend"
' Code to execute on the weekend
'  goes here
End Sub

Sub Daily()
    MsgBox "Today is not a weekend"
' Code to execute on the weekdays
'  goes here
End Sub
```

> **注意：**
> 请注意，包含最后一个示例是为了说明 Run 关键字。但通过变量或字符串调用过程通常被认为是一种不好的做法，因为 VBA 编译器无法确认指定的过程实际存在。换句话说，要运行的过程名称直到运行时才提供给代码。这引入了出错的可能性，因为在运行时提供无效或甚至拼写错误的过程名称将导致代码失败。

1. 调用另一个模块中的过程

如果 VBA 在当前模块中找不到要调用的过程，它将在同一个工作簿的其他模块中查找公共的过程。

如果必须从另一个过程中调用一个私有的过程，那么这两个过程必须位于同一个模块中。

同一个模块中不能有两个同名的过程，但在不同的模块中可以有同名的过程。可强制 VBA 执行命名会产生歧义的过程，也就是说，可执行另一个模块中名称相同的另一个过程。为此，要在过程名称的前面加上模块名和一个句点。

例如，假设在 Module1 和 Module2 中都定义了名为 MySub 的过程。如果希望 Module2 中的某个过程调用 Module1 中的 MySub 过程，可使用下面两条语句中的任意一条语句：

```
Module1.MySub
Call Module1.MySub
```

如果对同名的两个过程不加以区分，就会得到一条"发现二义性名称"的错误消息。

2. 调用另一个工作簿中的过程

某些情况下，可能需要过程执行定义在另一个工作簿中的另一个过程。要达到此目的，主要有两种选择：一种是建立对另一个工作簿的引用，另一种是使用 Run 方法并显式地指定工作簿的名称。

要添加对另一个工作簿的引用，可选择 VBE 的"工具"|"引用"命令。Excel 将显示出"引用"对话框(如图 4-3 所示)，其中列出了所有可用的引用，也包括所有打开的工作簿。只要选中对应于要添加引用的工作簿的复选框，然后单击"确定"按钮即可。建立了引用后，就可以调用这个工作簿中的过程了，就像这些过程与调用过程位于同一工作簿中一样。

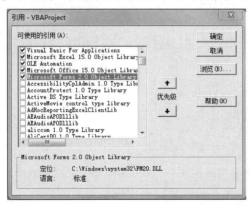

图 4-3　"引用"对话框允许建立对另一个工作簿的引用

创建引用时，被引用的工作簿不必处于打开状态；可将其视为单独的对象库。使用"引用"对话框中的"浏览"按钮可创建对未打开的工作簿的引用。

如果一个工作簿中包含对另一个工作簿的引用，那么在打开这个工作簿时，被引用的工作簿也将自动打开。

> **注意：**
> 出现在引用列表中的工作簿名称按照它们的VBE工程名称罗列出来。默认情况下，每个工程最初名称都为VBAProject。因此，列表中可能包含几个命名完全相同的项(但所选项的完整路径显示在对话框的底部)。为区分某个工程，可在"工程属性"对话框中更改它的名称。单击"工程"窗口中的工程名称，然后选择"工具"|"××××属性"(其中××××是当前工程的名称)命令。在"工程属性"对话框中，单击"通用"选项卡，然后修改"工程名称"文本框中显示的名称。

"引用"对话框中显示的引用列表还包含系统上注册的对象库和 ActiveX 控件。Excel 工作簿通常包括对下列对象库的引用：

- Visual Basic for Applications
- Microsoft Excel 17.0 Object Library
- OLE Automation
- Microsoft Office 17.0 Object Library
- Microsoft Forms 2.0 Object Library(可选的，只有当工程中包含用户窗体时才包括这种对象库)

> **注意：**
> 所添加的对其他工作簿的任何引用都列在 VBE 的"工程资源管理器"窗口的工程缩略图中。这些引用都列在"引用"节点下。

例如，如果已经建立了对包含 YourSub 过程的工作簿的引用，那么可以使用下列两条语句中的任意一条语句来调用 YourSub：

```
YourSub
Call YourSub
```

为准确识别出另一个工作簿中的某个过程，可使用下列语法指定工程名称、模块名称和过程名称：

```
YourProject.YourModule.YourSub
```

或使用关键字 Call 来调用：

```
Call YourProject.YourModule.YourSub
```

调用位于另一个工作簿中的过程还有一种方法，就是使用 Application 对象的 Run 方法。这种方法不需要建立引用，但是含有该过程的工作簿必须是打开的。下列语句执行了位于 budget macros.xlsm 工作簿中的 Consolidate 过程。

```
Application.Run "'budget macros.xlsm'!Consolidate"
```

注意，工作簿名称括在了单引号内。这种语法只有当文件名包括一个或多个空格字符时才是必需的。下例调用未包含空格字符的工作簿中的过程：

```
Application.Run "budgetmacros.xlsm!Consolidate"
```

为什么调用其他过程

对于程序设计方面的初学者而言,可能比较奇怪为什么有人想从一个过程中调用另一个过程,而不是把被调用的过程代码放到发出调用的过程中。

一个原因是为了使代码更加清晰。代码越简单，就越便于维护和修改。较小的例程容易解释以及随后进行调试。查看下面的过程代码，它只是在调用其他过程。这个过程非常容易理解。

```
Sub Main()
    Call GetUserOptions
    Call ProcessData
    Call CleanUp
    Call CloseItDown
End Sub
```

调用其他过程还可以消除冗余。假设必须在例程中10个不同的地方执行某项操作，那么不用输入10次代码，只须先编写一个执行该操作的过程，然后调用该过程10次即可。如果需要做出更改，只须修改一次，而不是10次。

而且，可能有一连串频繁使用的通用过程。如果把它们存储在某个单独的模块中，那么可以先将这个模块导入到当前的工程中，然后在需要时调用这些过程即可——这样做比把代码复制、粘贴到新过程要简单得多。

通常，创建一些小的过程而不是单个大过程的做法是非常好的编程习惯。模块化方法不仅使得工作更加容易，还可以让最终使用代码的人们生活更加轻松。

4.2.7 通过单击对象执行过程

Excel 提供了可以放在工作表或图表工作表上的各种对象，还可以把宏附加到这些对象上。这些对象包括如下几类：

- ActiveX 控件
- 表单控件
- 插入的对象(形状、SmartArt、艺术字、图表和图片)

注意：

"开发工具" | "控件" | "插入" 命令中的下拉列表中包含了可以插入工作表中的两种控件：表单控件和 ActiveX 控件。表单控件通常设计为在电子表格中使用，ActiveX 控件通常在 Excel 的用户窗体中使用。通常来讲，在处理电子表格时必须使用表单控件。在电子表格中执行表单控件更易于配置。

与表单控件不同，ActiveX 控件不能用于执行任意的宏。ActiveX 控件只用于执行特殊命名的宏。例如，如果插入一个名为 CommandButton1 的ActiveX 按钮控件，那么单击该按钮就可以执行名为 CommandButton1_Click 的宏，要求这个宏必须位于插入控件所在工作表的代码模块中。更多关于使用工作表上控件的信息可参阅第 13 章。

要将过程指定给表单控件上的 Button 对象，可以采取如下步骤：
(1) 选择"开发工具"|"控件"|"插入"命令，然后单击"表单控件"组中的按钮。
(2) 单击工作表以创建具有默认高度和宽度的按钮，或者可以在工作表上拖动鼠标以更改按钮默认的大小。

Excel 将立即显示"指定宏"对话框(如图 4-4 所示)。

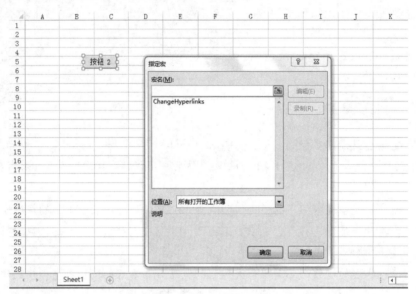

图 4-4　把宏指定给按钮

(3) 选择或输入想要指定给按钮的宏，然后单击"确定"按钮。
通过在该按钮上右击，并在弹出的快捷菜单中选择"指定宏"命令就可以修改宏的指定。
要把宏指定给形状、SmartArt、艺术字或图片，可在对象上右击，然后从弹出的快捷菜单中选择"指定宏"命令即可。
要把宏指定给嵌入的图表，可按住 Ctrl 键并单击该图表(作为对象选择图表)。然后可以在对象上右击，从弹出的快捷菜单中选择"指定宏"命令。

4.2.8　在事件发生时执行过程

有时候，可能希望在某个具体的事件发生时执行过程。如打开工作簿、向工作表中输入数据、保存工作簿、单击 CommandButton ActiveX 控件等事件。当事件发生时执行的过程称为"事件处理程序"过程，事件处理程序过程具有以下一些特点：
- 它们都有具体的名称，这些名称由对象、下画线和事件名称组成。例如，在打开某个工作簿时执行的过程可以命名为 Workbook_Open。
- 它们都存储在具体对象(如 ThisWorkbook 或 Sheet1)的"代码"模块中。

交叉参考:
第 6 章将重点介绍事件处理程序。

4.2.9 从"立即窗口"执行过程

你还可通过在 VBE 的"立即窗口"中输入过程的名称来执行这个过程。如果"立即窗口"不可见,可按 Ctrl+G 快捷键。在输入 VBA 语句的同时,"立即窗口"会执行它们。要执行过程,在"立即窗口"中输入过程的名称并按 Enter 键即可。

在开发过程时,这种方法非常有用,因为可以随时插入命令,从而在"立即窗口"中显示出结果。下面的过程说明了这种方法:

```
Sub ChangeCase()
    Dim MyString As String
    MyString = "This is a test"
    MyString = UCase(MyString)
    Debug.Print MyString
End Sub
```

图 4-5 显示了当在"立即窗口"中输入 ChangeCase 时发生的状况:Debug.Print 语句将立即显示出结果。

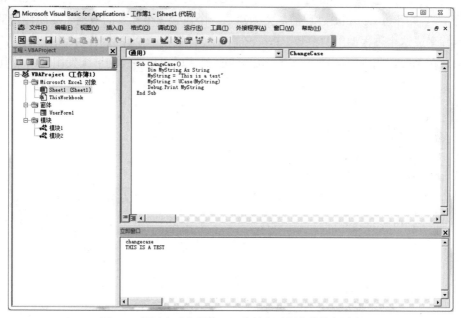

图 4-5　通过在"立即窗口"中输入过程名称执行过程

4.3　向过程中传递参数

过程的"参数"提供了它在指令中要使用的数据。通过参数传递的数据可能是下列任何一种。

- 变量
- 常量
- 表达式
- 数组
- 对象

过程使用的参数在以下方面非常类似于工作表函数：

- 过程可能不需要任何参数。
- 过程可能需要固定数量的参数。
- 过程可能接收不定数量的参数。
- 过程可能需要某些参数，而另一些为可选的参数。
- 过程的所有参数可能都是可选的。

例如，Excel 的有些工作表函数(如 RAND 和 NOW)不使用任何参数，有些工作表函数(如 COUNTIF)则需要两个参数。另外一些诸如 SUM 的工作表函数最多可使用 255 个参数。还有一些工作表函数的参数是可选的，如 PMT 函数可以有 5 个参数(其中 3 个是必需的，2 个是可选的)。

至此，在本书中见到的大部分过程在声明时都不包含任何参数。它们只是用关键字 Sub、过程的名称和一组空的括号进行声明。空括号表示过程不接收任何参数。

下面列举了两个过程。Main 过程调用了 ProcessFile 过程 3 次(Call 语句位于 For-Next 循环中)。然而，在调用 ProcessFile 过程前，会创建了一个包含 3 个元素的数组。在循环内部，每个数组元素都变成这个过程调用的参数。ProcessFile 过程接收一个参数(名为 TheFile)。注意，这里把参数放在 Sub 语句中的括号内。当 ProcessFile 结束时，程序控制继续使用 Call 语句后面的语句。

```
Sub Main()
    Dim File(1 To 3) As String
    Dim i as Integer
    File(1) = "dept1.xlsx"
    File(2) = "dept2.xlsx"
    File(3) = "dept3.xlsx"
    For i = 1 To 3
        Call ProcessFile(File(i))
    Next i
End Sub

Sub ProcessFile(TheFile)
    Workbooks.Open FileName:=TheFile
'   ...[more code here]...
End Sub
```

当然，还可以把字面上的名称(不是变量)传递到过程中，例如：

```
Sub Main()
    Call ProcessFile("budget.xlsx")
End Sub
```

可采用下列两种方式将参数传递给过程。

- **通过引用**：通过引用传递参数的方法(默认方法)只是传递变量的内存地址。对过程中参数的修改将影响到原始变量。这是传递参数的默认方法。
- **通过数值**：通过数值传递参数传递的是原始变量的副本。因此，对过程中参数所做的修改不会影响到原变量。

下面的示例阐明了这个概念。Process 过程的参数通过引用来传递(默认方法)。在 Main 过程把数值 12 赋给 MyValue 变量后，就调用 Process 过程并把 MyValue 作为参数来传递。Process 过程把它的参数(名为 YourValue)的数值乘以 10。当 Process 过程结束时，又把程序的控制权传递回 Main 过程，接着 MsgBox 函数显示出 MyValue 的值：120。

```
Sub Main()
    Dim MyValue As Integer
    MyValue = 12
    Call Process(MyValue)
    MsgBox MyValue
End Sub

Sub Process(YourValue)
    YourValue = YourValue * 10
End Sub
```

如果不希望被调用的过程修改作为参数传递的任何变量，那么可以修改被调用过程的参数列表，使得通过"数值"而不是通过"引用"传递参数。为此，在参数的前面加上关键字 ByVal。这种方法导致被调用的例程处理的是被传递变量的数据的副本，而不是数据本身。例如，在下面的过程中，在 Process 过程中对 YourValue 的修改不会影响到 Main 过程中的 MyValue 变量。因此，MsgBox 函数显示出的值是 12 而不是 120。

```
Sub Process(ByVal YourValue)
    YourValue = YourValue * 10
End Sub
```

大多数情况下，都将使用默认的引用方法来传递参数。然而，如果过程需要使用在参数中传递给它的数据(但又绝不能修改原始数据)，那么可以通过值来传递数据。

过程的参数可以混合使用按值和引用这两种方法。前面有关键字 ByVal 的参数按值传递，其他参数通过引用传递。

> **注意：**
> 如果要把一个定义为用户自定义数据类型的变量传递给过程，那么必须通过引用方式来传递。如果通过值来传递该参数将产生一个错误。

因为前面的示例中没有为任何参数声明数据类型，所以所有参数都是 Variant 数据类型。但是，使用这些参数的过程可直接在参数列表中定义数据类型。下面这个过程的 Sub 语句接收两个数据类型不同的参数。第一个参数声明为整数类型，而第二个参数声明为字符串类型。

```
Sub Process(Iterations As Integer, TheFile As String)
```

在把参数传递给过程时，作为参数传递的数据必须与这个参数的数据类型匹配。例如，如果在上一个示例中调用 Process 过程时，把一个字符串变量传递给第一个参数，就会得到一条错误消息："ByRef 参数类型不符"。

> **注意：**
> 参数与子过程和函数过程密切相关。实际上，通常在函数过程中会更多地用到参数。第 5 章将集中介绍函数过程，并列举其他一些使用参数的例程示例，其中包括如何处理可选的参数。

> **公共变量的使用以及向过程传递参数**
>
> 第3章说明了把变量声明为Public变量(位于模块最顶端)后，在模块的所有过程中都可以使用这种变量。某些情况下，可能希望访问Public变量，而不是在调用其他过程时将变量作为参数传递。
>
> 例如，下面的过程把变量 MonthVal 的值传递给 ProcessMonth 过程：
>
> ```
> Sub MySub()
>     Dim MonthVal as Integer
> ' ... [code goes here]
>     MonthVal = 4
>     Call ProcessMonth(MonthVal)
> ' ... [code goes here]
> End Sub
> ```
>
> 另一种方法没有使用参数，如下所示：
>
> ```
> Public MonthVal as Integer
>
>     Sub MySub()
> ' ... [code goes here]
>     MonthVal = 4
>     Call ProcessMonth2
> ' ... [code goes here]
> End Sub
> ```
>
> 在修改过的代码中，因为 MonthVal 是一个公共变量，所以 ProcessMonth2 过程可以访问它，因此不需要将其作为参数传递给 ProcessMonth2 过程。

4.4 错误处理技术

当某个 VBA 过程正在运行时，可能会出现错误。这些错误可能是"语法错误"(在执行过程之前必须要进行纠正)，也可能是"运行时错误"(发生在过程运行时)。本节将讲述运行时错误的内容。

> **警告：**
> 为了让错误处理过程能起作用，必须关闭"发生错误则中断"的设置。在 VBE 中，选择"工具"|"选项"命令，然后在"选项"对话框中单击"通用"选项卡。如果选中了"发生错误则中断"选项，VBA 将忽略错误处理代码。通常总是使用"遇到未处理的错误时中断"选项。

一般而言，运行时错误将导致 VBA 停止运行代码，而且用户将看到显示了错误编号和错误说明的对话框。好的应用程序不会让用户处理这些消息，而是在应用程序中集成了错误处理代码，进而可捕获错误并采取相应动作。至少，错误处理代码可显示更有意义的错误消息，而不是 VBA 弹出的那些错误消息。

4.4.1 捕获错误

可使用 On Error 语句指定错误发生时应采取的措施。基本上有下列两种办法。

- **忽略错误并允许 VBA 继续执行代码**：代码可在稍后检查 Err 对象，进而确定错误是什么，然后在必要时采取动作。
- **跳转到代码中特殊的错误处理部分，进而采取动作**：这一代码部分位于过程的末尾处，还用标签进行了标识。

当错误发生时，为使 VBA 代码继续执行，可在代码中插入如下语句：

```
On Error Resume Next
```

有些错误无关紧要，可以忽略不计而不会产生问题，但是可能会想知道发生了什么错误。当错误发生时，可以使用 Err 对象确定错误的编号。VBA 的 Error 函数可用于显示与 Err.Number 数值相对应的文本。例如，下面的语句显示出与普通的 VB 错误对话框一样的信息(错误编号以及错误说明)：

```
MsgBox "Oops! Can't find the object being referenced. " & _
MsgBox "Error "& Err & ": " & Error(Err.Number)
```

图 4-6 显示了一条 VBA 错误消息，图 4-7 在一个消息框中显示了同样的错误消息。当然，可使用更具描述性的文本，从而为最终用户提供更有意义的错误消息。

图 4-6　VBA 错误消息未必具有用户友好的界面

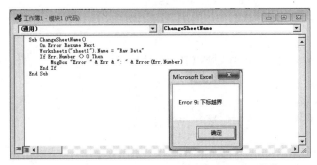

图 4-7　可创建消息框来显示错误代码和说明信息

> **注意：**
> 引用 Err 对象等同于访问 Err 对象的 Number 属性。因此，下面两条语句的效果相同：
> ```
> MsgBox Err
> MsgBox Err.Number
> ```

此外，还可使用 On Error 语句指定在错误发生时应跳转到过程中的某个位置。可以使用标签来标识出这个位置，例如：

```
On Error GoTo ErrorHandler
```

4.4.2 错误处理示例

第一个示例说明了一条可以忽略掉而不会产生危险的错误。SpecialCells 方法选中与某个特定条件相吻合的单元格。

> **注意：**
> SpecialCells 方法与另一种方法具有同样的效果，即选择"开始"|"编辑"|"查找和选择"|"转到"命令。"定位"对话框提供了很多选择。例如，可以选择含有数字常量(而不是公式)的单元格。

下面这个示例没有使用错误处理。在这个示例中，SpecialCells 方法选中了当前单元格区域选区中的所有单元格，该选区包含返回数字的公式。通常，如果没有符合要求的单元格，VBA 将显示如图 4-8 所示的错误消息。

图 4-8　如果没有发现单元格，SpecialCells 方法将生成上述错误

```
Sub SelectFormulas()
    Selection.SpecialCells(xlFormulas).Select
' ...[more code goes here]
End Sub
```

下面的示例使用 On Error Resume Next 语句防止显示错误消息：

```
Sub SelectFormulas2()
    On Error Resume Next
    Selection.SpecialCells(xlFormulas).Select
    On Error GoTo 0
' ...[more code goes here]
End Sub
```

为继续执行该过程中的剩余语句，On Error GoTo 0 语句将恢复为普通的错误处理。

下面的过程使用了另一条语句来确定是否有错误发生。如果发生错误，就向用户显示一条消息：

```
Sub SelectFormulas3()
    On Error Resume Next
    Selection.SpecialCells(xlFormulas).Select
    If Err.Number = 1004 Then MsgBox "No formula cells were found."
    On Error GoTo 0
'   ...[more code goes here]
End Sub
```

如果 Err 的 Number 属性的值不等于 0，就表明曾经发生过错误。If 语句将检查 Err.Number 的数值是否等于 1004。如果等于 1004，将显示一个消息框。在该示例中，对代码进行检查以查明是否为特定的错误编号。要检查是否存在任何错误，可使用下面的语句：

```
If Err.Number <> 0 Then MsgBox "An error occurred."
```

下一个示例说明了通过跳转到某个标签而进行的错误处理：

```
Sub ErrorDemo()
    On Error GoTo Handler
    Selection.Value = 123
    Exit Sub
Handler:
    MsgBox "Cannot assign a value to the selection."
End Sub
```

该过程试图把值赋给当前选中的区域。如果出现错误(例如，没有选中单元格区域或工作表受到保护)，赋值语句就会出错。如果出现错误，On Error 语句就指定跳转到 Handler 标签。注意，在这个标签之前使用了 Exit Sub 语句，这就避免在没有出现错误时执行错误处理代码。如果省略掉这条语句，那么即使没有出现错误，也会显示错误消息。

有时，可利用错误消息获得信息。下面的示例只是检测某个工作簿是否打开。这里没有使用任何错误处理代码。

```
Sub CheckForFile1()
    Dim FileName As String
    Dim FileExists As Boolean
    Dim book As Workbook
    FileName = "BUDGET.XLSX"
    FileExists = False

'   Cycle through all open workbooks
    For Each book In Workbooks
        If UCase(book.Name) = FileName Then FileExists = True
    Next book

'   Display appropriate message
    If FileExists Then
        MsgBox FileName & " is open."
```

```
        Else
            MsgBox FileName & " is not open."
        End If
End Sub
```

这里的 For Each-Next 循环遍历了 Workbooks 集合中的所有对象。如果该工作簿是打开的，FileExists 变量将设置为 True。最后，显示出一条消息告诉用户工作簿是否处于打开状态。

上述的例程可以进行改写，使用错误处理代码即可确定文件是否打开。在下面的示例中，On Error Resume Next 语句导致 VBA 忽略任何错误。通过把工作簿赋值给某个对象变量，接下来的指令引用这个工作簿(通过使用关键字 Set)。如果工作簿没有打开，就会出现错误。If-Then-Else 结构将检查 Err 的 value 属性并显示出相应的消息。这个过程没有使用循环，所以效率稍微高一些。

```
Sub CheckForFile()
    Dim FileName As String
    Dim x As Workbook
    FileName = "BUDGET.XLSX"
    On Error Resume Next
    Set x = Workbooks(FileName)
    If Err = 0 Then
        MsgBox FileName & " is open."
    Else
        MsgBox FileName & " is not open."
    End If
    On Error GoTo 0
End Sub
```

> **交叉参考：**
> 第 7 章还提供了其他几个关于使用错误处理的示例。

4.5 使用子过程的实际示例

本章介绍了创建子过程的基础知识。前面大部分示例的功能性都不强，因此，本章剩下的部分将介绍一个现实生活中的示例，这个示例把这一章以及前面两章中的很多概念都阐述得十分清楚。

这一节描述了一个很有用的实用程序的开发过程。更重要的是，描述了使用 VBA 来分析问题、解决问题的过程。

> **在线资源：**
> 本书的下载文件包中可以找到该应用程序最终完成的版本，其名称为 sheet sorter.xlsm。

4.5.1 目标

这个练习的目的是开发一个实用程序，使其通过工作表的字母顺序重新整理所在的工作簿(Excel 本身不能实现这种操作)。如果创建了由很多工作表组成的工作簿，就会明白很难定位某个特定的工作表。而若工作表是按字母顺序排列的，就很容易找到所需要的工作表。

4.5.2 工程需求

从何处着手呢？一种入手方式是列出对这个应用程序的所有需求。在开发应用程序时，可以检查需求列表，从而确保包含了所有需求。

下面列出了为这个示例应用程序搜集到的需求列表：

(1) 应该能够按照工作表名称的字母升序的顺序给活动工作簿中的工作表(包括工作表和图表工作表)排序。

(2) 应该很容易执行。

(3) 应该总是可用的。换言之，用户不必非得打开工作簿才能使用这个实用程序。

(4) 任何打开的工作簿都能顺利运行。

(5) 应该优雅地捕获错误，不显示任何 VBA 错误消息。

4.5.3 已经了解的信息

通常，一个工程最棘手的部分就是解决从哪里入手的问题。在这个示例中，首先列出了可能与这个工程需求有关的、已经了解到的关于 Excel 的信息。

- Excel 没有对工作表进行排序的命令。因此创建这个应用程序不是在做重复工作。
- 宏录制器不能用来录制工作表的排序动作。因为用户可能将来还会添加新工作表(也就是在录制时还不存在的工作表)。尽管如此，已录制的宏还是可以对如何正确使用语法提供一些帮助。
- 对工作表排序要求对其中一些或全部工作表进行移动。通过拖动工作表的标签可以很容易移动工作表。
- 备忘录：打开宏录制器，然后将某个工作表拖放到新位置，可以找出这个动作所生成的代码。
- Excel 还有一个"移动或复制工作表"对话框(在工作表的标签上右击并选择"移动或复制工作表"命令)。这个命令的宏所生成的代码与手动移动工作表所生成的代码有区别吗？
- 需要知道活动工作簿中有多少张工作表。可以使用 VBA 获得这个信息。
- 需要知道所有工作表的名称。同样，可以使用 VBA 来获得这个信息。
- Excel 有对单元格中数据进行排序的命令。
- 备忘录：也许可将工作表的名称传输到某个单元格区域并使用这个功能。或者，也许 VBA 中有可以利用的排序方法。
- 在开发的同时将会测试工作簿，但不会使用开发代码所在的工作簿进行测试。这意味着我们需要把宏存储在个人宏工作簿中，这样就可以在其他工作簿中使用。
- 备忘录：为达到测试目的，可创建一个"虚设的"工作簿。

4.5.4 解决方法

尽管依然不能确切地知道如何去做，但是可以设计一个初步的方案，描述必须要完成的一般任务，这里需要使用 VBA 完成下列任务：

(1) 标识出活动工作簿。
(2) 获得工作簿中所有工作表名称的列表。
(3) 计算工作表的数目。
(4) 以某种方式给工作表的名称进行排序。
(5) 重新安排工作表以便它们对应于被排序的工作表名称。

> **提示：**
> 有时你可能不太清楚该如何正确编写完成自己所接任务所需的代码，别为这事沮丧。虽然确实很多开发人员不知道该如何从无到有地使用正确的语法，然而，在宏录制器、VBA 帮助系统以及网上现成的各种示例的帮助下，你最终都可以找到正确的语法。

4.5.5 初步的录制工作

宏录制器是了解各类 VBA 过程的最佳场所，是所有开发人员的好帮手，下面讨论一下移动工作表的 VBA 语法。

我们打开宏录制器，将指定"个人宏工作簿"(因为测试代码时，就不用测试自己所工作的工作簿中的代码)作为宏的存储目的地。宏录制器运行之后，将 Sheet3 拖到 Sheet1 的前面，然后停止录制。查看已录制宏的代码时就可以看到 Excel 使用了 Move 方法：

```
Sub Macro1()
    Sheets("Sheet3").Select
    Sheets("Sheet3").Move Before:=Sheets(1)
End Sub
```

在 VBA 的帮助系统上查找 Move 方法，会发现该方法可在工作簿中将工作表移到新位置。该方法还可以接收一个参数，用来指定工作表的新位置。这就是为什么所录制的宏中包含了 Before:=Sheet(1)。

接下来需要找到活动工作簿中有多少张工作表。在 VBA 帮助系统上查阅 Count，就可以知道这是集合的一种属性。这意味着类似表、行、单元格、形状这样的集合都有 Count 属性。请记住这一点。

为了测试这最新出炉的代码片断，可打开 VBE，激活"立即窗口"并输入下列语句：

```
? ActiveWorkbook.Sheets.Count
```

成功了。图 4-9 就是测试结果。

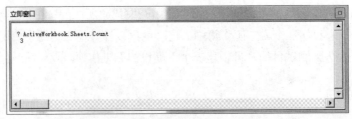

图 4-9　使用 VBE 的"立即窗口"来测试语句

那么工作表的名称又是什么呢？可以进行下一个测试，即在"立即窗口"中输入下列语句：

```
? ActiveWorkbook.Sheets(1).Name
```

上面的语句执行结果是第一个工作表的名称 Sheet3，这是正确的(因为之前已经做了移动)。这些信息也应牢记在心。

然后使用一个简单的 For Each-Next 结构(本书第 3 章中讨论了这个结构)，用它来遍历集合中的每个成员：

```
Sub Test()
    For Each Sht In ActiveWorkbook.Sheets
        MsgBox Sht.Name
    Next Sht
End Sub
```

又成功了。这个宏显示了 3 个消息框，每一个消息框中显示出了不同的工作表名称。

最后考虑排序的问题。从帮助系统中，了解到 Sort 方法适用于 Range 对象。所以，一种方法就是把工作表的名称传输到某个单元格区域中，然后对这个单元格区域进行排序。但对于这个应用程序来说，有点太费周折。还有一种更好的方法，即把工作表名称存储到字符串数组中，然后使用 VBA 代码对这个数组进行排序。

4.5.6 初始设置

知道了这么多信息，现在已经可以开始编写真正的代码了。但在编写代码之前，还需要完成一些初始设置工作。按照如下步骤操作：

(1) 创建一个包含 5 个工作表的空白工作簿，分别命名为工作表 Sheet1、Sheet2、Sheet3、Sheet4 和 Sheet5。

(2) 随意移动工作表，这样它们的顺序是打乱的。只要单击并拖动工作表标签。

(3) 把工作簿保存为 Test.xlsx。

(4) 激活 VBE，然后在"工程"窗口中选中 Personal.xlsb 工程。

如果 VBE 的"工程"窗口中没有出现 Personal.xlsb，那么意味着用户从来没有使用过"个人宏工作簿"。若要让 Excel 自动创建一个这样的工作簿，只须录制一个宏(任意的宏)，然后指定"个人宏工作簿"作为这个宏的存储目的地即可。

(5) 向 Personal.xlsb 中插入新的 VBA 模块(选择"插入"|"模块"命令)。

(6) 创建一个空的子过程，称其为 SortSheets(如图 4-10 所示)。实际上，可将这个宏存储在个人宏工作簿中的任意模块中。把每一组相关的宏存储在单独的一个模块中是不错的主意。这样，就可以很容易地导出模块并把模块导入其他工程中。

(7) 激活 Excel。选择"开发工具"|"代码"|"宏"命令，显示"宏"对话框。

(8) 在"宏"对话框中，选择 SortSheets 过程，然后单击"选项"按钮，给这个宏指定一个快捷键。Ctrl+Shift+S 快捷键组合是个不错的选择。

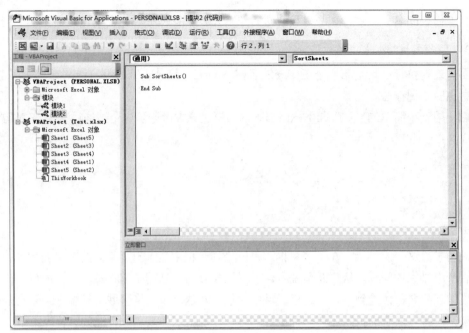

图 4-10 位于"个人宏工作簿"的模块中的空过程

4.5.7 代码的编写

现在该编写代码了,这里需要把工作表的名称放入字符串类型的数组中。因为不知道活动工作簿中有多少张工作表,所以使用带空括号的 **Dim** 语句声明这个数组。以后可以使用 **ReDim** 语句重新定义数组的维数,使其等于实际的元素数目。

正如你在下面的代码中看到的那样,循环遍历活动工作簿中的所有工作表,并将每个工作表的名称插入 **SheetNames** 数组中。此外,还在循环中添加了一个 **MsgBox** 函数,以便确保将工作表的名称输入到这个数组中。

```
Sub SortSheets()
' Sorts the sheets of the active workbook
    Dim SheetNames() as String
    Dim i as Long
    Dim SheetCount as Long
    SheetCount = ActiveWorkbook.Sheets.Count
    ReDim SheetNames(1 To SheetCount)
    For i = 1 To SheetCount
        SheetNames(i) = ActiveWorkbook.Sheets(i).Name
        MsgBox SheetNames(i)
    Next i
End Sub
```

为测试上面的代码,激活了 Test.xlsx 工作簿并按 **Ctrl+Shift+S** 快捷键。随后出现了 5 个消息框,每个消息框都显示出活动工作簿中工作表的名称。

当确认代码运行正确后,删除 **MsgBox** 语句(这些消息框过一会就会显得很烦人了)。

> **提示:**
> 除了使用 MsgBox 函数来测试工作外,还可以使用 Debug 对象的 Print 方法在"立即窗口"中显示信息。针对这个示例,可使用下面的语句代替 MsgBox 语句:
>
> Debug.Print SheetNames(i)
>
> 这项技术要比使用 MsgBox 语句更加直接。只须记住在工作完成时删除该语句就可以了。

至此,SortSheets 过程只创建了一个工作表名称的数组,这些工作表名称对应于活动工作簿中的工作表。还剩下两个步骤:对 SheetNames 数组中的元素进行排序;然后重新排列工作表,使得它们对应于排序后的数组。

4.5.8 排序过程的编写

接下来对 SheetNames 数组中的元素进行排序。其中一种方法是把排序代码插入 SortSheets 过程中,但还有一种更好的办法就是编写通用的排序过程,这样其他工程可以重复利用这个排序过程(给数组排序的操作很常见)。

不要对编写排序过程有所顾虑。从网上可以很容易找到可供自己使用的常用例程。使用"冒泡排序"可对数组进行快速排序。虽然这种方法并不是特别快,但很容易编写。在这个应用程序中,并没有要求很快的速度。

冒泡排序方法使用了嵌套的 For-Next 循环对每个数组元素进行求值。如果数组元素的值大于下一个元素的值,这两个元素就交换位置。代码中包含一个嵌套循环,所以会对每一对元素重复上述步骤(共重复 n-1 次)。

> **交叉参考:**
> 第 7 章介绍了其他一些排序例程,并比较了不同例程的速度。

下面是笔者开发的排序过程(在参照了从某些网站上得到的程序之后,获得了一些灵感):

```
Sub BubbleSort(List() As String)
' Sorts the List array in ascending order
    Dim First As Long, Last As Long
    Dim i As Long, j As Long
    Dim Temp As String
    First = LBound(List)
    Last = UBound(List)
    For i = First To Last - 1
        For j = i + 1 To Last
            If List(i) > List(j) Then
                Temp = List(j)
                List(j) = List(i)
                List(i) = Temp
            End If
        Next j
    Next i
End Sub
```

这个过程接收一个参数：一个名为 List 的一维数组。传递给过程的数组可以任意长。这里使用了 LBound 和 UBound 两个函数把数组的下界和上界分别指定给 First 和 Last 变量。

这里有一个临时过程可用来测试 BubbleSort 过程：

```
Sub SortTester()
    Dim x(1 To 5) As String
    Dim i As Long
    x(1) = "dog"
    x(2) = "cat"
    x(3) = "elephant"
    x(4) = "aardvark"
    x(5) = "bird"
    Call BubbleSort(x)
    For i = 1 To 5
        Debug.Print i, x(i)
    Next i
End Sub
```

SortTester 例程创建了一个由 5 个字符串组成的数组，并把该数组传递到 BubbleSort 过程中，然后在"立即窗口"中显示排序过的数组(如图 4-11 所示)。最后删除该代码，因为它已完成了自己的测试任务。

图 4-11　使用临时过程测试 BubbleSort 代码

对 BubbleSort 过程的工作可靠性感到满意后，可通过添加对 BubbleSort 过程的调用来修改 SortSheets 过程，并将 SheetNames 数组作为参数传递。修改后的模块代码如下所示：

```
Sub SortSheets()
    Dim SheetNames() As String
    Dim SheetCount as Long
    Dim i as Long
    SheetCount = ActiveWorkbook.Sheets.Count
    ReDim SheetNames(1 To SheetCount)
    For i = 1 To SheetCount
        SheetNames(i) = ActiveWorkbook.Sheets(i).Name
```

```
    Next i
    Call BubbleSort(SheetNames)
End Sub

Sub BubbleSort(List() As String)
' Sorts the List array in ascending order
    Dim First As Long, Last As Long
    Dim i As Long, j As Long
    Dim Temp As String
    First = LBound(List)
    Last = UBound(List)
    For i = First To Last - 1
        For j = i + 1 To Last
            If List(i) > List(j) Then
                Temp = List(j)
                List(j) = List(i)
                List(i) = Temp
            End If
        Next j
    Next i
End Sub
```

当 **SheetSort** 过程结束时,它包含一个数组,该数组由活动工作簿中排序后的工作表名称组成。为加以检验,可在 VBE 的"立即窗口"中显示数组内容。具体操作是把下面的代码添加到 SortSheets 过程的结尾处(如果"立即窗口"不可见,可按 Ctrl+G 快捷键使其可见):

```
For i = 1 To SheetCount
    Debug.Print SheetNames(i)
Next i
```

至此,程序已经很不错了。下一步编写代码以重新排列工作表的顺序,使得顺序对应于 **SheetNames** 数组中排序后的项。

此时证明了之前录制的代码很有用。还记得在工作簿中把工作表移到第一个位置时所录制的指令吗? 如下所示:

```
Sheets("Sheet3").Move Before:=Sheets(1)
```

接下来就能编写 For-Next 循环,使其遍历每个工作表,并把工作表移到对应的工作表位置上,这个位置由 **SheetNames** 数组指定:

```
For i = 1 To SheetCount
    Sheets(SheetNames(i)).Move Before:=Sheets(i)
Next i
```

例如,第一次遍历循环时,循环计数器 i 为 1。**SheetNames** 数组中的第一个元素(在本示例中)是 **Sheet1**。因此,对循环中的 Move 方法的表达式求值:

```
Sheets("Sheet1").Move Before:= Sheets(1)
```

第二次遍历循环时,对下列表达式求值:

```
Sheets("Sheet2").Move Before:= Sheets(2)
```

然后，把新代码添加到 SortSheets 过程中：

```
Sub SortSheets()
    Dim SheetNames() As String
    Dim SheetCount as Long
    Dim i as Long
    SheetCount = ActiveWorkbook.Sheets.Count
    ReDim SheetNames(1 To SheetCount)
    For i = 1 To SheetCount
        SheetNames(i) = ActiveWorkbook.Sheets(i).Name
    Next i
    Call BubbleSort(SheetNames)
    For i = 1 To SheetCount
        ActiveWorkbook.Sheets(SheetNames(i)).Move _
            Before:=ActiveWorkbook.Sheets(i)
    Next i
End Sub
```

下面对代码进行整理。确保这个过程中的所有变量都进行了声明，然后添加了一些注释行和空行，使得代码更便于阅读：

```
Sub SortSheets()
'   This routine sorts the sheets of the
'   active workbook in ascending order.
'   Use Ctrl+Shift+S to execute

    Dim SheetNames() As String
    Dim SheetCount As Long
    Dim i As Long

'   Determine the number of sheets & ReDim array
    SheetCount = ActiveWorkbook.Sheets.Count
    ReDim SheetNames(1 To SheetCount)

'   Fill array with sheet names
    For i = 1 To SheetCount
        SheetNames(i) = ActiveWorkbook.Sheets(i).Name
    Next i

'   Sort the array in ascending order
    Call BubbleSort(SheetNames)

'   Move the sheets
    For i = 1 To SheetCount
        ActiveWorkbook.Sheets(SheetNames(i)).Move _
            Before:= ActiveWorkbook.Sheets(i)
    Next i
End Sub
```

为进一步测试代码，向 **Test.xlsx** 工作簿中又添加了一些工作表，还更改了其中一些工作表的名称。代码仍然很奏效。

4.5.9 更多测试

似乎可到此为止了。但只使用 Test.xlsx 工作簿测试成功的过程并不意味着对所有工作簿都奏效。为进一步进行测试，又加载了其他一些工作簿并重新测试了这个例程。很快发现这个应用程序并不完美。

实际上，距离完美还很远。出现了下列一些问题：
- 包含很多工作表的工作簿要花费很长的时间进行排序，因为在移动操作期间，屏幕需要不停地更新。
- 排序并不总是成功的。例如，在其中一个测试中，名为 SUMMARY(所有字母都是大写字母)的工作表出现在了 Sheet1 工作表之前。这个问题是由于 BubbleSort 过程而引起的——大写字母 U 的值要"大于"小写字母 h 的值。
- 如果 Excel 没有可见的工作簿窗口，那么这个宏会运行失败。
- 如果工作簿的结构受到保护，Move 方法将运行失败。
- 排序后，工作簿中的最后一个工作表成为活动工作表。改变用户的活动工作表并不是好做法，最好还是保持用户原来的活动工作表的活动状态。
- 如果通过按 Ctrl+Break 快捷键中断宏的运行，VBA 就会显示出一条错误消息。
- 这个宏是不能返回的(也就是说，撤消命令是无法起作用的)。如果用户不小心按下了 Ctrl+Shift+S 快捷键，就将对工作簿的工作表进行排序，只能通过手动方式恢复到最初顺序。

4.5.10 修复问题

修复屏幕更新的问题其实很简单。在移动工作表时，插入如下的指令即可关闭屏幕的更新动作：

```
Application.ScreenUpdating = False
```

这个语句将导致在宏运行时，Excel 的窗口保持不动，这样显著加快了宏的运行速度。在宏完成其操作后，屏幕更新的动作将自动恢复。

修复与 BubbleSort 过程有关的问题也很容易。为进行比较，可使用 VBA 的 UCase 函数把工作表的名称转换为大写字母。这样的话，所有的比较都在大写字母版本的工作表名称基础上进行。修正后的代码行如下所示：

```
If UCase(List(i)) > UCase(List(j)) Then
```

> **提示：**
> 另一种解决这种大小写问题的方法是将下列语句添加到模块顶部：
>
> ```
> Option Compare Text
> ```
>
> 这个语句导致 VBA 在不区分大小写的文本排序顺序的基础上执行字符串的比较。换而言之，认为 A 与 a 是相同的。

为避免当没有可见的工作簿时出现错误消息，这里添加了一些检测代码来看一看活动工作簿是否可用。如果没有可用的活动工作簿，就简单地退出过程。该语句就会回到 SortSheet 过程的顶部。

```
If ActiveWorkbook Is Nothing Then Exit Sub
```

通常，使工作簿结构受到保护有一个很好的理由。最好的办法不是尝试去取消对工作簿的保护。相反，代码应该显示一个消息框发出警告，并让用户取消对工作簿的保护以及重新执行宏。测试工作簿结构是否受到保护很简单：如果工作簿受到保护，那么 Workbook 对象的 ProtectStructure 属性就返回 True。添加如下代码块：

```
' Check for protected workbook structure
    If ActiveWorkbook.ProtectStructure Then
        MsgBox ActiveWorkbook.Name & " is protected.", _
            vbCritical, "Cannot Sort Sheets."
        Exit Sub
    End If
```

如果工作簿的结构受到保护，用户将看到如图 4-12 所示的消息框。

图 4-12　该消息框将告知用户不能对该工作表进行排序

在执行排序动作后，为重新激活原来活动的工作表，编写代码将原来的工作表赋给一个对象变量(OldActiveSheet)，然后当例程结束时再激活这个工作表。下面的语句可用来指定变量：

```
Set OldActive = ActiveSheet
```

下面的语句将激活原来的活动工作表：

```
OldActive.Activate
```

通常，按 **Ctrl+Break** 快捷键将中止宏的运行，而且 VBA 会显示一条错误消息。但因为这个程序的其中一个目标是避免出现 VBA 的错误消息，所以必须插入一条命令才能防止这种情况出现。从 VBA 帮助系统那里，了解到 Application 对象的 EnableCancelKey 属性可禁用 **Ctrl+Break** 组合键的功能。因此，在这个例程的顶部添加如下语句：

```
Application.EnableCancelKey = xlDisabled
```

> **警告：**
> 禁用 Cancel 键时要非常小心。如果代码进入死循环，就无法从其中跳出来。为获得最好的结果，只有在确定一切工作正常的情况下才能插入上述语句。

为避免出现不小心对工作表排序的情况，可添加一些消息框去询问用户是否需要确认动作。在禁用 **Ctrl+Break** 组合键之前把下面的语句添加到过程中：

```
        If MsgBox("Sort the sheets in the active workbook?", _
            vbQuestion + vbYesNo) <> vbYes Then Exit Sub
```

在用户执行 SortSheets 过程时，将看到如图 4-13 所示的消息框。

执行所有修正后，SortSheets 过程将如下所示：

图 4-13　对工作表进行排序之前将出现该对话框

```
Option Explicit
Sub SortSheets()
'   This routine sorts the sheets of the
'   active workbook in ascending order.
'   Use Ctrl+Shift+S to execute

    Dim SheetNames() As String
    Dim i As Long
    Dim SheetCount As Long
    Dim OldActiveSheet As Object

    If ActiveWorkbook Is Nothing Then Exit Sub ' No active workbook
    SheetCount = ActiveWorkbook.Sheets.Count

'   Check for protected workbook structure
    If ActiveWorkbook.ProtectStructure Then
        MsgBox ActiveWorkbook.Name & " is protected.", _
            vbCritical, "Cannot Sort Sheets."
        Exit Sub
    End If

'   Make user verify
    If MsgBox("Sort the sheets in the active workbook?", _
        vbQuestion + vbYesNo) <> vbYes Then Exit Sub

'   Disable Ctrl+Break
    Application.EnableCancelKey = xlDisabled

'   Get the number of sheets
    SheetCount = ActiveWorkbook.Sheets.Count

'   Redimension the array
    ReDim SheetNames(1 To SheetCount)

'   Store a reference to the active sheet
    Set OldActiveSheet = ActiveSheet

'   Fill array with sheet names
    For i = 1 To SheetCount
        SheetNames(i) = ActiveWorkbook.Sheets(i).Name
    Next i

'   Sort the array in ascending order
    Call BubbleSort(SheetNames)
```

```
'   Turn off screen updating
    Application.ScreenUpdating = False

'   Move the sheets
    For i = 1 To SheetCount
        ActiveWorkbook.Sheets(SheetNames(i)).Move _
            Before:=ActiveWorkbook.Sheets(i)
    Next i

'   Reactivate the original active sheet
    OldActiveSheet.Activate
End Sub
```

4.6 实用程序的可用性

因为 SortSheets 宏存储在个人宏工作簿中，所以只要 Excel 在运行，都可以使用这个宏。执行这个宏的方法是从"宏"对话框中选择这个宏的名称(按 Alt+F8 快捷键显示"宏"对话框)，或按 Ctrl+Shift+S 快捷键即可。另一种方法是把命令添加到功能区。

要添加命令，需要执行如下步骤：

(1) 右击功能区中的任何区域，然后选择"自定义功能区"命令。

(2) 使用右侧的控件，指定一个功能区选项卡，然后单击"新建组"按钮以在指定选项卡上创建组。你可以右击新组来重命名它。

图 4-14 显示了 View 选项卡中名为 Sort Sheets 的新组。请注意，你无法向 Excel 的任何已有的组中添加命令。

图 4-14　在功能区中添加一个新命令

(3) 在"Excel 选项"对话框的"自定义功能区"选项卡中，从"从下列位置选择命令"下拉列表中选择"宏"，然后找到要添加的宏。

(4) 将宏添加到新创建的组中。

4.7 对工程进行评估

至此，实用程序已经完成。这个实用程序满足所有最初的工程需求：实用程序对活动工作簿中的所有工作表进行排序，很容易即可执行它，并且适用于任意工作簿。

> **注意：**
> 这个过程还存在一个小问题：严格执行的排序并非总是符合"逻辑"的。例如，在排序后，工作表 Sheet10 位于工作表 Sheet2 之前。大多数人都希望工作表 Sheet2 位于工作表 Sheet10 之前。这个问题的解决方法不在本练习的范围之内。

第5章

创建函数过程

本章内容：

- 理解子过程和函数过程之间的区别
- 创建自定义的函数
- 关于函数过程和函数的参数
- 创建效仿 Excel 中 SUM 函数的函数
- 使用可以在工作表中操作 1900 年之前的日期的函数
- 调试函数、处理"插入函数"对话框以及使用加载宏存储自定义的函数
- 调用 Windows API 来执行原本无法完成的任务

5.1 子过程与函数过程的比较

所谓 VBA 函数是指执行计算并返回一个值的过程。可以在 VBA 代码或工作表公式中使用这些函数。

VBA 允许创建子过程和函数过程。子过程可被看成由用户或另一个过程执行的命令。而函数过程通常返回一个数值或一个数组，就像 Excel 的工作表函数和 VBA 内置的函数一样。与内置的函数一样，函数过程也可以使用参数。

函数过程用途广泛，可用在以下两种情况：

- 作为 VBA 过程中的某个表达式的一部分
- 位于在工作表中创建的公式中

实际上，在使用Excel工作表函数或VBA内置函数的任何地方都可以使用函数过程。目前只有一个例外，即不能在数据验证公式中使用VBA函数。不过，可在条件格式公式中使用自定义的VBA函数。

第 4 章介绍了子过程，本章将讨论函数过程。

交叉参考：
第 7 章中有很多有用且实用的函数过程的示例，可以在自己的工作中融入很多这些技术。

5.2 为什么创建自定义的函数

你无疑对 Excel 的工作表函数很熟悉，甚至初学者也知道如何使用最常用的工作表函数，如 SUM、AVERAGE 和 IF。Excel 包含了超过 450 种预定义的工作表函数，可以在公式中使用它们。如果觉得不够的话，还可使用 VBA 来创建自定义的函数。

Excel 和 VBA 中提供了许多可用的函数，为什么还要创建新的函数呢？是为了简化工作。通过一定的设计，在工作表公式和 VBA 过程中，自定义函数非常有用。

例如，通常可创建一个自定义函数来显著缩短公式长度。较短的公式更便于阅读和使用。然而，还应该指出，在公式中使用的自定义函数通常要比内置函数的运行速度慢得多。当然，为使用这些函数，用户必须启用这些宏。

在创建应用程序时，你可能会注意到某些过程在重复某些计算。这种情况下，就要考虑创建执行计算的自定义函数，然后从过程中调用这个函数即可。自定义函数可以消除对重复代码的需要，这样可以减少错误的出现。

5.3 自定义函数示例

这一节将介绍一个 VBA 的函数过程的示例。

下面是在 VBA 的一个模块中定义的一个自定义函数。这个函数名为 REMOVEVOWELS，它只使用了一个参数。这个函数返回参数，但删除了所有的元音字母。

```
Function REMOVEVOWELS(Txt) As String
' Removes all vowels from the Txt argument
    Dim i As Long
    RemoveVowels = ""
    For i = 1 To Len(Txt)
        If Not UCase(Mid(Txt, i, 1)) Like "[AEIOU]" Then
            REMOVEVOWELS = REMOVEVOWELS&Mid(Txt, i, 1)
        End If
    Next i
End Function
```

这个函数当然不是最有用的函数，但是这个示例阐述了一些与函数有关的非常重要的概念。5.3.3 节解释这个函数的工作机理。

> **警告：**
> 在创建用于工作表公式中的自定义函数时，请确保这些代码位于普通的 VBA 模块中(使用"插入"|"模块"创建一个普通的 VBA 模块)。如果把自定义函数放在 UserForm、Sheet 或 ThisWorkbook 的代码模块中，那么它们在公式中就不能工作了。公式将返回#NAME?错误。

5.3.1 在工作表中使用函数

在输入一个使用 REMOVEVOWELS 函数的公式时，Excel 执行这些代码进而获得一个值。下面举例说明如何在公式中使用函数：

```
=REMOVEVOWELS(A1)
```

这个函数的执行效果如图 5-1 所示。公式位于列 B 中，它们使用列 A 中的文本作为它们的参数。正如所看到的那样，函数将返回单个参数，但删除了其中的元音字母。

	A	B
1	Every good boy does fine.	vry gd by ds fn.
2	antidisestablishmentarianism	ntdsstblshmntrnsm
3	Microsoft Excel	Mcrsft xcl
4	abcdefghijklmnopqrstuvwxyz	bcdfghjklmnpqrstvwxyz
5	A failure to communicate.	flr t cmmnct.
6	This sentence has no vowels.	Ths sntnc hs n vwls.
7	Vowels: AEIOU	Vwls:
8	Humuhumunukunukuapua'a is a fish	Hmhmnknkp's fsh
9	Honorificabilitudinitatibus	Hnrfcbltdnttbs
10	Do you like custom worksheet functions?	D y lk cstm wrksht fnctns?

图 5-1　在工作表公式中使用一个自定义函数

实际上，这种自定义函数的效果几乎与内置的工作表函数一样。可以把自定义函数插入某个公式中，方法是选择"公式"|"函数库"|"插入函数"命令，或单击位于公式栏左侧的"插入函数向导"图标。不管采取哪一种方法，都会显示出"插入函数"对话框。在"插入函数"对话框中，默认情况下自定义函数位于"用户定义"类别中。

还可以嵌套自定义函数并把它们与公式中的其他元素组合在一起。例如，下面的公式将 REMOVEVOWELS 函数嵌套在 Excel 的 UPPER 函数内部。结果是原来的字符串(元音字母除外)变为大写字母：

```
=UPPER(REMOVEVOWELS(A1))
```

5.3.2　在 VBA 过程中使用函数

除了在工作表公式中使用自定义函数以外，还可在其他 VBA 过程中使用。下面的 VBA 过程与自定义函数 REMOVEVOWELS 的定义在同一个模块中，这个过程首先显示了一个输入框，请求用户输入文本。然后，此过程又使用 VBA 内置的 MsgBox 函数显示出用户输入的内容，只不过用户输入的文本经过 REMOVEVOWELS 函数的处理(如图 5-2 所示)。原来输入的文本则作为消息框的标题出现。

```
Sub ZapTheVowels()
    Dim UserInput as String
    UserInput = InputBox("Enter some text:")
    MsgBox REMOVEVOWELS(UserInput), vbInformation, UserInput
End Sub
```

图 5-2 显示了输入到输入框中的文本以及出现在消息框中的结果。

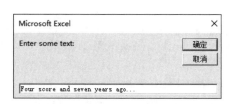 

图 5-2　在 VBA 的过程中使用自定义函数

5.3.3　分析自定义函数

函数过程的复杂程度可根据需要而定。大部分时候，函数过程都比上述的过程复杂，而且更有用。尽管如此，对这个示例的分析仍然有助于理解函数过程。

请看下列代码：

```
Function REMOVEVOWELS(Txt) As String
'Removes all vowels from the Txt argument
    Dim i As Long
    RemoveVowels = ""
    For i = 1 To Len(Txt)
        If Not UCase(Mid(Txt, i, 1)) Like "[AEIOU]" Then
            REMOVEVOWELS = REMOVEVOWELS&Mid(Txt, i, 1)
        End If
    Next i
End Function
```

注意，这个过程的开头使用了关键字 Function，而非 Sub，其后紧跟着函数的名称(REMOVEVOWELS)。这个自定义函数只使用了一个参数(Txt)，它用括号括起来。As String 定义了函数返回值的数据类型。如果没有指定数据类型，Excel 就使用 Variant 数据类型。

第二行仅是一个注释(可选)，用来描述函数的功能。接下来的过程中使用了一个声明变量 i 的 Dim 语句，该变量声明为 Long 数据类型。

接下来的 5 条指令构成一个 For-Next 循环。该过程循环遍历输入的每个字符，然后构建成一个字符串。循环中的第一条指令使用了 VBA 的 Mid 函数从输入的字符串中返回一个字符，并把该字符转换成大写字母。然后使用 Excel 的 Like 运算符来比较一列字符。换言之，如果字符不是 A、E、I、O 或 U，那么 If 子句就为 true。这种情况下，字符就添加到了变量 REMOVEVOWELS 中。

当循环结束时，变量 REMOVEVOWELS 就由删除了元音字母的输入字符串组成。该字符串就是函数返回的值。

该过程以 End Function 语句结束。

请记住，可通过不同的方式为该函数编写代码。下面的函数可以达到相同的效果，但是编写代码的方式却不相同：

```
Function REMOVEVOWELS(txt) As String
'Removes all vowels from the Txt argument
    Dim i As Long
    Dim TempString As String
    TempString = ""
```

```
    For i = 1 To Len(txt)
        Select Case ucase(Mid(txt, i, 1))
            Case "A", "E", "I", "O", "U"
                'Do nothing
            Case Else
                TempString = TempString &Mid(txt, i, 1)
        End Select
    Next i
    REMOVEVOWELS = TempString
End Function
```

在这个版本的代码中,在构造的同时使用了一个字符串变量(TempString)来存储没有元音的字符串。然后,在过程结束之前,把 TempString 的内容赋给函数的名称。该版本还使用了一个 Select Case 结构,而非 If-Then 结构。

> **在线资源:**
> 该函数的两个版本都可以在本书的下载文件包中找到,文件名为 remove vowels.xlsm。

> **自定义工作表函数不能完成的任务**
>
> 在开发自定义函数时,需要理解从其他 VBA 过程调用和在工作表公式中使用自定义函数之间的主要区别,这一点很重要。在工作表公式中使用的函数过程必须是被动式的。例如,函数过程中的代码不能处理单元格区域或在工作表上进行修改。下面举例说明。
>
> 假设要编写一个更改单元格格式的自定义工作表函数。例如,创建一个使用自定义函数的公式,进而基于单元格的值更改单元格中的文本颜色。然而,无论怎么尝试都不可能编写出这种函数。无论采取何种措施,函数都不会修改工作表。请记住,函数只返回一个值,它不能执行与对象有关的动作。
>
> 不过,需要指出一个很明显的例外。我们可以使用自定义的 VBA 函数来修改单元格中的注释文本。下面给出了这个函数:
>
> ```
> Function MODIFYCOMMENT(Cell As Range, Cmt As String)
>     Cell.Comment.Text Cmt
> End Function
> ```
>
> 下面的示例在公式中使用了上述函数。该公式使用新文本来代替单元格 A1 中的注释。如果单元格 A1 中没有注释,该函数就不会起作用。
>
> ```
> = MODIFYCOMMENT(A1,"Hey, I changed your comment")
> ```

5.4 函数过程

自定义的函数过程有很多地方都与子过程相同(更多关于子过程的信息,请参阅第 4 章)。
声明函数的语法如下所示:

```
[Public | Private][Static] Function name ([arglist])[As type]
    [instructions]
```

```
    [name = expression]
    [Exit Function]
    [instructions]
    [name = expression]
End Function
```

函数过程包含如下元素:

- Public(可选的):表明所有活动的 Excel VBA 工程中所有其他模块的所有其他过程都可以访问函数过程。
- Private(可选的):表明只有同一个模块中的其他过程才能访问函数过程。
- Static(可选的):在两次调用之间,保留在函数过程中声明的变量值。
- Function(必需的):表明返回一个值或其他数据的过程的开头。
- name(必需的):代表任何有效的函数过程的名称,它必须遵循与变量名称一样的规则。
- arglist(可选的):代表一个或多个变量的列表,这些变量是传递给函数过程的参数。这些参数用括号括起来,并用逗号隔开每对参数。
- type(可选的):是函数过程返回的数据类型。
- instructions(可选的):任意数量的有效 VBA 指令。
- Exit Function(可选的):强制在结束之前从函数过程中立即退出的语句。
- End Function(必需的):表明函数过程结束的关键字。

对于使用 VBA 编写的自定义函数,需要牢记的是:通常都是在执行结束时,至少给函数的名称赋值一次。

要创建自定义函数,首先插入一个 VBA 模块。你可以使用已有的模块,只要这是一个标准的 VBA 模块。然后输入关键字 Function 和函数名称,并用括号括起参数列表(如果有),然后回车。插入执行工作的 VBA 代码,确保在函数过程的主体中,至少把适当的值赋给函数名称对应的术语,注意 VBE 会自动插入 End Function 语句来结束函数。

函数名必须遵循与变量名称一样的命名规则。如果计划在工作表公式中使用自定义函数,就要确保函数名称不采取单元格地址的形式。例如,名为 ABC123 的函数就不能用在工作表公式中,因为它是一个单元格地址。如果这样做,Excel 将显示一个#REF!错误。

最好的建议是避免使用同时也是单元格引用的函数名称,包括命名的单元格区域。而且,还要避免使用与 Excel 的内置函数名称对应的函数名称。如果函数名称之间存在冲突,Excel 总是会使用它的内置函数。

5.4.1 函数的作用域

第 4 章讨论了过程的作用域(公共的或私有的)的概念。这些讨论也同样适用于函数:函数的作用域决定了在其他模块或工作表中是否可以调用该函数。

关于函数的作用域,需要记住以下几点:

- 如果不声明函数的作用域,那么默认作用域是 Public。
- 声明为 As Private 的函数不会出现在 Excel 的"插入函数"对话框中。因此,在创建只用在某个 VBA 过程中的函数时,应将其声明为 Private,这样用户就不能在公式中使用它。

- 如果 VBA 代码需要调用在另一个工作簿中定义的某个函数,可以设置对其他工作簿的引用,方法是在 VBE 中选择"工具"|"引用"命令。
- 如果函数在加载项中定义,则不必建立引用。这样的函数可以用在所有工作簿中。

5.4.2 执行函数过程

虽然可采用多种方式执行子过程,但是只能用下列 4 种方式执行函数过程:
- 从另一个过程调用它。
- 在工作表公式中使用它。
- 在用来指定条件格式的公式中使用它。
- 从 VBE 的"立即窗口"中调用它。

1. 从某个过程中调用函数过程

可从某个 VBA 过程中调用自定义函数,方法与调用内置函数的方法相同。例如,在定义了名为 SUMARRAY 函数之后,可以输入下列语句:

```
Total = SUMARRAY(MyArray)
```

这条语句执行 SUMARRAY 函数,并使用 MyArray 作为它的参数。返回该函数的结果,并将其赋值给 Total 变量。

还可使用 Application 对象的 Run 方法。如下所示:

```
Total = Application.Run ("SUMARRAY", "MyArray")
```

Run 方法的第一个参数是该函数的名称,后面的参数代表该函数的参数。Run 方法的参数可以是字面字符串(如上所示)、数字、表达式或变量。

2. 在工作表的公式中使用函数过程

在工作表公式中使用自定义函数类似于使用内置的函数,只不过必须确保 Excel 能够找到这个函数过程。如果这个函数过程与工作表位于同一个工作簿中,就不必做任何具体事情。如果它们在不同的工作簿中,那么可能必须提示 Excel 在哪里才能找到这个自定义函数。

为此,可以采取下列 3 种方式:
- **在函数名称前加上文件引用**:例如,如果要使用在打开的 Myfuncs.xlsm 工作簿中定义的 COUNTNAMES 函数,可使用下列引用:

    ```
    =Myfuncs.xlsm! COUNTNAMES(A1:A1000)
    ```

    如果使用"插入函数"对话框插入函数,就会自动插入工作簿引用。
- **设置对工作簿的引用**:为此,选择 VBE 的"工具"|"引用"命令。如果是在某个被引用的工作簿中定义的函数,就不必使用工作簿的名称。甚至在相关的工作簿被指定为引用时,"粘贴函数"对话框仍会继续插入工作簿引用(虽然这完全没有必要)。
- **创建加载项**:在工作簿中创建了一个包含函数过程的加载项时,如果在公式中使用了其中一个函数,就不必使用文件引用了。然而,必须安装加载项。有关加载项的讨论请参阅本书第 16 章。

请注意，与子过程不同，在选择"开发工具"|"代码"|"宏"命令后，函数过程并没有出现在"宏"对话框中。此外，在执行 VBE 的"运行"|"运行子过程/用户窗体"命令(或者按 F5 键)时，如果鼠标指针位于某个函数过程中，就不能选中函数(获得"宏"对话框并从中选择要运行的宏)。其结果是，在开发过程时，必须额外做一些准备工作测试一下函数。一种办法是设置调用该函数的简单过程。如果该函数是设计用在工作表公式中的，就要输入简单的公式对其进行测试。

3. 在条件格式公式中调用函数过程

指定条件格式时，选项之一是创建一个公式。公式必须是一个逻辑公式(即必须返回 TRUE 或 FALSE)。如果公式返回 TRUE，表明条件得到满足，格式将被应用到单元格上。

在条件格式公式中可以使用自定义 VBA 函数。例如，下面给出了一个简单的 VBA 函数，如果参数是一个包含公式的单元格，该函数将返回 TRUE：

```
Function CELLHASFORMULA(cell) As Boolean
    CELLHASFORMULA = cell.HasFormula
End Function
```

在 VBA 模块中定义了这个函数后，可以设置条件格式规则，使包含公式的单元格具有不同的格式：

(1) 选择将包含条件格式的单元格区域。例如，选择 A1:G20。
(2) 选择"开始"|"样式"|"条件格式"|"新建规则"命令。
(3) 在"新建格式规则"对话框中，选择"使用公式确定要设置格式的单元格"选项。
(4) 在公式框中输入下面的公式，但是确保单元格引用参数对应于在第(1)步中选择的单元格区域左上角的单元格：

`=CELLHASFORMULA(A1)`

(5) 单击"格式"按钮，指定为满足此条件的单元格应用的格式。
(6) 单击"确定"按钮，为选定的单元格区域应用条件格式规则。

包含公式的单元格区域中的单元格将以指定的格式显示。图 5-3 显示了"新建格式规则"对话框，在公式中指定了自定义函数。

图 5-3 用自定义 VBA 函数设置条件格式

> **注意：**
> Excel 2013 引入的新工作表函数 ISFORMULA 的工作方式与自定义函数 CELL-HASFORMULA 类似。不过，如果你计划将工作簿与其他还在使用 Excel 2010 或更早版本的人共享，那么 CELLHASFORMULA 仍然可用。

4. 从 VBE 的"立即窗口"中调用函数过程

最后一种方法是从 VBE 的"立即窗口"中调用函数过程。一般来说，这种方法只用于测试。图 5-4 给出了一个示例。?符号是 Debug.Print 命令(用于在立即窗口显示结果)的快捷方式。

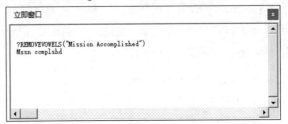

图 5-4　从 VBE 的"立即窗口"中调用一个函数过程

5.5　函数过程的参数

关于函数过程的参数，请记住以下几点：
- 参数可以是变量(包括数组)、常量、字面量或表达式。
- 某些函数没有参数。
- 某些函数有固定数量的必需参数(参数个数可为 1～60 个)。
- 某些函数既有必需的参数，又有可选的参数。

> **注意：**
> 如果公式使用了自定义的工作表函数，而且返回#VALUE!，就表明函数中有错。造成错误的原因很多，可能是代码中的逻辑错误，也可能是给函数传递了不正确的参数等。

5.6　函数示例

本节将列举一些示例，用于阐明如何有效地使用函数的参数。顺便说一下，这些讨论同样适用于子过程。

5.6.1　无参数的函数

与子过程一样，函数过程未必有参数。例如，Excel 中的一些内置函数就没有使用参数，其中包括 RAND、TODAY 和 NOW。你可以创建类似的函数。

本节列举一些没有使用参数的函数。

> **在线资源:**
> 本书的下载文件包中提供了一个含有这些无参数函数的工作簿,文件名为 no argument.xlsm。

下面列举了一个没有使用参数的函数。下面的函数返回 Application 对象的 UserName 属性。这个名称将出现在 "Excel 选项" 对话框的 "常规" 选项卡中,存储在 Windows 注册表中。

```
Function USER()
' Returns the name of the current user
    USER = Application.UserName
End Function
```

在输入下列公式时,单元格返回当前用户的姓名:

```
=USER()
```

> **注意:**
> 当在工作表公式中使用没有参数的函数时,必须包含一组空括号。如果在某个 VBA 过程中调用了该函数,那么这个要求就不是必需的。但是包含空括号能更清楚地表明正在调用的是函数。

不需要在另一过程中使用这个函数,因为可在代码中直接访问 UserName 属性。

USER 函数阐明了如何创建一个包装器函数,使它只返回一个属性或一个 VBA 函数的结果。下面给出另外 3 个没有参数的包装器函数。

```
Function EXCELDIR() As String
    ' Returns the directory in which Excel is installed
    EXCELDIR = Application.Path
End Function

Function SHEETCOUNT()
    ' Returns the number of sheets in the workbook
    SHEETCOUNT = Application.Caller.Parent.Parent.Sheets.Count
End Function

Function SHEETNAME()
    ' Returns the name of the worksheet
    SHEETNAME = Application.Caller.Parent.Name
End Function
```

你可能会想到其他可用的包装器函数。例如,可编写一个函数显示模板的位置(Application.TemplatesPath)、默认文件位置(Application.DefaultFilePath)以及 Excel 的版本(Application.Version)。同时要注意,Excel 2013 引入一个新的工作表函数 SHEETS,而废弃了 SHEETCOUNT 函数。

这里还有一个无参数的函数。大多数人习惯使用 Excel 的 RAND 函数来用数值快速填充单元格区域。但是,一旦重新计算了工作表,随机数字都会发生改变。因此,为弥补这一缺陷,通常必须把公式转换为值。

然后,你可以创建一个返回不变的静态随机数的自定义函数。该自定义函数的代码如下所示:

```
Function STATICRAND()
' Returns a random number that doesn't
' change when recalculated
```

```
    STATICRAND = Rnd()
End Function
```

如果想要生成一系列 0~1000 之间的随机整数，可以使用如下公式：

```
=INT(STATICRAND()*1000)
```

当正常计算工作表时，由这个公式生成的值不会改变。然而，可通过按 Ctrl+Alt+F9 快捷键组合来强制重新计算该公式。

> **控制函数的重新计算**
>
> 在工作表公式中使用自定义函数时，什么时候会重新计算该函数呢？
>
> 自定义函数的行为类似于 Excel 内置的工作表函数。通常，只有在需要这么做时，即只有在函数的任意参数变化时，才重新计算自定义函数。然而，可强制函数更频繁地进行重新计算。向函数过程中添加下列语句之后，无论何时重新计算工作表，都会重新计算函数。如果是在自动计算的模式下，那么一旦更改了任何单元格，都会发生重新计算的动作。
>
> ```
> Application.Volatile True
> ```
>
> Application 对象的 Volatile 方法只有一个参数(值为 True 或 False)。把函数过程标记为易失性函数，从而一旦重新计算了工作表中的任意单元格，都会强制计算该函数。
>
> 例如，可使用 Volatile 方法把自定义的 STATICRAND 函数改为模仿 Excel 的 RAND 函数，如下所示：
>
> ```
> Function NONSTATICRAND()
> '  Returns a random number that changes with each calculation
>     Application.Volatile True
>     NONSTATICRAND = Rnd()
> End Function
> ```
>
> 使用 Volatile 方法的 False 参数，将导致只有在重新计算后函数的一个或多个参数发生改变时，才重新计算该函数(如果函数不带参数，那么这个方法也就无效)。
>
> 为强行实施整个重新计算(也包括非易失性自定义函数)，可按 Ctrl+Alt+F9 快捷键组合。这个快捷键组合将为本章中列举的 STATICRAND 函数生成新的随机数。

5.6.2 带有一个参数的函数

这一节为销售经理提供了一个函数，用来计算销售人员的佣金。在该示例中，计算是建立在表 5-1 的基础上的。

表 5-1 月销售额和佣金率

月销售额	佣金率
0~$9 999	8.0%
$10 000~$19 999	10.5%
$20 000~$39 999	12.0%
$40 000+	14.0%

请注意，佣金率不是线性增长的，而是依赖于每个月总的销售额。销售得越多，雇员佣金率就越高。

为计算输入到工作表中的各种销售额的佣金率，可采取几种办法。如果没有考虑清楚，就可能会浪费很多时间并且写出很长的公式，如下所示：

```
=IF(AND(A1>=0,A1<=9999.99),A1*0.08,
 IF(AND(A1>=10000,A1<=19999.99),A1*0.105,
 IF(AND(A1>=20000,A1<=39999.99),A1*0.12,
 IF(A1>=40000,A1*0.14,0))))
```

这种办法很糟糕，有以下两个原因：第一，公式太复杂，令人难以理解；第二，值是硬编码到公式中的，所以很难修改公式。

一个更好的方法(非VBA方法)是使用查找表的函数来计算佣金。例如，下面的公式使用VLOOKUP函数从名为Table的单元格区域内检索佣金值，然后用单元格A1中的值与之相乘。

```
=VLOOKUP(A1,Table,2)*A1
```

还有一种办法是创建自定义函数(这样就不必使用查找表)，如下所示：

```
Function COMMISSION(Sales)
    Const Tier1 = 0.08
    Const Tier2 = 0.105
    Const Tier3 = 0.12
    Const Tier4 = 0.14
    ' Calculates sales commissions
    Select Case Sales
        Case 0 To 9999.99: COMMISSION = Sales * Tier1
        Case 1000 To 19999.99: COMMISSION = Sales * Tier2
        Case 20000 To 39999.99: COMMISSION = Sales * Tier3
        Case Is >= 40000: COMMISSION = Sales * Tier4
    End Select
End Function
```

在VBA模块中输入上述函数后，就可在工作表公式中使用它，或从其他的VBA过程中调用该函数。

在单元格中输入下列公式后，将生成结果3000；25000的销售额获得的佣金率为12%：

```
=COMMISSION(25000)
```

即使工作表中不需要自定义函数，但是创建函数过程使得VBA编码更加简单。例如，如果编写的VBA过程计算了销售佣金，就可以使用完全相同的函数，并从某个VBA过程中调用它。在下面这个简短过程中，首先请求用户输入销售额，然后使用COMMISSION函数计算出应该得到的佣金：

```
Sub CalcComm()
    Dim Sales as Long
    Sales = InputBox("Enter Sales:")
    MsgBox "The commission is " & COMMISSION(Sales)
End Sub
```

CalcComm 过程首先显示一个输入框，它请求用户输入销售额。然后显示一个消息框，其中计算出该销售额下应该获得的佣金。

也可以使用子过程，但采取的办法有点粗糙。下面的代码是增强版的，其中显示了格式化后的值，并一直循环，直到用户单击了"否"按钮为止(如图 5-5 所示)。

图 5-5　使用函数显示计算结果

```
Sub CalcComm()
    Dim Sales As Long
    Dim Msg As String, Ans As String

  ' Prompt for sales amount
    Sales = Val(InputBox("Enter Sales:", _
    "Sales Commission Calculator"))

  ' Exit if canceled
    If Sales = 0 Then Exit Sub

  ' Build the Message
    Msg = "Sales Amount:" & vbTab &Format(Sales, "$#,##0.00")
    Msg = Msg & vbCrLf & "Commission:" & vbTab
    Msg = Msg &Format(COMMISSION(Sales), "$#,##0.00")
    Msg = Msg & vbCrLf & vbCrLf & "Another?"

  ' Display the result and prompt for another
    Ans = MsgBox(Msg, vbYesNo, "Sales Commission Calculator")
    If Ans = vbYes Then CalcComm
End Sub
```

上述函数使用了 VBA 内置的两个常量：vbTab 代表一个制表符(隔开输出的不同部分)，vbCrLf 指定回车和换行(跳到下一行)。VBA 的 Format 函数可显示指定格式的值(这种情况下，带一个美元符号、千位分隔符和两个小数位数)。

在这两个示例中，COMMISSION 函数必须可以用在活动工作簿中，否则 Excel 将显示一条错误消息，指出没有定义这个函数。

> **使用参数而不是单元格引用**
> 自定义函数中使用的所有单元格区域必须作为参数来传递。考虑下面的一个函数，它将单元格 A1 中的值乘以 2 以后返回：
>
> ```
> Function DOUBLECELL()
> ```

```
        DOUBLECELL = Range("A1") * 2
End Function
```

尽管该函数可以正常运转,但有时可能返回不正确的结果。Excel 的计算引擎不能统计代码中没有作为参数传递的单元格区域的数目。因此在一些情况下,在返回函数的数值之前,可能不会计算所有的前序工作。DOUBLECELL 函数应该写成如下形式,并把单元格 A1 作为参数来传递:

```
Function DOUBLECELL(cell)
        DOUBLECELL= cell * 2
End Function
```

5.6.3 带有两个参数的函数

假设前面提到的销售经理要实行一个新策略来帮助减少人员流动,销售人员在公司工作的时间每增长 1 年,支付的总佣金就增长 1%。

对自定义的 COMMISSION 函数(前一节中定义的)进行了修改,使得该函数接收两个参数。新添加的参数代表年数,称这个新函数为COMMISSION2:

```
Function COMMISSION2(Sales, Years)
'   Calculates sales commissions based on
'   years in service
        Const Tier1 = 0.08
        Const Tier2 = 0.105
        Const Tier3 = 0.12
        Const Tier4 = 0.14
        Select Case Sales
            Case 0 To 9999.99: COMMISSION2 = Sales * Tier1
            Case 1000 To 19999.99: COMMISSION2 = Sales * Tier2
            Case 20000 To 39999.99: COMMISSION2 = Sales * Tier3
            Case Is >= 40000: COMMISSION2 = Sales * Tier4
        End Select
        COMMISSION2 = COMMISSION2 + (COMMISSION2 * Years / 100)
End Function
```

这个函数很简单吧?只是向 Function 语句中添加了第二个参数(Years),然后另外编写一种算法来调整佣金率。

下面举例说明如何使用该函数来编写公式(假设销售额位于单元格 A1 中,销售人员工作的年数位于单元格 B1 中):

```
= COMMISSION2(A1,B1)
```

在线资源:
本书的下载文件包中提供了与该任务有关的所有过程,文件名为 commission functions.xlsm。

5.6.4　使用数组作为参数的函数

函数过程还可接收一个或多个数组作为参数，处理数组并返回一个值。该数组也可以由单元格区域组成。

下面的函数接收一个数组作为它的参数并返回其元素的总和：

```
Function SUMARRAY(List) As Double
    Dim Item As Variant
    SumArray = 0
    For Each Item In List
        If WorksheetFunction.IsNumber(Item) Then _
            SUMARRAY = SUMARRAY + Item
    Next Item
End Function
```

将各个元素添加到总和之前，Excel 的 IsNumber 函数检测每个元素是不是数字。添加这种简单的错误检测语句后，可避免在试图对非数字类型执行数学运算时，出现类型不匹配的错误。

下面的过程阐明了如何从子过程调用这种函数。MakeList 过程创建了一个包含 100 个元素的数组，并把随机数赋值给每个元素，然后使用 MsgBox 函数来显示通过调用 SUMARRAY 函数获得的数组中数值的总和。

```
Sub MakeList()
    Dim Nums(1 To 100) As Double
    Dim i as Integer
    For i = 1 To 100
        Nums(i) = Rnd * 1000
    Next i
    MsgBox SUMARRAY(Nums)
End Sub
```

注意，SUMARRAY 函数没有声明它的参数的数据类型(为 Variant 数据类型)。因为函数没有把参数声明为具体的数字类型，所以该函数可用在参数为 Range 对象的工作表公式中。例如，下面的公式返回单元格 A1:C10 之中值的总和：

`=SUMARRAY(A1:C10)`

你可能还会注意到，当在工作表公式中使用 SUMARRAY 函数时，这个函数的功能非常类似于 Excel 的 SUM 函数。然而，两者之间存在一个区别，即 SUMARRAY 不接收多个参数。这个示例只是用于教学的目的。相对于 Excel 的 SUM 函数而言，在公式中使用 SUMARRAY 函数完全没有优势。

> **在线资源：**
> 这个示例也可在本书的下载文件包中找到，文件名为 array argument.xlsm。

5.6.5 带有可选参数的函数

很多 Excel 的内置工作表函数都使用可选的参数。如 LEFT 函数，它返回从字符串左侧开始的字符。该函数的语法格式如下所示：

```
LEFT(text,num_chars)
```

第一个参数是必需的，而第二个参数是可选的。如果省略了可选的参数，那么 Excel 就假定其值为1。因此，下面的两个公式返回相同的结果：

```
=LEFT(A1,1)
=LEFT(A1)
```

在 VBA 中开发的自定义函数也可以有可选的参数。在参数名前加上关键字 Optional 即可指定一个可选的参数。在参数列表中，可选参数必须出现在任何必需的参数之后。

在下面这个简单的函数示例中，返回了用户名，这个函数的参数是可选的。

```
Function USER(Optional UpperCase As Variant)
    If IsMissing(UpperCase) Then UpperCase = False
    USER = Application.UserName
    If UpperCase Then USER = UCase(User)
End Function
```

如果参数的值为 False 或省略了这个参数，那么返回的用户名不会改变。如果这个参数的值为 True，那么在返回用户名之前要把它转换为大写字母(使用 VBA 的 UCase 函数)。注意，这个过程的第一条语句使用了 VBA 的 IsMissing 函数，从而确定是否提供了这个参数。如果缺少该参数，该语句就把 UpperCase 变量设置为 False(默认值)。

下面所有的公式都是有效的(前两个公式的结果相同)：

```
=USER()
=USER(False)
=USER(True)
```

> **注意：**
> 如果必须确定是否把一个可选参数传递到函数中，就必须把这个可选的参数声明为 Variant 数据类型。然后，就可在过程中使用 IsMissing 函数，如上例所示。换句话说，IsMissing 函数的参数必须总是 Variant 数据类型。

下面列举了另一个使用可选参数的自定义函数。该函数随机地从输入单元格区域中选择一个单元格并返回它的内容。如果第二个参数的值为 True，那么只要重新计算工作表，所选中的单元格的值就会发生变化(也就是说，把这个函数标记为了易失性函数)。如果第二个参数的值为 False 或省略了，那么不会重新计算这个函数，除非修改了输入单元格区域中的一个单元格的内容。

```
Function DRAWONE(Rng As Variant, Optional Recalc As Variant = False)
'   Chooses one cell at random from a range

'   Make function volatile if Recalc is True
    Application.Volatile Recalc
```

```
    ' Determine a random cell
        DRAWONE = Rng(Int((Rng.Count) * Rnd + 1))
End Function
```

注意,DRAWONE 的第二个参数包含关键字 Optional 以及一个默认值。

以下所有公式都是有效的,而且前两个公式的结果相同:

```
=DRAWONE(A1:A100)
=DRAWONE(A1:A100,False)
=DRAWONE(A1:A100,True)
```

DRAWONE 函数可用于选择抽奖号码,从一堆姓名中挑选出获胜者等。

> **在线资源:**
> 本书的下载文件包中也提供了这个函数,文件名为 draw.xlsm。

5.6.6 返回 VBA 数组的函数

VBA 包含了一个很有用的函数,称为 Array。Array 函数返回包含一个数组的 Variant 数据类型的值(就是说有多个值)。如果对 Excel 中的数组公式很熟悉,那么理解 VBA 的 Array 函数可能就比较快。按 Ctrl+Shift+Enter 快捷键即可向单元格中输入数组公式。Excel 在这种公式中插入了方括号,从而表明这是一个数组公式。

> **注意:**
> Array 函数返回的数组与由 Variant 数据类型的元素构成的普通数组不一样,理解这一点很重要。换言之,Variant 数据类型的数组不同于 Variant 数据类型元素构成的数组。

下面给出了一个简单示例,在自定义函数 MONTHNAMES 中,使用了 VBA 的 Array 函数:

```
Function MONTHNAMES()
    MONTHNAMES = Array("Jan", "Feb", "Mar", "Apr","May", "Jun", _
        "Jul", "Aug", "Sep", "Oct", "Nov", "Dec")
End Function
```

MONTHNAMES 函数返回包含月份名称的水平方向的数组。可创建使用 MONTHNAMES 函数的多单元格数组公式。下面讲述如何使用该函数:

(1) 确保这个函数的代码位于某个 VBA 模块中。
(2) 然后在工作表中选择一行中的多个单元格(开始选择了 12 个单元格)。
(3) 接着输入下列公式(不包括一对大括号),最后按 Ctrl+Shift+Enter 快捷键:

`{=MONTHNAMES()}`

如果想生成垂直方向的月份名称列表,该如何处理呢?没有问题,只须选中垂直方向上的单元格区域,然后输入下列公式(不包括一对大括号),并按 Ctrl+Shift+Enter 快捷键:

`{=TRANSPOSE(MONTHNAMES())}`

这个公式使用了 Excel 的 TRANSPOSE 函数把水平方向的数组转置为垂直方向的数组。

下面的示例是对 MONTHNAMES 函数修改后的版本：

```
Function MonthNames(Optional MIndex)
    Dim AllNames As Variant
    Dim MonthVal As Long
    AllNames = Array("Jan", "Feb", "Mar", "Apr", _
        "May", "Jun", "Jul", "Aug", "Sep", "Oct", _
        "Nov", "Dec")
    If IsMissing(MIndex) Then
        MONTHNAMES = AllNames
    Else
        Select Case MIndex
            Case Is >= 1
'               Determine month value (for example, 13=1)
                MonthVal = ((MIndex - 1) Mod 12)
                MONTHNAMES = AllNames(MonthVal)
            Case Is <= 0   ' Vertical array
                MONTHNAMES = Application.Transpose(AllNames)
        End Select
    End If
End Function
```

注意，这里使用了 VBA 的 IsMissing 函数来测试是否缺少参数。这种情况下，不可能为函数的参数列表中省略的参数指定默认值，原因在于默认值要在函数内定义。只有当可选参数为 Variant 数据类型时，才可以使用 IsMissing 函数。

这个增强型函数使用了一个可选参数，该参数的功能如下所示：

- 如果省略了这个参数，函数将返回一个包含月份名称的水平方向的数组。
- 如果该参数的值小于或等于 0，该函数将返回一个包含月份名称的垂直方向的数组。其中使用了 Excel 的 Transpose 函数来转置该数组。
- 如果该参数的值大于或等于 1，该函数将返回对应于参数值的月份名称。

> **注意：**
> 这个过程使用 Mod 运算符来确定月份的值。Mod 运算符返回第一个操作数除以第二个操作数后剩下的余数。记住，AllNames 数组是建立在 0 的基础上的，索引的范围为 0~11。在使用 Mod 运算符的语句中，要从该函数的参数中减去 1。因此，值为 13 的参数返回的是 0(对应的是一月份)，值为 24 的参数返回的是 11(对应的是十二月份)。

可采用多种方法来使用这个函数，如图 5-6 所示。

A1:L1 的单元格区域中包含作为数组输入的下列公式。首先选择 A1:L1 的单元格区域，然后输入公式(不包括一对大括号)，最后按下 Ctrl+Shift+Enter 快捷键。

```
{=MONTHNAMES()}
```

	A	B	C	D	E	F	G	H	I	J	K	L
1	Jan	Feb	Mar	Apr	May	Jun	Jul	Aug	Sep	Oct	Nov	Dec
2												
3	1	Jan		Jan		Mar						
4	2	Feb		Feb								
5	3	Mar		Mar								
6	4	Apr		Apr								
7	5	May		May								
8	6	Jun		Jun								
9	7	Jul		Jul								
10	8	Aug		Aug								
11	9	Sep		Sep								
12	10	Oct		Oct								
13	11	Nov		Nov								
14	12	Dec		Dec								
15												

图 5-6 向工作表中传递数组或单个数值的不同方法

A3:A14 的单元格区域包含 1~12 的整数。单元格 B3 包含下列非数组的公式，在这个单元格正下方的 11 个单元格内复制了这个公式：

=MONTHNAMES(A3)

D3:D14 的单元格区域包含作为数组输入的下列公式：

{=MONTHNAMES(-1)}

单元格 F3 包含下列(非数组的)公式：

=MONTHNAMES(3)

> **注意：**
> 要输入一个数组公式，必须按 Ctrl+Shift+Enter 快捷键(而且不要输入一对大括号)。

> **注意：**
> 使用 Array 函数创建的数组的下界，由位于模块顶部的使用 Option Base 语句指定的下界来决定。如果没有 Option Base 语句，那么默认的下界为 0。

> **在线资源：**
> 本书的下载文件包中提供了一个用于阐明 MONTHNAMES 函数的工作簿，文件名为 month names.xslm。

5.6.7 返回错误值的函数

某些情况下，可能希望自定义函数返回某个特殊的错误值。考虑本章前面讨论的 REMOVEVOWELS 函数：

```
Function REMOVEVOWELS(Txt) As String
'Removes all vowels from the Txt argument
    Dim i As Long
    RemoveVowels = ""
    For i = 1 To Len(Txt)
```

```
            If Not UCase(Mid(Txt, i, 1)) Like "[AEIOU]" Then
                REMOVEVOWELS = REMOVEVOWELS&Mid(Txt, i, 1)
            End If
    Next i
End Function
```

当在工作表公式中使用这个自定义函数时，该函数将移除单个单元格参数中的元音字母。如果参数是一个数字型的值，该函数就以字符串形式返回该值。这时可能更希望函数返回一个错误值(#N/A)，而不是把数字的值转变为字符串。

有时，可能想把看上去像 Excel 公式的错误值的字符串赋值给该函数，例如：

```
REMOVEVOWELS = "#N/A"
```

虽然这个字符串看上去像一个错误值，但引用该函数的其他公式可能并不这么认为。要让函数返回一个真正错误值，可使用 VBA 的 CVErr 函数，它会把错误编号转换为真正的错误值。

幸运的是，VBA 所包含内置的常量，可用来表示希望由自定义函数返回的错误值。这些错误值都是 Excel 公式中的错误值，而不是 VBA 运行时的错误值。这些常量包括：

- xlErrDiv0(针对#DIV/0!)
- xlErrNA(针对#N/A)
- xlErrName(针对#NAME?)
- xlErrNull(针对#NULL!)
- xlErrNum(针对#NUM!)
- xlErrRef(针对#REF!)
- xlErrValue(针对#VALUE!)

为从自定义函数中返回错误值#N/A，可使用如下语句：

```
REMOVEVOWELS = CVErr(xlErrNA)
```

接下来是修改后的 REMOVEVOWELS 函数。这个函数使用了 If-Then 结构，进而确定当参数不是文本时应该采取的措施。它使用 Excel 中的 ISTEXT 函数来确定参数是否为文本。如果参数是文本，该函数将继续正常运行。如果单元格中不包含文本(或者为空)，该函数返回错误值#N/A：

```
Function REMOVEVOWELS(Txt) As Variant
'Removes all vowels from the Txt argument
'Returns #VALUE if Txt is not a string
    Dim i As Long
    RemoveVowels = ""
    If Application.WorksheetFunction.IsText(Txt) Then
        For i = 1 To Len(Txt)
            If Not UCase(Mid(Txt, i, 1)) Like "[AEIOU]" Then
                REMOVEVOWELS = REMOVEVOWELS&Mid(Txt, i, 1)
            End If
        Next i
    Else
        REMOVEVOWELS = CVErr(xlErrNA)
    End If
End Function
```

> **注意：**
> 上述代码还更改了函数返回值的数据类型。因为该函数现在可返回非字符串的值，所以这里将数据类型改为 Variant 类型。

5.6.8 带有不定数量参数的函数

某些 Excel 工作表函数可接收不定数量的参数。比较熟悉的示例是 SUM 函数，该函数的语法如下所示：

```
SUM(number1,number2...)
```

该函数的第一个参数是必需的，但还可有其他 254 个参数。下面举例说明，一个带有 4 个单元格区域参数的 SUM 函数：

```
=SUM(A1:A5,C1:C5,E1:E5,G1:G5)
```

甚至可混合搭配不同类型的参数。例如，下面的示例中使用了 3 个参数：第一个参数是一个单元格区域，第二个参数是一个数值，第三个参数是一个表达式。

```
=SUM(A1:A5,12,24*3)
```

可以创建包含不定数量参数的函数过程。技巧是使用一个数组作为最后一个(或者唯一一个)参数，前面加上关键字 ParamArray。

> **注意：**
> ParamArray 只能用于过程的参数列表中的最后一个参数。它的数据类型总是 Variant，而且总是一个可选的参数(尽管没有使用关键字 Optional)。

下面的函数可以包含任意数量的单个值的参数(不适用于多个单元格区域的参数)。该函数仅返回这些参数值的总和。

```
Function SIMPLESUM(ParamArray arglist() As Variant) As Double
    For Each arg In arglist
        SIMPLESUM = SIMPLESUM + arg
    Next arg
End Function
```

要修改该函数以便它能处理多个单元格区域的参数，需要另外添加一个循环，使其处理位于每个参数中的所有单元格：

```
Function SIMPLESUM(ParamArray arglist() As Variant) As Double
    Dim cell As Range
    For Each arg In arglist
        For Each cell In arg
            SIMPLESUM = SIMPLESUM + cell
        Next cell
    Next arg
End Function
```

SIMPLESUM 函数类似于 Excel 中的 SUM 函数，但不如 SUM 函数灵活。使用各种参数类型进行测试就会发现：如果任意单元格包含了一个非数值的元素，或为某个参数使用了字面量，该函数将运行失败。

5.7 模拟 Excel 的 SUM 函数

本节将创建一个自定义函数 MYSUM。与上节介绍的 SIMPLESUM 函数不同的是，MYSUM 函数将几乎完全模拟 Excel 中的 SUM 函数。

在列出 MYSUM 函数的代码之前，先来思考一下 Excel 的 SUM 函数。实际上，这是一个运用非常广泛的函数，它最多可以接收 255 个参数(甚至包括省略的参数)，而且参数的值可以是数值、单元格、单元格区域、数字的文本表示、逻辑值甚至是嵌入的函数。例如，考虑下面的公式：

```
=SUM(B1,5,"6",,TRUE,SQRT(4),A1:A5,D:D,C2*C3)
```

这是一个完全有效的公式，包含下列所有类型的参数，按照公式中参数的顺序罗列如下：

- 单个单元格引用
- 字面量
- 看起来像数值一样的字符串
- 省略的参数
- 逻辑值 TRUE
- 使用了另一个函数的表达式
- 简单的单元格区域引用
- 含有整个一列的单元格区域的引用
- 计算两个单元格乘积的表达式

MYSUM 函数(如代码清单 5-1 所示)可处理所有这些参数类型。

> **在线资源：**
> 在本书的下载文件包中可找到包含 MYSUM 函数的工作簿，文件名为 mysum function.xlsm。

代码清单 5-1　MYSUM 函数

```
Function MYSUM(ParamArray args() As Variant) As Variant
'Emulates Excel's SUM function
'Variable declarations
    Dim i As Variant
    Dim TempRange As Range, cell As Range
    Dim ECode As String
    Dim m, n
    MYSUM = 0

'Process each argument
    For i = 0 To UBound(args)
'    Skip missing arguments
```

```vba
            If Not IsMissing(args(i)) Then
'             What type of argument is it?
              Select Case TypeName(args(i))
                Case "Range"
'                 Create temp range to handle full row or column ranges
                  Set TempRange = Intersect(args(i).Parent.UsedRange, _
                     args(i))
                  For Each cell In TempRange
                    If IsError(cell) Then
                      MYSUM = cell ' return the error
                      Exit Function
                    End If
                    If cell = True Or cell = False Then
                      MYSUM = MYSUM+ 0
                    Else
                      If IsNumeric(cell) Or IsDate(cell) Then _
                         MYSUM = MYSUM + cell
                    End If
                  Next cell
                Case "Variant()"
                    n = args(i)
                    For m = LBound(n) To UBound(n)
                       MYSUM = MYSUM(MYSUM, n(m)) 'recursive call
                    Next m
                Case "Null" 'ignore it
                Case "Error" 'return the error
                   MYSUM = args(i)
                   Exit Function
                Case "Boolean"
'                 Check for literal TRUE and compensate
                   If args(i) = "True" Then MYSUM = MYSUM + 1
                Case "Date"
                   MYSUM = MYSUM + args(i)
                Case Else
                   MYSUM = MYSUM + args(i)
              End Select
            End If
      Next i
End Function
```

图 5-7 给出了使用了 SUM 函数(E 列)与 MYSUM 函数(G 列)公式的一个工作簿。如下所示，两个函数返回的结果完全一样。

MYSUM 和 SUM 函数最接近，但并不完美。它不能处理数组上的操作。例如，下面这个数组公式返回 A1:A4 单元格区域中平方值的总和。

`{=SUM(A:A4^2)}`

下面这个公式返回一个#VALUE!错误。

`{=MYSUM(A1:A4^2)}`

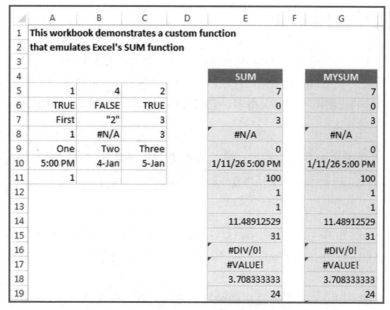

图 5-7　SUM 函数与 MYSUM 函数的比较

如果你对该函数的工作机理很感兴趣，可创建一个使用该函数的公式。然后，在代码中设置一个断点，然后逐行按步骤执行语句(参见本章后面的 5.9 节)。可尝试几种不同的参数类型，很快就能对该函数的工作机理有一些认识。

在探究 MYSUM 函数的代码时，请记住以下几点：

- 缺少参数(由 IsMissing 函数确定)将被忽略。
- 该过程使用了 VBA 的 TypeName 函数来确定参数的类型(Range、Error 等)。处理每种参数类型的方式不尽相同。
- 对于单元格区域类型的参数，该函数将循环遍历单元格区域中的每个单元格、确定单元格中数据的类型，并在适当情况下将值加到汇总值中。
- 该函数的数据类型为 Variant，因为如果这个函数的任意一个参数的值为错误值，该函数需要返回一条错误消息。
- 如果某个参数包含一个错误值(如#DIV/0!)，MYSUM 函数将只返回这个错误消息(就像 Excel 的 SUM 函数一样)。
- 除非它是字面量参数(也就是实际值而非变量)，否则 Excel 的 SUM 函数认为文本字符串的值为 0。因此，只有当可以作为数字求值时，MYSUM 函数才把单元格的值加进来(VBA 的 IsNumeric 函数用于这种目的)。
- 对于单元格区域类型的参数，该函数使用 Intersect 方法创建了一个临时单元格区域，它由这个单元格区域和工作表用过的单元格区域的交集构成。这样就可以处理单元格参数由完整的行或列构成的情况，否则计算时间就太久了。

你可能会对 SUM 和 MYSUM 函数的相对速度比较感兴趣。MYSUM 函数的速度当然要慢一些，但慢多少取决于系统的速度和公式本身。不过这个示例的目的并不在于创建一个新的 SUM 函数，而用于阐明如何创建自定义工作表函数，使其外观和行为都极像 Excel 中内置的函数。

5.8 扩展后的日期函数

Excel 用户经常抱怨不能处理 1900 年之前的日期。例如，系谱学家经常使用 Excel 来记录出生和死亡日期。如果某个人的出生或死亡日期是 1900 年之前的日期，就无法计算出这个人的寿命。

VBA 可以处理的日期范围则要大得多，它能够识别的最早的日期为 0100 年 1 月 1 日。

> **警告：**
> 请注意日历的变化。如果使用了 1752 年之前的日期，一定要小心。历史上使用的美国日历、英国日历、格里高利(Gregorian)历和儒略(Julian)历之间的差异会导致计算不够精确。

这些函数包括：

- XDATE(y,m,d,fmt)：返回给定年、月、日的日期。可选择提供日期格式字符串。
- XDATEADD(xdate1,days,fmt)：将一个日期增加指定的天数。可以选择提供日期格式字符串。
- XDATEDIF(xdate1,xdate2)：返回两个日期之间相隔的天数。
- XDATEYEARDIF(xdate1,xdate2)：返回两个日期之间相隔的年数(对于计算年龄很有用)。
- XDATEYEAR(xdate1)：返回一个日期的年份。
- XDATEMONTH(xdate1)：返回一个日期的月份。
- XDATEDAY(xdate1)：返回一个日期的日子。
- XDATEDOW(xdate1)：返回一个日期是一周中的哪一天(1~7 之间的整数)。

图 5-8 所示为使用其中一些函数的一个工作簿。

请记住，这些函数返回的日期是一个字符串，而不是真正日期。因此，不能使用 Excel 的标准运算符对返回值执行数学运算。然而，可使用返回值作为其他扩展日期函数的参数。

	A	B	C	D	E	F	G	H
6	President	Year	Month	Day	XDATE	XDATEDIF	XDATEYEARDIF	XDATEDOW
7	George Washington	1732	2	22	February 22, 1732	102,475	280	Friday
8	John Adams	1735	10	30	October 30, 1735	101,129	276	Sunday
9	Thomas Jefferson	1743	4	13	April 13, 1743	98,407	269	Saturday
10	James Madison	1751	3	16	March 16, 1751	95,513	261	Tuesday
11	James Monroe	1758	4	28	April 28, 1758	92,913	254	Friday
12	John Quincy Adams	1767	7	11	July 11, 1767	89,552	245	Saturday
13	Andrew Jackson	1767	3	15	March 15, 1767	89,670	245	Sunday
14	Martin Van Buren	1782	12	5	December 5, 1782	83,926	229	Thursday
15	William Henry Harrison	1773	2	9	February 9, 1773	87,512	239	Tuesday
16	John Tyler	1790	3	29	March 29, 1790	81,255	222	Monday
17	James K. Polk	1795	11	2	November 2, 1795	79,211	216	Monday
18	Zachary Taylor	1784	11	24	November 24, 1784	83,206	227	Wednesday
19	Millard Fillmore	1800	1	7	January 7, 1800	77,684	212	Tuesday
20	Franklin Pierce	1804	11	23	November 23, 1804	75,903	207	Friday
21	James Buchanan	1791	4	23	April 23, 1791	80,865	221	Saturday
22	Abraham Lincoln	1809	2	12	February 12, 1809	74,361	203	Sunday
23	Andrew Johnson	1808	12	29	December 29, 1808	74,406	203	Thursday

图 5-8　公式中使用了扩展的日期函数

这些函数非常简单。例如下面的代码清单使用的是 XDATE 函数：

```
Function XDATE(y, m, d, Optional fmt As String) As String
    If IsMissing(fmt) Then fmt = "Short Date"
    XDATE = Format(DateSerial(y, m, d), fmt)
End Function
```

XDATE 的参数为：
- y(必需)：一个包含 4 个数位的年份，介于 0100～9999 之间。
- m(必需)：月份(1～12)。
- d(必需)：天(1～31)。
- fmt(可选)：日期格式字符串。

如果省略 fmt 参数，则使用系统的短日期设置(在 Windows 的"控制面板"中指定)显示日期。

如果 m 或 d 参数超出了有效的数字，则滚动到下一年或者下个月份。例如，如果指定了月份为 13，则这个值将被解释为下一年的一月份。

> **在线资源：**
> 本书的下载文件包中提供了扩展日期函数的 VBA 代码，文件名为 extended date function.xlsm。下载文件包中还包含一个名为 extended date functions help.docx 的 Word 文档，其中给出了这些函数的说明。

5.9 函数的调试

在工作表中使用公式来测试函数过程时，VBA 的运行时错误不会出现在熟悉的弹出式错误框中。如果出现错误，公式就返回一个错误值(#VALUE!)。幸运的是，有很多解决的办法，因此，在调试函数时这并不是一个问题：

- **把 MsgBox 函数放在关键位置中以监视特定变量的值**：在执行过程时，会弹出函数过程中的消息框。但是要确保在工作表中只有一个公式使用这种函数，否则将为估算的每个公式呈现消息框，不停重复出现消息框，很快就变得很烦人。
- **通过从子过程中调用函数而不是从工作表公式来测试过程**：采用常见的方式显示运行时的错误，可以修复这个问题(如果知道的话)或利用调试器。
- **在函数中设置断点，然后逐语句调试函数**：随后可以访问所有标准的 VBA 调试工具。要设置断点，可把鼠标指针移到希望暂停执行的语句，接着选择"调试"|"切换断点"命令(或按 F9 键)。在函数执行时，可按 F8 键逐行语句执行过程。
- **在代码中使用一个或多个临时的 Debug.Print 语句，进而在 VBE 的"立即窗口"中写入数值**：例如，如果希望监视循环中的某个数值，可使用下列例程：

```
Function VOWELCOUNT(r) As Long
    Dim Count As Long
    Dim i As Long
```

```
        Dim Ch As String * 1
        Count = 0
        For i = 1 To Len(r)
            Ch = UCase(Mid(r, i, 1))
            If Ch Like "[AEIOU]" Then
                Count = Count + 1
                Debug.Print Ch, i
            End If
        Next i
        VOWELCOUNT = Count
    End Function
```

在这个示例中，无论何时遇到 Debug.Print 语句，都会把两个变量 Ch 和 i 的值输出到"立即窗口"中。图 5-9 显示了当函数的参数值为 Tucson Arizona 时的结果。

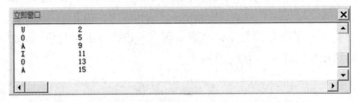

图 5-9　在函数运行的同时使用"立即窗口"显示结果

5.10　使用"插入函数"对话框

Excel 的"插入函数"对话框是一个非常方便的工具。在创建工作表公式时，这种工具允许从函数列表中选择一种特定的工作表函数。这些函数按照类型分成了不同的组，这样更容易找到某个特定函数。选择一个函数并单击"确定"按钮后，将显示"函数参数"对话框，帮助插入函数的参数。

"插入函数"对话框还会显示出自定义的工作表函数。默认情况下，自定义函数列在"用户定义"类别中。"函数参数"对话框提示输入函数的参数。

"插入函数"对话框允许通过关键字来搜索函数。但是，这种搜索特性不能用于定位在 VBA 中创建的自定义函数。

> **注意：**
> 如果使用 Private 关键字来定义自定义的函数过程，该函数过程就不会出现在"插入函数"对话框中。如果是专门为其他的 VBA 过程开发函数，就应该使用 Private 关键字进行声明。然而，把函数声明为私有(Private)函数并不会妨碍在其他工作表公式中使用它。它只会防止函数出现在"插入函数"对话框中。

5.10.1　使用 MacroOptions 方法

通过使用 Application 对象的 MacroOptions 方法，可使函数看上去与内置函数一样。具体来说，使用这个方法可提供的信息如下：

- 提供函数说明
- 指定函数类别
- 提供对函数参数的说明

> **提示：**
> 使用 MacroOptions 方法的另一个有用的好处是允许 Excel 自动将函数的字母转换为大写。例如，创建一个名为 MyFunction 的函数，输入表达式=myfunction(a)，Excel 会自动将表达式改成=MyFunction(a)。当函数名出现拼写错误(例如没将小写字母改成大写，拼错了函数名等)时，使用该方法可快速提醒并自动修正一些错误。

下面的过程示例使用 MacroOptions 方法提供关于函数的信息。

```
Sub DescribeFunction()
    Dim FuncName As String
    Dim FuncDesc As String
    Dim FuncCat As Long
    Dim Arg1Desc As String, Arg2Desc As String

    FuncName = "DRAWONE"
    FuncDesc = "Displays the contents of a random cell from a range"
    FuncCat = 5
    Arg1Desc = "The range that contains the values"
    Arg2Desc = "(Optional) If False or missing, a new cell is selected when"
    Arg2Desc = Arg2Desc & "recalculated. If True, a new cellis selected"
    Arg2Desc = Arg2Desc & " selected when recalculated."

    Application.MacroOptions _
        Macro:=FuncName, _
        Description:=FuncDesc, _
        Category:=FuncCat, _
        ArgumentDescriptions:=Array(Arg1Desc, Arg2Desc)
End Sub
```

这个过程使用变量来存储各种信息，这些变量被用作 MacroOptions 方法的参数。这个过程中为函数类别指定的值为 5("查找与引用")。注意，通过使用一个数组作为 MacroOptions 方法的最后一个参数，表明这是两个参数的说明。

> **注意：**
> Excel 2010 中新引入了提供参数说明的能力。但是，如果使用 Excel 2010 之前的版本打开包含函数的工作簿，则不会显示参数说明。

图 5-10 所示为执行这个过程后的"插入函数"和"函数参数"对话框。

只需要执行 DescribeFunction 过程一次。然后，工作簿中就存储了指定给该函数的信息。也可以省略参数。例如，如果不需要给参数提供说明，可以忽略 ArgumentDescriptions 参数。

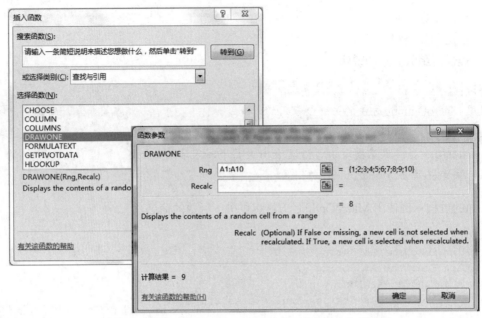

图 5-10　自定义函数的"插入函数"和"函数参数"对话框

交叉参考：
第 19 章将详细讨论如何在"插入函数"对话框中创建可以访问的自定义帮助主题。

5.10.2　指定函数类别

如果没有使用 MacroOptions 方法指定另一个类别，自定义工作表函数将出现在"插入函数"对话框中的"用户定义"类别中。读者可能希望把函数指派到另一个类别中，这还将使自定义函数显示在功能区的"公式" | "函数库"组中的下拉控件中。

表 5-2 列出了可为 MacroOptions 方法的 Category 参数使用的类别编号。请注意，其中某些类别(编号为 10~13 的类别)通常不会在"插入函数"对话框中显示。如果把函数指派给其中一个类别，该类别将出现在这个对话框中。

表 5-2　函数的类别

类别编号	类别名称
0	全部(没有特别指定的类别)
1	财务
2	日期与时间
3	数学与三角函数
4	统计
5	查找与引用
6	数据库
7	文本

(续表)

类别编号	类别名称
8	逻辑
9	信息
10	命令
11	自定义
12	宏控件
13	DDE/外部
14	用户定义
15	工程
16	Cube
17	兼容性*
18	Web**

* "兼容性"类别是 Excel 2010 中引入的类别。

** Web 类别是 Excel 2013 中引入的类别。

> **提示：**
> 也可创建自定义函数类别。为此，对 MacroOptions 的 Category 参数使用一个文本字符串，而不是数字。下面的函数创建了一个名为 VBA Functions 的函数类别，并把 COMMISSION 函数指派到这个类别中。

```
Application.MacroOptions Macro:="COMMISSION", _
    Category:="VBA Functions"
```

5.10.3 手动添加函数说明

除了使用 MacroOptions 方法提供函数说明外，还可使用"宏"对话框。

> **注意：**
> 如果没有为自定义函数提供说明，"插入函数"对话框将显示如下文本：没有帮助信息。

可按如下步骤为自定义函数提供说明。

(1) 在 VBE 中创建函数。
(2) 激活 Excel，确保包含这个函数的工作簿为活动工作簿。
(3) 选择"开发工具"|"代码"|"宏"命令(或者按 Alt+F8 快捷键)。
"宏"对话框列出了可以使用的过程，但是创建的函数将不在这个列表中。
(4) 在"宏名"框中输入函数的名称。
(5) 单击"选项"按钮以显示"宏选项"对话框。
(6) 在"说明"框中输入对函数的说明。"快捷键"字段与函数无关。
(7) 单击"确定"按钮，然后单击"取消"按钮。

在采取了上述步骤后,当选择这个函数时,"插入函数"对话框将显示出在第(6)步中输入的说明。

5.11 使用加载项存储自定义函数

你可能愿意把经常用到的自定义函数存储在某个加载项文件中。这么做的主要好处是可在任意工作簿中使用这一函数。

此外,还可以在不使用文件名限定符的情况下使用该函数。假设有一个名为 ZAPSPACES 的自定义函数,它存储在 Myfuncs.xlsm 文件中。为在 Myfuncs.xlsm 之外的工作簿中的某个公式内使用该函数,就必须输入下列公式:

```
=Myfuncs.xlsm!ZAPSPACES(A1)
```

如果从 Myfuncs.xlsm 中创建了一个加载项,并加载了这个加载项,就可以省略掉对该文件的引用,然后输入公式,例如:

```
=ZAPSPACES(A1)
```

> **交叉参考:**
> 第 16 章将讨论加载项的问题。

> **警告:**
> 使用加载项来存储自定义函数存在一个潜在问题,即工作簿依赖于该加载项文件。如果需要与同事共享工作簿,还需要共享含有函数的加载项的副本。

5.12 使用 Windows API

VBA 可从其他与 Excel 或 VBA 无关的文件中借用方法,如 Windows 和其他软件使用的 DLL(Dynamic Link Library,动态链接库)文件。因此,可使用 VBA 做 VBA 语言范畴之外的事情。

Windows API 是 Windows 编程人员可以使用的一套函数。当从 VBA 中调用某个 Windows 函数时,就是在访问 Windows API。Windows 编程人员使用的很多 Windows 资源都可在 DLL 中获得,DLL 存储了程序和函数,并将在运行时(而非编译时)链接这些 DLL。

> **64 位 Excel 和 API 函数**
> 因为 Excel 提供了 32 位和 64 位这两个版本,在代码中使用 Windows API 函数有点挑战性。如果想让代码在 Excel 的 32 位版本和 64 位版本之间兼容,需要两次声明 API 函数,并使用编译器指令确保使用正确的声明。
> 例如,下面的声明适用于 32 位 Excel 版本,而在 Excel 的 64 位版本中会造成编译错误:
>
> ```
> Declare Function GetWindowsDirectoryA Lib "kernel32" _
> ```

```
    (ByVal lpBuffer As String, ByVal nSize As Long) As Long
```
许多情况下，使声明与 64 位 Excel 兼容十分简单，只需要在 Declare 关键字的后面添加单词 PtrSafe 即可。以下声明同时与 Excel 的 32 位版本和 64 位版本兼容：

```
Declare PtrSafe Function GetWindowsDirectoryA Lib "kernel32" _
    (ByVal lpBuffer As String, ByVal nSize As Long) As Long
```

但是，代码在 Excel 2007(和更早的版本)中将会失败，因为这些版本中不能识别 PtrSafe 关键字。第 21 章将讨论如何使 API 函数声明与所有 32 位和 64 位的 Excel 版本兼容。

5.12.1 Windows API 示例

在使用某个 Windows API 函数之前，必须在代码模块的顶部声明这个函数。如果代码模块是 UserForm、Sheet 或 ThisWorkbook 的代码模块，就必须用 Private 关键字声明这个 API 函数。

必须准确地声明 API 函数。这些声明语句将告诉 VBA：

- 在使用哪个 API 函数
- 这个 API 函数位于哪个库
- 这个 API 函数的参数

声明了 API 函数后，就可在 VBA 代码中使用它。

5.12.2 确定 Windows 目录

本节的 API 函数示例将显示 Windows 目录名，这是使用标准的 VBA 语句无法完成的。示例代码在 Excel 2010 及后续版本中可生效。

下面举例说明 API 函数的声明：

```
Declare PtrSafe Function GetWindowsDirectoryA Lib "kernel32" _
    (ByVal lpBuffer As String, ByVal nSize As Long) As Long
```

这个函数有两个参数，返回安装 Windows 所在的目录名称。在调用该函数后，Windows 目录就包含在了参数 lpBuffer 中，该目录名称的字符串长度包含在参数 nSize 中。

将 Declare 语句插入模块顶部后，通过调用 GetWindowsDirectoryA 函数就可以访问该函数。下面举例说明如何调用该函数并在消息框中显示结果。

```
Sub ShowWindowsDir()
    Dim WinPath As String * 255
    Dim WinDir As String
    WinPath = Space(255)
    WinDir = Left(WinPath, GetWindowsDirectoryA (WinPath, Len(WinPath)))
    MsgBox WinDir, vbInformation, "Windows Directory"
End Sub
```

执行 ShowWindowsDir 过程将显示出包含 Windows 目录名称的消息框。

通常，需要创建 API 函数的包装器。换言之，就是要自己创建使用 API 函数的函数。这将极大地简化对 API 函数的使用。下面举例说明作为包装器的 VBA 函数：

```
Function WINDOWSDIR() As String
' Returns the Windows directory
    Dim WinPath As String * 255
    WinPath = Space(255)
    WindowsDir = Left(WinPath, GetWindowsDirectoryA _
        (WinPath, Len(WinPath)))
End Function
```

声明这个函数后,就可以从别的过程中调用它:

```
MsgBox WINDOWSDIR()
```

甚至可在工作表公式中使用这个函数:

```
=WINDOWSDIR()
```

在线资源:
本书的下载文件包中也提供了这个示例,文件名为 windows directory.xlsm。

使用 API 调用的原因是执行不大可能或几乎不可能(至少很难)完成的动作。如果应用程序需要找到 Windows 目录,那么可能在 Excel 或 VBA 中找上一整天都没能找到这样的函数。但是如果知道如何访问 Windows API 就可能解决问题。

警告:
在使用 API 调用时,测试期间经常会碰到系统崩溃的情形,因此要经常保存所做的工作。

5.12.3 检测 Shift 键

再举一个示例,假设编写了一个通过工作表上的按钮执行的 VBA 宏。而且,假设希望在单击这个按钮的同时,如果用户按了 Shift 键,这个宏执行的动作有所不同。在 VBA 中无法检测出是否按了 Shift 键,但可使用 API 的函数 GetKeyState 查找出来。GetKeyState 函数能检测出是否按了某个特殊键。该函数只接收一个参数 nVirtKey,它代表所感兴趣的键的编码。

下面的代码阐明了如何检测出在执行 Button_Click 事件处理程序时是否按了 Shift 键。注意,这里为 Shift 键定义了一个常量(使用一个十六进制值),然后使用这个常量作为传递给 GetKeyState 函数的参数。如果 GetKeyState 函数返回的值小于 0,就意味着按了 Shift 键,否则就表明没有按 Shift 键。这段代码与 Excel 2007 及更早期版本不兼容。

```
Declare PtrSafe Function GetKeyState Lib "user32" _
  (ByVal nVirtKey As Long) As Integer
Sub Button_Click()
    Const VK_SHIFT As Integer = &H10
    If GetKeyState(VK_SHIFT) < 0 Then
        MsgBox "Shift is pressed"
    Else
        MsgBox "Shift is not pressed"
    End If
End Sub
```

在线资源：

本书的下载文件包有一个名为 key press.xlsm 的工作簿，它阐明了如何检测出是否按了下面的键(以及任何的组合键)：Ctrl、Shift 和 Alt。这个工作簿中的 API 函数声明与 Excel 2007 及更高版本兼容。图 5-11 显示了来自这个过程的消息。

图 5-11　使用 Windows API 函数确定按了哪个键

5.12.4　了解有关 API 函数的更多信息

对 Windows API 函数的使用可能需要一点技巧。很多编程方面的参考书都列出了常用 API 调用的声明，并提供一些示例。通常，只要复制这些声明，在没有真正理解细节的情况下也可以直接使用这些函数。在现实生活中，大部分 Excel 编程人员都有 API 函数方面的参考书。在 Internet 上有数百个示例，可以通过复制粘贴使用，这些示例的可靠性还是很高的。或是在网上搜索名为 Win32API_PtrSafe.txt 的文件。这个文件来自微软，包含了许多声明语句的示例。

交叉参考：

第 7 章还提供了使用 Windows API 函数的其他几个示例。

第 **6** 章

了解 Excel 事件

本章内容：
- 识别 Excel 可监视的事件类型
- 使用事件必须了解的背景信息
- 了解关于工作簿事件和工作表事件的示例
- 使用应用程序事件监视所有打开的工作簿
- 了解处理基于时间的事件和键盘事件的示例

6.1 Excel 可以监视的事件类型

在本书中的许多宏示例中，都将展示出事件过程的具体代码，这些代码都是根据所发生的事件自动触发的过程。在 Excel 中，事件就是在会话中发生的动作。

对于 Excel 中的对象来说，发生任何事情都要通过事件。例如，打开工作簿、添加工作表、改变单元格中的值、保存工作簿、双击单元格和列表等动作都是事件。当某个具体事件发生时，就是告诉 Excel 要运行某个宏或某段代码。

Excel 可监视很多不同的事件。这些事件可以分成以下几类：
- **工作簿事件**：某个具体工作簿发生的事件。此类事件的示例包括 Open 事件(打开或创建工作簿)、BeforeSave 事件(工作簿即将被保存)和 NewSheet 事件(添加新工作表)等。
- **工作表事件**：某个具体的工作表发生的事件。此类事件包括 Change 事件(修改工作表上的某个单元格)、SelectionChange 事件(用户移动单元格指针)和 Calculate 事件(重新计算工作表)等。
- **图表事件**：某个具体的图表发生的事件。此类事件包括 Select 事件(选中图表中的某个对象)和 SeriesChange 事件(修改序列中的某个数据点的值)等。
- **应用程序事件**：应用程序(Excel)发生的事件。此类事件包括 NewWorkbook 事件(创建一个新工作簿)、WorkbookBeforeClose 事件(某个工作簿即将被关闭)和 SheetChange 事件(更改打开的工作簿中的某个单元格)等。要监视应用程序级别的事件，需要使用一个类模块。

- **用户窗体事件**：具体的用户窗体或包含在该用户窗体中的对象发生的事件。例如，用户窗体有一个 Initialize 事件(在显示用户窗体之前发生)，用户窗体中的命令按钮有一个 Click 事件(单击按钮时发生)。
- **与对象无关的事件**：最后这种事件包含两个有用的应用程序级别的事件：Ontime 事件和 Onkey 事件。这些事件的工作方式与其他事件不同。

本章根据上述列表进行组织。每一部分都列举一些示例来演示其中一些事件。

6.1.1 了解事件发生的顺序

有些行为会触发多个事件。例如，向工作簿中插入一个新的工作表时，该行为将触发下列 3 个应用程序级别的事件：
- WorkbookNewSheet：添加一个新的工作表时发生。
- SheetDeactivate：活动工作表取消激活时发生。
- SheetActivate：新添加的工作表被激活时发生。

> **注意：**
> 事件发生的顺序比想象的可能要复杂一些。上面列出的事件是应用程序级别的事件。添加一个新的工作表时，工作簿级别和工作表级别会发生其他一些事件。

在此，只需要记住事件以特定顺序发生，知道发生的具体顺序在编写事件处理程序时十分重要。6.4 一节将介绍如何确定某个动作发生时的事件顺序。

6.1.2 存放事件处理程序的位置

VBA 新手常感到疑惑的是，为何有时相应事件发生时并不执行事件处理程序。答案是，之所以出现这种情况，几乎都是因为这些过程放在错误位置。

在 Visual Basic 编辑器(VBE)窗口中，每个工程(每个工作簿都有一个工程)都被列在"工程"窗口中。工程组件被排列在一个折叠窗口中，如图 6-1 所示。

图 6-1 每个 VBA 工程的组件都列在"工程"窗口中

下列每个组件都有自己的代码模块：
- **Sheet对象(如Sheet1、Sheet2等)**：使用这个模块处理与特定工作表有关的事件处理代码。
- **Chart 对象(即图表工作表)**：使用这个模块处理与图表有关的事件处理代码。
- **ThisWorkbook 对象**：使用这个模块处理与工作簿有关的事件处理代码。
- **通用 VBA 模块**：不能把事件处理程序放在一个通用(即非对象)模块中。
- **UserForm 对象**：使用这个模块处理与用户窗体或用户窗体上的控件有关的事件处理程序代码。
- **类模块**：使用类模块处理特定的事件处理程序，包括应用程序级别的事件和嵌入式图表的事件。

即使事件处理程序必须放在正确的模块中，过程也可以调用存储在其他模块中的其他标准过程。例如，下面的事件处理程序位于 ThisWorkbook 对象的模块中，该事件处理程序调用了一个名为 WorkbookSetup 的过程，该过程存储在常规的 VBA 模块中：

```
Private Sub Workbook_Open()
Call WorkbookSetup
End Sub
```

6.1.3 禁用事件

默认情况下，所有事件都是可用的。如果要禁用所有事件，则执行下列 VBA 指令：

```
Application.EnableEvents = False
```

可用下列语句启用事件：

```
Application.EnableEvents = True
```

> **注意**：
> 禁用事件并不会应用到由 UserForm 控件触发的事件中去——例如，单击用户窗体上的 CommandButton 控件生成的 Click 事件。

为何需要禁用事件呢？通常是为了防止级联事件的无限循环。

例如，假设工作表中的单元格 A1 所包含的值必须始终小于或等于 12。可以编写代码，当数据输入单元格中时执行代码，验证单元格内容的有效性。本例中使用了 Worksheet_change 过程来监视 Worksheet 的 Change 事件。该过程可以检查用户的输入，如果输入值大于 12，则显示一条消息，然后清除输入值。问题是，用 VBA 代码清除输入值会生成一个新的 Change 事件，因此事件处理程序会再次执行。这是我们不想发生的，因此需要在清除单元格之前禁用事件，然后启用事件来监视用户的下一个输入。

防止级联事件无限循环的另一种方法是在事件处理程序的开头声明一个 Static 布尔变量，如下所示：

```
Static AbortProc As Boolean
```

如果过程本身需要进行修改，则将 AbortProc 变量设置为 True(否则，确保其设置为 False)。

在过程顶端插入下列代码:

```
If AbortProc Then
    AbortProc = False
    Exit Sub
End if
```

该事件程序被再次输入,但 AbortProc 的 True 状态会引起过程结束。此外,AbortProc 被重置为 False。

> **交叉参考:**
> 第 6.3.2 一节将介绍验证数据有效性的实例。

> **警告:**
> 在 Excel 中禁用事件会应用到所有工作簿中。例如,如果在过程中禁用事件,然后打开另一个含有 Workbook_Open 过程的工作簿,则该过程不会执行。

6.1.4 输入事件处理代码

每个事件处理程序都有一个预先确定的名称,这些名称是不能修改的。下面是一些事件处理程序名称的示例:

- Worksheet_SelectionChange
- Workbook_Open
- Chart_Activate
- Class_Initialize

可通过手动输入来声明过程,但是更好的方法是让 VBE 代劳。

图 6-2 显示了 ThisWorkbook 对象的代码模块。要插入一个过程声明,首先从左边的对象列表中选择 Workbook。然后从右边的过程列表中选择与之对应的事件。这样就获取了一个过程的"外壳",该过程包含了过程声明代码和一条 End Sub 语句。

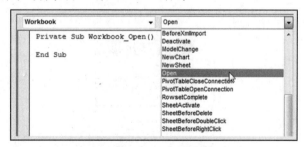

图 6-2　创建事件过程的最好方法是让 VBE 代劳

例如,如果从对象列表中选择 Workbook,并从过程列表中选择 Open,则 VBE 将插入下列空过程:

```
Private Sub Workbook_Open()
```

```
End Sub
```

当然，VBA 代码置于这两个语句之间。

> **注意：**
> 一旦从对象列表中选定了一个工程(如 Workbook 或 Worksheet)，VBE 会自动插入一个过程声明。通常情况下，过程定义不是你想要的。所以你只需从右侧的过程列表中选择你所需的事件，然后将自动生成的那个删除掉。

6.1.5 使用参数的事件处理程序

有些事件处理程序会使用一个参数列表。例如，创建一个事件处理程序来监视工作簿的 SheetActivate 事件。如果使用前面部分介绍的技术，则 VBE 会为 ThisWorkbook 对象在代码模块中创建下列过程：

```
Private Sub Workbook_SheetActivate(ByVal Sh As Object)

End Sub
```

该过程使用了一个参数(Sh)，该参数表示被激活的工作表。本例中，Sh 被声明为一个 Object 数据类型，而非 Worksheet 数据类型，这是因为被激活的工作表也可能是一个图表工作表。

代码还可使用传递的数据作为参数。下列过程在激活一个工作表时执行。它使用 VBA 的 TypeName 函数并访问参数中传递对象的 Name 属性，来显示被激活工作表的类型和名称：

```
Private Sub Workbook_SheetActivate(ByVal Sh As Object)
    MsgBox TypeName(Sh) & vbCrLf & Sh.Name
End Sub
```

图 6-3 显示了工作表 Sheet1 被激活时出现的消息。

图 6-3 该消息框由 SheetActivate 事件触发

有些事件处理程序使用一个名为 Cancel 的布尔参数。例如，工作簿的 BeforePrint 事件的声明如下：

```
Private Sub Workbook_BeforePrint(Cancel As Boolean)
```

传递给过程的参数 Cancel 值为 False。但是，可将参数 Cancel 设置为 True，这样就会取消打印。下列示例演示了该过程：

```
Private Sub Workbook_BeforePrint(Cancel As Boolean)
    Dim Msg As String, Ans As Integer
    Msg = "Have you loaded the 5164 label stock?"
    Ans = MsgBox(Msg, vbYesNo, "About to print...")
    If Ans = vbNo Then Cancel = True
End Sub
```

Workbook_BeforePrint 过程在工作簿被打印之前执行。该过程显示了图 6-4 中所示的消息框。如果用户单击"否"按钮，则参数 Cancel 被设置为 True，不进行打印。

图 6-4　可通过修改事件处理程序的 Cancel 参数来取消打印操作

> 提示：
> 用户预览工作表时也会发生 BeforePrint 事件。

遗憾的是，Excel 并不提供工作表级别的 BeforePrint 事件。因此，代码不能决定打印哪一个工作表。通常情况下，可假设 ActiveSheet 是将要被打印的工作表。但是，无法检测用户是否要求打印整个工作簿。

6.2　工作簿级别的事件

工作簿级别的事件发生在特定的工作簿中。表 6-1 列出了常用的工作簿事件，并对每个事件进行了简要说明。要了解完整的工作簿级别的事件列表，可查阅帮助系统。Workbook 事件处理程序存储在 ThisWorkbook 对象的代码模块中。

表6-1　常用的工作簿事件

事件	触发事件的行为
Activate	激活一个工作簿
AddinInstall	将一个工作簿作为加载项安装
AddinUninstall	将一个工作簿作为加载项卸载
AfterSave	工作簿已被保存
BeforeClose	即将关闭一个工作簿
BeforePrint	即将打印或预览一个工作簿(或工作簿中的内容)
BeforeSave	即将保存一个工作簿
Deactivate	使工作簿取消激活
NewChart	已经创建一个图表
NewSheet	在工作簿中创建一个新的工作表
Open	打开一个工作簿

(续表)

事件	触发事件的行为
SheetActivate	激活任意工作表
SheetBeforeDoubleClick	双击任意工作表。该事件在默认的双击行为之前触发
SheetBeforeRightClick	右击任意工作表。该事件在默认的右击行为之前触发
SheetCalculate	计算(或重新计算)任意工作表
SheetChange	用户或外部链接修改任意工作表
SheetDeactivate	使任意工作表取消激活
SheetFollowHyperlink	单击工作表上的一个超链接
SheetPivotTableUpdate	修改或刷新一个数据透视表
SheetSelectionChange	改变任意工作表上的选择
WindowActivate	激活任意工作簿窗口
WindowDeactivate	使任意工作簿窗口取消激活
WindowResize	调整工作簿窗口的大小

> **交叉参考：**
> 如果需要监视工作簿的事件，则需要使用应用程序级别的事件(参见本章后面的 6.4 节)。本节剩余部分介绍了使用工作簿级别的事件的示例。下面所有的事件程序都必须放在 ThisWorkbook 对象的代码模块中。如果将其放在其他类型的代码模块中，就不起作用。

6.2.1 Open 事件

最常被监视的事件之一是工作簿的 Open 事件。该事件在打开工作簿或加载项时被触发，并执行 Workbook_Open 过程。Workbook_Open 过程经常在下列任务中使用：

- 显示欢迎消息。
- 打开其他工作簿。
- 创建快捷菜单。
- 激活特定工作表或单元格。
- 确保符合了某些条件。例如，工作簿可能要求安装了某个特定的加载项。
- 创建某些自动功能。例如，可以定义组合键。
- 设置工作表的 ScrollArea 属性(并没有存储在工作簿中)。
- 设置工作表的 UserInterfaceOnly 属性，以便代码可以操作被保护的工作表。该设置为 Protect 方法的参数，并不存储在工作簿中。

> **注意：**
> 创建事件处理程序并不能保证它们会执行。如果用户在打开工作簿时按下 Shift 键，则不会执行工作簿的 Workbook_Open 过程。而且，如果在打开工作簿时禁用了宏，也不会执行该过程。

下面是 Workbook_Open 过程的一个示例。它使用 VBA 的 Weekday 函数来确定今天是星期几。如果为星期五，则出现一个消息框，提醒用户执行每周的文件备份。如果不是星期五，则不会发生任何事件。

```
Private Sub Workbook_Open()
   IfWeekday(Now) = vbFriday Then
     Msg = "Today is Friday. Make sure that you "
     Msg = Msg & "do your weekly backup!"
     MsgBox Msg, vbInformation
   End If
End Sub
```

6.2.2　Activate 事件

下列过程在工作簿被激活时执行。该过程最大化激活的窗口。如果工作簿窗口已经最大化，则看不到过程执行的效果。

```
Private Sub Workbook_Activate()
    ActiveWindow.WindowState = xlMaximized
End Sub
```

6.2.3　SheetActivate 事件

下列过程在用户激活工作簿中的任意工作表时执行。如果该表是一个工作表，则代码会选择单元格 A1。如果该表不是工作表，则什么也不会发生。该过程使用 VBA 的 TypeName 函数，确保被激活的表是一个工作表(而非图表工作表)。

```
Private Sub Workbook_SheetActivate(ByVal Sh As Object)
    If TypeName(Sh) = "Worksheet" Then _Range("A1").Select
End Sub
```

在选择图表工作表上的单元格时避免出现错误的一种可选方法是忽略错误，这种方法不要求检查工作表的类型。

```
Private Sub Workbook_SheetActivate(ByVal Sh As Object)
    On Error Resume Next
    Range("A1").Select
End Sub
```

6.2.4　NewSheet 事件

在向工作簿中添加一个新工作表时执行下列过程。该工作表将作为参数传递给过程。由于新表可以是一个工作表，也可以是一个图表工作表，因此，过程需要确定工作表的类型。如果是工作表，代码会调整全部列的宽度，并在新工作表的单元格 A1 中插入一个日期和时间戳。

```
Private Sub Workbook_NewSheet(ByVal Sh As Object)
    If TypeName(Sh) = "Worksheet" Then
       Sh.Cells.ColumnWidth = 35
       Sh.Range("A1") = "Sheet added " & Now()
    End If
End Sub
```

6.2.5 BeforeSave 事件

BeforeSave 事件在实际保存工作簿之前发生。

选择"文件"|"保存"命令有时会调出"另存为"对话框。如果工作簿从未被保存过或者是以只读模式打开的，就会出现这种情况。

Workbook_BeforeSave 过程在执行时，会接收一个参数(SaveAsUI)，该参数表示是否显示"另存为"对话框。下面的示例展示了这种情况：

```
Private Sub Workbook_BeforeSave _
    (ByVal SaveAsUI As Boolean, Cancel As Boolean)
    IfSaveAsUI Then
        MsgBox "Make sure you save this file on drive J."
    End If
End Sub
```

当用户保存工作簿时，就会执行 Workbook_BeforeSave 过程。如果保存操作会调出 Excel 的"另存为"对话框，此时 SaveAsUI 变量值为 True。上述过程检验了该变量，如果显示"另存为"对话框，则将显示一条消息。如果过程将 Cancel 参数设置为 True，则文件不会被保存(或不会显示"另存为"对话框)。

6.2.6 Deactivate 事件

下面的示例介绍了Deactivate事件。该过程在工作簿被禁用并且不再让用户禁用该工作簿时执行。触发Deactivate事件的一种方法是激活一个不同的工作簿窗口。当Deactivate事件发生时，下列代码重新激活工作簿，并显示一条消息。

```
Private Sub Workbook_Deactivate()
    Me.Activate
    MsgBox "Sorry, you may not leave this workbook"
End Sub
```

这个简单示例显示了理解事件发生的顺序的重要性。如果使用该过程进行试验，会发现如果用户试图激活另一个工作簿，那么过程也能照常运行。无论如何，理解工作簿的 Deactivate 事件也会被下列行为触发是很重要的：

- 关闭工作簿
- 打开一个新的工作簿
- 最小化工作簿

换言之，该过程可能不会按最初的意图执行。编写事件过程时，必须确保理解了可能触发事件的所有行为。

6.2.7 BeforePrint 事件

BeforePrint 事件在用户请求打印或打印预览，而实际打印或预览尚未执行时发生。该事件使用一个 Cancel 参数，因此，代码中可通过将 Cancel 变量设置为 True 来取消打印或预览。遗憾的是，无法确定 BeforePrint 事件是由打印请求还是预览请求触发的。

1. 更新页眉或页脚

虽然 Excel 的页眉和页脚选项是非常灵活的，但是仍然不能满足下列这种常见的请求：在 Excel 中打印页眉或页脚中特定单元格的内容。Workbook_BeforePrint 事件提供了一种方法，在打印工作簿时显示页眉或页脚中的单元格的内容。下面的代码在工作簿打印或预览时更新每个工作表的左页脚。具体而言，它在工作表 Sheet1 上插入单元格 A1 的内容：

```
PrivateSub Workbook_BeforePrint(Cancel As Boolean)
    Dim sht As Object
    For Each sht In ThisWorkbook.Sheets
        sht.PageSetup.LeftFooter = _
        Worksheets("Sheet1").Range("A1")
    Next sht
End Sub
```

该过程循环遍历工作簿中的每个工作表，并将 PageSetup 对象的 LeftFooter 属性设置为工作表 Sheet1 中单元格 A1 的值。

2. 在打印之前隐藏列

下面的示例使用一个 Workbook_BeforePrint 过程，在打印或预览之前隐藏工作表 Sheet1 中的 B:D 列。

```
Private Sub Workbook_BeforePrint(Cancel As Boolean)
    'Hide columns B:D on Sheet1 before printing
    Worksheets("Sheet1").Range("B:D").EntireColumn.Hidden = True
End Sub
```

理想情况下，我们一般希望在完成打印操作后显示这些列。如果 Excel 提供一个 AfterPrint 事件就好了，但该事件是不存在的。然而，仍有一种方法可以自动显示这些列。下面的改进过程调度了 OnTime 事件，该事件在打印或预览 5 秒后调用一个名为 UnhideColumns 的过程。

```
Private Sub Workbook_BeforePrint(Cancel As Boolean)
    'Hide columns B:D on Sheet1 before printing
    Worksheets("Sheet1").Range("B:D").EntireColumn.Hidden = True
    Application.OnTime Now()+ TimeValue("0:00:05"), "UnhideColumns"
End Sub
```

UnhideColumns 过程位于一个标准的 VBA 模块中：

```
Sub UnhideColumns()
    Worksheets("Sheet1").Range("B:D").EntireColumn.Hidden = False
End Sub
```

在线资源：
该示例名为 hide columns before printing.xlsm，可从本书的下载文件包中获取。

交叉参考:
更多关于 OnTime 事件的信息,可以参见第 6.4.5 节。

6.2.8 BeforeClose 事件

BeforeClose 事件在关闭一个工作簿时发生。该事件常与 Workbook_Open 事件处理程序配套使用。例如,使用 Workbook_Open 过程为工作簿添加快捷菜单项,然后在工作簿被关闭时使用 Workbook_BeforeClose 过程删除快捷菜单项。这样,自定义菜单就只能在工作簿被打开时可用了。

但是,Workbook_BeforeClose 事件并没有很好地实现。例如,如果试图关闭一个尚未保存的工作簿,Excel 会显示一个提示信息,询问是否想在关闭之前保存该对话框,如图 6-5 所示。问题是用户看到该消息时,Workbook_BeforeClose 事件已经发生了。如果用户选择"取消",事件处理程序也已经被执行了。

图 6-5 当该消息出现时,Workbook_BeforeClose 事件已经完成了它的工作

考虑一下这种情形:打开一个特定工作簿时,希望能显示自定义快捷菜单。因此,当工作簿被打开时,工作簿使用 Workbook_Open 过程来创建菜单项,并且在工作簿被关闭时,使用 Workbook_BeforeClose 过程来删除这些菜单项。这两个事件处理程序如下所示,它们都调用了其他过程,但并未在这里显示。

```
Private Sub Workbook_Open()
    Call CreateShortcutMenuItems
End Sub

Private Sub Workbook_BeforeClose(Cancel As Boolean)
    Call DeleteShortcutMenuItems
End Sub
```

如前所述,在 Workbook_BeforeClose 事件处理程序运行后,Excel 会出现 Do you want to save… 的提示。因此,如果用户单击"取消"按钮,工作簿仍然是打开的,但是自定义菜单项已经被删除了。

该问题的一个解决方法是绕过 Excel 的提示,在 Workbook_BeforeClose 过程中编写自己的代码来要求用户保存工作簿。下列代码展示了该过程:

```
Private Sub Workbook_BeforeClose(Cancel As Boolean)
    Dim Msg As String
    If Me.Saved = False Then
        Msg = "Do you want to save the changes you made to "
        Msg = Msg & Me.Name & "?"
        Ans = MsgBox(Msg, vbQuestion + vbYesNoCancel)
        Select Case Ans
```

```
            Case vbYes
                Me.Save
            Case vbCancel
                Cancel = True
                Exit Sub
        End Select
    End If
    Call DeleteShortcutMenuItems
    Me.Saved = True
End Sub
```

该过程检查了 Workbook 对象的 Saved 属性,确定工作簿是否已经被保存。如果已保存,那么没问题,随之执行 DeleteShortcutMenuItems 过程,关闭工作簿。但是,如果工作簿没有保存,该过程会显示一个消息框,该消息框复制了 Excel 正常显示时的内容,如图 6-6 所示。分别单击 3 个按钮时效果如下:

- Yes:保存工作簿,删除菜单,并且关闭工作簿。
- No:代码将 Workbook 对象的 Saved 属性设置为 True(但是实际上并没有保存文件),删除菜单,并且关闭文件。
- Cancel:取消 BeforeClose 事件,在过程结束时没有删除快捷菜单项。

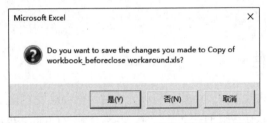

图 6-6 Workbook_BeforeClose 事件过程显示的消息框

在线资源:
该示例中的工作簿可从本书的下载文件包中获取,文件名为 workbook_beforeclose workaround.xlsm。

6.3 检查工作表事件

Worksheet 对象的事件是非常有用的,因为 Excel 中发生的动作大都出现在工作表上。监视这些事件可以使应用程序执行原本无法完成的操作。

表 6-2 列出了最常用的工作表事件,并对每个事件做简要说明。

表 6-2 常用的工作表事件

事件	触发事件的行为
Activate	激活工作表
BeforeDelete	能够删除工作表
BeforeDoubleClick	双击工作表
BeforeRightClick	右击工作表

(续表)

事件	触发事件的行为
Calculate	计算或重新计算工作表
Change	用户或外部链接修改工作表中的单元格
Deactivate	使工作表取消激活
FollowHyperlink	单击工作表上的超链接
PivotTableAfterValueChange	已重新计算工作表中透视表中的计算字段
PivotTableBeforeAllocateChanges	用户已选择将更改应用于 OLAP 透视表中的数据源
PivotTableBeforeCommitChanges	用户已选择提交应用于 OLAP 透视表中数据源的更改
PivotTableBeforeDiscardChanges	用户已选择回滚对 OLAP 透视表中数据源的更改
PivotTableChangeSync	工作表中的透视表已发生更改或已刷新
PivotTableUpdate	更新工作表上的数据透视表
SelectionChange	改变或刷新工作表中的选择
TableUpdate	工作表中的查询表已根据内部数据模型完成数据更新

记住，工作表事件的代码必须存储在特定工作表的代码模块中。

提示：
要快速激活工作表的代码模块，可以右击工作表选项卡，然后选择"查看代码"项。

6.3.1 Change 事件

当用户或 VBA 过程修改工作表中的任何单元格时，就会触发 Change 事件。当计算某个公式而生成一个不同的值或向工作表添加一个对象时，并不会触发 Change 事件。

在执行 Worksheet_Change 过程时，会接收一个 Range 对象作为它的 Target 参数。这个 Range 对象表示的是内容被修改、触发事件的单元格或单元格区域。以下过程在工作表被修改时执行。它显示一个消息框，这个消息框用来显示 Target 单元格区域的地址：

```
Private Sub Worksheet_Change(ByVal Target As Excel.Range)
    MsgBox "Range " & Target.Address &" was changed."
End Sub
```

为更好地理解生成工作表的 Change 事件的行为类型，在 Worksheet 对象的代码模块中输入上述过程。输入该过程后，通过使用各种技术来激活 Excel，并对工作表做一些修改。每次 Change 事件发生时，就会看到一个消息框，其中显示了被修改单元格区域的地址。

运行该过程时，笔者发现了一些有趣的情况。某些应当触发事件的行为并没有触发事件，而其他不应当触发事件的行为却触发了事件！

- 改变一个单元格的格式并不会像预期那样触发 Change 事件。但是复制并粘贴格式则会触发 Change 事件。选择"开始"|"编辑"|"清除"|"清除格式"命令也会触发 Change 事件。
- 合并单元格并不会触发 Change 事件，即使在这个过程中会删除一些合并的单元格的内容也是如此。

- 添加、编辑或删除一个单元格注释并不会触发 Change 事件。
- 即使开始执行的单元格是空的，按 Delete 键也会生成一个事件。
- 使用 Excel 命令来修改单元格可能会(也可能不会)触发 Change 事件。例如，对某个单元格区域进行排序并不会触发 Change 事件。但使用拼写检查则会触发该事件。
- 如果 VBA 过程修改了某个单元格，就会触发 Change 事件。

从前面的列表中可以看出，依靠 Change 事件来检测关键应用程序的单元格改动并不一定可靠。

6.3.2 监视特定单元格区域的修改

在工作表中有任何单元格被修改时，将发生 Change 事件。但大多数情况下，所关注的是对某个特定单元格或单元格区域的修改。Worksheet_Change 事件处理程序被调用时，会接收一个 Range 对象作为它的参数。该 Range 对象表示被修改的单元格。

假设工作表有一个名为 InputRange 的单元格区域，只希望监视该单元格区域中的修改情况。Range 对象不含 Change 事件，但可在 Worksheet_Change 过程中执行快速检查：

```
Private Sub Worksheet_Change(ByVal Target As Range)
    Dim MRange As Range
    Set MRange = Range("InputRange")
    If Not Intersect(Target, MRange) Is Nothing Then _
        MsgBox "A changed cell is in the input range."
End Sub
```

该示例使用了一个名为 MRange 的 Range 对象变量，表明想要监视其改动的工作表单元格区域。该过程使用 VBA 的 Intersect 函数来确定 Target 单元格区域(作为参数传递给过程)是否与 MRange 单元格区域相交叉。Intersect 函数返回一个对象，该对象由同时包含在 Intersect 的两个参数中的所有单元格组成。如果 Intersect 函数返回 Nothing，则这两个单元格区域中没有公共单元格。其中使用了 Not 运算符，这样，如果这两个单元格区域中至少有一个公共单元格，表达式就会返回 True。因此，如果被修改的单元格区域中有任何单元格包含在名为 InputRange 的单元格区域中，那么会显示一个消息框。否则，过程结束，不执行任何操作。

1. 监视单元格区域，将公式加粗

下面的示例监视一个工作表，并且将公式项加粗，非公式项则不加粗。

```
Private Sub Worksheet_Change(ByVal Target As Range)
    Dim cell As Range
    For Each cell In Target
        If cell.HasFormula Then cell.Font.Bold = True
    Next cell
End Sub
```

由于传递给 Worksheet_Change 过程的对象包含多个单元格区域，因此该过程循环遍历 Target 单元格区域中的每个单元格。如果单元格中包含公式，则将其加粗。否则，Bold 属性将被设置为 False。

该过程可以运行，但是存在一个问题。如果用户删除一行或一列，会怎么样？这种情况下，Target 单元格区域包含大量单元格。For Each 循环将花费很长一段时间来检验这些单元格——而且不会发现任何公式。

下面列出的是修改过的过程，通过将 Target 单元格区域修改为 Target 单元格区域与工作表的已使用单元格区域的交集来解决这个问题。通过检验确认 Target 是 Not Nothing，这样就处理了删除所使用单元格区域之外的空行或空列的情况。

```
Private Sub Worksheet_Change(ByVal Target As Range)
    Dim cell As Range
    Set Target = Intersect(Target, Target.Parent.UsedRange)
    If Not Target Is Nothing Then
        For Each cell In Target
            cell.Font.Bold = cell.HasFormula
        Next cell
    End If
End Sub
```

在线资源：
该示例名为 make formulas bold.xlsm，可从本书的下载文件包中获取。

警告：
使用 Worksheet_Change 过程的一个潜在的副作用是，它可能会关闭 Excel 的 Undo 功能。一旦有事件过程修改了工作表，Excel 的 Undo 堆栈就会被销毁。在前面的例子中，对单元格输入修改会触发格式变化——从而导致 Undo 堆栈销毁。

2. 监视单元格区域验证数据输入的有效性

Excel 的数据有效性验证是一个有用的工具，但会遇到一个潜在的严重问题。向使用数据有效性验证的单元格中粘贴数据时，所粘贴的值不仅不能得到验证，而且会删除与该单元格相关联的有效性验证规则。这一情况使数据的有效性验证功能变得对关键应用程序毫无意义。下面介绍如何在工作表中使用 Change 事件来创建数据有效性验证过程。

在线资源：
本书的下载文件包中包含该示例的两个版本。一个名为 validate entry1.xlsm，使用 EnableEvents 属性来防止级联的 Change 事件；另一个名为 validate entry2.xlsm，使用 Static 变量。

下面的 Worksheet_Change 过程在用户修改单元格时执行。有效性验证被限定在名为 InputRange 的单元格区域中。输入该单元格区域的值必须是 1～12 之间的整数。

```
Private Sub Worksheet_Change(ByVal Target As Range)
    Dim VRange As Range, cell As Range
    Dim Msg As String
    Dim ValidateCode As Variant
    Set VRange = Range("InputRange")

    If Intersect(VRange, Target) Is Nothing Then Exit Sub
```

```
    For Each cell In Intersect(VRange, Target)
        ValidateCode = EntryIsValid(cell)
        If TypeName(ValidateCode) = "String" Then
            Msg = "Cell " & cell.Address(False, False) & ":"
            Msg = Msg & vbCrLf & vbCrLf & ValidateCode
            MsgBox Msg, vbCritical, "Invalid Entry"
            Application.EnableEvents = False
            cell.ClearContents
            cell.Activate
            Application.EnableEvents = True
        End If
    Next cell
End Sub
```

Worksheet_Change 过程创建了一个 Range 对象(名为 VRange)，表示待验证的工作表单元格区域。然后循环遍历 Target 参数中的每个单元格，该参数表示被修改的单元格。代码确定是否每个单元格都包含在待验证的单元格区域中。如果是，则会将该单元格作为参数传递给一个自定义函数(EntryIsValid)，如果该单元格是一个有效输入，则返回 True。

如果输入不是有效的，EntryIsValid 函数将返回一个字符串来说明该问题，并通过一个消息框通知用户(参见图 6-7)。消息框被解除后，无效输入会从单元格中清除，单元格被激活。请注意，在清空单元格前，事件是禁用的。如果事件没有禁用，那么清空单元格会生成 Change 事件，从而引起死循环。

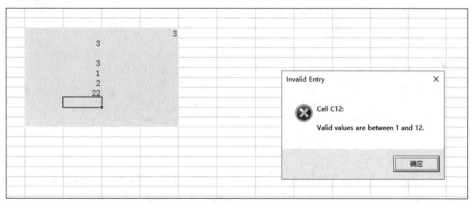

图 6-7　该消息框说明了用户输入无效值时的问题

另外注意，输入无效值会销毁 Excel 的 Undo 堆栈。

EntryIsValid 函数过程显示如下：

```
Private Function EntryIsValid(cell) As Variant
'   Returns True if cell is an integer between 1 and 12
'   Otherwise it returns a string that describes the problem

    '   Numeric?
    If Not WorksheetFunction.IsNumber (cell) Then
        EntryIsValid = "Non-numeric entry."
```

```
        Exit Function
    End If

    '   Integer?
    If CInt(cell) <> cell Then
        EntryIsValid = "Integer required."
        Exit Function
    End If

    '   Between 1 and 12?
    If cell < 1 Or cell > 12 Then
        EntryIsValid = "Valid values are between 1 and 12."
        Exit Function
    End If

    '   It passed all the tests
    EntryIsValid = True
End Function
```

上述方法可以实现,但是创建起来比较乏味而且代码冗余。当能利用 Excel 的数据有效性验证功能,同时仍然确保用户向验证单元格区域内粘贴数据时,数据有效性验证规则不会被删除,这样不是更好吗?下面的示例解决了该问题。

```
Private Sub Worksheet_Change(ByVal Target As Range)
    Dim VT As Long
    'Do all cells in the validation range
    'still have validation?
    On Error Resume Next

    VT = Range("InputRange").Validation.Type
    If Err.Number <> 0 Then
        Application.Undo
        MsgBox "Your last operation was canceled." & _
            "It would have deleted data validation rules.", vbCritical
    End If
End Sub
```

这个事件过程检查应当包含数据有效性验证规则的单元格区域(名为 InputRange)内的验证类型。如果 VT 变量包含一个错误,这意味着 InputRange 中的一个或多个单元格不再包含数据有效性验证。换言之,工作表的改变可能是由于数据被复制到包含数据有效性验证的单元格区域中引起的。如果是这样,那么代码会执行 Application 对象的 Undo 方法,撤消用户的行为。然后显示如图 6-8 所示的消息框。

> **注意:**
> 仅当验证单元格区域的所有单元格包含相同的数据验证类型时,该过程才能正确工作。

> **注意:**
> 使用该过程的另一个好处是 Undo 堆栈不会被销毁。

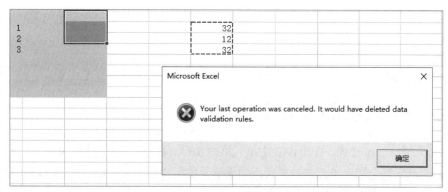

图 6-8　Worksheet_Change 过程确保数据有效性验证不会被删除

> **在线资源：**
> 该示例名为 validate entry3.xlsm，可从本书的下载文件包中获取。

6.3.3　SelectionChange 事件

以下过程显示了 SelectionChange 事件。当用户在工作表上做出新的选择时会执行该事件。

```
Private Sub Worksheet_SelectionChange(ByVal Target As Range)
    Cells.Interior.ColorIndex = xlNone
    With ActiveCell
        .EntireRow.Interior.Color = RGB(219, 229, 241)
        .EntireColumn.Interior.Color = RGB(219, 229, 241)
    End With
End Sub
```

该过程对活动单元格所在的行和列使用了阴影，这样就容易识别出活动单元格。第一个语句将工作表中所有单元格的背景色删除。然后，活动单元格所在的整行和整列都被加上淡蓝色的阴影。图 6-9 显示了阴影效果。

	A	B	C	D	E	F
1		Project-1	Project-2	Project-3	Project-4	Project-5
2	40179	2158	1527	3870	4863	3927
3	40210	4254	28	4345	2108	412
4	40238	3631	1240	4208	452	3443
5	40269	724	4939	1619	1721	3631
6	40299	3060	1034	1646	345	978
7	40330	394	1241	2965	1411	3545
8	40360	2080	3978	3304	1460	4533
9	40391	411	753	732	1207	1902
10	40422	2711	95	2267	2634	1944
11	40452	2996	4934	3932	2938	4730
12	40483	2837	1116	3879	1740	1466

图 6-9　移动单元格指针时，引起活动单元格所在行和列被加上阴影

如果工作表包含背景阴影，就可能不想使用该过程，因为背景阴影会被擦除。下列情况例外，即已经应用了一种样式并由条件格式设置背景色的表格。这两种情况下，都不会改变背景色。但要记住，执行 Worksheet_SelectionChange 宏会销毁 Undo 堆栈，因此使用该技术实际上会禁用 Excel

的撤消功能。

> **在线资源：**
> 该示例名为 shade active row and column.xlsm，可从本书的下载文件包中获取。

6.3.4 BeforeDoubleClick 事件

你可创建一个 VBA 过程，在用户双击单元格时执行。在下例中(存储在 Sheet 对象的"代码"窗口中)，双击单元格会切换单元格的样式。如果单元格样式为 Normal，则应用 Good 样式。如果单元格样式为 Good，则应用 Normal 样式。

```
Private Sub Worksheet_BeforeDoubleClick _
    (ByVal Target As Range, Cancel As Boolean)
    If Target.Style = "Good" Then
        Target.Style = "Normal"
    Else
        Target.Style = "Good"
    End If
    Cancel = True
End Sub
```

如果参数 Cancel 被设置为 True，则默认的双击行为不会发生。换言之，双击单元格不会将 Excel 变成单元格编辑模式。要注意，每次双击操作也会销毁撤消栈。

6.3.5 BeforeRightClick 事件

用户在工作表中右击时，Excel 会显示一个快捷菜单。如果出于某种原因，想要阻止快捷菜单出现在特定工作表中，可捕获 RightClick 事件。下面的过程将 Cancel 参数设置为 True，这样就取消了 RightClick 事件，从而取消了快捷菜单。但会显示一个消息框。

```
Private Sub Worksheet_BeforeRightClick _
    (ByVal Target As Range, Cancel As Boolean)
    Cancel = True
    MsgBox "The shortcut menu is not available."
End Sub
```

记住，用户仍可通过使用 Shift+F10 快捷键来访问快捷菜单。但是，仅有极少 Excel 用户了解该按键组合。

> **交叉参考：**
> 要找出如何截获 Shift+F10 按键组合，请参见 6.4.6 节。第 18 章将说明禁用快捷菜单的其他方法。

下面是使用 BeforeRightClick 事件的另一个示例。该过程检验右击的单元格是否包含数值。如果包含，则代码会显示"设置单元格格式"对话框的"数字"选项卡，并将 Cancel 参数设置为 True(避免显示正常的快捷菜单)。如果单元格不包含数值，则不发生任何事情——快捷菜单照常显示。

```
Private Sub Worksheet_BeforeRightClick _
   (ByVal Target As Range, Cancel As Boolean)
   If IsNumeric(Target) And Not IsEmpty(Target) Then
      Application.CommandBars.ExecuteMso ("NumberFormatsDialog")
      Cancel = True
   End If
End Sub
```

注意，代码还执行了其他检查，查看单元格是否为空。这是因为 VBA 将空单元格视为包含数字的单元格。

> **使用"对象浏览器"定位事件**
>
> "对象浏览器"是一个有用工具，有助于你学习对象及其属性和方法，还有助于找出哪些对象支持某个特定事件。例如，想要找出哪些对象支持 MouseMove 事件。激活 VBE，并按 F2 键，就会显示"对象浏览器"窗口。确保<所有库>被选中，然后输入 MouseMove，单击望远镜图标。
>
> "对象浏览器"显示了一个匹配项列表。事件用事件名旁边的一个淡黄色闪电小图标表示。单击所要查找的事件，可在列表底部的状态栏检查对应的语法。

6.4 监视应用程序事件

在前面的章节中介绍了工作簿事件和工作表事件。这些事件监视的是特定工作簿。如果要监视所有打开的工作簿或工作表，可使用应用程序级别的事件。

> **注意：**
> 如果要创建事件处理程序来处理应用程序事件，通常还需要一个类模块，并完成一些设置工作。

表 6-3 列出了常用的应用程序事件以及相应的简要说明信息。详细信息可以查阅帮助系统。

表 6-3　应用程序对象认可的常用事件

事件	触发事件的行为
AfterCalculate	计算已完成，不存在未完成的查询
NewWorkbook	创建一个新的工作簿
SheetActivate	激活任意工作表
SheetBeforeDoubleClick	双击任意工作表。该事件在默认的双击行为之前触发
SheetBeforeRightClick	右击任意工作表。该事件在默认的右击行为之前触发
SheetCalculate	计算或重新计算任意工作表
SheetChange	任意工作表中的单元格被用户或外部链接修改
SheetDeactivate	使任意工作表取消激活
SheetFollowHyperlink	单击超链接

(续表)

事件	触发事件的行为
SheetPivotTableUpdate	更新任意数据透视表
SheetSelectionChange	任意工作表上的选择被修改，图表工作表除外
WindowActivate	激活任意工作簿窗口
WindowDeactivate	使任意工作簿窗口取消激活
WindowResize	调整任意工作簿窗口的大小
WorkbookActivate	激活任意工作簿
WorkbookAddinInstall	工作簿被安装为加载项
WorkbookAddinUninstall	任意加载项工作簿被卸载
WorkbookBeforeClose	关闭任意打开的工作簿
WorkbookBeforePrint	打印任意打开的工作簿
WorkbookBeforeSave	保存任意打开的工作簿
WorkbookDeactivate	使打开的工作簿取消激活
WorkbookNewSheet	在任意打开的工作簿中创建了一个新工作表
WorkbookOpen	打开一个工作簿

6.4.1 启用应用程序级别的事件

要使用 Application 级别的事件，需要执行如下操作：
(1) 创建一个新的类模块。
(2) 在"属性"窗口中的"名称"字段下设置类模块的名称。

默认情况下，VBA 会为每个类模块指定一个默认名称，如 Class1、Class2 等。可以为类模块指定一个更有意义的名称，如 clsApp。

(3) 在该类模块中，使用 WithEvents 关键字来声明一个公共的 Application 对象。
例如：

```
Public WithEvents XL As Application
```

(4) 创建一个变量，该变量将用来指向类模块中声明的 Application 对象。
该变量应当是在常规 VBA 模块(而非类模块)中声明的模块级别的对象变量。例如：

```
Dim X As New clsApp
```

(5) 将声明的对象与 Application 对象连接在一起。这通常在 Workbook_Open 过程中完成。
例如：

```
Set X.XL = Application
```

(6) 为类模块中的 XL 对象编写事件处理程序。

6.4.2 确定工作簿何时被打开

本节的示例通过将信息存储在 CSV(逗号分隔变量)文本文件中,来追踪打开的每个工作簿。该文件可导入 Excel 中。

首先插入一个新的类模块,将其命名为 clsApp。类模块中的代码如下:

```
Public WithEvents AppEvents As Application
 Private Sub AppEvents_WorkbookOpen (ByVal Wb As Excel.Workbook)
    Call UpdateLogFile(Wb)
End Sub
```

该段代码将 AppEvents 声明为一个包含事件的 Application 对象。一旦打开一个工作簿,就会调用 AppEvents_WorkbookOpen 过程。该事件处理程序调用了 UpdateLogFile 过程,并传递 Wb 变量,该变量表示的是打开的工作簿。然后添加一个 VBA 模块,并插入下列代码:

```
Dim AppObject As New clsApp
Sub Init()
' Called by Workbook_Open
    Set AppObject.AppEvents = Application
End Sub
 Sub UpdateLogFile(Wb)
    Dim txt As String
    Dim Fname As String
    txt = Wb.FullName
    txt = txt & "," & Date & "," & Time
    txt = txt & "," & Application.UserName
    Fname = Application.DefaultFilePath & "\logfile.csv"
    Open Fname For Append As #1
    Print #1, txt
    Close #1
    MsgBox txt
End Sub
```

注意,最上面的 AppObject 变量被声明为 clsApp(类模块的名称)类型。对 Init 过程的调用放在 Workbook_Open 过程中,该过程位于 ThisWorkbook 的代码模块中。该过程如下所示:

```
Private Sub Workbook_Open()
    Call Init
End Sub
```

UpdateLogFile 过程打开一个文本文件——如果不存在,则创建一个文本文件。然后写入被打开的工作簿的关键信息:文件名、完整路径、日期、时间以及用户名。

Workbook_Open 过程调用了 Init 过程。因此,当工作簿被打开时,Init 过程就会创建对象变量。最后一条语句使用消息框来显示写入 CSV 文件的信息。如果不想看到该消息,可以删除这条语句。

在线资源:

该示例名为 log workbook open.xlsm,可从本书的下载文件包中获取。

6.4.3 监视应用程序级别的事件

要了解事件生成过程，可查看工作时生成的事件列表。

图 6-10 是本章的示例文件 ApplicationEventTracker.xlsm。这个工作簿显示了在每个应用程序级别的事件发生时，该事件的说明信息。你可能会发现，这有助于学习事件的类型和发生顺序。

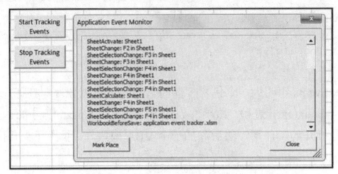

图 6-10　该工作簿使用一个类模块来监视所有的应用程序级别事件

> **在线资源：**
> 该示例可从本书的下载文件包中获取，文件名为 application event tracker.xlsm。

该工作簿包含一个类模块，其中定义了 21 个过程，每个应用程序级别的事件对应一个过程。

6.4.4 访问与对象无关联的事件

本章前面讨论的事件都与某个对象(Application、Workbook 和 Sheet 等)关联。本节将讨论另外两个事件：OnTime 和 OnKey。这两个事件与对象无关联。它们通过使用 Application 对象的方法来访问。

> **注意：**
> 与本章讨论的其他事件不同，可在通用 VBA 模块中编辑这些 On 事件。

6.4.5 OnTime 事件

OnTime 事件在一天中的某特定时刻发生。下例展示了如何进行 Excel 编程，使其在下午 3 点发出声音并显示消息：

```
Sub SetAlarm()
    Application.OnTime TimeValue("15:00:00"), "DisplayAlarm"
End Sub

Sub DisplayAlarm()
    Beep
    MsgBox "Wake up. It's time for your afternoon break!"
End Sub
```

该示例中，SetAlarm 过程使用 Application 对象的 OnTime 方法来设置 OnTime 事件。该方法使用了两个参数：时间(在示例中为3 p.m.)和该时间到来时执行的过程(在示例中为 DisplayAlarm 过程)。执行 SetAlarm 过程后，DisplayAlarm 过程将在下午3点被调用，弹出如图6-11所示的对话框。

图6-11　该消息框在一天中的特定时刻显示

如果要相对于当前时间来确定事件的发生时间，例如，从现在开始的20分钟之后，那么可以这样来编写指令：

```
Application.OnTime Now + TimeValue("00:20:00"), "DisplayAlarm"
```

也可以使用 OnTime 方法来确定某个特定日期过程发生的时间。下列语句在2013年4月1日上午12:01运行 DisplayAlarm 过程。

```
Application.OnTime DateSerial(2013, 4, 1) + _
    TimeValue("00:00:01"), "DisplayAlarm"
```

> **注意：**
> OnTime 方法还有两个参数。如果打算使用该方法，可参考在线帮助来获取更多信息。

下面的两个过程展示了如何编辑重复事件。示例中，单元格 A1 每隔5秒使用当前时间更新一次。执行 UpdateClock 过程会将时间写入单元格 A1 中，5秒后则编辑另一个事件。该事件重复运行 UpdateClock 过程。如果要停止事件，则执行 StopClock 过程(取消事件)。注意，NextTick 是一个模块级别的变量，它保存下一个事件的时间。

> **在线资源：**
> 该示例名为 ontime event demo.xlsm，可从本书的下载文件包中获取。

```
Dim NextTick As Date
Sub UpdateClock()
'   Updates cell A1 with the current time
    ThisWorkbook.Sheets(1).Range("A1") = Time
'   Set up the next event five seconds from now
    NextTick = Now + TimeValue("00:00:05")
    Application.OnTime NextTick, "UpdateClock"
End Sub

Sub StopClock()
'   Cancels the OnTime event (stops the clock)
    On Error Resume Next
    Application.OnTime NextTick, "UpdateClock", , False
End Sub
```

> **警告：**
> OnTime 事件在工作簿关闭之后仍然在运行。换言之，如果在关闭工作簿之前不运行 StopClock 过程，那么 5 秒之后工作簿会自行重新打开(假设 Excel 仍然在运行)。要避免发生这种情况，可以使用包含下列语句的 Workbook_BeforeClose 事件程序：
>
> ```
> Call StopClock
> ```

6.4.6 OnKey 事件

在工作时，Excel 会始终监视用户输入的内容。因此，可以设定按键或按键组合，当其按下时，会执行特定过程。这些按键不被识别的唯一情况是正在输入一个公式或使用对话框时。

> **警告：**
> 创建一个过程来响应 OnKey 事件并不局限于单个工作簿，理解这一点非常重要。重新设计的按键在所有打开的工作簿中都是有效的，并非仅在创建事件程序的工作簿中有效。
> 同样，如果设置了一个 OnKey 事件，请确保提供了一种方法用来取消该事件。通常的做法是使用 Workbook_BeforeClose 事件过程。

1. OnKey 事件示例

下例使用 OnKey 方法来建立一个 OnKey 事件。该事件重新指定了 PgDn 和 PgUp 键。执行 Setup_OnKey 过程后，按下 PgDn 键会执行 PgDn_Sub 过程，按下 PgUp 键会执行 PgUp_Sub 过程。最终效果是，按 PgDn 键会将指针下移一行，按 PgUp 键会将指针上移一行。使用 PgUp 和 PgDn 的按键组合不受影响。所以，诸如 Ctrl+PgDn 的组合键仍会激活工作簿中的下一个工作表。

```
Sub Setup_OnKey()
    Application.OnKey "{PgDn}", "PgDn_Sub"
    Application.OnKey "{PgUp}", "PgUp_Sub"
End Sub
Sub PgDn_Sub()
    On Error Resume Next
    ActiveCell.Offset(1, 0).Activate
End Sub
Sub PgUp_Sub()
    On Error Resume Next
    ActiveCell.Offset(-1, 0).Activate
End Sub
```

在线资源：
该示例名为 onkey event demo.xlsm，可从本书的下载文件包中获取。

在上面的示例中，使用 On Error Resume Next 语句来忽略生成的所有错误。例如，如果活动单元格位于第一行，那么上移一行会引起错误。同样，如果活动工作表是一个图表工作表，那么也会发生错误，因为在图表工作表中没有活动单元格。

通过执行下列过程，将 OnKey 事件取消，将这些按键恢复到正常的功能。

```
Sub Cancel_OnKey()
    Application.OnKey "{PgDn}"
    Application.OnKey "{PgUp}"
End Sub
```

可能与所期望的相反，将空字符串作为 OnKey 方法的第二个参数并不会取消 OnKey 事件。相反，这会使 Excel 忽略按键，而不做任何操作。例如，下面的指令告诉 Excel 忽略 Alt+F4 组合键(百分号代表 Alt 键)：

```
Application.OnKey "%{F4}", ""
```

> **交叉参考：**
> 虽然可使用 OnKey 方法指定快捷键来执行宏，但最好使用"宏选项"对话框来完成。详细信息请参阅第 4 章。

2. 按键代码

在上一节中，请注意 PgDn 按键是出现在大括号中的。表 6-4 显示了 OnKey 过程中可以使用的按键代码。

表 6-4　OnKey 事件的按键代码

按键	代码
Backspace	{BACKSPACE}或{BS}
Break	{BREAK}
Caps Lock	{CAPSLOCK}
Delete or Del	{DELETE}或{DEL}
向下箭头	{DOWN}
End	{END}
Enter	~ (颚化符号)
Enter(数字键区中)	{ENTER}
Escape	{ESCAPE}或{ESC}
Home	{HOME}
Ins	{INSERT}
向左箭头	{LEFT}
NumLock	{NUMLOCK}
Page Down	{PGDN}
Page Up	{PGUP}
向右箭头	{RIGHT}
Scroll Lock	{SCROLLLOCK}
Tab	{TAB}
向上箭头	{UP}
F1 至 F15	{F1}至{F15}

还可指定 Shift、Ctrl 和 Alt 的组合键。要指定将某个键与其他键组合使用，则使用下列符号。
- Shift：加号(+)
- Ctrl：脱字符号(^)
- Alt：百分号(%)

例如，要给 Ctrl+Shift+A 组合键指派一个过程，则使用下列代码：

```
Application.OnKey "^+A", "SubName"
```

要给 Alt+F11 组合键指派一个过程(通常用来切换到 VBE 窗口)，则使用下列代码：

```
Application.OnKey "^{F11}", "SubName"
```

3. 禁用快捷菜单

本章先前介绍了 Worksheet_BeforeRightClick 过程，用来禁用右击快捷菜单。下列过程放在 ThisWorkbook 代码模块中：

```
Private Sub Worksheet_BeforeRightClick _
  (ByVal Target As Range, Cancel As Boolean)Cancel = True
    MsgBox "The shortcut menu is not available."
End Sub
```

注意，用户仍可通过 Shift+F10 组合键来显示快捷菜单。要阻止 Shift+F10 按键组合，可向标准 VBA 模块添加下列过程：

```
Sub SetupNoShiftF10()
    Application.OnKey "+{F10}", "NoShiftF10"
End Sub
Sub TurnOffNoShiftF10()
    Application.OnKey "+{F10}"
End Sub
Sub NoShiftF10()
    MsgBox "Nice try, but that doesn't _
    work either."
End Sub
```

执行 SetupNoShiftF10 过程后，按 Shift+F10 键将显示如图 6-12 所示的消息框。记住，Worksheet_BeforeRightClick 过程仅在包含它的工作簿中有效。换言之，Shift+F10 按键组合可应用于所有打开的工作簿。

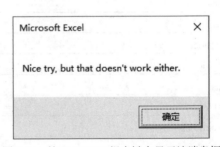

图 6-12　按 Shift+F10 组合键会显示该消息框

> **在线资源：**
> 本书的下载文件包中有一个包含所有这些 OnKey 过程的工作簿。该文件名为 no shortcut menus.xlsm，其中包含工作簿事件处理程序：Workbook_Open 事件执行 SetupNoShiftF10 过程，Workbook_BeforeClose 事件调用 TurnOffNoShiftF10 过程。

第 7 章

VBA 编程示例与技巧

本章内容：
- 使用 VBA 处理单元格区域
- 使用 VBA 处理工作簿和工作表
- 创建用于 VBA 过程和工作表公式的自定义函数
- 展示各种 VBA 技巧和方法
- 使用 Windows API 函数

7.1 通过示例学习

绝大多数 VBA 程序员初学者都可从手把手的教学示例学到很多知识。通常，设计良好的示例比对基础理论的叙述更具说服力。因此，本书不打算写成描述 VBA 各个方面的参考书。而是准备了大量示例来阐述有用的 Excel 编程技巧。

本章在进一步介绍 VBA 知识的同时，还将展示一些解决实际问题的示例，具体如下所示：
- 处理单元格区域
- 处理工作簿和工作表
- VBA 技巧
- VBA 过程中的有用函数
- 可用于工作表公式中的函数
- Windows API 调用

交叉参考：
后续章节还将展示一些有特色的示例：图表、数据透视表、事件以及用户窗体等。

7.2 处理单元格区域

这一节中的示例阐述了如何使用 VBA 处理工作表的单元格区域。

具体来说，本章提供了以下方面的示例：复制单元格区域、移动单元格区域、选择单元格区域、确定单元格区域内信息的类型、提示输入单元格的值、确定一列中第一个空单元格、暂停宏以允许用户选择单元格区域、统计单元格区域中的单元格数、遍历单元格区域中的单元格，以及其他几个与单元格有关的常用操作。

7.2.1 复制单元格区域

Excel 的宏录制器非常有用，不仅可生成可用的代码，还可发现相关的对象、方法和属性的名称。由宏录制器生成的代码并不总是最有效的，但它通常可以提供很多有用的信息。

例如，录制简单的复制和粘贴操作就会生成 5 行 VBA 代码：

```
Sub Macro1()
    Range("A1").Select
    Selection.Copy
    Range("B1").Select
    ActiveSheet.Paste
    Application.CutCopyMode = False
End Sub
```

注意，上述生成的代码选中了单元格 A1，将其复制下来，然后选中单元格 B1，并执行粘贴操作。但在 VBA 中没必要先选中要处理的单元格。无法通过效仿上面录制的宏代码学到这个要点。上述代码中有两条语句都使用了 Select 方法。这个过程可以更加简单，代码中不选中任何单元格，如下面的例程所示。下面的代码还利用了 Copy 方法可使用一个参数这一事实，该参数代表已复制单元格区域的目标：

```
Sub CopyRange()
    Range("A1").Copy Range("B1")
End Sub
```

上述两个宏的前提是有一个活动工作表，而且这些操作都发生在这个活动工作表中。如果要把单元格区域复制到另一个工作表或工作簿中，只要限定目标单元格区域引用即可。在下面的示例中，从 File1.xlsx 的工作表 Sheet1 中将一个单元格区域复制到 File2.xlsx 的工作表 Sheet2 中。因为这个引用是完全限定的，所以不管该工作簿是不是活动的，这个示例都会顺利运行。

```
Sub CopyRange2()
    Workbooks("File1.xlsx").Sheets("Sheet1").Range("A1").Copy _
        Workbooks("File2.xlsx").Sheets("Sheet2").Range("A1")
End Sub
```

另一种完成此任务的方法是：使用对象变量来代表单元格区域，如下面的代码所示。当代码将使用其他位置的单元格区域时，使用对象变量特别有用。

```
Sub CopyRange3()
    Dim Rng1 As Range, Rng2 As Range
    Set Rng1 = Workbooks("File1.xlsx").Sheets("Sheet1").Range("A1")
    Set Rng2 = Workbooks("File2.xlsx").Sheets("Sheet2").Range("A1")
    Rng1.Copy Rng2
End Sub
```

正如你所期望的那样，复制操作并不限于一次复制一个单元格。例如，下面的过程就复制了一个很大的单元格区域。不过请注意，这里的目标只由一个单元格(它代表目标左上方的单元格)组成。之所以使用目标的这个单元格，就像是在 Excel 中手动复制粘贴单元格区域一样，先选中该区域左上方的单元格。

```
Sub CopyRange4()
    Range("A1:C800").Copy Range("D1")
End Sub
```

7.2.2 移动单元格区域

如下面的示例所示，VBA 的移动单元格区域的指令非常类似于复制单元格区域的指令。区别在于用 Cut 方法代替 Copy 方法。注意，需要指定目的地单元格区域左上方的单元格。

下面的示例把 18 个单元格(位于单元格 A1:C6 中)移到一个新位置，这个新位置从单元格 H1 开始：

```
Sub MoveRange1()
    Range("A1:C6").Cut Range("H1")
End Sub
```

7.2.3 复制大小可变的单元格区域

很多情况下需要复制单元格区域，却不知道这个单元格区域中确切的行数和列数。例如，有一个用于跟踪周销售额的工作簿，当每周添加了新的数据后，行数就会发生改变。

图 7-1 显示了一个很常见的工作表。这个单元格区域由几行组成，而行数每周都会发生改变。因为在任意时刻都不能确切地了解单元格区域的地址，所以要编写宏来复制单元格区域，还需要额外进行编码。

	A	B	C
1	Week	Total Sales	New Customers
2	1	71,831	92
3	2	51,428	13
4	3	86,302	93
5	4	76,278	89
6	5	68,053	11
7	6	75,636	80
8	7	47,464	22

图 7-1　单元格区域的行数每周都会发生改变

下面的宏阐述了如何从工作表 Sheet1 中把这个单元格区域复制到工作表 Sheet2 中(从单元格 A1 开始)。这个宏使用了 CurrentRegion 属性，它返回一个 Range 对象，该对象对应于包含某个特殊单元格(在这个示例中为单元格 A1)的单元格区域。

```
Sub CopyCurrentRegion2()
    Range("A1").CurrentRegion.Copy Sheets("Sheet2").Range("A1")
End Sub
```

> **注意:**
> 使用 CurrentRegion 属性等价于选择"开始"|"编辑"|"查找和选择"|"转到"命令，并选择"当前区域"选项(或通过使用 Ctrl+Shift+*快捷键)。为查看其中的运作机理，在发出命令的同时录制动作即可。一般来说，CurrentRegion 属性设置为由一个矩形单元格块组成，这个块由一个或多个空行或列包围。

如果要复制的单元格区域是一个表 (使用"插入"|"表格"|"表格"命令指定)，可以使用如下代码(假定表名为Table1):

```
Sub CopyTable()
    Range("Table1[#All]").Copy Sheets("Sheet2").Range("A1")
End Sub
```

> **使用单元格区域的提示**
> 在处理单元格区域时，请记住以下几点:
> - 处理单元格区域时，代码中不需要先选中这个单元格区域。
> - 不能选择非活动工作表上的单元格区域。所以，如果代码要选中单元格区域，则它所在的工作表必须是活动的。可使用 Worksheets 集合中的 Activate 方法来激活某个特殊的工作表。
> - 宏录制器生成的代码不见得是最有效的。通常，可以通过使用宏录制器自行创建宏，然后编辑它生成的代码，使其效率更高。
> - 在 VBA 代码中使用命名的单元格区域是个好主意。例如，引用 Range("Total")就比引用 Range("D45")更好。在后一种引用的情况下，如果在第 45 行的上面添加了一行，那么原来第 45 行的单元格地址就会改变，接着就需要修改宏，这样才能使用正确的单元格地址(D46)。
> - 如果在选择单元格区域时需要依靠宏录制器生成代码，那么应确保使用相对引用来录制宏。方法是使用"开发工具"|"代码"|"使用相对引用"控件来切换这个设置。
> - 如果某个宏应用于当前单元格区域选区中的每个单元格，那么在运行这个宏时，用户就可能选中整个行或列。大多数情况下，不希望遍历选区中的每个单元格。这个宏应该创建一个子选区，使其只由非空的单元格组成。请参阅 7.2.11 节。
> - Excel 允许同时存在多个选区。例如，选中某个单元格区域后，按 Ctrl 键还可选中另一个单元格区域。可以在宏中亲自测试一下，然后再采取适当的动作。请参阅 7.2.10 节。

7.2.4　选中或者识别各种类型的单元格区域

在 VBA 中要做的大部分工作都涉及对单元格区域的处理，如选中某个单元格区域或识别单元格区域，这样就可以针对这些单元格采取相应的动作。

除了 CurrentRegion 属性(前面的章节已经讨论过)外，还应该了解 Range 对象的 End 方法。End 方法接收一个参数，这个参数决定了选区的扩展方向。以下语句就从活动单元格一直选择到表格中的最后一个非空单元格：

```
Range(ActiveCell, ActiveCell.End(xlDown)).Select
```

下面这个类似的示例使用一个特定的单元格作为起点：

```
Range(Range("A2"), Range("A2").End(xlDown)).Select
```

正如所期望的那样，还有 3 个常量模拟往其他方向扩展的快捷键组合，它们分别是 xlUp、xlToLeft 和 xlToRight。

> **警告：**
> 在 End 方法中使用 ActiveCell 属性时一定要小心。如果活动单元格位于单元格区域的边缘或者单元格区域包含一个或多个空单元格，那么 End 方法就可能无法生成所需的结果。

> **在线资源：**
> 本书的下载文件包中包含一个工作簿，其中阐述了几种常见类型的单元格区域选区。在打开这个工作簿(文件名为 range selections.xlsm)，右击一个单元格时，代码就把一个新菜单项添加到快捷菜单中，这个菜单项就是 Selection Demo。这个菜单中包含的命令允许用户生成各种类型的选区，如图 7-2 所示。

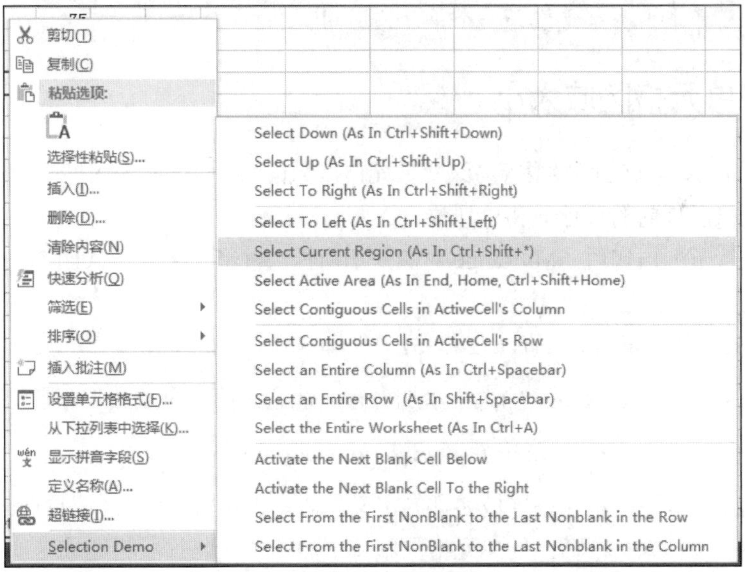

图 7-2　该工作簿借助一个自定义快捷菜单阐述了如何使用 VBA 来选中大小可变的单元格区域

下面的宏位于上述示例工作簿中。SelectCurrentRegion 宏效仿了按 Ctrl+Shift+*快捷键的动作。

```
Sub SelectCurrentRegion()
    ActiveCell.CurrentRegion.Select
End Sub
```

此外，经常会遇到不想实际选中单元格，而希望以某种方式处理它们的情况(如格式化这些单元格)。要修改单元格的选取过程其实很容易。下面的过程就是修改 SelectCurrentRegion 过程后的结果。这个过程没有选中任何单元格，它对定义为包含活动单元格的当前区域的单元格区域进行格式化。还可采用这种方式修改这个示例工作簿中的其他过程。

```
Sub FormatCurrentRegion()
    ActiveCell.CurrentRegion.Font.Bold = True
End Sub
```

> **引用单元格区域的另一种方法**
>
> 如果查看别人编写的 VBA 代码，可能会注意到引用单元格区域的不同方式。例如，下面的语句选择一个单元格区域：
>
> `[C2:D8].Select`
>
> 这个单元格区域地址被放在方括号中，而没有放在引号中。前面的语句等价于：
>
> `Range("C2:D8").Select`
>
> 使用方括号是Application对象的Evaluate方法的一种快捷方式。在本例中，它是 Application.Evaluate("C2:D8").Select的快捷方式。
>
> 这样做在输入代码时可以减少输入量。不过，使用方括号要比使用普通类型引用慢，因为需要时间对文本字符串求值并确定它是一个单元格引用。

7.2.5 调整单元格区域大小

Range对象的Resize属性使得很容易改变单元格区域的大小。Resize属性有两个参数，分别表示被调整的单元格区域内的总行数和总列数。

例如，在执行下列语句后，**MyRange** 对象是 20 行 5 列(单元格区域 A1:E20)：

```
Set MyRange = Range("A1")
Set MyRange = MyRange.Resize(20, 5)
```

执行完下列语句后，**MyRange** 的大小增加一行。注意，第二个参数省略了，因此列数不变。

```
Set MyRange = MyRange.Resize(MyRange.Rows.Count + 1)
```

更实际的例子涉及更改单元格区域名称的定义。假定工作簿有一个名为 **Data** 的单元格区域。代码需要添加额外一行来扩展命名的单元格区域。下面这个代码片段将完成这项工作：

```
With Range("Data")
   .Resize(.Rows.Count + 1).Name = "Data"
End With
```

7.2.6 提示输入单元格中的值

下面的过程阐述了如何要求用户输入一个值，然后将其插入活动工作表的单元格 A1 中。

```vba
Sub GetValue1()
    Range("A1").Value = InputBox("Enter the value")
End Sub
```

图 7-3 显示了这个输入框的样子。

图 7-3　InputBox 函数从用户那里获得要插入到单元格中的值

但这个过程存在一个问题。如果用户在输入框中单击了"取消"按钮，该过程将删除这个单元格中的任何数据。下面的过程进行了这方面的修改，这样如果单击了"取消"按钮(导致 UserEntry 变量为空字符串)，就不采取任何动作：

```vba
Sub GetValue2()
    Dim UserEntry As Variant
     UserEntry = InputBox("Enter the value")
    If UserEntry <> "" Then Range("A1").Value = UserEntry
End Sub
```

很多情况下，需要验证用户输入到输入框中的值是否有效。例如，可能需要一个介于 1~12 之间的数字。下例阐述了验证用户输入项有效性的一种方法。在这个示例中，将忽略无效的输入项并再次显示输入框。不断重复上述操作，直到用户输入有效的数字或者单击了"取消"按钮为止。

```vba
Sub GetValue3()
    Dim UserEntry As Variant
    Dim Msg As String
    Const MinVal As Integer = 1
    Const MaxVal As Integer = 12
    Msg = "Enter a value between " & MinVal & " and " & MaxVal
    Do
        UserEntry = InputBox(Msg)
        If UserEntry = "" Then Exit Sub
        If IsNumeric(UserEntry) Then
            If UserEntry >= MinVal And UserEntry <= MaxVal Then Exit Do
        End If
        Msg = "Your previous entry was INVALID."
        Msg = Msg & vbNewLine
        Msg = Msg & "Enter a value between " & MinVal & " and " & MaxVal
    Loop
    ActiveSheet.Range("A1").Value = UserEntry
End Sub
```

如图 7-4 所示，如果用户输入的项无效，那么上述代码还会改变显示的消息。

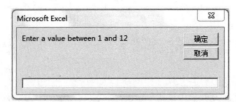

图 7-4　通过 VBA 的 InputBox 函数验证用户输入项的有效性

> **在线资源：**
> 本书的下载文件包中提供了 3 个 GetValue 过程，文件名为 inputbox demo.xlsm。

7.2.7　在下一个空单元格中输入一个值

通常我们需要在某一行或某一列的下一个空单元格内输入数值。下例提示用户输入姓名和数值，然后把这些数据输入下一个空白行中(如图 7-5 所示)。

```
Sub GetData()
   Dim NextRow As Long
   Dim Entry1 As String, Entry2 As String
 Do
   'Determine next empty row
   NextRow = Cells(Rows.Count, 1).End(xlUp).Row + 1

'  Prompt for the data
   Entry1 = InputBox("Enter the name")
   If Entry1 = "" Then Exit Sub
   Entry2 = InputBox("Enter the amount")
   If Entry2 = "" Then Exit Sub

'  Write the data
   Cells(NextRow, 1) = Entry1
   Cells(NextRow, 2) = Entry2
 Loop
End Sub
```

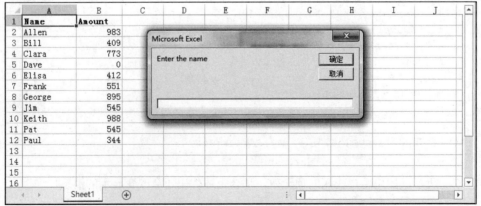

图 7-5　这个宏把数据插入工作表中的下一个空白行

为简单起见，这个过程没有执行任何有效性验证。注意，上述循环将一直继续下去。因此使用了 Exit Sub 语句，使得当用户在输入框中单击"取消"按钮时就跳出这个循环。

> **在线资源：**
> 本书的下载文件包中提供了一个 GetData 过程，文件名为 next empty cell.xlsm。

注意确定 NextRow 变量的值的语句。如果不理解它的运作机理，可以试试手动的等效动作：激活列 A 中的最后一个单元格(单元格 A1048576)，按 End 键，再按向上的箭头键。这样就选中了列 A 中的最后一个非空单元格。Row 属性将返回这一行的编号，为得到这个单元格下一行(下一个空行)的编号，把返回的编号值加 1。在该示例中，没有在 A 列的最后一个单元格中使用硬编码，而使用了 Rows.Count，因此这一过程对旧版本的 Excel(包括 Excel 2007 及更早的版本，这些版本中工作表的行数最多只有 65 536 行)也可以起作用。

注意，上述这种选中下个空单元格的方法存在一些问题。如果这一列全是空的，它将把第 2 行当作下一个空行。通过编写额外的代码来解决这一问题将是相当容易的。

7.2.8 暂停宏的运行以便获得用户选中的单元格区域

某些情况下，可能需要一个交互的宏。例如，可以创建一个宏，使得当用户指定单元格区域时可以暂停宏的运行。本节中的过程描述了如何通过 Excel 的 InputBox 方法实现这一目的。

> **注意：**
> 不要把 Excel 的 InputBox 方法与 VBA 的 InputBox 函数混淆。虽然这两个函数的名称一样，但它们是两个不同的函数。

下面的 Sub 过程阐述了如何暂停宏的运行，并允许用户选中单元格。随后，代码把公式插入指定单元格区域的每个单元格中。

```
Sub GetUserRange()
    Dim UserRange As Range

    Prompt = "Select a range for the random numbers."
    Title = "Select a range"

'   Display the Input Box
    On Error Resume Next
    Set UserRange = Application.InputBox( _
        Prompt:=Prompt, _
        Title:=Title, _
        Default:=ActiveCell.Address, _
        Type:=8) 'Range selection
    On Error GoTo 0

'   Was the Input Box canceled?
    If UserRange Is Nothing Then
        MsgBox "Canceled."
    Else
```

```
            UserRange.Formula = "=RAND()"
    End If
End Sub
```

这个输入框如图 7-6 所示。

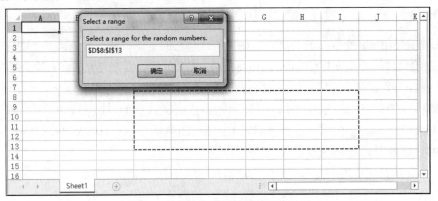

图 7-6 使用一个输入框暂停宏的运行

> **在线资源：**
> 本书的下载文件包中提供了该示例，文件名为 prompt for a range.xlsm。

把 InputBox 方法的 Type 参数的值指定为 8 是这个过程的关键。Type 参数为 8 是告诉 Excel 该输入框只接受有效的单元格区域。

这里还要注意 On Error Resume Next 语句的用法。该语句忽略了当用户单击"取消"按钮时发生的错误。如果用户单击"取消"按钮，就不定义 UserRange 变量。这个示例显示了一个带有文本 Canceled 的消息框。如果用户单击了"确定"按钮，这个宏将继续执行。使用 On Error GoTo 0 语句将恢复为普通的错误处理方式。

顺便提一下，这里没必要检测单元格区域选区的有效性，Excel 已经替用户想到了。如果用户输入了一个无效的单元格区域地址，Excel 将显示一个消息框并指出如何选择单元格区域。

7.2.9 计算选中单元格的数目

可创建宏来处理用户选中的单元格区域。使用 Range 对象的 Count 属性来确定单元格区域选区(或者任意的单元格区域)中包含的单元格的数目。例如，下面的语句显示出一个消息框，其中包含了当前选区中的单元格数目：

```
MsgBox Selection.Count
```

如果活动工作表包含一个名为 Data 的单元格区域，下面的语句就将把 Data 单元格区域中的单元格数目赋给变量 CellCount：

```
CellCount = Range("Data").Count
```

> **警告：**
> Excel 2007 使用了更大的工作表，因此 Count 属性可能会生成一个错误。Count 属性使用的是

Long 数据类型，因此，可存储的最大数值为 2 147 483 647。例如，如果用户选择了完整的 2048 列(共 2 147 483 648 个单元格)，那么 Count 属性将生成一个错误。幸运的是，Microsoft 从 Excel 2007 开始添加了一个新属性：CountLarge。CountLarge 使用 Double 数据类型，它可以处理 1.79+E^308 以内的数值。

大多数情况下，Count 属性运行良好。如果需要计算更多的单元格(如工作表中的所有单元格)，则用 CountLarge 替代 Count。

还可确定单元格区域中包含的行数和列数。下面的表达式计算出了当前选中的单元格区域中的列数：

```
Selection.Columns.Count
```

当然，还可以使用 Rows 属性确定单元格区域中的行数。下面的语句计算出名为 Data 的单元格区域中的行数，并将这个数字赋给变量 RowCount：

```
RowCount = Range("Data").Rows.Count
```

7.2.10 确定选中的单元格区域的类型

Excel 支持下列几种类型的单元格区域选区：
- 单个单元格
- 内含邻接单元格的单元格区域
- 一个或多个整列
- 一个或多个整行
- 整个工作表
- 上述任意类型的组合(也就是多个选区)

因此，在 VBA 过程处理选中的单元格区域时，无法对单元格区域做任何假设。例如，单元格区域选区可能由两个区域组成，如 A1:A10 和 C1:C10。为选择多个选区，在使用鼠标选择单元格区域时按下 Ctrl 键。

在选区包含多个单元格区域的情况下，Range 对象由一些各自独立的区域组成。要确定这种选区是不是多个选区，可使用 Areas 方法，它将返回一个 Areas 集合。这个集合代表多单元格区域的选区中的所有单元格区域。

可使用以下表达式来确定选中的单元格区域是否包含多个区域：

```
NumAreas = Selection.Areas.Count
```

如果 NumAreas 变量包含的值大于 1，那么选区就是包含了多个区域的选区。

下面的过程使用了名为 AreaType 的函数，该函数返回一个说明单元格区域的选区类型的文本字符串：

```
Function AreaType(RangeArea As Range) As String
'   Returns the type of a range in an area
    Select Case True
```

```
        Case RangeArea.Cells.CountLarge = 1
            AreaType = "Cell"
        Case RangeArea.CountLarge = Cells.CountLarge
            AreaType = "Worksheet"
        Case RangeArea.Rows.Count = Cells.Rows.Count
            AreaType = "Column"
        Case RangeArea.Columns.Count = Cells.Columns.Count
            AreaType = "Row"
        Case Else
            AreaType = "Block"
    End Select
End Function
```

该函数接收一个 Range 对象作为参数，最后返回描述区域的下列 5 个字符串的其中之一：Cell、Worksheet、Column、Row 或 Block。该函数使用 Select Case 结构确定这 5 个比较表达式中哪一个为 True。例如，如果单元格区域由单个单元格组成，那么该函数返回 Cell。如果单元格区域中单元格的数目等于工作表中的单元格数目，该函数将返回 Worksheet。如果单元格区域中的行数等于工作表中的行数，那么函数返回 Column。如果单元格区域中的列数等于工作表中的列数，那么函数返回 Row。如果 Case 表达式中没有一个为 True，该函数返回 Block。

注意，在计算单元格数目时，使用了 CountLarge 属性。正如本章前面提到的，选中的单元格的数目可能会超过 Count 属性的上限。

> **交叉参考：**
> 本书的下载文件包中提供了这一示例，文件名为 about range selection.xlsm。该工作簿包含一个名为 RangeDescription 的过程，该过程使用 AreaType 函数来显示一条说明当前单元格区域选区情况的消息框。图 7-7 列举出了一个示例。理解一下该示例的工作机理可为如何使用 Range 对象打下坚实基础。

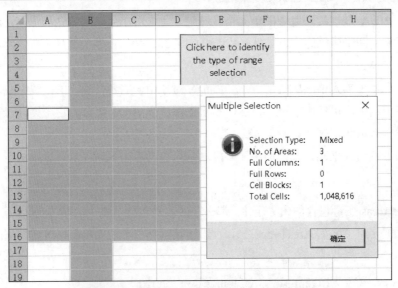

图 7-7 VBA 过程可分析当前选中的单元格区域

> **注意:**
> 你可能惊奇地发现,Excel 允许多个完全一样的选区。例如,如在按住 Ctrl 键时在单元格 A1 上单击 5 次,这个选区就会包含 5 个一样的区域。Range-Description 过程考虑到这种情况,并且不会多次计算相同的单元格。还应该注意一个新功能:单元格区域重合程度越高,所显示的阴影就越深。

7.2.11 有效地循环遍历选中的单元格区域

有个任务比较常见,即创建宏使其对单元格区域中的每个单元格求值,然后如果单元格满足某个特定条件,就执行某个操作。下面的过程列举了这样的宏。在这个示例中,ColorNegative 过程给选区中内容为负值的所有单元格都应用红色背景,而内容非负的其他单元格的背景色则被清除。

> **注意:**
> 该示例只为教会读者如何使用该功能。要达到同样的结果,使用 Excel 的条件格式功能会更好一些。

```vba
Sub ColorNegative()
'   Makes negative cells red
    Dim cell As Range
    If TypeName(Selection) <> "Range" Then Exit Sub
    Application.ScreenUpdating = False
    For Each cell In Selection
        If cell.Value < 0 Then
            cell.Interior.Color = RGB(255, 0, 0)
        Else
            cell.Interior.Color = xlNone
        End If
    Next cell
End Sub
```

ColorNegative 过程肯定能运行,但也存在缺陷。例如,如果工作表上的使用区域很小,但用户又选择了整列,那会怎样呢?或者选区由 10 列或整个工作表组成又如何呢?实际上,没必要处理所有这些空单元格,在对所有单元格求值之前,大致用户就放弃运行该过程了。

下面给出了一个更好的解决办法(ColorNegative2 过程)。在这个修改过程中,创建了一个 Range 对象变量 WorkRange,这个变量由选中单元格区域和工作表中所使用的单元格区域的交集组成。

```vba
Sub ColorNegative2()
'   Makes negative cells red
    Dim WorkRange As Range
    Dim cell As Range
    If TypeName(Selection) <> "Range" Then Exit Sub
    Application.ScreenUpdating = False
    Set WorkRange = Application.Intersect(Selection, ActiveSheet.UsedRange)
    For Each cell In WorkRange
        If cell.Value < 0 Then
```

```
            cell.Interior.Color = RGB(255, 0, 0)
        Else
            cell.Interior.Color = xlNone
        End If
    Next cell
End Sub
```

图 7-8 给出这样一个示例，选中了整个 D 列(1 048 576 个单元格)。然而，工作表使用的单元格区域由单元格 B2:I16 组成。因此，这个单元格区域的交集是单元格 D2:D16，这个单元格区域比最初的选区要小很多。处理 15 个单元格与处理 1 048 576 个单元格所需的时间差异是非常明显的。

	A	B	C	D	E	F	G	H	I
1									
2		-5	0	-7	3	-3	7	-6	-9
3		-5	-6	-6	-10	-1	10	9	-10
4		-2	5	1	4	-3	3	-8	-3
5		1	8	-3	-8	1	8	8	6
6		0	-4	-3	3	-1	7	5	2
7		-10	4	1	8	1	-8	7	9
8		5	-4	-1	7	10	-1	8	-3
9		1	4	1	-8	-2	-1	-6	8
10		-8	-3	10	-1	7	6	7	9
11		0	-2	-2	-1	9	7	7	7
12		10	4	7	6	10	-10	10	4
13		-5	-1	9	7	0	8	6	9
14		3	-4	10	-10	9	-9	2	-4
15		4	9	0	8	4	7	-1	-4
16		0	1	9	-9	2	7	-7	0

图 7-8 使用选中的单元格区域与所使用的单元格区域的交集来生成待处理的较少单元格

ColorNegative2 过程是一个改进版本，但仍然没那么高效，原因在于它处理了空的单元格。第三个版本 ColorNegative3 过程又进行了一次改进，虽然代码较长，但效率更高。这里使用 SpecialCells 方法生成了选区的两个子集：一个子集(ConstantCells)只包括那些含有数字常量的单元格；另一个子集(FormulaCells)只包括那些含有数字公式的单元格。然后代码使用两个 ForEach-Next 结构来处理这些子集中的单元格。实际效果是只对非空的、非文本的单元格求值，因此极大地加快了宏的运行速度。

```
Sub ColorNegative3()
'   Makes negative cells red
    Dim FormulaCells As Range, ConstantCells As Range
    Dim cell As Range
    If TypeName(Selection) <> "Range" Then Exit Sub
    Application.ScreenUpdating = False

'   Create subsets of original selection
    On Error Resume Next
    Set FormulaCells = Selection.SpecialCells(xlFormulas, xlNumbers)
    Set ConstantCells = Selection.SpecialCells(xlConstants, xlNumbers)
```

```
        On Error GoTo 0

'       Process the formula cells
        If Not FormulaCells Is Nothing Then
            For Each cell In FormulaCells
                If cell.Value < 0 Then
                    cell.Interior.Color = RGB(255, 0, 0)
                Else
                    cell.Interior.Color = xlNone
                End If
            Next cell
        End If

'       Process the constant cells
        If Not ConstantCells Is Nothing Then
            For Each cell In ConstantCells
                If cell.Value < 0 Then
                    cell.Interior.Color = RGB(255, 0, 0)
                Else
                    cell.Interior.Color = xlNone
                End If
            Next cell
        End If
End Sub
```

> **注意：**
> 如果任何单元格都不符合要求，SpecialCells 方法将生成一个错误，因此 On Error 语句是必需的。

> **在线资源：**
> 本书的下载文件包中提供了一个含有 3 个 ColorNegative 过程的工作簿，文件名为 efficient looping.xlsm。

7.2.12 删除所有空行

下面的过程删除了活动工作表中的所有空行。这个例程快捷高效，其原因在于它不会检测所有的行，而只检测已使用单元格区域中的行，是否使用了某一行由 Worksheet 对象的 UsedRange 属性来确定。

```
Sub DeleteEmptyRows()
    Dim LastRow As Long
    Dim r As Long
    Dim Counter As Long
    Application.ScreenUpdating = False
    LastRow = ActiveSheet.UsedRange.Rows.Count+ActiveSheet.UsedRange.Rows(1).Row-1
    For r = LastRow To 1 Step -1
        If Application.WorksheetFunction.CountA(Rows(r)) = 0 Then
            Rows(r).Delete
```

```
            Counter = Counter + 1
        End If
    Next r
    Application.ScreenUpdating = True
    MsgBox Counter & " empty rows were deleted."
End Sub
```

第一步是确定单元格区域中使用的最后一行,然后把这一行的编号赋值给 LastRow 变量。这些步骤并不简单,因为所使用的单元格区域也许从第一行开始,也许不从第一行开始。因此,通过确定单元格区域使用的行数,加上单元格区域中使用的第一行的编号,再减去 1 来计算 LastRow 的值。

上述过程使用了 Excel 的 COUNTA 工作表函数来确定某一行是否为空。对于某个特殊的行,如果该函数返回 0,则表明这一行为空。注意,这个过程是自下而上处理行的,而且 For-Next 循环中的步长是负值。因为删除行的操作将导致工作表中所有后续行上移,因此需要这样设置步长。如果自上而下执行循环操作,那么当删除了某一行之后,这个循环中的计数器就不准确了。

这个宏使用了另一个变量 Counter 来跟踪删除了多少行。当过程结束后,消息框将显示这个数目。

> **在线资源:**
> 本书的下载文件包中提供了一个含有该示例的工作簿,文件名为 delete empty rows.xlsm。

7.2.13 任意次数地复制行

本节给出的示例阐述了如何使用 VBA 来创建行的副本。图 7-9 显示了一个办公室抽奖售卖的工作表。其中 A 列包含姓名,B 列包含每人购买的票数,C 列包含一个随机数(由 RAND 函数生成)。根据 C 列对数据进行排序,随机数最高的数字将获胜,通过这种方法来确定获胜者。

	A	B	C
1	Name	Number of Tickets	Random
2	Alan	1	0.385122758
3	Barbara	2	0.737801364
4	Charlie	1	0.72032982
5	Dave	5	0.823130612
6	Frank	3	0.974566594
7	Gilda	1	0.831766496
8	Huber	1	0.581869402
9	Inz	2	0.697289004
10	Mark	1	0.338082585
11	Norah	10	0.99269247
12	Penelope	2	0.678444158
13	Rance	1	0.257724913
14	Wendy	2	0.929109316

图 7-9 目标是根据 B 列中的数值来复制行

该宏复制行,因此,每个人拥有的行数对应于所购票的数量。例如,Barbara 购买了两张票,因此她有两行。插入新行的过程如下所示。

```
Sub DupeRows()
  Dim cell As Range
' First cell with number of tickets
  Set cell = Range("B2")
  Do While Not IsEmpty(cell)
    If cell > 1 Then
      Range(cell.Offset(1, 0), cell.Offset(cell.Value - 1, _
        0)).EntireRow.Insert
      Range(cell, cell.Offset(cell.Value - 1, 1)).EntireRow.FillDown
    End If
    Set cell = cell.Offset(cell.Value, 0)
  Loop
End Sub
```

通过单元格 B2 来初始化 cell 对象变量，也是第一个含有数字的单元格。该循环使用了 FillDown 方法来插入新行，然后复制该行。递增 cell 变量，依次跳到下一个人，然后循环继续进行，直至遇到空单元格。图 7-10 显示了运行该过程后的工作表。

> **在线资源：**
> 本书的下载文件包中提供了一个含有该示例的工作簿，文件名为 duplicate rows.xlsm。

	A	B	C
1	Name	Number of Tickets	Random
2	Alan	1	0.363036928
3	Barbara	2	0.033243987
4	Barbara	2	0.476445932
5	Charlie	1	0.676207587
6	Dave	5	0.053251416
7	Dave	5	0.701853459
8	Dave	5	0.621100984
9	Dave	5	0.01907403
10	Dave	5	0.54046886
11	Frank	3	0.98366256
12	Frank	3	0.012200271
13	Frank	3	0.674546551
14	Gilda	1	0.115380601
15	Huber	1	0.466506991
16	Inz	2	0.189600728
17	Inz	2	0.848909178
18	Mark	1	0.300738796

图 7-10　根据 B 列中的数值添加了新行

7.2.14　确定单元格区域是否包含在另一个单元格区域内

下面的 InRange 函数接收两个参数，都是 Range 对象。如果第一个单元格区域包含在第二个单元格区域内，则该函数返回 True。这个函数可用在工作表公式中，但当被其他过程调用时更有用。

```
Function InRange(rng1, rng2) As Boolean
'   Returns True if rng1 is a subset of rng2
```

```
        On Error GoTo ErrHandler
        If Union(rng1, rng2).Address = rng2.Address Then
            InRange = True
            Exit Function
        End If
ErrHandler:
        InRange = False
End Function
```

Application 对象的 Union 方法返回一个表示合并了两个 Range 对象的 Range 对象。合并后的单元格区域包含这两个单元格区域中的所有单元格。如果这两个单元格区域的合并区域的地址与第二个单元格区域的地址相同,就表明第一个单元格区域包含在第二个单元格区域中。

如果两个单元格区域在不同的工作表中,Union 方法将生成错误。On Error 语句处理这一情况。

> **在线资源:**
> 本书的下载文件包中提供了一个含有该函数的工作簿,文件名为 inrange function.xlsm。

7.2.15 确定单元格的数据类型

Excel 提供了很多可以帮助确定单元格内数据类型的内置函数,其中包括 ISTEXT、ISLOGICAL 和 ISERROR。此外,VBA 还包括诸如 IsEmpty、IsDate 和 IsNumeric 的函数。

下面名为 CellType 的函数接收一个单元格区域类型的参数,并返回一个字符串(Blank、Text、Logical、Error、Date、Time 或 Number),这个字符串说明了单元格区域中左上角单元格内数据的类型。

```
Function CellType(Rng) As String
'   Returns the cell type of the upper left cell in a range
    Dim TheCell As Range
    Set TheCell = Rng.Range("A1")
    Select Case True
        Case IsEmpty(TheCell)
            CELLTYPE = "Blank"
        Case TheCell.NumberFormat = "@"
            CELLTYPE = "Text"
        Case Application.IsText(TheCell)
            CELLTYPE = "Text"
        Case Application.IsLogical(TheCell)
            CELLTYPE = "Logical"
        Case Application.IsErr(TheCell)
            CELLTYPE = "Error"
        Case IsDate(TheCell)
            CELLTYPE = "Date"
        Case InStr(1, TheCell.Text, ":") <> 0
            CELLTYPE = "Time"
        Case IsNumeric(TheCell)
            CELLTYPE = "Number"
```

```
        End Select
    End Function
```

可在工作表公式或另一个 VBA 过程中使用这个函数。在图 7-11 中，函数用在 B 列的公式中。这些公式使用 A 列的数据作为参数。C 列只是数据的描述。

	A	B	C
1	145.4	Number	A simple value
2	8.6	Number	Formula that returns a value
3	Budget Sheet	Text	Simple text
4	FALSE	Logical	Logical formula
5	TRUE	Logical	Logical value
6	#DIV/0!	Error	Formula error
7	9/17/2012	Date	Formula that returns a date
8	4:00 PM	Time	A time
9	1/13/10 5:25 AM	Date	A date and a time
10	143	Text	Value preceded by apostrophe
11	434	Text	Cell formatted as Text
12	A1:C4	Text	Text with a colon
13		Blank	Empty cell
14		Text	Cell with a single space
15		Text	Cell with an empty string (single apostrophe)

图 7-11　使用函数确定单元格中数据的类型

请注意 Set TheCell 语句的用法。CellType 函数接收的参数可以是任意大小的单元格区域，但该过程中这条语句只应用于单元格区域中的左上方单元格(用 TheCell 变量表示)。

> **在线资源：**
> 本书的下载文件包中提供了一个含有该函数的工作簿，文件名为 celltype function.xlsm。

7.2.16　读写单元格区域

很多 VBA 任务都涉及一些操作，如把数值从数组传送给单元格区域，或者反过来从单元格区域传到数组中。Excel 从单元格区域读取数据的速度比向单元格区域中写入数据的速度快，因为写操作要用到计算引擎。下面的 WriteReadRange 过程说明了读写单元格区域的相对速度。

这个过程先创建一个数组，然后使用 For-Next 循环把数组写到某个单元格区域，接着把单元格区域中的值读到这个数组中。通过使用 Excel 的 Timer 函数来计算每项操作所需的时间。

```
Sub WriteReadRange()
    Dim MyArray()
    Dim Time1 As Double
    Dim NumElements As Long, i As Long
    Dim WriteTime As String, ReadTime As String
    Dim Msg As String

    NumElements = 250000
    ReDim MyArray(1 To NumElements)

'   Fill the array
    For i = 1 To NumElements
        MyArray(i) = i
```

```
        Next i

'       Write the array to a range
        Time1 = Timer
        For i = 1 To NumElements
            Cells(i, 1) = MyArray(i)
        Next i
        WriteTime = Format(Timer - Time1, "00:00")

'       Read the range into the array
        Time1 = Timer
        For i = 1 To NumElements
            MyArray(i) = Cells(i, 1)
        Next i
        ReadTime = Format(Timer - Time1, "00:00")

'       Show results
        Msg = "Write: " & WriteTime
        Msg = Msg & vbCrLf
        Msg = Msg & "Read: " & ReadTime
        MsgBox Msg, vbOKOnly, NumElements & " Elements"
    End Sub
```

计时测试的结果如图 7-12 所示。可以看出把包含 25 000 个元素的数组写到数组中以及从数组中读取数据花费了多长时间。

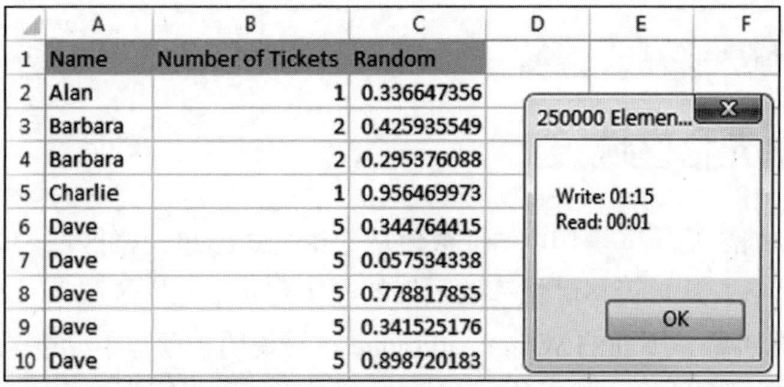

图 7-12　显示使用循环向单元格区域写入数据和从单元格区域读取数据所用的时间

7.2.17　在单元格区域中写入值的更好方法

上一节中的示例使用 For-Next 循环把数组的内容传到某个工作表单元格区域中。本节将介绍一种更有效地完成这个任务的方法。

从下面的示例开始，举例说明填充单元格区域最容易理解的(但不是最有效的)方法。这个示例使用一个 For-Next 循环把数组的值插入某个单元格区域中。

```
Sub LoopFillRange()
'   Fill a range by looping through cells

    Dim CellsDown As Long, CellsAcross As Integer
    Dim CurrRow As Long, CurrCol As Integer
```

```
    Dim StartTime As Double
    Dim CurrVal As Long

'   Get the dimensions
    CellsDown = InputBox("How many cells down?")
    If CellsDown = 0 Then Exit Sub
    CellsAcross = InputBox("How many cells across?")
    If CellsAcross = 0 Then Exit Sub

'   Record starting time
    StartTime = Timer

'   Loop through cells and insert values
    CurrVal = 1
    Application.ScreenUpdating = False
    For CurrRow = 1 To CellsDown
        For CurrCol = 1 To CellsAcross
            ActiveCell.Offset(CurrRow - 1, _
            CurrCol - 1).Value = CurrVal
            CurrVal = CurrVal + 1
        Next CurrCol
    Next CurrRow

'   Display elapsed time
    Application.ScreenUpdating = True
    MsgBox Format(Timer - StartTime, "00.00") & " seconds"
End Sub
```

下例介绍了一种可产生同样效果但更快捷的方法。该过程先把值插入某个数组，然后使用一条语句把数组的内容传递到单元格区域中。

```
Sub ArrayFillRange()
'   Fill a range by transferring an array

    Dim CellsDown As Long, CellsAcross As Integer
    Dim i As Long, j As Integer
    Dim StartTime As Double
    Dim TempArray() As Long
    Dim TheRange As Range
    Dim CurrVal As Long

'   Get the dimensions
    CellsDown = InputBox("How many cells down?")
    If CellsDown = 0 Then Exit Sub
    CellsAcross = InputBox("How many cells across?")
    If CellsAcross = 0 Then Exit Sub

'   Record starting time
    StartTime = Timer

'   Redimension temporary array
```

```vba
        ReDim TempArray(1 To CellsDown, 1 To CellsAcross)

    '   Set worksheet range
        Set TheRange = ActiveCell.Range(Cells(1, 1), _
            Cells(CellsDown, CellsAcross))

    '   Fill the temporary array
        CurrVal = 0
        Application.ScreenUpdating = False
        For i = 1 To CellsDown
            For j = 1 To CellsAcross
                TempArray(i, j) = CurrVal + 1
                CurrVal = CurrVal + 1
            Next j
        Next i

    '   Transfer temporary array to worksheet
        TheRange.Value = TempArray

    '   Display elapsed time
        Application.ScreenUpdating = True
        MsgBox Format(Timer - StartTime, "00.00") & " seconds"
End Sub
```

在笔者的系统上，使用循环方法来填充包含 1000×250 个单元格的单元格区域(共 250 000 个单元格)要花费 15.80 秒。而上述这种数组传递值的方法只花费 0.15 秒，即可产生同样的结果(速度快了 100 多倍)。如果需要把大量数据传递到某个工作表中，就要尽可能避免使用循环方法。

> **注意：**
> 最终用时与是否存在公式关系密切。一般来说，如果打开的工作簿中未含公式，或者如果将计算模式设为"手动"，那么得到的传递速度会更快。

> **在线资源：**
> 本书的下载文件包中提供了一个含有 WriteReadRange、LoopFillRange 和 ArrayFill-Range 过程的工作簿，文件名为 loop vs array fill range.xlsm。

7.2.18 传递一维数组中的内容

上一节中的示例涉及一个二维数组，这已能很好地解决基于行列的工作表的问题。

把一维数组的内容传递给某个单元格区域中时，这个单元格区域中的单元格必须是水平方向的(也就是说，含有多列的一行)。如果需要使用垂直方向的单元格区域，那么首先必须把数组转置成垂直的。可使用 Excel 的 Transpose 函数完成数组转置任务。例如将一个含有 100 个元素的数组转置成垂直方向的工作表单元格区域(单元格 A1:A100)：

```vba
Range("A1:A100").Value = Application.WorksheetFunction.Transpose(MyArray)
```

7.2.19 将单元格区域传递给 Variant 类型的数组

本节将讨论在 VBA 中处理工作表数据的另一种方法。下例把单元格区域中的数据传递给一个 Variant 类型的二维数组，然后用消息框显示出这个 Variant 数组每一维的上界。

```
Sub RangeToVariant()
    Dim x As Variant
    x = Range("A1:L600").Value
    MsgBox UBound(x, 1)
    MsgBox UBound(x, 2)
End Sub
```

在这个示例中，第一个消息框显示 600(原来单元格区域中的行数)，第二个消息框显示 12(列数)。实际上，把单元格区域中的数据传递给 Variant 类型的数组在瞬间完成。

在下例中，先把单元格区域(名为 data)中的数据读入 Variant 类型的数组中，然后对该数组中的每一个元素执行乘法运算，接着把该 Variant 类型数组中的数据传回这个单元格区域。

```
Sub RangeToVariant2()
    Dim x As Variant
    Dim r As Long, c As Integer

'   Read the data into the variant
    x = Range("data").Value

'   Loop through the variant array
    For r = 1 To UBound(x, 1)
        For c = 1 To UBound(x, 2)
'           Multiply by 2
            x(r, c) = x(r, c) * 2
        Next c
    Next r

'   Transfer the variant back to the sheet
    Range("data") = x
End Sub
```

上述这个过程运行速度非常快。处理 30 000 个单元格只需要不到 1 秒的时间。

> **在线资源：**
> 本书的下载文件包中提供了一个含有该示例的工作簿，文件名为 variant transfer.xlsm。

7.2.20 按数值选择单元格

本节的示例将阐述如何根据数值来选择单元格。令人感到奇怪的是，Excel 没有提供直接方法来完成此项操作。下面的示例是笔者编写的 SelectByValue 过程。在该示例中，代码选中的是含有负值的单元格，但可很容易对代码进行修改，以根据其他条件选择单元格。

```
Sub SelectByValue()
```

```vba
    Dim Cell As Object
    Dim FoundCells As Range
    Dim WorkRange As Range

    If TypeName(Selection) <> "Range" Then Exit Sub

'   Check all or selection?
    If Selection.CountLarge = 1 Then
        Set WorkRange = ActiveSheet.UsedRange
    Else
        Set WorkRange = Application.Intersect(Selection, ActiveSheet.UsedRange)
    End If

'   Reduce the search to numeric cells only
    On Error Resume Next
    Set WorkRange = WorkRange.SpecialCells(xlConstants, xlNumbers)
    If WorkRange Is Nothing Then Exit Sub
    On Error GoTo 0

'   Loop through each cell, add to the FoundCells range if it qualifies
    For Each Cell In WorkRange
        If Cell.Value < 0 Then
            If FoundCells Is Nothing Then
                Set FoundCells = Cell
            Else
                Set FoundCells = Union(FoundCells, Cell)
            End If
        End If
    Next Cell

'   Show message, or select the cells
    If FoundCells Is Nothing Then
        MsgBox "No cells qualify."
    Else
        FoundCells.Select
        MsgBox "Selected " & FoundCells.Count & " cells."
    End If
End Sub
```

该过程从检查选区开始。如果只是一个单元格,那么随后将搜索整个工作表。如果选区至少含有两个单元格,那么只搜索选中的单元格区域。使用 SpecialCells 方法可进一步对被搜索的单元格区域进行细化,进而创建一个仅由数值常量组成的 Range 对象。

包含在 For-Next 循环中的代码可检查单元格的值。如果它满足标准(即小于 0),就可以使用 Union 方法把该单元格添加到 Range 对象 FoundCells 中。注意,不能在第一个单元格中使用 Union 方法。如果 FoundCells 单元格区域内不含任何单元格,那么尝试使用 Union 方法将生成一个错误。因此,上述代码将检查 FoundCells 是不是 Nothing(什么都没有)。

循环结束时,FoundCells 对象将由满足标准的单元格组成(如果没有发现任何单元格,将是 Nothing)。如果没有发现任何单元格,就会出现一个消息框。否则,将选中这些单元格。

> **在线资源：**
> 本书的下载文件包中提供了一个含有该示例的工作簿，文件名为 select by value.xlsm。

7.2.21 复制非连续的单元格区域

如果想要复制一个非连续的单元格区域的选区，就会发现 Excel 并不支持这种操作。如果想这样做，就会产生一条错误消息：不能对多重选定区域使用此命令。

不过存在一个例外，即当尝试复制由整行或整列组成的多个选区或者同行或同列中的多个选区时，Excel 会允许该操作。但当粘贴复制的单元格时，将删除所有空白。

在遇到 Excel 中本身局限的问题时，常可通过创建一个宏来迂回解决问题。本节给出的示例是一个 VBA 过程，它允许把多个选区复制到另一个位置。

```vba
Sub CopyMultipleSelection()
    Dim SelAreas() As Range
    Dim PasteRange As Range
    Dim UpperLeft As Range
    Dim NumAreas As Long, i As Long
    Dim TopRow As Long, LeftCol As Long
    Dim RowOffset As Long, ColOffset As Long

    If TypeName(Selection) <> "Range" Then Exit Sub

'   Store the areas as separate Range objects
    NumAreas = Selection.Areas.Count
    ReDim SelAreas(1 To NumAreas)
    For i = 1 To NumAreas
        Set SelAreas(i) = Selection.Areas(i)
    Next

'   Determine the upper-left cell in the multiple selection
    TopRow = ActiveSheet.Rows.Count
    LeftCol = ActiveSheet.Columns.Count
    For i = 1 To NumAreas
        If SelAreas(i).Row < TopRow Then TopRow = SelAreas(i).Row
        If SelAreas(i).Column < LeftCol Then LeftCol = SelAreas(i).Column
    Next
    Set UpperLeft = Cells(TopRow, LeftCol)

'   Get the paste address
    On Error Resume Next
    Set PasteRange = Application.InputBox _
      (Prompt:="Specify the upper-left cell for the paste range:", _
       Title:="Copy Multiple Selection", _
       Type:=8)
    On Error GoTo 0
'   Exit if canceled
    If TypeName(PasteRange) <> "Range" Then Exit Sub
```

```
    '   Make sure only the upper-left cell is used
        Set PasteRange = PasteRange.Range("A1")

    '   Copy and paste each area
        For i = 1 To NumAreas
            RowOffset = SelAreas(i).Row - TopRow
            ColOffset = SelAreas(i).Column - LeftCol
            SelAreas(i).Copy PasteRange.Offset(RowOffset, ColOffset)
        Next i
    End Sub
```

图 7-13 给出一个提示选择目标位置的对话框。

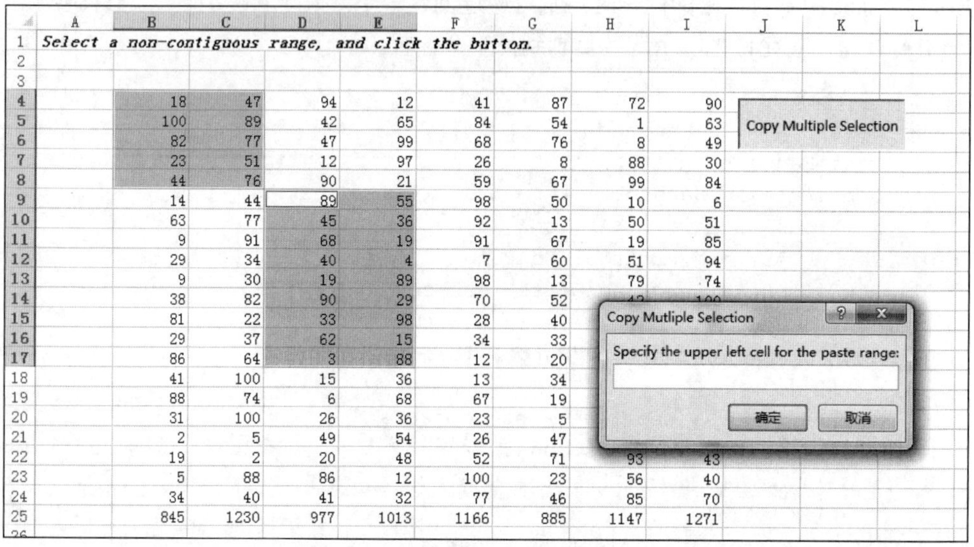

图 7-13　使用 Excel 的 InputBox 方法来提示输入单元格的位置

在线资源：

本书的下载文件包中提供了一个含有该示例的工作簿，还包括另一个在数据将被覆盖的情况下向用户发出警告的版本，文件名为 copy multiple selection.xlsm。

7.3　处理工作簿和工作表

这一节中的示例阐述了使用 VBA 来处理工作簿和工作表的各种方式。

7.3.1　保存所有工作簿

下面的过程将遍历 Workbooks 集合中的所有工作簿，并保存以前保存了的每个文件：

```
Public Sub SaveAllWorkbooks()
    Dim Book As Workbook
    For Each Book In Workbooks
        If Book.Path <> "" Then Book.Save
    Next Book
End Sub
```

请注意 Path 属性的用法。如果工作簿的 Path 属性的值为空，就表明从未保存过这个文件(这是一个新工作簿)。上述过程将忽略此类工作簿，并且只保存 Path 属性值非空的工作簿。

更有效的方法也是检查 Saved 属性。如果工作簿自上次保存以来未修改过，则这个属性为 True。SaveAllWorkbooks2 过程不会保存不需要保存的文件。

```
Public Sub SaveAllWorkbooks2()
    Dim Book As Workbook
    For Each Book In Workbooks
        If Book.Path <> "" Then
            If Book.Saved <> True Then
                Book.Save
            End If
        End If
    Next Book
End Sub
```

7.3.2 保存和关闭所有工作簿

下面的过程将循环遍历 Workbooks 集合，该代码将保存和关闭所有工作簿。

```
Sub CloseAllWorkbooks()
    Dim Book As Workbook
    For Each Book In Workbooks
        If Book.Name <> ThisWorkbook.Name Then
            Book.Close savechanges:=True
        End If
    Next Book
    ThisWorkbook.Close savechanges:=True
End Sub
```

上述过程在 For-Next 循环中使用了一条 If 语句，用它来确定该工作簿是不是包含这些代码的工作簿。过程中必须有这条语句，原因是关闭包含上述过程的工作簿将结束代码，而不会影响后续工作簿。在其他所有工作簿关闭后，包含代码的工作簿会关闭自身。

7.3.3 隐藏除选区之外的区域

本节中的示例将隐藏除当前单元格区域选区之外所有的行和列。

```
Sub HideRowsAndColumns()
    Dim row1 As Long, row2 As Long

    Dim col1 As Long, col2 As Long

    If TypeName(Selection) <> "Range" Then Exit Sub

'   If last row or last column is hidden, unhide all and quit
    If Rows(Rows.Count).EntireRow.Hidden Or _
      Columns(Columns.Count).EntireColumn.Hidden Then
```

```
        Cells.EntireColumn.Hidden = False
        Cells.EntireRow.Hidden = False
        Exit Sub
    End If

    row1 = Selection.Rows(1).Row
    row2 = row1 + Selection.Rows.Count - 1
    col1 = Selection.Columns(1).Column
    col2 = col1 + Selection.Columns.Count - 1

    Application.ScreenUpdating = False
    On Error Resume Next
'   Hide rows
    Range(Cells(1, 1), Cells(row1 - 1, 1)).EntireRow.Hidden = True
    Range(Cells(row2 + 1, 1), Cells(Rows.Count, 1)).EntireRow.Hidden = True
'   Hide columns
    Range(Cells(1, 1), Cells(1, col1 - 1)).EntireColumn.Hidden = True
    Range(Cells(1, col2 + 1), Cells(1, Columns.Count)).EntireColumn.Hidden = True
End Sub
```

图 7-14 列举了一个示例。如果单元格区域选区由非连续的单元格区域组成，那么第一个区域将被用作隐藏行和列的基础。反之，如果在最后一行或最后一列隐藏时执行过程，则会显示所有行和列。

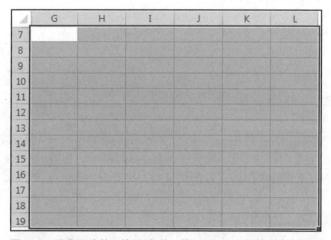

图 7-14　隐藏了除单元格区域(单元格 G7:L19)之外的所有行和列

在线资源：
本书的下载文件包中提供了一个含有该示例的工作簿，文件名为 hide rows and columns.xlsm。

7.3.4　创建超链接内容表

CreateTOC 过程在活动工作簿开头插入一个新工作表。然后，它以每个工作表的超链接列表形式创建一个内容表(table of contents)。

```
Sub CreateTOC()
    Dim i As Integer
```

```
    Sheets.Add Before:=Sheets(1)
    For i = 2 To Worksheets.Count
      ActiveSheet.Hyperlinks.Add _
         Anchor:=Cells(i, 1), _
         Address:="", _
         SubAddress:="'" & Worksheets(i).Name & "'!A1", _
         TextToDisplay:=Worksheets(i).Name
    Next i
End Sub
```

由于不可以创建图表工作表的超链接，因此代码使用了 Worksheets 集合而不是 Sheets 集合。图 7-15 显示了一个超链接内容表的示例，其中包含由月份名组成的工作表。

> **在线资源：**
> 本书的下载文件包中提供了一个含有该示例的工作簿，文件名为 create hyperlinks.xlsm。

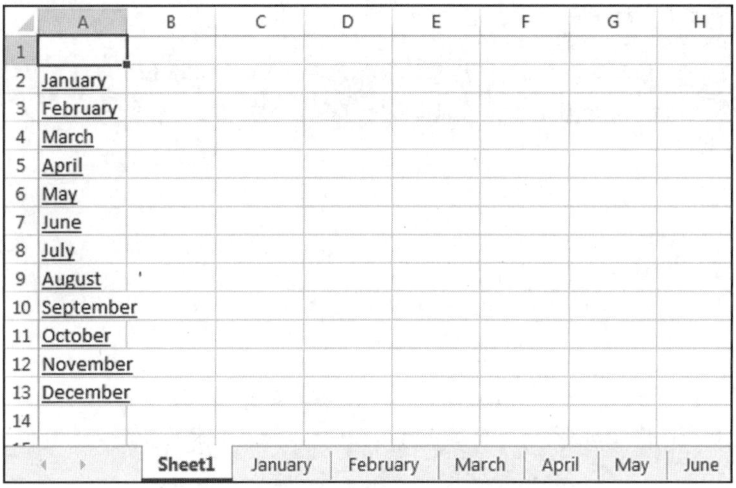

图 7-15　宏创建的指向每个工作表的超链接

7.3.5　同步工作表

如果使用的是包含多个工作表的工作簿，可能知道 Excel 不能在一个工作簿的多个工作表中同步操作。换言之，没有自动方式可强制所有工作表选中相同的单元格区域和左上角的单元格。下面的 VBA 宏使用活动的工作表作为基础，然后在这个工作簿中的所有其他工作表上执行下列操作：

- 选中与活动工作表上同样的单元格区域。
- 使得左上角的单元格等同于活动工作表上的左上方单元格。

下面是这个子例程的代码清单：

```
Sub SynchSheets()
'   Duplicates the active sheet's active cell and upper left cell
'   Across all worksheets
    If TypeName(ActiveSheet) <> "Worksheet" Then Exit Sub
    Dim UserSheet As Worksheet, sht As Worksheet
```

```
        Dim TopRow As Long, LeftCol As Integer
        Dim UserSel As String
        
        Application.ScreenUpdating = False
        
    '   Remember the current sheet
        Set UserSheet = ActiveSheet
        
    '   Store info from the active sheet
        TopRow = ActiveWindow.ScrollRow
        LeftCol = ActiveWindow.ScrollColumn
        UserSel = ActiveWindow.RangeSelection.Address
        
    '   Loop through the worksheets
        For Each sht In ActiveWorkbook.Worksheets
            If sht.Visible Then 'skip hidden sheets
                sht.Activate
                Range(UserSel).Select
                ActiveWindow.ScrollRow = TopRow
                ActiveWindow.ScrollColumn = LeftCol
            End If
        Next sht
        
    '   Restore the original position
        UserSheet.Activate
        Application.ScreenUpdating = True
    End Sub
```

> **在线资源：**
> 本书的下载文件包中提供了一个含有该示例的工作簿，文件名为 synchronize sheets.xlsm。

7.4 VBA 技巧

本节中的示例将阐述常用的 VBA 技巧，你可将这些技巧用于自己的工程中。

7.4.1 切换布尔类型的属性值

布尔类型属性的值要么是 True，要么是 False。切换布尔类型属性的最简单方法是使用 Not 运算符，如下例所示，该示例切换了某个选区的 WrapText 属性的值。

```
Sub ToggleWrapText()
'   Toggles text wrap alignment for selected cells
    If TypeName(Selection) = "Range" Then
        Selection.WrapText = Not ActiveCell.WrapText
    End If
End Sub
```

可修改这个过程来切换其他布尔属性的值。

注意，这里用作切换操作的基础是活动单元格。在选中某个单元格区域，并且当这些单元格中的属性值不一致时(例如，有些单元格的内容是粗体，而另一些不是粗体)，那么 Excel 以活动单元格为基准来确定如何切换。例如，如果活动单元格的内容是粗体，那么当单击"加粗"工具栏按钮时，选区中的所有单元格都会变成非粗体。这个简单过程模仿了 Excel 工作的方式，这通常是最佳做法。

还要注意，上述过程使用了 TypeName 函数来检测选区是否为单元格区域。如果不是，就不会发生任何状况。

可使用 Not 运算符来切换其他很多属性的值。例如，要切换显示工作表中的行和列边界，那么可以使用下列代码：

```
ActiveWindow.DisplayHeadings = Not ActiveWindow.DisplayHeadings
```

要切换是否显示活动工作表中的网格线，可使用下列代码：

```
ActiveWindow.DisplayGridlines = Not ActiveWindow.DisplayGridlines
```

7.4.2 显示日期和时间

如果读者理解 Excel 用于存储日期和时间的序号系统，那么在 VBA 过程中使用日期和时间时就不会有任何问题。

DateAndTime 过程显示了包含当前日期和时间的对话框，如图 7-16 所示。这个示例还在消息框的标题栏中显示了一条个性化消息。

图 7-16 显示日期和时间的消息框

下面的过程使用 Date 函数作为传递给 Format 函数的参数，其结果是一个字符串，包含经过格式化的日期，这里采用同样的方法对时间进行格式化。

```
Sub DateAndTime()
    Dim TheDate As String, TheTime As String
    Dim Greeting As String
    Dim FullName As String, FirstName As String
    Dim SpaceInName As Long

    TheDate = Format(Date, "Long Date")
    TheTime = Format(Time, "Medium Time")

'   Determine greeting based on time
```

```
    Select Case Time
        Case Is < TimeValue("12:00"): Greeting = "Good Morning, "
        Case Is >= TimeValue("17:00"): Greeting = "Good Evening, "
        Case Else: Greeting = "Good Afternoon, "
    End Select

'   Append user's first name to greeting
    FullName = Application.UserName
    SpaceInName = InStr(1, FullName, " ", 1)

'   Handle situation when name has no space
    If SpaceInName = 0 Then SpaceInName = Len(FullName)
    FirstName = Left(FullName, SpaceInName)
    Greeting = Greeting & FirstName

'   Show the message
    MsgBox TheDate & vbCrLf & vbCrLf & "It's " & TheTime, vbOKOnly, Greeting
End Sub
```

上例使用了命名的格式(Long Date和Medium Time)，以便确保不管用户所在国家的设置有何不同，这个宏都能正常运行。然而，可使用其他格式。例如，为以mm/dd/yy格式显示日期，可使用类似下面的语句：

```
TheDate = Format(Date, "mm/dd/yy")
```

我们使用Select Case结构，以当天时间作为消息框标题栏中显示的问候语的基础。VBA时间值的设定类似于Excel。如果时间值小于0.5(正午)，就是早晨。如果时间值大于0.7083(下午5点)，就是晚上，否则就是下午。这里采用了这种简单设定并使用了VBA的TimeValue函数，它将返回表示时间值的字符串。

随后一系列语句确定用户的名，这与"Excel选项"对话框中"常规"选项卡中设置的一样。我们使用了VBA的InStr函数来定位用户姓名中的第一个空格，MsgBox函数把日期和时间连接在一起，但使用内置的vbCrLf常量在其间插入一个换行符。vbOKOnly是一个预定义常量，其返回值为0，其结果是消息框中只显示"确定"按钮。最后一个参数是Greeting，在这个过程的开头部分就已经构造了。

> **在线资源：**
> 本书的下载文件包中提供了一个含有DateAndTime过程的工作簿，文件名为date and time.xlsm。

7.4.3 显示友好时间

如果你不是一个追求百分百精确的人，那么可能喜欢这里的FT函数。FT(表示"友好时间")用文字形式显示时间差。

```
Function FT(t1, t2)
    Dim SDif As Double, DDif As Double
```

```
    If Not (IsDate(t1) And IsDate(t2)) Then
      FT = CVErr(xlErrValue)
      Exit Function
    End If

    DDif = Abs(t2 - t1)
    SDif = DDif * 24 * 60 * 60

    If DDif < 1 Then
      If SDif < 10 Then FT = "Just now": Exit Function
      If SDif < 60 Then FT = SDif & " seconds ago": Exit Function
      If SDif < 120 Then FT = "a minute ago": Exit Function
      If SDif < 3600 Then FT = Round(SDif / 60, 0) & "minutes ago": Exit Function
      If SDif < 7200 Then FT = "An hour ago": Exit Function
      If SDif < 86400 Then FT = Round(SDif / 3600, 0) & " hours ago": Exit Function

    End If
    If DDif = 1 Then FT = "Yesterday": Exit Function
    If DDif < 7 Then FT = Round(DDif, 0) & " days ago": Exit Function
    If DDif < 31 Then FT = Round(DDif / 7, 0) & " weeks ago": Exit Function
    If DDif < 365 Then FT = Round(DDif / 30, 0) & " months ago": Exit Function
    FT = Round(DDif / 365, 0) & " years ago"
End Function
```

图 7-17 显示了在公式中使用这一函数的示例。如果实际需要采用这种方式显示时间差，那么这个过程还有很大的改进空间。例如，可编写代码阻止显示 1 months ago 和 1 years ago 等。

	A	B	C
1	Time1	Time 2	Time Difference
2	3/30/2016 8:45 AM	3/30/2016 8:46 AM	a minute ago
3	3/30/2016 8:45 AM	4/1/2016 1:33 AM	2 days ago
4	3/30/2016 8:45 AM	4/13/2016 1:47 AM	2 weeks ago
5	3/30/2016 8:45 AM	5/1/2016 2:20 PM	1 months ago
6	3/30/2016 8:45 AM	6/28/2016 2:04 PM	3 months ago
7	3/30/2016 8:45 AM	1/24/2017 11:37 AM	10 months ago
8	3/30/2016 8:45 AM	4/21/2017 11:09 PM	1 years ago
9	3/30/2016 8:45 AM	6/16/2024 4:25 PM	8 years ago

图 7-17　使用函数以友好方式显示时间差

在线资源：
本书的下载文件包中提供了这个示例，文件名为 friendly time.xlsm。

7.4.4　获得字体列表

如果想要获得包含所有已安装字体的列表，会发现 Excel 没有提供一种直接的方法来检索这些信息。这里介绍的这种技术利用了一个事实，即为了兼容 Excel 2007 之前的版本，Excel 仍支持旧式的 CommandBar 属性和方法。这些属性和方法主要用来处理工具栏和菜单。

ShowInstalledFonts 宏在活动工作表的列 A 中显示了安装的字体清单。这个宏创建了一个临时工具栏(一个 CommandBar 对象)，然后添加 Font 控件，并从该控件中读取字体。最后删除临时工具栏。

```
Sub ShowInstalledFonts()
    Dim FontList As CommandBarControl
    Dim TempBar As CommandBar

    Dim i As Long

'   Create temporary CommandBar
    Set TempBar = Application.CommandBars.Add
    Set FontList = TempBar.Controls.Add(ID:=1728)

'   Put the fonts into column A
    Range("A:A").ClearContents
    For i = 0 To FontList.ListCount - 1
        Cells(i + 1, 1) = FontList.List(i + 1)
    Next i

'   Delete temporary CommandBar
    TempBar.Delete
End Sub
```

> **提示：**
> 作为一个选项，还可显示实际字体的每个字体名称(如图7-18所示)。为此，可在 For-Next 循环结构内部添加如下语句：
>
> Cells(i+1,1).Font.Name = FontList.List(i+1)
>
> 不过要知道，在一个工作簿中使用多种字体会耗费大量系统资源，甚至可能使系统崩溃。

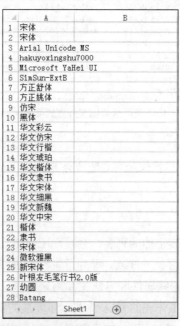

图7-18　列出实际字体中的字体名称

> **在线资源：**
> 该过程可在本书的下载文件包中找到，文件名为 list fonts.xlsm。

7.4.5 对数组进行排序

虽然 Excel 有一个内置的命令可对工作表的单元格区域进行排序，但 VBA 没有提供一种对数组进行排序的方法。一个可行但较复杂的解决办法是先把数组中的数据传递到工作表的单元格区域中，然后使用 Excel 的命令排序，最后再把结果返回数组。但是，如果对速度提出更高要求，那么最好使用 VBA 编写一个排序例程。

本节将介绍下列 4 种不同的排序方法：

- **工作表排序**：把数组中的数据传递到工作表的单元格区域，进行排序，再将数据传递回数组。这种过程把数组作为唯一参数。
- **冒泡排序**：这种排序方法很简单(第 4 章中的排序示例就使用了这种方法)。虽然这种方法很容易编程，但冒泡排序的算法速度相当慢，当元素数目很大时尤其如此。
- **快速排序**：这种排序方法比冒泡排序方法快得多，但更难读懂。并且这种方法只能处理 Integer 或 Long 数据类型。
- **计数排序**：这种排序方法非常快捷，但很难读懂。与快速排序一样，这种方法只能处理 Integer 或 Long 数据类型。

> **在线资源：**
> 本书的下载文件包提供了一个阐述这些排序方法的工作簿应用程序，文件名为 sorting demo.xlsm。与其他改变数组大小的技术相比，该工作簿非常有用。当然，也可复制过程，并在自己的代码中使用它们。

工作表排序算法速度非常快，特别是当考虑到它把数组中的数据传递到工作表，排序后再返回数组时。

对于小型数组，冒泡排序方法相当快，但对于大型数组(超过 10 000 个元素的数组)，就不推荐使用这种方法。快速排序方法和计数排序方法速度都非常快，但它们只限于 Integer 和 Long 数据类型。

图 7-19 展示了该工程的对话框。

7.4.6 处理一系列文件

当然，宏的一个常见用法是用于多次重复某项操作。本节中的示例阐述了如何对存储在磁盘上的几个不同文件执行某个宏。这个示例提示用户输入文件规范(该示例还将帮助读者创建自己的关于此类任务的例程)，然后处理所有匹配的文件。在这个示例中，处理工作包括导入文件和输入一系列汇总公式，这些公式用于描述文件中的数据。

图 7-19　对各种大小的数组执行排序操作所需时间的比较

```
Sub BatchProcess()
    Dim FileSpec As String
    Dim i As Integer
    Dim FileName As String
    Dim FileList() As String
    Dim FoundFiles As Integer

'   Specify path and file spec
    FileSpec = ThisWorkbook.Path & "\" & "text??.txt"
    FileName = Dir(FileSpec)

'   Was a file found?
    If FileName <> "" Then
        FoundFiles = 1
        ReDim Preserve FileList(1 To FoundFiles)
        FileList(FoundFiles) = FileName

    Else
        MsgBox "No files were found that match " & FileSpec
        Exit Sub
    End If

'   Get other filenames
    Do
        FileName = Dir
        If FileName = "" Then Exit Do
        FoundFiles = FoundFiles + 1
        ReDim Preserve FileList(1 To FoundFiles)
        FileList(FoundFiles) = FileName & "*"
    Loop

'   Loop through the files and process them
    For i = 1 To FoundFiles
        Call ProcessFiles(FileList(i))
    Next i
End Sub
```

> **在线资源：**
> 本书的下载文件包中提供了这个示例，文件名为 batch processing.xlsm。它使用了另外 3 个文件(也位于示例文件包中)：text01.txt、text02.txt 以及 text03.txt。要导入其他文本文件，需要修改这一例程。

匹配的文件名存储在名为 FoundFiles 的数组中，该过程使用一个 For-Next 循环来处理这些文件。在这个循环中，通过调用下面的 ProcessFiles 过程完成处理工作。在这个简单过程中，使用 OpenText 方法来导入文件，并插入 5 个公式。当然，你可自行编写这样一个例程：

```
Sub ProcessFiles(FileName As String)
'   Import the file
    Workbooks.OpenText FileName:=FileName, _
        Origin:=xlWindows, _
        StartRow:=1, _
        DataType:=xlFixedWidth, _
        FieldInfo:= _
        Array(Array(0, 1), Array(3, 1), Array(12, 1))
'   Enter summary formulas
    Range("D1").Value = "A"
    Range("D2").Value = "B"
    Range("D3").Value = "C"
    Range("E1:E3").Formula = "=COUNTIF(B:B,D1)"
    Range("F1:F3").Formula = "=SUMIF(B:B,D1,C:C)"
End Sub
```

> **交叉参考：**
> 更多关于使用 VBA 处理文件的信息，请参阅第 11 章。

7.5 用于代码中的一些有用函数

本节将展示一些实用程序函数，你可采纳这些函数，或从中获得创建类似函数的灵感。当从另一个 VBA 过程中调用这些函数时，会发现这些函数非常有用。因此，这里使用 Private 关键字声明了这些函数，所以它们不会出现在 Excel 的"插入函数"对话框中。

> **在线资源：**
> 本书的下载文件包中提供了本节中展示的示例，文件名为 VBA utility functions.xlsm。

7.5.1 FileExists 函数

该函数接收一个参数(带文件名的路径)。如果文件存在，那么返回 True：

```
Private Function FileExists(fname) As Boolean
'   Returns TRUE if the file exists
    FileExists = (Dir(fname) <> "")
End Function
```

7.5.2 FileNameOnly 函数

该函数接收一个参数(带文件名的路径)，它只返回文件名。换言之，从路径中提取文件名：

```
Private Function FileNameOnly(pname) As String
'   Returns the filename from a path/filename string
    Dim temp As Variant
    length = Len(pname)
    temp = Split(pname, Application.PathSeparator)
    FileNameOnly = temp(UBound(temp))
End Function
```

该函数使用了 VBA 的 Split 函数，Split 函数接收一个字符串(包含分隔符)，并返回包含分隔符之间的元素的 Variant 数组。在本例中，temp 变量包含一个由 Application.PathSeparater(通常是一个反斜杠)之间的每个文本字符串组成的数组。本章后面的 7.6.8 节列举了另一个使用 Split 函数的示例。

如果该参数是 c:\excel files\2013\backup\budget.xlsx，函数将返回字符串 budget.xlsx。

FileNameOnly 函数可以对任意的路径和文件名进行处理(即使文件不存在也可以)。如果文件存在，那么以下方法更简单，它将从路径中提取且只返回文件名：

```
Private Function FileNameOnly2(pname) As String
    FileNameOnly2 = Dir(pname)
End Function
```

7.5.3 PathExists 函数

该函数接收一个参数(路径)。如果路径存在，那么返回 True：

```
Private Function PathExists(pname) As Boolean
' Returns TRUE if the path exists
  If Dir(pname, vbDirectory) = "" Then
    PathExists = False
  Else
    PathExists = (GetAttr(pname) And vbDirectory) = vbDirectory
  End If
End Function
```

7.5.4 RangeNameExists 函数

该函数接收一个参数(单元格区域的名称)。如果活动工作簿中存在这个单元格区域的名称，则返回 True：

```
Private Function RangeNameExists(nname) As Boolean
'   Returns TRUE if the range name exists
    Dim n As Name
    RangeNameExists = False
    For Each n In ActiveWorkbook.Names
        If UCase(n.Name) = UCase(nname) Then
```

```
            RangeNameExists = True
            Exit Function
        End If
    Next n
End Function
```

此外，还有一种方法来编写该函数，如下所示。该版本的函数将使用名称创建一个对象变量。如果这样做产生了一个错误，那么表明不存在这个名称：

```
Private Function RangeNameExists2(nname) As Boolean
'   Returns TRUE if the range name exists
    Dim n As Range
    On Error Resume Next
    Set n = Range(nname)

    If Err.Number = 0 Then RangeNameExists2 = True _
        Else RangeNameExists2 = False
End Function
```

7.5.5　SheetExists 函数

该函数接收一个参数(工作表的名称)。如果活动工作簿中包含这个工作表，则返回 True：

```
Private Function SheetExists(sname) As Boolean
'   Returns TRUE if sheet exists in the active workbook
    Dim x As Object
    On Error Resume Next
    Set x = ActiveWorkbook.Sheets(sname)
    If Err.Number = 0 Then SheetExists = True Else SheetExists = False
End Function
```

7.5.6　WorkbookIsOpen 函数

该函数接收一个参数(工作簿的名称)。如果打开了这个工作簿，则返回 True：

```
Private Function WorkbookIsOpen(wbname) As Boolean
'   Returns TRUE if the workbook is open
    Dim x As Workbook
    On Error Resume Next
    Set x = Workbooks(wbname)
    If Err.Number = 0 Then WorkbookIsOpen = True _
        Else WorkbookIsOpen = False
End Function
```

> **测试集合中的成员关系**
>
> 下面的 Function 过程是较通用的函数，可用于确定某个对象是不是某个集合中的成员：
>
> ```
> Private Function IsInCollection(Coln As Object, _
>     Item As String) As Boolean
>     Dim Obj As Object
>     On Error Resume Next
> ```

```
        Set Obj = Coln(Item)
        IsInCollection = Not Obj Is Nothing
End Function
```

该函数接收两个参数,分别是集合(一个对象)和项(一个字符串),这个项可能是也可能不是该集合中的成员。该函数尝试创建一个对象类型的变量来代表集合中的这个项。如果成功,那么该函数返回 True;否则,该函数返回 False。

可使用 IsInCollection 函数来替代本章中列出的其他 3 个函数:RangeNameExists、SheetExists 和 WorkbookIsOpen。要确定 Data 单元格区域是否包含在活动工作簿中,可使用下列语句调用 IsInCollection 函数:

```
MsgBox IsInCollection(ActiveWorkbook.Names, "Data")
```

要确定是否打开了名为 Budget 的工作簿,则使用下列语句:

```
MsgBox IsInCollection(Workbooks, "budget.xlsx")
```

要确定活动工作簿是否包含名为 Sheet1 的工作表,可使用下列语句:

```
MsgBox IsInCollection(ActiveWorkbook.Worksheets, "Sheet1")
```

7.5.7 检索已经关闭的工作簿中的值

VBA 没有提供从关闭的工作簿文件中检索值的方法。然而,可以利用 Excel 来处理链接的文件。本节包含的自定义 VBA 函数(GetValue)可从关闭的工作簿中检索值,如下所示。它通过调用一个 XLM 宏来达到此目的,这是 Excel 5 之前的版本中使用的旧式宏。幸运的是,Excel 仍支持这种旧式宏系统。

```
Private Function GetValue(path, file, sheet, ref)
'   Retrieves a value from a closed workbook
    Dim arg As String

'   Make sure the file exists
    If Right(path, 1) <> "\" Then path = path & "\"
    If Dir(path & file) = "" Then
        GetValue = "File Not Found"
        Exit Function
    End If

'   Create the argument
    arg = "'" & path & "[" & file & "]" & sheet & "'!" & _
      Range(ref).Range("A1").Address(, , xlR1C1)

'   Execute an XLM macro
    GetValue = ExecuteExcel4Macro(arg)
End Function
```

GetValue 函数接收下列 4 个参数:

- path:已经关闭的文件所在的驱动器盘符和路径(如 d:\files)。

- file：工作簿的名称(如 budget.xlsx)。
- sheet：工作表的名称(如 Sheet1)。
- ref：单元格引用(如 C4)。

下面的 Sub 过程阐述了如何使用 GetValue 函数。其中显示了位于 2013budget.xlsx 文件中 Sheet1 工作表上的单元格 A1 中的值，该文件位于 C 盘的 XLFiles\Budget 目录下。

```
Sub TestGetValue()
    Dim p As String, f As String
    Dim s As String, a As String

    p = "c:\XLFiles\Budget"
    f = "2013budget.xlsx"
    s = "Sheet1"
    a = "A1"
    MsgBox GetValue(p, f, s, a)
End Sub
```

下面是另一个示例。这个过程从已经关闭的文件中读取了 1200 个值(100 行和 12 列)，然后将这些值放在活动工作表中。

```
Sub TestGetValue2()
    Dim p As String, f As String
    Dim s As String, a As String
    Dim r As Long, c As Long

    p = "c:\XLFiles\Budget"
    f = "2013Budget.xlsx"
    s = "Sheet1"
    Application.ScreenUpdating = False
    For r = 1 To 100
        For c = 1 To 12
            a = Cells(r, c).Address
            Cells(r, c) = GetValue(p, f, s, a)
        Next c
    Next r
End Sub
```

另一种选择是编写代码关闭屏幕更新、打开文件、获取值，然后关闭文件。除非文件非常大，否则用户不会注意到文件被打开。

> **注意：**
> 如果在工作表公式中使用 GetValue 函数，那么该函数不能运行。实际上，没必要在公式中使用这个函数。可创建一个链接公式从已经关闭的文件中检索值。

> **在线资源：**
> 本书的下载文件包中提供了这一示例，文件名为 value from a closed workbook.xlsm。该示例使用名为 myworkbook.xlsx 的文件作为已经关闭的文件。

7.6　一些有用的工作表函数

本节中的示例都是自定义函数,可用于工作表的公式中。请记住,必须在一个 VBA 模块中定义这些 Function 过程(而不是在与 ThisWorkbook、Sheet 或 UserForm 关联的代码模块中)。

> **在线资源:**
> 本书的下载文件包中提供了本节给出的这一示例,文件名为 worksheet functions.xlsm。

7.6.1　返回单元格的格式信息

本节包含了很多自定义函数,它们都返回与单元格格式有关的信息。如果要基于格式对数据进行排序(如对粗体显示的单元格数据进行排序),那么这些函数将很有用。

> **警告:**
> 读者可能发现这些函数不一定会自动更新,这是因为更改格式不能触发 Excel 的重新计算引擎。为强制实施全局的重新计算和更新所有自定义函数,可按 Ctrl+Alt+F9 快捷键。
> 还有一种方法是在函数中添加如下语句:
>
> `Application.Volatile`
>
> 使用这条语句后,按 F9 键将重新计算函数。

如果单个单元格参数包含粗体格式,那么下面的函数返回 TRUE。如果单元格区域是作为一个参数传递的,该函数将使用单元格区域左上方的单元格。

```
Function ISBOLD(cell) As Boolean
'   Returns TRUE if cell is bold
    ISBOLD = cell.Range("A1").Font.Bold
End Function
```

注意,这些函数只对那些显式运用的格式才有效,它们不适用于使用条件格式化来运用的格式。Excel 2010 引入了一个新对象,即 DisplayFormat。这个对象考虑到条件格式。下面重写 ISBOLD 函数,使其也可以应用于根据条件设置的粗体格式中:

```
Function ISBOLD (cell) As Boolean
'   Returns TRUE if cell is bold, even if from conditional formatting
    ISBOLD = cell.Range("A1").DisplayFormat.Font.Bold
End Function
```

如果单个单元格参数包含斜体格式,那么下面的函数返回 TRUE:

```
Function ISITALIC(cell) As Boolean
'   Returns TRUE if cell is italic
    ISITALIC = cell.Range("A1").Font.Italic
End Function
```

如果单元格中包含混合格式(例如,只有部分字符是粗体显示的),上述两个函数都将返回错误信息。只有当单元格中的所有字符都粗体显示时,下面的函数才会返回 TRUE。

```
Function ALLBOLD(cell) As Boolean
'   Returns TRUE if all characters in cell are bold
    If IsNull(cell.Font.Bold) Then
        ALLBOLD = False
    Else
        ALLBOLD = cell.Font.Bold
    End If
End Function
```

ALLBOLD 函数可简化成如下形式:

```
Function ALLBOLD (cell) As Boolean
'   Returns TRUE if all characters in cell are bold
    ALLBOLD = Not IsNull(cell.Font.Bold)
End Function
```

下面的 FILLCOLOR 函数将返回一个整数,它对应于单元格底纹颜色(单元格的填充颜色)的索引号。实际使用的颜色依赖于应用的工作簿主题。如果没有用颜色填充单元格,该函数就返回 -4142。这个函数不适用于应用到表格(使用"插入"|"表格"|"表格"命令创建)或者数据透视表的颜色。如前所述,需要使用 DisplayFormat 对象检测填充色的类型。

```
Function FILLCOLOR(cell) As Integer
'   Returns an integer corresponding to
'   cell's interior color
    FILLCOLOR = cell.Range("A1").Interior.ColorIndex
End Function
```

7.6.2 会说话的工作表

SAYIT 函数使用了 Excel 的文本转换成语音的转换生成器,来"讲述"它的参数(该参数可以是文字文本或是单元格引用)。

```
Function SAYIT(txt)
    Application.Speech.Speak (txt)
    SAYIT = txt
End Function
```

该函数有一些娱乐作用,有时候还是很有用的。例如,在公式中使用该函数:

```
=IF(SUM(A:A)>25000,SayIt("Goal Reached"))
```

如果列 A 中数值的和超过了 25 000,将会到一个合成的声音,告诉你目标已经达到了。还可在冗长过程的末尾使用 Speak 方法。通过该方法,可做其他一些事情,并在过程结束时将得到一个可以听见的提示。

7.6.3 显示保存或打印文件的时间

Excel 工作簿包含一些内置的文档属性,可从 Workbook 对象的 BuiltinDocumentProperties 属性来访问这些文档属性。下面的函数将返回上一次保存工作簿的日期和时间:

```
Function LASTSAVED()
    Application.Volatile
    LASTSAVED = ThisWorkbook. _
      BuiltinDocumentProperties("Last Save Time")
End Function
```

这个函数返回的日期和时间与选择"文件"|"信息"时在 Backstage 视图的"相关日期"部分显示的日期和时间相同。注意，自动保存功能也会改变这个值。换句话说，"上次保存时间"并不一定是用户上一次保存文件的时间。

下面是一个类似于 LASTSAVED 的函数，但返回的是上次打印或预览工作簿的时间和日期。如果该工作簿从未被打印或预览过，则函数返回#VALVE 错误。

```
Function LASTPRINTED()
    Application.Volatile
    LASTPRINTED = ThisWorkbook. _
      BuiltinDocumentProperties("Last Print Date")
End Function
```

如果在公式中使用了这些函数，那么可能需要强制执行重新计算(通过按 F9 键)，以便获得这些属性的当前值。

> **注意：**
> 还有其他一些内置属性，但 Excel 不能使用所有这些属性。例如，如果访问 Number of Bytes 属性，通常会生成一条错误消息。要获得内置属性的清单，可以参考帮助系统。

上述LASTSAVED和LASTPRINTED函数保存在使用这些函数的工作簿中。某些情况下，可能希望把它们保存在另一个工作簿(如personal.xlsb)或加载项中。因为这些函数引用了ThisWorkbook，所以它们将无法正确运行。下面给出这些函数更通用的版本。它们使用了Application.Caller，Application.Caller将返回一个Range对象，而该对象代表了调用该函数的单元格。Parent.Parent的使用将返回工作簿(即Range对象父对象的父对象，也是一个Workbook对象)。这个主题将在下一节进一步阐明。

```
Function LASTSAVED2()
    Application.Volatile
    LASTSAVED2 = Application.Caller.Parent.Parent. _
      BuiltinDocumentProperties("Last Save Time")
End Function
```

7.6.4 理解对象的父对象

Excel的对象模型是一种层次结构：对象包含在其他对象中。层次结构的最顶端是Application对象。Excel包含其他对象，而这些对象又包含其他的对象等。下面的层次结构表明了Range对象在这种体系中的位置：

```
Application 对象
  Workbook 对象
```

Worksheet 对象
　Range 对象

如果以面向对象程序设计的术语来表述这种关系，Range 对象的父对象就是包含它的 Worksheet 对象。Worksheet 对象的父对象是包含这个工作表的 Workbook 对象，而 Workbook 对象的父对象则是 Application 对象。

如何利用这些信息呢？请参阅下面的 VBA 函数 SHEETNAME。该函数只接收一个参数(单元格区域)并返回包含这个单元格区域的工作表的名称。这里使用了 Range 对象的 Parent 属性，Parent 属性返回一个包含 Range 对象的对象。

```
Function SHEETNAME(ref) As String
    SHEETNAME = ref.Parent.Name
End Function
```

下一个函数 WORKBOOKNAME 返回包含某个特殊单元格的工作簿的名称。注意，它使用了两次 Parent 属性，第一次使用的 Parent 属性返回一个 Worksheet 对象，而第二次使用的 Parent 属性返回一个 Workbook 对象。

```
Function WORKBOOKNAME(ref) As String
    WORKBOOKNAME = ref.Parent.Parent.Name
End Function
```

下面的 APPNAME 函数深化了这个练习，它访问了 3 次 Parent 属性。该函数返回包含某个特殊单元格的 Application 对象的名称。当然，它一定返回 Microsoft Excel。

```
Function APPNAME(ref) As String
    APPNAME = ref.Parent.Parent.Parent.Name
End Function
```

7.6.5　计算介于两个值之间的单元格数目

下面是 COUNTBETWEEN 函数，它返回在第一个参数代表的单元格区域内，值介于第二个参数和第三个参数代表的两个值之间的单元格数目：

```
Function COUNTBETWEEN(InRange, num1, num2) As Long
' Counts number of values between num1 and num2
    With Application.WorksheetFunction
        If num1 <= num2 Then
            COUNTBETWEEN = .CountIfs(InRange, ">=" & num1, _
                InRange, "<=" & num2)
        Else
            COUNTBETWEEN = .CountIfs(InRange, ">=" & num2, _
                InRange, "<=" & num1)
        End If
    End With
End Function
```

注意，该函数使用了 Excel 的 COUNTIFS 函数。实际上，COUNTBETWEEN 函数基本上是一个可以简化公式的包装器。

> **注意:**
> COUNTIFS 是在 Excel 2007 中引入的,所以不适用于 Excel 之前的版本。

下面的公式就使用了 COUNTBETWEEN 函数。这个公式返回 A1:A100 单元格区域中值大于等于 10 且小于等于 20 的单元格数目。

```
=COUNTBETWEEN(A1:A100,10,20)
```

该函数接收两个任意顺序的数值参数。因此,它与上面的公式等效:

```
=COUNTBETWEEN(A1:A100,20,10)
```

使用这个 VBA 函数要比输入下列冗长(且有点令人迷惑)公式简单得多:

```
=COUNTIFS(A1:A100,">=10",A1:A100,"<=20")
```

不过,采用公式的方法更快速。

7.6.6 确定行或列中最后一个非空的单元格

本节展示了两个有用的函数:LASTINCOLUMN 函数返回列中最后一个非空单元格的内容;LASTINROW 函数返回行中最后一个非空单元格的内容。这两种函数都把一个单元格区域类型的变量作为它的唯一参数。单元格区域参数的值可以是一整列(对于 LASTINCOLUMN 函数)或一整行(对于 LASTINROW 函数)。如果提供的参数不是整行或整列,那么这些函数将使用单元格区域中左上方单元格所在的列或行。例如,下面的公式将返回 B 列中的最后一个非空单元格中的值:

```
=LASTINCOLUMN(B5)
```

下面的公式将返回第 7 行中的最后一个非空单元格中的值:

```
=LASTINROW(C7:D9)
```

LASTINCOLUMN 函数的代码如下所示:

```
Function LASTINCOLUMN(rng As Range)
'   Returns the contents of the last non-empty cell in a column
    Dim LastCell As Range
    Application.Volatile
    With rng.Parent
        With .Cells(.Rows.Count, rng.Column)
            If Not IsEmpty(.Value) Then
                LASTINCOLUMN = .Value
            ElseIf IsEmpty(.End(xlUp)) Then
                LASTINCOLUMN = ""
            Else
                LASTINCOLUMN = .End(xlUp).Value
            End If
        End With
    End With
End Function
```

上述函数代码相当复杂，因此下面罗列了几点，以帮助读者理解：
- Application.Volatile 使得无论何时计算工作表都会执行这个函数。
- Rows.Count 返回工作表中的行数。因为不是所有的工作表都含有相同的行数，所以这里没有使用硬编码的值，而使用了 Count 属性。
- rng.Column 返回 rng 参数中的左上角单元格所在的列号。
- 使用 rng.Parent 后，即使 rng 参数引用其他工作表或工作簿，该函数也能正确运行。
- End 方法(使用 xlUp 参数)等同于激活列中的最后一个单元格，即按 End 键，然后按向上箭头键。
- IsEmpty 函数检测单元格是否为空。如果为空，就返回空字符串。如果没有这条语句，那么空单元格返回的值是 0。

LASTINROW 函数如下所示。该函数与 LASTINCOLUMN 函数非常类似：

```
Function LASTINROW(rng As Range)
'   Returns the contents of the last non-empty cell in a row
    Application.Volatile
    With rng.Parent
        With .Cells(rng.Row, .Columns.Count)
            If Not IsEmpty(.Value) Then
                LASTINROW = .Value
            ElseIf IsEmpty(.End(xlToLeft)) Then
                LASTINROW = ""
            Else
                LASTINROW = .End(xlToLeft).Value
            End If
        End With
    End With
End Function
```

7.6.7　字符串与模式匹配

ISLIKE 函数非常简单(但是也很有用)。如果文本字符串与指定的模式匹配，该函数就返回 TRUE。

```
Function ISLIKE(text As String, pattern As String) As Boolean
'   Returns true if the first argument is like the second
    ISLIKE = text Like pattern
End Function
```

这个函数的代码非常简单。正如看到的那样，该函数基本上是一个包装器，它允许在公式中利用 VBA 功能强大的 Like 运算符。

这个 ISLIKE 函数接收下列两个参数：
- text：文本字符串或对包含文本字符串的单元格的引用。
- pattern：包含如表 7-1 所示的通配符的字符串。

表 7-1 pattern 中的字符

pattern 中的字符	匹配 text 中的文本
?	任意单个字符
*	0 或多个字符
#	任意单个数字(0~9)
[charlist]	字符列表中的任意单个字符
[!charlist]	不在字符列表中的任意单个字符

下面的公式返回 TRUE，原因是通配符"*"匹配任意数量的字符。如果第一个参数是以 g 开头的任意文本，那么返回 TRUE：

```
=ISLIKE("guitar","g*")
```

下面的公式返回 TRUE，原因是通配符"?"匹配任意的单个字符。如果第一个参数是 Unit12，那么函数返回 FALSE：

```
=ISLIKE("Unit1","Unit?")
```

下面的公式返回 TRUE，原因是第一个参数是第二个参数中的单个字符：

```
=ISLIKE("a","[aeiou]")
```

如果单元格 A1 包含 a、e、i、o、u、A、E、I、O 或 U，那么下面的公式返回 TRUE。使用 UPPER 函数作为参数，可以使得公式不区分大小写：

```
=ISLIKE(UPPER(A1), UPPER("[aeiou]"))
```

如果单元格 A1 包含以 1 开始并拥有 3 个数字的值(也就是 100~199 之间的任意整数)，那么下面的公式返回 TRUE：

```
=ISLIKE(A1,"1##")
```

7.6.8 从字符串中提取第 n 个元素

EXTRACTELEMENT 是一个自定义工作表函数(也可从 VBA 过程中调用)，它从文本字符串中提取一个元素。例如，如果单元格中包含下列文本，那么可使用 EXTRACTELEMENT 函数提取介于两个连字符之间的任意子字符串。

```
123-456-789-0133-8844
```

例如，以下公式将返回 0133，它是字符串中的第 4 个元素。这个字符串使用连字符(-)作为分隔符。

```
=EXTRACTELEMENT("123-456-789-0133-8844",4,"-")
```

EXTRACTELEMENT 函数使用了如下 3 个参数：
- Txt：从中进行提取的文本字符串，可以是字面上的字符串或单元格引用。
- n：整型，代表要提取的元素个数。

- Separator：用作分隔符的单个字符。

> **注意：**
> 如果指定空格作为 Separator 分隔符，那么多个空格被当作一个空格，这也是用户所期望的。如果 n 超出了字符串的元素数目，该函数将返回一个空字符串。

EXTRACTELEMENT 函数的 VBA 代码如下所示：

```
Function EXTRACTELEMENT(Txt, n, Separator) As String
'   Returns the <i>n</i>th element of a text string, where the
'   elements are separated by a specified separator character
    Dim AllElements As Variant
    AllElements = Split(Txt, Separator)
    EXTRACTELEMENT = AllElements(n - 1)
End Function
```

上述函数使用了 VBA 的 Split 函数，它将返回 Variant 类型的数组，该数组包含文本字符串中的每个元素。该数组的下标从 0(而不是 1)开始，因此使用 n-1 引用所需元素。

7.6.9 拼写出数字

SPELLDOLLARS 函数返回使用文本拼写出的数字，就像支票上的那样。例如，下面的公式返回字符串 One hundred twenty-three and 45/100 dollars：

```
=SPELLDOLLARS(123.45)
```

图 7-20 显示了 SPELLDOLLARS 函数的其他一些示例。C 列包含使用该函数的公式。例如，C1 中的公式为：

```
=SPELLDOLLARS(A1)
```

	A	B	C
1	32		Thirty-Two and 00/100 Dollars
2	37.56		Thirty-Seven and 56/100 Dollars
3	-32		(Thirty-Two and 00/100 Dollars)
4	-26.44		(Twenty-Six and 44/100 Dollars)
5	-4		(Four and 00/100 Dollars)
6	1.87341		One and 87/100 Dollars
7	1.56		One and 56/100 Dollars
8	1		One and 00/100 Dollars
9	6.56		Six and 56/100 Dollars
10	12.12		Twelve and 12/100 Dollars
11	1000000		One Million and 00/100 Dollars
12	10000000000		Ten Billion and 00/100 Dollars
13	1111111111		One Billion One Hundred Eleven Million One Hundred Eleven Thousand One Hundred Eleven and 00/100 Dollars

图 7-20 SPELLDOLLARS 函数的示例

请注意，负数在拼写出来以后会将它放到括号中。

> **在线资源：**
> SPELLDOLLARS 函数太长，这里无法列出，不过可从本书下载文件包中的文件 spelldollars function.xlsm 中查看完整的 SPELLDOLLARS 代码。

7.6.10 多功能函数

这个示例描述了在某些情况下可能很有用的一种方法，使得一个工作表函数就像多个函数一样。例如，下面的 STATFUNCTION 自定义函数的 VBA 代码清单。它包含两个参数：单元格区域(rng)和操作(op)。根据 op 值的不同，该函数将返回使用下列任意一种工作表函数计算出的值：AVERAGE、COUNT、MAX、MEDIAN、MIN、MODE、STDEV、SUM 或 VAR。

例如，可按如下形式在工作表中使用这个函数：

```
=STATFUNCTION(B1:B24,A24)
```

根据单元格 A24 的内容不同，上述公式的结果也会有所不同，结果应该是一个字符串，如 Average、Count 和 Max 等。其他类型的函数也可采用这种方法。

```
Function STATFUNCTION (rng, op)
    Select Case UCase(op)
        Case "SUM"
            STATFUNCTION = WorksheetFunction.Sum(rng)
        Case "AVERAGE"
            STATFUNCTION = WorksheetFunction.Average(rng)
        Case "MEDIAN"
            STATFUNCTION = WorksheetFunction.Median(rng)
        Case "MODE"
            STATFUNCTION = WorksheetFunction.Mode(rng)
        Case "COUNT"
            STATFUNCTION = WorksheetFunction.Count(rng)
        Case "MAX"
            STATFUNCTION = WorksheetFunction.Max(rng)
        Case "MIN"
            STATFUNCTION = WorksheetFunction.Min(rng)
        Case "VAR"
            STATFUNCTION = WorksheetFunction.Var(rng)
        Case "STDEV"
            STATFUNCTION = WorksheetFunction.StDev(rng)
        Case Else
            STATFUNCTION = CVErr(xlErrNA)
    End Select
End Function
```

7.6.11 SHEETOFFSET 函数

Excel 对三维工作簿的支持是有限的。例如，如果需要引用工作簿中的另一个工作表，就必须在公式中包含这个工作表的名称。添加工作表的名称这个问题不是很大，不过当试图跨工作表复制公式时，问题就大了。复制后的公式继续引用原来的工作表的名称，但是工作表引用却不像真正位于三维工作簿中时一样得到调整。

这一节中讨论的示例是一个 VBA 函数(名为 SHEETOFFSET)，它允许以相对方式寻址工作表。例如，可使用下列公式引用前一个工作表中的单元格 A1：

`=SHEETOFFSET(-1,A1)`

该函数的第一个参数代表相对的工作表，这个参数的值可以是正的、负的或者 0。第二个参数必须是对某个单元格的引用。可将这个公式复制到其他工作表中，在所有复制的公式中，相对引用都将生效。

SHEETOFFSET 函数的 VBA 代码如下所示：

```
Function SHEETOFFSET (Offset As Long, Optional Cell As Variant)
'   Returns cell contents at Ref, in sheet offset
    Dim WksIndex As Long, WksNum As Long

    Dim wks As Worksheet
    Application.Volatile
    If IsMissing(Cell) Then Set Cell = Application.Caller
    WksNum = 1
    For Each wks In Application.Caller.Parent.Parent.Worksheets
      If Application.Caller.Parent.Name = wks.Name Then
        SHEETOFFSET = Worksheets(WksNum + Offset).Range(Cell(1).Address)
        Exit Function
      Else
        WksNum = WksNum + 1
        End If
      Next wks
End Function
```

7.6.12 返回所有工作表中的最大值

如果需要跨很多工作表确定单元格 B1 中的最大值，可以使用如下公式：

`=MAX(Sheet1:Sheet4!B1)`

上述公式返回工作表 Sheet1、工作表 Sheet4 以及这两个工作表之间的所有工作表内单元格 B1 中的最大值。

但是，如果在工作表 Sheet4 之后又添加了一个新的工作表 Sheet5，又该如何呢？这个公式不会自动进行调整，因此需要编辑它使其包含新添加的工作表引用：

`=MAX(Sheet1:Sheet5!B1)`

下面的 MaxAllSheets 函数只接收一个单元格参数，它返回工作簿中所有工作表内该单元格中的最大值。例如，以下公式返回工作簿中所有工作表内单元格 B1 中的最大值：

`=MAXALLSHEETS(B1)`

如果添加了新的工作表，也没必要编辑上述公式：

```
Function MAXALLSHEETS (cell)
    Dim MaxVal As Double
    Dim Addr As String
    Dim Wksht As Object
    Application.Volatile

    Addr = cell.Range("A1").Address
    MaxVal = -9.9E+307
    For Each Wksht In cell.Parent.Parent.Worksheets
       If Wksht.Name = cell.Parent.Name And _
         Addr = Application.Caller.Address Then
         ' avoid circular reference
       Else
          If IsNumeric(Wksht.Range(Addr)) Then
             If Wksht.Range(Addr) > MaxVal Then _
                MaxVal = Wksht.Range(Addr).Value
          End If
       End If
    Next Wksht
    If MaxVal = -9.9E+307 Then MaxVal = 0
    MAXALLSHEETS = MaxVal
End Function
```

For Each 语句使用下列表达式访问该工作簿：

`cell.Parent.Parent.Worksheets`

这个单元格的父对象是一个工作表，这个工作表的父对象是工作簿。因此，For Each-Next 循环遍历该工作簿中的所有工作表。这个循环内的第一条 If 语句检测正在接受检测的单元格是不是包含这个函数的单元格。如果是，将忽略这个单元格，以免产生循环引用错误。

> **注意：**
> 很容易就可以对该函数进行修改，使其执行其他跨工作表的计算，如求最小值(minimum)、求平均值(average)以及求和(sum)等。

7.6.13 返回没有重复随机整数元素的数组

本节的 RANDOMINTEGERS 函数将返回没有重复整数元素的数组，规定在多个单元格数组公式中使用该函数。

`{=RANDOMINTEGERS()}`

首先选中单元格区域，然后按 **Ctrl+Shift+Enter** 快捷键输入公式。公式返回没有重复整数(随机排列)的数组。例如，如果在包含 50 个单元格的单元格区域中输入该公式，公式将返回 1～50 的无重复整数。

RANDOMINTEGERS 函数的代码如下所示：

```
Function RANDOMINTEGERS()
    Dim FuncRange As Range
    Dim V() As Variant, ValArray() As Variant
    Dim CellCount As Double

    Dim i As Integer, j As Integer
    Dim r As Integer, c As Integer
    Dim Temp1 As Variant, Temp2 As Variant
    Dim RCount As Integer, CCount As Integer

'   Create Range object
    Set FuncRange = Application.Caller

'   Return an error if FuncRange is too large
    CellCount = FuncRange.Count
    If CellCount > 1000 Then
        RANDOMINTEGERS = CVErr(xlErrNA)
        Exit Function
    End If

'   Assign variables
    RCount = FuncRange.Rows.Count
    CCount = FuncRange.Columns.Count
    ReDim V(1 To RCount, 1 To CCount)
    ReDim ValArray(1 To 2, 1 To CellCount)

'   Fill array with random numbers
'   and consecutive integers
    For i = 1 To CellCount
        ValArray(1, i) = Rnd
        ValArray(2, i) = i
    Next i

'   Sort ValArray by the random number dimension
    For i = 1 To CellCount
        For j = i + 1 To CellCount
            If ValArray(1, i) > ValArray(1, j) Then
                Temp1 = ValArray(1, j)
                Temp2 = ValArray(2, j)
                ValArray(1, j) = ValArray(1, i)
                ValArray(2, j) = ValArray(2, i)
                ValArray(1, i) = Temp1
                ValArray(2, i) = Temp2
            End If
        Next j
    Next i

'   Put the randomized values into the V array
    i = 0
```

```
            For r = 1 To RCount
                For c = 1 To CCount
                    i = i + 1
                    V(r, c) = ValArray(2, i)
                Next c
            Next r
            RANDOMINTEGERS = V
        End Function
```

7.6.14 随机化单元格区域

下面的 RANGERANDOMIZE 函数接收一个单元格区域类型的参数,返回输入单元格区域组成的数组(随机顺序):

```
Function RANGERANDOMIZE(rng)
    Dim V() As Variant, ValArray() As Variant
    Dim CellCount As Double
    Dim i As Integer, j As Integer
    Dim r As Integer, c As Integer
    Dim Temp1 As Variant, Temp2 As Variant
    Dim RCount As Integer, CCount As Integer

'   Return an error if rng is too large
    CellCount = rng.Count
    If CellCount > 1000 Then
        RANGERANDOMIZE = CVErr(xlErrNA)
        Exit Function
    End If

'   Assign variables
    RCount = rng.Rows.Count
    CCount = rng.Columns.Count
    ReDim V(1 To RCount, 1 To CCount)
    ReDim ValArray(1 To 2, 1 To CellCount)

'   Fill ValArray with random numbers
'   and values from rng
    For i = 1 To CellCount
        ValArray(1, i) = Rnd
        ValArray(2, i) = rng(i)
    Next i

'   Sort ValArray by the random number dimension
    For i = 1 To CellCount
        For j = i + 1 To CellCount
            If ValArray(1, i) > ValArray(1, j) Then
                Temp1 = ValArray(1, j)
                Temp2 = ValArray(2, j)
                ValArray(1, j) = ValArray(1, i)
                ValArray(2, j) = ValArray(2, i)
```

```
                ValArray(1, i) = Temp1
                ValArray(2, i) = Temp2
            End If
        Next j
    Next i

'   Put the randomized values into the V array
    i = 0

    For r = 1 To RCount
        For c = 1 To CCount
            i = i + 1
            V(r, c) = ValArray(2, i)
        Next c
    Next r
    RANGERANDOMIZE = V
End Function
```

上述代码与 RANDOMINTEGERS 函数的代码非常类似。记住使用该函数作为数组公式(按 Ctrl+Shift+Enter 键)。

```
{= RANGERANDOMIZE(A2:A11)}
```

该函数以随机顺序返回单元格 A2:A11 中的内容。

7.6.15　对单元格区域进行排序

SORTED 函数接收一个单列单元格区域参数，并返回排序的单元格区域。

```
Function SORTED(Rng)
    Dim SortedData() As Variant
    Dim Cell As Range
    Dim Temp As Variant, i As Long, j As Long
    Dim NonEmpty As Long

'   Transfer data to SortedData
    For Each Cell In Rng
        If Not IsEmpty(Cell) Then
            NonEmpty = NonEmpty + 1
            ReDim Preserve SortedData(1 To NonEmpty)
            SortedData(NonEmpty) = Cell.Value
        End If
    Next Cell

'   Sort the array
    For i = 1 To NonEmpty
        For j = i + 1 To NonEmpty
            If SortedData(i) > SortedData(j) Then
                Temp = SortedData(j)
                SortedData(j) = SortedData(i)
                SortedData(i) = Temp
```

```
        End If
    Next j
Next i

' Transpose the array and return it
    SORTED = Application.Transpose(SortedData)
End Function
```

将 SORTED 函数作为数组公式(按 Ctrl+Shift+Enter 键)。SORTED 函数返回排过序的数组内容。

SORTED 函数首先创建一个名为 SortedData 的数组。这个数组包括参数单元格区域中的所有非空值。接着，数组使用冒泡排序算法进行排序。由于该数组是一个水平数组，所以必须在函数返回之前转置它。

SORTED 函数可用于任意大小的单元格区域，只要它在单行或单列中。如果非排序的数据在一行中，那么公式需要使用 Excel 的 TRANSPOSE 函数水平显示排序的数据。例如：

```
=TRANSPOSE(SORTED(A16:L16))
```

7.7 Windows API 调用

VBA能够使用存储在DLL(Dynamic Link Library，动态链接库)中的函数。DLL中保存了Windows操作系统所使用的函数和过程，其他程序可以通过编程的方式调用这些函数和过程。这就是所谓的进行应用程序编程接口调用(即API调用)。这一节中的示例使用了一些常见的Windows API来调用DLL。

7.7.1 理解 API 声明

在进行 API 调用时，需要先进行 API 声明。所谓的 API 声明本质上就是要告诉 Excel 想要使用哪个 Windows 函数或过程、可从哪里找到、带什么参数以及返回什么值。

例如，下列 API 声明调用了演奏声音文件的函数：

```
Public Declare Function PlayWavSound Lib "winmm.dll" _
    Alias "sndPlaySoundA" (ByVal LpszSoundName As String, _
    ByVal uFlags As Long) As Long
```

这声明告诉 Excel：

- 该函数是公开的(可被任何模块使用)。
- 在代码中可作为 PlayWavSound 对该函数进行引用。
- 可在 winmm.dll 文件中找到该函数。
- 在 DLL 中的名称为 sndPlaySoundA(注意大小写)。
- 该函数带了两个参数，一个是指定了声音文件的字符串，另一个是指定用来演奏声音的任何特定方法的长整型值。

API 调用的用法与任何其他标准的 VBA 函数或过程的用法一样。下例展示了如何在宏中使用

PlayWavSound API:

```
Public Declare PtrSafe Function PlayWavSound Lib "winmm.dll" Alias _
"sndPlaySoundA" _
    (ByVal LpszSoundName As String, ByVal uFlags As Long) As LongPtr
Sub PlayChimes ()
PlayWavSound "C:\Windows\Media\Chimes.wav", 0
End Sub
```

32 位或 64 位声明

随着 64 位 Microsoft Office 的引入，许多 Windows API 声明都不得不调整以适应 64 位平台。这就意味着安装了 64 位 Excel 的用户不能运行带有旧 API 声明的代码。

为解决兼容性问题，需要使用调整后的声明以确保 API 调用可在 32 位及 64 位的 Excel 中正常使用。分析下面这个例子，酌情调用 ShellExecute API：

```
#If VBA7 Then
Private Declare PtrSafe Function ShellExecute Lib "shell32.dll" Alias _
"ShellExecuteA" (ByVal hwnd As LongPtr, ByVal lpOperation As String, _
ByVal lpFile As String, ByVal lpParameters As String, ByVal lpDirectory _

As String, ByVal nShowCmd As Long) As LongPtr
#Else
Private Declare Function ShellExecute Lib "shell32.dll" Alias "ShellExecuteA" _
(ByVal hwnd As Long, ByVal lpOperation As String, ByVal lpFile As _
String, ByVal lpParameters As String, ByVal lpDirectory As String, _
ByVal nShowCmd As Long) As Long
#End If
```

井号#用来标记是否进行条件编译，在本例中，如果代码是在 64 位 Excel 中运行就会编译第一个声明。如果在 32 位 Excel 中运行代码，则编译第二个声明。

7.7.2 确定文件的关联性

在 Windows 中，很多文件类型都与某个特殊应用程序关联。有了这种关联，就有可能通过双击文件将其加载到关联的应用程序中。

在下面的 GetExecutable 函数代码中，使用一个 Windows API 调用来获取与某个特殊文件相关的应用程序的完整路径。例如，系统中有很多包含.txt 扩展名的文件，在 Windows 目录中可能就有一个名为 Readme.txt 的文件。可使用 GetExecutable 函数来确定双击文件时打开的应用程序的完整路径。

> **注意**：
> Windows API 的声明必须位于 VBA 模块的顶部。

```
Private Declare PtrSafe Function FindExecutableA Lib "shell32.dll" _
    (ByVal lpFile As String, ByVal lpDirectory As String, _
    ByVal lpResult As String) As Long
Function GetExecutable(strFile As String) As String
```

```
    Dim strPath As String
    Dim intLen As Integer
    strPath = Space(255)
    intLen = FindExecutableA(strFile, "\", strPath)
    GetExecutable = Trim(strPath)
End Function
```

图 7-21 显示了调用 GetExecutable 函数的结果,函数的参数使用的是某个 MP3 音频文件的文件名,该函数返回与这个文件关联的应用程序的完整路径。

> **在线资源:**
> 本书的下载文件包中提供了该示例,文件名为 file association.xlsm。

图 7-21 确定与某个具体文件关联的应用程序的路径和名称

7.7.3 确定默认打印机的信息

本节中的示例使用了一个 Windows API 函数,该函数返回与当前打印机有关的信息。这些信息包含在一个文本字符串中。该示例会解析字符串并通过更便于阅读的格式显示这些信息。

```
Private Declare PtrSafe Function GetProfileStringA Lib "kernel32" _
  (ByVal lpAppName As String, ByVal lpKeyName As String, _
  ByVal lpDefault As String, ByVal lpReturnedString As _
  String, ByVal nSize As Long) As Long

Sub DefaultPrinterInfo()
    Dim strLPT As String * 255
    Dim Result As String
    Dim ResultLength As Integer
    Dim Comma1 As Integer
    Dim Comma2 As Integer
    Dim Printer As String
    Dim Driver As String
    Dim Port As String

    Dim Msg As String
    Call GetProfileStringA _
       ("Windows", "Device", "", strLPT, 254)

    Result = Application.Trim(strLPT)
    ResultLength = Len(Result)
```

```
    Comma1 = InStr(1, Result, ",", 1)
    Comma2 = InStr(Comma1 + 1, Result, ",", 1)

'   Gets printer's name
    Printer = Left(Result, Comma1 - 1)

'   Gets driver
    Driver = Mid(Result, Comma1 + 1, Comma2 - Comma1 - 1)

'   Gets last part of device line
    Port = Right(Result, ResultLength - Comma2)

'   Build message
    Msg = "Printer:" & Chr(9) & Printer & Chr(13)
    Msg = Msg & "Driver:" & Chr(9) & Driver & Chr(13)
    Msg = Msg & "Port:" & Chr(9) & Port

'   Display message
    MsgBox Msg, vbInformation, "Default Printer Information"
End Sub
```

> **注意：**
> Application 对象的 ActivePrinter 属性返回当前打印机的名称(允许对其进行修改)，但无法直接确定正在使用哪个打印机驱动器或端口，这也是该函数非常有用的原因。

> **在线资源：**
> 本书的下载文件包中提供了该示例，文件名为 printer info.xlsm。

7.7.4 确定视频显示器的信息

本节的示例使用 Windows API 调用为主要显示监视器确定其系统当前的视频模式。如果应用程序需要在屏幕上显示特定数量的信息，那么知道显示尺寸有助于相应地缩放文本。此外，以下代码还可确定监视器的数量。如果安装了多个监视器，那么该过程将报告虚拟的屏幕尺寸。

```
Declare PtrSafe Function GetSystemMetrics Lib "user32" _
   (ByVal nIndex As Long) As Long

Public Const SM_CMONITORS = 80
Public Const SM_CXSCREEN = 0
Public Const SM_CYSCREEN = 1
Public Const SM_CXVIRTUALSCREEN = 78
Public Const SM_CYVIRTUALSCREEN = 79

Sub DisplayVideoInfo()
    Dim numMonitors As Long
    Dim vidWidth As Long, vidHeight As Long
    Dim virtWidth As Long, virtHeight As Long
```

```
    Dim Msg As String

    numMonitors = GetSystemMetrics(SM_CMONITORS)
    vidWidth = GetSystemMetrics(SM_CXSCREEN)
    vidHeight = GetSystemMetrics(SM_CYSCREEN)
    virtWidth = GetSystemMetrics(SM_CXVIRTUALSCREEN)
    virtHeight = GetSystemMetrics(SM_CYVIRTUALSCREEN)

    If numMonitors > 1 Then
        Msg = numMonitors & " display monitors" & vbCrLf
        Msg = Msg & "Virtual screen: " & virtWidth & " X "
        Msg = Msg & virtHeight & vbCrLf & vbCrLf
        Msg = Msg & "The video mode on the primary display is: "
        Msg = Msg & vidWidth & " X " & vidHeight
    Else
        Msg = Msg & "The video display mode: "
        Msg = Msg & vidWidth & " X " & vidHeight
    End If
    MsgBox Msg
End Sub
```

> **在线资源：**
> 本书的下载文件包中提供了该示例，文件名为 video mode.xlsm。

7.7.5　读写注册表

大部分 Windows 应用程序都使用 Windows 注册表数据库来存储设置。VBA 过程可从这个注册表中读取值并把新值写到这个注册表中。为此，需要如下的 Windows API 声明：

```
Private Declare PtrSafe Function RegOpenKeyA Lib "ADVAPI32.DLL" _
    (ByVal hKey As Long, ByVal sSubKey As String, _
    ByRef hkeyResult As Long) As Long

Private Declare PtrSafe Function RegCloseKey Lib "ADVAPI32.DLL" _
    (ByVal hKey As Long) As Long

Private Declare PtrSafe Function RegSetValueExA Lib "ADVAPI32.DLL" _
    (ByVal hKey As Long, ByVal sValueName As String, _
    ByVal dwReserved As Long, ByVal dwType As Long, _
    ByVal sValue As String, ByVal dwSize As Long) As Long

Private Declare PtrSafe Function RegCreateKeyA Lib "ADVAPI32.DLL" _
    (ByVal hKey As Long, ByVal sSubKey As String, _
    ByRef hkeyResult As Long) As Long

Private Declare PtrSafe Function RegQueryValueExA Lib "ADVAPI32.DLL" _
    (ByVal hKey As Long, ByVal sValueName As String, _
    ByVal dwReserved As Long, ByRef lValueType As Long, _
    ByVal sValue As String, ByRef lResultLen As Long) As Long
```

> **在线资源：**
> 本书的下载文件包中有一个名为 windows registry.xlsm 的文件，在这文件中可看到两个包装器函数 GetRegistry 和 WriteRegistry，这两个函数可用来简化处理 Windows 注册表的任务。你还可以看到如何使用这两个包装器函数。

1. 读注册表

GetRegistry 函数返回位于 Windows 注册表指定位置上的设置，该函数接收下列三个参数：

- RootKey：代表要寻址的 Windows 注册表分支的字符串。这个字符串可以是以下任意一种：
  - HKEY_CLASSES_ROOT
  - HKEY_CURRENT_USER
  - HKEY_LOCAL_MACHINE
  - HKEY_USERS
  - HKEY_CURRENT_CONFIG
- Path：正在寻址的注册表类别的完整路径。
- RegEntry：要检索的设置的名称。

下面列举示例。如果要查找正在使用哪一幅图片文件作为桌面壁纸(如果有)，可按如下方式调用 GetRegistry 函数(注意，这些参数不区分大小写)。

```
RootKey = "hkey_current_user"
Path = "Control Panel\Desktop"
RegEntry = "Wallpaper"
MsgBox GetRegistry(RootKey, Path, RegEntry), _
    vbInformation, Path & "\RegEntry"
```

消息框将显示出该图形文件的路径和文件名(如果没有使用壁纸，则显示空字符串)。

2. 写入注册表

WriteRegistry 函数将某个值写到 Windows 注册表的指定位置上。如果操作成功，该函数就返回 True；否则返回 False。WriteRegistry 接收下列参数(所有参数都是字符串类型)：

- Rootkey：代表要寻址的 Windows 注册表分支的字符串。这个字符串可为下面任意一种：
  - HKEY_CLASSES_ROOT
  - HKEY_CURRENT_USER
  - HKEY_LOCAL_MACHINE
  - HKEY_USERS
  - HKEY_CURRENT_CONFIG
- Path：注册表中的完整路径。如果路径不存在，就创建一个。
- RegEntry：要写入值的 Windows 注册表类别的名称。如果不存在，就添加一个。
- RegVal：正在写入的值。

在下例中，把代表 Excel 的启动日期和时间的值写到 Windows 注册表中。这些信息写到存储 Excel 设置的地方。

```vba
Sub Workbook_Open()
    RootKey = "hkey_current_user"
    Path = "software\microsoft\office\15.0\excel\LastStarted"
    RegEntry = "DateTime"
    RegVal = Now()
    If WriteRegistry(RootKey, Path, RegEntry, RegVal) Then
        msg = RegVal & " has been stored in the registry."
    Else
        msg = "An error occurred"
    End If
    MsgBox msg
End Sub
```

如果把这个例程存储在个人宏工作簿的 ThisWorkbook 模块中,那么无论何时启动 Excel,这个设置都会自动更新。

> **访问 Windows 注册表的更简单方法**
>
> 如果希望使用 Windows 注册表为 Excel 应用程序存储和检索设置,就不必非要调用 Windows API,而可以使用 VBA 的 GetSetting 和 SaveSetting 函数,后者更简单。
>
> 帮助系统中描述了这两个函数,这里不再详细介绍。然而,这些函数只使用下面的键名,理解这一点很重要:
>
> HKEY_CURRENT_USER\Software\VB and VBA Program Settings
>
> 换言之,不能使用这些函数来访问 Windows 注册表中的任意键值。当存储需要在两个会话之间维护的 Excel 应用程序的相关信息时,这些函数非常有用。

第 II 部分

高级 VBA 技术

第 8 章　使用透视表

第 9 章　使用图表

第 10 章　与其他应用程序的交互

第 11 章　处理外部数据和文件

第 8 章

使用透视表

本章内容：
- 使用 VBA 创建数据透视表
- 创建数据透视表的 VBA 过程示例
- 使用 VBA 在汇总表中创建工作表

8.1 数据透视表示例

Excel的数据透视表功能可能是其最具创新性且最强大的功能。数据透视表首次出现在Excel 5 中，后续每个版本都对这种功能做了改进。本章并不是对数据透视表的入门介绍，而假定你已对这项功能和术语比较熟悉，并且已经知道如何手动创建和修改数据透视表。

大概你也知道，根据数据库或列表来创建数据透视表，以便通过某些方式汇总数据(这是其他方式不可能办到的)，不仅速度快，而且不需要使用公式。我们也可编写 VBA 代码来生成和修改数据透视表。

本节将介绍一个使用 VBA 创建数据透视表的简单示例。

图 8-1 显示了一个非常简单的工作表单元格区域。它包含 4 个字段：SalesRep、Region、Month 和 Sales。每条记录描述的是某特定销售代表在某特定月份的销售量。

	A	B	C	D
1	SalesRep	Region	Month	Sales
2	Amy	North	Jan	33,488
3	Amy	North	Feb	47,008
4	Amy	North	Mar	32,128
5	Bob	North	Jan	34,736
6	Bob	North	Feb	92,872
7	Bob	North	Mar	76,128
8	Chuck	South	Jan	41,536
9	Chuck	South	Feb	23,192
10	Chuck	South	Mar	21,736
11	Doug	South	Jan	44,834
12	Doug	South	Feb	32,002
13	Doug	South	Mar	23,932

图 8-1 该表是数据透视表的理想选择

> **在线资源:**
> simple pivot table.xlsm 工作簿可从本书的下载文件包中获取。

8.1.1 创建数据透视表

图 8-2 显示了一个利用上述数据创建的数据透视表,以及一个 PivotTable Field List 任务栏。该数据透视表按照销售代表和月份汇总了销售业绩。它由下列 4 个字段组成:

- Region:数据透视表中的报表筛选字段。
- SalesRep:数据透视表中的行字段。
- Month:数据透视表中的列字段。
- Sales:数据透视表中使用 SUM 函数的值字段。

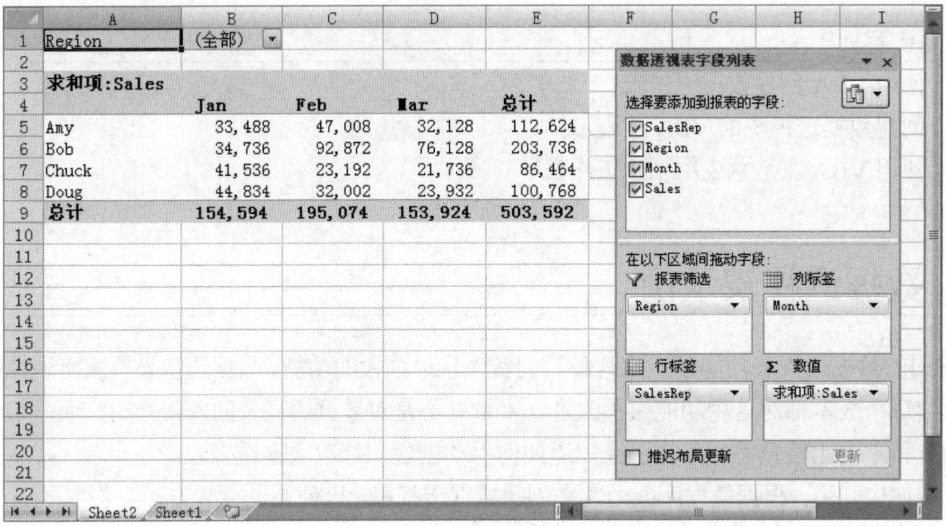

图 8-2 生成的数据透视表

如果在创建图 8-2 中的数据透视表时录制了宏,就可以发现宏录制器所生成的代码如下:

```
Sub CreatePivotTable()
    Sheets.Add
    ActiveWorkbook.PivotCaches.Create _
        (SourceType:=xlDatabase, _
        SourceData:="Sheet1!R1C1:R13C4", _

        Version:=6).CreatePivotTable _
        TableDestination:="Sheet2!R3C1", _
        TableName:="PivotTable1", _
        DefaultVersion:=6
    Sheets("Sheet2").Select
    Cells(3, 1).Select
    With ActiveSheet.PivotTables("PivotTable1").PivotFields("Region")
        .Orientation = xlPageField
        .Position = 1
    End With
```

```
    With ActiveSheet.PivotTables("PivotTable1").PivotFields("SalesRep")
        .Orientation = xlRowField
        .Position = 1
    End With
    With ActiveSheet.PivotTables("PivotTable1").PivotFields("Month")
        .Orientation = xlColumnField
        .Position = 1
    End With
    ActiveSheet.PivotTables("PivotTable1").AddDataField _
        ActiveSheet.PivotTables("PivotTable1").PivotFields("Sales"), _
        "Sum of Sales", xlSum
End Sub
```

如果执行该宏，很可能会产生错误。检查代码，我们会发现宏录制器为数据透视表"硬编码"了工作表名称(Sheet2)。如果该工作表已经存在(或者添加的新工作表另有名称)，宏会因错误而结束。宏录制器还硬编码了数据透视表的名称。如果工作簿有其他数据透视表，那么它的名称不会是 PivotTable1。

即使录制的宏不生效，也并非完全无用，我们可借助它们理解如何编写生成数据透视表的代码。

> **适合数据透视表的数据**
>
> 数据透视表要求数据以矩阵数据库形式存在。可将数据库存储在工作表单元格区域(可以是一个表或一个普通的单元格区域)或者外部数据库文件中。虽然 Excel 可以根据任意数据库生成数据透视表，但这种做法并非适用于所有数据库。
>
> 一般来说，数据库表中的字段由下列两种类型组成：
> - **数据**：包含要汇总的值或数据。对于销售示例来说，Sales 字段就是一个数据字段。
> - **类别**：描述了数据。对于销售数据，SalesRep、Region 和 Month 字段都是类别字段，因为它们描述了 Sales 字段中的数据。
>
> 适合数据透视表的数据库表被称为规范化表。换言之，每条记录(或行)包含了描述数据的信息。
>
> 一个数据库表可以有任意数量的数据字段和类别字段。在创建数据透视表时，我们通常想要汇总一个或多个数据字段。而类别字段中的值在数据透视表中表现为行、列或筛选器。
>
> 如果对这些概念感到有些困惑，可以查看本书下载文件包中的文件 normalized data.xlsx。这个工作簿包含为适合数据透视表而经过规范化的数据单元格区域，以及规范化之前的数据单元格区域。

8.1.2 检查录制的数据透视表代码

使用数据透视表的 VBA 代码可能会有点乱。要了解录制的宏，需要了解一些相关对象，所有这些都在帮助系统中进行了说明。

- PivotCaches：Workbook 对象中的 PivotCache 对象集合(数据透视表使用的数据存储在数据透视缓存中)。

- PivotTables：Worksheet 对象中的 PivotTable 对象集合。
- PivotFields：PivotTable 对象中字段的集合。
- PivotItems：字段类别中的各个数据项的集合。
- CreatePivotTable：一种使用数据透视缓存中的数据来创建数据透视表的方法。

8.1.3 整理录制的数据透视表代码

与大多数录制的宏一样，前面的示例并不那么有效，而且很可能产生错误。可简化代码段使其易于理解，并防止发生错误。下列代码会生成一个与前面所列过程一样的数据透视表：

```
Sub CreatePivotTable()
    Dim PTCache As PivotCache
    Dim PT As PivotTable

'   Create the cache
    Set PTCache = ActiveWorkbook.PivotCaches.Create( _
        SourceType:=xlDatabase, _
        SourceData:=Range("A1").CurrentRegion)

'   Add a new sheet for the pivot table
    Worksheets.Add

'   Create the pivot table
    Set PT = ActiveSheet.PivotTables.Add( _
        PivotCache:=PTCache, _
        TableDestination:=Range("A3"))

'   Specify the fields
    With PT
        .PivotFields("Region").Orientation = xlPageField
        .PivotFields("Month").Orientation = xlColumnField
        .PivotFields("SalesRep").Orientation = xlRowField
        .PivotFields("Sales").Orientation = xlDataField

        'no field captions
        .DisplayFieldCaptions = False
    End With
End Sub
```

CreatePivotTable 过程已经简化(可能更便于理解)，它声明了两个对象变量：PTCache 和 PT。代码中使用 Create 方法创建了一个新的 PivotCache 对象。添加了一个工作表，并使它成为活动工作表(数据透视表的目标工作表)。随后使用 PivotTables 集合的 Add 方法创建了一个新的 PivotTable 对象。代码段的最后部分将 4 个字段添加到数据透视表中，并通过为 Orientation 属性赋值指定了它们在表中的位置。

初始宏硬编码了用来创建 PivotCache 对象('Sheet1!R1C1:R13C4')的数据区域和数据透视表的位置(Sheet2)。在 CreatePivotTable 过程中，数据透视表基于单元格 A1 周围的当前区域，这样就确保了添加更多数据时宏能继续工作。

创建数据透视表前，添加工作表就不需要硬编码工作表引用。另一个不同之处在于，手动编写的宏并不指定数据透视表的名称。由于创建了 PT 对象变量，因此，再也不需要通过名称来引用数据透视表。

> **注意：**
> 对于 PivotFields 集合来说，代码使用索引会比使用字面字符串更通用。这样，如果用户改变列标题，这些代码仍是有效的。例如，通常代码会使用 PivotFields(1)而非 PivotFields('Region')。

正如一直强调的那样，掌握这些内容最好的方法是在宏中录制操作，以了解相关对象、方法和属性。然后学习"帮助"主题，理解这些是如何结合在一起的。几乎每个案例中都需要修改录制的宏。或者可在理解如何使用数据透视表之后，编写代码来抓取和消除宏录制器。

数据透视表的可兼容性

如果打算与使用以前版本的 Excel 的用户共享包含数据透视表的工作簿，必须注意兼容性问题。如果查看 8.1.1 节中录制的宏，可看到如下语句：

`DefaultVersion:=6`

如果工作簿处于兼容模式，录制的语句是：

`DefaultVersion:=xlPivotTableVersion10`

你还会发现录制的宏完全不同，这是因为从 Excel 2007 开始，Microsoft 在数据透视表中做了重要修改。

假设在 Excel 2019 中创建了一个数据透视表，并把工作簿交给使用 Excel 2003 的同事。同事仍可看到数据透视表，但不可以刷新它。也就是说，他们不能修改这个表。

如果要在 Excel 2019 中创建向后兼容的数据透视表，必须以 XLS 格式保存文件，然后重新打开它。完成上述操作后，创建的数据透视表就可用在 Excel 2007 之前的版本中。不过，这样做显然无法利用 Excel 后期版本中引入的所有新的数据透视表功能。

Excel 的兼容性检查器会对这种兼容性问题给出警告(参见图 8-3)。不过兼容性检查器不会对与数据透视表有关的宏检查兼容性。本章的宏不会生成向后兼容的数据透视表。

图 8-3　警告消息

8.2 创建更复杂的数据透视表

本节介绍了如何使用 VBA 代码来创建一个相对复杂的数据透视表。

图 8-4 显示了一个大工作表的一部分。该表共有 15 840 行，包含了某个公司的各级预算数据。该公司分为 5 个区域，每个区域分为 11 个部门。每个部门有 4 个预算类别，每个预算类别中包含多个预算项目。表中包含了一年中每个月的预算金额和实际金额。目标是使用数据透视表汇总这些信息。

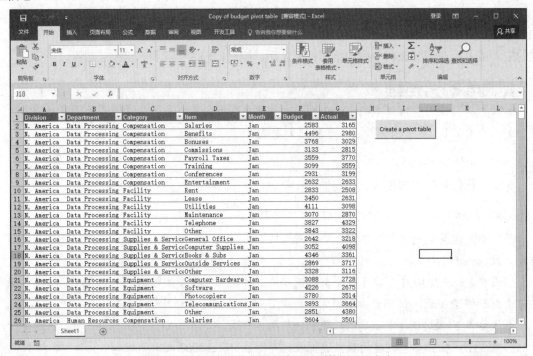

图 8-4　这个工作簿中的数据将汇总到数据透视表中

在线资源：
该工作簿可从本书的下载文件包中获取，文件名为 budget pivot table.xlsm。

图 8-5 显示了使用这些数据创建的一个数据透视表。注意，数据透视表中包含一个名为 Variance 的计算字段。该字段是 Budget 字段的金额和 Actual 字段的金额之差。

注意：
另一种选择是在表中插入一个新列，然后创建一个公式来计算预算金额和实际金额之间的差值。如果数据来自外部源(而非工作表)，那么这种选择可能是不可行的。

	A	B	C	D	E	F	G	H	I	J	K	L	M	N
1	Division	(全部)												
2	Category	(全部)												
3														
4		Jan	Feb	Mar	Apr	May	Jun	Jul	Aug	Sep	Oct	Nov	Dec	总计
5	Accounting													
6	求和项:Budget	422, 455	433, 317	420, 522	417, 964	411, 820	414, 012	427, 431	418, 530	412, 134	421, 678	426, 602	418, 445	5, 044, 910
7	求和项:Actual	422, 662	413, 163	416, 522	420, 672	431, 303	429, 993	425, 879	415, 253	417, 401	417, 806	425, 271	420, 026	5, 055, 951
8	求和项:Variance	-0, 207	20, 154	4, 000	-2, 708	-19, 483	-15, 981	1, 552	3, 277	-5, 267	3, 872	1, 331	-1, 581	-11, 041
9	Advertising													
10	求和项:Budget	424, 590	419, 331	417, 949	420, 324	427, 150	424, 169	421, 183	420, 245	429, 454	412, 078	411, 896	423, 101	5, 051, 470
11	求和项:Actual	416, 008	420, 828	425, 437	417, 310	419, 996	428, 330	428, 958	420, 856	416, 067	419, 232	411, 739	424, 492	5, 049, 253
12	求和项:Variance	8, 582	-1, 497	-7, 488	3, 014	7, 154	-4, 161	-7, 775	-0, 611	13, 387	-7, 154	0, 157	-1, 391	2, 217
13	Data Processing													
14	求和项:Budget	422, 197	422, 057	419, 659	417, 260	422, 848	421, 038	421, 676	418, 093	419, 999	418, 752	421, 106	428, 679	5, 053, 364
15	求和项:Actual	414, 743	438, 990	430, 545	424, 214	411, 775	421, 909	420, 210	414, 966	419, 913	430, 262	417, 478	408, 644	5, 053, 649
16	求和项:Variance	7, 454	-16, 933	-10, 886	-6, 954	11, 073	-0, 871	1, 466	3, 127	0, 086	-11, 510	3, 628	20, 035	-0, 285
17	Human Resources													
18	求和项:Budget	422, 053	425, 313	418, 634	423, 038	423, 514	419, 602	415, 197	419, 701	422, 762	413, 741	410, 972	422, 746	5, 037, 273
19	求和项:Actual	424, 934	429, 275	407, 053	429, 187	410, 258	421, 870	428, 551	422, 469	422, 252	421, 838	415, 125	417, 222	5, 050, 034
20	求和项:Variance	-2, 881	-3, 962	11, 581	-6, 149	13, 256	-2, 268	-13, 354	-2, 768	0, 510	-8, 097	-4, 153	5, 524	-12, 761
21	Operations													
22	求和项:Budget	413, 530	427, 975	419, 527	422, 299	415, 298	414, 805	413, 149	425, 287	412, 284	414, 242	427, 521	420, 190	5, 026, 107

图 8-5　使用预算数据创建的数据透视表

8.2.1　创建数据透视表的代码

下面是创建数据透视表的 VBA 代码：

```
Sub CreatePivotTable()
    Dim PTcache As PivotCache
    Dim PT As PivotTable

    Application.ScreenUpdating = False
'   Delete PivotSheet if it exists
    On Error Resume Next
    Application.DisplayAlerts = False
    Sheets("PivotSheet").Delete
    On Error GoTo 0

'   Create a Pivot Cache
    Set PTcache = ActiveWorkbook.PivotCaches.Create( _
      SourceType:=xlDatabase, _
      SourceData:=Range("A1").CurrentRegion.Address)

'   Add new worksheet
    Worksheets.Add
    ActiveSheet.Name = "PivotSheet"
    ActiveWindow.DisplayGridlines = False

'   Create the Pivot Table from the Cache
    Set PT = ActiveSheet.PivotTables.Add( _
      PivotCache:=PTcache, _
      TableDestination:=Range("A1"), _
      TableName:="BudgetPivot")

    With PT
'       Add fields
        .PivotFields("Category").Orientation = xlPageField
        .PivotFields("Division").Orientation = xlPageField
        .PivotFields("Department").Orientation = xlRowField
        .PivotFields("Month").Orientation = xlColumnField
        .PivotFields("Budget").Orientation = xlDataField
```

```
            .PivotFields("Actual").Orientation = xlDataField
            .DataPivotField.Orientation = xlRowField

'           Add a calculated field to compute variance
            .CalculatedFields.Add "Variance", "=Budget-Actual"
            .PivotFields("Variance").Orientation = xlDataField

'           Specify a number format
            .DataBodyRange.NumberFormat = "0,000"

'           Apply a style
            .TableStyle2 = "PivotStyleMedium2"

'           Hide Field Headers
            .DisplayFieldCaptions = False

'           Change the captions
            .PivotFields("Sum of Budget").Caption = " Budget"
            .PivotFields("Sum of Actual").Caption = " Actual"
            .PivotFields("Sum of Variance").Caption = " Variance"
    End With
End Sub
```

8.2.2 更复杂数据透视表的工作原理

CreatePivotTable 过程首先删除 PivotSheet 工作表(如果存在)。然后创建一个 PivotCache 对象，插入一个名为 PivotSheet 的新工作表，并从 PivotCache 中创建数据透视表。然后，代码将下列字段添加到数据透视表中：

- Category：报表筛选(页)字段。
- Division：报表筛选(页)字段。
- Department：行字段。
- Month：列字段。
- Budget：数据字段。
- Actual：数据字段。

注意，在下列语句中，DataPivotField 的 Orientation 属性被设置为 xlRowField：

```
.DataPivotField.Orientation = xlRowField
```

该语句确定了整个数据透视表的排序方向，在"数据透视表字段列表"中表示了"Σ数值"字段(如图 8-6 所示)。试着将该字段移到"列标签"区域中，看它如何影响数据透视表的布局。

接下来，该过程使用 CalculatedFields 集合的 Add 方法来创建计算字段 Variance，其值等于 Budget 金额减去 Actual 金额。该计算字段指定为数据字段。

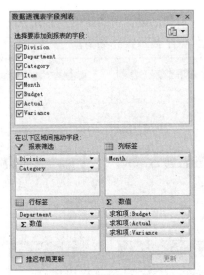

图 8-6 "数据透视表字段列表"任务窗格

> **注意：**
> 要将一个计算字段手动添加到数据透视表中，应选择"数据透视表工具"|"选项"|"计算"|"域、项目和集"|"计算字段"命令，此后将弹出"插入计算字段"对话框。

最后，代码会做出一些外观上的调整：
- 将某种数字格式应用到 DataBodyRange(表示整个数据透视表的数据)中。
- 应用某种样式。
- 隐藏标题(相当于选择了"数据透视表工具"|"选项"|"显示"|"字段标题"控件)。
- 改变显示在数据透视表中的标题。例如，用 Budget 替换 Sum of Budget。注意，Budget 字符串的前面要加上一个空格。Excel 不允许修改与字段名对应的标题，因此添加一个空格可以避开这个限制。

> **注意：**
> 记住，可充分利用宏录制器来学习各种属性。录制宏时生成代码这一动作能展示出你所需要的正确编程语法。宏录制器与"帮助"系统中的信息(以及相当多的反复试验和错误)一起，为我们提供了需要的所有信息。

8.3 创建多个数据透视表

最后一个示例创建了一系列数据透视表，这些数据透视表对从客户调查中收集的数据进行汇总。这些数据存储在工作表数据库中，共 150 行。每行包含了回答者的性别，并对 14 个调查项目都给出了 1~5 的数字等级。

> **在线资源：**
> 名为 survey data pivot tables.xlsm 的工作簿可从本书的下载文件包中获取。

图 8-7 显示了由宏生成的 28 个数据透视表的其中一部分。每个调查项目均在两个数据透视表中进行汇总(一个显示百分率，另一个显示实际频率)。

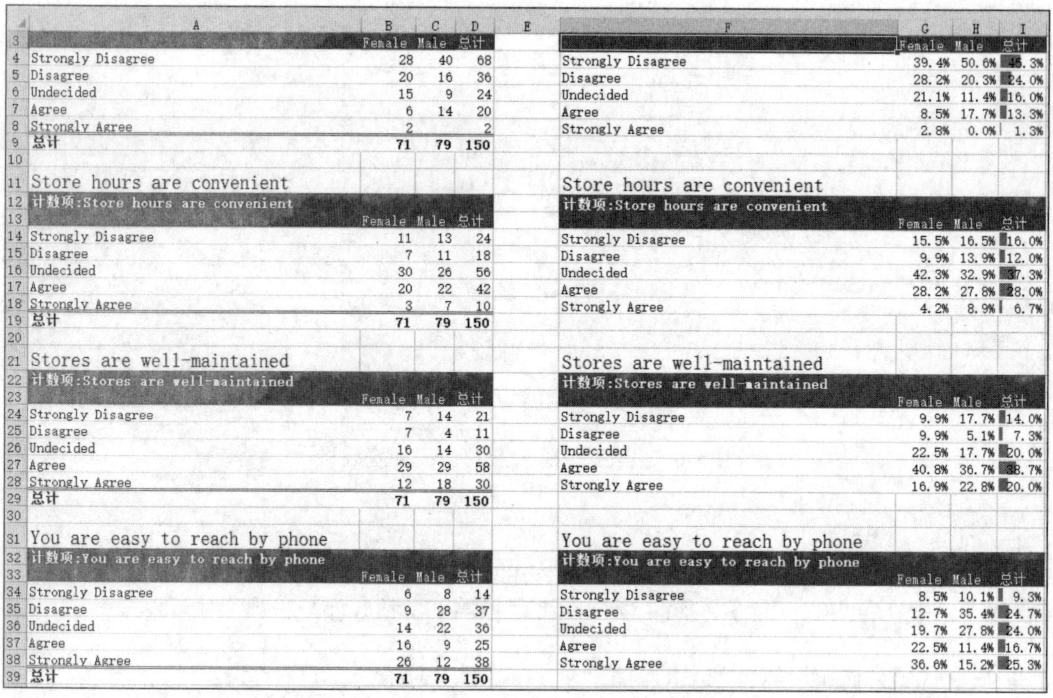

	Female	Male	总计
Strongly Disagree	28	40	68
Disagree	20	16	36
Undecided	15	9	24
Agree	6	14	20
Strongly Agree	2		2
总计	71	79	150

Store hours are convenient

计数项:Store hours are convenient	Female	Male	总计
Strongly Disagree	11	13	24
Disagree	7	11	18
Undecided	30	26	56
Agree	20	22	42
Strongly Agree	3	7	10
总计	71	79	150

Stores are well-maintained

计数项:Stores are well-maintained	Female	Male	总计
Strongly Disagree	7	14	21
Disagree	7	4	11
Undecided	16	14	30
Agree	29	29	58
Strongly Agree	12	18	30
总计	71	79	150

You are easy to reach by phone

计数项:You are easy to reach by phone	Female	Male	总计
Strongly Disagree	6	8	14
Disagree	9	28	37
Undecided	14	22	36
Agree	16	9	25
Strongly Agree	26	12	38
总计	71	79	150

	Female	Male	总计
Strongly Disagree	39.4%	50.6%	45.3%
Disagree	28.2%	20.3%	24.0%
Undecided	21.1%	11.4%	16.0%
Agree	8.5%	17.7%	13.3%
Strongly Agree	2.8%	0.0%	1.3%

Store hours are convenient

计数项:Store hours are convenient	Female	Male	总计
Strongly Disagree	15.5%	16.5%	16.0%
Disagree	9.9%	13.9%	12.0%
Undecided	42.3%	32.9%	37.3%
Agree	28.2%	27.8%	28.0%
Strongly Agree	4.2%	8.9%	6.7%

Stores are well-maintained

计数项:Stores are well-maintained	Female	Male	总计
Strongly Disagree	9.9%	17.7%	14.0%
Disagree	9.9%	5.1%	7.3%
Undecided	22.5%	17.7%	20.0%
Agree	40.8%	36.7%	38.7%
Strongly Agree	16.9%	22.8%	20.0%

You are easy to reach by phone

计数项:You are easy to reach by phone	Female	Male	总计
Strongly Disagree	8.5%	10.1%	9.3%
Disagree	12.7%	35.4%	24.7%
Undecided	19.7%	27.8%	24.0%
Agree	22.5%	11.4%	16.7%
Strongly Agree	36.6%	15.2%	25.3%

图 8-7　由 VBA 过程创建的一些数据透视表

创建数据透视表的 VBA 代码如下：

```
Sub MakePivotTables()
'   This procedure creates 28 pivot tables
    Dim PTCache As PivotCache
    Dim PT As PivotTable
    Dim SummarySheet As Worksheet
    Dim ItemName As String
    Dim Row As Long, Col As Long, i As Long

    Application.ScreenUpdating = False

'   Delete Summary sheet if it exists
    On Error Resume Next
    Application.DisplayAlerts = False
    Sheets("Summary").Delete
    On Error GoTo 0

'   Add Summary sheet
    Set SummarySheet = Worksheets.Add
    ActiveSheet.Name = "Summary"

'   Create Pivot Cache
```

```vba
    Set PTCache = ActiveWorkbook.PivotCaches.Create( _
      SourceType:=xlDatabase, _
      SourceData:=Sheets("SurveyData").Range("A1"). _
        CurrentRegion)
    
    Row = 1
    For i = 1 To 14
      For Col = 1 To 6 Step 5 '2 columns
        ItemName = Sheets("SurveyData").Cells(1, i + 2)
        With Cells(Row, Col)
            .Value = ItemName
            .Font.Size = 16
        End With
        
'       Create pivot table
        Set PT = ActiveSheet.PivotTables.Add( _
          PivotCache:=PTCache, _
          TableDestination:=SummarySheet.Cells(Row + 1, Col))
        
'       Add the fields
        If Col = 1 Then 'Frequency tables
            With PT.PivotFields(ItemName)
              .Orientation = xlDataField
              .Name = "Frequency"
              .Function = xlCount
            End With
        Else ' Percent tables
        With PT.PivotFields(ItemName)
            .Orientation = xlDataField
            .Name = "Percent"
            .Function = xlCount
            .Calculation = xlPercentOfColumn
            .NumberFormat = "0.0%"
        End With
        End If
        
        PT.PivotFields(ItemName).Orientation = xlRowField
        PT.PivotFields("Sex").Orientation = xlColumnField
        PT.TableStyle2 = "PivotStyleMedium2"
        PT.DisplayFieldCaptions = False
        If Col = 6 Then
'           add data bars to the last column
            PT.ColumnGrand = False
            PT.DataBodyRange.Columns(3).FormatConditions. _
              AddDatabar
        With pt.DataBodyRange.Columns(3).FormatConditions(1)
            .BarFillType = xlDataBarFillSolid
            .MinPoint.Modify newtype:=xlConditionValueNumber, newvalue:=0
            .MaxPoint.Modify newtype:=xlConditionValueNumber, newvalue:=1
        End With
```

```
            End If
        Next Col
            Row = Row + 10
      Next i

'   Replace numbers with descriptive text
    With Range("A:A,F:F")
        .Replace "1", "Strongly Disagree"
        .Replace "2", "Disagree"
        .Replace "3", "Undecided"
        .Replace "4", "Agree"
        .Replace "5", "Strongly Agree"
    End With
End Sub
```

注意，所有这些数据透视表都是从一个 PivotCache 对象中创建的。

数据透视表在嵌套循环中创建。Col 循环计数器使用 Step 参数从 1 前进到 6。该指令对于数据透视表的第二列来说略有不同。具体来说，对数据透视表中的第二列执行如下操作：

- 将计数显示为列的百分比。
- 不显示行的总数。
- 指定了数字格式。
- 显示的格式为数据栏符合条件的格式。

Row 变量跟踪了每个数据透视表的起始行。最后一步是将 A 列和 F 列的数字类别用文本代替。例如，1 用 Strongly Agree 替代。

8.4　创建转换的数据透视表

数据透视表的功能是将数据汇总到一个表中。但是如果已经有了一个汇总表，想根据这个汇总表再创建一个表，又该如何操作呢？图 8-8 显示了一个示例。单元格区域 B2～F14 内包含了一个汇总表——类似于一个非常简单的数据透视表。单元格区域 I～K 列包含了一个从该汇总表创建的共有 48 行的表。在这个表中，每一行都包含一个数据点，前两列描述了这个数据点。换句话说，转换的数据被规范化了(参见前面 8.1.1 一节的补充说明中给出的注解)。

Month	Amy	Bob	Chuck	Doug
Jan	47,955	34,240	55,560	56,380
Feb	44,715	35,435	61,810	63,325
Mar	41,635	34,005	58,655	60,055
Apr	48,515	32,065	63,530	57,700
May	53,945	39,225	67,860	57,900
Jun	50,990	38,305	64,370	61,760
Jul	49,235	38,675	66,020	65,220
Aug	55,725	34,300	70,160	63,140
Sep	57,710	26,615	68,985	65,740
Oct	54,020	24,220	70,035	63,300
Nov	52,055	19,365	65,240	62,905
Dec	48,690	20,440	64,165	54,915

Column1	Column2	Column3
Jan	Amy	47,955
Jan	Bob	34,240
Jan	Chuck	55,560
Jan	Doug	56,380
Feb	Amy	44,715
Feb	Bob	35,435
Feb	Chuck	61,810
Feb	Doug	63,325
Mar	Amy	41,635
Mar	Bob	34,005
Mar	Chuck	58,655
Mar	Doug	60,055
Apr	Amy	48,515

图 8-8　左边的汇总表被转换成右边的表

Excel 并没有提供将汇总表转换成规范化表的方法，因此可用 VBA 宏来实现。例如，如图 8-9 所示，用户窗体可获取输入区域和输出区域，并且可选择将输出区域转换成表。

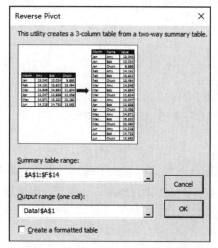

图 8-9　该对话框要求用户选择区域

> **在线资源:**
> 可从本书的下载文件包中获取 reverse pivot table.xlsm 工作簿。

用户单击用户窗体中的 OK 按钮时，VBA 代码会验证区域的有效性，并使用下列语句调用 ReversePivot 过程：

```
Call ReversePivot(SummaryTable, OutputRange, cbCreateTable)
```

该过程传递了下列 3 个参数：

- SummaryTable：表示汇总表的 Range 对象。
- OutputRange：表示输出区域的左上角单元格的 Range 对象。
- cbCreateTable：表示用户窗体上的 Checkbox 对象。

该过程对于任意大小的汇总表都是有效的。输出表中的数据行数等于(r-1)*(c-1)，r 和 c 分别表示汇总表中的行数和列数。

ReversePivot 过程中的代码如下：

```
Sub ReversePivot(SummaryTable As Range, _
  OutputRange As Range, CreateTable As Boolean)
    Dim r As Long, c As Long
    Dim OutRow As Long, OutCol As Long

'   Convert the range
    OutRow = 2
    Application.ScreenUpdating = False
    OutputRange.Range("A1:C3") = Array("Column1", "Column2", "Column3")
    For r = 2 To SummaryTable.Rows.Count
        For c = 2 To SummaryTable.Columns.Count
            OutputRange.Cells(OutRow, 1) = SummaryTable.Cells(r, 1)
            OutputRange.Cells(OutRow, 2) = SummaryTable.Cells(1, c)
```

```
                OutputRange.Cells(OutRow, 3) = SummaryTable.Cells(r, c)
                OutRow = OutRow + 1
        Next c
    Next r

'   Make it a table?
    On Error Resume Next
    If CreateTable Then _
      ActiveSheet.ListObjects.Add xlSrcRange, _
        OutputRange.CurrentRegion, , xlYes
    OnErroe Goto 0
End Sub
```

该过程非常简单。代码在输入区域的行和列中循环，然后将数据写到输出区域中。输出区域总是包含3列。OutRow变量跟踪输出区域的当前行。最后，如果用户选择了复选框，输出区域将通过使用ListObjects集合的Add方法转换为表。

第 9 章

使 用 图 表

本章内容:
- 了解 Excel 图表的基本背景信息
- 了解嵌入式图表和图表工作表之间的区别
- 理解 Chart 对象模型
- 使用除宏录制器外的其他方法来帮助学习 Chart 对象
- 探索 VBA 的常见制图任务的示例
- 更复杂的制图宏的示例
- 一些有趣和有用的制图技巧
- 使用迷你图

9.1 关于图表

Excel 的制图功能可使用存储在工作表中的数据来创建各种图表,你几乎可控制每一种图表的每个方面。

Excel 图表中包含的是对象,每个对象都有各自的属性和方法。因此,用 VBA 来操作图表有一定挑战性。本章介绍一些关键概念,这些概念是编写 VBA 代码来生成或操作图表所需理解的。在此基础上可更好地理解图表的对象层次结构。

9.1.1 图表的位置

在 Excel 中,图表可以放在一个工作簿的下列两个地方:
- **作为一个嵌入对象放在工作表上**:一个工作表可以包含任意数量的嵌入式图表。
- **放在一个单独的图表工作表中**:一个图表工作表通常包含一个图表。

大多数用户通过使用命令手动创建图表:"插入"|"图表"组命令。也可以使用 VBA 来创建图表。当然,还可以使用 VBA 来修改现有的图表。

> **提示：**
> 手动创建图表最快捷的方法是：选择数据，然后按 Alt+F1 快捷键。Excel 便会创建一个嵌入式图表，并使用默认图表类型。要在图表工作表上创建一个新的默认图表，则只需要选择数据，按 F11 键即可。

使用图表时的一个关键性概念是活动图表——即当前选定的图表。用户单击一个嵌入式图表或激活一个图表工作表时，便激活了一个 Chart 对象。在 VBA 中，ActiveChart 属性会返回这个激活的 Chart 对象(如果存在)。可编写代码来使用这个 Chart 对象，就像编写代码来使用由 ActiveWorkbook 属性返回的 Workbook 对象一样。

下面是一个示例：如果某个图表被激活，则下列语句会显示 Chart 对象的 Name 属性：

```
MsgBox ActiveChart.Name
```

如果图表没有被激活，那么上述语句会产生错误。

> **注意：**
> 从本章稍后可了解到，使用 VBA 操作图表时不需要激活图表。

9.1.2 宏录制器和图表

如果已经阅读了本书的其他章节，就会知道我们经常推荐使用宏录制器来学习对象、属性和方法。一直以来，已录制的宏都作为很好的学习工具。录制得到的代码总是可以引导我们找到相关的对象、属性和方法。

> **兼容性问题**
> 本章中的 VBA 代码使用 Excel 2013 中所介绍的与图表相关的属性和方法。例如，Excel 2013 引入了 AddChart2 方法。AddChart 方法仍然可以使用，但笔者更关注最新的一些变化，因为有了这些变化使用起来更简单。因此，这里所提供的代码不能在 Excel 2013 以前的版本中使用。

9.1.3 Chart 对象模型

当你首次接触 Chart 对象的对象模型时，可能会混淆——但这并不奇怪，对象模型确实容易让人产生混淆，而且也非常深奥。

例如，假设想要改变显示在一个嵌入式图表中的标题。最高层的对象当然是 Application(Excel)。Application 对象包含 Workbook 对象，而 Workbook 对象又包含 Worksheet 对象。Worksheet 对象包含 ChartObject 对象，ChartObject 对象则包含 Chart 对象。Chart 对象包含 ChartTitle 对象，ChartTitle 对象则包含 Text 属性，用来存储显示为图表标题的文本。

下面以另一种方式来表示嵌入式图表的对象层次结构：

```
Application
    Workbook
        Worksheet
            ChartObject
```

```
        Chart
                ChartTitle
```

当然，VBA 代码必须严格遵循该对象模型。例如，要将一个图表的标题设置为 YTD Sales，可编写如下 VBA 指令：

```
WorkSheets("Sheet1").ChartObjects(1).Chart.ChartTitle.Text = "YTD Sales"
```

该语句假设活动工作簿为 Workbook 对象。该语句操作的对象是工作表 Sheet 1 上的 ChartObjects 集合中的第一项。Chart 属性返回实际的 Chart 对象，ChartTitle 属性返回 ChartTitle 对象。最后到达 Text 属性。

注意，如果图表没有标题，那么前面的语句会运行失败。要为图表添加一个默认标题(显示文本 Chart Title)，可使用下面的语句：

```
Worksheets("Sheet1").ChartObjects(1).Chart.HasTitle = True
```

对于图表工作表来说，对象的层次结构略有不同，因为它并不涉及 Worksheet 对象或 ChartObject 对象。例如，下面是图表工作表中图表的 ChartTitle 对象的层次结构：

```
Application
    Workbook
        Chart
            ChartTitle
```

在 VBA 中，可使用下列语句将图表工作表中的图表标题设置为 YTD Sales：

```
Sheets("Chart1").ChartTitle.Text = "YTD Sales"
```

图表工作表本质上是一个 Chart 对象，而且没有父对象 ChartObject。换言之，嵌入式图表的父对象是 ChartObject 对象，而一个图表工作表中的图表的父对象是 Workbook 对象。

下列两条语句都将显示一个消息框，内容为 Chart：

```
MsgBox TypeName(Sheets("Sheet1").ChartObjects(1).Chart)
Msgbox TypeName(Sheets("Chart1"))
```

> **注意：**
> 创建一个新的嵌入式图表时，就对某个特定工作表中的 ChartObjects 集合和 Shapes 集合执行了添加操作(对工作表来说，没有 Charts 集合)。创建一个新的图表工作表时，就对某个特定工作簿中的 Charts 集合和 Sheets 集合执行了添加操作。

9.2 创建嵌入式图表

ChartObject 是一种特殊类型的 Shape 对象。因此，它是 Shapes 集合的成员。要创建一个新的图表，可使用 Shapes 集合的 AddChart2 方法。下列语句创建了一个空的嵌入式图表(使用的都是默认设置)：

```
ActiveSheet.Shapes.AddChart2
```

AddChart2 方法可使用下列 7 个参数(所有参数都是可选的)：
- Style：指定图表的样式(或整体外观)的数值代码。
- xlChartType：图表类型。若省略，则使用默认类型。它提供了所有图表类型常量(如 xlArea、xlColumnClustered 等)。
- Left：图表左边的位置，以点为单位。若省略，Excel 会将图表水平居中。
- Top：图表顶端的位置，以点为单位。若省略，Excel 会将图表垂直居中。
- Width：图表的宽度，以点为单位。若省略，Excel 使用的值为 354。
- Height：图表的高度，以点为单位。若省略，Excel 使用的值为 210。
- NewLayout：指定图表布局的数值代码。

下面的语句创建一个簇状柱形图，设置如下：Style 201、Layout 5、距左边 50 像素、距顶部 60 像素、宽 300 像素以及高 200 像素：

```
ActiveSheet.Shapes.AddChart2 201, xlColumnClustered, 50, 60, 300, 200, 5
```

许多情况下，会发现在创建图表时，创建一个对象变量是很有效的。下列过程创建了一个折线图，该折线图可使用 MyChart 对象变量在代码中引用。注意，AddChart2 方法只指定开头的两个参数。其他 5 个参数使用默认值：

```
Sub CreateChart()
    Dim MyChart As Chart
    Set MyChart = ActiveSheet.Shapes.AddChart2(212,xlLineMarkers).Chart
End Sub
```

没有数据的图表用处并不大。因此需要使用下面两种方法为图表指定数据：
- 在创建图表的代码前选择单元格。
- 在创建完图表后使用 Chart 对象的 SetSourceData 方法。

下面是一个选择数据单元格区域然后创建图表的简单过程：

```
Sub CreateChart2()
    Range("A1:B6").Select
    ActiveSheet.Shapes.AddChart2 201, xlColumnClustered
End Sub
```

该过程接下来展示了 SetSourceData 方法，使用了两个对象变量：DataRange(存储数据的 Range 对象)和 MyChart(Chart 对象)。在创建图表时创建 MyChart 对象变量。

```
Sub CreateChart3()
    Dim MyChart As Chart
    Dim DataRange As Range
    Set DataRange = ActiveSheet.Range("A1:B6")
    Set MyChart = ActiveSheet.Shapes.AddChart2.Chart
    MyChart.SetSourceData Source:=DataRange
End Sub
```

注意 AddChart2 方法没有参数，因此创建了默认的图表。

9.3 在图表工作表上创建图表

上一节内容描述了创建嵌入式图表的基本过程。如果要在图表工作表上直接创建一个图表，则可以使用 Charts 集合的 Add2 方法。Charts 集合的 Add2 方法使用了一些可选参数，但是这些参数指定的是图表工作表的位置——而非图表的相关信息。

下列示例在图表工作表上创建了一个图表，并指定了数据区域和图表类型：

```
Sub CreateChartSheet()
    Dim MyChart As Chart
    Dim DataRange As Range
    Set DataRange = ActiveSheet.Range("A1:C7")
    Set MyChart = Charts.Add2
    MyChart.SetSourceData Source:=DataRange
    ActiveChart.ChartType = xlColumnClustered
End Sub
```

9.4 修改图表

Excel 2013 中增强的功能使得用户在创建和修改图表时更为方便。例如，激活图表时，Excel 在图表的右边显示 3 个图标：ChartElements(用于给图表添加或删除元素)、Style&Color(用于选择图表样式或调色板中的颜色)、Chart Filers(用于隐藏序列或数据点)。

VBA 可执行新图表控件中所有可用的动作。例如，如果你准备在给图表添加或删除元素时打开宏录制器，就会看到相关的方法是 SetElement(Chart 对象的一个方法)。这个方法有一个参数，可预定义常量。例如，使用如下语句向活动图表中添加初始水平网格线：

```
ActiveChart.SetElement msoElementPrimaryValueGridLinesMajor
```

要删除初始水平网格线，需要使用如下语句：

```
ActiveChart.SetElement msoElementPrimaryValueGridLinesNone
```

帮助系统中列出了所有常量，或者你也可以使用宏录制器找到它们。

使用 ChartStyle 属性可将图表改成预定义的样式。样式是数值，不能是描述性的常量。例如，下述语句将活动图表的样式改为样式 215：

```
ActiveChart.ChartStyle = 215
```

ChartStyle 属性的有效值是 1~48 和 201~248。后面的组中集中了 Excel 2013 中的新样式。同样需要注意，样式的实际外观在不同版本中并不能保持一致。例如，样式 48 在 Excel 2010 中的外观就不一样。

要改变图表使用的颜色模式，可将它的 ChartColor 属性的值设置为 1~26 之间的数字，例如：

```
ActiveChart.ChartColor = 12
```

如果将 ChartStyle 的 96 个值以及 ChartColor 的 26 个值组合起来，将得到 2496 种组合，足够任何人使用了。如果那些预先设定的选项不够，还可以控制图表中的所有元素。例如，下述代码

可改变图表序列中一个点的填充颜色:

```
With ActiveChart.FullSeriesCollection(1).Points(2).Format.Fill
    .Visible = msoTrue
    .ForeColor.ObjectThemeColor = msoThemeColorAccent2
    .ForeColor.TintAndShade = 0.4
    .ForeColor.Brightness = -0.25
    .Solid
End With
```

另外,在对图表进行改变时会录制你的动作,从而提供在编写代码时需要的对象模型信息。

9.5 使用 VBA 激活图表

用户单击某个嵌入式图表的任何区域,都会激活该图表。VBA 代码则可通过 Activate 方法激活一个嵌入式图表。下面是一条 VBA 语句,等同于对嵌入式图表执行"Ctrl+单击"操作。

```
ActiveSheet.ChartObjects("Chart 1").Activate
```

如果该图表在一个图表工作表上,则使用下列语句:

```
Sheets("Chart1").Activate
```

也可通过选择包含图表的图形来激活图表:

```
ActiveSheet.Shapes("Chart 1").Select
```

当图表被激活时,就可在代码中使用 ActiveChart 属性(返回 Chart 对象)来引用它。例如,下列指令显示了活动图表的名称。如果没有活动图表,则该语句会生成一个错误:

```
MsgBox ActiveChart.Name
```

如果要用 VBA 修改一个图表,并不需要激活它。下面两个过程产生同样的效果。即它们将一个名为 Chart 1 的嵌入式图表改成面积图。第一个过程在执行操作前激活了图表,第二个过程则没有激活图表。

```
Sub ModifyChart1()
    ActiveSheet.ChartObjects("Chart 1").Activate
    ActiveChart.ChartType = xlArea
End Sub

Sub ModifyChart2()
    ActiveSheet.ChartObjects("Chart 1").Chart.ChartType = xlArea
End Sub
```

9.6 移动图表

嵌入在工作表中的图表可转换成图表工作表。如果选择手动操作,只需要激活该嵌入式图表,

并选择"图表工具"|"设计"|"位置"|"移动图表"命令。在"移动图表"对话框中,选择"新工作表"选项,并为它指定一个名称。

也可通过使用 VBA 将嵌入式图表转换成图表工作表。下面是一个示例,它将工作表 Sheet1 上的第一个 ChartObject 转换成图表工作表 MyChart:

```
Sub MoveChart1()
    Sheets("Sheet1").ChartObjects(1).Chart. _
      Location xlLocationAsNewSheet, "MyChart"
End Sub
```

不过,宏一旦被触发后就无法撤消这个动作。但是可以使用下面的代码执行与上述过程相反的操作。它将图表工作表 MyChart 上的图表转换为工作表 Sheet1 上的嵌入式图表。

```
Sub MoveChart2()
    Charts("MyChart").Location xlLocationAsObject, "Sheet1"
End Sub
```

> **注意:**
> 使用 Location 方法也会激活重置的图表。

关于图表名称

每个 ChartObject 对象都有一个名称,ChartObject 中的每个图表也都有一个名称。这看起来非常简单,但是常常容易混淆。在工作表 Sheet1 上创建一个新图表,激活它。然后激活 VBA 的"立即窗口",输入以下命令:

```
? ActiveSheet.Shapes(1).Name
Chart 1
? ActiveSheet.ChartObjects(1).Name
Chart 1
? ActiveChart.Name
Sheet1 Chart 1
? Activesheet.ChartObjects(1).Chart.Name
Sheet1 Chart 1
```

如果改变工作表的名称,那么图表的名称也会改变以包含新表名。也可使用"名称"框(位于"公式"栏的左边)来改变 Chart 对象的名称,也可使用 VBA 来改变名称。

```
Activesheet.ChartObjects(1).Name = "New Name"
```

但是,不能改变包含在 ChartObject 中的图表名称,否则下面的语句会得到一个莫名其妙的"内存不足"错误。

```
Activesheet.ChartObjects(1).Chart.Name = "New Name"
```

奇怪的是,Excel 允许使用现有 ChartObject 已存在的名称。换言之,一个工作表中可以有很多个嵌入式图表,每个嵌入式图表都可以被命名为 Chart 1。如果复制一个嵌入式图表,得到的新图表可与源图表同名。

关键点是什么?注意这个怪现象。如果发现 VBA 制图宏不工作了,请确认没有两个名称一样的图表。

9.7 使用 VBA 使图表取消激活

使用 Activate 方法可激活一个图表,那么怎样使一个图表取消激活(即未被选定)呢?

使用 VBA 来使图表取消激活的唯一方法是选择图表以外的其他对象。对于嵌入式图表来说,可使用 ActiveWindow 对象的 RangeSelection 属性使图表取消激活,并选择图表被激活之前选定的区域:

```
ActiveWindow.RangeSelection.Select
```

要使图表工作表上的图表取消激活,只需要编写选择另一个工作表的代码。

9.8 确定图表是否被激活

通用类型的宏会对活动图表(用户选定的图表)执行一些操作。例如,宏可能会修改图表的类型、应用一种样式、添加数据标签或将图表输出为一个图形文件。

问题是,VBA 代码如何确定用户是否真正选定了一个图表?选定图表的含义是通过单击来激活一个图表工作表或嵌入式图表。你可能会首先偏向于检查 Selection 的 TypeName 属性,如下列表达式所示:

```
TypeName(Selection) = "Chart"
```

其实,该表达式的值永远不会为 True。激活一个图表时,实际选择将是 Chart 对象中的某个对象,如 Series 对象、ChartTitle 对象、Legend 对象以及 PlotArea 对象等。

解决方法是,确定 ActiveChart 的值是否为 Nothing。如果是,则图表不是活动的。下列代码检查图表是不是活动的。如果不是,那么用户会看到一条消息,过程结束:

```
If ActiveChart Is Nothing Then
    MsgBox "Select a chart."
    Exit Sub
Else
    'other code goes here
End If
```

使用 VBA 函数过程来确定图表是否被激活是一种非常简便的方法。如果图表工作表或嵌入式图表被激活,下面的 ChartIsSelected 函数将返回 True;如果图表没有被激活,则返回 False:

```
Private Function ChartIsActivated() As Boolean
    ChartIsActivated = Not ActiveChart Is Nothing
End Function
```

9.9 从 ChartObjects 或 Charts 集合中删除图表

要删除工作表上的图表,就必须知道 ChartObject 或 Shape 对象的名称或索引。下列语句将活动工作表上名为 Chart 1 的 ChartObject 删除。

```
ActiveSheet.ChartObjects("Chart 1").Delete
```

注意有时多个 ChartObject 的名称是一样的。如果遇到这种情况,可通过使用索引号来删除图表:

```
ActiveSheet.ChartObjects(1).Delete
```

如果要删除工作表上所有的 ChartObject 对象,可使用 ChartObjects 集合中的 Delete 方法:

```
ActiveSheet.ChartObjects.Delete
```

也可以通过访问 Shapes 集合来删除嵌入式图表。下列语句删除了活动工作表上的图形 Chart 1:

```
ActiveSheet.Shapes("Chart 1").Delete
```

下列语句删除了活动工作表中所有的嵌入式图表(以及其他所有图形):

```
Dim shp as Shape
For Each shp In ActiveSheet.Shapes
    shp.Delete
Next shp
```

要删除单个图表工作表,就必须知道该图表工作表的名称或索引。下列语句删除了名为 Chart 1 的图表工作表。

```
Charts("Chart1").Delete
```

要删除活动工作簿中的所有图表工作表,可使用下列语句:

```
ActiveWorkbook.Charts.Delete
```

删除工作表时,Excel 会显示警告。用户只有响应该提示才能让宏继续执行。如果正用宏删除工作表,可能不想让该警告提示显示出来。如果要消除该提示,可使用 DisplayAlerts 属性来临时禁止警告信息:

```
Application.DisplayAlerts = False
ActiveWorkbook.Charts.Delete
Application.DisplayAlerts = True
```

9.10 循环遍历所有图表

某些情况下,可能需要对所有图表执行一种操作。下例将修改应用于活动工作表上的每个嵌入式图表。该过程使用了一个循环,循环遍历 ChartObjects 集合中的每个对象,然后访问每个 Chart 对象,并修改一些属性。

```
Sub FormatAllCharts()
    Dim ChtObj As ChartObject
    For Each ChtObj In ActiveSheet.ChartObjects
      With ChtObj.Chart
        .ChartType = xlLineMarkers
```

```
            .ApplyLayout 3
            .ChartStyle = 12
            .ClearToMatchStyle
            .SetElement msoElementChartTitleAboveChart
            .SetElement msoElementLegendNone
            .SetElement msoElementPrimaryValueAxisTitleNone
            .SetElement msoElementPrimaryCategoryAxisTitleNone
            .Axes(xlValue).MinimumScale = 0
            .Axes(xlValue).MaximumScale = 1000
            With .Axes(xlValue).MajorGridlines.Format.Line
                .ForeColor.ObjectThemeColor = msoThemeColorBackground1
                .ForeColor.TintAndShade = 0
                .ForeColor.Brightness = -0.25
                .DashStyle = msoLineSysDash
                .Transparency = 0
            End With
        End With
    Next ChtObj
End Sub
```

> **在线资源：**
> 该示例可从本书的下载文件包中获取。文件名为 format all charts.xlsm。

图9-1分别显示了4张使用不同格式的图表；图9-2分别显示了这4张图表在运行了 FormatAllCharts 宏之后的结果。

下面的宏执行了与前面的 FormatAllCharts 过程相同的操作，但操作对象是活动工作簿中所有的图表工作表。

```
Sub FormatAllCharts2()
    Dim cht as Chart
    For Each cht In ActiveWorkbook.Charts
      With cht
        .ChartType = xlLineMarkers
        .ApplyLayout 3
        .ChartStyle = 12
        .ClearToMatchStyle
        .SetElement msoElementChartTitleAboveChart
        .SetElement msoElementLegendNone
        .SetElement msoElementPrimaryValueAxisTitleNone
        .SetElement msoElementPrimaryCategoryAxisTitleNone
        .Axes(xlValue).MinimumScale = 0
        .Axes(xlValue).MaximumScale = 1000
        With .Axes(xlValue).MajorGridlines.Format.Line
            .ForeColor.ObjectThemeColor = msoThemeColorBackground1
            .ForeColor.TintAndShade = 0
            .ForeColor.Brightness = -0.25
            .DashStyle = msoLineSysDash
            .Transparency = 0
        End With
      End With
    Next cht
End Sub
```

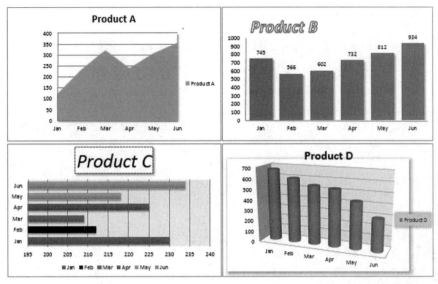

图 9-1　这些图表使用了不同格式

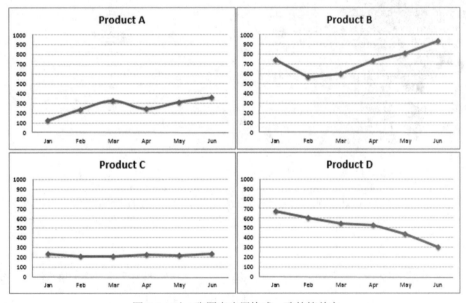

图 9-2　对 4 张图表应用格式一致的简单宏

9.11　调整 ChartObjects 对象的大小并对齐

ChartObject 对象具有标准的位置属性(Top 和 Left)和大小属性(Width 和 Height)，可使用 VBA 代码进行访问。Excel 的功能区有控件(选中"图表工具"|"格式"|"大小"组命令)可用于设置 Height 和 Width 属性，但不能设置 Top 和 Left 属性。

下面的示例将一个工作表中的所有 ChartObject 对象重新定义大小，使其与活动图表的尺寸相匹配。它还将 ChartObject 对象按照用户指定的列数进行排列。

```vba
Sub SizeAndAlignCharts()
    Dim W As Long, H As Long
    Dim TopPosition As Long, LeftPosition As Long
    Dim ChtObj As ChartObject
    Dim i As Long, NumCols As Long

    If ActiveChart Is Nothing Then
        MsgBox "Select a chart to be used as the base for the sizing"
        Exit Sub

    End If

    'Get columns
    On Error Resume Next
    NumCols = InputBox("How many columns of charts?")
    If Err.Number <> 0 Then Exit Sub
    If NumCols < 1 Then Exit Sub
    On Error GoTo 0

    'Get size of active chart
    W = ActiveChart.Parent.Width
    H = ActiveChart.Parent.Height

    'Change starting positions, if necessary
    TopPosition = 100
    LeftPosition = 20
    For i = 1 To ActiveSheet.ChartObjects.Count
        With ActiveSheet.ChartObjects(i)
            .Width = W
            .Height = H
            .Left = LeftPosition + ((i - 1) Mod NumCols) * W
            .Top = TopPosition + Int((i - 1) / NumCols) * H
        End With
    Next i
End Sub
```

如果不存在活动图表，则会提示用户激活将作为定义其他图表大小的基础的图表。笔者使用 InputBox 函数来获取列数。Left 和 Top 属性的值在循环中进行计算。

> **在线资源：**
> 可从本书的下载文件包中获取 size and align charts.xlsm 工作簿。

9.12 创建大量图表

本节中的示例主要说明如何自动创建多个图。图 9-3 列出要被创建为图表的部分数据。工作表中包含 50 个人员的数据，需要据此创建 50 个图表，格式一致，美观整齐。

	A	B	C	D	E	F
1	Name	Day 1	Day 2	Day 3	Day 4	Day 5
2	Daisy Allen	37	56	70	72	88
3	Joe Perry	48	56	61	58	52
4	Joe Long	44	62	71	69	68
5	Stephen Mitchell	49	51	55	74	92
6	Thelma Carter	32	25	15	31	50
7	Susie Fitzgerald	47	67	85	92	99
8	Gerard Johnson	40	56	75	86	79
9	Mary Young	33	34	33	50	41
10	Robert Mcdonald	39	57	72	89	96
11	Robert Hall	39	54	49	45	41
12	Jennifer Head	58	50	43	45	56
13	Todd Fowler	32	42	40	42	55
14	Margaret Adams	56	71	75	72	71
15	William Smith	42	40	36	37	51
16	Douglas Taylor	45	46	46	56	67
17	Evelyn Reyes	39	36	41	34	49
18	Peter Gonzales	54	49	47	64	66
19	Victor Klein	36	42	33	50	43
20	Christopher Anderson	32	28	34	38	37
21	Raul Jones	31	25	30	22	33
22	Bernard Jones	45	48	52	66	67
23	Norma Young	53	67	57	50	64
24	Francis Valencia	49	68	65	68	64
25	Shannon Taylor	57	59	67	79	79

图 9-3　每行数据都需要创建成一个图表

首先创建 CreateChart 过程，需要下列参数：

- rng：图表使用的单元格区域
- l：图表的左侧位置
- t：图表的顶部位置
- w：图表的宽度
- h：图表的高度

CreateChart 过程用这些参数来创建轴刻度的值范围在 0～100 之间的折线图：

```
Sub CreateChart(rng, l, t, w, h)
   With Worksheets("Sheet2").Shapes. _
     AddChart2(332, xlLineMarkers, l, t, w, h).Chart

      .SetSourceData Source:=rng
      .Axes(xlValue).MinimumScale = 0
      .Axes(xlValue).MaximumScale = 100
   End With
End Sub
```

完成上述工作后，编写另一个过程 Make50Chart，通过 For-Next 循环将 CreateChart 调用 50 次。注意，图表数据包含了第一行(即表头)，加上第 2 至第 50 行的数据。使用 Union 方法将这两部分加入一个 Range 对象中，以传递给 CreateChart 过程。最后编写代码来确定每个图表的顶部及左边位置。具体代码如下所示：

```
Sub Make50Charts()
   Dim ChartData As Range
   Dim i As Long
   Dim leftPos As Long, topPos As Long
'  Delete existing charts if they exist
   With Worksheets("Sheet2").ChartObjects
      If .Count > 0 Then .Delete
```

```vba
        End With
        
'       Initialize positions
        leftPos = 0
        topPos = 0
        
'       Loop through the data
        For i = 2 To 51
'           Determine the data range
            With Worksheets("Sheet1")
                Set ChartData = Union(.Range("A1:F1"), _
                   .Range(.Cells(i, 1), .Cells(i, 6)))
            End With
            
'           Create a chart
            Call CreateChart(ChartData, leftPos, topPos, 180, 120)
            
'           Adjust positions
            If (i - 1) Mod 5 = 0 Then
                leftPos = 0
                topPos = topPos + 120
            Else
                leftPos = leftPos + 180
            End If
        Next i
End Sub
```

图 9-4 显示 50 个图表中的部分图表。

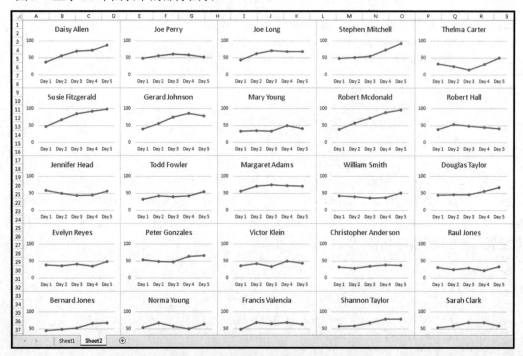

图 9-4　由宏创建的 50 个图表中的部分图表

9.13 导出图表

某些情况下，可能需要的是图形文件格式的Excel图表。例如，将图表提交到网站上。一种选择是使用屏幕捕获程序，直接从屏幕上复制像素。另一种选择是编写一个简单的VBA宏。

以下过程使用Chart对象的Export方法将活动图表保存为GIF文件。

```
Sub SaveChartAsGIF ()
  Dim Fname as String
  If ActiveChart Is Nothing Then Exit Sub
  Fname = ThisWorkbook.Path & "\" & ActiveChart.Name & ".gif"
  ActiveChart.Export FileName:=Fname, FilterName:="GIF"
End Sub
```

FilterName参数的值还可为JPEG和PNG。通常情况下，GIF和PNG文件视觉效果更好。帮助系统列出了Export方法的第三个参数：Interactive。如果这个参数为的值True，则会显示一个对话框，在其中可以指定导出选项。但这个参数不起作用。

记住，如果用户没有安装指定的图形输出筛选器，Export方法就会失效。这些筛选器在Office安装程序中进行安装。

导出所有图形

从工作簿中导出所有图形图像的一种方法是将文件保存为HTML格式。这么做会创建一个目录，其中包含图表、图形、剪贴画，甚至包括复制区域图像的GIF和PNG图像(选择"开始"｜"剪贴板"｜"粘贴"｜"图片(U)"命令)。

下面是一个自动操作整个过程的VBA过程。它的操作对象是活动工作簿：

```
Sub SaveAllGraphics()
    Dim FileName As String
    Dim TempName As String
    Dim DirName As String
    Dim gFile As String

    FileName = ActiveWorkbook.FullName
    TempName = ActiveWorkbook.Path & "\" & _
        ActiveWorkbook.Name & "graphics.htm"
    DirName = Left(TempName, Len(TempName) - 4) & "_files"

'   Save active workbookbook as HTML, then reopen original
    ActiveWorkbook.Save
    ActiveWorkbook.SaveAs FileName:=TempName, FileFormat:=xlHtml
    Application.DisplayAlerts = False
    ActiveWorkbook.Close
    Workbooks.Open FileName

'   Delete the HTML file
    Kill TempName
```

```
    '   Delete all but *.PNG files in the HTML folder
        gFile = Dir(DirName & "\*.*")
        Do While gFile <> ""
            If Right(gFile, 3) <> "png" Then Kill DirName & "\" & gFile
            gFile = Dir
        Loop

    '   Show the exported graphics
        Shell "explorer.exe " & DirName, vbNormalFocus
    End Sub
```

该过程首先保存活动工作簿。然后将工作簿保存为 HTML 文件，关闭该文件，并重新打开原来的工作簿。接着删除 HTML 文件，因为我们只对它所创建的文件夹(图像所在的位置)感兴趣。然后，代码循环遍历该文件夹，删除除 PNG 文件外的所有文件。最后使用 Shell 函数显示文件夹。

交叉参考：
第 11 章将详细讲解文件处理命令。

在线资源：
可从本书的下载文件包中获取该示例，文件名为 export all graphics.xlsm。

9.14 修改图表中使用的数据

本章到目前为止介绍的示例都使用了 SourceData 属性，来为图表指定完整的数据区域。许多情况下，都需要调整某个特定图表序列使用的数据。要实现该目的，可访问 Series 对象的 Values 属性。Series 对象还有一个 XValues 属性，用来存储分类轴的值。

注意：
Values 属性对应于 SERIES 公式中的第三个参数，XValues 属性对应于 SERIES 公式的第二个参数。可参见下面的补充说明"理解图表的 SERIES 公式"。

理解图表的 SERIES 公式

图表的每个序列使用的数据都由 SERIES 公式确定。选择图表中的某个数据序列时，SERIES 公式会显示在公式栏中。它并不是真正意义上的公式：换言之，它既不能在单元格中使用，也不能在 SERIES 公式中使用工作表函数。但可编辑 SERIES 公式中的参数。

SERIES 公式的语法如下：

=SERIES(series_name, category_labels, values, order, sizes)

SERIES 公式中可以使用的参数如下：

- series_name(可选的)：引用含有图例中使用的序列名称的单元格。如果图表只有一个序列，则名称参数用作标题。该参数还包含由引号标出的文本。若省略该参数，则 Excel 会创建默认的序列名称(如 Series 1)。
- category_labels(可选的)：引用包含分类轴的标签的单元格区域。若省略该参数，则 Excel 会使用从 1 开始的连续整数。对于 XY 图表而言，该参数会指定 X 的值。非连续的单元格区域引用也是有效的。单元格区域的地址由逗号分隔，包含在圆括号中。该参数还包含一组由逗号分隔的值(或由引号标出的文本)，包含在花括号中。
- values(必需的)：引用包含序列值的单元格区域。对于 XY 图表，该参数会指定 Y 值。不连续的单元格区域引用也是有效的。单元格区域的地址由逗号分隔，包含在圆括号中。该参数还包含一组由逗号分隔的值，包含在花括号中。
- order(必需的)：一个整数，用来指定序列的绘图顺序。该参数只在图表包含多个序列时用到。例如，在一个条形图中，该参数确定了堆叠顺序。对单元格的引用是不允许的。
- sizes(仅用于气泡图)：引用包含气泡图中指定气泡大小值的单元格区域。非连续单元格区域引用也是有效的。单元格区域的地址由逗号分隔，包含在圆括号中。该参数还包含一组值，包含在花括号中。

SERIES 公式中的单元格区域引用必须是绝对引用，并且始终包括工作表名称。例如：

=SERIES(Sheet1!$B$1,,Sheet1!$B$2:$B$7,1)

单元格区域引用可由非连续的单元格区域组成。这种情况下，每个单元格区域由逗号分隔，参数包含在圆括号中。在下列 SERIES 公式中，值的单元格区域包含 B2:B3 和 B5:B7：

=SERIES(,,(Sheet1!$B$2:$B$3,Sheet1!$B$5:$B$7),1)

可用单元格区域名称代替单元格区域引用。这种情况下(并且单元格区域名称是一个工作簿级别的名称)，Excel 会将 SERIES 公式中的引用改成包含工作簿。例如：

=SERIES(Sheet1!$B$1,,budget.xlsx!CurrentData,1)

9.14.1 基于活动单元格修改图表数据

图 9-5 显示了一个基于活动单元格行中数据的图表。当用户移动单元格指针时，图表会自动更新。

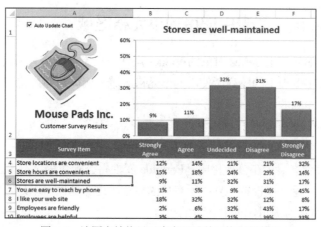

图 9-5　该图表始终显示来自活动单元格行的数据

该示例对 Sheet1 对象使用了事件处理程序。只要用户通过移动单元格指针改变选择的单元格区域，就会触发 SelectionChange 事件。该事件的事件处理程序(位于 Sheet 1 对象的代码模块中)如下所示：

```
Private Sub Worksheet_SelectionChange(ByVal Target As Excel.Range)
    If CheckBox1 Then Call UpdateChart
End Sub
```

换言之，每次用户移动单元格指针时，就会执行 Worksheet_SelectionChange 过程。如果选中 Auto Update Chart 复选框(工作表上的 ActiveX 控件)，该过程就会调用 UpdateChart 过程，如下所示：

```
Sub UpdateChart()
    Dim ChtObj As ChartObject
    Dim UserRow As Long
    Set ChtObj = ActiveSheet.ChartObjects(1)
    UserRow = ActiveCell.Row
    If UserRow < 4 Or IsEmpty(Cells(UserRow, 1)) Then
        ChtObj.Visible = False
    Else
        ChtObj.Chart.SeriesCollection(1).Values = _
            Range(Cells(UserRow, 2), Cells(UserRow, 6))
        ChtObj.Chart.ChartTitle.Text = Cells(UserRow, 1).Text
        ChtObj.Visible = True
    End If
End Sub
```

UserRow 变量包含了活动单元格的行号。If 语句检查活动单元格所在行是否含有数据(数据从第 4 行开始)。如果单元格指针所在行不含数据，将隐藏 ChartObject 对象，底层文本是可见的(文本内容为 Cannot display chart)。否则，代码会将 Series 对象的 Values 属性设置为活动行的 2~6 列单元格区域。ChartTitle 对象也会被设置为 A 列中的相应文本。

> **在线资源：**
> 该示例名为 chart active cell.xlsm，可从本书的下载文件包中获取。

9.14.2 用 VBA 确定图表中使用的单元格区域

上述示例显示了如何使用 Series 对象的 Values 属性来指定图表序列所使用的数据。本节将讨论使用 VBA 宏来指定图表中的序列所使用的单元格区域。例如，通过将一个新单元格添加到单元格区域来增加每个序列的大小。

下面描述了与该任务相关的 3 个属性：

- **Formula 属性**：为 Series 返回或设置 SERIES 公式。当选择图表中的某个序列时，其 SERIES 公式就会显示在公式栏中。Formula 属性将公式作为字符串返回。
- **Values 属性**：返回或设置序列中所有值的集合。这个属性可以是工作表上的一个单元格区域或一个常量值数组，但非两者的组合。

- **XValues 属性**：为图表序列返回或设置包含 X 轴值的数组。XValues 属性可以设置为工作表上的一个单元格区域，或是包含值的数组，但不可以是两者的组合。XValues 属性也可以是空的。

如果创建一个 VBA 宏，该宏需要确定具体的图表序列所使用的数据单元格区域，你可能会想到 Series 对象的 Values 属性。类似地，XValues 属性似乎是获取包含 X 值(或分类标签)的单元格区域的方法。从理论上讲，这似乎是正确的。但实际情况却不是这样的。

当设置 Series 对象的 Values 属性时，可指定一个 Range 对象或一个数组。但读取该属性时，必须返回数组。遗憾的是，该对象模型并不提供方法来获取 Series 对象所使用的 Range 对象。

一种可用的方法是编写代码来解析 SERIES 公式，提取出单元格区域的地址。这听起来很简单，实际上却是一项艰巨任务，因为 SERIES 公式可能非常复杂。下面是一些有效 SERIES 公式的示例：

```
=SERIES(Sheet1!$B$1,Sheet1!$A$2:$A$4,Sheet1!$B$2:$B$4,1)
=SERIES(,,Sheet1!$B$2:$B$4,1)
=SERIES(,Sheet1!$A$2:$A$4,Sheet1!$B$2:$B$4,1)
=SERIES("Sales Summary",,Sheet1!$B$2:$B$4,1)
=SERIES(,{"Jan","Feb","Mar"},Sheet1!$B$2:$B$4,1)
=SERIES(,(Sheet1!$A$2,Sheet1!$A$4),(Sheet1!$B$2,Sheet1!$B$4),1)
=SERIES(Sheet1!$B$1,Sheet1!$A$2:$A$4,Sheet1!$B$2:$B$4,1,Sheet1!$C$2:$C$4)
```

SERIES 公式可包含默认参数，使用数组，甚至使用非连续的单元格区域地址。使问题变得更复杂的是，气泡图有一个额外的参数(如前面的列表中的最后一个 SERIES 公式)。要解析其参数显然不是一项简单的编程任务。

通过创建 4 个自定义 VBA 函数可简化解决方法，每个函数接收一个参数(引用一个 Series 对象)，返回一个双元素数组。函数如下。

- SERIESNAME_FROM_SERIES：第一个数组元素包含一个字符串，该字符串描述了 SERIES 第一个参数的数据类型(Range、Empty 或 String)。第二个数组元素包含一个单元格区域地址、一个空字符串或一个字符串。
- XVALUES_FROM_SERIES：第一个数组元素包含一个字符串，该字符串描述了 SERIES 第二个参数的数据类型(Range、Array、Empty 或 String)。第二个数组元素包含一个单元格区域地址、一个数组、一个空字符串或一个字符串。
- VALUES_FROM_SERIES：第一个数组元素包含一个字符串，该字符串描述了 SERIES 第三个参数的数据类型(Range 或 Array)。第二个数组元素包含一个单元格区域地址或一个数组。
- BUBBLESIZE_FROM_SERIES：第一个数组元素包含一个字符串，该字符串描述了 SERIES 第五个参数的数据类型(Range、Array 或 Empty)。第二个数组元素包含一个单元格区域地址、一个数组或一个空字符串。该函数仅与气泡图有关。

注意，通过使用 Series 对象的 PlotOrder 属性可直接获取第四个 SERIES 参数(绘制顺序)。

在线资源：
这些函数的 VBA 代码由于太长而未能在此列出，但是这些代码可以从本书的下载文件包中获取，文件名为 get series ranges.xlsm。这些函数按这种方式存档是为了便于在其他情况下使用。

下面的示例使用了VALUES_FROM_SERIES函数。它显示了活动图表中的第一个序列单元格区域值的地址。

```vba
Sub ShowValueRange()
    Dim Ser As Series
    Dim x As Variant
    Set Ser = ActiveChart.SeriesCollection(1)
    x = VALUES_FROM_SERIES(Ser)
    If x(1) = "Range" Then
        MsgBox Range(x(2)).Address
    End If
End Sub
```

变量 x 被定义为 Variant 类型，保存了由 VALUES_FROM_SERIES 函数返回的两个元素数组。数组 x 的第一个元素包含了一个描述数据类型的字符串。如果该字符串为 Range，则消息框显示数组 x 的第二个元素中包含的单元格区域地址。

ContractAllSeries 过程如下所示。该过程循环遍历 SeriesCollection 集合，使用 XVALUE_FROM_SERIES 和 VALUES_FROM_SERIES 函数来检索当前单元格区域。然后使用 Resize 方法缩小单元格区域。

```vba
Sub ContractAllSeries()
    Dim s As Series
    Dim Result As Variant
    Dim DRange As Range
    For Each s In ActiveSheet.ChartObjects(1).Chart.SeriesCollection
        Result = XVALUES_FROM_SERIES(s)
        If Result(1) = "Range" Then
            Set DRange = Range(Result(2))
            If DRange.Rows.Count > 1 Then
                Set DRange = DRange.Resize(DRange.Rows.Count - 1)
                s.XValues = DRange
            End If
        End If
        Result = VALUES_FROM_SERIES(s)
        If Result(1) = "Range" Then
            Set DRange = Range(Result(2))
            If DRange.Rows.Count > 1 Then
                Set DRange = DRange.Resize(DRange.Rows.Count - 1)
                s.Values = DRange
            End If
        End If
    Next s
End Sub
```

ExpandAllSeries 过程与 ContractAllSeries 过程非常类似。执行该过程时，每个单元格区域扩大一个单元格。

9.15　使用 VBA 在图表上显示任意数据标签

下面介绍如何为图表序列指定数据标签的单元格区域：

（1）创建图表，选择将包含单元格区域中标签的数据序列。

（2）单击图表右侧的"图表元素"图标，选择"数据标签"。

（3）单击"数据标签"项右边的箭头，选择"其他选项"。此时将显示"格式数据标签"任务窗格的"标签选项"区域。

（4）选择 Value From Cell。Excel 会提示你包含了标签的单元格区域。

如图 9-6 所示的例子指定将单元格区域 C2:C7 作为序列的数据标签。在过去，只有手动或使用 VBA 宏才能将单元格区域指定为数据标签。

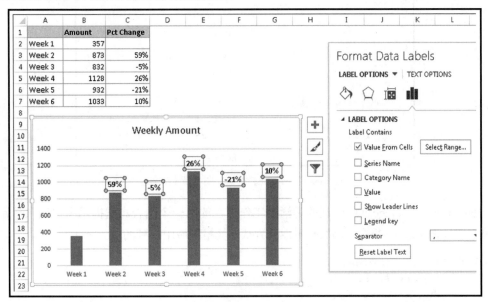

图 9-6　来自任意单元格区域的数据标签可以显示每周的百分比变化

这个功能很不错，但不能后向兼容。图 9-7 显示了在 Excel 2010 中打开这个图表的样子。

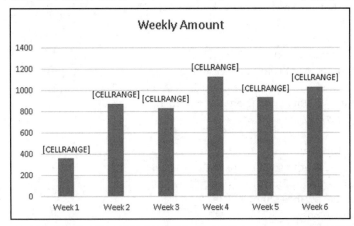

图 9-7　根据数据的单元格区域创建的数据标签，不能与 Excel 2013 之前的版本兼容

本节的剩余部分将介绍如何使用VBA根据任意的单元格区域来应用数据标签。这种应用数据标签的方式与Excel的早期版本兼容。

图9-8展示了一个XY图表。为每个数据点显示关联的名称是很有用的。

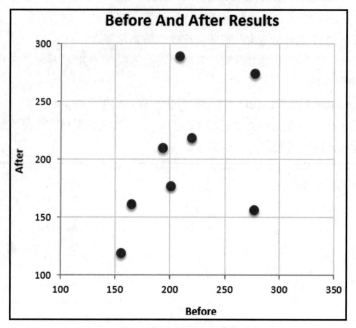

图9-8　数据标签会给XY图表带来好处

DataLabelsFromRange过程处理的是活动工作表上的第一个图表。它提示用户输入单元格区域，然后循环遍历Points集合，将Text属性改为从单元格区域中找到的值。

```
Sub DataLabelsFromRange()
    Dim DLRange As Range
    Dim Cht As Chart
    Dim i As Integer, Pts As Integer

'   Specify chart
    Set Cht = ActiveSheet.ChartObjects(1).Chart

'   Prompt for a range
    On Error Resume Next
    Set DLRange = Application.InputBox _
       (prompt:="Range for data labels?", Type:=8)
    If DLRange Is Nothing Then Exit Sub
    On Error GoTo 0

'   Add data labels
    Cht.SeriesCollection(1).ApplyDataLabels _
       Type:=xlDataLabelsShowValue, _
       AutoText:=True, _
       LegendKey:=False
```

```
    ' Loop through the Points, and set the data labels
    Pts = Cht.SeriesCollection(1).Points.Count
    For i = 1 To Pts
        Cht.SeriesCollection(1). _
            Points(i).DataLabel.Text = DLRange(i)
    Next i
End Sub
```

> **在线资源：**
> 该示例名为 data labels.xlsm，可从本书的下载文件包中获取。

图 9-9 显示了运行 DataLabelsFromRange 过程并指定数据单元格区域为 A2:A9 之后的图表。

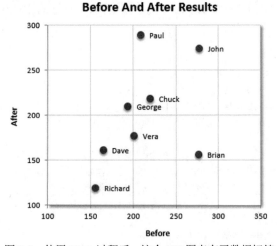

图 9-9　使用 VBA 过程后，这个 XY 图表有了数据标签

图表中的数据标签也可由单元格的链接组成。如果要在 DataLabelsFromRange 过程中执行此修改，从而创建单元格链接，只需要将 For-Next 循环中的语句改为：

```
        Cht.SeriesCollection(1).Points(i).DataLabel.Text = _
          "=" & "'" & DLRange.Parent.Name & "'!" & _
          DLRange(i).Address(ReferenceStyle:=xlR1C1)
```

9.16　在用户窗体中显示图表

第 15 章介绍了一种在用户窗体中显示图表的方法。该方法将图表保存为 GIF 文件，然后将 GIF 文件加载到用户窗体的 Image 控件中。

本节的示例使用了相同的方法，但添加了一种新手法：图表是动态创建的，使用的是活动单元格行中的数据。

这个示例中的用户窗体非常简单。它包含一个 Image 控件和一个命令按钮控件(Close 按钮)。包含数据的工作表有一个执行下列过程的按钮：

```
Sub ShowChart()
    Dim UserRow As Long
```

```
        UserRow = ActiveCell.Row
        If UserRow < 2 Or IsEmpty(Cells(UserRow, 1)) Then
            MsgBox "Move the cell pointer to a row that contains data."
            Exit Sub
        End If
        CreateChart (UserRow)
        UserForm1.Show
    End Sub
```

由于图表基于活动单元格行中的数据，因此如果单元格指针指向无效行，那么过程会警告用户。如果活动单元格正确，则 ShowChart 过程调用 CreateChart 过程来创建图表，然后显示用户窗体。

CreateChart 过程接收一个参数，该参数表示的是活动单元格的行。该过程来自一个宏的录制，对其调整后使其更通用。

```
    Sub CreateChart(r)
        Dim TempChart As Chart
        Dim CatTitles As Range
        Dim SrcRange As Range, SourceData As Range
        Dim FName As String

        Set CatTitles = ActiveSheet.Range("A2:F2")
        Set SrcRange = ActiveSheet.Range(Cells(r, 1), Cells(r, 6))
        Set SourceData = Union(CatTitles, SrcRange)

    '   Add a chart
        Application.ScreenUpdating = False

        Set TempChart = ActiveSheet.Shapes.AddChart2.Chart
            TempChart.SetSourceData Source:=SourceData

    '   Fix it up
        With TempChart
            .ChartType = xlColumnClustered
            .SetSourceData Source:=SourceData, PlotBy:=xlRows
            .ChartStyle = 25
            .HasLegend = False
            .PlotArea.Interior.ColorIndex = xlNone
            .Axes(xlValue).MajorGridlines.Delete
            .ApplyDataLabels Type:=xlDataLabelsShowValue, LegendKey:=False
            .Axes(xlValue).MaximumScale = 0.6
            .ChartArea.Format.Line.Visible = False
        End With

    '   Adjust the ChartObject's size
        With ActiveSheet.ChartObjects(1)
            .Width = 300
            .Height = 200
        End With
```

```
    ' Save chart as GIF

    FName = Application.DefaultFilePath & Application.PathSeparator & _
"temp.gif"

    TempChart.Export Filename:=FName, filterName:="GIF"
    ActiveSheet.ChartObjects(1).Delete
    Application.ScreenUpdating = True
End Sub
```

CreateChart 过程结束时,工作表中包含一个 ChartObject,其中包含一个活动单元格行数据的图表。但 ChartObject 是不可见的,因为 ScreenUpdating 被关闭了。图表被输出并删除后,ScreenUpdating 被重新打开。

ShowChart 过程的最后一个指令加载了用户窗体。下面是 UserForm_Initialize 过程。该过程只是将 GIF 文件加载到 Image 控件中。

```
Private Sub UserForm_Initialize()
    Dim FName As String
    FName = Application.DefaultFilePath & _
        Application.PathSeparator & "temp.gif"
    UserForm1.Image1.Picture = LoadPicture(FName)
End Sub
```

图 9-10 显示了在运行宏后的最终用户窗体。

图 9-10 显示用户窗体中的图表

> **在线资源:**
> 该工作簿名为 chart in userform.xlsm,可从本书的下载文件包中获取。

9.17 理解图表事件

Excel 支持一些与图表相关联的事件。例如,当图表被激活时,会生成 Activate 事件。在图表接收新的或修改过的数据后,将生成 Calculate 事件。当然,也可编写在某个特殊事件生成时执行的 VBA 代码。

> **交叉参考：**
> 参见第 6 章获取关于事件的更多信息。

表 9-1 列出所有图表事件。

表 9-1 图表对象识别的事件

事件	触发事件的行为
Activate	激活一个图表工作表或嵌入式图表
BeforeDoubleClick	双击一个嵌入式图表。该事件在默认的双击行为之前发生
BeforeRightClick	右击一个嵌入式图表。该事件在默认的右击行为之前发生
Calculate	在图表上写入新数据或修改数据
Deactivate	图表处于取消激活状态
MouseDown	指针位于图表上时，按下鼠标按钮
MouseMove	鼠标指针在图表上的位置发生改变
MouseUp	指针位于图表上时，释放鼠标按钮
Resize	重定义图表的大小
Select	选择一个图表元素
SeriesChange	图表数据点的值发生改变

9.17.1 使用图表事件的一个示例

如果要为图表工作表发生的事件编写一个事件处理程序，VBA 代码必须放在 Chart 对象的代码模块中。如果要激活该代码模块，只需要双击"工程"窗口中的"图表"项。然后，在代码模块中，从左边的"对象"下拉列表中选择 Chart，从右边的"过程"下拉列表中选择事件(如图 9-11 所示)。

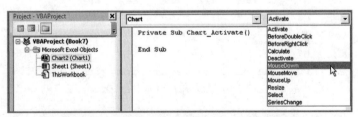

图 9-11 在 Chart 对象的代码模块中选择事件

> **注意：**
> 由于嵌入式图表没有自己的代码模块，因此，本节描述的过程都是针对图表工作表的。你也可处理嵌入式图表的事件，但必须做一些初始设置工作，包括创建一个类模块。该过程在稍后的 9.17.2 节中进行介绍。

下面的示例在用户激活一个图表工作表、使图表工作表取消激活或选择图表上的任意元素时显示一条消息。先创建一个带有图表工作表的工作簿，然后编写了 3 个事件处理程序，名称如下：
- Chart_Activate：当图表工作表被激活时执行。
- Chart_Deactivate：当图表工作表取消激活时执行。
- Chart_Select：当图表工作表中的某个元素被选中时执行。

> **在线资源：**
> 该工作表名为 events-chart sheet.xlsm，可从本书的下载文件包中获取。

Chart_Activate 过程如下：

```
Private Sub Chart_Activate()
    Dim msg As String
    msg = "Hello " & Application.UserName & vbCrLf & vbCrLf
    msg = msg & "You are now viewing the six-month sales "
    msg = msg & "summary for Products 1-3." & vbCrLf & vbCrLf
    msg = msg & _
      "Click an item in the chart to find out what it is."
    MsgBox msg, vbInformation, ActiveWorkbook.Name
End Sub
```

该过程在图表被激活时显示一条消息。

下面的 Chart_Deactivate 过程显示了一条消息，但只在图表工作表取消激活时才显示：

```
Private Sub Chart_Deactivate()
    Dim msg As String
    msg = "Thanks for viewing the chart."
    MsgBox msg, , ActiveWorkbook.Name
End Sub
```

下面的 Chart_Select 过程在图表中的项被选中时执行：

```
Private Sub Chart_Select(ByVal ElementID As Long, _
  ByVal Arg1 As Long, ByVal Arg2 As Long)
    Dim Id As String
    Select Case ElementID
        Case xlAxis: Id = "Axis"
        Case xlAxisTitle: Id = "AxisTitle"
        Case xlChartArea: Id = "ChartArea"
        Case xlChartTitle: Id = "ChartTitle"
        Case xlCorners: Id = "Corners"
        Case xlDataLabel: Id = "DataLabel"
        Case xlDataTable: Id = "DataTable"
        Case xlDownBars: Id = "DownBars"
        Case xlDropLines: Id = "DropLines"
        Case xlErrorBars: Id = "ErrorBars"
        Case xlFloor: Id = "Floor"
        Case xlHiLoLines: Id = "HiLoLines"
        Case xlLegend: Id = "Legend"
        Case xlLegendEntry: Id = "LegendEntry"
        Case xlLegendKey: Id = "LegendKey"
```

```
            Case xlMajorGridlines: Id = "MajorGridlines"
            Case xlMinorGridlines: Id = "MinorGridlines"
            Case xlNothing: Id = "Nothing"
            Case xlPlotArea: Id = "PlotArea"
            Case xlRadarAxisLabels: Id = "RadarAxisLabels"
            Case xlSeries: Id = "Series"
            Case xlSeriesLines: Id = "SeriesLines"
            Case xlShape: Id = "Shape"
            Case xlTrendline: Id = "Trendline"
            Case xlUpBars: Id = "UpBars"
            Case xlWalls: Id = "Walls"
            Case xlXErrorBars: Id = "XErrorBars"
            Case xlYErrorBars: Id = "YErrorBars"
            Case Else:: Id = "Some unknown thing"
        End Select

        MsgBox "Selection type:" & Id & vbCrLf & Arg1 & vbCrLf & Arg2
End Sub
```

该过程显示了一个消息框，描述被选中的项与参数 Arg1 和 Arg2 的值。当 Select 事件发生时，Element ID 参数包含一个对应于选定项的整数。参数 Arg1 和 Arg2 提供关于选定项的附加信息(详细信息可参见"帮助"系统)。Select Case 结构将内置常量转换为描述性字符串。

> **注意：**
> 因为过程中包含 Case Else 语句，所以没有列出所有出现在 Chart 对象中的项。

9.17.2 为嵌入式图表启用事件

如上一节所述，Chart 事件对于图表工作表来说是自动启用的，但对于工作表中的嵌入式图表却并非如此。如果要在嵌入式图表中使用事件，必须执行下列步骤。

1. 创建一个类模块

在 VBE 窗口中，选中"工程"窗口中的工程，选择"插入"|"类模块"命令。这样就将了一个新的(空的)类模块添加到工程中。然后使用"属性"窗口赋予类模块一个更具描述性的名称(如clsChart)。重新命名类模块并不是必需的，但最好更改一下。

2. 声明一个公共图表对象

下一步是声明一个 Public 变量来表示图表。该变量应当是 Chart 类型，必须使用 WithEvents 关键字在类模块中进行声明。如果遗漏 WithEvents 关键字，对象就不能响应事件。下面是一个声明示例：

```
Public WithEvents clsChart As Chart
```

3. 连接声明对象与图表

在事件处理程序运行前，必须将类模块中的声明对象连接到嵌入式图表中。可通过声明一个

clsChart(或类模块的名称)类型的对象来完成。这必须是一个模块级别的对象变量,这个变量在一个常规 VBA 模块中(而非类模块中)声明。下面是一个示例:

```
Dim MyChart As New clsChart
```

然后编写代码,将 clsChart 对象与特定图表关联起来。下列语句执行了这一操作:

```
Set MyChart.clsChart = ActiveSheet.ChartObjects(1).Chart
```

执行完上述语句后,类模块中的 clsChart 对象就指向了活动工作表中的第一个嵌入式图表。这样,类模块中的事件处理程序就会在事件发生时执行。

4. 为图表类编写事件处理程序

这一部分介绍了如何在类模块中编写事件处理程序。记住,类模块必须包含一个采用以下格式的声明:

```
Public WithEvents clsChart As Chart
```

用 WithEvents 关键字声明新对象后,新对象就会出现在类模块的"对象"下拉列表框中。选中"对象"框中的新对象时,该对象的有效事件就会在右侧的"过程"下拉框中列出。

下面的示例是一个简单的事件处理程序,在嵌入式图表被激活时执行。该过程弹出一个消息框,显示 Chart 对象的父对象(是一个 ChartObject 对象)名称。

```
Private Sub clsChart_Activate()
    MsgBox clsChart.Parent.Name & " was activated!"
End Sub
```

> **在线资源:**
> 本书的下载文件包中包含了一个工作簿,其中介绍了这一部分所描述的概念,文件名为 events-embedded chart.xlsm。

9.17.3 示例:在嵌入式图表上使用图表事件

本节的示例对上一节中给出的信息进行了实际论证。图 9-12 包含了一个嵌入式图表的示例,该图表具有可点击的图像映像功能。使用图表事件时,单击图表的某个列会激活工作表,使其显示该区域的详细数据。

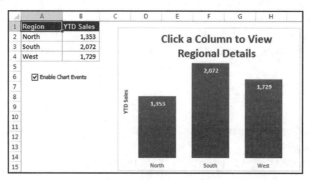

图 9-12 该图表是一个可点击的图像映像

该工作簿有 4 个工作表。名为 Main 的工作表包含了嵌入式图表。其他工作表分别是 North、South 和 West。B2:B4 中的公式将各个工作表中的数据分别求和，汇总的数据绘制在图表中。单击图表中的某一列会触发一个事件，事件处理程序会激活相应的工作表，用户就可以看到所需区域的详细信息。

该工作簿包含了一个类模块 EmbChartClass 和一个常规 VBA 模块 Module1。为更清晰地进行论证，Main 工作表还包含了一个复选框控件(位于"表单"组)。单击复选框会执行 CheckBox1_Click 过程，该过程用来打开和关闭事件监控器。

此外，其他每个工作表都包含一个按钮，该按钮执行 ReturnToMain 宏，用来重新激活 Main 工作表。

Module1 完整的代码清单如下：

```
Dim SummaryChart As New EmbChartClass

Sub CheckBox1_Click()
    If Worksheets("Main").CheckBoxes("Check Box 1") = xlOn Then
        'Enable chart events
        Range("A1").Select
        Set SummaryChart.myChartClass = _
          Worksheets(1).ChartObjects(1).Chart
    Else
        'Disable chart events
        Set SummaryChart.myChartClass = Nothing
        Range("A1").Select
    End If
End Sub

Sub ReturnToMain()
'   Called by worksheet button
    Sheets("Main").Activate
End Sub
```

第一个指令将一个新的对象变量 SummaryChart 声明为 EmbChartClass 类型，EmbChartClass 是类模块的名称。当用户单击 Enable Chart Events 按钮时，嵌入式图表会被指派给 SummaryChart 对象，这样就激活了图表的事件。EmbChartClass 类模块的内容如下：

```
Public WithEvents myChartClass As Chart

Private Sub myChartClass_MouseDown(ByVal Button As Long, _
  ByVal Shift As Long, ByVal X As Long, ByVal Y As Long)

    Dim IDnum As Long
    Dim a As Long, b As Long

'   The next statement returns values for
'   IDnum, a, and b
    myChartClass.GetChartElement X, Y, IDnum, a, b

'   Was a series clicked?
```

```
            If IDnum = xlSeries Then
                Select Case b
                    Case 1
                        Sheets("North").Activate
                    Case 2
                        Sheets("South").Activate
                    Case 3
                        Sheets("West").Activate
                End Select
            End If
            Range("A1").Select
End Sub
```

单击图表会生成 MouseDown 事件,该事件执行 myChartClass_MouseDown 过程。该过程使用 GetChartElement 方法来确定单击了图表中的哪一个元素。GetChartElement 方法返回与指定 X 和 Y 坐标位置的图表元素相关的信息(该信息通过 myChartClass_MouseDown 过程的参数获取)。

> **在线资源:**
> 该工作表名为 chart image map.xlsm,可从本书的下载文件包中获取。

9.18 VBA 制图技巧

本节介绍一些制图技巧,其中有些方法可能对你的应用程序很有帮助,其他一些纯属娱乐。学习这些技巧至少可让你对图表的对象模块有更深入的了解。

9.18.1 在整个页面上打印嵌入式图表

选中某个嵌入式图表时,可选择 "文件" | "打印" 命令进行打印。嵌入式图表可以独立打印在整个页面上(就像一个图表工作表一样),但它仍是一个嵌入式图表。

下面的宏打印了活动工作表上的所有嵌入式图表,每个图表都单独打印在整个页面上:

```
Sub PrintEmbeddedCharts()
    Dim ChtObj As ChartObject
    For Each ChtObj In ActiveSheet.ChartObjects
        ChtObj.Chart.PrintOut
    Next ChtObj
End Sub
```

9.18.2 创建未链接的图表

Excel 图表通常使用的是存储在一定单元格区域内的数据。修改该单元格区域内的数据,则图表会自动更新。某些情况下,可能想使图表与数据单元格区域不相关联,而是生成一个死表(从不变化的表)。例如,如果要绘制由各种 what-if 语句生成的数据,可能需要保存一个表示基线的图表,以便与其他语句相比较。

创建这种图表有下列 3 种方式：

- **将图表复制为一张图片**。激活图表，可以选择"开始"|"剪贴板"|"复制"|"复制为图片"(接受"复制图片"对话框中的默认值)命令。然后单击一个单元格，选择"开始"|"剪贴板"|"粘贴"命令。粘贴结果将是被复制图表的一张图片。
- **将对单元格区域的引用转换为数组**。单击一个图表序列，然后单击公式栏。按 F9 键将单元格区域转换为一个数组，然后按 Enter 键。对图表中的每个序列都重复该操作。
- **使用 VBA 把数组(而非单元格区域)赋值给 Series 对象的 XValues 或 Values 属性**。接下来将介绍这种技术。

下列过程通过使用数组创建了一个图表。数据并非存储在工作表中。可以看到，SERIES 公式包含数组而非单元格区域的引用。

```
Sub CreateUnlinkedChart()
    Dim MyChart As Chart
    Set MyChart = ActiveSheet.Shapes.AddChart2.Chart
    With MyChart
       .SeriesCollection.NewSeries
       .SeriesCollection(1).Name = "Sales"
       .SeriesCollection(1).XValues = Array("Jan", "Feb", "Mar")
       .SeriesCollection(1).Values = Array(125, 165, 189)
       .ChartType = xlColumnClustered
       .SetElement msoElementLegendNone
    End With
End Sub
```

由于 Excel 对图表的 SERIES 公式的长度进行了限制，所以该方法只对较小的数据集有效。

下列过程创建了活动图表的一个图片(原图表并未删除)。它只用于嵌入式图表。

```
Sub ConvertChartToPicture()
    Dim Cht As Chart
    If ActiveChart Is Nothing Then Exit Sub
    If TypeName(ActiveSheet) = "Chart" Then Exit Sub
    Set Cht = ActiveChart
    Cht.CopyPicture Appearance:=xlPrinter, _
      Size:=xlScreen, Format:=xlPicture
    ActiveWindow.RangeSelection.Select
    ActiveSheet.Paste
End Sub
```

当图表转换为图片时，可使用"图片工具"|"格式"|"图片样式"命令来创建一些有趣的显示效果(参见图 9-13 中的示例)。

> **在线资源：**
> 本节的两个示例都可从本书的下载文件包中获取。文件名为 unlinked charts.xlsm。

图 9-13　将图表转换为图片后，可通过使用多种格式选项来操作图片

9.18.3　用 MouseOver 事件显示文本

有个常见的制图问题是修改图表时的图表提示问题。"图表提示"是在将鼠标指针移到一个被激活的图表上时，出现在鼠标指针旁的简短消息。图表提示显示图表元素名称以及(为序列显示)数据点的值。Chart 对象模型并不会显示这些图表提示，因此无法修改这些提示。

> 提示：
> 如果要打开或关闭图表提示，可选择"文件"|"选项"命令来显示"Excel 选项"对话框。单击"高级"选项卡，定位"图表"区域。这些选项为"悬停时显示图表元素名称"和"悬停时显示数据点的值"。

本节还将介绍另一种提供图表提示的方法。图 9-14 显示了使用 MouseOver 事件的柱形图。当鼠标指针定位在柱状图上方时，左上角的文本框(一个 Shape 对象)将显示出有关数据点的信息。该信息存储在单元格区域中，可以是任何类型的内容。

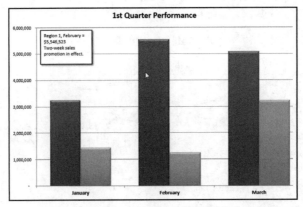

图 9-14 文本框显示鼠标指针下面的数据点的信息

下列事件过程位于包含图表的 Chart 工作表的代码模块中。

```
Private Sub Chart_MouseMove(ByVal Button As Long, ByVal Shift As Long, _
  ByVal X As Long, ByVal Y As Long)
    Dim ElementId As Long
    Dim arg1 As Long, arg2 As Long
    On Error Resume Next
    ActiveChart.GetChartElement X, Y, ElementId, arg1, arg2
    If ElementId = xlSeries Then
        ActiveChart.Shapes(1).Visible = msoCTrue
        ActiveChart.Shapes(1).TextFrame.Characters.Text = _

          Sheets("Sheet1").Range("Comments").Offset(arg2, arg1)
    Else
        ActiveChart.Shapes(1).Visible = msoFalse
    End If
End Sub
```

该过程监视 Chart 工作表上的所有鼠标动作。鼠标坐标包含在 X 和 Y 变量中，被传递给过程。并未在该过程中使用 Button 和 Shift 参数。

与前面的示例一样，该过程中的关键组件是 GetChartElement 方法。如果 ElementId 为 xlSeries，那么鼠标指针就在序列上。文本框将会出现，显示特定单元格中的文本。该文本包含对数据点的描述信息(参见图 9-15)。如果鼠标指针不在序列上，文本框将被隐藏。

	A	B	C
1	Month	Region 1	Region 2
2	January	3,245,151	1,434,343
3	February	5,546,523	1,238,709
4	March	5,083,204	3,224,855
5			
6	Comments		
7		Region 1, January = $3,245,151	Region 2, January = $1,434,343
8		Region 1, February = $5,546,523 Two-week sales promotion in effect.	Region 2, February = $1,238,709
9		Region 1, March = $5,083,204	Region 2, March = $3,224,855 L.A. merger took place in week three.

图 9-15 B7:C9 单元格区域包含了显示在图表文本框中的数据点信息

该示例中的工作簿还包含一个 Chart_Activate 事件过程，该过程关闭正常的 ChartTip 显示，还包含一个 Chart_Deactivate 过程，该过程会打开之前的设置。Chart_Activate 过程如下：

```
Private Sub Chart_Activate()
    Application.ShowChartTipNames = False
    Application.ShowChartTipValues = False
End Sub
```

> **在线资源：**
> 本书的下载文件包中包含针对嵌入式工作表(mouseover event-embedded.xlsm)和图表工作表(mouseover event-chart sheet.xlsm)的示例。

9.18.4 滚动图表

图 9-16 是 scrolling chart.xlsm 示例工作簿中的示例图表。这个图表只展示了一部分数据，但可滚动以便显示其他值。

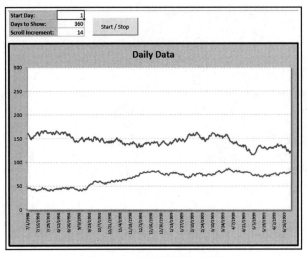

图 9-16 可滚动图表的示例

该工作簿包含下列 6 个名称：

- StartDay：单元格 F1 的名称。
- NumDays：单元格 F2 的名称。
- Increment：单元格 F3 的名称(用于自动滚动)。
- Date：指定如下公式：

    =OFFSET(Sheet1!$A$1,StartDay,0,NumDays,1)

- ProdA：指定如下公式：

    =OFFSET(Sheet1!$B$1,StartDay,0,NumDays,1)

- ProdB：指定如下公式：

    =OFFSET(Sheet1!$C$1,StartDay,0,NumDays,1)

图表中的每个 SERIES 公式的类别值和数据都使用了名称。Product A 序列的 SERIES 公式如下(为清晰起见，删除了工作表名称和工作簿名称)：

=SERIES($B$1,Date,ProdA,1)

Product B 序列的 SERIES 公式如下：

=SERIES($C$1,Date,ProdB,2)

使用这些名称可以让用户为 StartDay 和 NumDays 指定值，图表将显示数据的一个子集。

> **在线资源：**
> 本书的下载文件包中包含的一个工作簿包括了该动画图表，以及其他一些动画示例。文件名为 scrolling chart.xlsm。

有个相对简单的宏可以使图表滚动。工作表中的按钮执行了下列宏，该宏可使图表滚动(或停止滚动)：

```
Public AnimationInProgress As Boolean

Sub AnimateChart()
    Dim StartVal As Long, r As Long
    If AnimationInProgress Then
        AnimationInProgress = False
        End
    End If
    AnimationInProgress = True
    StartVal = Range("StartDay")
    For r = StartVal To 5219 - Range("NumDays") Step Range("Increment")
        Range("StartDay") = r
        DoEvents
    Next r
    AnimationInProgress = False
End Sub
```

AnimateChart 过程用一个公共变量(AnimationInProgress)来跟踪动画状态。该动画由一个改变 StartDay 单元格值的循环产生。由于这两个图表序列都使用了这个值，所以图表持续用一个新的开始值进行更新。Scroll Increment 设置决定了图表的滚动速度。

为停止动画，过程中使用了 End 语句而非 Exit Sub 语句。由于某些原因，Exit Sub 使用起来并不可靠，甚至可能会与 Excel 冲突。

9.19 使用迷你图

本章最后简要讨论一下迷你图，这是 Excel 2010 中新增的一项功能。迷你图是在单元格内显示的一个小图表，可用户快速看出数据的趋势或变化。因为迷你图很小，所以经常成组使用。

图 9-17 显示了 Excel 支持的 3 种迷你图。

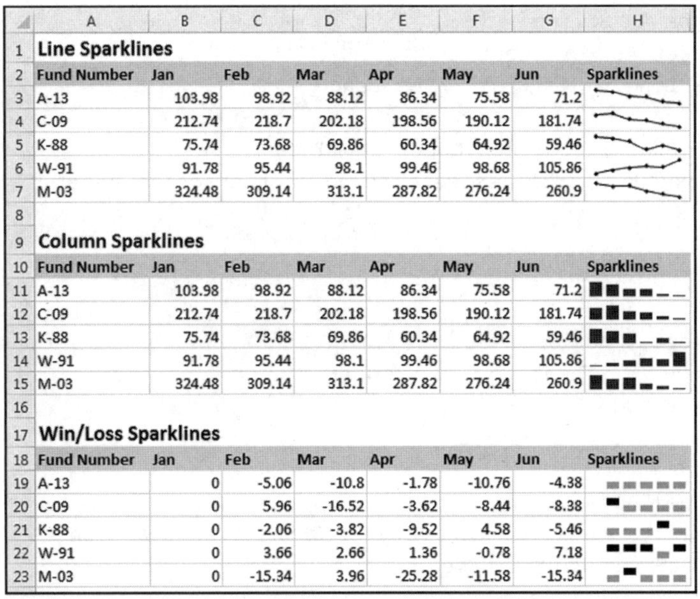

	A	B	C	D	E	F	G	H
1	Line Sparklines							
2	Fund Number	Jan	Feb	Mar	Apr	May	Jun	Sparklines
3	A-13	103.98	98.92	88.12	86.34	75.58	71.2	
4	C-09	212.74	218.7	202.18	198.56	190.12	181.74	
5	K-88	75.74	73.68	69.86	60.34	64.92	59.46	
6	W-91	91.78	95.44	98.1	99.46	98.68	105.86	
7	M-03	324.48	309.14	313.1	287.82	276.24	260.9	
8								
9	Column Sparklines							
10	Fund Number	Jan	Feb	Mar	Apr	May	Jun	Sparklines
11	A-13	103.98	98.92	88.12	86.34	75.58	71.2	
12	C-09	212.74	218.7	202.18	198.56	190.12	181.74	
13	K-88	75.74	73.68	69.86	60.34	64.92	59.46	
14	W-91	91.78	95.44	98.1	99.46	98.68	105.86	
15	M-03	324.48	309.14	313.1	287.82	276.24	260.9	
16								
17	Win/Loss Sparklines							
18	Fund Number	Jan	Feb	Mar	Apr	May	Jun	Sparklines
19	A-13	0	-5.06	-10.8	-1.78	-10.76	-4.38	
20	C-09	0	5.96	-16.52	-3.62	-8.44	-8.38	
21	K-88	0	-2.06	-3.82	-9.52	4.58	-5.46	
22	W-91	0	3.66	2.66	1.36	-0.78	7.18	
23	M-03	0	-15.34	3.96	-25.28	-11.58	-15.34	

图 9-17　迷你图示例

与其他大多数功能一样，Microsoft 将迷你图添加到 Excel 对象模型中，这样就可通过 VBA 来使用迷你图了。该对象层的最顶端是 SparklineGroups 集合，这是所有 SparklineGroup 对象的集合。SparklineGroup 对象包含 Sparkline 对象。与你可能猜想的情况相反，SparklineGroups 集合的父对象是 Range 对象，而非 Worksheet 对象。因此，以下语句会生成一个错误：

```
MsgBox ActiveSheet.SparklineGroups.Count
```

因此，我们应该使用 Cells 属性(它会返回一个单元格区域对象)：

```
MsgBox Cells.SparklineGroups.Count
```

下例列出每个迷你图组在活动工作表中的地址：

```
Sub ListSparklineGroups()
    Dim sg As SparklineGroup
    Dim i As Long
    For i = 1 To Cells.SparklineGroups.Count
        Set sg = Cells.SparklineGroups(i)
        MsgBox sg.Location.Address
    Next i
End Sub
```

但不能使用 For Each 结构循环遍历 SparklineGroups 集合中的对象，而应该通过使用索引号引用这些对象。

下面是另一个使用 VBA 操作迷你图的示例。SparklineReport 过程列出了活动工作表上每个迷你图的信息。

```
Sub SparklineReport()
    Dim sg As SparklineGroup
    Dim sl As Sparkline
```

```vba
    Dim SGType As String
    Dim SLSheet As Worksheet
    Dim i As Long, j As Long, r As Long
    
    If Cells.SparklineGroups.Count = 0 Then
        MsgBox "No sparklines were found on the active sheet."
        Exit Sub
        
    End If
    
    Set SLSheet = ActiveSheet
'   Insert new worksheet for the report
    Worksheets.Add
    
'   Headings
    With Range("A1")
        .Value = "Sparkline Report: " & SLSheet.Name & " in " _
            & SLSheet.Parent.Name
        .Font.Bold = True
        .Font.Size = 16
    End With
    With Range("A3:F3")
        .Value = Array("Group #", "Sparkline Grp Range", _
            "# in Group", "Type", "Sparkline #", "Source Range")
        .Font.Bold = True
    End With
    r = 4
    
    'Loop through each sparkline group
    For i = 1 To SLSheet.Cells.SparklineGroups.Count
        Set sg = SLSheet.Cells.SparklineGroups(i)
        Select Case sg.Type
            Case 1: SGType = "Line"
            Case 2: SGType = "Column"
            Case 3: SGType = "Win/Loss"
        End Select
        ' Loop through each sparkline in the group
        For j = 1 To sg.Count
            Set sl = sg.Item(j)
            Cells(r, 1) = i 'Group #
            Cells(r, 2) = sg.Location.Address
            Cells(r, 3) = sg.Count
            Cells(r, 4) = SGType
            Cells(r, 5) = j 'Sparkline # within Group
            Cells(r, 6) = sl.SourceData
            r = r + 1
        Next j
        r = r + 1
    Next i
End Sub
```

图 9-18 显示了根据这个过程生成的示例报表。

	A	B	C	D	E	F	G
1	Sparkline Report: Sheet1 in sparkline report.xlsm						
2							
3	Group #	Sparkline	# in Group	Type	Sparkline	Source Range	
4	1	$N$22:N	10	Line	1	B22:M22	
5	1	$N$22:N	10	Line	2	B23:M23	
6	1	$N$22:N	10	Line	3	B24:M24	
7	1	$N$22:N	10	Line	4	B25:M25	
8	1	$N$22:N	10	Line	5	B26:M26	
9	1	$N$22:N	10	Line	6	B27:M27	
10	1	$N$22:N	10	Line	7	B28:M28	
11	1	$N$22:N	10	Line	8	B29:M29	
12	1	$N$22:N	10	Line	9	B30:M30	
13	1	$N$22:N	10	Line	10	B31:M31	
14							
15	2	$N$9:N	10	Column	1	B9:M9	
16	2	$N$9:N	10	Column	2	B10:M10	
17	2	$N$9:N	10	Column	3	B11:M11	
18	2	$N$9:N	10	Column	4	B12:M12	
19	2	$N$9:N	10	Column	5	B13:M13	
20	2	$N$9:N	10	Column	6	B14:M14	
21	2	$N$9:N	10	Column	7	B15:M15	
22	2	$N$9:N	10	Column	8	B16:M16	
23	2	$N$9:N	10	Column	9	B17:M17	
24	2	$N$9:N	10	Column	10	B18:M18	

图 9-18　运行 SparklineReport 过程的结果

在线资源：
该工作簿名为 sparkline report.xlsm，可从本书的下载文件包中获取。

第 10 章

与其他应用程序的交互

本章内容：
- 了解 Microsoft Office 自动化
- 从 Excel 自动执行 Access 任务
- 从 Excel 自动执行 Word 任务
- 从 Excel 自动执行 PowerPoint 任务
- 从 Excel 自动执行 Outlook 任务
- 从 Excel 启动其他应用程序

10.1 了解 Microsoft Office 自动化

通过本书的学习，你可以了解到如何应用 VBA 来自动完成任务、进程和程序流程。本章将对自动化进行另一种阐述。此处的自动化将被定义为从一个应用程序操作或控制另一个应用程序。

为什么要从一个应用程序控制另一个应用程序呢？面向数据的进程通常涉及一系列应用程序。在 Excel 中分析和汇总数据、在 PowerPoint 中将数据展示出来、通过 Outlook 将数据发送出来，这些过程并不鲜见。

实际情况是如果按常规的手动处理方式，每个 Microsoft Office 应用程序都有各自的优点。通过 VBA，可能更进一步自动化 Excel 和其他 Office 应用程序之间的交互操作。

10.1.1 了解"绑定"概念

Microsoft Office 系列中的各个程序都有其各自的对象库。所谓对象库就像是百科全书，包含了每个 Office 应用程序中可用的所有对象、方法和属性。Excel 有其自身的对象库，所有其他 Office 应用程序也都有隶属于自己的对象库。

为能从 Excel 中访问另一个 Office 程序，首先需要将它与另一个 Office 绑定起来。对服务器端应用来讲，绑定是一个将对象库向客户端应用程序进行展现的过程。绑定分为两种：早期绑定和后期绑定。

> **注意：**
> 在此处所讨论的环境中，客户端应用程序是指执行控制操作的应用程序，而服务器端应用程序是指被控制的应用程序。

1. 早期绑定

如果进行早期绑定，应该显式地将客户端应用程序指向服务器端应用程序的对象库，以便在设计时或编程时找到对象模型。接下来使用代码中已指定的对象去调用应用程序的新实例，如下所示：

```
Dim XL As Excel.Application
Set XL = New Excel.Application
```

早期绑定有如下优点：

- 由于在设计时就指定了对象，客户端应用程序可在执行前对代码进行编译。和后期绑定相比，代码运行起来更快。
- 由于在设计时就绑定了对象库，就可在对象浏览器中完全访问服务器端应用程序的对象模型。
- 可使用智能提示。当输入关键字和点(.)或等号(=)时会看到一个弹出列表，其中列出可用的方法和属性，这就是智能提示。
- 可自动访问服务器端应用程序内置的常量。

要使用早期绑定，应该先创建到相应对象库的引用，在 VBE 中选择"工具"|"引用"命令。在"引用"对话框中(如图 10-1 所示)，找到想要进行自动化的 Office 应用程序，在旁边打上复选标记。系统中可用的对象库版本就等于 Office 版本。比如，你使用的是 Office 2016，就会有 PowerPoint 16.0 库。如果使用的是 Office 2013，就会有 PowerPoint 15.0 库。

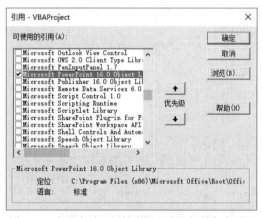

图 10-1　为要自动运行的应用程序添加对象库引用

2. 后期绑定

后期绑定和早期绑定并不一样，因为不需要将客户端应用程序指向具体的对象库。你的处理可以含糊一些，只需要在运行时或执行程序时使用 CreateObject 函数绑定到所需的对象库上：

```
Dim XL As Object
```

```
Set XL = CreateObject("Excel.Application")
```

后期绑定有一个主要优点，自动化程序可以不依赖于版本。也就是说，如果有多个版本的组件，自动化程序不会因为兼容性问题而运行失败。

例如，假定你想要使用早期绑定，在系统上设置对 Excel 对象库的引用。系统上的可用版本等于正使用的 Excel 版本。如果用户在他们的机器上安装低版本的 Excel，那运行你所编写的自动化程序就会失败。如果采用后期绑定就不会出现这问题。

> **GetObject 与 CreateObject**
>
> VBA 的 GetObject 和 CreateObject 函数都可以返回对对象的引用，但它们以不同方式工作。CreateObject 函数创建一个应用程序的新实例的接口。当应用程序没有运行时，使用该函数。如果应用程序的一个实例已在运行，则启动一个新实例。例如，下列语句启动了 Excel，XLApp 返回的对象是一个对其创建的 Excel.Application 对象的引用。
>
> ```
> Set XLApp = CreateObject("Excel.Application")
> ```
>
> GetObject 函数可以使用已经在运行的应用程序，也可用来启动一个已加载文件的应用程序。例如，下列语句用已加载的 Myfile.xls 来启动 Excel。XLBook 中返回的对象是一个指向 Workbook 对象(Myfile.xlsx 文件)的引用：
>
> ```
> Set XLBook = GetObject("C:\Myfile.xlsx")
> ```

10.1.2 一个简单的自动化示例

下例展示如何通过使用后期绑定来创建一个 Word 对象。该程序创建了 Word 的实例，显示当前版本号，关闭 Word 应用程序，然后销毁该对象(从而释放了使用的内存)：

```
Sub GetWordVersion()
    Dim WordApp As Object
    Set WordApp = CreateObject("Word.Application")
    MsgBox WordApp.Version
    WordApp.Quit
    Set WordApp = Nothing
End Sub
```

> **注意：**
> 该过程中创建的 Word 对象是不可见的。如果要在操作时查看对象的窗口，可将其 Visible 属性设置为 True，如下所示：
>
> ```
> WordApp.Visible = True
> ```

该示例还可使用早期绑定进行编写。在此之前，需要先在 VBE 中激活引用对话框，选择"工具" | "引用"命令来设置一个对 Word 对象库的引用。然后使用下列代码：

```
Sub GetWordVersion()
    Dim WordApp As New Word.Application
    MsgBox WordApp.Version
    WordApp.Quit
```

```
        Set WordApp = Nothing
End Sub
```

10.2 从 Excel 中自动执行 Access 任务

对大部分 Excel 用户来讲，都不会在 Excel 中自动启用 Access。确实，大多数人都很难想象什么情况下非要这样做不可。不可否认，没什么令人信服的理由，但你可了解一些本节将展示出来的神奇自动化技巧。谁知道什么时候可能用得上呢？

10.2.1 从 Excel 中运行 Access 查询

这里有一个很好的宏，对于经常需要从 Access 中将查询结果复制粘贴到 Excel 中的用户来讲，很有帮助。在这个宏里，使用 DAO(Data Access Object)在后台打开并运行 Access 查询，然后将结果输出到 Excel 中。

这个宏是将 Excel 指向 Access 数据库，从已有的 Access 查询中将数据取出。可将查询存储到 Recordset 对象中，以便将其填充到 Excel 电子表格中。

> **在线资源：**
> 名为 Running an Access Query from Excel.xlsm 的工作簿可从本书的下载文件包中获取。

> **注意：**
> 要自动启用 Access，需要先设置对 Microsoft Access 对象库的引用。在 Excel 中打开 VBE，选择"工具"|"引用"。激活"引用"对话框后，通过滚动条找到 Microsoft Access XX Object Library，此处的 XX 指你系统上的 Access 版本号，选中该项。

```
Sub RunAccessQuery()

'Declare your variables
    Dim MyDatabase As DAO.Database
    Dim MyQueryDef As DAO.QueryDef
    Dim MyRecordset As DAO.Recordset
    Dim i As Integer

'Identify the database and query
    Set MyDatabase = DBEngine.OpenDatabase _
                ("C:\Temp\YourAccessDatabse.accdb")

    Set MyQueryDef = MyDatabase.QueryDefs("Your Query Name")

'Open the query
    Set MyRecordset = MyQueryDef.OpenRecordset


'Clear previous contents
```

```
        Sheets("Sheet1").Select
        ActiveSheet.Range("A6:K10000").ClearContents

'Copy the recordset to Excel

        ActiveSheet.Range("A7").CopyFromRecordset MyRecordset

'Add column heading names to the spreadsheet
        For i = 1 To MyRecordset.Fields.Count
        ActiveSheet.Cells(6, i).Value = MyRecordset.Fields(i - 1).Name
        Next i

End Sub
```

10.2.2 从 Excel 运行 Access 宏

我们可从 Excel 运行 Access 宏，利用自动化可在不打开 Access 的情况下使用宏。这技术非常有用，不仅能运行那些涉及一系列查询的优秀的宏，还能轻松执行将 Access 数据输出到 Excel 文件等日常任务。

> **在线资源：**
> 名为 Running an Access Macro from Excel.xlsm 的工作簿可从本书的下载文件包中获取。

下面的宏可方便地以编程方式触发 Access 宏。

> **注意：**
> 需要先设置对 Microsoft Access 对象库的引用。在 Excel 中打开 VBE，选择"工具"|"引用"。激活"引用"对话框后，通过滚动条找到 Microsoft Access XX Object Library，此处的 XX 指系统上的 Access 版本号，选中该项。

```
Sub RunAccessMacro()

'Declare your variables
    Dim AC As Access.Application

'Start Access and open the target database
    Set AC = New Access.Application
        AC.OpenCurrentDatabase _
        ("C:\Temp\YourAccessDatabse.accdb")

'Run the Target Macro
    With AC
        .DoCmd.RunMacro "MyMacro"
        .Quit
    End With

End Sub
```

10.3 从 Excel 自动执行 Word 任务

在 Word 文档中包含来自 Excel 的表并不罕见。在大多数情况下，该表都是简单地直接复制粘贴到 Word 中。虽然将数据从 Excel 复制粘贴到 Word 中确实是一种有效的整合形式，但还有无数种方法可将 Excel 和 Word 整合起来。本节将列举一些示例来说明整合 Excel 和 Word 时可用的技术。

10.3.1 将 Excel 数据传递给 Word 文档

如果需要经常将 Excel 中的数据复制粘贴到 Word 中，可以试试用宏来自动完成这项任务。在记录这个宏前，需要先做些准备工作。

(1) 先创建一个 Word 文档模板，在这个文档中，创建一个书签标注出希望放置所复制的 Excel 数据的位置。

(2) 要在 Word 文档中创建书签，可将光标放到希望放置的位置上，选择"插入"选项卡，选择"书签"(在"链接"组中)。这样就可以激活"书签"对话框，可从中为书签命名。命名完毕后，单击"添加"按钮。

> **在线资源：**
> 名为 Sending Excel Data to a Word Document.xlsm 的工作簿可从本书的下载文件包中获取。还可看到 PasteTable.docx 文档。该文档是个简单模板，包含了一个名为 DataTableHere 的书签。在这个示例代码中，使用 DataTableHere 书签指定位置后，可将单元格区域复制到那个 PasteTable.docx 模板中。

> **注意：**
> 需要先设置对 Microsoft Word 对象库的引用。在 Excel 中打开 VBE，选择"工具"|"引用"。激活"引用"对话框后，通过滚动条找到 Microsoft Word XX Object Library，此处的 XX 指你系统上的 Word 版本号，选中该项。

```
Sub SendDataToWord()

'Declare your variables
    Dim MyRange As Excel.Range
    Dim wd As Word.Application
    Dim wdDoc As Word.Document
    Dim WdRange As Word.Range

'Copy the defined range
    Sheets("Revenue Table").Range("B4:F10").Copy

'Open the target Word document
    Set wd = New Word.Application

    Set wdDoc = wd.Documents.Open _
```

```
        (ThisWorkbook.Path & "\" & "PasteTable.docx")
        wd.Visible = True

    'Set focus on the target bookmark
        Set WdRange = wdDoc.Bookmarks("DataTableHere").Range

    'Delete the old table and paste new
        On Error Resume Next
        WdRange.Tables(1).Delete
        WdRange.Paste 'paste in the table

    'Adjust column widths
        WdRange.Tables(1).Columns.SetWidth _
        (MyRange.Width / MyRange.Columns.Count), wdAdjustSameWidth

    'Reinsert the bookmark
        wdDoc.Bookmarks.Add "DataTableHere", WdRange

    'Memory cleanup
        Set wd = Nothing
        Set wdDoc = Nothing
        Set WdRange = Nothing

End Sub
```

10.3.2 模拟 Word 文档的邮件合并功能

Word 中用得最多的整合功能之一是邮件合并。很多情况下，邮件合并是指为客户列表中的每个客户创建一封邮件或一个文档的过程。例如，假定你有一个客户列表，你想为每个客户创建一封邮件。有了邮件合并，就只需要编写一次邮件内容，然后使用 Word 的邮件合并功能为每个客户自动创建一封邮件，并为每封邮件附上相应的地址、姓名以及其他信息。

如果你是一位自动化爱好者，可在 Excel 中使用宏来模拟 Word Mail Merge 功能。处理起来很简单，先准备一个模板，里面带有标识出联系信息中每个元素所插入位置的书签。启动模板时，只需要遍历联系人列表中的每个联系人，然后将他们的联系信息的各部分内容分配给各自的书签即可。

> **在线资源：**
> 名为 SimulatingMail Merge with a Word Document.xlsm 的工作簿可从本书的下载文件包中获取。还可看到一个名为 MailMerge.docx 的文档。该文档包含了运行本处示例文件需要的所有书签。

> **注意：**
> 需要先设置对 Microsoft Word 对象库的引用。在 Excel 中打开 VBE，选择"工具" | "引用"。激活"引用"对话框后，通过滚动条找到 Microsoft Word XX Object Library，此处的 XX 指你系统上的 Word 版本号，选中该项。

```vba
Sub WordMailMerge()

'Declare your variables
    Dim wd As Word.Application
    Dim wdDoc As Word.Document
    Dim MyRange As Excel.Range
    Dim MyCell As Excel.Range
    Dim txtAddress As String
    Dim txtCity As String
    Dim txtState As String
    Dim txtPostalCode As String
    Dim txtFname As String
    Dim txtFullname As String

'Start Word and add a new document
    Set wd = New Word.Application
    Set wdDoc = wd.Documents.Add
    wd.Visible = True

'Set the range of your contact list
    Set MyRange = Sheets("Contact List").Range("A5:A24")

'Start the loop through each cell
    For Each MyCell In MyRange.Cells

'Assign values to each component of the letter
    txtAddress = MyCell.Value
    txtCity = MyCell.Offset(, 1).Value
    txtState = MyCell.Offset(, 2).Value
    txtPostalCode = MyCell.Offset(, 3).Value
    txtFname = MyCell.Offset(, 5).Value
    txtFullname = MyCell.Offset(, 6).Value

'Insert the structure of template document
    wd.Selection.InsertFile _
    ThisWorkbook.Path & "\" & "MailMerge.docx"

'Fill each relevant bookmark with respective value

    wd.Selection.Goto What:=wdGoToBookmark, Name:="Customer"
    wd.Selection.TypeText Text:=txtFullname

    wd.Selection.Goto What:=wdGoToBookmark, Name:="Address"
    wd.Selection.TypeText Text:=txtAddress

    wd.Selection.Goto What:=wdGoToBookmark, Name:="City"
    wd.Selection.TypeText Text:=txtCity

    wd.Selection.Goto What:=wdGoToBookmark, Name:="State"
    wd.Selection.TypeText Text:=txtState
```

```
    wd.Selection.Goto What:=wdGoToBookmark, Name:="Zip"
    wd.Selection.TypeText Text:=txtPostalCode

    wd.Selection.Goto What:=wdGoToBookmark, Name:="FirstName"
    wd.Selection.TypeText Text:=txtFname

'Clear any remaining bookmarks
    On Error Resume Next
    wdDoc.Bookmarks("Address").Delete
    wdDoc.Bookmarks("Customer").Delete
    wdDoc.Bookmarks("City").Delete
    wdDoc.Bookmarks("State").Delete
    wdDoc.Bookmarks("FirstName").Delete
    wdDoc.Bookmarks("Zip").Delete

'Go to the end, insert new page, and start with the next cell
    wd.Selection.EndKey Unit:=wdStory
    wd.Selection.InsertBreak Type:=wdPageBreak
    Next MyCell

'Set cursor to beginning and clean up memory
    wd.Selection.HomeKey Unit:=wdStory
    wd.Activate
    Set wd = Nothing
    Set wdDoc = Nothing

End Sub
```

10.4 从 Excel 自动执行 PowerPoint 任务

可能多达半数的 PowerPoint 演示文稿中都包含从 Excel 中直接复制过来的数据。很显然，与 PowerPoint 相比，在 Excel 中分析和创建图表及数据视图要简单得多。如果已经创建好这些图表及数据视图，那为什么不直接将其复制到 PowerPoint 中呢？能直接从 Excel 中复制可以节省时间和精力，何乐而不为？

本节介绍的一些技术可帮助你自动将 Excel 中的数据复制到 PowerPoint 中。

10.4.1 将 Excel 数据发送到 PowerPoint 演示文稿中

为了解一些基本操作，我们先简单地自动创建一个 PowerPoint 演示文稿，该演示文稿带有一张有标题的幻灯片。在这个示例中，从 Excel 文件中复制单元格区域，并将该单元格区域粘贴到 PowerPoint 文档新建的幻灯片中。

> **在线资源：**
> 名为 Sending Excel Data to a PowerPoint Presentation.xlsm 的工作簿可从本书的下载文件包中获取。

> **注意：**
> 需要首先设置对 Microsoft PowerPoint 对象库的引用。在 Excel 中打开 VBE，选择"工具"|"引用"。激活"引用"对话框后，通过滚动条找到 Microsoft PowerPoint XX Object Library，此处的 XX 指你系统上的 Word 版本号，选中该项。

```
Sub CopyRangeToPresentation ()

'Declare your variables
    Dim PP As PowerPoint.Application
    Dim PPPres As PowerPoint.Presentation
    Dim PPSlide As PowerPoint.Slide
    Dim SlideTitle As String

'Open PowerPoint and create new presentation
    Set PP = New PowerPoint.Application
    Set PPPres = PP.Presentations.Add
    PP.Visible = True

Add new slide as slide 1 and set focus to it
    Set PPSlide = PPPres.Slides.Add(1, ppLayoutTitleOnly)
    PPSlide.Select

'Copy the range as a picture
    Sheets("Slide Data").Range("A1:J28").CopyPicture _
    Appearance:=xlScreen, Format:=xlPicture
'Paste the picture and adjust its position
    PPSlide.Shapes.Paste.Select
    PP.ActiveWindow.Selection.ShapeRange.Align msoAlignCenters, True
    PP.ActiveWindow.Selection.ShapeRange.Align msoAlignMiddles, True

'Add the title to the slide
    SlideTitle = "My First PowerPoint Slide"
    PPSlide.Shapes.Title.TextFrame.TextRange.Text = SlideTitle

'Memory Cleanup
    PP.Activate

    Set PPSlide = Nothing
    Set PPPres = Nothing
    Set PP = Nothing

End sub
```

10.4.2 将所有 Excel 图表发送到 PowerPoint 演示文稿中

在一张工作表中经常可以看到多个图表，很多人也都需要将图表复制到 PowerPoint 演示文稿中。此处的宏就可帮助完成这项任务，有效地自动将每个图表复制到幻灯片中。

在这个宏里，遍历了 Activesheet.ChartObjects 集合，并将每个图表以图片形式复制到新建的

PowerPoint 演示文稿的相应幻灯片上。

> **在线资源：**
> 名为 Sending All Excel Charts to a PowerPoint Presentation.xlsm 的工作簿可从本书的下载文件包中获取。

> **注意：**
> 需要先设置对 Microsoft PowerPoint 对象库的引用。在 Excel 中打开 VBE，选择"工具"|"引用"。激活"引用"对话框后，通过滚动条找到 Microsoft PowerPoint XX Object Library，此处的 XX 指你系统上的 Word 版本号，选中该项。

```vba
Sub CopyAllChartsToPresentation()

'Declare your variables
    Dim PP As PowerPoint.Application
    Dim PPPres As PowerPoint.Presentation
    Dim PPSlide As PowerPoint.Slide
    Dim i As Integer

'Check for charts; exit if no charts exist
    Sheets("Slide Data").Select
    If ActiveSheet.ChartObjects.Count < 1 Then
    MsgBox "No charts existing the active sheet"
    Exit Sub
    End If

'Open PowerPoint and create new presentation
    Set PP = New PowerPoint.Application
    Set PPPres = PP.Presentations.Add
    PP.Visible = True

'Start the loop based on chart count
    For i = 1 To ActiveSheet.ChartObjects.Count

    'Copy the chart as a picture

        ActiveSheet.ChartObjects(i).Chart.CopyPicture _
        Size:=xlScreen, Format:=xlPicture
        Application.Wait (Now + TimeValue("0:00:1"))

    'Count slides and add new slide as next available slide number
        ppSlideCount = PPPres.Slides.Count
        Set PPSlide = PPPres.Slides.Add(SlideCount + 1, ppLayoutBlank)
        PPSlide.Select

    'Paste the picture and adjust its position; Go to next chart
        PPSlide.Shapes.Paste.Select
        PP.ActiveWindow.Selection.ShapeRange.Align msoAlignCenters, True
```

```
        PP.ActiveWindow.Selection.ShapeRange.Align msoAlignMiddles, True
    Next i

'Memory Cleanup
    Set PPSlide = Nothing
    Set PPPres = Nothing
    Set PP = Nothing

End Sub
```

10.4.3 将工作表转换成 PowerPoint 演示文稿

这节里的最后一个宏将在 PowerPoint 演示文稿中使用 Excel 数据这一理念推向极致。打开示例工作簿 Convert a workbook into a PowerPoint Presentation.xlsm，在这个工作簿里，可看到每个工作表都包含各自地域的数据。看起来就像每个工作表都是一张单独的幻灯片，提供了某个具体地域的信息。

此处可采用类似于 PowerPoint 演示文稿的样式创建一个工作簿，这个工作簿就是演示文稿本身，而每个工作表都是演示文稿中的每个幻灯片。这样处理后，加入一点自动化元素就可以方便地将这个工作簿转换成真正的 PowerPoint 演示文稿了。

通过该技术，可以在具备更好分析工具和自动化工具的 Excel 中创建整个演示文稿。然后可方便地将 Excel 版的演示文稿转换成 PowerPoint 演示文稿。

> **在线资源：**
> 名为 Convert a Workbook into a PowerPoint Presentation.xlsm 的工作簿可从本书的下载文件包中获取。

> **注意：**
> 需要先设置对 Microsoft PowerPoint 对象库的引用。在 Excel 中打开 VBE，选择"工具"|"引用"。激活"引用"对话框后，通过滚动条找到 Microsoft PowerPoint XX Object Library，此处的 XX 指你系统上的 Word 版本号，选中该项。

```
Sub SendWorkbookToPowerPoint()

'Declare your variables
    Dim pp As PowerPoint.Application
    Dim PPPres As PowerPoint.Presentation
    Dim PPSlide As PowerPoint.Slide
    Dim xlwksht As Excel.Worksheet
    Dim MyRange As String
    Dim MyTitle As String

'Open PowerPoint, add a new presentation and make visible
    Set pp = New PowerPoint.Application
    Set PPPres = pp.Presentations.Add
    pp.Visible = True
```

```
'Set the ranges for your data and title
    MyRange = "A1:I27"

'Start the loop through each worksheet
    For Each xlwksht In ActiveWorkbook.Worksheets
    xlwksht.Select
    Application.Wait (Now + TimeValue("0:00:1"))
    MyTitle = xlwksht.Range("C19").Value

'Copy the range as picture
    xlwksht.Range(MyRange).CopyPicture _
    Appearance:=xlScreen, Format:=xlPicture

'Count slides and add new slide as next available slide number
    SlideCount = PPPres.Slides.Count
    Set PPSlide = PPPres.Slides.Add(SlideCount + 1, ppLayoutTitleOnly)
    PPSlide.Select

'Paste the picture and adjust its position
    PPSlide.Shapes.Paste.Select
    pp.ActiveWindow.Selection.ShapeRange.Align msoAlignCenters, True
    pp.ActiveWindow.Selection.ShapeRange.Top = 100

'Add the title to the slide then move to next worksheet
    PPSlide.Shapes.Title.TextFrame.TextRange.Text = MyTitle
    Next xlwksht

'Memory Cleanup
    pp.Activate
    Set PPSlide = Nothing
    Set PPPres = Nothing
    Set pp = Nothing

End Sub
```

10.5 从 Excel 自动执行 Outlook 任务

在本节中，可以通过一些示例来了解如何自动实现 Excel 和 Outlook 之间的整合。

10.5.1 以附件形式发送活动工作簿

对于 Outlook 来讲，我们能自动执行的最基本任务就是发送邮件。在下面的示例代码中，活动工作簿将以附件形式发送给两位邮件接收者。

> **在线资源：**
> 名为 Mailing the Active Workbook as Attachment.xlsm 的工作簿可从本书的下载文件包中获取。

> **注意:**
> 需要先设置对 Microsoft Outlook 对象库的引用。在 Excel 中打开 VBE,选择"工具"|"引用"。激活"引用"对话框后,通过滚动条找到 Microsoft Outlook XX Object Library,此处的 XX 指系统上的 Outlook 版本号,选中该项。

```
Sub EmailWorkbook()

'Declare our variables
    Dim OLApp As Outlook.Application
    Dim OLMail As Object

'Open Outlook start a new mail item
    Set OLApp = New Outlook.Application
    Set OLMail = OLApp.CreateItem(0)
    OLApp.Session.Logon

'Build our mail item and send
    With OLMail
    .To = "admin@datapigtechnologies.com; mike@datapigtechnologies.com"
    .CC = ""
    .BCC = ""
    .Subject = "This is the Subject line"
    .Body = "Sample File Attached"
    .Attachments.Add ActiveWorkbook.FullName
    .Display
    End With

'Memory cleanup
    Set OLMail = Nothing
    Set OLApp = Nothing

End Sub
```

10.5.2 以附件形式发送指定单元格区域

我们可能在发送邮件时并不总是希望发送整个工作簿。下面这个宏说明了如何发送指定单元格区域(而不是整个工作簿)中的数据。

> **在线资源:**
> 名为 Mailing a Specific Range as Attachment.xlsm 的工作簿可从本书的下载文件包中获取。

> **注意:**
> 需要先设置对 Microsoft Outlook 对象库的引用。在 Excel 中打开 VBE,选择"工具"|"引用"。激活"引用"对话框后,通过滚动条找到 Microsoft Outlook XX Object Library,此处的 XX 指你系统上的 Outlook 版本号,选中该项。

```
Sub EmailRange()
```

```
'Declare our variables
    Dim OLApp As Outlook.Application
    Dim OLMail As Object

'Copy range, paste to new workbook, and save it
    Sheets("Revenue Table").Range("A1:E7").Copy
    Workbooks.Add
    Range("A1").PasteSpecial xlPasteValues
    Range("A1").PasteSpecial xlPasteFormats
    ActiveWorkbook.SaveAs ThisWorkbook.Path & "\TempRangeForEmail.xlsx"

'Open Outlook start a new mail item
    Set OLApp = New Outlook.Application
    Set OLMail = OLApp.CreateItem(0)
    OLApp.Session.Logon

'Build our mail item and send
    With OLMail
    .To = "admin@datapigtechnologies.com; mike@datapigtechnologies.com"
    .CC = ""
    .BCC = ""
    .Subject = "This is the Subject line"
    .Body = "Sample File Attached"
    .Attachments.Add (ThisWorkbook.Path & "\TempRangeForEmail.xlsx")
    .Display
    End With

'Delete the temporary Excel file
    ActiveWorkbook.Close SaveChanges:=True

    Kill ThisWorkbook.Path & "\TempRangeForEmail.xlsx"

'Memory cleanup
    Set OLMail = Nothing
    Set OLApp = Nothing

End Sub
```

10.5.3 以附件形式发送指定的单个工作表

本示例主要讲解如何发送指定工作表中的数据，而不是发送整个工作簿。

> **在线资源：**
> 名为 Mailing a SingleSheet as an Attachment.xlsm 的工作簿可从本书的下载文件包中获取。

> **注意：**
> 需要先设置对 Microsoft Outlook 对象库的引用。在 Excel 中打开 VBE，选择"工具"|"引用"。

激活"引用"对话框后,通过滚动条找到 Microsoft Outlook XX Object Library,此处的 XX 指系统上的 Outlook 版本号,选中该项。

```vba
Sub EmailWorkSheet()

'Declare our variables
    Dim OLApp As Outlook.Application
    Dim OLMail As Object

'Copy Worksheet, paste to new workbook, and save it
    Sheets("Revenue Table").Copy
    ActiveWorkbook.SaveAs ThisWorkbook.Path & "\TempRangeForEmail.xlsx"

'Open Outlook start a new mail item
    Set OLApp = New Outlook.Application
    Set OLMail = OLApp.CreateItem(0)
    OLApp.Session.Logon

'Build our mail item and send
    With OLMail
    .To = "admin@datapigtechnologies.com; mike@datapigtechnologies.com"
    .CC = ""
    .BCC = ""
    .Subject = "This is the Subject line"
    .Body = "Sample File Attached"
    .Attachments.Add (ThisWorkbook.Path & "\TempRangeForEmail.xlsx")
    .Display
    End With

'Delete the temporary Excel file
    ActiveWorkbook.Close SaveChanges:=True
    Kill ThisWorkbook.Path & "\TempRangeForEmail.xlsx"

'Memory cleanup
    Set OLMail = Nothing
    Set OLApp = Nothing

End Sub
```

10.5.4 发送给联系人列表中的所有 Email 地址

有时我们可能需要向联系人的地址列表中发送大宗邮件(如简讯或备忘录等),手动逐个添加这些联系人的地址显然很麻烦,运用下列过程就很简单了。在这个过程中,只需要发送一封邮件,联系人列表中的所有 Email 地址都可被自动添加到邮件中。

在线资源:
名为 Mailing All Email Addresses in Your Contact List.xlsm 的工作簿可从本书的下载文件包中获取。

> **注意：**
> 需要先设置对 Microsoft Outlook 对象库的引用。在 Excel 中打开 VBE，选择"工具"|"引用"。激活"引用"对话框后，通过滚动条找到 Microsoft Outlook XX Object Library，此处的 XX 指你系统上的 Outlook 版本号，选中该项。

```
Sub EmailContactList()

'Declare our variables
    Dim OLApp As Outlook.Application
    Dim OLMail As Object
    Dim MyCell As Range
    Dim MyContacts As Range

'Define the range to loop through
    Set MyContacts = Sheets("Contact List").Range("H2:H21")

'Open Outlook
    Set OLApp = New Outlook.Application
    Set OLMail = OLApp.CreateItem(0)
    OLApp.Session.Logon

'Add each address in the contact list
    With OLMail
        For Each MyCell In MyContacts
            .BCC = .BCC & Chr(59) & MyCell.Value
        Next MyCell

        .Subject = "Sample File Attached"
        .Body = "Sample file is attached"
        .Attachments.Add ActiveWorkbook.FullName
        .Display

    End With

'Memory cleanup
    Set OLMail = Nothing
    Set OLApp = Nothing

End Sub
```

10.6 从 Excel 启动其他应用程序

从 Excel 启动另一个应用程序通常是很有用的。例如，可能需要调用 Windows 对话框，打开 IE，或从 Excel 执行 DOS 批处理文件。或者作为一个应用程序开发人员，可能想让用户对 Windows 控制面板的访问变得更简单，以方便他们修改系统设置。

在本节中，可了解到从 Excel 启动各种程序时需要的主要函数。

10.6.1 使用 VBA 的 Shell 函数

VBA 的 Shell 函数使得启动其他程序的过程变得相对简单。下面的 VBA 代码启动了 Windows 的计算器应用程序。

```
Sub StartCalc()
    Dim Program As String
    Dim TaskID As Double
    On Error Resume Next
    Program = "calc.exe"
    TaskID = Shell(Program, 1)
    If Err <> 0 Then
        MsgBox "Cannot start " & Program, vbCritical, "Error"
    End If
End Sub
```

Shell 函数返回在第一个参数中指定的应用程序的任务标识号。可使用这个数字在稍后激活该任务。Shell 函数的第二个参数确定如何显示应用程序(1 是正常大小的窗口代码,并带有焦点)。参见"帮助"系统可了解该参数的其他值。

如果 Shell 函数没有成功,那么会产生错误。因此,该过程使用了一个 On Error 语句,如果未发现可执行文件或发生其他错误,则会显示一条消息。

Shell 函数启动的应用程序正在运行时,VBA 代码不会中止,理解这一点非常重要。换言之,Shell 函数异步运行应用程序。如果执行 Shell 函数后,过程还有其他指令,它们会与新加载的程序同时执行。如果指令要求用户交互(如显示一个消息框),那么 Excel 的标题栏会在其他应用程序活动时闪烁。

某些情况下,可能需要用 Shell 函数启动一个应用程序,但需要在应用程序关闭之前暂停 VBA 代码的运行。例如,启动的应用程序可能生成一个文件,用于稍后的代码。虽然不能中止代码的执行,但可创建一个循环,专门用来监视应用程序的状态。下例在 Shell 函数启动的应用程序结束时显示一个消息框:

```
Declare PtrSafe Function OpenProcess Lib "kernel32" _
    (ByVal dwDesiredAccess As Long, _
    ByVal bInheritHandle As Long, _
    ByVal dwProcessId As Long) As Long

Declare PtrSafe Function GetExitCodeProcess Lib "kernel32" _
    (ByVal hProcess As Long, _
    lpExitCode As Long) As Long

Sub StartCalc2()
    Dim TaskID As Long
    Dim hProc As Long
    Dim lExitCode As Long
    Dim ACCESS_TYPE As Integer, STILL_ACTIVE As Integer
    Dim Program As String
```

```
    ACCESS_TYPE = &H400
    STILL_ACTIVE = &H103

    Program = "Calc.exe"
    On Error Resume Next

'   Shell the task
    TaskID = Shell(Program, 1)

'   Get the process handle
    hProc = OpenProcess(ACCESS_TYPE, False, TaskID)

    If Err <> 0 Then
        MsgBox "Cannot start " & Program, vbCritical, "Error"
        Exit Sub

    End If

    Do  'Loop continuously
'       Check on the process
        GetExitCodeProcess hProc, lExitCode
'       Allow event processing
        DoEvents
    Loop While lExitCode = STILL_ACTIVE

'   Task is finished, so show message
    MsgBox Program & " was closed"
End Sub
```

当启动的应用程序正在运行时，该过程会持续从 Do-Loop 结构中调用 GetExitCodeProcess 函数，检测其返回值(lExitCode)。过程结束时，lExitCode 返回一个不同的值，结束循环，并且 VBA 代码恢复执行。

> **在线资源：**
> 上述两个示例都可从本书的下载文件包中获取，文件名为 start calculator.xlsm。

> **提示：**
> 启动应用的另一种方式是在单元格里创建一个超链接(VBA 中不需要)。例如，下面的公式在单元格里创建了超链接。在单击该链接时会运行 Windows 的计算器程序：
>
> =HYPERLINK("C:\Windows\System32\calc.exe","Windows Calculator")
>
> 你需要确定链接指向正确位置。而且在单击链接时你至少会收到一个安全警告。该技术同样可应用于文件，将文件以某种文件类型加载到默认应用。例如，单击由下列公式创建的超链接，将文件以文本文件形式加载到默认应用中：
>
> =HYPERLINK("C:\files\data.txt","Open the data file")

> **显示文件夹窗口**
> 如果需要使用 Windows 资源管理器来显示一个特定目录,那么使用 Shell 函数也是很方便的。例如,下列语句显示了活动工作簿所在的文件夹(仅当工作簿已经被保存后):
>
> ```
> If ActiveWorkbook.Path<> "" Then _
>   Shell "explorer.exe "&ActiveWorkbook.Path, vbNormalFocus
> ```

10.6.2 使用 Windows 的 ShellExecute API 函数

ShellExecute 是一个 Windows API 函数,对于启动其他应用程序非常有用。重要的一点是,该函数只能启动已知文件名的应用程序(假设文件类型已在 Windows 中注册)。例如,可使用 ShellExecute 函数通过默认的 Web 浏览器来打开一个 Web 文档。或使用电子邮件地址来启动默认的电子邮件客户端程序。

API 声明如下(这段代码只能用在 Excel 2010 或更新版本中):

```
Private Declare PtrSafe Function ShellExecute Lib "shell32.dll" _
  Alias "ShellExecuteA" (ByVal hWnd As Long, _
  ByVal lpOperation As String, ByVal lpFile As String, _
  ByVal lpParameters As String, ByVal lpDirectory As String, _
  ByVal nShowCmd As Long) As Long
```

下列过程展示了如何调用 ShellExecute 函数。该示例中通过使用图形程序打开了一个图形文件,创建该图形程序是用来处理 JPG 文件的。如果函数返回的结果小于 32,则发生错误。

```
Sub ShowGraphic()
    Dim FileName As String
    Dim Result As Long
    FileName = ThisWorkbook.Path & "\flower.jpg"
    Result = ShellExecute(0&, vbNullString, FileName, _
        vbNullString, vbNullString, vbNormalFocus)
    If Result < 32 Then MsgBox "Error"
End Sub
```

下列过程使用默认的文本文件程序打开了一个文本文件:

```
Sub OpenTextFile()
    Dim FileName As String
    Dim Result As Long
    FileName = ThisWorkbook.Path & "\textfile.txt"
    Result = ShellExecute(0&, vbNullString, FileName, _
        vbNullString, vbNullString, vbNormalFocus)
    If Result < 32 Then MsgBox "Error"
End Sub
```

下例与上面的类似,它使用默认浏览器打开一个网址:

```
Sub OpenURL()
    Dim URL As String
    Dim Result As Long
    URL = "http://spreadsheetpage.com"
```

```
    Result = ShellExecute(0&, vbNullString, URL, _
        vbNullString, vbNullString, vbNormalFocus)
    If Result < 32 Then MsgBox "Error"
End Sub
```

该方法还可用在电子邮件地址上。下例打开了默认的电子邮件客户端程序(如果存在)，然后将一封电子邮件发送到相应的接收端。

```
Sub StartEmail()
    Dim Addr As String
    Dim Result As Long
    Addr = "mailto:nobody@example.com"
    Result = ShellExecute(0&, vbNullString, Addr, _
        vbNullString, vbNullString, vbNormalFocus)
    If Result < 32 Then MsgBox "Error"
End Sub
```

> **在线资源：**
> 这些示例可从本书的下载文件包中获取，文件名为 shellexecute examples.xlsm。该文件使用与所有 Excel 版本兼容的 API 声明。

10.6.3 使用 AppActivate 语句

如果一个应用程序已经在运行，那么使用 Shell 函数会启动它的另一个实例。大多数情况下，需要激活正在运行中的实例——而不是启动它的另一个实例。

下面的 StartCalculator 过程使用 AppActivate 语句来激活一个运行中的应用程序(本例中为 Windows 计算器)。AppActivate 的参数是应用程序标题栏的标题。如果 AppActivate 语句产生错误，则表示计算器不在运行中。因此，例程会启动该应用程序。

```
Sub StartCalculator()
    Dim AppFile As String
    Dim CalcTaskID As Double

    AppFile = "Calc.exe"
    On Error Resume Next
    AppActivate "Calculator"
    If Err <> 0 Then
        Err = 0
        CalcTaskID = Shell(AppFile, 1)
        If Err <> 0 Then MsgBox "Can't start Calculator"
    End If
End Sub
```

> **在线资源：**
> 该示例可从本书的下载文件包中获取，文件名为 start calculator.xlsm。

10.6.4 激活"控制面板"对话框

Windows 提供了很多系统对话框和向导,其中大多数可从 Windows 控制面板中访问。我们可能需要从 Excel 应用程序中显示其中一个或多个对话框或向导。例如,需要显示 Windows 的"日期和时间属性"对话框。

运行其他系统对话框的关键在于使用 VBA 的 Shell 函数来执行 rundll32.exe 应用程序。

下列过程显示了"日期和时间属性"对话框:

```
Sub ShowDateTimeDlg()
  Dim Arg As String
  Dim TaskID As Double
  Arg = "rundll32.exe shell32.dll,Control_RunDLL timedate.cpl"
  On Error Resume Next
  TaskID = Shell(Arg)
  If Err <> 0 Then
     MsgBox ("Cannot start the application.")
  End If
End Sub
```

下面是 rundll32.exe 应用程序的通用格式:

rundll32.exe shell32.dll,Control_RunDLL filename.cpl, n,t

其中:

- filename.cpl:控制面板的其中一个*.CPL 文件的名称。
- n:*.CPL 文件中的小应用程序的数量(基数为零)。
- t:选项卡数(对于多选项卡式的小应用程序而言)。

> **在线资源:**
> 本书的下载文件包中包含一个 control panel dialogs.xlsm 工作簿,该工作簿显示 12 个控制面板小应用程序。

第11章

处理外部数据和文件

本章内容:
- 处理外部数据连接
- 使用 ActiveX 数据对象导入外部数据
- 执行常见的文件操作
- 处理文本文件

11.1 处理外部数据连接

顾名思义,外部数据就是位于所打开的 Excel 工作簿之外的数据。外部数据源可以是文本文件、Access 表、SQL Server 表甚至是其他 Excel 工作簿。

将数据导到 Excel 中的方法有很多,实际上,不管是从 UI 界面中导入还是通过 VBA 代码技术导入,方法都很多,无法用一章的篇幅讲完。因此,本章主要讲解几种在大多数情况下都能实现并能避开陷阱的技术。

第一种技术就是使用 Excel 的 Power Query 功能。

11.2 Power Query 基础介绍

Power Query 提供了一种直观的机制,可以从各种来源提取数据,对该数据可以执行复杂的转换,然后将数据加载到工作簿中。

我们首先通过一个简单例子来了解 Power Query。想象一下,你需要用 Yahoo Finance 将微软公司的股票价格导入 Excel 中,对于这种情况,你需要执行 Web 查询以便从 Yahoo Finance 中提取所需的数据。

要开始查询的话,需要通过下面两个步骤:

(1) 打开一个新的 Excel 工作簿,选择"数据"选项卡上最左侧的"获取和转换数据"组中的"获取数据"命令,然后选择"自其他源"中的"自网站",具体如图 11-1 所示。

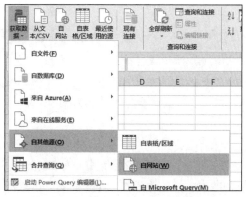

图 11-1 启动 Power Query 的网站查询

在如图 11-2 所示的对话框中，输入 URL 以获取所需数据。在本例中，输入 http://finance.yahoo.com/q/hp?s=MSFT。

图 11-2 输入包含了所需数据的目标 URL

（2）连接上该网站后，会出现如图 11-3 所示的"导航器"面板，在此处选择所要提取的数据源。你可以单击每个表来预览数据。在本例中，名为 Table 2 的表格包含了你所需要的历史股价数据，因此，单击 Table 2，然后单击"转换数据"按钮。

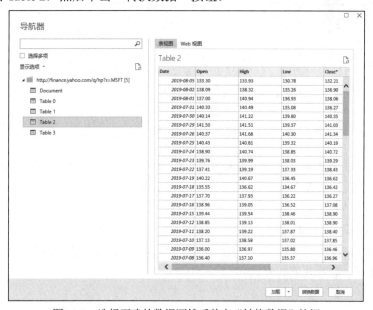

图 11-3 选择正确的数据源然后单击"转换数据"按钮

> **注意：**
> 你可能已经注意到图 11-3 中"导航器"面板中还有"加载"按钮(后面就是"转换数据"按钮)。"加载"按钮允许你跳过任何数据转换并按原样导入目标数据。如果你确定不需要以任何方式转换或改造数据，可以选择单击"加载按钮"将数据直接导入到数据模型或工作簿中的电子表格中。

> **警告：**
> Excel 中，在"数据"选项卡下的"获取数据"命令旁边有一个"自网站"按钮。这个不走运的重复命令实际上是自 Excel 2000 以来的所有 Excel 版本中遗留的网站抓取功能。
> "自网站"命令的 Power Query 版本(可在"获取数据"下拉列表中找到)不仅是简单的网站抓取。Power Query 能从高级网页中提取数据，并能处理数据。从网站中提取数据时，请确保使用了正确的功能。

单击"转换数据"按钮后，可打开 Power Query 编辑器，其中有一个 Power Query 功能区以及可以预览数据的预览面板，如图 11-4 所示。在这个编辑器中，可以在导入数据前对数据进行改造、清除以及转换等操作。

图 11-4　在 Power Query 编辑器窗口中可以对数据进行改造、清除以及转换

我们的想法是使用 Power Query 编辑器中显示的每一列，通过使用必要的操作为你提供所需的数据和结构，本章后面将会深入探讨列操作。目前，我们继续来获取微软公司最近 30 天的股票价格。

(3) 右键单击每列然后再单击"删除"，可以将你不需要的所有列都删除掉。除了 Date 字段，你需要的字段有 High、Low 和 Close。或者，你还可按住 Ctrl 键，选择要保留的列，右击任何选中的列，然后选择"删除其他列"。如图 11-5 所示。

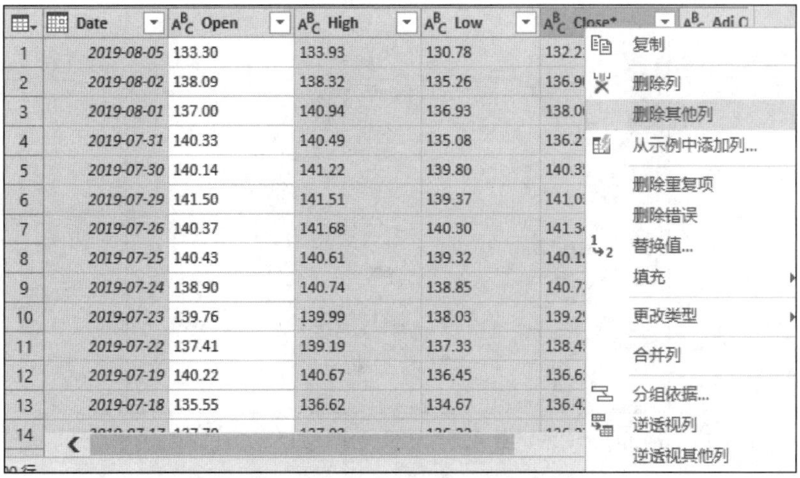

图 11-5 选择要保留的列，然后选择"删除其他列"将其他列删除

(4) 确保将 High、Low 和 Close 字段格式化为正确的数字。要执行该操作，请按住 Ctrl 键，选择这三列，右击其中一个列标题，然后选择"更改类型"|"十进制"。

执行此操作后，你可能会注意到这些行会显示出 Error 这个词，因为这些行里包含了无法转换的文本值。

(5) 通过从列操作列表(High 字段旁边)中选择"删除错误"把错误行删除掉，如图 11-6 所示。

图 11-6 在列操作列表中选择动作(如删除错误)，可对整个数据表进行操作

(6) 删除所有错误后，添加 Week 字段来显示表中每个日期所属的周。请右击 Date 字段，选择"重复列"选项，新项(名为"Date-复制")就会被添加到预览面板中。

(7) 右击新添加的列，选择"重命名"选项，然后将列重命名为"Week Of"。

(8) 右击刚才所创建的 Week Of 列，选择"转换"|"周"|"星期开始值"，如图 11-7 所示。Excel 将日期转换为显示给定日期的星期开始值。

(9) 处理完 Power Query 中的数据和结构后，可以保存并输出结果。你可以单击 Power Query 功能区中"主页"选项卡下的"关闭并上载"下拉列表，该列表中有两个选项："关闭并上载"和"关闭并上载至…"。

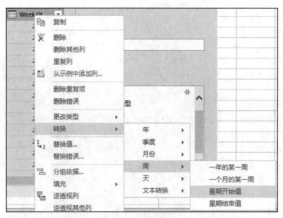

图 11-7　Power Query 编辑器可进行转换操作，如为给定日期显示星期开始值

"关闭并上载"选项保存查询，并将结果作为 Excel 表输出，保存为工作簿中一个新的工作表。"关闭并上载至…"选项可以激活"导入数据"对话框，你可以选择将输出结果保存为指定的工作表样式或添加到内部的数据模型中，如图 11-8 所示。

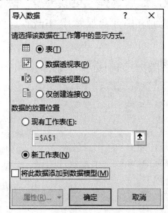

图 11-8　"导入数据"对话框可帮助你更好地控制查询结果的使用方式

"导入数据"对话框还允许你将查询结果保存为"仅创建连接"，这意味着你可在各种内存进程中使用该查询，而不必在任何地方输出结果。

(10) 选择"新工作表"选项按钮，可将查询结果以表格形式输出为活动工作簿中的一个新工作表。

此时，你将看到一个如图 11-9 所示的表，可用于生成所需的数据透视表。

上面我们花了一点时间来了解 Power Query 中可以实现哪些功能。只需单击几下，你就可以在网络上搜索到一些基础数据，对这些数据加以改造，仅保留你所需要的列，甚至为这些基础数据添加新的维度 Week Of。这就是 Power Query 的用途：不需要任何编码技术，你就能够轻松地提取、筛选以及改造数据。

Power Query 最好的一点是它能够连接到各种数据源。无论你是需要从外部网站、文本文件、数据库系统、Facebook 还是 Web 服务提取数据，Power Query 都可以满足大部分(不能说是全部)源数据需求。通过单击"数据"选项卡中的"获取数据"下拉菜单可以查看到所有可用的连接类型。

	A	B	C	D	E
1	Date	High	Low	Close*	Week Of
2	2019-8-6	134.79	133.22	134.67	2019-8-6
3	2019-8-5	133.93	130.78	132.21	2019-8-5
4	2019-8-2	138.32	135.26	136.90	2019-8-2
5	2019-8-1	140.94	136.93	138.06	2019-8-1
6	2019-7-31	140.49	135.08	136.27	2019-7-31
7	2019-7-30	141.22	139.80	140.35	2019-7-30
8	2019-7-29	141.51	139.37	141.03	2019-7-29
9	2019-7-26	141.68	140.30	141.34	2019-7-26
10	2019-7-25	140.61	139.32	140.19	2019-7-25

图 11-9　从网络中获得的最终查询：转换后，放入 Excel 表，准备在数据透视表中使用

Power Query 提供从大量数据源中提供数据的功能。

自文件：从指定的 Excel 文件、文本文件、CSV 文件、XML 文件或文件夹中提取数据；

自数据库：从数据库(如 Microsoft Access、SQL Server 或 SQL Server Analysis Services)中提取数据；

来自 Azure：从 Microsoft 的 Azure 云服务中提取数据；

来自在线服务：可以在线从基于云的应用程序服务(如 Facebook、Salesforce 和 Microsoft Dynamics)中提取数据；

自其他源：从各种网络、云和其他 ODBC 数据源中提取数据。

11.2.1　了解查询步骤

Power Query 使用自己的公式语言(称为 M 语言)来编写查询。与宏录制一样，使用 Power Query 时执行的每个操作都会导致代码写入查询步骤。查询步骤是嵌入 M 代码，其中允许每次刷新 Power Query 数据时重复执行操作。

你可以通过激活 Power Query 编辑器窗口中的“查询设置”面板来查看查询的查询步骤，如图 11-10 所示。单击“视图”选项卡中的“查询设置”命令即可调出该面板。

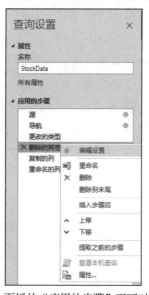

图 11-10　在“查询设置”面板的“应用的步骤”下可对查询步骤进行查看和管理

请注意图 11-10 中所示的"名称"框，你可以在其中为查询提供更友好的名称。在这个例子中，我们把这个查询命名为 StockData。

你还可以使用显示所选步骤语法的编辑栏来查看"视图"|"布局"|"编辑栏"，以增强对每个步骤的分析。

每个查询步骤表示了你为获取数据表而执行的操作。你可以单击任何步骤以查看 Power Query 编辑栏中的基本 M 代码。例如，单击名为"删除错误"的步骤就可以显示编辑栏中该步骤的代码。

> **注意：**
> 单击查询步骤时，预览窗口中显示的数据将预览数据的外观，包括你单击的步骤。例如，在图 11-10 中，单击"删除的其他列"步骤之前的步骤可以在删除非必要列之前查看数据的外观。

11.2.2 刷新 Power Query 数据

Power Qurey 数据不会以任何方式连接到用于提取它的数据源，注意，这一点很重要。Power Qurey 数据表仅是一个快照。换句话说，如果源数据发生改变，Power Query 不会自动跟着改变。你需要手动刷新数据。如果你选择将 Power Query 结果加载到现有工作簿中的 Excel 表，则可以通过右击并选择"刷新"选项来手动刷新。

如果选择将 Power Query 数据加载到内部数据模型，则需要单击"数据"|"查询和连接"|"查询和连接"，然后在任务窗口中右击目标查询，并选择"刷新"选项。

要想让刷新查询更为自动化，你可以配置数据源以自动刷新 Power Query 数据。具体操作步骤如下所示：

(1) 在 Excel 功能区的"数据"选项卡下，选择"查询和连接"命令，出现"查询和连接"任务窗口。
(2) 右击要刷新的 Power Query 数据连接，然后选择"属性"选项。
(3) 打开"属性"对话框，选择"用于"选项卡。
(4) 设置选项以刷新所选的数据连接。

刷新频率：该选项旁边有一个复选框，可以设置 Excel 每隔指定的分钟数自动刷新所选数据。Excel 将刷新与该连接关联的所有表。

打开文件时刷新数据：该选项旁边有一个复选框，可以设置 Excel 在打开工作簿时自动刷新所选的数据连接。只要打开工作簿，Excel 将会刷新与该连接关联的所有表。

如果你希望确保客户使用最新数据，这些刷新选项就非常有用。当然，设置这些选项也不是说就不可以再手动刷新数据了。

11.2.3 管理已有的查询

在向工作簿中添加各种查询后，你就需要可以管理它们的方法。Excel 通过提供"查询和连接"窗口来满足你的这个需求，在该窗口中，你可以对工作簿中所有已有的查询进行编辑、复制、刷新以及其他常见的管理操作。在 Excel 功能区的"数据"选项卡上选择"查询和连接"命令来激活"查询和连接"窗口。

首先你需要找到要使用的查询，然后右击它以执行以下各种操作。

编辑：打开查询编辑器，在这里你可以修改查询步骤；

删除：删除所选中的查询；

刷新：刷新所选中查询中的数据；

加载到：激活"导入数据"对话框，你可以在其中重新指定使用所选查询结果的位置；

复制：创建查询的副本；

引用：创建一个引用原始查询输出的新查询；

合并：通过匹配指定的列，将选定的查询与工作簿中的另一个查询合并；

追加：将工作簿中的另一个查询结果追加到选定的查询中；

导出连接文件：创建.odc文件以移动或共享所选查询；

移至组：将选定的查询移动到你所创建的有逻辑的组中，以便更好地进行管理；

上移：在"查询和连接"窗口中向上移动选定的查询；

下移：在"查询和连接"窗口中向下移动选定的查询；

显示预览：显示所选查询的查询结果的预览；

属性：重命名查询并添加友好描述。

当工作簿中包含多个查询时，"查询和连接"窗口特别有用，你可以将它看成是一种目录，这样可轻松查找工作簿中的查询，并与之交互。

11.2.4 使用 VBA 创建动态连接

在 Power Query 中构建自定义查询时，你实际上只是记录返回所需结果所需的语法。Power Query 为你的查询编写的任何语法都可从高级编辑器中复制，然后在 VBA 中使用。

你可在"Power Query 编辑器"窗口中进入"高级编辑器"。

如果你已经完成前面的练习，则高级编辑器应该如图 11-11 所示。

图 11-11　"高级编辑器"窗口

这里要说的是，你不必成为 Power Query M 语言的专家，就可以使用 VBA 动态创建和构建外部数据查询。

例如,在图 11-12 中,你可以选择一个股票代码来更改单元格 C6 中的 Power Query 语法。单击 Refresh(刷新)按钮将使用新语法重建 Power Query 连接。

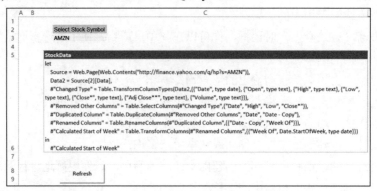

图 11-12 指定准备捕获条件选择的单元格

以下宏使用 Workbook.Query 和 Workbook.Connection 对象根据给定的新语法重建查询:

```
Sub RefreshPowerQuery()
    Dim Qry As WorkbookQuery
    Dim QryName As String
    Dim QrySyntax As String
    Dim QryDesc As String
    Dim OutputSheet As Worksheet
    Dim ws As Worksheet

'Set variables
    QryName = ThisWorkbook.Sheets("Query Changer").Range("C5").Value
    QrySyntax = ThisWorkbook.Sheets("Query Changer").Range("C6").Value
    QryDesc = ThisWorkbook.Sheets("Query Changer").Range("C5").Value

    'Delete Existing Query
        For Each Qry In ThisWorkbook.Queries
            If Qry.Name = QryName Then
                Set Qry = ThisWorkbook.Queries(QryName)
                Qry.Delete
            End If
    Next Qry

    'Add New Query
        Set Qry = ThisWorkbook.Queries.Add(QryName, QrySyntax, QryDesc)

    'Remove Old Sheet
        Application.DisplayAlerts = False
        For Each ws In ThisWorkbook.Worksheets
            If ws.Name = QryName Then ws.Delete
        Next ws
      Application.DisplayAlerts = True
```

```
    'Add to New Sheet
        Set OutputSheet = Sheets.Add(After:=ActiveSheet)
        OutputSheet.Name = QryName

        With OutputSheet.ListObjects.Add(SourceType:=0, Source:= _
            "OLEDB;Provider=Microsoft.Mashup.OleDb.1;Data " & _
            "Source=$Workbook$;Location=" & Qry.Name _
            , Destination:=Range("$A$1")).QueryTable
            .CommandType = xlCmdDefault
            .CommandText = Array("SELECT * FROM [" & Qry.Name & "]")
            .RefreshOnFileOpen = False
            .BackgroundQuery = True
        End With
End Sub
```

如果一切顺利的话，你将可以动态编辑 Power Query 语法，从而获得更灵活的报告结果。

> **在线资源：**
> 名为 PowerQuery.xlsm 文件中包含了这段示例代码，可从本书的下载文件包中获取。

11.2.5　遍历工作簿中的所有连接

你还可以使用 Workbook.Connections 集合遍历工作簿中的所有连接对象，并检查或修改其属性。例如，以下宏使用当前工作簿中所有连接对象的列表以及相关的连接字符串和命令文本填充工作表：

```
Sub ListConnections()
    Dim i As Long
    Dim Cn As WorkbookConnection
    Worksheets.Add
    With ActiveSheet.Range("A1:C1")
        .Value = Array("Cn Name", "Connection String", "Command Text")
        .EntireColumn.AutoFit
    End With
    For Each Cn In ThisWorkbook.Connections
        i = i + 1

        Select Case Cn.Type
        Case Is = xlConnectionTypeODBC
            With ActiveSheet
                .Range("A1").Offset(i, 0).Value = Cn.Name
                .Range("A1").Offset(i, 1).Value = _
                    Cn.ODBCConnection.Connection
                .Range("A1").Offset(i, 2).Value = _
                    Cn.ODBCConnection.CommandText
            End With
        Case Is = xlConnectionTypeOLEDB
            With ActiveSheet
                .Range("A1").Offset(i, 0).Value = Cn.Name
                .Range("A1").Offset(i, 1).Value = _
```

```
                Cn.OLEDBConnection.Connection
            .Range("A1").Offset(i, 2).Value = _
                Cn.OLEDBConnection.CommandText
        End With
    End Select
  Next Cn
End Sub
```

11.3 使用 ADO 和 VBA 来提取外部数据

还有一种技术可处理外部数据,即使用 VBA 和 ADO(ActiveX Data Objects)。组合使用 ADO 和 VBA 可在内存中处理数据集。在需要执行复杂的多层过程及检查外部数据集,又不想创建工作簿连接或者不需要将这些外部数据集返回到工作簿时,这种技术就可以派上用场了。

> **注意:**
> 如果从外部数据源提取数据的 Excel 工作簿比较复杂,你可能会碰到使用了 ADO 的代码(由其他人编写)。因此,认识并理解 ADO 的一些基本知识非常重要,有助于你处理这类代码。
> 本节将介绍一些 ADO 基本概念,并教你如何创建自己的 ADO 过程来提取数据。需要注意,ADO 编程这个话题范围很广,我们不可能在这节全部讨论完。所以如果需要大量使用 ADO 从 Excel 应用中提取数据,可能还需要多阅读几本书以对本主题进行更深入的研究。

要快速理解什么是 ADO,你可将其视为一个能完成以下两项任务的工具:连接到数据源,指定要处理的数据集。接下来,你将看到一些如何完成这两项任务的基本语法。

11.3.1 连接字符串

首先连接到数据源。要完成该连接,需要给 VBA 提供一些信息。该信息以连接字符串的形式传递给 VBA,下面列举一个指向 Access 数据库的连接字符串示例:

```
"Provider=Microsoft.ACE.OLEDB.12.0;" & _
"Data Source= C:\MyDatabase.accdb;" & _
"User ID=Administrator;" & _
"Password=AdminPassword"
```

别被这里所有的语法吓住。从根本上讲,连接字符串只不过是存储一系列变量(也可称为参数)的文本字符串,VBA 用它来识别和打开到数据源的连接。连接字符串的相关参数和选项有很多,在连接到 Access 或 Excel 时,有几个参数是会经常用到的。

对于 ADO 新手来说,在使用连接字符串时有下述几个常用的参数:Provider、Data Source、Extended Properties、User ID 和 Password。

Provider Provider 参数告诉 VBA 想要连接的数据源的类型。使用 Access 或 Excel 作为数据源时,Provider 语法是这样的:Provider=Microsoft.ACE.OLEDB.12.0

Data Source Data Source 参数告诉 VBA 可以从哪里找到包含了所需数据的数据库或工作簿。通过 Data Source 参数,可以传递数据库或工作簿的完整路径。例如:Data

Source=C:\Mydirectory\ MyDatabaseName.accdb

Extended Properties 在连接到 Excel 工作簿时通常会使用 Extended Properties 参数。这个参数告诉 VBA 数据源不是数据库。在连接 Excel 工作簿时，这个参数如下所示：Extended Properties=Excel 12.0

User ID User ID 参数是可选的，只在连接到数据源时需要用到用户 ID 时才使用：User Id=MyUserId

Password Password 参数是可选的，只在连接到数据源时需要用到密码时才使用：Password=MyPassword

下面花点时间来学习如何在不同的连接字符串使用这些参数。

- 连接到 Access 数据库：

```
"Provider=Microsoft.ACE.OLEDB.12.0;" & _
"Data Source= C:\MyDatabase.accdb"
```

- 用密码和用户 ID 连接到 Access 数据库：

```
"Provider=Microsoft.ACE.OLEDB.12.0;" & _
"Data Source= C:\MyDatabase.accdb;" & _
"User ID=Administrator;" & _
"Password=AdminPassword"
```

- 连接到 Excel 工作簿：

```
"Provider=Microsoft.ACE.OLEDB.12.0;" & _
"Data Source= C:\MyExcelWorkbook.xlsx;" &_
"Extended Properties=Excel 12.0"
```

11.3.2 声明记录集

除了要创建到数据源的连接外，还需要定义要处理的数据集。在 ADO 中，这个数据集指记录集。Recordset 对象本质上是一个容器，用来放置从数据源返回的记录和字段。定义记录集最常见的做法是使用下列参数打开已有的表或查询：

```
Recordset.Open Source, ConnectString, CursorType, LockType
```

Source 参数指定要被提取的数据。通常会是检索记录的一个表、一个查询或者一条 SQL 语句。ConnectString 参数指定用来连接到所选中数据源的连接字符串。CursorType 参数用来定义记录集所提取的数据中移动。常用的 CursorType 有如下几种。

- **adOpenForwardOnly**：这是默认设置。如果未指定 CursorType，记录集自动设置为 adOpenForwardOnly。这个 CursorType 是最有效的类型，因为它只允许你用一种方式在记录集中移动，即从头到尾。在只需要检索(非遍历)数据时用这种类型就比较理想。注意，在使用这种 CursorType 时不能改变数据。
- **adOpenDynamic**：需要在数据集中循环、上下移动，或想动态查看数据集的任何编辑时，通常会使用这种 CursorType。这种 CursorType 通常对内存和资源占用较多，只在需要时才使用。

- **adOpenStatic**：在需要快速返回结果时这种 CursorType 很适用，因为本质上返回的只是数据快照。这与 adOpenForwardOnly 这种 CursorType 不同，因为它允许在返回的记录中导航。另外，在使用这 CursorType 时，通过将它的 LockType 设置为除 adLockReadOnly 之外的其他类型，可对返回的数据进行更新。

LockType 参数可指定是否改变记录集返回的数据。该参数通常设置为 adLockReadOnly(这是默认设置)，以表明不需要对返回的数据进行修改。或者，你可将该参数设置为 adLockOptimistic，这样就可以对返回的数据进行任意修改。

11.3.3　引用 ADO 对象库

了解了前面所讲的一些 ADO 基本知识后，就可以创建 ADO 过程了。不过在创建前，需要先设置对 ADO 对象库的引用。如同每个 Microsoft Office 应用有各自的对象、属性和方法，ADO 也有对应的对象库。但 Excel 并不能直接访问 ADO 对象模型，你需要先引用 ADO 对象库。

打开一个新的 Excel 工作簿，再打开 Visual Basic 编辑器。

在 VBE 中，在菜单栏中选择"工具"|"引用"。打开如图 11-13 所示的"引用"对话框。通过滚动条找到最新版本的 Microsoft ActiveX Data Objects Library。选中后单击"确定"按钮。

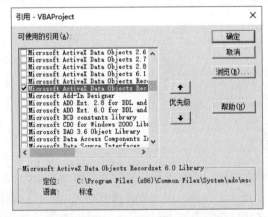

图 11-13　选中最新版本的 Microsoft ActiveX Data Objects Library

> **注意：**
> 在"引用"对话框中出现同一个库的多个版本是正常的。一般来讲都会选择可用的最新版本。注意对于 2.8 以后的版本，库名都是 Microsoft ActiveX Data Objects Recordset Library。

单击"确定"按钮后，可再次打开"引用"对话框，确保设置了引用。这时带复选标记的 Microsoft ActiveX Data Objects Library 会显示在"引用"对话框的顶部，这说明选择已经生效了。

> **注意：**
> 在任何指定工作簿或数据库中所设置的引用都不能应用于应用程序级别。这意味着创建了新的工作簿或数据库后需要再次重复这些设置步骤。

11.3.4 以编程方式使用 ADO 连接 Access

理解了 ADO 的基本情况后,现在将准备在 VBA 中执行后续工作。下面的示例代码将使用 ADO 来连接到 Access 数据库并检索 Products 表。

```
Sub GetAccessData()
    Dim MyConnect As String
    Dim MyRecordset As ADODB.Recordset
    
    MyConnect = "Provider=Microsoft.ACE.OLEDB.12.0;" & _
                "Data Source= C:\MyDir\MyDatabaseName.accdb"
    
    Set MyRecordset = New ADODB.Recordset
    
    MyRecordset.Open "Products", _
    MyConnect, adOpenStatic, adLockReadOnly
    
    Sheets("MySheetName").Range("A2").CopyFromRecordset _
    MyRecordset
    
    With ActiveSheet.Range("A1:C1")
        .Value = Array("Product", "Description", "Segment")
        .EntireColumn.AutoFit
    End With

End Sub
```

我们来理解一下这个宏做了哪些工作。

首先声明两个变量,一个是保存了连接字符串的字符串变量,还有一个是保存了数据检索结果的数据集对象。在这个示例中,名为 **MyConnect** 的变量将保存用来识别数据源的连接字符串,而名为 **MyRecordset** 的变量则保存该过程返回的数据。

接下来为 ADO 过程定义连接字符串。这个例子中,将要连接到 C:\MyDir\ 目录下的 **MyDatabaseName.accdb** 文件。一旦定义了数据源,就可以打开数据集并使用 **MyConnect** 返回静态的只读数据。

下面使用 Excel 的 CopyFromRecordset 方法来获取数据集中的数据并放到电子表格中。这个方法需要两段信息,一个是数据输出的位置,还有一个是保存数据的数据集对象。在这个示例中,将 **MyRecordset** 对象中的数据复制到名为 **MySheetName** 的工作表中(从单元格 A2 开始)。

不过,CopyFromRecordset 方法不会返回列头或字段名称。因此这导致了还有最后一步操作要做,必须在数组中定义在什么地方添加列头以及将列头写入活动工作表中。

通过使用 ADO 和 VBA,我们可以一次性创建好所有必需的组件,打包到宏里,然后不用再操心了。只要不改变代码中已定义好的变量(即数据源的路径、数据集、输出路径),几乎就不用维护这些基于 ADO 的过程了。

11.3.5 对活动工作簿使用 ADO

本章讲述了各类 ADO 基础知识。ADO 的用途数不胜数，这里不可能把每种可能性都讲述一遍。不过有些常见情况下使用 VBA 可极大地整合 Excel 和 Access 的功能。

1. 从 Excel 工作簿中查询数据

在 ADO 过程中，我们可以使用 Excel 工作簿作为数据源。你只需要创建一条 SQL 语句来引用 Excel 工作簿中的数据即可。只要将表名、单元格区域或者已命名的单元格区域传递给 SQL 语句，就可以准确定位到 Excel 中将被查询的数据集。

为查询某个工作表中的所有数据，需要在工作表的名称后面加上美元符号$作为 SQL 语句中的表名。记住必须用方括号将表名括住，如下所示：

```
SELECT * FROM [MySheet$]
```

如果工作表名中包含了空格或不是字母数字的字符，就需要用单引号将表名引起来，如下所示：

```
Select * from ['January; Forecast vs. Budget$']
```

为查询指定工作表中的单元格区域，首先需要像上面那样识别出工作表，再加上目标单元格区域，如下所示：

```
SELECT * FROM [MySheet$A1:G17]
```

为查询已命名的单元格区域，只需要在 SQL 语句中将单元格区域名称作为表名，如下所示：

```
SELECT * FROM MyNamedRange
```

在下例中，查询了 SampleData 工作表中的所有非空单元格，但只返回 North 这个地区的所有记录：

```
Sub GetData_From_Excel_Sheet()

    Dim MyConnect As String
    Dim MyRecordset As ADODB.Recordset
    Dim MySQL As String

    MyConnect = "Provider=Microsoft.ACE.OLEDB.12.0;" & _
            "Data Source=" & ThisWorkbook.FullName & ";" & _
            "Extended Properties=Excel 12.0"

    MySQL = " SELECT * FROM [SampleData$]" & _
            " WHERE Region ='NORTH'"

    Set MyRecordset = New ADODB.Recordset
    MyRecordset.Open MySQL, MyConnect, adOpenStatic, adLockReadOnly

    ThisWorkbook.Sheets.Add
    ActiveSheet.Range("A2").CopyFromRecordset MyRecordset
```

```
    With ActiveSheet.Range("A1:F1")
        .Value = Array("Region", "Market", "Branch_Number", _
        "Invoice_Number", "Sales_Amount", "Contracted Hours")
            .EntireColumn.AutoFit
    End With

End Sub
```

> **在线资源：**
> 名为 QueryDataFromExcel.xlsm 文件中包含了这段示例代码，可以从本书的下载文件包中获取。

2. 将记录追加到已有的 Excel 表中

有时你可能碰到这样的情况，在提交新数据时，并不想重写 Excel 工作表中的数据，而只是想把新数据简单地添加或追加到已有的表中。通常情况下，要处理这个问题，可以对想要指定的数据集位置或者单元格区域进行硬编码。不过在此类情形中这个位置必须能根据工作表中第一个空白单元格位置的变化而动态改变。该技术的使用方法如下列示例代码所示：

```
Sub Append_Results()

    Dim MyConnect As String
    Dim MyRecordset As ADODB.Recordset

    Dim MyRange As String

    MyConnect = "Provider=Microsoft.ACE.OLEDB.12.0;" & _
                "Data Source= C:\MyDir\MyDatabase.accdb"

    Set MyRecordset = New ADODB.Recordset
    MyRecordset.Open "Products", MyConnect, adOpenStatic

    Sheets("AppendData").Select
    MyRange = "A" & _
    ActiveSheet.Cells.SpecialCells(xlCellTypeLastCell).Row + 1

    ActiveSheet.Range(MyRange).CopyFromRecordset MyRecordset
End Sub
```

由于想要将数据追加到已有的表中，所以需要动态确定第一个可用空白单元格的位置，以便将数据放到这个输出位置上。解决这个问题的第一步就是找到第一个空白行，有了 Excel 的 SpecialCells 方法，完成这一步就比较简单。

使用 SpecialCells 方法可以找到表中最后一个非空单元格，从而获得该单元格的行号。这样你就知道了最后一个非空行是哪一行。而要获取第一个空行的行号，只需要将最后一个非空行的行号加 1 即可。最后一个非空行的下一行自然就是空的。

将 SpecialCells 例程和列字母(本例中是 A)结合起来就可以创建出一个代表单元格区域的字符串。例如，如果第一个空行的行号是 10，则下列代码将返回"A10"：

```
"A" & ActiveSheet.Cells.SpecialCells(xlCellTypeLastCell).Row + 1
```
MyRange 字符串变量获取这个返回值后，就可将该值传递给 CopyFromRecordset。

11.4 处理文本文件

VBA 包含许多允许对文件进行底层操作的语句。比起 Excel 的普通文本文件导入导出选项，这些输入/输出(I/O)语句使用户能更好地控制文件。

可通过以下任意一种方式来访问文件：

- **顺序访问**　目前为止最通用的方法。该方法允许读写单独的字符或整行数据。
- **随机访问**　只有在编写数据库应用程序时才使用——该方法并不真正适用于 VBA。
- **二进制访问**　该方法读写一个文件中的任何字节位置，例如存储或显示位图图像。在 VBA 中很少使用这种方法。

由于随机访问和二进制访问很少在 VBA 中使用，所以本章主要讨论顺序访问文件，该文件是以连续方式访问的。换言之，代码从文件的起始处按顺序读入每一行。输出时，代码将数据写入文件末尾处。

> **注意：**
> 本书讨论的读写文本文件的方法是传统的数据通道方法。另一个选择是使用对象。FileSystemObject 对象包含一个 TextStream 对象，该对象可用来读写文本文件。FileSystemObject 对象是 Windows Scripting Host 的一部分。正如前面提到的，由于该脚本服务存在传播恶意软件的可能性，因此在一些系统上是被禁用的。

11.4.1 打开文本文件

VBA 的 Open 语句(不要和 Workbooks 对象的 Open 方法相混淆)打开一个文件以便进行读写。在读写某个文件之前，必须先打开此文件。

Open 语句非常丰富，但语法也很复杂。

```
Open pathname For mode [Access access] [lock] _
  As [#]filenumber [Len=reclength]
```

- **pathname(必需的)**　Open 语句的 pathname 部分是很容易理解的。它包含了所要打开文件的路径(可选)和名称。
- **mode(必需的)**　文件的模式必须是以下模式中的一个。
  - Append：顺序访问模式，允许读文件或将数据追加到文件末尾。
  - Input：顺序访问模式，允许读文件但不允许写文件。
  - Output：顺序访问模式，允许读写文件。在该模式下，始终会创建一个新文件(已经存在的同名文件将被删除)。
  - Binary：随机访问模式，允许数据以字节方式进行读写。
  - Random：随机访问模式，允许数据以 Open 语句的 reclength 参数所确定的单位读写。

- access(可选的)：access 参数决定了可对文件执行什么操作。可以是 Read、Write 或 Read Write。
- lock(可选的)：lock 参数对于多用户情况比较有用。可选项是 Shared、Lock Read、Lock Write 和 Lock Read Write。
- filenumber(必需的)：从 1～511 的文件序号。可使用 FreeFile 函数来获取下一个文件序号。
- reclength(可选的)：记录长度(随机访问文件)或缓冲区间大小(顺序访问文件)。

11.4.2 读取文本文件

用 VBA 读取文本文件的基本过程由如下步骤组成：
(1) 使用 Open 语句打开文件。
(2) 通过 Seek 函数在文件中指定位置(可选的)。
(3) 通过 Input、Input #或 Line Input #语句从文件中读取数据。
(4) 用 Close 语句关闭文件。

11.4.3 编写文本文件

编写文本文件的基本过程是：
(1) 使用 Open 语句打开或创建一个文件。
(2) 通过 Seek 函数在文件中指定位置(可选的)。
(3) 通过 Write # 或 Print #语句将数据写入文件。
(4) 用 Close 语句关闭文件。

11.4.4 获取文件序号

大多数 VBA 程序员只是在 Open 语句中给文件分配一个序号，例如：

```
Open "myfile.txt" For Input As #1
```

然后就可以在后续的语句中直接引用序号#1。

如果第二个文件在第一个文件打开的情况下被打开了，那么第二个文件的序号被分配为#2：

```
Open "another.txt" For Input As #2
```

另一个方法是用 VBA 的 FreeFile 函数来获取文件句柄。然后就可以通过使用变量来引用文件。以下是一个示例：

```
FileHandle = FreeFile
Open "myfile.txt" For Input As FileHandle
```

11.4.5 确定或设置文件位置

对于顺序文件的访问来说，很少需要知道文件中的当前位置。如果因为某些原因，需要了解其位置，则可以使用 Seek 函数。

> **Excel 的文本文件导入导出功能**
>
> Excel 可直接读写下列 3 种类型的文本文件。
> - **CSV(逗号分隔值)文件**：数据列用逗号隔开，每行数据以回车结束。在一些非英语版本的 Excel 中，使用的是分号，而不是逗号。
> - **PRN**：数据列按照字符位置对齐，每行数据以回车结束。这些文件也被称为固定宽度的文件。
> - **TXT(制表符分隔值)文件**：数据列被制表符分隔，每行数据以回车结束。
>
> 当尝试用"文件"|"打开"命令来打开文本文件时，可能会显示文本导入向导，帮助用户分隔列。如果文本文件是制表符分隔的文件或逗号分隔的文件，Excel 通常不显示文本导入向导就直接打开文件。如果数据没有正常显示，请在关闭文件后，尝试用.txt 扩展名重新命名该文件。
>
> 文本分列向导(通过"数据"|"数据工具"|"分列"命令访问)与文本导入向导是一样的，但用来处理存储在单个工作表列中的数据。

11.4.6 读写语句

VBA 提供了多种语句，用于将数据写入文件，或从文件读取数据。

下面列出 3 个用来读取顺序访问文件中数据的语句。
- Input：从文件中读取指定数量的字符。
- Input #：将数据当作一系列变量读取，变量由逗号分隔开。
- Line Input #：读取一整行数据(行结束标志为回车和/或换行符)。

下面是两个用于将数据写入顺序访问文件的语句。
- Write #：写入一系列值，每个值带有引号，并以逗号分隔。如果以分号结束语句，每个值的后面不插入回车/换行符。用 Write #写入的数据，通常是使用 Input #语句从文件中读取的数据。
- Print #：写入一系列值，每个值以制表符分隔。如果以分号结束语句，则每个值后面将不插入回车/换行符。以 Print #写入的数据通常用 Line Input #或 Input 语句从文件中读取。

11.5 文本文件操作示例

本节包含许多示例，展示了操作文本文件的不同技术。

11.5.1 导入文本文件的数据

下例读取一个文本文件，并将每行数据放在单个单元格中(从活动单元格开始)：

```
Sub ImportData()
    Open "c:\data\textfile.txt" For Input As #1
    r = 0
    Do Until EOF(1)
```

```
            Line Input #1, data
            ActiveCell.Offset(r, 0) = data
            r = r + 1
        Loop
        Close #1
    End Sub
```

大多数情况下，该过程并不是非常有用，因为每行数据只被存入单个单元格中。直接通过"文件"|"打开"命令来打开文本文件会简单一些。

11.5.2 将单元格区域的数据导出到文本文件

本例将选定工作表单元格区域内的数据写到一个 CSV 文本文件中。当然，Excel 可将数据导出到 CSV 文件。但是，它导出的是整个工作表。该宏操作的是一个指定的单元格区域。

```
Sub ExportRange()
    Dim Filename As String
    Dim NumRows As Long, NumCols As Integer
    Dim r As Long, c As Integer
    Dim Data
    Dim ExpRng As Range

    Set ExpRng = Selection
    NumCols = ExpRng.Columns.Count
    NumRows = ExpRng.Rows.Count
    Filename = Application.DefaultFilePath & "\textfile.csv"
    Open Filename For Output As #1
        For r = 1 To NumRows
            For c = 1 To NumCols
                Data = ExpRng.Cells(r, c).Value
                If IsNumeric(Data) Then Data = Val(Data)
                If IsEmpty(ExpRng.Cells(r, c)) Then Data = ""
                If c <> NumCols Then
                    Write #1, Data;
                Else
                    Write #1, Data
                End If
            Next c
        Next r
    Close #1
    MsgBox ExpRng.Count & " cells were exported to " _
      & Filename vbInformation
End Sub
```

注意，该过程使用两个 Write #语句。第一个语句以分号结束，所以没有回车/换行符。然而，对于一行中最后一个单元格而言，第二个 Write #语句没有使用分号，导致下一个输出出现在新的一行。

这里使用名为 Data 的变量存储每个单元格的内容。如果单元格是数值型的，则变量被转换为一个值。该步骤确保了数值型数据存储时不带引号。如果单元格是空的，Value 属性返回 0。因此，代码也会检测空的单元格(使用 IsEmpty 函数)并用 0 代替空字符串。

> **在线资源:**
> 这些导出和导入的示例可从本书的下载文件包中获取，文件名为 export and import csv.xlsm。

11.5.3 将文本文件的内容导出到单元格区域

本部分的示例读取前一个示例中创建的 CSV 文件,然后从活动工作表中的活动单元格开始存储文件中的值。代码读入每个字符，并彻底分析数据行，忽略其中的引号字符，找出逗号，以便分隔列。

```
Sub ImportRange()
    Dim ImpRng As Range
    Dim Filename As String
    Dim r As Long, c As Integer
    Dim txt As String, Char As String * 1
    Dim Data
    Dim i As Integer

    Set ImpRng = ActiveCell
    On Error Resume Next
    Filename = Application.DefaultFilePath & "\textfile.csv"
    Open Filename For Input As #1
    If Err <> 0 Then
        MsgBox "Not found: " & Filename, vbCritical, "ERROR"
        Exit Sub
    End If
    r = 0
    c = 0
    txt = ""
    Application.ScreenUpdating = False
    Do Until EOF(1)
        Line Input #1, Data
        For i = 1 To Len(Data)
            Char = Mid(Data, i, 1)
            If Char = "," Then 'comma
                ActiveCell.Offset(r, c) = txt
                c = c + 1
                txt = ""
            ElseIf i = Len(Data) Then 'end of line
                If Char <> Chr(34) Then txt = txt & Char
                ActiveCell.Offset(r, c) = txt
                txt = ""
            ElseIf Char <> Chr(34) Then
                txt = txt & Char
            End If
        Next i
        c = 0
        r = r + 1
```

```
        Loop
        Close #1
        Application.ScreenUpdating = True
End Sub
```

> **注意：**
> 上述过程对于大部分数据都有效，但有一个缺陷：它并不处理包含逗号或者引号字符的数据。但是，格式中的逗号都会得到正确处理(它们被忽略了)。此外，导入的日期将被数字符号#所围绕，例如#2019-05-12#。

11.5.4 记录 Excel 日志的用法

本部分的示例在每次打开和关闭 Excel 时都将数据写入一个文本文件中。为使该工作可靠，过程必须被放在一个每次运行 Excel 时都打开的工作簿中。在个人宏工作簿中存储宏是个很好的选择。

当打开文件时，执行以下过程。该过程存储在 ThisWorkbook 对象的代码模块中：

```
Private Sub Workbook_Open()
    Open Application.DefaultFilePath & "\excelusage.txt" For Append As #1
    Print #1, "Started " & Now
    Close #1
End Sub
```

该过程给名为 excelusage.txt 的文件追加了新行。该行包括当前日期和时间，如下所示：

```
Started 11/16/2013 9:27:43 PM
```

下面的过程在工作簿被关闭以前执行。它将追加一个新行，该行包含了单词 Stopped 以及当前的日期和时间。

```
Private Sub Workbook_BeforeClose(Cancel As Boolean)
    Open Application.DefaultFilePath & "\excelusage.txt" _
      For Append As #1
    Print #1, "Stopped " & Now
    Close #1
End Sub
```

> **在线资源：**
> 可从本书的下载文件包中获取包含这些过程的工作簿，文件名为 excel usage log.xlsm。

> **交叉参考：**
> 更多关于事件处理程序的信息(如 Workbook_Open 和 Workbook_BeforeClose)，请参见第 6 章。

11.5.5 筛选文本文件

该部分的示例说明了如何一次处理两个文本文件。下面的 FilterFile 过程从一个文本文件

(infile.txt)中读取数据，然后只将包含特殊文本字符串("January")的行复制到第二个文本文件(output.txt)中。

```vba
Sub FilterFile()
    Dim TextToFind As String
    Dim Filtered As Long
    Dim data As String

    Open ThisWorkbook.Path & "\infile.txt" For Input As #1
    Open Application.DefaultFilePath & "\output.txt" For Output As #2
    If Err <> 0 Then
        MsgBox "Error reading or writing a file."
        Exit Sub
    End If
    TextToFind = "January"
    Filtered = 0
    Do While Not EOF(1)
        Line Input #1, data
        If InStr(1, data, TextToFind) Then
            Filtered = Filtered + 1
            Print #2, data
        End If
    Loop
    Close 'Close all files
    MsgBox Filtered & " lines were written to:" & vbNewLine & _
        Application.DefaultFilePath & "\output.txt"
End Sub
```

在线资源：
该示例名为 filter text file.xlsm，可从本书的下载文件包中获取。

11.6 执行常见的文件操作

为 Excel 开发的许多应用程序都需要使用外部文件。例如，你或许需要获取某个目录下文件的列表、删除文件或重命名文件等。当然，Excel 可以导入和导出几种类型的文本文件。然而，很多情况下，Excel 内置的文本文件处理方法并不够用。例如，你或许想把一个文件名列表粘贴到一个单元格区域，或将单元格区域导出为简单的 HTML 文件。

本章将介绍如何使用 Visual Basic for Applications(VBA)来执行常见(有些不太常见)的文件操作，以及直接处理文本文件。

Excel 提供了下列两种执行常见文件操作的方法：

- 使用传统的 VBA 语句和函数。该方法对所有版本的 Excel 都适用。
- 使用 FileSystemObject 对象，该对象利用了 Microsoft 的脚本库。这种方法适用于 Excel 2000 及其后续版本。

> **警告:**
> 一些早期版本的 Excel 也支持 FileSearch 对象的使用。但这个功能从 Excel 2007 开始已经移除了。如果执行了使用 FileSearch 对象的宏,则该宏会无法运行。

接下来将讨论这两个方法及其示例。

11.6.1 使用与 VBA 文件相关的指令

用来操作文件的 VBA 指令在表 11-1 中列出。大多数指令是通俗易懂的,并且在帮助系统中都有描述。

表 11-1 VBA 文件相关指令

指令	作用
ChDir	改变当前目录
ChDrive	改变当前驱动器
Dir	返回与指定格式或文件属性相匹配的文件名或目录
FileCopy	复制文件
FileDateTime	返回最后一次修改文件的日期和时间
FileLen	返回文件的大小(单位为字节)
GetAttr	返回代表某个文件属性的值
Kill	删除文件
MkDir	创建一个新目录
Name	重命名文件或目录
RmDir	移除空目录
SetAttr	改变文件属性

下面主要列举几个文件操作指令的示例。

1. 确定文件是否存在的 VBA 函数

如果某个特定文件存在,则下面的函数返回 True,反之则为 False。如果 Dir 函数返回一个空字符串,文件无法找到,则函数返回 False。

```
Function FileExists(fname) As Boolean
    FileExists = Dir(fname) <> ""
End Function
```

FileExists 函数的参数由完整的路径和文件名组成。函数可以在工作表中使用,也可以从 VBA 过程中调用。如下例所示:

```
MyFile = "c:\budgeting\2013 budget notes.docx"
Msgbox FileExists(MyFile)
```

2. 确定路径是否存在的 VBA 函数

如果某个特定的路径存在,则下面的函数返回 True,否则返回 False:

```vba
Function PathExists(pname) As Boolean
'   Returns TRUE if the path exists
    On Error Resume Next
    PathExists = (GetAttr(pname) And vbDirectory) = vbDirectory
End Function
```

pname参数是包含目录(没有文件名)的字符串。路径名后面的反斜杠是可选的。下面是调用该函数的一个示例：

```vba
MyFolder = "c:\users\john\desktop\downloads\"
MsgBox PathExists(MyFolder)
```

在线资源：
FileExists 和 PathExists 函数可从本书的下载文件包中获取，文件名为 file functions.xlsm。

3. 显示某个目录下文件列表的 VBA 过程

下面的过程(在活动工作表中)显示了某个特定目录下的文件列表，以及文件大小和日期：

```vba
Sub ListFiles()
    Dim Directory As String
    Dim r As Long
    Dim f As String
    Dim FileSize As Double
    Directory = "f:\excelfiles\budgeting\"
    r = 1
'   Insert headers
    Cells(r, 1) = "FileName"
    Cells(r, 2) = "Size"
    Cells(r, 3) = "Date/Time"
    Range("A1:C1").Font.Bold = True
'   Get first file
    f = Dir(Directory, vbReadOnly + vbHidden + vbSystem)
    Do While f <> ""
        r = r + 1
        Cells(r, 1) = f
        'Adjust for filesize > 2 gigabytes
        FileSize = FileLen(Directory & f)
        If FileSize < 0 Then FileSize = FileSize + 4294967296#
        Cells(r, 2) = FileSize

        Cells(r, 3) = FileDateTime(Directory & f)
'       Get next file
        f = Dir()
    Loop
End Sub
```

注意：
VBA 的 FileLen 函数使用了 Long 数据类型。所以对于大于 2GB 的文件，它将返回一个错误的大小(是一个负数)。代码检查了 FileLen 函数返回的负值，并根据需要进行调整。

请注意，该过程使用了两次 Dir 函数。第一次配合参数使用，检索到了所找到的第一个文件名。后续调用不带参数，检索了其他文件名。当无法找到更多文件时，Dir 函数返回一个空字符串。

> **在线资源：**
> 本书的下载文件包中包含了该过程，这个版本的过程允许从对话框中选择一个目录。文件名为 create file list.xlsm。

Dir 函数的第一个参数也可使用文件名通配符。例如，要得到 Excel 文件的列表，可使用如下所示的语句：

```
f = Dir(Directory & "*.xl??", vbReadOnly + vbHidden + vbSystem)
```

该语句在指定目录中获得了第一个*.xl??文件的名称。通配符返回一个以 XL 开头的 4 个字符的扩展名。例如，扩展名可以是 xlsx、xltx 或 xlam。Dir 函数的第二个参数让你以内置常量的方式指定文件的属性。在该示例中，Dir 函数获得了没有属性的文件、只读文件、隐藏文件和系统文件的文件名。

为检索以前格式的 Excel 文件(例如.xls 和.xla 文件)，可使用下列通配符：

```
*.xl*
```

表 11-2 列出了 Dir 函数的内置常量。

表 11-2　Dir 函数的文件属性常量

常量	值	描述
vbNormal	0	不带属性的文件。该值是默认设置，并且始终有效
vbReadOnly	1	只读文件
vbHidden	2	隐藏文件
vbSystem	4	系统文件
vbVolume	8	卷标。如果指定任何其他属性，则该属性被忽略
vbDirectory	16	目录。该属性不起作用。以 vbDirectory 属性调用 Dir 函数并不会连续返回子目录

> **注意：**
> 如果使用 Dir 函数遍历文件，并调用其他过程来处理文件，那么请确保其他过程不使用 Dir 函数。任何时候都只能有一组 Dir 调用是活动的。

4. 显示嵌套目录中文件列表的递归 VBA 过程

该部分的示例创建了一个具体目录及其所有子目录中的文件列表。该过程比较特别，因为它自己调用自己，这就是"递归"的概念。

```
Public Sub RecursiveDir(ByVal CurrDir As String, Optional ByVal Level As Long)
    Dim Dirs() As String
    Dim NumDirs As Long
    Dim FileName As String
```

```
        Dim PathAndName As String
        Dim i As Long
        Dim Filesize As Double

    '   Make sure path ends in backslash
        If Right(CurrDir, 1) <> "\" Then CurrDir = CurrDir & "\"

    '   Put column headings on active sheet
        Cells(1, 1) = "Path"
        Cells(1, 2) = "Filename"
        Cells(1, 3) = "Size"
        Cells(1, 4) = "Date/Time"
        Range("A1:D1").Font.Bold = True

    '   Get files
        FileName = Dir(CurrDir & "*.*", vbDirectory)
        Do While Len(FileName) <> 0
          If Left(FileName, 1) <> "." Then 'Current dir
            PathAndName = CurrDir & FileName
            If (GetAttr(PathAndName) And vbDirectory) = vbDirectory Then
              'store found directories
              ReDim Preserve Dirs(0 To NumDirs) As String
              Dirs(NumDirs) = PathAndName
              NumDirs = NumDirs + 1
            Else
              'Write the path and file to the sheet
              Cells(WorksheetFunction.CountA(Range("A:A")) + 1, 1) = _
                CurrDir
              Cells(WorksheetFunction.CountA(Range("B:B")) + 1, 2) = _
                FileName
              'adjust for filesize > 2 gigabytes
              Filesize = FileLen(PathAndName)
              If Filesize < 0 Then Filesize = Filesize + 4294967296#
              Cells(WorksheetFunction.CountA(Range("C:C")) + 1, 3) = Filesize
              Cells(WorksheetFunction.CountA(Range("D:D")) + 1, 4) = _
                FileDateTime(PathAndName)
            End If
          End If
            FileName = Dir()
        Loop
    '   Process the found directories, recursively
        For i = 0 To NumDirs - 1
            RecursiveDir Dirs(i), Level + 2
        Next i
    End Sub
```

该过程使用一个参数 CurrDir，此参数表示待检测的目录。每个文件的信息显示在活动工作表中。因为过程遍历了文件，所以它将子目录的名称保存在一个名为 Dirs 的数组中。当无法找到更多文件时，过程就使用 Dirs 数组的项作为参数来调用自己。当 Dirs 数组中的所有目录都被处理过后，过程才停止。

因为 RecursiveDir 过程使用一个参数，所以必须通过使用如下语句从另一个过程中执行：

```
Call RecursiveDir("c:\directory\")
```

> **在线资源：**
> 本书的下载文件包中包含该过程的一个版本，此过程允许从对话框中选择目录。文件名是 recursive file list.xlsm。

11.6.2 使用 FileSystemObject 对象

FileSystemObject 对象是 Windows Scripting Host 的一个成员，它提供对计算机文件系统的访问。该对象经常用于面向脚本的 Web 页面中(如 VBScript 和 JavaScript)，并可在 Excel 2000 及后续版本中使用。

> **警告：**
> Windows Scripting Host 有时被用作传播电脑病毒和其他恶意软件的方法。所以，在一些系统上 Windows Scripting Host 是被禁用的。另外，有些反病毒软件产品会干扰 Windows Scripting Host。因此，如果所开发的应用程序将在很多不同的系统上使用，请注意这个问题。

FileSystemObject 这个名称有点误导，因为它事实上包含了许多对象，每个对象都是为某个特定目的设计的：

- Drive：表示驱动器或驱动器的集合
- File：表示文件或文件的集合
- Folder：表示文件夹或文件夹的集合
- TextStream：表示读取、写入或追加到一个文本文件的文本流

使用 FileSystemObject 对象的第一步是创建一个对象实例。该步骤可用两种方式来完成：前期绑定和后期绑定。

后期绑定的方法使用如下两条语句：

```
Dim FileSys As Object
  Set FileSys = CreateObject("Scripting.FileSystemObject")
```

注意，FileSys 对象变量被声明为普通对象，而不是实际对象类型。对象类型在运行时被确定。

用前期绑定方法创建对象要求设置引用 Windows Scripting Host 对象模型。可通过 VBE 中的"工具"|"引用"命令来实现。建立引用后，使用如下语句创建对象：

```
Dim FileSys As FileSystemObject
  Set FileSys = CreateObject("Scripting.FileSystemObject")
```

通过使用前期绑定的方法，能够利用 VBE 的自动列出成员特性来帮助确认输入的属性和方法。此外，也可使用对象浏览器(按 F2 键)来了解对象模型的更多信息。

下例展示了如何使用 FileSystemObject 对象来完成不同任务。

1. 使用 FileSystemObject 确定文件是否存在

下面的 Function 过程接收一个参数(路径和文件名)，如果文件存在，则返回 True：

```
Function FileExists3(fname) As Boolean
    Dim FileSys As Object 'FileSystemObject
    Set FileSys = CreateObject("Scripting.FileSystemObject")
    FileExists3 = FileSys.FileExists(fname)
End Function
```

Function 创建了一个新的 FileSystemObject 对象，名为 FileSys，然后访问那个对象的 FileExists 属性。

2. 使用 FileSystemObject 确定路径是否存在

下面的 Function 过程接收一个参数(路径)，如果路径存在，则返回 True：

```
Function PathExists2(path) As Boolean
    Dim FileSys As Object 'FileSystemObject
    Set FileSys = CreateObject("Scripting.FileSystemObject")
    PathExists2 = FileSys.FolderExists(path)
End Function
```

3. 使用 FileSystemObject 显示所有可用磁盘驱动器的信息

这部分的示例使用 FileSystemObject 来检索并显示所有磁盘驱动器的信息。该过程遍历 Drives 集合，并将不同的属性值写入工作表中。

> **在线资源：**
> 可从本书的下载文件包中获得这个名为 show drive info.xlsm 的工作簿。

```
Sub ShowDriveInfo()
    Dim FileSys As FileSystemObject
    Dim Drv As Drive
    Dim Row As Long
    Set FileSys = CreateObject("Scripting.FileSystemObject")
    Cells.ClearContents
    Row = 1
'   Column headers
    Range("A1:F1") = Array("Drive", "Ready", "Type", "Vol. Name", _
        "Size", "Available")
    On Error Resume Next
'   Loop through the drives
    For Each Drv In FileSys.Drives
        Row = Row + 1
        Cells(Row, 1) = Drv.DriveLetter
        Cells(Row, 2) = Drv.IsReady
        Select Case Drv.DriveType
            Case 0: Cells(Row, 3) = "Unknown"
            Case 1: Cells(Row, 3) = "Removable"
            Case 2: Cells(Row, 3) = "Fixed"
```

```
            Case 3: Cells(Row, 3) = "Network"
            Case 4: Cells(Row, 3) = "CD-ROM"
            Case 5: Cells(Row, 3) = "RAM Disk"
        End Select
        Cells(Row, 4) = Drv.VolumeName
        Cells(Row, 5) = Drv.TotalSize
        Cells(Row, 6) = Drv.AvailableSpace
    Next Drv
    'Make a table
    ActiveSheet.ListObjects.Add xlSrcRange, _
        Range("A1").CurrentRegion, , xlYes
End Sub
```

> **交叉参考：**
> 第 7 章介绍过另一种通过使用 Windows API 函数获取驱动器信息的方法。

11.7 压缩和解压缩文件

或许最常用的文件压缩类型就是 ZIP 格式了，甚至连 Excel 2007(以及后续版本)文件也是以 ZIP 格式存储的(虽然它们没有使用.zip 扩展名)。ZIP 文件可包含任意数量的文件，甚至是整个目录结构。文件的内容决定了压缩程度。例如，JPG 图形文件和 MP3 音频文件是被压缩过的，因此，压缩这种文件类型对于减少文件尺寸的效果并不明显。而文本文件在压缩后通常缩小得比较明显。

> **在线资源：**
> 本节的示例可从本书的下载文件包中获取，文件名为 zip files.xlsm 和 unzip a file.xlsm。

11.7.1 压缩文件

本节的示例说明了如何从一组用户选定的文件中创建压缩文件。ZipFiles 过程显示一个对话框，以便用户选择文件。然后它在 Excel 的默认目录中创建了一个名为 compressed.zip 的压缩文件。

```
Sub ZipFiles()
    Dim ShellApp As Object
    Dim FileNameZip As Variant
    Dim FileNames As Variant
    Dim i As Long, FileCount As Long

'   Get the file names
    FileNames = Application.GetOpenFilename _
        (FileFilter:="All Files (*.*),*.*", _
        FilterIndex:=1, _
        Title:="Select the files to ZIP", _
        MultiSelect:=True)

'   Exit if dialog box canceled
```

```
    If Not IsArray(FileNames) Then Exit Sub

    FileCount = UBound(FileNames)
    FileNameZip = Application.DefaultFilePath & "\compressed.zip"

    'Create empty Zip File with zip header
    Open FileNameZip For Output As #1
    Print #1, Chr$(80) & Chr$(75) & Chr$(5) & Chr$(6) & String(18, 0)
    Close #1

    Set ShellApp = CreateObject("Shell.Application")
    'Copy the files to the compressed folder
    For i = LBound(FileNames) To UBound(FileNames)
       ShellApp.Namespace(FileNameZip).CopyHere FileNames(i)
       'Keep script waiting until Compressing is done

       On Error Resume Next
       Do Until ShellApp.Namespace(FileNameZip).items.Count = i
           Application.Wait (Now + TimeValue("0:00:01"))
       Loop
    Next i

    If MsgBox(FileCount & " files were zipped to:" & _
       vbNewLine & FileNameZip & vbNewLine & vbNewLine & _
       "View the zip file?", vbQuestion + vbYesNo) = vbYes Then _
          Shell "Explorer.exe /e," & FileNameZip, vbNormalFocus
End Sub
```

ZipFiles 过程创建了一个名为 compressed.zip 的文件，并写入一串字符，该字符串标明了它是压缩文件。然后创建 Shell.Application 对象，代码使用其 CopyHere 方法将文件复制到压缩存档中。代码的下一个部分是 Do Until 循环，该循环每秒钟都会检测压缩存档中的文件数量。这是有必要的，因为复制文件将花费一些时间，如果过程在文件被复制前就结束了，压缩文件将是不完整的(也可能已经受损)。

当压缩存档中文件的数量和应有的文件数量吻合，则循环结束。向用户呈现一个消息框，询问是否要查看文件。单击"是"按钮打开 Windows 资源管理器窗口，窗口中显示了被压缩的文件。

> **警告：**
> 为便于理解，此处显示的 ZipFiles 过程比较简单。代码并不进行错误检测，并且不是十分灵活。例如，没有选项供选择压缩文件名或者位置，而且当前的 compressed.zip 文件总是在没有警告的情况下被覆盖。它当然无法取代 Windows 中内置的压缩工具，但它很好地示范了 VBA 的一种用途。

11.7.2 解压缩文件

本节的示例所起的作用与前一个示例相反。它向用户要求提供一个压缩文件名，然后将文件解压，并将其放入一个名为 Unzipped 的目录中，该目录在 Excel 的默认文件目录中。

```vba
Sub UnzipAFile()
    Dim ShellApp As Object
    Dim TargetFile
    Dim ZipFolder

'   Target file & temp dir
    TargetFile = Application.GetOpenFilename _
        (FileFilter:="Zip Files (*.zip), *.zip")
    If TargetFile = False Then Exit Sub

    ZipFolder = Application.DefaultFilePath & "\Unzipped\"

'   Create a temp folder

    On Error Resume Next
    RmDir ZipFolder
    MkDir ZipFolder
    On Error GoTo 0

'   Copy the zipped files to the newly created folder
    Set ShellApp = CreateObject("Shell.Application")
    ShellApp.Namespace(ZipFolder).CopyHere _
        ShellApp.Namespace(TargetFile).items

    If MsgBox("The files was unzipped to:" & _
        vbNewLine & ZipFolder & vbNewLine & vbNewLine & _
        "View the folder?", vbQuestion + vbYesNo) = vbYes Then _
        Shell "Explorer.exe /e," & ZipFolder, vbNormalFocus
End Sub
```

UnzipAFile过程使用GetOpenFilename方法来获取压缩文件。然后创建新的文件夹并使用Shell.Application对象将压缩文件的内容复制到一个新文件夹中。最后，用户可选择显示新目录。

第 III 部分

操作用户窗体

第 12 章　使用自定义对话框

第 13 章　用户窗体概述

第 14 章　用户窗体示例

第 15 章　高级用户窗体技术

第 12 章

使用自定义对话框

本章内容：
- 使用输入框获取用户的输入信息
- 使用消息框来显示消息或获取简单的响应
- 从对话框中选中文件
- 选中目录
- 显示 Excel 的内置对话框

12.1 创建用户窗体之前需要了解的内容

在 Windows 程序中，对话框是最主要的用户界面元素。事实上，每个 Windows 程序都使用对话框，而且大部分用户都能很好地理解对话框的运作机理。Excel 的开发人员通过创建用户窗体实现了自定义的对话框。然而，VBA 还提供了显示一些内置对话框的方法，只要求编写很少的代码。

在触及创建用户窗体的实质(从第 13 章开始)之前，可能发现理解 Excel 中显示对话框的一些内置工具是很有帮助的。下面将详细介绍在不创建用户窗体的情况下使用 VBA 显示的各种对话框。

12.2 使用输入框

"输入框"是一种简单对话框，允许用户输入单个项。例如，可使用输入框让用户输入文本、数字，甚至选中一个区域。实际上，生成 InputBox 的方法有两种：一种是通过使用 VBA 函数，另一种是使用 Application 对象中的方法。它们是两个不同的对象，稍后将加以解释。

12.2.1 VBA 的 InputBox 函数

VBA 的 InputBox 函数的语法如下所示。

```
InputBox(prompt[,title][,default][,xpos][,ypos][,helpfile, context])
```

- **prompt**：必需的参数。代表显示在输入框中的文本。
- **title**：可选的参数。代表显示在输入框标题栏中的标题。
- **default**：可选的参数。代表显示在这个输入框中的默认值。
- **xpos、ypos**：可选的参数。代表输入框左上角的屏幕坐标值。
- **helpfile、context**：可选的参数。代表帮助文件和帮助主题。

InputBox 函数提示用户输入一条简单信息。该函数总是返回一个字符串，因此代码可能需要将结果转换为值。

提示语告诉用户在输入字段中输入什么内容，它可由长达 1024 个字符组成，但通常来讲，较短的提示更为友好。除了提示外，还可以为对话框提供标题，标题应该告诉用户对话框的用途，提示应该告诉用户如何使用对话框。如果提供默认值，则对话框将显示该值，这有助于加快数据输入速度。你可以在屏幕上指定对话框的显示位置和自定义的帮助主题，尽管这些参数使用得较少。如果包含帮助参数，这个输入框就会显示"帮助"按钮。

在下面的示例中(生成的对话框如图 12-1 所示)，使用 VBA 的 InputBox 函数请求用户输入全名。然后从中提取出名字，最后使用消息框显示问候语。

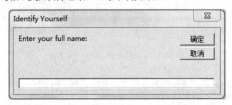

图 12-1　VBA 的 InputBox 函数发挥作用

```
Sub GetName()
    Dim UserName As String
    Dim FirstSpace As Long
    Do Until Len(UserName) > 0
        UserName = InputBox("Enter your full name: ", _
            "Identify Yourself")
    Loop
    FirstSpace = InStr(UserName, Space(1))
    If FirstSpace > 0 Then
        UserName = Left$(UserName, FirstSpace - 1)
    End If
    MsgBox "Hello " & UserName
End Sub
```

注意，这个 InputBox 函数位于 Do Until 循环中，从而确保在输入框出现时输入了内容。如果用户单击"取消"按钮或者不输入任何文本，那么 UserName 将包含一个空字符串，而输入框会再次出现。然后，该过程尝试通过搜索第一个空格字符(使用 InStr 函数)提取第一个名称，接着使用 Left 函数提取出第一个空格之前的所有字符。如果没有找到空格字符，就使用输入的整个姓名。

以下代码显示了两个更改的相同过程，首先，Application 对象的 UserName 属性作为对话框的默认值提供。如果用户登录的名称是正确的，他们只需要单击"确定"而不必输入任何内容。如果没有，他们可将默认属性更改为想要的任何内容。接下来，Split 函数用于在有空格的地方将文本拆分为数组。然后返回第一个数组元素(代码中的(0))。如果用户输入 Joe Smith，则 Joe 是数组的第一个元素，而 Smith 是第二个元素。

```
Sub GetNameSplit()
    Dim UserName As String
    Do Until Len(UserName) > 0
        UserName = InputBox("Enter your full name: ", _
            "Identify Yourself", Application.UserName)
    Loop
    MsgBox "Hello " & Split(UserName, Space(1))(0)
End Sub
```

如果用户输入的名称没有空格，则 Split 创建的数组将只有一个元素。代码仍然有效，因为它使用第一个元素。如果要使用不同的元素，你必须确保它是第一个。就隔开名称来说，与 Instr 相比，Split 并不能说就是一种更好的方法，只是另一种方法而已。

图 12-2 给出了 VBA InputBox 函数的另一个示例。该示例要求用户填充缺失的单词。同时，该示例也阐明了命名的参数的用法。提示文本是从工作表的单元格中检索到的，并赋值给变量 Prompt。

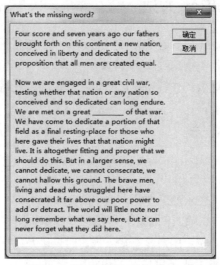

图 12-2　使用一个带有很长提示的 VBA InputBox 函数

```
Sub GetWord()
    Dim TheWord As String
    Dim Prompt As String
    Dim Title As String
    Prompt = Range("A1")
    Title = "What's the missing word?"
    TheWord = InputBox(Prompt:=Prompt, Title:=Title)
    If UCase(TheWord) = "BATTLEFIELD" Then
        MsgBox "Correct."
    Else
        MsgBox "That is incorrect."
    End If
End Sub
```

正如前面提到的那样，InputBox 函数将返回一个字符串。如果 InputBox 函数返回的字符串像一个数字，那么可使用 VBA 的 Val 函数将其转换为一个值或者只对字符串执行数学运算。

下面的代码使用 InputBox 函数提示输入一个数值。它使用 IsNumeric 函数来确定字符串是否可解释为数字。如果可以，则显示用户输入乘以 12 的结果。

```
Sub GetValue()
    Dim Monthly As String
    Monthly = InputBox("Enter your monthly salary:")
    If Len(Monthly) > 0 And IsNumeric(Monthly) Then
        MsgBox "Annualized: " & Monthly * 12
    Else
        MsgBox "Invalid input"
    End If
End Sub
```

在线资源：
可从本书的下载文件包中找到本节中的这些示例，文件名为 Inputbox Function .xlsm。

12.2.2　Excel 的 InputBox 方法

使用 Excel 的 InputBox 方法(而不是 VBA 的 InputBox 函数)有下列 3 点好处：
- 可以指定要返回的数据类型(不必是字符串)。
- 通过在工作表中执行拖放动作，用户可指定工作表的单元格区域。
- 自动执行输入有效性验证。

InputBox 方法的语法如下所示：

InputBox(Prompt [,Title][,Default][,Left][,Top][,HelpFile, HelpContextID][,Type])

- **Prompt**：必需的参数。表示显示在输入框中的文本。
- **Title**：可选的参数。表示输入框标题栏中的标题。
- **Default**：可选的参数。表示用户没有输入内容时该函数返回的默认值。
- **Left、Top**：可选的参数。表示窗口左上角的屏幕坐标值。
- **HelpFile、HelpContextID**：可选的参数。表示帮助文件和帮助主题。
- **Type**：可选的参数。返回数据类型的代号，如表 12-1 所示。

注意：
显然，Left、Top、HelpFile 和 HelpContextID 参数不再受支持。可以指定这些参数，但它们并不起作用。

表 12-1　确定 Excel 的 InputBox 方法返回的数据类型的代号

代号	含义
0	公式
1	数字

(续表)

代号	含义
2	字符串(文本)
4	逻辑值(True 或 False)
8	单元格引用，作为 Range 类型的对象
16	错误值，如#N/A
64	包含值元素的数组

InputBox 方法用途很广泛。为返回多种数据类型，可使用适当代号的和。例如，如果要显示一个可以接收文本或数字的输入框，就应把 type 设置为 3(也就是，1 和 2 之和，或数字加上文本)。如果使用 8 作为 type 参数的值，那么用户可手动输入一个单元格或单元格区域的地址(或命名的单元格或单元格区域)，或指向工作表中的某个单元格区域。

下面的 EraseRange 过程使用 InputBox 方法，以允许用户选择要清除内容的单元格区域(如图 12-3 所示)。用户可手动键入单元格区域的地址，也可使用鼠标在工作表中选中单元格区域。

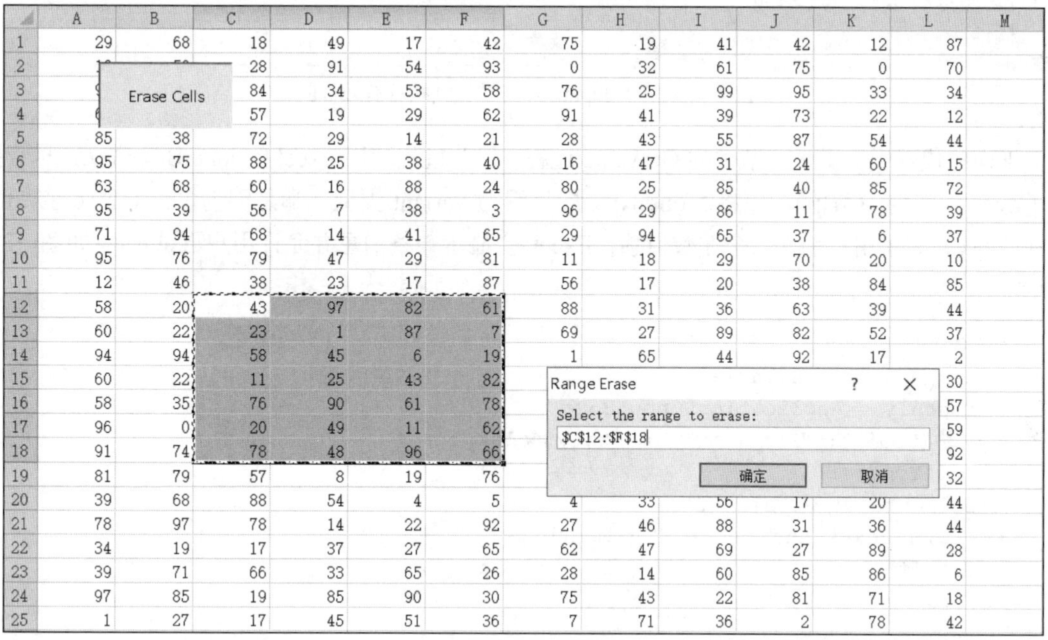

图 12-3　使用 InputBox 方法来指定单元格区域

上述 InputBox 方法的参数 type 设置为 8，它将返回一个 Range 类型的对象(请注意 Set 关键字)，然后清除这个单元格区域的内容(通过使用 ClearContents 方法)。该输入框中显示的默认值是当前选区的地址。如果用户在对话框中单击"取消"而非"确定"，InputBox 方法会返回布尔值 False。不能将布尔值赋给单元格区域，因此将使用 On Error Resume Next 来忽略该错误。最后，只有输入单元格区域，即 UserRange 变量不是 nothing，才会选中单元格区域并清除内容。

```
Sub EraseRange()
    Dim UserRange As Range
    On Error Resume Next
```

```
    Set UserRange = Application.InputBox _
        (Prompt:="Select the range to erase:", _
        Title:="Range Erase", _
        Default:=Selection.Address, _
        Type:=8)
    On Error GoTo 0
    If Not UserRange Is Nothing Then
        UserRange.ClearContents
        UserRange.Select
    End If
End Sub
```

使用 InputBox 方法的另一个好处是 Excel 将自动执行输入有效性验证。在 GetRange 示例中，如果输入的不是单元格区域的地址，Excel 就会显示一条消息并允许用户再试一次(如图 12-4 所示)。

图 12-4　Excel 的 InputBox 方法自动执行有效性验证

下面的代码类似于上一节中的 GetValue 过程，但此过程使用 Excel 的 InputBox 方法。尽管指定了 type 参数为 1(数值)，但将 Monthly 变量声明为 Variant 类型。那是因为单击 Cancel 按钮会返回 False。如果用户输入一个非数值项，Excel 会显示一条消息并允许用户再试一次(如图 12-5 所示)：

```
Sub GetValue2()
    Dim Monthly As Variant
    Monthly = Application.InputBox _
        (Prompt:="Enter your monthly salary:", _
        Type:=1)
    If Monthly <> False Then
        MsgBox "Annualized: " & Monthly * 12
    End If
End Sub
```

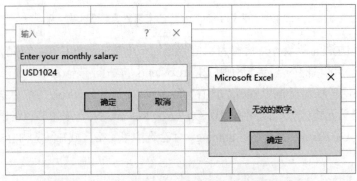

图 12-5　用 Excel 的 InputBox 验证一个项的另一示例

> **注意：**
> 在图 12-5 中，用户在数字前加了 USD 来代表美国的美元。Excel 不会将其当成一个数字，所以会正确报告说这是无效的。不过，因为 USD1024 是一个有效的单元格区域引用，该区域被选中。Excel 会在验证前对照 Type 参数来处理该项。

> **在线资源：**
> 可从本书的下载文件包中找到这两个示例，文件名为 Inputbox Method.xlsm。

12.3 VBA 的 MsgBox 函数

利用 VBA 的 MsgBox 函数可以很容易就给用户显示消息，还可以获取简单的响应(如"确定"或"取消")。本书的很多示例中都使用 MsgBox 函数作为显示变量值的一种方式。

记住，MsgBox 是一个函数，在用户消除消息框之前，代码会处于中断状态。

> **提示：**
> 当显示消息框时，可按 Ctrl+C 键把消息框的内容复制到 Windows 剪贴板。

MsgBox 函数的正式语法如下所示：

MsgBox(prompt[,buttons][,title][,helpfile, context])

- prompt：必需的参数。表示显示在消息框中的文本。
- buttons：可选的参数。数字表达式，用来确定消息框中显示哪些按钮和图标，参见表 12-2。
- title：可选的参数。表示消息框窗口中的标题。
- helpfile、context：可选的参数。表示帮助文件和帮助主题。

表 12-2 用于 MsgBox 函数中 buttons 参数的常量值说明

常量	值	说明
vbOKOnly	0	只显示"确定"按钮
vbOKCancel	1	显示"确定"按钮和"取消"按钮
vbAbortRetryIgnore	2	显示"终止"、"重试"和"忽略"按钮
vbYesNoCancel	3	显示"是"、"否"和"取消"按钮
vbYesNo	4	显示"是"和"否"按钮
vbRetryCancel	5	显示"重试"和"取消"按钮
vbCritical	16	显示"关键信息"图标
vbQuestion	32	显示"警告询问"图标
vbExclamation	48	显示"警告消息"图标
vbInformation	64	显示"通知消息"图标
vbDefaultButton1	0	第一个按钮是默认的

(续表)

常量	值	说明
vbDefaultButton2	256	第二个按钮是默认的
vbDefaultButton3	512	第三个按钮是默认的
vbDefaultButton4	768	第四个按钮是默认的
vbSystemModal	4096	所有应用程序都暂停,直到用户对消息框作出反应为止(在一些条件下可能失败)
vbMsgBoxHelpButton	16384	显示帮助按钮。为在单击该按钮时显示帮助,可使用 helpfile、context 参数

由于 buttons 参数的灵活性,所以可以很容易定制消息框(表 12-2 列出了可用于这个参数的很多常量)。可以指定要显示哪些按钮、是否出现图标以及哪个按钮是默认的。

可使用 MsgBox 函数本身(只是简单地显示一条消息)或将它的结果赋值给某个变量。当 MsgBox 函数返回结果时,这个值就代表用户单击过的按钮。下例只显示了一条消息和一个"确定"按钮,并没有返回结果:

```
Sub MsgBoxDemo()
    MsgBox "Macro finished with no errors."
End Sub
```

注意,单个参数并没有括在括号内,因为 MsgBox 结果没有赋给一个变量。

为从消息框获得响应,可将 MsgBox 函数的结果赋值给变量。这种情况下,必须将参数括在括号内。在下面的代码中,使用了一些内置的常量(参见表 12-3),这样更便于处理 MsgBox 返回的值。

表 12-3 用于 MsgBox 函数返回值的常量

常量	值	单击的按钮
vbOK	1	确定
vbCancel	2	取消
vbAbort	3	终止
vbRetry	4	重试
vbIgnore	5	忽略
vbYes	6	是
vbNo	7	否

```
Sub GetAnswer()
    Dim Ans As Long
    Ans = MsgBox("Continue?", vbYesNo)
    Select Case Ans
        Case vbYes
'           ...[code if Ans is Yes]...
        Case vbNo
'           ...[code if Ans is No]...
    End Select
End Sub
```

MsgBox 函数返回 Long 数据类型的变量。实际上，并非只有使用变量才能使用消息框的结果。下面的过程是另一种编写 GetAnswer 过程代码的方法：

```
Sub GetAnswer2()
    If MsgBox("Continue?", vbYesNo) = vbYes Then
'       ...[code if Ans is Yes]...
    Else
'       ...[code if Ans is No]...
    End If
End Sub
```

下面的函数示例使用了常量的组合，显示的消息框中带有"是"按钮、"否"按钮和问号图标；将第二个按钮指定为默认按钮(如图 12-6 所示)。为简单起见，把这些常量赋给 Config 变量。

图 12-6　MsgBox 函数的 buttons 参数决定会出现哪些按钮

```
Private Function ContinueProcedure() As Boolean
    Dim Config As Long
    Dim Ans As Long
    Config = vbYesNo + vbQuestion + vbDefaultButton2
    Ans = MsgBox("An error occurred. Continue?", Config)
    If Ans = vbYes Then ContinueProcedure = True _
        Else ContinueProcedure = False
End Function
```

可从另一个过程中调用 ContinueProcedure 函数。例如，以下语句就调用了 ContinueProcedure 函数(它将显示消息框)。如果这个函数返回 False(也就是说，用户选择了"否"按钮)，过程就将结束。否则，将执行下一条语句。

```
If Not ContinueProcedure() Then Exit Sub
```

消息框的宽度取决于视频的分辨率。图 12-7 所示的消息框显示了没有强制换行的冗长文本。

如果想要在消息中强制行，可在文本中使用 vbNewLine 常量。下面的示例显示了一条分 3 行显示的消息：

```
Sub MultiLine()
    Dim Msg As String
    Msg = "This is the first line." & vbNewLine & vbNewLine
    Msg = Msg & "This is the second line." & vbNewLine
    Msg = Msg & "And this is the last line."
    MsgBox Msg
End Sub
```

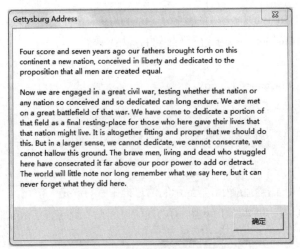

图 12-7　在消息框中显示冗长的文本

还可以使用 vbTab 常量插入一个制表符。下面的过程使用一个消息框来显示 12×3 的单元格区域(单元格 A1:C12)中的所有值(如图 12-8 所示)。该过程用 vbTab 常量分隔列，并使用 vbNewLine 常量插入一个新行。MsgBox 函数接收的字符串最多有 1023 个字符，这就限制了可显示其内容的单元格数目。此外注意，制表位是固定的，所以如果单元格中包含 11 个以上的字符，将无法对齐列。

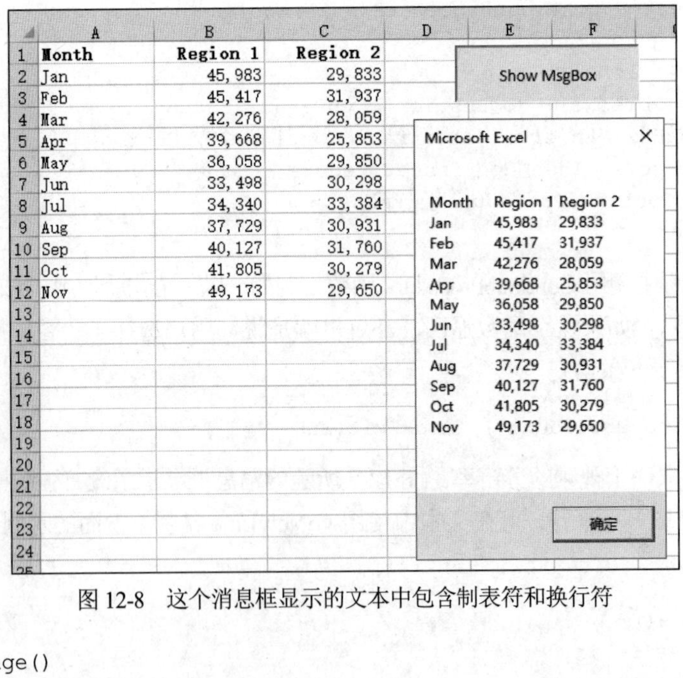

图 12-8　这个消息框显示的文本中包含制表符和换行符

```
Sub ShowRange()
    Dim Msg As String
    Dim r As Long, c As Long
    Msg = ""
    For r = 1 To 12
        For c = 1 To 3
            Msg = Msg & Cells(r, c).Text
```

```
            If c <> 3 Then Msg = Msg & vbTab
        Next c
        Msg = Msg & vbNewLine
    Next r
    MsgBox Msg
End Sub
```

> **在线资源：**
> 可从本书的下载文件包中找到本节的示例，文件名为 MsgBox Function.xlsm。

> **交叉参考：**
> 第 14 章包含一个模拟 MsgBox 函数的用户窗体的示例。

12.4 Excel 的 GetOpenFilename 方法

如果应用程序需要请求用户输入文件名，可使用 InputBox 函数。但是这种方法显得很冗长，而且容易导致错误，因为用户必须键入文件名(不能浏览)。更好的办法是使用 Application.GetOpenFilename 方法，它能够确保应用程序获得有效的文件名(以及完整的路径)。

这种方法显示出标准的"打开"对话框，但并不真正打开指定的文件。而是返回包含用户所选文件的文件名和路径的字符串。然后可用文件名编写任何代码来做想做的事情。

GetOpenFilename 方法的语法如下所示：

```
Application.GetOpenFilename(FileFilter, FilterIndex, Title, ButtonText, MultiSelect)
```

- FileFilter：可选的参数。是一个字符串，确定在"打开"对话框显示的文件类型。
- FilterIndex：可选的参数。代表默认的文件筛选条件的索引号。
- Title：可选的参数。对话框的标题。如果省略了这个参数，那么标题为"打开"。
- ButtonText：只用于 Macintosh 机器。
- MultiSelect：可选的参数。如果为 True，则可以选中多个文件名。默认值为 False。

FileFilter 参数确定出现在对话框的"文件类型"下拉列表中的内容。这个参数由文件筛选字符串和通配符表示的文件筛选规则说明组成，其中每一部分和每一对都用逗号隔开。如果省略了这个参数，那么该参数的默认值为：

```
"All Files (*.*),*.*"
```

注意，这个字符串的第一部分(All Files (*.*))是显示在"文件类型"下拉列表中的文本。第二部分(*.*)实际上确定了要显示哪些文件。

下面的指令把一个字符串赋值给一个名为Filt的变量。然后，这个字符串可用作GetOpenFilename方法的FileFilter参数。这种情况下，对话框将允许用户从 4 种不同的文件类型(以及一个"所有文件"选项)中进行选择。注意，这里还使用了VBA的换行连续序列来设置Filt变量；这样做更容易处理这种较复杂的参数。

```
    Filt = "Text Files (*.txt),*.txt," & _
        "Lotus Files (*.prn),*.prn," & _
        "Comma Separated Files (*.csv),*.csv," & _
        "ASCII Files (*.asc),*.asc," & _
        "All Files (*.*),*.*"
```

FilterIndex参数指定哪个FileFilter是默认的，Title参数是显示在标题栏中的文本。如果MultiSelect参数的值为True，那么用户可以选中多个文件，所有这些文件都将返回到一个数组中。

下面的示例提示用户输入文件名，它定义了5种文件筛选器。

```
Sub GetImportFileName()
    Dim Filt As String
    Dim FilterIndex As Long
    Dim Title As String
    Dim FileName As Variant

'   Set up list of file filters
    Filt = "Text Files (*.txt),*.txt," & _
        "Lotus Files (*.prn),*.prn," & _
        "Comma Separated Files (*.csv),*.csv," & _
        "ASCII Files (*.asc),*.asc," & _
        "All Files (*.*),*.*"

'   Display *.* by default
    FilterIndex = 5

'   Set the dialog box caption
    Title = "Select a File to Import"

'   Get the file name
    FileName = Application.GetOpenFilename _
        (FileFilter:=Filt, _
         FilterIndex:=FilterIndex, _
         Title:=Title)

'   Exit if dialog box canceled
    If FileName <> False Then
'       Display full path and name of the file
        MsgBox "You selected " & FileName
    Else
        MsgBox "No file was selected."
    End If
End Sub
```

图12-9显示了执行上述过程后出现的对话框，用户选择的是Text Files筛选器。

下面的示例类似于上一个示例。区别在于在显示对话框时，用户可按Ctrl或Shift键来选中多个文件。注意，这里通过确定FileName是不是一个数组来检测用户是否单击"取消"按钮。如果用户没有单击"取消"按钮，那么结果应该是至少包含一个元素的数组。在这个示例中，消息框中列出了所选文件的列表。

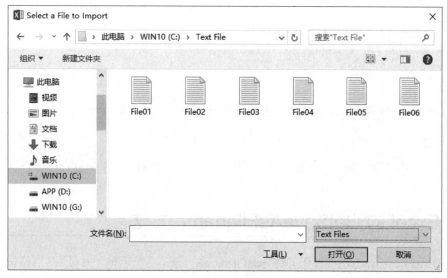

图 12-9　GetOpenFilename 方法显示了一个用于指定文件的对话框

```
Sub GetImportFileName2()
    Dim Filt As String
    Dim FilterIndex As Long
    Dim FileName As Variant
    Dim Title As String
    Dim i As Long
    Dim Msg As String
'   Set up list of file filters
    Filt = "Text Files (*.txt),*.txt," & _
           "Lotus Files (*.prn),*.prn," & _
           "Comma Separated Files (*.csv),*.csv," & _
           "ASCII Files (*.asc),*.asc," & _
           "All Files (*.*),*.*"
'   Display *.* by default
    FilterIndex = 5

'   Set the dialog box caption
    Title = "Select a File to Import"

'   Get the file name
    FileName = Application.GetOpenFilename _
        (FileFilter:=Filt, _
         FilterIndex:=FilterIndex, _
         Title:=Title, _
         MultiSelect:=True)

    If IsArray(FileName) Then
'       Display full path and name of the files
        For i = LBound(FileName) To UBound(FileName)
            Msg = Msg & FileName(i) & vbNewLine
        Next i
        MsgBox "You selected:" & vbNewLine & Msg
```

```
    Else
'     Exit if dialog box canceled
        MsgBox "No file was selected."
    End If
End Sub
```

当 MultiSelect 为 True，FileName 变量就会是个数组，哪怕只选择一个文件。

> **在线资源：**
> 本书的下载文件包中含了本节的两个示例，文件名为 Prompt for File.xlsm。

12.5 Excel 的 GetSaveAsFilename 方法

GetSaveAsFilename 方法类似于 GetOpenFilename 方法。它显示出"另存为"对话框并允许用户选中或指定某个文件。该方法返回一个文件名及其路径，但不采取任何动作。

这个方法的语法如下所示：

```
Application.GetSaveAsFilename(InitialFilename, FileFilter, FilterIndex, Title, ButtonText)
```

这个方法的参数为：

- InitialFilename：可选的参数。在"文件名"框中预先填充的字符串。
- FileFilter：可选的参数。一个字符串，确定"保存类型"下拉列表显示的内容。
- FilterIndex：可选的参数。默认的文件筛选条件的索引号。
- Title：可选的参数。对话框的标题。
- ButtonText：只用于 Macintosh 机器。

12.6 提示输入目录名称

如前所述，如果需要获取文件名，那么最简单的解决办法是使用 GetOpenFileName 方法。但是，如果只需要获得目录的名称(而不是文件)，那么可以使用 Excel 的 FileDialog 对象。

下面的过程显示了允许用户选择目录的一个对话框。所选目录名(或 Canceled)使用 MsgBox 函数显示。

```
Sub GetAFolder ()
    With Application.FileDialog(msoFileDialogFolderPicker)
        .InitialFileName = Application.DefaultFilePath & "\"
        .Title = "Select a location for the backup"
        .Show
        If .SelectedItems.Count = 0 Then
           MsgBox "Canceled"
        Else
           MsgBox .SelectedItems(1)
        End If
```

```
        End With
End Sub
```

FileDialog 对象允许通过指定 InitialFileName 属性的值来指定起始目录。在这个示例中，代码使用了 Excel 的默认文件路径作为起始目录。

12.7 显示 Excel 的内置对话框

在 VBA 中编写的代码可以执行很多 Excel 功能区命令。而且，如果命令生成对话框，那么编写的代码可在这个对话框中做出选择(虽然不显示对话框本身)。例如，下面的 VBA 语句等同于选择"开始"|"编辑"|"查找和选择"|"转到"命令，指定单元格区域为单元格 A1:C3 然后单击"确定"按钮。

```
Application.Goto Reference:=Range("A1:C3")
```

但如果我们执行这条语句，将不会出现"转到"对话框(这也是我们所期望的)。

然而，某些情况下，可能要显示其中一个 Excel 的内置对话框，这样最终用户可以做出选择。为此，可以编写执行功能区命令的代码。

> **注意：**
> 使用 Application 对象的 Dialogs 集合是显示 Excel 对话框的另一种方法。但是 Microsoft 没有适时地更新这个功能，所以本书没有进行讨论。本节介绍的是一种更好的方法。

在 Excel 的早期版本中，编程人员通过使用 CommandBars 对象创建自定义菜单和工具栏。在 Excel 2007 和更新的版本中，仍可以使用 CommandBars 对象，但它不再像以前那样工作了。

从 Excel 2007 开始，CommandBars 对象也得到了加强。可使用 CommandBars 对象来执行使用 VBA 的功能区命令。很多功能区命令都可以显示一个对话框。例如，下面的语句将显示"取消隐藏"对话框(参见图 12-10)：

```
Application.CommandBars.ExecuteMso("SheetUnhide")
```

记住，代码不能获取关于用户动作的任何信息。例如，当执行这条语句时，无法知道选择了哪个工作表或用户是否单击"取消"按钮。当然，执行功能区命令的代码并不与 Excel 2007 之前的版本相兼容。

图 12-10　使用 VBA 语句显示对话框

ExecuteMso 方法接收一个参数，即代表某个功能区控件的 idMso 参数。遗憾的是，这些参数并未罗列在帮助系统中。

如果试图在一个错误环境中显示内置对话框，则 Excel 会显示一条错误消息。例如，下面的语句显示"设置数字格式"对话框：

```
Application.CommandBars.ExecuteMso ("NumberFormatsDialog")
```

如果在不适当的情况下(例如选中一个形状时)执行这一语句，则 Excel 显示一条错误消息，因为该对话框只适用于工作表单元格。

Excel 有数千条命令。如何找到你需要的命令的名称？一种方法是使用"Excel 选项"对话框的"自定义功能区"选项卡(右击任意功能区控件并从快捷菜单中选择"自定义功能区")。Excel 中实际可用的每个命令列在左边的面板中。找到所需的命令，将鼠标悬停在其上，将在工具提示中看到位于括号内的命令名称。图 12-11 显示了一个示例。在这里，将学习如何显示"定义名称"对话框：

```
Application.CommandBars.ExecuteMso ("NameDefine")
```

图 12-11　使用"自定义功能区"面板识别命令名称

> **直接执行旧的菜单项**
>
> 可使用 ExecuteMso 方法显示内置的对话框。显示内置对话框的另一项技术需要掌握 Excel 2007 之前的关于工具栏的知识(正式称呼是"CommandBar 对象")。尽管 Excel 不再使用 CommandBar 对象，但出于兼容性考虑，它仍然支持这种对象。
>
> 例如，下面的语句等价于在 Excel 2003 的菜单中选择了"格式"|"工作表"|"取消隐藏"命令：
>
> ```
> Application.CommandBars("Worksheet Menu Bar"). _
> ```

```
    Controls("Format").Controls("Sheet"). _
    Controls("Unhide...").Execute
```

执行该语句将显示"取消隐藏"对话框。注意,该菜单项的标题必须完全匹配(包括"取消隐藏"后的省略号)。

下面是另一个示例,该语句显示了"设置单元格格式"对话框:

```
Application.CommandBars("Worksheet Menu Bar"). _
    Controls("Format").Controls("Cells...").Execute
```

依赖 CommandBar 对象并非上策,这是因为 Excel 未来的版本中可能移除 CommandBar 对象。

12.8 显示数据记录单

很多人都使用 Excel 来管理按表格形式组织的清单。Excel 提供了一种简单方法来处理这种类型的数据,方法是使用由 Excel 自动创建的内置的数据记录单。这种数据记录单可以处理正常的数据单元格区域或指定为表格(通过使用"插入"|"表格"|"表格"命令)的区域。图 12-12 给出了使用中的数据记录单示例。

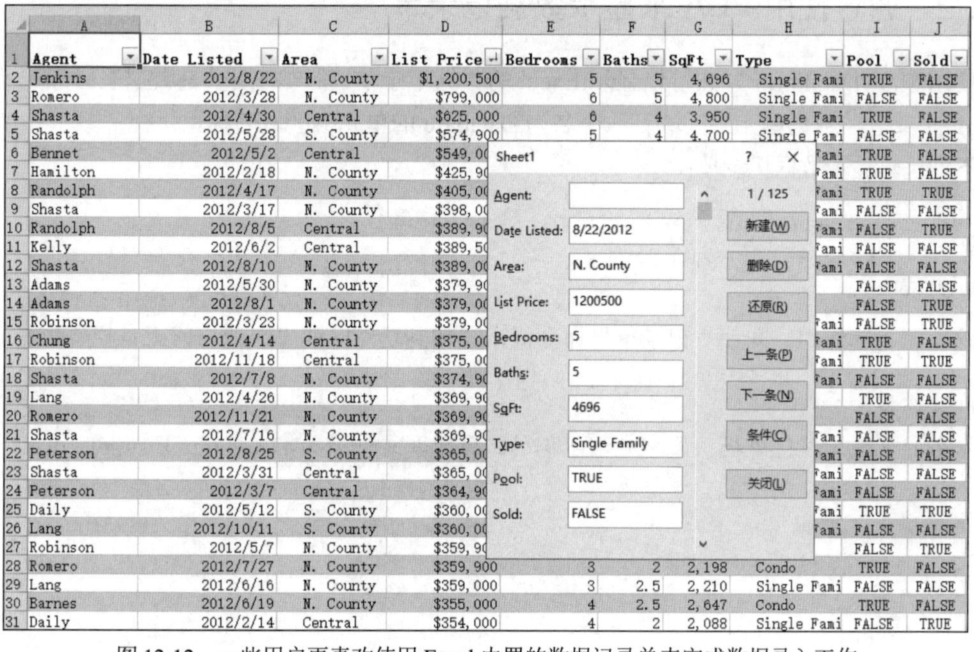

图 12-12 一些用户更喜欢使用 Excel 内置的数据记录单来完成数据录入工作

12.8.1 使得数据记录单变得可以访问

由于某些原因,Excel 功能区中没有提供访问数据记录单的命令。为能从 Excel 的用户界面访问数据记录单,必须把它添加到"快速访问工具栏"(QAT)或者功能区中。下面列出了把这个命令添加到"快速访问工具栏"的步骤。

> **将"记录单"命令添加到快速访问工具栏中**
>
> (1) 右击"快速访问工具栏",选择"自定义快速访问工具栏"。这将显示"Excel 选项"对话框中的"快速访问工具栏"面板。
> (2) 在"从下列位置选择命令"下拉菜单中,选择"不在功能区中的命令"。
> (3) 在左边的列表框中,选择"记录单"。
> (4) 单击"添加"按钮,把选中的命令添加到"快速访问工具栏"中。
> (5) 单击"确定"按钮,关闭"Excel 选项"对话框。
>
> 完成上述步骤后,一个新图标将出现在"快速访问工具栏"中。

要使用某个数据记录单,必须对数据进行安排,以便 Excel 可以把其识别为一个表格。首先在数据录入区域的第一行中输入各列的标题,然后选择该表中的任意单元格,并单击"快速访问工具栏"上的"记录单"按钮。Excel 将显示一个自定义数据的对话框。可使用 Tab 键在两个文本框之间移动,并添加信息。如果单元格中含有一个公式,那么该公式的结果将以文本形式显示出来(而不是作为编辑框显示)。换言之,不能修改来自数据记录单的公式。

完成数据记录单后,单击"新建"按钮。Excel 把数据输入工作表的一个行中,并清除对话框,以输入下一行数据。

12.8.2 通过使用 VBA 来显示数据记录单

使用 ShowDataForm 方法可以显示 Excel 的数据记录单。唯一的要求是数据表必须起始于单元格 A1。或者,数据单元格区域有一个名为 Database 的单元格区域名称。

下列代码显示数据记录单:

```
SubDisplayDataForm()
    ActiveSheet.ShowDataForm
End Sub
```

这个宏将起作用,即使"记录单"命令尚未添加到功能区或"快速访问工具栏"也是如此。

> **在线资源:**
> 本书的下载文件包中提供了含有该示例的工作簿,文件名为 Data Form Example.xlsm。

第13章

用户窗体概述

本章内容：
- 创建、显示和卸载用户窗体
- 讨论用户可以使用的用户窗体控件
- 设置用户窗体控件的属性
- 通过VBA过程控制用户窗体
- 创建用户窗体
- 介绍与用户窗体和控件有关的事件类型
- 自定义控件"工具箱"
- 创建用户窗体的检验表

13.1 Excel如何处理自定义对话框

Excel使得为应用程序创建自定义对话框变得较为简单。实际上，可复制很多Excel对话框的外观。自定义对话框是在用户窗体上创建的，用户又是在VBE(Visual Basic编辑器)中访问用户窗体的。

在创建用户窗体时，应遵循如下的典型步骤：

(1) 在工作簿的VB工程中插入新的用户窗体。
(2) 向用户窗体添加控件。
(3) 调整所添加控件的某些属性。
(4) 为控件编写事件处理程序。

这些事件处理程序是绑定到特定事件(如按钮单击)的过程，当用户单击该按钮时，该程序将运行。你可以在用户窗体的代码模块中创建这些程序。

(5) 编写显示用户窗体的过程。

这个过程将位于标准VBA模块中(而不是用户窗体的代码模块中)。

(6) 添加一种便于用户执行第(5)步创建的过程的方法。

可在工作表中添加按钮以及创建快捷菜单命令等。

13.2 插入新的用户窗体

如果要插入新的用户窗体,首先激活 VBE(按 Alt+F11 快捷键),然后从"工程"窗口选中工作簿所在的工程,接着选择"插入"|"用户窗体"命令。用户窗体的默认名称为 UserForm1、UserForm2,以此类推。

> 提示:
> 可以通过修改用户窗体的名称,使其更易于识别,更具描述性。选中窗体并使用"属性"窗口来修改"名称"属性(如果没有显示"属性"窗口,可以按 F4 键)。图 13-1 是当选中了某个空用户窗体时显示的"属性"窗口。

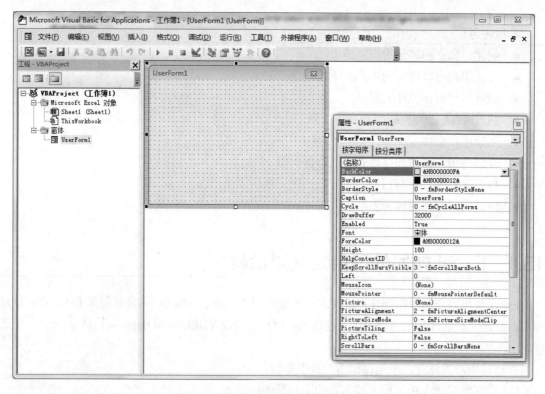

图 13-1 空的用户窗体的"属性"窗口

一个工作簿可以有任意多的用户窗体,每个用户窗体包含一个自定义对话框。

13.3 向用户窗体中添加控件

如果要向用户窗体添加控件,可以使用"工具箱"(VBE 没有用于添加控件的菜单命令)。如果没有显示"工具箱",可以选择"视图"|"工具箱"命令加以显示。图 13-2 显示了这个"工具箱"。"工具箱"是一个浮动窗口,可以根据需要四处移动。

图 13-2　使用"工具箱"向用户窗体添加控件

只要先单击对应于要添加控件的"工具箱"上的按钮，然后单击对话框的内部即可创建该控件(使用控件的默认大小)。或者先单击控件，然后将其拖放到对话框中，进而指定该控件的大小。

在添加新控件时，要为它指定名称，这个名称中包含控件类型以及这种控件类型的数字序号。例如，如果向某个空的用户窗体添加了一个 CommandButton 控件，那么该控件的名称为 CommandButton1。如果随后又添加了一个 CommandButton 控件，那么该控件的名称为 CommandButton2。

> **提示：**
> 对于将要通过 VBA 代码处理的所有控件，重新给它们命名是一个不错的主意。这样做之后可使名称更有意义(如 ProductListBox)而不是使用一般的名称(如 ListBox1)。要更改控件的名称，可在 VBE 中使用"属性"窗口。只要在选中对象后修改"名称"属性即可。

13.4　"工具箱"中的控件

下面将简要描述"工具箱"中可用的控件。

> **在线资源：**
> 图 13-3 显示了一个含有每一个控件的用户窗体。可以在本书的下载文件包中找到该工作簿，文件名为 All Userform Controls.xlsm。

> **提示：**
> 用户窗体还可以使用其他没有包括在 Excel 中的 ActiveX 控件。详情请参阅本章后面的 13.11 节。

13.4.1　复选框

对于双态的选择来说(例如，是或否、真或假以及开或关等)，CheckBox 控件很有用。当选中复选框时，控件的值即为 True；如果没有选中复选框，那么这个复选框控件的值为 False。

复选框控件有一个 TripleState 属性，当设置为 True 时，该属性会使该复选框具有下列三个值之一：True、False 或 Null。当你不希望将复选框最初设置为 True 或 False 来供用户选择时，这非常有用。

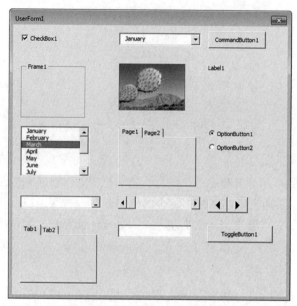

图 13-3　该用户窗体显示所有控件

13.4.2　组合框

ComboBox 控件在一个下拉框中提供了一列条目，一次只能显示一个条目。与 ListBox 控件不同，组合框允许用户输入没有出现在列表条目中的值。

13.4.3　命令按钮

创建的每个对话框至少都有一个 CommandButton 控件。通常，需要使用标签为"确定"和"取消"的命令按钮。

13.4.4　框架

Frame 控件用于包含其他控件。这么做，一个目的是美观，另一个目的是对很多控件进行逻辑分组。当对话框包含多套 OptionButton 控件时，使用框架特别有用。

13.4.5　图像

Image 控件用于显示图形图像，这些图像可能来自某个文件，也可能来自剪贴板。可以在对话框中使用一个 Image 控件来显示公司的徽标。图形图像存储在工作簿中。这样，如果把工作簿分发给其他人，就不必包含图像文件的副本。

> **警告：**
> 图像文件非常大，使用这种图像可能使工作簿急剧增大。为获得最佳效果，尽量少使用图像或使用小型图像文件。

13.4.6 标签

Label 控件只在对话框中显示文本。

13.4.7 列表框

ListBox 控件展示了条目列表，用户从中可以选择一个条目(或多个条目)。ListBox 控件非常灵活。例如，可指定包含列表框条目的工作表单元格区域，而且这个单元格区域可以由多列组成，也可通过使用 VBA 向列表框填充条目。

13.4.8 多页

MultiPage 控件允许创建选项卡式对话框，就像"设置单元格格式"对话框一样。默认情况下，一个 MultiPage 控件包含两页，但可添加任意数量的额外页。

13.4.9 选项按钮

当用户需要从少量选项中选择一个条目时，OptionButton 控件很有用。OptionButton 控件一般分组使用，一组中至少有两个选项按钮。选中某个选项按钮后，所在组中的其他选项按钮就会取消选中状态。

如果用户窗体包含多套选项按钮，那么每套中的选项按钮都必须共享唯一的 GroupName 属性值。否则，所有选项按钮都会成为同一套选项按钮的一部分。此外，还可将选项按钮包含在一个 Frame 控件中，该框架自动将内含的选项按钮分组。

13.4.10 RefEdit

在必须允许用户选中工作表中的某个单元格区域的情况下，可以使用 RefEdit 控件。这个控件接收一个类型化单元格地址(或通过在工作表中指定区域而生成的单元格地址)。

13.4.11 滚动条

ScrollBar 控件类似于 SpinButton 控件。区别在于用户可以拖动滚动条按钮，进而大幅修改该控件的值。当可能值的选择范围很大时，ScrollBar 控件非常有用。

13.4.12 数值调节钮

SpinButton 控件允许用户通过单击其中一个箭头来选择某个值，其中一个箭头用于增加值，另一个箭头用于减少值。通常，数值调节钮与 TextBox 控件或 Label 控件一起使用，通过 TextBox 控件或 Label 控件显示数值调节钮的当前值。数值调节钮可以是水平的，也可以是垂直的。

13.4.13 TabStrip

TabStrip 控件类似于 MultiPage 控件，但用起来不太容易。与 MultiPage 控件不同，TabStrip 控件不能作为其他对象的容器。一般而言，如果窗体中每个页面的布局都相同，并且只有数据会更改，就适合 TabStrip 控件。如果每个页面的布局都会更改，最好使用 MultiPage 控件。

13.4.14 文本框

TextBox 控件允许用户输入文本或值。

13.4.15 切换按钮

ToggleButton控件有两种状态：开和关。单击切换按钮会导致在两种状态之间切换，按钮也会改变其外观。它的值是True(按下状态)或False(未按下状态)。因为复选框更加清晰明了，所以该控件较少使用。

在工作表上使用控件

很多用户窗体控件都可以直接嵌入工作表中。通过使用 Excel 的"开发工具"|"控件"|"插入"命令，就可以访问这些控件。与创建用户窗体相比，向工作表添加这些控件更省力。此外，因为可以把控件链接到工作表的单元格中，所以可能不必创建任何宏。例如，如果在工作表上插入一个 CheckBox 控件，那么通过设置它的 LinkedCell 属性，可将其链接到某个特殊单元格。选中该复选框时，链接的单元格将显示TRUE。在没有选中该复选框时，链接的单元格将显示FALSE。

图 13-4 显示了包含很多 ActiveX 控件的工作表。在本书的下载文件包中可以找到这个工作簿，文件名为 activex worksheet controls.xlsx。该工作簿使用了链接的单元格而且不含有任何宏。

向工作表添加控件可能会令人有点糊涂，因为控件可能来自下面任一种工具栏。

- **表单控件**：这些控件都是可插入的对象。
- **ActiveX 控件**：这些控件是可用于用户窗体的控件子集。

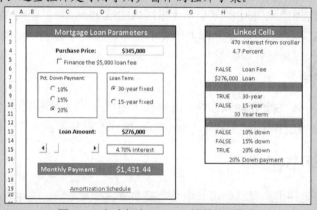

图 13-4 包含很多 ActiveX 控件的工作表

可使用上述任意一种工具栏中的控件，但是要理解它们之间的区别，这很重要。表单控件的工作方式与 ActiveX 控件有很大的区别。

在使用 ActiveX 控件向工作表中添加控件时，Excel 就进入"设计模式"。这种模式下，可调整工作表上的任何控件的属性、为控件添加或编辑事件处理程序或者更改控件的大小或位置。为

显示某个 ActiveX 控件的"属性"窗口，可使用"开发工具"|"控件"|"属性"命令。

对于简单按钮，通常使用表单控件中的 Button 控件，因为它允许向它添加任何宏。如果使用 ActiveX 控件中的 CommandButton 控件，那么单击该控件后将执行它的事件处理程序(如 CommandButton1_Click)，该程序位于 Sheet 对象的代码模块中——不能向其添加任何宏。

当 Excel 处于设计模式时，不能测试控件的行为。要测试控件，必须退出设计模式，方法是单击"开发工具"|"控件"|"设计模式"按钮，这是一个切换按钮。

13.5　调整用户窗体的控件

将控件放在用户窗体后，可以采用标准的鼠标用法移动控件和重新调整控件的大小。

> **提示：**
> 要选中多个控件，可按住 Shift 键并单击，或单击并拖动围住一组控件。

用户窗体可包含垂直网格线和水平网格线(用很多点表示)，网格线有助于对齐添加的控件。在添加或移动控件时，这些网格线将帮助你排列好控件。如果不愿意看到这些网格线，可以关闭相应的选项，方法是在 VBE 中选择"工具"|"选项"命令。在"选项"对话框中，选择"通用"选项卡，然后在"窗体网格设置"区域设置想要的选项。这些网格线只用于设计，将对话框显示给用户时，不会显示网格线。

VBE 窗口中的"格式"菜单提供了一些有助于精确对齐和安排对话框中控件间距的命令。使用这些命令之前，先选中要处理的控件。这些命令的功效和所期望的一样，因此这里就不进行解释了。图 13-5 显示的对话框中包含几个要对齐的选项按钮控件。图 13-6 显示了在经过对齐和赋予相等垂距后的控件分布情况。

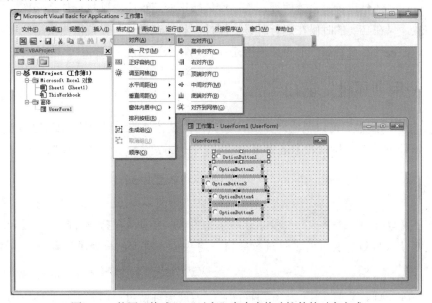

图 13-5　使用"格式"|"对齐"命令来修改控件的对齐方式

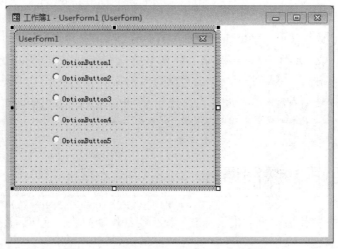

图 13-6　排列间隔均匀的 OptionButton 控件

> **提示：**
> 在选择多个控件时，所选的最后一个控件的手柄是白色的，而不是正常的黑色手柄。带有白色手柄的控件可作为调整控件大小或位置的基准。

13.6　调整控件的属性

每个控件都有很多属性，这些属性确定了控件的外观和行为。可按如下所示更改属性：
- **在设计期间**　在开发用户窗体时，可使用"属性"窗口实现设计时更改。
- **在运行期间**　当正在为用户显示用户窗体时，在运行时使用 VBA 指令更改控件的属性。

无论在设计时还是运行时设置属性，都高度依赖于应用程序尝试执行什么操作。但通常在设计时设置属性，只在必要的时候在运行时设置属性。虽然在设计时设置值更快，但大多数提速效果并不明显。在设计时设置属性的重要原因是：代码越少，可能的 Bug 就越少。

13.6.1　使用"属性"窗口

在 VBE 中，"属性"窗口调整为显示所选项(可以是控件或用户窗体本身)的属性。此外，可从"属性"窗口顶部的下拉列表中选择某个控件。图 13-7 显示了一个选项按钮控件的"属性"窗口。

> **提示：**
> "属性"窗口有两个选项卡。"按字母序"选项卡以字母顺序为所选的对象显示属性。"按分类序"选项卡按照逻辑类别将属性进行分组。这两个选项卡包含的属性都一样，但显示顺序不同。

要更改属性，只要单击它并指定新属性即可。有些属性可以采用有限数量的值中的一个，可以从列表中进行选择。如果是这样，"属性"窗口将显示一个带向下箭头的按钮。单击这种按钮，就能从列表中选择属性的值。例如，TextAlign 属性可以采用下列其中一个值：1–fmTextAlignLeft、2–fmTextAlignCenter 或 3–fmTextAlignRight。

> 提示：
> 如果双击某个属性的值，该属性所有可用的值会循环出现。

在选中少数几个属性(如 Font 和 Picture)时，这些属性将显示一个带省略号的小按钮。单击这种按钮即可显示出与该属性关联的对话框。

Image 控件的 Picture 属性值得一提，原因是可以选择包含图像的图片文件，也可以从剪贴板粘贴图像。当粘贴某个图像时，先将其复制到剪贴板上，然后选中图像控件的 Picture 属性，最后按 Ctrl+V 快捷键来粘贴剪贴板上的内容。

> 注意：
> 如果一次选中两个或多个控件，那么"属性"窗口只显示所选控件共有的属性。

> 提示：
> 用户窗体本身有很多属性都可以进行调整。其中有些属性可以作为以后添加到用户窗体的控件的默认属性。例如，如果更改用户窗体的 Font 属性，所有添加到用户窗体的控件都将使用这种字体。但要注意，已经添加到用户窗体中的控件不受影响。

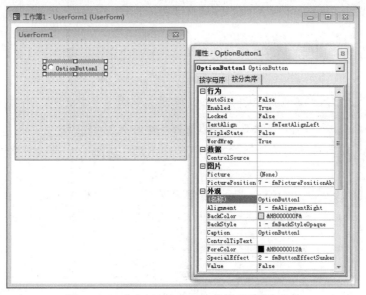

图 13-7　一个 OptionButton 控件的"属性"窗口

13.6.2　共同属性

虽然每一种控件都有它自己独特的一套属性，但很多控件都有某些共同的属性。例如，每个控件都有 Name 属性以及确定控件大小和位置的属性(Height、Width、Left 和 Right)。

你将看到本章和其他代码示例中使用的 Me 关键字。在类模块(如用户窗体)中，Me 关键字是对类实例的快捷方式引用。也就是说，Me 指的是包含它的用户窗体。

你可以键入 Me.CheckBox1.Value，而不是键入 UserForm1.CheckBox1.Value。当然，你不必在其代码模块内指定用户窗体，因此也可以简单地键入 CheckBox1.Value。使用 Me 的主要优点是可以使用智能提示，使你能够更轻松地访问窗体的所有属性和控件。

如果正在使用 VBA 处理某个控件，那么为控件提供一个有意义的名称是个极好的主意。例如，添加到用户窗体的第一个选项按钮的默认名称为 OptionButton1。在代码中使用类似下面的语句可以引用这个对象：

```
Me.OptionButton1.Value = True
```

但是，如果为这个选项按钮赋予了更有意义的名称(如 optLandscape)，那么可以使用下列语句：

```
Me.optLandscape.Value = True
```

> **提示：**
> 很多人都发现，使用能识别出对象类型的名称很有用。在上一个示例中，使用 opt 作为控件名称的前缀，这样可以标识出这个控件是一个选项按钮。查看下面将要讲到的"使用命名约定"补充说明可以了解更多信息。

一次可以调整几个控件的属性。例如，有几个选项按钮，想让它们左对齐。只要选中所有这些选项按钮，然后在"属性"框中更改 Left 属性即可。然后，所有选中的控件都会应用 Left 属性的新值。

要了解控件的各种属性，最好使用帮助系统。只要在"属性"窗口中单击某个属性，然后按 F1 键即可。

使用命名约定

给用户窗体上的控件命名时，许多开发人员都会使用命名约定。这并不是必需的，但这样做可以在缩写代码时更方便地引用控件，在设置选项卡顺序时更易于识别出控件(本章后面将会提到)。

最常见的命名约定是使用前缀来表示控件的类型，后面加上描述性名称。并没有什么标准的前缀，因此可以自由选择前缀坚持使用就行了。表 13-1 列举命名约定示例，前缀是 3 个字母，后跟一个描述性名称。

表 13-1　命名约定示例

控件	前缀	示例
CheckBox	chk	chkActive
ComboBox	cbx	cbxLocations
CommandButton	cmd	cmdCancel
Frame	frm	frmType

(续表)

控件	前缀	示例
Image	img	imgLogo
Label	lbl	lblLocations
ListBox	lbx	lbxMonths
MultiPage	mpg	mpgPages
OptionButton	opt	optOrientation
RefEdit	ref	refRange
ScrollBar	scr	scrLevel
SpinButton	spb	spbAmount
TabStrip	tab	tabTabs
TextBox	tbx	tbxName
ToggleButton	tgb	tgbActive

使用命名约定有个优点，Excel 中选中"自动列出成员"功能后可以获得一个控件列表。在用户窗体的代码模块中使用 Me 关键字就可以引用用户窗体。如果输入 Me 后再加上(.)，VBE 就会列出用户窗体的所有属性和其中控件的所有属性。输入控件名后，就可以基于你所输入的名称缩小列表的选择范围。

图 13-8 显示了你输入 me.tbx 后出现的"自动列出成员"窗口。在图中你可以看到紧挨在一起(因为它们的前缀一样)的多个文本框，而它们的描述性名称可以让你轻松了解该选择哪个控件。

图 13-8　"自动列出成员"窗口

13.6.3　满足键盘用户的需求

很多用户都喜欢用键盘上的键在对话框中定位：使用 Tab 键和 Shift+Tab 组合键可以遍历控件，并且按某个热键(带下画线的字母)可以操作控件。为确保键盘用户操作对话框时一切顺利，就必须注意两个问题：Tab 键的顺序和加速键。

1. 更改控件的 Tab 键的顺序

Tab 键顺序确定了当用户按 Tab 键或 Shift+Tab 组合键时控件激活的顺序，还可以确定最初焦点落在哪个控件上。例如，如果用户在一个 TextBox 控件中输入文字，那么这个文本框就拥有焦点。如果用户单击一个选项按钮，那么这个选项按钮就拥有焦点。当首次显示对话框时，在 Tab 键顺序中位列第一的控件拥有焦点。

要设置控件的 Tab 键顺序，可以选择"视图"|"Tab 键顺序"命令。还可以先在用户窗体上右击，然后从快捷菜单中选择"Tab 键顺序"菜单项。无论使用哪种方法，Excel 都会显示出"Tab 键顺序"对话框。"Tab 键顺序"对话框列出所有控件，控件顺序对应于在用户窗体中传递焦点的顺序。要移动某个控件，先选中它，然后单击向上或向下的箭头键即可。可以选择多个控件(按下 Shift 键或 Ctrl 键时单击)，然后一次性移动这些控件。

还可通过"属性"窗口设置单独控件在 Tab 键顺序中的位置，Tab 键顺序中位列第一的控件的 TabIndex 属性值为 0。更改控件的 TabIndex 属性值还可能影响其他控件的 TabIndex 属性值，这些调整工作将自动完成，进而确保没有哪个控件的 TabIndex 属性值大于控件数目。要从 Tab 键顺序中删除某个控件，可将它的 TabStop 属性设置为 False。

> **注意：**
> 某些控件(如 Frame 和 MultiPage 控件)可以成为其他控件的容器。容器内的控件都有它们自己的 Tab 键顺序。为给一个 Frame 控件内的一组选项按钮设置 Tab 键顺序，在选择"视图"|"Tab 键顺序"命令之前先要选中这个 Frame 控件。图 13-9 显示了选中 Frame 控件时的"Tab 键顺序"对话框。

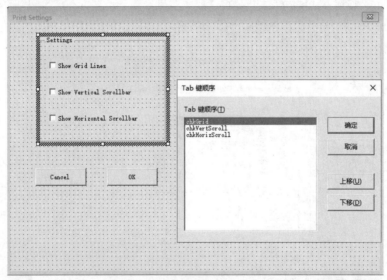

图 13-9　使用"Tab 键顺序"对话框来指定 Frame 控件中控件的 Tab 键顺序

测试用户窗体

通常，在开发用户窗体的同时还想测试一下。下列 3 种方式都可以测试用户窗体，它们都不需要从 VBA 过程调用用户窗体。

- 选择"运行"|"运行子过程/用户窗体"命令。
- 按F5键。
- 在"标准"工具栏上单击"运行子过程/用户窗体"按钮。

这3种方法都可以触发用户窗体的Initialize事件。在测试模式下,当显示出对话框时,可以试试Tab键顺序和热键的功效。

2. 设置热键

可给大部分对话框控件指定加速键或称热键。设置热键后,就允许用户通过按"Alt+热键"来访问控件。为此,可使用"属性"窗口中的Accelerator属性。

提示:

某些控件(如TextBox控件)没有Accelerator属性,因为它们不显示标题。通过使用Label控件,允许继续使用键盘上的键直接访问这些控件。先给标签控件指定热键,然后使得这个标签控件的Tab键顺序优先于文本框。

13.7 显示用户窗体

为从VBA中显示某个用户窗体,可以创建一个使用UserForm对象的Show方法的过程。如果用户窗体名为UserForm1,那么下面的过程将在这个窗体上显示对话框:

```
Sub ShowForm()
    UserForm1.Show
End Sub
```

上述过程必须位于一个标准的VBA模块中,而不能位于用户窗体的代码模块中。

显示出用户窗体后,在使其消失之前,用户窗体将一直可见。通常,要在用户窗体上添加一个命令按钮,使其执行消除用户窗体的过程。该过程可以卸载用户窗体(用Unload命令),也可以隐藏用户窗体(用UserForm对象的Hide方法)。阅读了本章以及后续章节后,这个概念会越来越清晰。以下示例演示了两种关闭用户窗体的方法:

```
Private Sub cmdOK_Click()

    Unload Me

    'The form is removed from memory

End Sub

    Private Sub cmdOK_Click()

    Me.Hide

    'The calling procedure can still access the form's properties

End Sub
```

13.7.1 调整显示位置

UserForm 对象的 StartUpPosition 属性决定了对话框将显示在屏幕的哪个位置。可在"属性"框中或运行时指定这个属性。默认值是 1-CenterOwner，它在 Excel 窗口的中心显示对话框。

然而，如果使用双显示器系统，有时会发现 StartUpPosition 属性似乎被忽略了。特别是，如果 Excel 窗口在辅助显示器中，那么用户窗体可能出现在主窗口的左侧。

下面的代码确保用户窗体始终显示在 Excel 窗口的中心位置：

```
With UserForm1
  .StartUpPosition = 0
  .Left = Application.Left + (0.5 * Application.Width) - (0.5 * .Width)
  .Top = Application.Top + (0.5 * Application.Height) - (0.5 * .Height)
  .Show
End With
```

13.7.2 显示非模态的用户窗体

默认情况下显示的用户窗体是模态的。这就意味着在做别的事情之前，必须让用户窗体消失。也可以显示非模态的用户窗体。在显示非模态用户窗体时，用户可以继续在 Excel 中工作，而这个用户窗体仍然保持可见状态。可使用下列语法来显示非模态的用户窗体：

```
UserForm1.Show vbModeless
```

后面章节中有一些示例来演示模态和非模态的用户窗体。

> **注意：**
> Excel 2013 引入的单文档界面会影响非模态用户窗体。在之前的 Excel 版本中，不管哪个工作簿窗口处于活动状态，非模态的用户窗体都是可见的。在 Excel 2013 和 2016 中，非模态的用户窗体与用户窗体显示时处于活动状态的工作簿窗口相关。如果切换到另一个不同的工作簿窗口，则用户窗体不可见。第 15 章有一个例子说明了如何使非模态的用户窗体在所有工作簿窗口中可见。

13.7.3 显示基于变量的用户窗体

某些情况下，工程中包含几个用户窗体，而由代码确定要显示的用户窗体。如果用户窗体的名称存储为一个字符串变量，那么可使用 Add 方法把这个用户窗体添加到 UserForms 集合中，然后使用 UserForms 集合的 Show 方法。在下面的示例中，把用户窗体的名称赋给 MyForm 变量，然后显示出这个用户窗体：

```
MyForm = "UserForm1"
UserForms.Add(MyForm).Show
```

13.7.4 加载用户窗体

VBA 也有 Load 语句。加载用户窗体是将其加载到内存中并触发用户窗体的 Initialize 事件。

但在使用 Show 方法之前,该用户窗体是不可见的。如果要加载某个用户窗体,可使用如下的语句:

```
Load UserForm1
```

如果用户窗体比较复杂,需要花一些时间初始化,那么在需要它之前可能要将其加载到内存中,这样在使用 Show 方法时就可以显示得很快。但绝大多数情况下,没必要使用 Load 语句。与 Show 方法一样,Load 语句应在标准模块中使用,而不是用于你尝试加载的用户窗体的代码模块中。

13.7.5 关于事件处理程序

显示用户窗体后,用户即可与之交互,例如从列表框中选中一个条目、单击某个命令按钮等。在正式术语中,用户将导致"事件"发生。例如,单击某个命令按钮将在这个命令按钮控件上发生 Click 事件。需要编写当这些事件发生时要执行的过程。这些过程有时称为"事件处理程序"。

> **注意:**
> 事件处理程序必须位于用户窗体的"代码"窗口中。然而,事件处理程序可以调用位于某个标准 VBA 模块中的另一个过程。

在显示用户窗体的同时,VBA 代码可以更改控件的属性值(也就是在运行时更改)。例如,可为某个 ListBox 控件指定一个过程,该过程将在选中某个列表条目时更改标签中的文本。这种处理方法是使对话框变成交互式的关键,后面还要加以阐述。

13.8 关闭用户窗体

如果要关闭用户窗体,可以使用 Unload 命令。例如:

```
Unload UserForm1
```

或者,如果代码位于用户窗体的代码模块中,则可以使用下列语句:

```
Unload Me
```

在这个示例中,关键字 Me 引用的就是当前的用户窗体。使用 Me 而不是用户窗体的名称可避免在修改用户窗体名称的情况下还需要修改代码。

一般而言,在用户窗体执行完动作后,VBA 代码中应该包括 Unload 命令。例如,用户窗体中有一个命令按钮控件,用作"确定"按钮。单击该按钮将执行某个宏,宏中的一条语句将卸载这个用户窗体。在包含 Unload 语句的宏结束之前,用户窗体在屏幕上一直可见。

在卸载用户窗体时,其中的控件将重新设置成最初的值。换言之,卸载用户窗体后,代码就不能访问用户的选择了。如果以后必须使用用户的选择(卸载用户窗体之后),那么需要把值存储到一个 Public 类型的变量中,并在标准的 VBA 模块中声明这个变量。也可以把值存储到某个工作表单元格中,甚至 Windows 注册表中。

> **注意:**
> 当用户单击"关闭"按钮(用户窗体标题栏上的×符号)时,将自动卸载用户窗体。这个动作还会触发用户窗体的 QueryClose 事件以及随后的用户窗体 Terminate 事件。

用户窗体还包含一个 Hide 方法。在调用这个方法时,用户窗体将消失,但它依然加载在内存中,因此代码仍然可以访问控件的各种属性。下面的语句就隐藏了一个用户窗体:

```
UserForm1.Hide
```

或者,如果代码位于用户窗体的代码模块中,则可以使用下列语句:

```
Me.Hide
```

如果因为某种原因,当宏正在运行时希望用户窗体立即消失,可以在过程的顶端使用 Hide 方法。例如,在下面的过程中,当单击 CommandButton1 按钮时,用户窗体将立即消失。该过程中的最后一条语句卸载了这个用户窗体。

```
Private Sub CommandButton1_Click()
    Me.Hide
    Application.ScreenUpdating = True
    For r = 1 To 10000
        Cells(r, 1) = r
    Next r
    Unload Me
End Sub
```

本例中将 ScreenUpdating 设置为 True,以强制 Excel 彻底隐藏用户窗体。如果不使用该语句,用户窗体实际上仍然可能可见。

> **交叉参考:**
> 第 15 章将详细介绍如何显示一个进度指示器,该指示器利用了这样一个事实:即用户窗体在宏执行期间保持可见。

13.9 创建用户窗体的示例

如果从未创建过用户窗体,你最好亲手试一下本节的示例。该示例逐步讲述了如何创建简单的对话框以及开发支持这个对话框的 VBA 过程。

这个示例使用一个用户窗体获取两条信息:个人的姓名和性别。这个对话框使用 TextBox 控件获取姓名信息,使用 3 个选项按钮获取性别信息(Male、Female 或 Unknown)。然后,这个对话框又把收集到的信息发送到工作表的下一个空行。

13.9.1 创建用户窗体

图 13-10 显示了用户窗体的最终样子。

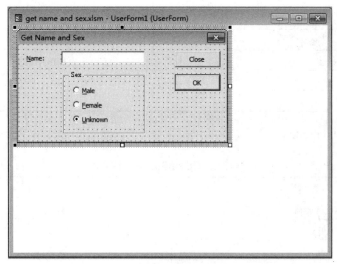

图 13-10　上述对话框要求用户输入姓名和性别

为获得最佳效果，先创建一个新的工作簿，使其只有一个工作表。然后按照如下步骤操作：

(1) 按 Alt+F11 快捷键激活 VBE。

(2) 在"工程"窗口中，选择工作簿的工程名称，然后选择"插入"|"用户窗体"命令以添加一个空的用户窗体。

用户窗体的 Caption 属性将拥有默认值：UserFom1。

(3) 使用"属性"窗口将用户窗体的 Caption 属性值改为 Get Name and Gender(如果"属性"窗口不可见，则按 F4 键)。

(4) 添加一个 Label 控件，然后按照表 13-2 所示调整属性的值。

表 13-2　Label 控件属性

属性	值
Name	lblName
Accelerator	N
Caption	Name:
TabIndex	0

(5) 添加一个 TextBox 控件，然后按照表 13-3 所示调整属性的值。

表 13-3　TextBox 控件属性

属性	值
Name	tbxName
TabIndex	1

(6) 添加一个 Frame 控件，然后按照表 13-4 所示调整属性的值。

表 13-4　Frame 控件属性

属性	值
Name	frmGender
Caption	Sex
TabIndex	2

(7) 将一个 OptionButton 控件添加到上述框架控件内，然后按照表 13-5 所示调整属性的值。

表 13-5　OptionButton 控件属性

属性	值
Accelerator	M
Caption	Male
Name	optMale
TabIndex	0

(8) 将另一个 OptionButton 控件添加到上述框架控件内，然后按照表13-6所示调整属性的值。

表 13-6　第二个 OptionButton 控件属性

属性	值
Accelerator	F
Caption	Female
Name	optFemale
TabIndex	1

(9) 再将一个 OptionButton 控件添加到上述框架控件内，然后按照表 13-7 所示调整属性的值。

表 13-7　第三个 OptionButton 控件属性

属性	值
Accelerator	U
Caption	Unknown
Name	optUnknown
TabIndex	2
Value	True

(10) 在上述框架控件外添加一个 CommandButton 控件，然后按照表 13-8 所示调整属性的值。

表 13-8　CommandButton 控件属性

属性	值
Accelerator	O
Caption	OK

(续表)

属性	值
Default	True
Name	cmdOK
TabIndex	3

(11) 再添加一个 CommandButton 控件，然后按照表 13-9 所示调整属性的值。

表 13-9　第二个 CommandButton 控件属性

属性	值
Accelerator	C
Caption	Close
Cancel	True
Name	cmdClose
TabIndex	4

> **提示：**
> 在创建类似的控件时会发现，相比新建一个控件而言，复制已有的控件更容易。如果要复制某个控件，在拖放这个控件的同时按 Ctrl 键，即可新建一个控件的副本。然后调整复制后控件的属性值。

13.9.2　编写代码显示对话框

接下来，要往工作表中添加一个 ActiveX 命令按钮，这个按钮将执行显示用户窗体的过程。具体步骤如下所示：

(1) 激活 Excel(按 Alt+F11 快捷键组合)。

(2) 选择"开发工具"|"控件"|"插入"命令，然后从"ActiveX 控件"部分选择命令按钮(底部那组控件)。

(3) 在工作表中进行拖放操作来创建该按钮。

如果愿意，还可以修改工作表的命令按钮的标题。为此，需要首先在按钮上右击，然后从快捷菜单中选择"命令按钮对象"|"编辑"菜单项，最后编辑出现在命令按钮上的文本。要修改对象的其他属性，可右击并选择属性。然后在"属性"框中进行修改。

(4) 双击这个命令按钮。

这就激活了 VBE。更具体地说，将显示出工作表的代码模块，其中的一个是为工作表的命令按钮准备的空事件处理程序。

(5) 在 CommandButton1_Click 过程中输入一条语句(如图 13-11 所示)。这个简短过程将使用 ufGetData 对象的 Show 方法来显示这个用户窗体。

图 13-11　单击工作表上的按钮时，将执行 CommandButton1_Click 过程

13.9.3　测试对话框

下一步是重新激活 Excel，并测试一下显示对话框的这个过程。

> **注意：**
> 当在工作表上单击命令按钮时，会发现没有发生任何情况。相反，会选中按钮，这是因为 Excel 依然处于设计模式——当插入一个 ActiveX 控件时将自动进入这种模式。如果要退出设计模式，可以单击"开发工具" | "控件" | "设计模式"按钮。如果要对命令按钮做任何修改，还必须使得 Excel 再次返回设计模式。

退出设计模式后，单击这个命令按钮将显示出用户窗体(如图 13-12 所示)。

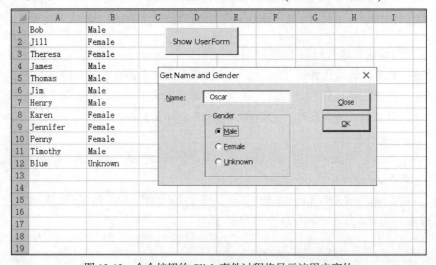

图 13-12　命令按钮的 Click 事件过程将显示该用户窗体

在显示出该对话框时，在文本框中输入一些文字并单击 OK 按钮。会发现没有任何事情发生，这种情况可以理解，因为还没有为这个用户窗体的 OK 按钮创建事件处理程序。

> **注意：**
> 单击用户窗体标题栏上的关闭按钮即可去掉这个对话框。

13.9.4 添加事件处理程序

这一节将解释如何编写事件处理程序，使其处理在显示出用户窗体后发生的事件。继续上述这个示例，按照如下步骤操作：

(1) 按 Alt+F11 快捷键激活 VBE。

(2) 确保显示用户窗体并双击它的 Close 命令按钮。

这将激活这个用户窗体的"代码"窗口，然后插入一个名为 cmdClose_Click 的空过程。注意，这个过程由对象名称、下画线字符和它处理的事件组成。

(3) 按照下面这样修改该过程(这是 CloseButton 的 Click 事件的处理程序)。

```
Private Sub cmdClose_Click()
    Unload Me
End Sub
```

当用户单击这个 Close 按钮时将执行该过程，该过程只是卸载该用户窗体。

(4) 按 Shift+F7 快捷键重新显示 UserForm1(或者在"工程资源管理器"窗口顶部单击"查看对象"图标)。

(5) 双击 OK 按钮并输入下面的过程(这是 cmdOK 按钮的 Click 事件的处理程序)。

```
Private Sub cmdOK_Click()
    Dim lNextRow As Long
    Dim wf As WorksheetFunction

    Set wf = Application.WorksheetFunction

'   Make sure a name is entered
    If Len(Me.tbxName.Text) = 0 Then
        MsgBox "You must enter a name."
        Me.tbxName.SetFocus
    Else
'       Determine the next empty row
        lNextRow = wf.CountA(Sheet1.Range("A:A")) + 1
'       Transfer the name
        Sheet1.Cells(lNextRow, 1) = Me.tbxName.Text

'       Transfer the sex
        With Sheet1.Cells(lNextRow, 2)
            If Me.optMale.Value Then .Value = "Male"
            If Me.optFemale.Value Then .Value = "Female"
            If Me.optUnknown.Value Then .Value = "Unknown"
        End With
```

```
    ' Clear the controls for the next entry
        Me.tbxName.Text = vbNullString
        Me.optUnknown.Value = True
        Me.tbxName.SetFocus
    End If
End Sub
```

(6) 激活 Excel，然后再次单击命令按钮即可显示出用户窗体。重新运行这个过程。

你会发现用户窗体的控件现在运转正确了，可以使用它们向工作表的列表(两列)添加新名称。

cmdOK_Click 过程的运作机理如下所述：首先，过程确保在文本框中输入了内容。如果没输入内容(文本长度为0)，就会显示出一条消息，焦点返回到 TextBox 控件。如果输入了内容，就会使用 Excel 的 CountA 函数来确定列 A 中下一个空白单元格。接下来将 TextBox 控件中的内容传递给列 A。使用一系列 If 语句来确定选中哪个 OptionButton，将相应的文本(Male、Female 或 Unknown)写入列 B 中。最后重置对话框为下一项做准备。注意，单击 OK 按钮并不能关闭对话框。要想结束输入数据项(和卸载用户窗体)，需要单击 Close 按钮。

13.9.5 完成对话框

执行上述修改后，会发现对话框运作得非常好(不要忘记测试热键)。在现实中，可能会收集更多信息，而不仅是姓名和性别。然而，基本原理都是一样的，只是要处理更多用户窗体控件而已。

> **在线资源：**
> 本书的下载文件包中提供了含有该示例的工作簿，文件名为 Get Name and Gender.xlsm。

每个用户窗体控件(以及用户窗体本身)旨在响应某些类型的事件，用户或 Excel 可以触发这些事件。例如，单击按钮会为控件生成 Click 事件。你可以编写在特定事件发生时执行的代码。

某些操作会生成多个事件。例如，单击数值调节钮控件的向上箭头将生成 SpinUp 事件和 Change 事件。当使用 Show 方法显示用户窗体时，Excel 会为用户窗体生成 Initialize 事件和 Activate 事件(实际上，在用户窗体加载到内存中并在它实际显示之前，会发生 Initialize 事件。

> **交叉参考：**
> Excel 还支持与 Sheet 对象，Chart 对象以及 ThisWorkbook 对象关联的事件。在第 6 章中我们讨论过了这些事件类型。

13.9.6 了解事件

为找出某个特定的控件支持哪些事件，需要按照如下步骤操作：
(1) 向用户窗体中添加控件。
(2) 双击控件以激活用户窗体的代码模块。
VBE 将插入一个空的事件处理程序作为控件的默认事件。

(3) 在代码模块窗口中单击右上角的下拉列表，然后会看到该控件完整的事件列表。图 13-13 显示了一个 CheckBox 控件的完整事件列表。

图 13-13　CheckBox 控件的事件列表

(4) 从事件列表中选中某个事件，然后 VBE 将自动创建一个空的事件处理程序。

为找出有关事件的详细说明，可以查阅帮助系统。帮助系统还会为每个控件列出可用的事件。

> **警告：**
> 事件处理程序把对象的名称合并到过程的名称中。因此，如果要更改某个控件的名称，还需要对该控件的事件处理程序的名称做相应修改。不会自动更改名称！为简便起见，建议在开始创建事件处理程序之前就为控件确定名称。

用户窗体有相当多的事件。下列一些事件与显示和卸载用户窗体相关。

- Initialize：发生在加载或显示用户窗体之前，但是如果之前用户窗体隐藏起来了，就不会发生这种事件。
- Activate：在显示用户窗体时发生这种事件。
- Deactivate：当用户窗体处于非活动状态时发生的事件，但是如果隐藏了窗体，就不会发生这种事件。
- QueryClose：在卸载用户窗体之前发生。
- Terminate：在卸载用户窗体之后发生。

> **注意：**
> 通常，为事件处理程序选择合适的事件以及了解事件发生的顺序非常重要。使用 Show 方法调用 Initialize 和 Activate 事件(按照这种顺序调用)。使用 Load 命令将只调用 Initialize 事件。使用

Unload 命令将相继触发 QueryClose 和 Terminate 事件(按照这种顺序)。使用 Hide 方法不会触发上面两个事件。

> **在线资源：**
> 本书的下载文件包中包含一个名为 Userform Events.xlsm 的工作簿，它监视所有这些事件，当有事件发生时就显示出一个消息框。如果没弄明白用户窗体事件，可以研究一下这个示例中的代码，这样可以帮助理清思路。

13.9.7 数值调节钮的事件

为清楚阐述事件的概念，本节具体介绍与 SpinButton 控件有关的事件。其中一些事件是 SpinButton 独有的，一些是其他控件也有的。

> **在线资源：**
> 本书的下载文件包中包含一个工作簿，它阐明了数值调节钮控件以及包含该按钮的用户窗体的事件发生顺序。这个工作簿(名为 spinbutton events.xlsm)包含一系列事件处理程序的例程，这些例程都针对每个 SpinButton 事件以及 UserForm 事件。每个例程只是显示一个消息框，告知刚刚触发的是哪个事件。

表 13-10 列出了 SpinButton 控件的所有事件。

表 13-10 数值调节钮控件的事件

事件	说明
AfterUpdate	通过用户界面修改控件之后触发该事件
BeforeDragOver	在进行拖放操作时触发该事件
BeforeDropOrPaste	当用户准备把数据放下或粘贴到控件时触发该事件
BeforeUpdate	修改控件之前触发该事件
Change	当 Value 属性的值发生变化时触发该事件
Enter	当控件实际从同一个用户窗体上的某个控件接收焦点之前触发该事件
Error	当控件检测到错误并不能向调用程序返回错误信息时触发该事件
Exit	在控件把焦点传递给位于同一窗体上的另一个控件之前立即触发该事件
KeyDown	当用户按下某个键和某个对象拥有焦点时触发该事件
KeyPress	当用户按下产生可打印字符的任意键时触发该事件
KeyUp	当用户释放某个键且该对象拥有焦点时触发该事件
SpinDown	当用户单击数值调节钮向下(或向左)的箭头时触发该事件
SpinUp	当用户单击数值调节钮向上(或向右)的箭头时触发该事件

用户可以操纵 SpinButton 控件，方法是用鼠标单击它或者(如果控件拥有焦点的话)使用向下或向上箭头键。

1. 鼠标触发的事件

当用户单击数值调节钮的向上箭头时，将按如下顺序触发事件：

(1) Enter(只当数值调节钮还没有获得焦点时触发)

(2) Change

(3) SpinUp

2. 键盘触发事件

用户还可以按 Tab 键来给数值调节钮设置焦点，然后使用箭头键递增或递减控件。如果采用这种方法，将按照如下顺序触发事件：

(1) Enter(当数值调节钮获得焦点时触发)

(2) keyUp(释放 Tab 键时触发)

(3) KeyDown

(4) Change

(5) SpinUp(或者 SpinDown)

(6) keyUp

3. 通过代码改变

还可以用 VBA 代码修改 SpinButton 控件，它也将触发相应的事件。例如，下面的语句将 spbDemo 的 Value 属性的值设置为 0，还将为 SpinButton 控件触发 Change 事件(但只有在这个数值调节钮的值不为 0 时)：

```
Me.spbDemo.Value = 0
```

你可能会认为只需要将 Application 对象的 EnableEvents 属性设置为 False 即可禁止事件发生。遗憾的是，这个属性只应用于涉及真正 Excel 对象(Workbooks、Worksheets 和 Charts 对象)的事件。

13.9.8 数值调节钮与文本框配套使用

数值调节钮有一个 Value 属性，但是这种控件没有用于显示它的值的标题。然而，很多情况下，都希望用户看到数值调节钮的值。有时，还希望用户能够直接修改数值调节钮的值，而不用反复单击数值调节钮。

解决的办法是把数值调节钮与文本框配套使用，这将允许用户指定值，方法是直接在文本框中输入值，也可以单击数值调节钮递增或递减文本框中的值。

图 13-14 列举了一个简单示例。这个数值调节钮的 Min 属性值为-10，Max 属性值为 10。因此，单击数值调节钮的箭头就会将它的值变为-10～10 的某个整数。

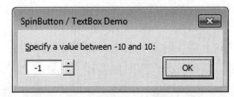

图 13-14　数值调节钮与文本框配套使用

> **在线资源：**
> 本书的下载文件包中可以找到这个工作簿，文件名为 Spinbutton and Textbox.xlsm。

把数值调节钮与文本框链接起来的代码比较简单。基本上就是编写事件处理程序，确保数值调节钮的 Value 属性值与文本框的 Text 属性值始终同步即可。在下面的代码中，控件都采用默认名称(SpinButton1和TextBox1)。

无论何时触发数值调节钮的 Change 事件，都会执行下面的过程。也就是说，在用户单击数值调节钮或通过按上下箭头改变它的值时，将执行下面的这个过程。

```
Private Sub SpinButton1_Change()
    Me.TextBox1.Text = Me.SpinButton1.Value
End Sub
```

上述过程只是将数值调节钮的 Value 属性值赋值给 TextBox 控件的 Text 属性。如果用户直接在文本框中输入了某个值，就会触发 Change 事件，接着执行下面的过程：

```
Private Sub TextBox1_Change()
    Dim NewVal As Long

    If IsNumeric(Me.TextBox1.Text) Then
        NewVal = Val(Me.TextBox1.Text)
        If NewVal >= Me.SpinButton1.Min And _
            NewVal <= Me.SpinButton1.Max Then _
            Me.SpinButton1.Value = NewVal
    End If
End Sub
```

在上面的过程中，首先确定文本框中的输入项是不是数字。如果是，过程将继续并将文本赋给 NewVal 变量。下一条语句确定文本框中的值是否在数值调节钮值的范围之内。如果是，数值调节钮的 Value 属性就设置为在文本框中输入的这个值。如果输入值不是数值或超出范围，则什么也不发生。

在这个示例中，单击 OK 按钮(名为 OKButton)的动作将把数值调节钮的值传递给活动的单元格。这个命令按钮的 Click 事件的处理程序代码如下所示：

```
Private Sub OKButton_Click()
'   Enter the value into the active cell
    If CStr(Me.SpinButton1.Value) = Me.TextBox1.Text Then
        ActiveCell.Value = Me.SpinButton1.Value
        Unload Me
    Else
        MsgBox "Invalid entry.", vbCritical
```

```
            Me.TextBox1.SetFocus
            Me.TextBox1.SelStart = 0
            Me.TextBox1.SelLength = Len(Me.TextBox1.Text)
        End If
End Sub
```

上述过程进行了最后的检测：确保输入到文本框中的值与数值调节钮的值匹配。读者必须这么做，以防输入无效值。例如，用户在文本框中输入了 3r，不会对数值调节钮的值进行修改，放在活动单元格中的结果也不是用户所预想的那样。注意，这里使用 CStr 函数把数值调节钮的 Value 属性值转换为一个字符串，这样就确保了当值与文本比较时不会生成错误。如果数值调节钮的值与文本框中的内容不匹配，就会显示一个消息框。注意，焦点设置到 TextBox 对象上，并选中了其中的内容(通过使用 SelStart 和 SelLength 属性)，这样便于用户纠正输入项。

> **关于 Tag 属性**
>
> 每个用户窗体和控件都有一个 Tag 属性。该属性没有什么特别之处，而且默认情况下为空。可以使用 Tag 属性存储个人使用的信息。
>
> 例如，在一个用户窗体上可以有一系列 TextBox 控件。用户可能必须把文本输入某些文本框中，但不一定是全部文本框，可使用 Tag 属性识别哪些字段是必须填写的。在这个示例中，可以把 Tag 属性设置为诸如 Required 的字符串。然后在编写代码验证用户输入项的有效性时，可以参考这个 Tag 属性。
>
> 下面的函数检查 UserForm1 上的所有 TextBox 控件，并返回必须要输入文本而此时为空的 TextBox 控件的数目：如果函数返回的数字大于 0，则意味着还有必填的字段没有完成。
>
> ```
> Function EmptyCount() As Long
>   Dim ctl As Control
>
>   EmptyCount= 0
>   For Each ctl In UserForm1.Controls
>     If TypeName(ctl) = "TextBox" Then
>       If ctl.Tag = "Required" Then
>         If Len(ctl.Text) = 0 Then
>           EmptyCount = EmptyCount + 1
>         End If
>       End If
>     End If
>   Next ctl
> End Function
> ```
>
> 在使用用户窗体工作时，可能需要考虑 Tag 属性的用途。

13.10 引用用户窗体的控件

在处理用户窗体上的控件时，VBA 代码通常包含在用户窗体的"代码"窗口中。这种情况下，不需要限定对控件的引用，因为这些控件都假定属于用户窗体。

也可从某个通用的 VBA 模块中引用用户窗体的控件。为此，必须通过指定用户窗体的名称来限定对控件的引用。例如，下面的过程位于某个 VBA 模块中。这个过程只显示名为 UserForm1 的用户窗体。

```
Sub GetData()
    UserForm1.Show
End Sub
```

假设 UserForm1 包含一个文本框(名为 TextBox1)，要为这个文本框提供默认值，可以把该过程改成如下形式：

```
Sub GetData()
    UserForm1.TextBox1.Value = "John Doe"
    UserForm1.Show
End Sub
```

设置默认值的另一种方法是利用用户窗体的 Initialize 事件。可在 UserForm_Initialize 过程中编写代码，该过程位于用户窗体的代码模块中，如下所示：

```
Private Sub UserForm_Initialize()
    Me.TextBox1.Value = "John Doe"
End Sub
```

注意，在用户窗体的代码模块中引用控件时，可用关键字 Me 来替代用户窗体的名称。事实上，在用户窗体的代码模块中，不需要使用 Me 关键字。如果忽略它，VBA 会假定你正在引用所在窗体上的控件。不过，确定对控件的引用范围有一个好处，即可以利用"自动列出成员"功能，该功能允许从下拉列表中选择控件的名称。

> **提示：**
> 与其使用用户窗体的真实名称倒不如用 Me。这样，如果修改用户窗体的名称，就不必在代码中替换原来的引用了。

理解控件集合

用户窗体上的控件组成了一个集合。例如，下面的语句显示出 UserForm1 上的控件数目：

```
MsgBox UserForm1.Controls.Count
```

VBA 不会为每种控件类型都保存一个集合。例如，没有 CommandButton 控件的集合。然而，可使用 TypeName 函数确定控件的类型。下面的过程使用 For Each 结构遍历了 Controls 集合，然后显示出 UserForm1 上 CommandButton 控件的数目：

```
Sub CountButtons()
    Dim cbCount As Long
    Dim ctl as Control

    cbCount = 0
    For Each ctl In UserForm1.Controls
        If TypeName(ctl) = "CommandButton" Then cbCount = cbCount + 1
    Next ctl
```

```
    MsgBox cbCount
End Sub
```

13.11 自定义"工具箱"

当某个用户窗体在 VBE 中处于活动状态时,"工具箱"显示了可以添加到用户窗体中的控件。如果"工具箱"不可见,选择"视图"|"工具箱"使其显示出来。本节将介绍自定义"工具箱"的方法。

13.11.1 在"工具箱"中添加新页

"工具箱"最初只包含一个选项卡。在这个选项卡上右击,然后选择"新建页"菜单项给"工具箱"添加新的选项卡。还可以修改显示在选项卡上的文本,方法是从快捷菜单中选择"重命名"菜单项。

13.11.2 自定义或组合控件

有一个非常方便的功能,可以让你自定义控件并将其保存以备将来使用。例如,创建可用作"确定"按钮的 CommandButton 控件。可设置下面的属性来自定义命令按钮:Width、Height、Caption、Default 和 Name。然后将自定义命令按钮拖放到"工具箱"中,这样就会创建一个新控件。在新控件上右击后,重命名该控件或更改它的图标。

还可以创建由多个控件组成的新工具箱的项。例如,可以创建两个命令按钮,使得它们分别代表用户窗体的"确定"按钮和"取消"按钮。随意自定义这些按钮,然后同时选中它们并拖放到"工具箱"中。这种情况下,可使用这个新工具箱控件一次性添加两个自定义的按钮。

这类自定义也适用于作为容器的控件。例如,创建一个 Frame 控件,然后在其中添加 4 个自定义的选项按钮,对齐并保持同样的间距。最后将这个框架拖放到"工具箱"中,进而创建出一个自定义的 Frame 控件。

为帮助识别自定义控件,右击该控件,然后从快捷菜单中选择"自定义×××"菜单项(这里的×××代表控件的名称),随后将出现一个新的对话框,它允许更改工具提示文本、编辑图标或者从文件中加载新的图标图像。

> **提示:**
> 还可以把自定义的控件放到"工具箱"中的一个单独页内。这样就可以导出整个页,从而便于其他 Excel 用户分享。为导出某个"工具箱"页面,在这个选项卡上右击,然后选择"导出页"菜单项即可。

图 13-15 所示为一个包含 8 个自定义控件的新页:
- 一个带有 4 个选项按钮控件的框架
- 一个文本框和一个数值调节钮

- 6个复选框
- 一个红色的 X 图标
- 一个感叹号图标
- 一个问号图标
- 一个信息图标
- 两个命令按钮

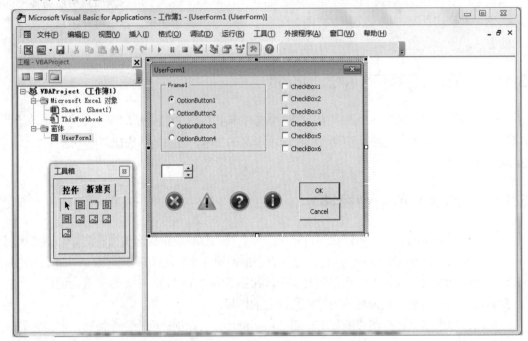

图 13-15　含有新控件页的"工具箱"

4个图标是由 MsgBox 函数显示的相同图像。

> **在线资源：**
> 本书的下载文件包中包含了一个页面文件(名为 newcontrols.pag)，其中含有一些自定义控件。可作为新页将它们导入到"工具箱"中。在某个选项卡上右击，然后选择"导入页"菜单项，最后定位和关闭这个页面文件。

13.11.3　添加新的 ActiveX 控件

用户窗体可以包含由微软或其他开发商开发出的其他 ActiveX 控件。如果要向"工具箱"添加其他 ActiveX 控件，可以先在"工具箱"上右击，然后选择"附加控件"菜单项，随即将显示出如图 13-16 所示的对话框。

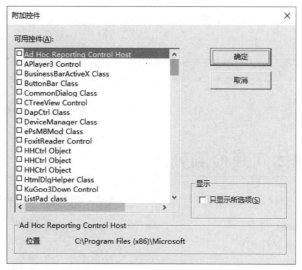

图 13-16　"附加控件"对话框允许添加其他 ActiveX 控件

"附加控件"对话框列出了安装在系统上的所有 ActiveX 控件。选中要添加的控件，然后单击"确定"按钮，可为每个选中的控件添加图标。

> **警告：**
> 大部分安装在系统上的 ActiveX 控件可能都不能在 Excel 的用户窗体上运行。某些控件需要许可证才能用在应用程序中。如果开发人员(或应用程序的用户)没有使用某种特定控件的许可证，就会出现错误消息。

13.12　创建用户窗体的模板

在设计新的用户窗体时，可能会每次都需要添加同样的控件。例如，每个用户窗体可能有两个命令按钮，分别是"确定"按钮和"取消"按钮。上一节详细介绍了如何创建一个把两个自定义按钮组合到一个控件中的新控件。还有一种办法是先创建用户窗体的模板，然后将其导出，再导入其他工程中。这样做的一个好处是控件的事件处理代码与模板存储在一起。

首先创建包含所有控件的用户窗体，其中还包括需要在其他工程中重复使用的定制选项。然后，确保选中了用户窗体并选择"文件"|"导出文件"(或者按 Ctrl+E 快捷键)命令，随即将提示输入文件名。

然后，在开发下一个工程时，选择"文件"|"导入文件"命令即可加载保存过的用户窗体。

模仿 Excel 的对话框

Windows 对话框的外观和感觉因程序的不同而异。在为 Excel 开发应用程序时，最好尽可能模仿 Excel 的对话框样式。

实际上，要学习如何创建高效的对话框，一个好办法就是复制一种 Excel 对话框的所有细节。例如，确保定义了所有热键，而且 Tab 键顺序相同。要想重新创建一个 Excel 对话框，需要在各种环境下进行测试并查看对话框的行为方式。对 Excel 的对话框进行分析将有助于提升自己的对话框的质量。

另外，你可能还会发现，Excel 的某些对话框不能被复制。例如不能复制"文本分列向导"对话框，选择"数据"|"数据工具"|"分列"可打开此对话框。这个对话框使用了 VBA 用户不可用的控件。

13.13 用户窗体问题检测列表

在把制作好的用户窗体展现给最终用户之前，要确保一切都能正常工作。下面的问题检测列表有助于查出潜在的问题：

- 相似控件的大小一样吗？
- 控件的间距均匀吗？
- 对话框中的控件太多吗？如果控件太多，可使用 MultiPage 控件对控件进行分组。
- 每个控件都能使用热键访问吗？
- 有重复的热键吗？
- Tab 键顺序设置正确吗？
- 如果用户按 Esc 键或在用户窗体上单击"关闭"按钮，编写的 VBA 代码会采取相应的动作吗？
- 文本中有拼写错误吗？
- 对话框的标题合适吗？
- 对话框在所有视频分辨率下都能正确显示吗？
- 控件的分组符合逻辑吗？即是否依据功能进行了分组？
- ScrollBar 和 SpinButton 控件只允许有效的值吗？
- 用户窗体有没有使用可能不会安装在每个系统上的控件？
- 列表框设置正确吗(单条目、多条目或可扩展条目)？

如果在向更多用户展现你所制作好的用户窗体之前，能有一些用户帮着对其进行测试，可能有助于查找问题。

第14章

用户窗体示例

本章内容：
- 为简单菜单使用用户窗体
- 从用户窗体选中单元格区域
- 使用用户窗体作为欢迎界面
- 当显示用户窗体时改变用户窗体的大小
- 从用户窗体滚动和缩放工作表
- 理解涉及 ListBox 控件的各种技巧
- 使用外部控件
- 使用 MultiPage 控件
- 使 Label 控件动画化

14.1 创建用户窗体式菜单

有时，你可能希望使用用户窗体作为某种类型的菜单。换言之，用户窗体可呈现出一些选项，用户在其中做出选择。做出选择有两种方式：使用命令按钮或使用列表框。

> **交叉参考：**
> 第 15 章中包含的示例运用了更高级的用户窗体技巧。

14.1.1 在用户窗体中使用命令按钮

图 14-1 列举了作为简单菜单的一个用户窗体，其中使用了一些 CommandButton 控件作为简单的菜单项。

创建这种用户窗体式的菜单非常容易，用户窗体的代码也非常简单。每个命令按钮都有自己的事件处理程序。例如，单击 CommandButton1 命令按钮时执行以下过程：

```
Private Sub CommandButton1_Click()
    Me.Hide
```

```
        Macro1
        Unload Me
End Sub
```

图 14-1　使用命令按钮作为菜单项的对话框

上述过程隐藏用户窗体，调用 Macro1，然后关闭用户窗体。其他按钮的事件处理程序与此类似。

14.1.2　在用户窗体中使用列表框

图 14-2 展示了使用列表框作为菜单的示例。

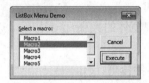

图 14-2　使用列表框作为菜单的对话框

这种样式更容易维护，因为可以简单地添加新菜单项而不必调整用户窗体的大小。在显示这个用户窗体之前，调用它的 Initialize 事件处理程序。下面的过程将使用 AddItem 方法在列表框中添加 6 个条目：

```
Private Sub UserForm_Initialize()
    With Me.ListBox1
        .AddItem "Macro1"
        .AddItem "Macro2"
        .AddItem "Macro3"
        .AddItem "Macro4"
        .AddItem "Macro5"
        .AddItem "Macro6"
    End With
End Sub
```

Execute 按钮也有一个处理它的 Click 事件的过程：

```
Private Sub ExecuteButton_Click()
    Select Case Me.ListBox1.ListIndex
        Case -1
            MsgBox "Select a macro from the list."
            Exit Sub
        Case 0: Macro1
        Case 1: Macro2
        Case 2: Macro3
```

```
            Case 3: Macro4
            Case 4: Macro5
            Case 5: Macro6
        End Select
        Unload Me
End Sub
```

上述过程通过访问列表框的 ListIndex 属性来确定选中了哪个条目。该过程使用一个 Select Case 结构来执行相应的宏。如果 ListIndex 属性值为–1，表明没有选中列表框中的任何条目，同时用户将看到一条消息。

此外，用户窗体有一个过程，可以处理列表框的双击事件。双击列表框中的条目将执行对应的宏。

> **在线资源：**
> 本书的下载文件包中提供了本节中的这两个示例，文件名为 Userform Menus.xlsm。

> **交叉参考：**
> 第 15 章将给出一个类似示例，该示例使用了一个用户窗体来模仿工具栏。

14.2　从用户窗体选中单元格区域

很多 Excel 内置的对话框允许用户指定某个单元格区域。例如，"单变量求解"对话框(通过选择"数据"|"预测"|"模拟分析"|"单变量求解"打开)就会请求用户选中两个单独单元格区域。用户可以直接键入单元格区域的地址或名称，也可以使用鼠标在工作表中选择单元格区域。

用户窗体也可以提供这种功能，这多亏有了 RefEdit 控件。RefEdit 控件的外观与 Excel 内置对话框使用的单元格区域选取控件的外观不完全相同，但工作方式一样。如果用户单击了这种控件右侧的小按钮，对话框就会暂时消失，而显示一个小的单元格区域选取器，这点与 Excel 内置的对话框完全一致。

> **注意：**
> 遗憾的是，Excel 的 RefEdit 控件还有一些有待改进的地方。它不允许用户使用快捷键选取单元格区域(例如，按"End+Shift+↓"组合不会选中一直到列尾处的所有单元格)。此外，该控件是以鼠标为中心的。在单击控件右边的小按钮(从而可以暂时隐藏该对话框)之后，只能局限于通过鼠标选择了。键盘根本不能用于区域选择。

图 14-3 显示了一个包含 RefEdit 控件的用户窗体。在所选单元格区域内的所有非公式和非空的单元格上，这个对话框允许执行简单数学运算。执行的运算对应于所选的选项按钮。

> **在线资源：**
> 本书的下载文件包中提供了这个示例，文件名为 Range Selection Demo.xlsm。

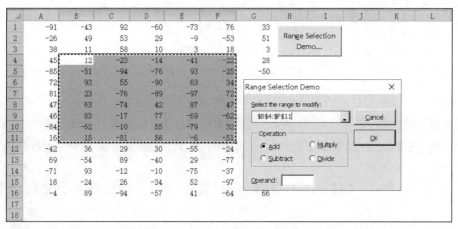

图 14-3　这里显示的 RefEdit 控件允许用户选中某个单元格区域

在使用 RefEdit 控件时，请记住以下事项。

- RefEdit 控件返回代表单元格区域地址的文本字符串。可通过使用下列语句将这个字符串转换为一个 Range 对象：

```
Set UserRange = Range(Me.RefEdit1.Text)
```

- 较好的方法是初始化 RefEdit 控件以便显示当前的单元格区域选区。为此，可在 UserForm_Initialize 过程中使用如下语句：

```
Me.RefEdit1.Text = ActiveWindow.RangeSelection.Address
```

- 为获得最佳结果，不要把 RefEdit 控件放在 Frame 或 MultiPage 控件内。这样做可能导致 Excel 崩溃。

- 不要假设 RefEdit 总会返回有效的单元格区域的地址。指向某个单元格区域并不是在这种控件中输入文本的唯一方式。用户可以键入任意文本，还可以编辑或删除显示的文本。因此，必须确保输入的单元格区域的地址是有效的。下面的代码列举了检测单元格区域是否有效的一种方法。如果检测出单元格区域的地址是无效的，就会给用户发出一条消息，然后焦点会设置到 RefEdit 控件上，这样用户可以再试一次。

```
On Error Resume Next
Set UserRange = Range(Me.RefEdit1.Text)
If Err.Number <> 0 Then
    MsgBox "Invalid range selected"
    Me.RefEdit1.SetFocus
    Exit Sub
End If
On Error GoTo 0
```

- 在用 RefEdit 控件选择单元格区域时，用户还可以单击工作表的标签。因此，不能假设选择就在活动工作表上进行。然而，如果选择了另一个工作表，单元格区域的地址前将加上工作表的名称。例如：

```
Sheet2!$A$1:$C$4
```

- 如果需要从用户那里得到单个单元格的选区，可使用下列语句挑选出选中的单元格区域左上角的单元格：

```
Set OneCell = Range(Me.RefEdit1.Text).Cells(1)
```

> **交叉参考：**
> 正如第 12 章讨论的那样，还可以使用 Excel 的 InputBox 方法来允许用户选择单元格区域。

14.3 创建欢迎界面

有些开发人员喜欢在打开应用程序时显示一些介绍性信息，通常称为"欢迎界面"。

可以用用户窗体为自己的 Excel 应用程序创建一个欢迎界面。下面的示例将在打开工作簿时自动显示一个用户窗体，5 秒后，用户窗体消失。

> **在线资源：**
> 本书的下载文件包中提供了这个示例，文件名为 Splash Screen.xlsm。

按照如下步骤为工程创建欢迎界面。

(1) 创建工作簿。

(2) 激活 VBE，然后在工程中插入一个新的用户窗体。本示例中的代码假设这个窗体名为 frmSplash。

(3) 可以在 frmSplash 上放置任何控件。

例如，插入一个图像控件，将其做成公司的徽标。图 14-4 显示了一个示例。

图 14-4　在打开工作簿时，简单地显示欢迎界面

(4) 把下面的过程插入 ThisWorkbook 对象的代码模块中：

```
Private Sub Workbook_Open()
    frmSplash.Show
End Sub
```

(5) 把下面的过程插入 frmSplash 用户窗体的代码模块中。

如果要把 5 秒的延迟时间改为其他时间，可以更改 TimeSerial 函数的参数：

```
Private Sub UserForm_Activate()
    Application.OnTime Now + _
       TimeSerial(0,0,5), "KillTheForm"
End Sub
```

(6) 把下面的过程插入通用的 VBA 模块中：

```
Private Sub KillTheForm()
     Unload frmSplash
End Sub
```

在打开工作簿时，执行 Workbook_Open 过程。第(4)步中的过程将显示出用户窗体。此时，用户窗体的 Activate 事件发生，它将触发 UserForm_Activate 过程(参见第(5)步)。这个过程使用 Application 对象的 OnTime 方法在某个特定时刻执行 KillTheForm 过程。在这个示例中，在激活事件之后，用户窗体将延续 5 秒，KillTheForm 过程只是卸载用户窗体。

(7) 此外，还可以添加一个小的命令按钮 cmdCancel，将它的 Cancel 属性设置为 True，然后把下面的事件处理程序插入用户窗体的代码模块中：

```
Private Sub cmdCancel_Click()
    Unload Me
End Sub
```

这么做允许用户在显示时间未满之前通过按 Esc 键取消欢迎界面。可以把这个小按钮隐藏在另一个对象的后面，这样就看不到它了。

> **警告：**
> 记住，在工作簿加载完毕之前，不会显示出上面的欢迎界面。换言之，如果希望在加载工作簿的过程当中看到这个欢迎界面，这种方法还不能满足这个要求。

> **提示：**
> 如果应用程序在启动时必须运行一些 VBA 过程，那么可以显示非模态的用户窗体，以便在显示用户窗体的同时继续运行代码。为此，按照如下所示修改 Workbook_Open 过程的代码：
>
> ```
> Private Sub Workbook_Open()
>     frmSplash.Show vbModeless
>     ' other code goes here
> End Sub
> ```

14.4 禁用用户窗体的关闭按钮

在显示用户窗体时，单击"关闭"按钮(右上角的 X 图标)可以卸载这个窗体。某些情况下，可能不希望出现这种状况。例如，可能想要只通过单击某个特定的命令按钮关闭用户窗体。

虽然不能真正禁用"关闭"按钮，但是可以防止用户通过单击它来关闭用户窗体。为此，需要监视用户窗体的 QueryClose 事件。

下面的过程位于用户窗体的代码模块中，它将在关闭窗体之前(也就是在 QueryClose 事件发生时)执行：

```
Private Sub UserForm_QueryClose _
  (Cancel As Integer, CloseMode As Integer)
    If CloseMode = vbFormControlMenu Then
        MsgBox "Click the OK button to close the form."
        Cancel = True
    End If
End Sub
```

UserForm_QueryClose 过程接收两个参数。CloseMode 参数包含的值表明 QueryClose 事件发生的原因。如果 CloseMode 的值等于 vbFormControlMenu(一个内置常量)，就意味着用户单击了"关闭"按钮。如果显示出一条消息，将把 Cancel 参数的值设置为 True，而不会真正关闭窗体。

> **在线资源：**
> 本书的下载文件包中提供了本节中的这个示例，文件名为 Queryclose Demo.xlsm。

> **避免跳出宏**
> 请记住，用户可以按 Ctrl+Break 快捷键跳出宏的运行。在这个示例中，在显示用户窗体时，如果按了 Ctrl+Break 快捷键，就会导致用户窗体不可见。为避免这种情况的发生，在显示用户窗体之前应执行下面的语句：
>
> ```
> Application.EnableCancelKey = xlDisabled
> ```
>
> 确保在添加这条语句之前调试应用程序。否则，就会发现无法跳出无意间发生的死循环。

14.5 改变用户窗体的大小

很多应用程序都使用可以改变大小的对话框。例如，当用户在 Excel 的"查找和替换"对话框(当选择"开始"|"编辑"|"查找和选择"|"替换"命令时显示)中单击"选项"按钮时，这个对话框的高度将增加。

下面这个示例阐述了如何使得用户窗体可以动态改变大小，通过修改这个 UserForm 对象的 Width 或 Height 属性的值来改变对话框的大小。这个示例显示了活动工作簿中的一个工作表列表，并让用户选择要打印的工作表。

> **交叉参考：**
> 可参考第 15 章中的一个示例，该示例允许用户通过拖放右下角来修改用户窗体的大小。

图 14-5 显示了对话框的两种状态：一个是首次显示的对话框，另一个是用户单击"选项"按钮之后的对话框。请注意，根据用户窗体的大小不同，按钮的标题也相应发生了改变。

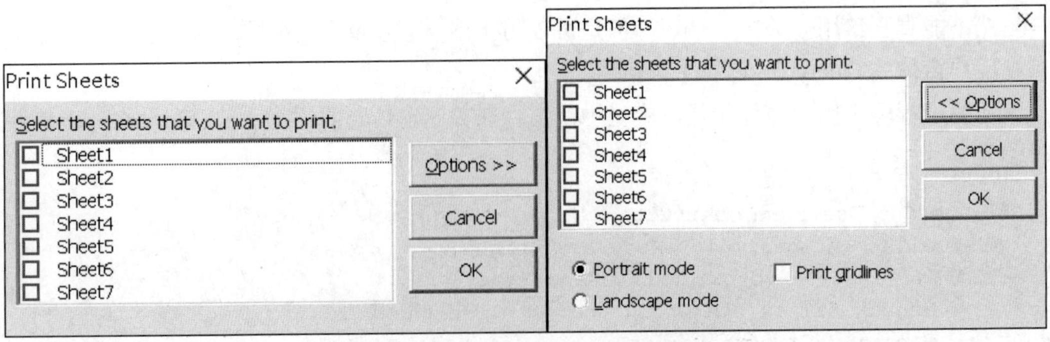

图 14-5 显示选项之前和之后的对话框

创建用户窗体时，将其设置为最大尺寸便于处理控件。然后使用 UserForm_Initialize 过程将其设置为默认大小(小一些)。

代码在模块顶部定义了要用到的两个常量：

```
Const SmallSize As Long = 124
Const LargeSize As Long = 164
```

在单击 cmdOptions 命令按钮时执行下面的事件处理程序：

```
Private Sub cmdOptions_Click()
   Const OptionsHidden As String = "Options >>"
   Const OptionsShown As String = "<< Options"

   If Me.cmdOptions.Caption = OptionsHidden Then
      Me.Height = LargeSize
      Me.cmdOptions.Caption = OptionsShown
   Else
      Me.Height = SmallSize
      Me.cmdOptions.Caption = OptionsHidden
   End If
End Sub
```

上述过程检查了这个命令按钮的 Caption 属性值，然后相应设置了用户窗体的 Height 属性。

> **注意：**
> 当控件在用户窗体的可见部分之外而不能显示出来时，这些控件的加速键将继续发挥功能。在这个示例中，即使看不见这个选项，用户仍然可以按 Alt+L 热键选中 Landscape 模式选项。为了阻止对未显示出的控件的访问，可以编写代码禁用这些没有显示出的控件。

> **在线资源：**
> 本书的下载文件包中提供了这个示例，文件名为 Change Userform Size.xlsm。

14.6 在用户窗体中缩放和滚动工作表

这一节的示例阐述了在显示对话框时如何使用 ScrollBar 控件来滚动和缩放工作表,图 14-6 显示了如何创建这个对话框。在显示这个用户窗体时,用户可以调整工作表的缩放比例(缩放比例为 10%~400%),方法是在顶部使用滚动条进行缩放。对话框底部的两个滚动条允许用户水平或垂直滚动工作表。

> **在线资源:**
> 本书的下载文件包中提供了这个示例,文件名为 Zoom and Scroll Sheet.xlsm。

图 14-6　ScrollBar 控件允许缩放和滚动工作表

如果查看这个示例的代码,就会发现代码相当简单。在 UserForm_Initialize 过程中初始化控件,初始化代码如下所示:

```
Private Sub UserForm_Initialize()
    Me.lblZoom.Caption = ActiveWindow.Zoom & "%"
'   Zoom
    With Me.scbZoom
        .Min = 10
        .Max = 400
        .SmallChange = 1
        .LargeChange = 10
        .Value = ActiveWindow.Zoom
    End With

'   Horizontally scrolling
    With Me.scbColumns
        .Min = 1
        .Max = ActiveSheet.UsedRange.Columns.Count
        .Value = ActiveWindow.ScrollColumn
        .LargeChange = 25
        .SmallChange = 1
    End With

'   Vertically scrolling
    With Me.scbRows
        .Min = 1
        .Max = ActiveSheet.UsedRange.Rows.Count
        .Value = ActiveWindow.ScrollRow
        .LargeChange = 25
        .SmallChange = 1
```

        End With
End Sub

上述过程使用活动窗口上的值设置了 ScrollBar 控件的各种属性。

在使用 ScrollBarZoom 控件时，将执行下面的 scbZoom_Change 过程。这个过程将 ScrollBar 控件的 Value 属性值设置为 ActiveWindow 的 Zoom 属性值，还改变了一个标签，以便显示出当前的缩放比例。

```
Private Sub scbZoom_Change()
    With ActiveWindow
        .Zoom = Me.scbZoom.Value
        Me.lblZoom = .Zoom & "%"
        .ScrollColumn = Me.scbColumns.Value

        .ScrollRow = Me.scbRows.Value
    End With
End Sub
```

可使用下面的两个过程完成工作表的滚动动作，这些过程把相应 ScrollBar 控件的值赋给 ActiveWindow 对象的 ScrollRow 或 ScrollColumn 属性。

```
Private Sub scbColumns_Change()
    ActiveWindow.ScrollColumn = Me.scbColumns.Value
End Sub

Private Sub scbRows_Change()
    ActiveWindow.ScrollRow = Me.scbRows.Value
End Sub
```

> **提示：**
> 与其在上述过程中使用 Change 事件，倒不如使用 Scroll 事件。区别在于当拖动滚动条时将触发 Scroll 事件，其结果是缩放和滚动的动作比较平滑。要使用 Scroll 事件，只要把上述过程分别命名为 scbColumns_Scroll 和 scbRows_Scroll()即可。

14.7　列表框技巧

ListBox 控件的用途极其广泛，但使用时需要一点技巧。这一节中包含了很多简单示例，它们展示了与 ListBox 控件有关的一些常用技巧。

> **注意：**
> 大部分情况下，本节描述的这些技巧同样适用于 ComboBox 控件。

下面是在使用 ListBox 控件时需要记住的几点。从本节的示例中可以看到其中的很多注意事项。

- 可从单元格区域(由 RowSource 属性指定)检索列表框中的条目，或使用 VBA 代码添加列表框的条目(使用 AddItem 或 List 方法)。

- 列表框可设置为允许单项选择或多项选择，这要由 MultiSelect 属性决定。
- 如果列表框没有设置为多项选择，可使用 ControlSource 属性将列表框的值链接到某个工作表的单元格上。
- 可以显示没有选中条目的列表框(ListIndex 属性的值为-1)。然而，在选中某个条目后，用户就不能取消选定所有条目。有一种情况例外，即 MultiSelect 属性设置为 True 时。
- 列表框可以包含多列(由 ColumnCount 属性控制)，甚至可包含带描述性的标题(由 ColumnHeads 属性控制)。
- 设计时在用户窗体窗口中显示的列表框的垂直高度不一定与实际显示用户窗体时的垂直高度一样。
- 列表框中的条目可以显示为复选框(如果允许多项选择的话)或选项按钮(如果允许单项选择的话)，这些由 ListStyle 属性控制。

有关 ListBox 控件的完整的属性和方法介绍请查阅帮助系统。

14.7.1 向列表框控件中添加条目

在显示使用了 ListBox 控件的用户窗体之前，需要先给列表框填充条目。在设计阶段填充列表框时，需要使用存储在工作表单元格区域中的条目，或在运行阶段使用 VBA 代码将条目添加到列表框中。

这一节中的两个示例都假设：

- 有一个名为 UserForm1 的用户窗体。
- 这个用户窗体包含名为 ListBox1 的 ListBox 控件。
- 工作簿包含一个名为 Sheet1 的工作表，而单元格区域 A1:A12 中包含要显示在列表框中的条目。

1. 在设计阶段向列表框中添加条目

如果要在设计时向列表框中添加条目，那么列表框条目必须存储在工作表的单元格区域中。使用 RowSource 属性可以指定包含列表框条目的单元格区域。图 14-7 显示了一个 ListBox 控件的"属性"窗口，RowSource 属性的值设置为 Sheet1!A1:A12。在显示这个用户窗体时，列表框控件将包含这个单元格区域中的 12 个条目。如果为 RowSource 属性指定了单元格区域，那么在设计时条目就立即出现在列表框中。

> **确保使用正确的区域**
>
> 很多情况下，在指定 RowSource 属性时，要确保包含了工作表的名称；否则列表框将使用活动工作表上特定的单元格区域。某些情况下，必须通过包含工作簿名称来完全限定单元格区域名称。例如：
>
> [budget.xlsx]Sheet1!A1:A12
>
> 还有一个更好的办法，先定义单元格区域的工作簿级别的名称，然后在代码中使用这个定义的名称。这样，即使在单元格区域中添加或删除了行，也能确保使用的是正确的单元格区域。

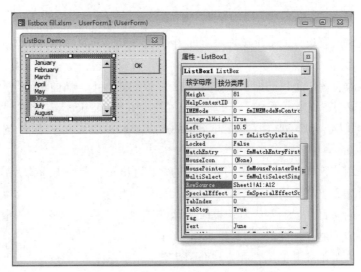

图 14-7 在设计时设置 RowSource 属性

2. 在运行阶段向列表框添加条目

如果要在运行阶段向列表框中添加条目，有下列三种办法：

- 使用代码将 RowSource 属性设置为某个单元格区域的地址。
- 编写使用了 AddItem 方法的代码来添加列表框条目。
- 将一个数组赋值给 ListBox 控件的 List 属性。

正如所期望的那样，可通过代码而不是"属性"窗口来设置 RowSource 属性的值。例如，下面的过程在显示用户窗体之前为列表框设置了 RowSource 属性。这种情况下，条目由 Budget 工作表上的 Categories 单元格区域中的单元格记录项组成。

```
UserForm1.ListBox1.RowSource = "Budget!Categories"
UserForm1.Show
```

如果列表框的条目没有包含在某个工作表单元格区域中，可编写 VBA 代码，从而在出现该对话框之前填充列表框。下面的过程使用 AddItem 方法为列表框填充月份的名称。

```
Sub ShowUserForm2()
'   Fill the list box
    With UserForm1.ListBox1
        .RowSource=""
        .AddItem "January"
        .AddItem "February"
        .AddItem "March"
        .AddItem "April"
        .AddItem "May"
        .AddItem "June"
        .AddItem "July"
        .AddItem "August"
        .AddItem "September"
        .AddItem "October"
        .AddItem "November"
```

```
        .AddItem "December"
    End With
    UserForm1.Show
End Sub
```

> **警告：**
> 在上面的代码中，请注意把 RowSource 属性设置为一个空字符串。这是为了避免当"属性"窗口有非空的 RowSource 设置时出现潜在错误。如果要给拥有非空 RowSource 设置的列表框添加条目，就会得到"拒绝使用此权限"的错误消息。

还可从单元格区域检索列表框的条目，使用 AddItem 方法将它们添加到列表框。下面的示例使用 Sheet1 上的单元格 A1:A12 的内容填充列表框。

```
For Row = 1 To 12
  UserForm1.ListBox1.AddItem Sheets("Sheet1").Cells(Row, 1)
Next Row
```

使用 List 属性甚至更简单。下面的语句与前面的 For Next 循环具有相同的效果：

```
UserForm1.ListBox1.List = _
    Application.Transpose(Sheets("Sheet1").Range("A1:A12"))
```

注意，这里使用了一个 Transpose 函数，这是因为 List 属性希望获取一个水平数组，而且单元格区域位于一列中而不是一行中。

如果数据存储在一维数组中，那么也可以使用 List 属性。例如，假设有一个名为 MyList 的数组，包含了 50 个元素。下面的语句在 ListBox1 中将创建一个包含 50 个条目的列表：

```
UserForm1.ListBox1.List = MyList
```

VBA 中的 Array 函数和 Split 函数都可返回一维数组。这两种函数的返回结果都可以作为值被赋给 List 属性，如下列示例所示：

```
UserForm1.ListBox1.List = Array("January", "February", _
    "March","April", "May", "June", "July", "August", _
    "September", "October", "November", "December")
UserForm1.ListBox1.List = Split("Mon Tue Wed Thu Fri Sat Sun")
```

> **在线资源：**
> 本书的下载文件包中提供了本节的这个示例，文件名为 Listbox Fill.xlsm。

3. 向列表框中添加唯一的条目

某些情况下，可能要从某个列表向列表框中添加唯一的(没有重复的)条目。例如，假设有一个工作表包含客户数据，其中一列包含州名(如图 14-8 所示)，接下来用客户所在的州名填充列表框，但不希望包含重复的州名。

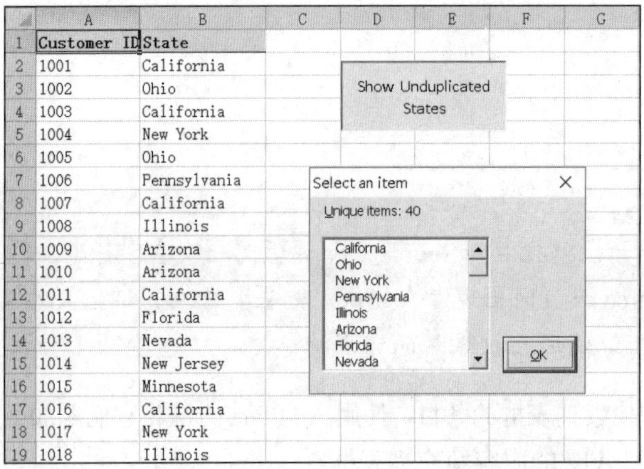

图 14-8 使用 Collection 对象从列 B 把唯一的条目填充到列表框中

使用 Collection 对象是一种快速有效的技术。在创建新的 Collection 对象后，可采用下面的语法给该对象添加条目：

```
object.Add item, key, before, after
```

如果使用 key 参数，那么该参数必须是指定某个单独键的唯一文本字符串，可使用这个键访问集合中的某个成员。这里一个很重要的词语是"唯一的"。如果要向集合中添加非唯一键，就会出错，条目也就添加不进去。可以利用这个特点，创建一个只由唯一条目组成的集合。

在下面的过程中，首先声明了一个名为 NoDupes 的新 Collection 对象。它假设 Data 单元格区域包含了条目列表，其中有一些可能还是重复的。

这些代码循环遍历单元格区域中的单元格，然后尝试将单元格的值添加到 NoDupes 集合中。还使用单元格的值(转换为字符串)作为 key 参数。使用 On Error Resume Next 语句可使得 VBA 忽略当键不唯一时产生的错误。在出现错误时，不能把条目添加到这个集合中，这正是用户所希望的。然后，该过程又将 NoDupes 集合中的条目传递到列表框中。用户窗体还包含一个显示唯一条目数量的标签。

```
Sub RemoveDuplicates1()
    Dim AllCells As Range, Cell As Range
    Dim NoDupes As Collection
    Dim Item as Variant

    Set NoDupes = New Collection

    On Error Resume Next
    For Each Cell In Range("State").Cells
        NoDupes.Add Cell.Value, CStr(Cell.Value)
    Next Cell
    On Error GoTo 0

'   Add the non-duplicated items to a ListBox
    For Each Item In NoDupes
        UserForm1.ListBox1.AddItem Item
    Next Item
```

```
'   Display the count
    UserForm1.Label1.Caption = "Unique items: " & NoDupes.Count

'   Show the UserForm
    UserForm1.Show
End Sub
```

> **在线资源：**
> 在本书的下载文件包中可以找到上述这个示例(文件名为 Listbox Unique Items1.xlsm)以及更复杂的版本(文件名为 Listbox Unique Items2.xlsm，该工作簿还显示了经过排序的条目)。

14.7.2　确定列表框中选中的条目

在上一节示例的用户窗体中，只显示了一个填充各种条目的列表框。这些过程都省略了关键一点，即如何确定用户选中了哪个或哪些条目。

> **注意：**
> 下面的讨论将假设使用单选的 ListBox 对象，它的 MultiSelect 属性设置为 0。

为确定选中了哪个条目，需要访问列表框的 Value 属性。例如，下面的语句显示了在 ListBox1 中选中的条目的文本：

```
MsgBox Me.ListBox1.Value
```

如果没有选中任何条目，上述这条语句就会出错。

如果需要知道所选中的条目在列表中的位置(而不是该条目的内容)，可以访问列表框的 ListIndex 属性。在下面的示例中，使用消息框来显示所选中的列表框条目的条目编号：

```
MsgBox "You selected item #" &Me.ListBox1.ListIndex
```

如果没有选中任何条目，ListIndex 属性就会返回 -1。

> **注意：**
> 列表框中的条目编号是从 0 开始的，而不是从 1 开始的。因此，第一个条目的 ListIndex 值为 0，最后一个条目的 ListIndex 值等于 ListCount 属性的值再减 1。

14.7.3　确定列表框中的多个选中条目

列表框的 MultiSelect 属性的值可能是下面 3 种之一：

- 0(fmMultiSelectSingle)：只能选中一个条目，这是默认设置。
- 1(fmMultiSelectMulti)：按下空格键或单击鼠标可以选中或取消列表框的某个条目。
- 2(fmMultiSelectExtended)：按住 Ctrl 键再单击想要选中的多个条目，或者按住 Shift 键然后单击鼠标可以扩展选择范围，从之前选择的条目到当前条目。还可以使用 Shift 键和某个箭头键来扩展选择的条目。

如果列表框允许选中多个条目(也就是说，如果 MultiSelect 属性的值为 1 或者 2)，对 ListIndex 或 Value 属性的访问将产生错误。这里必须改用 Selected 属性，它将返回一个数组，该数组中的第一个条目的索引号为 0。例如，如果选中了列表框中的第一个条目，那么下面的语句将显示 True：

```
MsgBox ListBox1.Selected(0)
```

> **在线资源：**
> 本书的下载文件包中包含一个工作簿，它说明了如何识别列表框中已选中的条目。这个工作簿只适用于单项选择和多项选择的列表框。文件名为 Listbox Selected Items.xlsm。

从本书下载文件包的示例工作簿中可找到下面的代码，该代码循环遍历了列表框中的每个条目。如果选中条目，这些代码将把条目的文本添加到变量 Msg 中。最后，在一个消息框中显示了所有已选中条目的名称。

```
Private Sub cmdOK_Click()
    Dim Msg As String
    Dim i As Long

    If Me.ListBox1.ListIndex = -1 Then
        Msg = "Nothing"
    Else
        For i = 0 To Me.ListBox1.ListCount - 1
            If ListBox1.Selected(i) Then _
               Msg = Msg & Me.ListBox1.List(i) & vbNewLine
        Next i
    End If
    MsgBox "You selected: " & vbNewLine & Msg
    Unload Me
End Sub
```

图 14-9 显示了在选中多个列表框条目时的结果。

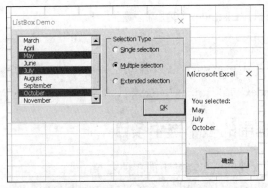

图 14-9 消息框中显示了在列表框中选中的多个条目

14.7.4 单个列表框中的多个列表

接下来的示例示范了如何创建列表框，使它的内容随用户选择的选项按钮而改变。
这个列表框从工作表的单元格区域中获得它的条目。处理 OptionButton 控件的 Click 事件的过程只是把列表框的 RowSource 属性设置为另一个单元格区域。下面是其中一个过程的代码：

```
Private Sub optMonths_Click()
    Me.ListBox1.RowSource = "Sheet1!Months"
End Sub
```

图 14-10 给出了示例的用户窗体。

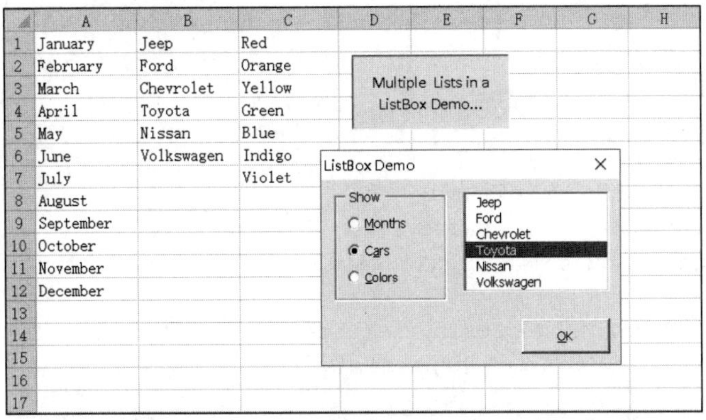

图 14-10　根据所选的选项按钮不同，列表框的内容也有所不同

单击名为 optMonths 的选项按钮将改变列表框的 RowSource 属性值，从而可以使用 Sheet1 上名为 Months 的单元格区域。

> **在线资源：**
> 本书的下载文件包中提供了该示例，文件名为 Listbox Multiple Lists.xlsm。

14.7.5　列表框条目的转移

有些应用程序需要用户从列表中选中几个条目。通常，创建一个所选条目的新列表并在另一个列表框中显示该新列表是很有用的。为此，可参考 "Excel 选项" 对话框的 "快速访问工具栏" 选项卡。

图 14-11 显示了一个带两个列表框的对话框。Add 按钮把在左边列表框中选中的条目添加到右边的列表框，而 Remove 按钮从右边的列表中删除选中的条目。Allow duplicates 复选框用来决定将重复的条目添加到列表后的行为。顾名思义，如果选中这个复选框，那么当用户添加列表中已经存在的条目时，就什么都不会发生。

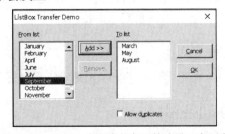

图 14-11　依据一个列表的条目构建另一个列表

这个示例的代码相对比较简单。当用户单击 Add 按钮时将执行下面的这个过程：

```
Private Sub cmdAdd_Click()
    'Add the value
    Me.lbxTo.AddItem Me.lbxFrom.Value
    If Not Me.chkDuplicates.Value Then
        'If duplicates aren't allowed, remove the value
        Me.lbxFrom.RemoveItem Me.lbxFrom.ListIndex
    End If
    EnableButtons
End Sub
```

Remove 按钮的代码与之类似:

```
Private Sub cmdRemove_Click()
    If Not Me.chkDuplicates.Value Then
        Me.lbxFrom.AddItem Me.lbxTo.Value
    End If
    Me.lbxTo.RemoveItem Me.lbxTo.ListIndex
    EnableButtons
End Sub
```

注意,上述两个例程都要检查以确认真正选中了某个条目。如果在设计时两个按钮的 Enabled 属性都被设置为 False,那么只在需要时才会调用另一个过程 EnableButtons 去启用按钮。

除了可从 cmdAdd_Click 和 cmdRemove_Click 中调用 EnableButtons 外,列表框的 Change 事件也可以调用它。列表框的 Change 事件过程和 EnableButtons 过程如下所示:

```
Private Sub lbxFrom_Change()
Private Sub lbxFrom_Change()
    EnableButtons
End Sub

Private Sub lbxTo_Change()
    EnableButtons
End Sub

Private Sub EnableButtons()
    Me.cmdAdd.Enabled = Me.lbxFrom.ListIndex > -1
    Me.cmdRemove.Enabled = Me.lbxTo.ListIndex > -1
End Sub
```

如果列表框的 ListIndex 属性的值与 -1 进行比较,就会返回 True 或 False。返回的值被赋给 Enabled 属性,主要用于允许用户在选中条目后单击按钮。

> **在线资源:**
> 本书的下载文件包中提供了该示例,文件名为 Listbox Item Transfer.xlsm。

14.7.6 在列表框中移动条目

列表中条目的顺序通常是很重要的。本节中的示例将解释如何允许用户在列表框中上下移动条目。VBE 使用这种方法以允许用户控制用户窗体中条目的 Tab 键顺序(在用户窗体上右击,然后从快捷菜单中选择"Tab 键顺序")。

图 14-12 显示了一个对话框,其中包含了一个列表框和两个命令按钮。单击 Move Up 按钮将把列表框中选中的条目向上移动;单击 Move Down 按钮将把列表框中选中的条目向下移动。

> **在线资源:**
> 本书的下载文件包中提供了该示例,文件名为 Listbox Move Items.xlsm。

图 14-12 对话框中的按钮允许在列表框中上下移动条目

这两个命令按钮的事件处理程序的代码如下所示:

```vba
Private Sub cmdUp_Click()
    Dim lSelected As Long
    Dim sSelected As String

'   Store the currently selected item
    lSelected = Me.lbxItems.ListIndex
    sSelected = Me.lbxItems.Value

'   Remove the selected item
    Me.lbxItems.RemoveItem lSelected
'   Add back the item one above
    Me.lbxItems.AddItem sSelected, lSelected - 1
'   Reselect the moved item
    Me.lbxItems.ListIndex = lSelected - 1
End Sub

Private Sub cmdDown_Click()
    Dim lSelected As Long
    Dim sSelected As String

'   Store the currently selected item
    lSelected = Me.lbxItems.ListIndex
    sSelected = Me.lbxItems.Value

'   Remove the selected item
    Me.lbxItems.RemoveItem lSelected
'   Add back the item one below
    Me.lbxItems.AddItem sSelected, lSelected + 1
'   Reselect the moved item
    Me.lbxItems.ListIndex = lSelected + 1
End Sub
```

默认情况下,向上和向下按钮是被禁用的(因为在设计时它们的 Enabled 属性被设置为 False)。列表框的 Click 事件仅用来在需要单击按钮的情况下启用按钮。而当选中一些条目(ListIndex 属性为 0 或更大)以及所选条目不是最后一条时,cmdDown 按钮才可用。除了所选条目不是第一条外,cmdUp 控件的启用方式类似。事件的过程如下所示:

```
Private Sub lbxItems_Click()
    Me.cmdDown.Enabled = Me.lbxItems.ListIndex > -1 _
        And Me.lbxItems.ListIndex < Me.lbxItems.ListCount - 1

    Me.cmdUp.Enabled = Me.lbxItems.ListIndex > -1 _
        And Me.lbxItems.ListIndex > 0
End Sub
```

注意,由于一些原因,快速单击 Move Up 或 Move Down 按钮并没有记为多击。为修正这一问题,我又添加了两个过程,来响应每个按钮的 Double Click 事件。这些过程只是调用之前列出的相应 Click 事件处理程序。

14.7.7 使用多列的列表框控件

普通的列表框只用一个列包含它的条目。然而,可以创建显示多个列和(可选的)列标题的列表框。图 14-13 列举了一个多列的列表框示例,它从工作表单元格区域中获取数据。

> **在线资源:**
> 本书的下载文件包中提供了该示例,文件名为 Listbox Multicolumn1.xlsm。

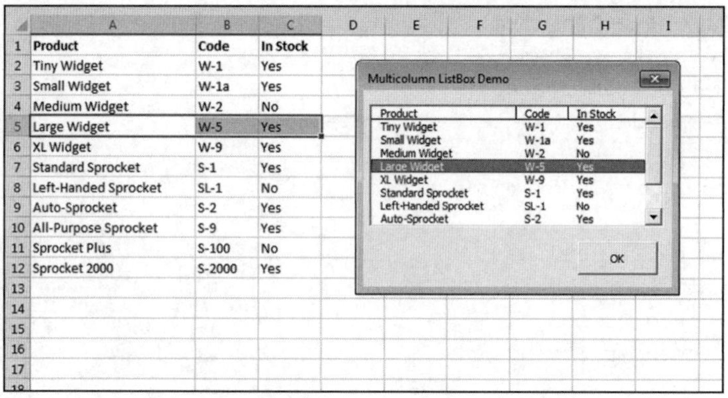

图 14-13 列表框显示了 3 列带列标题的列表

如果要设置一个多列列表框,使其使用存储在工作表单元格区域中的数据,可以按照如下步骤进行操作:

(1) 确保列表框的 ColumnCount 属性设置了正确的列数。
(2) 在 Excel 工作表中指定合适的多列单元格区域,使其作为列表框的 RowSource 属性的值。
(3) 如果要显示列标题,可将 ColumnHeads 属性设置为 True。

请不要把工作表上的列标题包含在 RowSource 属性的单元格区域设置中。VBA 自动使用 RowSource 单元格区域第一行正上方的行。

(4) 通过给 ColumnWidths 属性指定一系列值来调整列宽，单位为磅(points，也就是 1 英寸的 1/72)，每个值之间用分号隔开。这需要反复试验。

例如，对于包含 3 列的列表框来说，ColumnWidths 属性可设置为以下文本字符串：

```
110 pt;40 pt;30 pt
```

(5) 指定合适的列作为 BoundColumn 属性的值。

绑定列指定指令轮询列表框的 Value 属性时要引用的列。

如果要填充含有多列数据的列表框，又不想使用单元格区域，那么需要首先创建一个二维数组，然后把这个数组赋给列表框的 List 属性。下面的语句对此做了解释，其中使用了含有"14 行×2 列"的名为 Data 的数组。在含有两列的列表框中，第一列显示了月份的名称，第二列显示了该月份中的天数(如图 14-14 所示)。注意，下面的过程将 ColumnCount 属性的值设置为 2。

```
Private Sub UserForm_Initialize()
    Dim i As Long
    Dim Data(1 To 12, 1 To 2) As String
    Dim ThisYear As Long
    ThisYear = Year(Now)
'   Fill the list box
    For i = 1 To 12
        Data(i, 1) = Format(DateSerial(ThisYear, i, 1), "mmmm")
        Data(i, 2) = Day(DateSerial(ThisYear, i + 1, 0))
    Next i
    Me.ListBox1.ColumnCount = 2
    Me.ListBox1.List = Data
End Sub
```

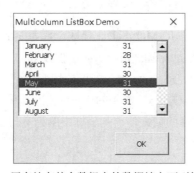

图 14-14　用存储在某个数组中的数据填充两列的列表框

在线资源：
本书的下载包中提供了该示例，文件名为 Listbox Multicolumn2.xlsm。

注意：
当列表的数据源是一个 VBA 数组时，无法为 ColumnHeads 属性指定列标题。

14.7.8　使用列表框选中工作表中的行

这一节中的示例所显示的列表框由活动工作表中用过的所有单元格区域的内容组成(如图

14-15 所示)。用户可在列表框中选中多个条目，单击 All 按钮可以选中所有条目，而单击 None 按钮将取消选中所有条目。单击 OK 按钮选中对应于工作表中某些行的条目。当然，可在工作表中直接选取多个非邻接的行，方法是在单击行的边框时按 Ctrl 键。然而，可能发现使用列表框的方法更容易选取行。

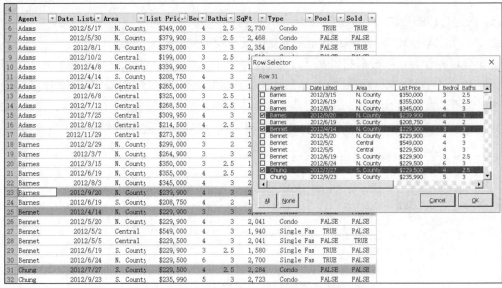

图 14-15　使用列表框更容易选取工作表中的行

> **在线资源：**
> 本书的下载文件包中提供了该示例，文件名为 Listbox Select Rows.xlsm。

可选取多个条目，因为列表框的 MultiSelect 属性设置为 1-fmMultiSelectMulti。同时，显示出了每个条目的复选框，这是因为列表框的 ListStyle 属性设置为 1-fmListStyleOption。

用户窗体的 Initialize 过程代码如下所示。这个过程创建了一个名为 rng 的 Range 对象，该对象由活动工作表中使用的单元格区域组成。剩下的代码设置列表框的 ColumnCount 和 RowSource 属性，然后调整 ColumnWidths 属性的值，使得列表框中的列宽与工作表中的列宽成比例。

```
Private Sub UserForm_Initialize()
    Dim ColCnt As Long
    Dim rng As Range
    Dim ColWidths As String
    Dim i As Long

    ColCnt = ActiveSheet.UsedRange.Columns.Count
    Set rng = ActiveSheet.UsedRange
    With Me.lbxRange
    .ColumnCount = ColCnt
    .RowSource = _
        rng.Offset(1).Resize(rng.Rows.Count - 1).Address
    For i = 1 To .ColumnCount
        ColWidths = ColWidths & rng.Columns(i).Width & ";"
    Next i
```

```
        .ColumnWidths = ColWidths
        .ListIndex = 0
    End With
End Sub
```

All 和 None 按钮(名称分别为 cmdAll 和 cmdNone)拥有简单的事件处理程序,代码如下所示:

```
Private Sub cmdAll_Click()
    Dim i As Long
    For i = 0 To Me.lbxRange.ListCount - 1
        Me.lbxRange.Selected(i) = True
    Next i
End Sub

Private Sub cmdNone_Click()
    Dim i As Long
    For i = 0 To Me.lbxRange.ListCount - 1

        Me.lbxRange.Selected(i) = False
    Next i
End Sub
```

cmdOK_Click 过程的代码如下所示。这个过程创建了一个名为 RowRange 的 Range 对象,它由对应于在列表框中选中条目的行组成。为确定是否选中了行,代码将检查 ListBox 控件的 Selected 属性。注意,将使用 Union 函数向 RowRange 对象添加单元格区域。

```
Private Sub cmdOK_Click()
    Dim RowRange As Range
    Dim i As Long

    For i = 0 To Me.lbxRange.ListCount - 1
      If Me.lbxRange.Selected(i) Then
      If RowRange Is Nothing Then
      Set RowRange = ActiveSheet.UsedRange.Rows(i + 2)
      Else
          Set RowRange = Union(RowRange, ActiveSheet.UsedRange.Rows(i + 2))
      End If
      End If
    Next i
    If Not RowRange Is Nothing Then RowRange.Select
    Unload Me
End Sub
```

14.7.9 使用列表框激活工作表

这一节中的示例很有用处,同时也很有指导意义。这个示例使用一个含有多列的列表框来显示活动工作簿中的一列工作表。这些列分别代表:

- 工作表的名称
- 工作表的类型(工作表、图表或 Excel 5/95 对话框编辑表)

- 工作表中非空单元格的数目
- 工作表是否可见

图 14-16 显示了这种对话框的一个示例。

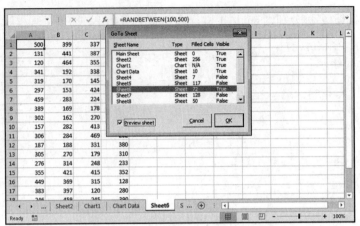

图 14-16　该对话框允许用户激活工作表

UserForm_Initialize 过程中的代码(如下所示)创建了一个二维数组,还通过循环遍历活动工作簿中的工作表来收集信息。然后将数组中的数据传递给列表框。

```
Public OriginalSheet As Object

Private Sub UserForm_Initialize()
    Dim SheetData() As String, Sht As Object
    Dim ShtCnt As Long, ShtNum As Long, ListPos As Long

    Set OriginalSheet = ActiveSheet
    ShtCnt = ActiveWorkbook.Sheets.Count
    ReDim SheetData(1 To ShtCnt, 1 To 4)
    ShtNum = 1
    For Each Sht In ActiveWorkbook.Sheets
        If Sht.Name = ActiveSheet.Name Then _
          ListPos = ShtNum - 1
        SheetData(ShtNum, 1) = Sht.Name
        Select Case TypeName(Sht)
            Case "Worksheet"
                SheetData(ShtNum, 2) = "Sheet"
                SheetData(ShtNum, 3) = _
                  Application.CountA(Sht.Cells)
            Case "Chart"
                SheetData(ShtNum, 2) = "Chart"
                SheetData(ShtNum, 3) = "N/A"
            Case "DialogSheet"
                SheetData(ShtNum, 2) = "Dialog"
                SheetData(ShtNum, 3) = "N/A"
        End Select

        If Sht.Visible Then
```

```
            SheetData(ShtNum, 4) = "True"
        Else
            SheetData(ShtNum, 4) = "False"
        End If
        ShtNum = ShtNum + 1
    Next Sht
    With Me.lbxSheets
        .ColumnWidths = "100 pt;30 pt;40 pt;50 pt"
        .List = SheetData
        .ListIndex = ListPos
    End With
End Sub
```

lbxSheets_Click 过程的代码如下所示：

```
Private Sub lbxSheets_Click()
    If chkPreview.Value Then Sheets(Me.lbxSheets.Value).Activate
End Sub
```

CheckBox 控件(名为 chkPreview)的值确定当用户单击列表框中的某个条目时是否预览所选中的工作表。

单击 OK 按钮(名为 cmdOK)执行 cmdOK_Click 过程，代码如下所示：

```
Private Sub cmdOK_Click()
    Dim UserSheet As Object
    Set UserSheet = Sheets(Me.lbxSheets.Value)
    If UserSheet.Visible Then
        UserSheet.Activate
    Else
        If MsgBox("Unhide sheet?", _
          vbQuestion + vbYesNoCancel) = vbYes Then
            UserSheet.Visible = True
            UserSheet.Activate
        Else
            OriginalSheet.Activate
        End If
    End If
    Unload Me
End Sub
```

cmdOK_Click 过程创建了一个代表选中工作表的对象变量。如果工作表可见，就可以激活它。如果工作表不可见，会出现一个消息框，询问是否应该使得该工作表可见。如果用户的回答是肯定的，就解除工作表的隐藏状态并激活它。否则，激活原来的工作表(存储在公共对象变量 OriginalSheet 中)。

在列表框中双击某个条目与单击 OK 按钮的效果是一样的。下面的 lbxSheets_DblClick 过程只调用了 cmdOK_Click 过程。

```
Private Sub lbxSheets_DblClick(ByVal Cancel As MSForms.ReturnBoolean)
    cmdOK_Click
End Sub
```

在线资源:
本书的下载文件包中提供了该示例,文件名为 Listbox Activate Sheet.xlsm。

14.7.10 通过文本框来筛选列表框

如果列表框中有大量条目,可对列表框进行筛选以免必须滚动如此多的条目。图 14-17 的列表框中的条目就通过文本框进行了筛选。

图 14-17 用文本框筛选列表框

用户窗体使用如下的 FillContacts 过程向列表框中添加条目。FillContacts 接受一个用来筛选内容的可选参数。如果不提供 sFilter 参数,所有 1000 条内容都会显示出来,使用了该参数的话,就会只显示出与筛选器相匹配的那些内容,具体如下所示:

```
Private Sub FillContacts(Optional sFilter As String = "*")
    Dim i As Long, j As Long
    
    'Clear any existing entries in the ListBox
    Me.lbxContacts.Clear
    'Loop through all the rows and columns of the contact list
    For i = LBound(maContacts, 1) To UBound(maContacts, 1)
        For j = 1 To 4
            'Compare the contact to the filter
            If UCase(maContacts(i, j)) Like UCase("*" & sFilter & "*") Then
                'Add it to the ListBox
                With Me.lbxContacts
                    .AddItem maContacts(i, 1)
                    .List(.ListCount - 1, 1) = maContacts(i, 2)
                    .List(.ListCount - 1, 2) = maContacts(i, 3)
                    .List(.ListCount - 1, 3) = maContacts(i, 4)
                End With
                'If any column matched, skip the rest of the columns
                'and move to the next contact
                Exit For
            End If
```

```
        Next j
    Next i
    'Select the first contact
    If Me.lbxContacts.ListCount > 0 Then Me.lbxContacts.ListIndex = 0
End Sub
```

首先，FillContacts 会从列表框中清除所有条目。接着，过程会遍历数组中的所有行和 4 个列，并将每个值与 sFilter 进行比较。使用 Like 操作符并在 sFilter 的前后加上星号，输入想要进行匹配的值进行匹配。为让筛选器能区分大小写，利用 UCase 函数将值改成了大写。只要有值(名、姓、email 或部门)能与筛选器相匹配，相关内容就会被添加到列表框中。

FillContacts 所使用的 maContacts 数组在 Userform_Initialize 事件中创建。利用 Sheet1 中的 tblContacts 表来填充数组。然后调用不带筛选器参数的 FillContacts，所有内容都会如最初所见显示出来。初始化事件的代码如下所示：

```
Private maContacts As Variant

Private Sub UserForm_Initialize()
    maContacts = Sheet1.ListObjects("tblContacts").DataBodyRange.Value
    FillContacts
End Sub
```

最后，文本框的 Change 事件也会调用 FillContacts。但该事件不会忽略筛选器，而会提供文本框中当前的文本。Change 事件是一行简单的代码：

```
Private Sub tbxSearch_Change()
    FillContacts Me.tbxSearch.Text
End Sub
```

这是一个在用户窗体代码模块中使用无事件过程来完成工作的好例子。不需要在 Userform_Initialize 事件和 tbxSearch_Change 事件中重复输入代码，这两个事件只需要调用 FillContacts 过程就可以了。

> **在线资源：**
> 本书的下载文件包中提供了该示例，文件名为 Listbox Filter.xlsm。

14.8 在用户窗体中使用多页控件

当用户窗体必须显示很多控件时，MultiPage 控件就会很有用。MultiPage 控件可以把选项进行分组，并把每组选项放在一个单独的选项卡上。

图 14-18 显示了一个包含 MultiPage 控件的用户窗体。在这个示例中，多页控件有 3 页，每一页有各自的选项卡。

> **在线资源：**
> 本书的下载文件包中提供了该示例，文件名为Multipage Control Demo.xlsm。

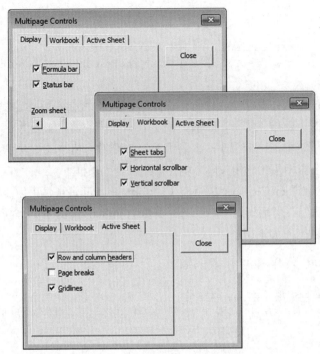

图 14-18　多页控件把页面中的所有控件进行分组，从而可以从选项卡访问这些控件

> **注意：**
> "工具箱"还包含一个名为 TabStrip 的控件，它与 MultiPage 控件很相似。然而，与 MultiPage 控件不同的是，TabStrip 控件不能作为其他对象的容器。MultiPage 控件用途很广泛，目前尚未曾遇到必须使用 TabStrip 控件的情况。

使用 MultiPage 控件需要一点技巧。当使用这种控件时，需要记住以下几点：

- 控件的 Value 属性决定哪个选项卡(或页)显示在最前面。值为 0 则显示第一个选项卡，值为 1 则显示第二个选项卡，以此类推。
- 默认情况下，MultiPage 控件有两个页。要在 VBE 中添加新页，可以在一个选项卡上右击，然后从快捷菜单中选择"新建页"命令即可。
- 使用 MultiPage 控件时，只要单击选项卡，为这个特殊的页设置属性即可。"属性"窗口将显示出可以调整的属性。
- 可能会发现很难选中真正的 MultiPage 控件，这是因为单击这个控件会选中该控件内的某个页。为选中控件本身，单击它的边框即可。或者使用 Tab 键，在所有控件之间循环选用。另一个办法是从"属性"窗口的下拉列表中选中 MultiPage 控件。
- 如果 MultiPage 控件有很多选项卡，可以把 MultiRow 属性的值设置为 True，以便在多行中显示这些选项卡。
- 如果愿意，可显示按钮，而不是选项卡，只要把 Style 属性的值改为 1 即可。如果 Style 属性的值为 2，MultiPage 控件不会显示选项卡或按钮。
- TabOrientation 属性确定 MultiPage 控件上选项卡的位置。

14.9 使用外部控件

本节中的示例使用了 Windows Media Player Active X 控件。尽管该控件并不是 Excel 的控件(该控件是随 Windows 一起安装的)，但它在用户窗体中仍能很好地运转。

> **注意：**
> ActiveX 控件包含了代码。如果该代码是恶意的，它可能会损坏你的计算机。因此，Excel 在将外部 ActiveX 控件添加到用户窗体时会发出警告。如果你不信任控件的作者，请不要添加该控件。

为了让该控件变得可用，可以把一个用户窗体添加到工作簿中，然后采取如下步骤：
(1) 激活 VBE。
(2) 在"工具箱"上右击，并选择"附加控件"。
如果"工具箱"不可见，选择"视图"|"工具箱"。
(3) 在"附加控件"对话框中，向下滚动，并选中 Windows Media Player 复选框。
(4) 单击"确定"按钮。
此时，"工具箱"将显示一个新控件。

图 14-19 显示了用户窗体中的 Windows Media Player 控件以及"属性"窗口。URL 属性代表正在播放的媒体项目(音乐或者视频)。如果该项目保存在硬盘上，那么 URL 属性将包含文件的完整路径和文件名。

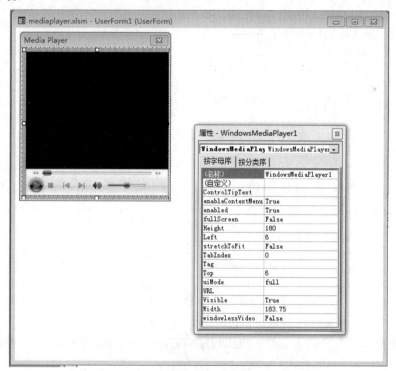

图 14-19　用户窗体中的 Windows Media Player 控件

图 14-20 显示了正在使用的这一控件。视频显示出了一个随音频实时改变的视觉效果。我添加了包含 MP3 音频文件名称的列表框。单击 Play 按钮将播放选中的文件。单击 Close 按钮将停止音频播放，并关闭用户窗体。这个用户窗体是非模态的，因此用户在不显示该对话框的情况下仍然可以继续工作。

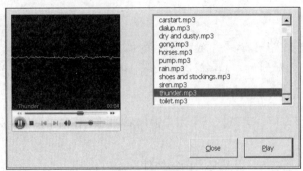

图 14-20　Windows Media Player 控件

在线资源：
本书的下载文件包中提供了该示例，文件名为 Mediaplayer.xlsm，它与一些 MP3 声音文件一起存储在一个单独的目录中。

这个示例非常容易创建。UserForm_Initialize 过程把 MP3 文件名添加到列表框中。为简单起见，它读取工作簿所在目录下的文件。更灵活的方法是让用户选择一个目录。

```
Private Sub UserForm_Initialize()
    Dim FileName As String
'   Fill listbox with MP3 files
    FileName = Dir(ThisWorkbook.Path & "\*.mp3", vbNormal)
    Do While Len(FileName) > 0
        Me.lbxMedia.AddItem FileName
        FileName = Dir()
    Loop
    Me.lbxMedia.ListIndex = 0
End Sub
```

cmdPlay_Click 事件处理程序代码包含一条语句，该语句把选中的文件名添加到 WindowsMediaPlayer1 对象的 URL 属性中。

```
Private Sub cmdPlay_Click()
'   URL property loads track, and starts player
    WindowsMediaPlayer1.URL = _
        ThisWorkbook.Path & "\" & _
        Me.lbxMedia.List(Me.lbxMedia.ListIndex)
End Sub
```

你可能会想到许多增强这个简单应用程序的方法。还要注意一点，这个控件对应于许多事件。

14.10 使标签动画化

本章最后一个示例演示如何使一个 Label 控件以动画方式呈现。如图 14-21 所示的用户窗体是一个交互的随机数字生成器。

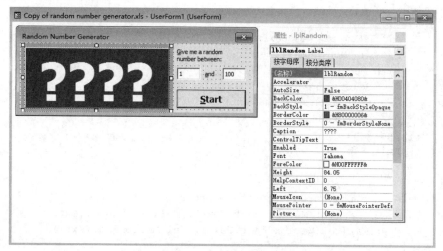

图 14-21 生成随机数字

两个 TextBox 控件存放了随机数字最小和最大的数值。Label 控件最初是以 4 个问号显示的,但一旦用户单击 Start 按钮,该文本就将以动画形式显示随机数字。Start 按钮变为 Stop 按钮,再次单击该按钮将停止动画过程并显示出该随机的数字。图 14-22 给出了一个对话框,该对话框显示了在-1 000~1 000 之间的随机数字。

图 14-22 选择一个随机数字

附加到按钮上的代码如下所示:

```
Private Stopped As Boolean

Private Sub cmdStartStop_Click()
    Dim Low As Double, Hi As Double
    Dim wf As WorksheetFunction
    
    Set wf = Application.WorksheetFunction
    
    If Me.cmdStartStop.Caption = "Start" Then
'       validate low and hi values
        
        If Not IsNumeric(Me.tbxStart.Text) Then
            MsgBox "Non-numeric starting value.", vbInformation
            With Me.tbxStart
```

```vb
                .SelStart = 0
                .SelLength = Len(.Text)
                .SetFocus
            End With
            Exit Sub
        End If
        
        If Not IsNumeric(Me.tbxEnd.Text) Then
            MsgBox "Non-numeric ending value.", vbInformation
            With Me.tbxEnd
                .SelStart = 0
                .SelLength = Len(.Text)
                .SetFocus
            End With
            Exit Sub
        End If
        
        '   Make sure they aren't in the wrong order
        Low = wf.Min(Val(Me.tbxStart.Text), Val(Me.tbxEnd.Text))
        Hi = wf.Max(Val(Me.tbxStart.Text), Val(Me.tbxEnd.Text))
        
        '   Adjust font size, if necessary
        Select Case _
            wf.Max(Len(Me.tbxStart.Text), Len(Me.tbxEnd.Text))
            
            Case Is < 5: Me.lblRandom.Font.Size = 72
            Case 5: Me.lblRandom.Font.Size = 60
            Case 6: Me.lblRandom.Font.Size = 48
            Case Else: Me.lblRandom.Font.Size = 36
        End Select
        
        Me.cmdStartStop.Caption = "Stop"
        Stopped = False
        Randomize
        Do Until Stopped
            Me.lblRandom.Caption = _
                Int((Hi - Low + 1) * Rnd + Low)
            DoEvents ' Causes the animation
        Loop
    Else
        Stopped = True
        Me.cmdStartStop.Caption = "Start"
    End If
End Sub
```

因为该按钮有两个用途(开始和停止)，所以该过程使用了一个模块级变量 **Stopped** 来跟踪状态。该过程的第一部分由两个 **If-Then** 结构组成，用于验证 **TextBox** 控件中内容的有效性，并用另外两个语句来确保较小的数值确实小于最大的数值。代码随后的部分将根据最大的数值来调整标签控件的字体大小。**Do Until** 循环主要用来生成并显示随机数字。

注意 **DoEvents** 语句，该语句导致 Excel "服从于"操作系统。如果没有该语句，Label 控件就不能在每个随机数字生成时显示它。换言之，DoEvents 语句是让动画成为可能的关键。

用户窗体还有一个命令按钮，用作"取消"按钮。该控件放在用户窗体外，因此它是不可见的。这个命令按钮将其 Cancel 属性设置为 True，因此按 Esc 键等价于单击该按钮。该按钮的单击事件处理程序只把 Stopped 变量设置为 True，并卸载该用户窗体：

```
Private Sub cmdCancel_Click()
    Stopped = True
    Unload Me
End Sub
```

在线资源：
本书的下载文件包中提供了该示例，文件名为 Random Number Generator.xlsm。

第15章

高级用户窗体技术

本章内容：
- 使用非模态的用户窗体
- 显示进度条
- 创建包含一系列交互式对话框的向导
- 创建函数以模仿 VBA 的 MsgBox 函数
- 允许用户移动用户窗体的控件
- 显示没有标题栏的用户窗体
- 使用用户窗体来模仿工具栏
- 使用用户窗体来模仿任务面板
- 允许用户调整用户窗体的大小
- 使用单个事件处理程序处理多个控件
- 使用对话框选择颜色
- 在用户窗体中显示图表
- 使用用户窗体创建数字推盘和游戏

15.1 非模态对话框

用户所遇到的大部分对话框都是"模态"对话框，这意味着用户在底层的应用程序中采取任何动作之前，必须取消这种对话框。然而，有些对话框是"非模态的"，这意味着在显示这种对话框的同时，用户可以继续在底层的应用程序中工作。

可使用如下语句来显示非模态的用户窗体：

`UserForm1.Show vbModeless`

其中，vbModeless 关键字是值为 0 的内置常量。因此，下面的语句具有同样的效果：

`UserForm1.Show 0`

图 15-1 是一个非模态对话框，其中显示了有关活动单元格的信息。显示这种对话框时，用户

可以自由移动单元格上的指针、激活其他工作表以及执行其他 Excel 动作。活动单元格发生变化时，对话框中显示的信息也会改变。

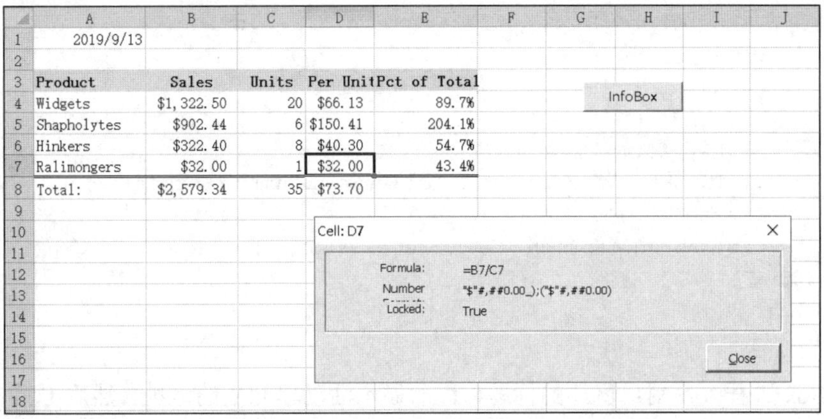

图 15-1　在用户继续工作的同时，这个非模态对话框保持可见

> **在线资源：**
> 在本书的下载文件包中可以找到这个示例，文件名为 Modeless Userform1.xlsm。

这里的关键是确定何时更新对话框中的信息。为此，这个示例监视了两个工作簿事件：SheetSelectionChange 和 SheetActivate 事件。这些事件处理程序位于 ThisWorkbook 对象的代码模块中。

> **交叉参考：**
> 关于事件的更多信息，请参阅第 6 章。

这些事件处理程序的代码如下所示：

```
Private Sub Workbook_SheetSelectionChange _
  (ByVal Sh As Object, ByVal Target As Range)
    UpdateBox
End Sub

Private Sub Workbook_SheetActivate(ByVal Sh As Object)
    UpdateBox
End Sub
```

上述两个过程调用了如下的 UpdateBox 过程，如下所示：

```
Sub UpdateBox()
    With UserForm1
'       Make sure a worksheet is active
        If TypeName(ActiveSheet) <> "Worksheet" Then
            .lblFormula.Caption = "N/A"
            .lblNumFormat.Caption = "N/A"
            .lblLocked.Caption = "N/A"
        Else
            .Caption = "Cell: " & _
```

```
                ActiveCell.Address(False, False)
'           Formula
            If ActiveCell.HasFormula Then
                .lblFormula.Caption = ActiveCell.Formula
            Else
                .lblFormula.Caption = "(none)"
            End If
'           Number format
            .lblNumFormat.Caption = ActiveCell.NumberFormat
'           Locked
            .lblLocked.Caption = ActiveCell.Locked
        End If
    End With
End Sub
```

UpdateBox 过程改变用户窗体的标题，进而显示活动单元格的地址，然后更新 3 个 Label 控件(lblFormula、lblNumFormat 和 lblLocked)。

下面几点有助于理解这个示例的运作机理：

- 显示的用户窗体是非模态的，因此在显示它的同时仍然可以访问工作表。
- 过程顶端的代码进行检查，以确保活动表是一个工作表。如果不是工作表，就把文本值 N/A 赋给 Label 控件。
- 工作簿使用 SheetSelectionChange 事件监视活动单元格(该事件的代码位于 ThisWorkbook 的代码模块中)。
- 信息显示在用户窗体的 Label 控件中。

图 15-2 给出了该示例一个更复杂的版本。该版本添加了很多与选中的单元格有关的其他信息。这个示例的代码很长，这里就不一一罗列了，但是可以在示例工作簿中查看带有清晰注释的代码。

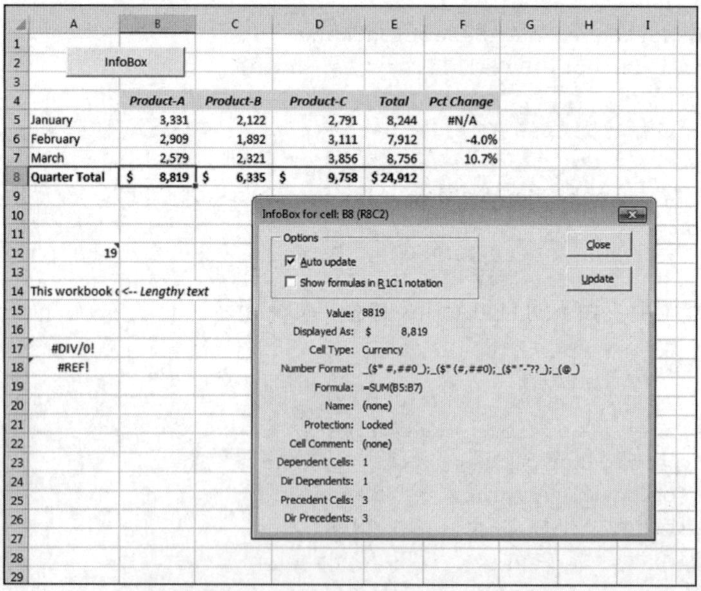

图 15-2　这个非模态的用户窗体显示了有关活动单元格的各种信息

在线资源：
在本书的下载文件包中可以找到这个示例，文件名为 Modeless Userform2.xlsm。

Excel 2019 中的非模态用户窗体

Excel 2013 中引入的单文档界面给非模态用户窗体带来了一些新意。当显示非模态用户窗体时，它与活动的工作簿窗口相关联。因此，如果你切换到一个不同工作簿窗口，那么非模态对话框可能不可见。即使可见，如果是一个不同的工作簿处于活动状态，则也不能如预期的那样工作。

如果希望一个非模态用户窗体在所有工作簿窗口中可用，需要做一些额外工作。本书配套网站中的一个工作簿(Modeless SDI.xlsm)演示了这一技术。

该示例使用一个 Windows API 函数获得无模态用户窗体的 Windows 句柄。这个工作簿使用类模块监视所有 Window Activate 事件。当一个窗口激活时，另一个 Windows API 函数将用户窗体的父窗口设置为新的工作簿窗口。结果，用户窗体总是出现在活动窗口之上。

Windows API 功能因使用 32 位还是 64 位的 Excel 而异。参阅第 21 章可获取更多相关信息。

关于这个更复杂的示例，需要理解以下关键的几点。

- 用户窗体中有一个复选框(Auto Update)。选中这个复选框时，会自动更新这个用户窗体。如果没有选中 Auto Update 复选框，用户则可以使用 Update 按钮刷新信息。
- 工作簿使用了类模块为所有打开的工作簿监控两个事件：SheetSelectionChange 事件和 SheetActivate 事件。其结果是，在任何工作簿中无论何时发生这些事件(假设选中了 Auto Update 选项)，都会自动执行显示有关当前单元格信息的代码。有些动作(如更改单元格的数字格式)不会触发这两种事件。因此，用户窗体还要包含一个 Update 按钮。

交叉参考：
更多关于类模块的信息，请参阅第 20 章。

- 为引用单元格和从属单元格字段显示所提供的计数只包括活动工作表中的单元格。这也是 Precedents 和 Dependents 这两个属性的缺陷。
- 因为信息的长度不尽相同，所以应使用 VBA 代码调整标签的大小和垂直间距，还要根据需要改变用户窗体的高度。

15.2 显示进度条

Excel 开发人员最常见的任务之一就是设计进度条。典型的"进度条"就是图形化的温度计式显示，用于显示某项任务(如一个很长的宏的运行)的剩余进度。

这一节将详细介绍如何创建 3 种类型的进度条：

- 在用户窗体中由单独的宏调用的进度条(独立的进度条)。
- 在初始化了宏的用户窗体中集成进来的进度条。

- 在用户窗体中显示正在完成的任务而不是图形化的进度条。

如果要使用进度条，需要人们能测定宏在完成指定给它的任务中执行到什么程度。根据宏的不同，采用的方法也有所区别。例如，如果宏把数据写到单元格且已知要写数据的单元格数目，那么可以很容易就编写出计算完成比例的代码。即使不能准确地计算出宏的进度，向用户提供一些关于宏正在运行且 Excel 并未崩溃的指示信息也是个很好的主意。

在状态栏中显示进度条

要显示宏的执行进度，一个简单方法就是使用 Excel 的状态栏。使用状态栏有一个好处，即很容易编程。然而，不好之处是大部分用户都不习惯于观察状态栏，而更愿意看到可视化更强的进度条显示。

要把文本写到状态栏中，可以使用如下语句：

```
Application.StatusBar = "Please wait..."
```

当然，在宏执行的过程中还可以更新状态栏。例如，如果用一个变量 Pct 来代表完成的百分比，可以编写代码来定期执行如下语句：

```
Application.StatusBar = "Processing… " & Pct & "% Completed"
```

通过重复一个字符作为代码中的进度，可以模拟出状态栏中的图形化进度条。VBA 函数 Chr$(149)会生成实点字符，String()函数将任意字符重复指定的次数。下列语句将重复 50 个实点：

```
Application.StatusBar = String(Int(Pct * 50), Chr$(149))
```

在宏运行结束时，必须把状态栏重新设置为它的正常状态，此时可以使用下列语句：

```
Application.StatusBar = False
```

如果没有重新设置状态栏，那么最后的消息将会继续显示。

警告：
因为必须不断更新进度条，所以进度条会减慢宏的运行速度。如果速度是需要考虑的重要因素，可考虑弃用进度条。

15.2.1 创建独立的进度条

这一节讲述了如何设置独立的进度条(也就是说，不通过显示用户窗体来初始化进度条)来显示宏的执行进度。宏只是清空了工作表，并向单元格区域中写入了 20 000 个随机数字：

```
Sub GenerateRandomNumbers()
'   Inserts random numbers on the active worksheet
    Const RowMax As Long = 500
    Const ColMax As Long = 40
    Dim r As Long, c As Long
    If TypeName(ActiveSheet) <> "Worksheet" Then Exit Sub
    Cells.Clear
```

```
        For r = 1 To RowMax
            For c = 1 To ColMax
                Cells(r, c) = Int(Rnd * 1000)
            Next c
        Next r
End Sub
```

对这个宏(下一节将予以描述)进行一些修改后，用户窗体显示了相应的进度，如图 15-3 所示。

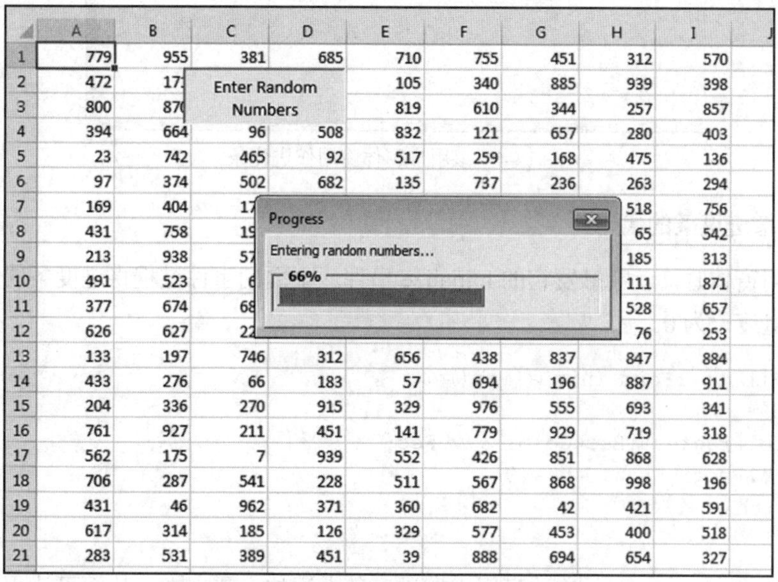

图 15-3　该用户窗体显示了宏的进度

在线资源：
在本书的下载文件包中可以找到这个示例，文件名为 Progress Indicator1.xlsm。

1．构建独立进度条的用户窗体

按如下步骤，创建用于显示任务进度的用户窗体：

(1) 插入新的用户窗体，然后将它的 Name 属性改为 UProgress，将 Caption 属性的设置更改为 Progress。

(2) 添加 Frame 控件，并将其命名为 frmProgress。

(3) 在框架内添加一个 Label 控件，将其命名为 lblProgress，删除标签的标题，然后将它的背景色(BackColor 属性)改为一种比较醒目的颜色。

现在不必去管标签的大小和位置。

(4) 在框架的上面另外添加一个标签，用它来说明现在进行的动作(这一步是可选的)。

(5) 调整用户窗体和控件，使得其效果如图 15-4 所示。

当然，可以对控件应用其他任何一种类型的格式。例如，修改 Frame 控件的 SpecialEffect 属性值，使得该控件看起来凹陷进去了。

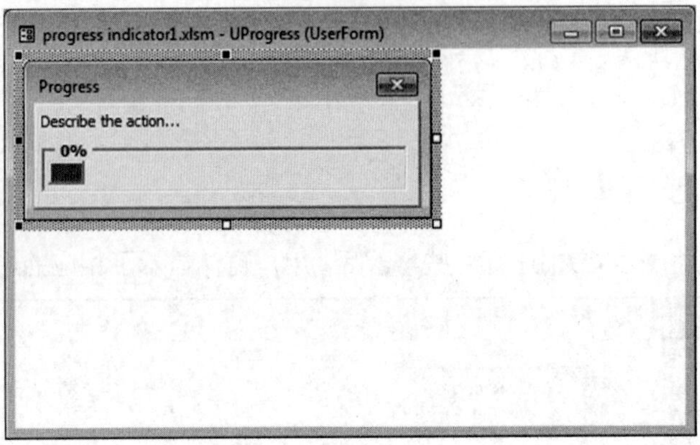

图 15-4　该用户窗体将用作进度条

2. 创建递增进度条的代码

第一次调用窗体时，就会触发它的 Initialize 事件。下面的事件过程将进度条的颜色设置为红色，并将起始宽度设为0。

```
Private Sub UserForm_Initialize()
    With Me
        .lblProgress.BackColor = vbRed
        .lblProgress.Width = 0
    End With
End Sub
```

使用窗体的 SetDescription 方法可用来在进度条上添加一些文本，从而可让用户知道进度情况。如果没有在窗体上放置这个标签，就不需要添加下面这段过程。

```
Public Sub SetDescription(Description As String)
    Me.lblDescription.Caption = Description
End Sub
```

窗体的UpdateProgress方法设置框架的标题并增加进度标签的宽度。调用过程进度后，更高的百分比被传递给UpdateProgress方法，标签变得更宽。注意，UpdateProgress方法使用UserForm对象的Repaint方法。没有这条语句的话，标签上的变化不会被更新：

```
Public Sub UpdateProgress(PctDone As Double)
    With Me
        .frmProgress.Caption = Format(PctDone, "0%")
        .lblProgress.Width = PctDone * (.frmProgress.Width - 10)
        .Repaint
    End With
End Sub
```

> **提示：**
> 另一个需要考虑的问题是应该使进度条的颜色与工作簿当前的主题相匹配。为此，向ShowUserForm 过程中添加如下语句即可：
>
> ```
> .lblProgress.BackColor = ActiveWorkbook.Theme. _
>     ThemeColorScheme.Colors(msoThemeAccent1)
> ```

3. 从代码中调用独立的进度条

GenerateRandomNumbers过程(前面提到过)的修改版如下所示。注意，多出来的代码用来显示窗体并更新控件以表明进度。

```
Sub GenerateRandomNumbers()
'   Inserts random numbers on the active worksheet
    Dim Counter As Long
    Dim r As Long, c As Long
    Dim PctDone As Double
    Const RowMax As Long = 500
    Const ColMax As Long = 40

    If TypeName(ActiveSheet) <> "Worksheet" Then Exit Sub
    ActiveSheet.Cells.Clear
    UProgress.SetDescription "Generating random numbers..."
    UProgress.Show vbModeless
    Counter = 1
    For r = 1 To RowMax
        For c = 1 To ColMax
            ActiveSheet.Cells(r, c) = Int(Rnd * 1000)
            Counter = Counter + 1
        Next c
        PctDone = Counter / (RowMax * ColMax)
        UProgress.UpdateProgress PctDone
    Next r
    Unload UProgress
End Sub
```

GenerateRandomNumbers 过程调用窗体的 SetDescription 属性并显示非模态的窗体，剩下的代码继续运行。过程继续执行两个循环将随机值写到单元格中，并持续记数。在外部循环中，过程调用窗体的 UpdateProgress 方法，该方法带了一个参数(PctDone 变量，用来表示宏的进度)。PctDone 包含了一个 0 和 1 之间的值，在过程的最后卸载窗体。

4. 独立进度条的优点

现在已经有了一个用户窗体，你可以从能显示进度的过程中调用该用户窗体，可以简单地显示非模态窗体，在代码中的恰当位置调用 UpdateProgress 方法。该用户窗体没有受到某个具体的调用过程的制约。唯一的要求就是将增长的百分比传递给它，其他的都由窗体来处理。

在调用过程中，需要考虑如何确定完成的百分比，并将该值赋给 PctDone 变量。在这个例子中，你知道需要填充多少个单元格，只需要持续计算已经填充了多少个单元格从而计算出进度。对于其他调用过程来讲，这种计算会有所不同。如果你的代码在循环中运行(如示例中所示)，可以轻松地确定完成了百分之几。如果代码不在循环中，那么可能需要在代码中估算各个时刻的完成进度了。

15.2.2 集成到用户窗体中的进度条

在前一节的例子中,被调用的进度条用户窗体是完全独立于调用过程的。你可能也会希望在运行代码的用户窗体中直接集成进度条。在本节中,将列举几个例子来介绍位于窗体中的具有专业外观的进度条。

> **在线资源:**
> 本书的下载文件包中包含了介绍该技术的示例,文件名为 Progress Indicator2.xlsm。

与前面的示例相似,该示例向一个工作表中输入了随机的数字。区别在于该应用程序包含了一个用户窗体,它允许用户指定用于随机数字的行数和列数(如图 15-5 所示)。

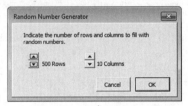

图 15-5 用户指定用于随机数字的行数和列数

1. 修改带多页控件的进度条的用户窗体

这个技术用来在 MultiPage 控件的另一页上显示进度条。假定已经设计好用户窗体,现在要给它添加一个 MultiPage 控件。MultiPage 控件的第一页将包含所有最初的用户窗体控件,第二页将包含显示进度条的控件。当宏开始运行时,VBA 代码将改变 MultiPage 控件的 Value 属性,这个动作将有效地隐藏最初的控件并显示进度条。

第一步是向用户窗体中添加一个 MultiPage 控件。然后把现有的所有控件移到用户窗体上,并把它们粘贴到 MultiPage 控件的 Page1 上。

接下来,激活 MultiPage 控件的 Page2,并将其设置为如图 15-6 所示的效果。这些控件组合基本上与上一节中的示例相同。

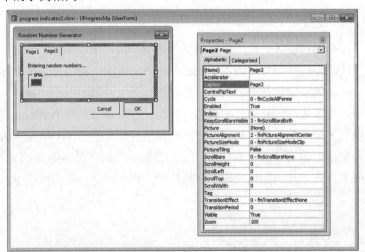

图 15-6 MultiPage 控件的 Page2 将显示进度条

通过下列步骤来设置 MultiPage 控件：

(1) 添加一个 Frame 控件，并将其命名为 frmProgress。

(2) 在框架的内部添加一个 Label 控件并将其命名为 lblProgress，删除标签的标题并将背景色改为红色。

(3) 添加另一个标签以说明当前状况(可选的步骤)。

(4) 接下来激活 MultiPage 控件本身(而不是该控件中的某个页)，然后把它的 Style 属性设置为 2-fmTabStyleNone(该设置将隐藏选项卡)。可能还需要调整 MultiPage 控件的大小，以便选项卡都能够显示出来。

> **提示：**
> 在隐藏选项卡的情况下，选择 MultiPage 控件的最简单方法是使用"属性"窗口中的下拉列表。要选择指定的页，要为 MultiPage 控件指定 Value 的值：Page1 对应的 Value 为 0，Page2 对应的 Value 为 1，以此类推。

2. 为带多页控件的进度条插入 UpdateProgress 过程

把下面的过程插入到用户窗体的代码模块中：

```
Sub UpdateProgress(Pct)
    With Me
        .frmProgress.Caption = Format(Pct, "0%")
        .frmProgress.Width = Pct * (.frmProgress.Width - 10)
        .Repaint
    End With
End Sub
```

在用户单击 OK 按钮时，将从所执行的宏中调用上述 UpdateProgress 过程，该过程将对进度条进行更新。

3. 为带多页控件的进度条修改过程

需要修改用户单击 OK 按钮时执行的过程，也就是该按钮的 Click 事件的处理程序 cmdOK_Click。首先，把下面的语句插到过程的顶端：

```
Me.mpProgress.Value = 1
```

上述这条语句将激活 MultiPage 控件的 Page2(显示进度条的页面)。如果你没有将 MultiPage 控件命名为 mpProgress，那在代码中必须改成你所命名的控件名称。

下一步可以比较随意。需要编写代码计算任务已完成的百分比，并把这个值赋给一个名为 PctDone 的变量。这个计算步骤最有可能在某个循环中执行。然后插入下面的语句，该语句将更新进度条：

```
UpdateProgress(PctDone)
```

4. 带多页控件的进度条的工作机理

将多页控件用作进度条，会非常直观，它只涉及一个用户窗体。代码的任务就是切换 MultiPage

控件的多个页，然后把普通的对话框转换成一个进度条。因为隐藏了 MultiPage 选项卡，所以它甚至不像一个 MultiPage 控件。

5. 在不使用多页控件的情况下显示进度条

这种技术更简单，因为它没有使用 MultiPage 控件，而是把进度条存储在用户窗体的底部，但是缩减用户窗体的高度可使进度条不可见。在需要显示进度条时，就增加用户窗体的高度，使得进度条可见。

图 15-7 显示了位于 VBE 中的用户窗体。

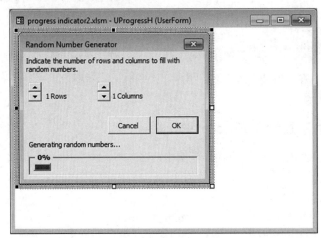

图 15-7　缩减用户窗体的高度将隐藏进度条

这个用户窗体的 Height 属性值为 177。然而，在显示用户窗体之前，VBA 代码把 Height 的属性值改为 130(在这种高度值下，用户看不见进度条控件)。当用户单击 OK 按钮时，VBA 代码就把 Height 属性的值改为 177，此时使用下面的语句：

```
Me.Height =177
```

图 15-8 显示了带有未隐藏的进度条部分的用户窗体。

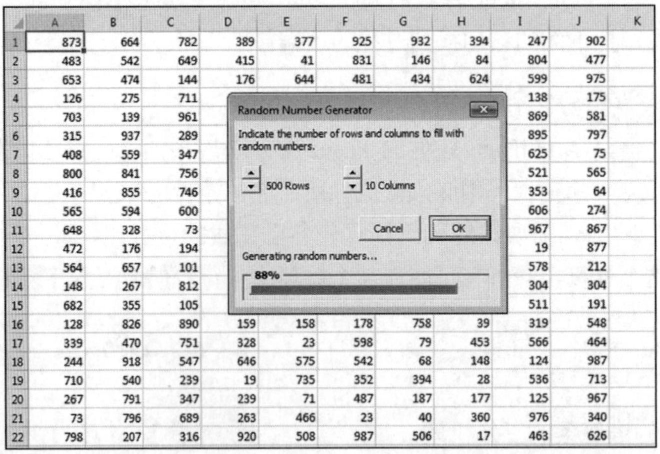

图 15-8　工作中的进度条

15.2.3 创建非图形化进度条

前面的例子展示了通过增加标签宽度来代表进度的图形化进度条。如果处理步骤很少，那你可能更倾向于直接描述处理步骤。下面的过程就是处理文件夹中的少量文本文件。不需要显示进度条，在处理文件时直接将文件名列出来就可以了。

> **在线资源：**
> 本书的下载文件包中包含阐述这种方法的示例，文件名为 Progress Indicator3.xlsm。

```
Sub ProcessFiles()

    Dim sFile As String, lFile As Long
    Const sPATH As String = "C:\Text Files\"
    
    sFile = Dir(sPATH & "*.txt")
    Do While Len(sFile) > 0
        ImportFile sFile
        sFile = Dir
    Loop
    
End Sub
```

这个过程找到目录中所有的文本文件，调用另一个过程导入这些文本文件。怎么处理这些文件并不重要，因为要完成的步骤确实很少。

1. 创建用户窗体来显示步骤

图 15-9 展示了 VBE 中一个简单的用户窗体。仅有两个控件：一个描述发生了什么事的标签，和一个列出处理步骤的列表框控件。

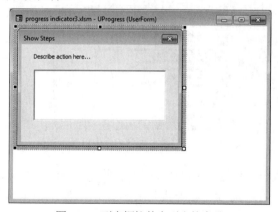

图 15-9　列表框控件中列出的步骤

用户窗体中的代码相当简单。通过调用 SetDescription 可以修改用于进行描述的标签。在调用过程处理进度时，可调用 AddStep 过程向列表框中添加条目。如果列表框不够高，ListBox 对象的 TopIndex 属性会使得最近的处理步骤可见。

```
Public Sub AddStep(sStep As String)
```

```
        With Me.lbxSteps
            .AddItem sStep
            .TopIndex = Application.Max(.ListCount, .ListCount - 6)
        End With
        Me.Repaint
    End Sub
```

2. 修改调用程序来使用进度条

下面所示的 ProcessFiles 过程已被修改,这样在处理文件时就可使用进度条了。首先用户窗体的 Caption 属性被设置为描述发生了什么事情。接下来调用 SetDescription 方法,这样用户可以知道在列表框控件中会显示什么。带有 vbModeless 参数的 Show 方法允许调用过程继续执行。在循环里面,AddStep 方法添加文件名以表明进度。图 15-10 展示了正在工作中的用户窗体。

```
Sub ProcessFiles()
    Dim sFile As String, lFile As Long
    Const sPATH As String = "C:\Text Files\"

    sFile = Dir(sPATH & "*.txt")
    UProgress.Caption = "Proccesing File Progress"
    UProgress.SetDescription "Completed files..."
    UProgress.Show vbModeless

    Do While Len(sFile) > 0
        ImportFile sFile
        UProgress.AddStep sPATH & sFile
        sFile = Dir
    Loop
    Unload UProgress
End Sub
```

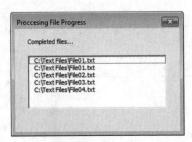

图 15-10　文件被添加到列表中以显示进度

这个进度条类似于前一节讲述的独立进度条,它并不在意过程中采取了哪些步骤,你可以处理文件、填充工作表中的单元格,或者执行其他很多步骤。如果修改 Caption 属性并调用 SetDescription 方法,不管想完成什么样的过程都可以定制这种进度条。

15.3　创建向导

很多应用程序都会使用一些向导来指导用户如何操作。Excel 的"文本导入向导"就是一个很好的示例。"向导"本质上就是一系列征求用户信息的对话框。通常，用户在前面的对话框中所做的选择会影响后面对话框的内容。在大部分向导中，用户可以自由地向前或向后在对话框序列中穿行，或单击"完成"按钮接受所有的默认值。

当然，可以使用 VBA 和一系列用户窗体创建向导。但是笔者发现，最有效的办法是创建使用单个用户窗体和一个带有隐藏选项卡的 MultiPage 控件的向导。

图 15-11 列举了一个简单的向导示例，该向导包含 4 个步骤，由一个包含 MultiPage 控件的用户窗体组成。向导的每一步都会显示这个 MultiPage 控件中不同的页。

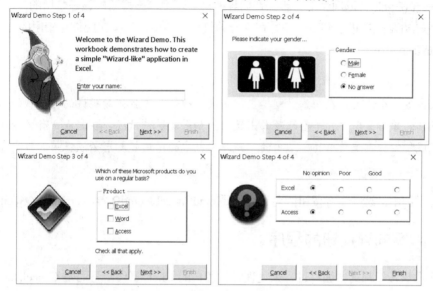

图 15-11 这个 4 步向导使用了一个 MultiPage 控件

在线资源：
本书的下载文件包中提供了本节中的这个示例向导，文件名为 Wizard Demo.xlsm。

下面将描述如何创建上面的示例向导。

15.3.1 为向导设置多页控件

首先，创建一个新的用户窗体，再添加一个 MultiPage 控件。默认情况下，这个控件包含两页。右击多页选项卡，在 MultiPage 控件中插入处理向导的足够多新页(一个步骤对应一页)。本书的下载文件包中的示例是一个包含 4 个步骤的向导，因此，这个 MultiPage 控件有 4 页。MultiPage 控件的各个选项卡的名称无关紧要，因为它们是不可见的。最终把 MultiPage 控件的 Style 属性值设置为 2 - fmTabstyleNone。

提示：
在设计用户窗体时，要保持 MultiPage 的各个选项卡可见，以便更容易访问各个页。

接下来，向 MultiPage 控件的每一页添加所需的控件。当然，根据应用程序的不同，添加的控件也会不同。在设计用户窗体时可能需要重新调整 MultiPage 控件的大小，以便为其他控件留出足够的空间。

15.3.2 在向导用户窗体中添加按钮

现在，开始添加用于控制向导进度的一些按钮。这些按钮都放在 MultiPage 控件的外面，因为显示任意一页时都会用到这些按钮。大部分向导都有以下 4 个按钮。

- 取消(Cancel)：取消向导，不执行任何操作。
- 上一步(Back)：返回到上一步。在向导的第一步中，该按钮应该是禁用的。
- 下一步(Next)：推进到下一步。在向导的最后一步中，该按钮应该是禁用的。
- 完成(Finish)：结束向导。

> **注意：**
> 某些情况下，允许用户在任意时刻单击"完成"按钮，并且接受跳过的各个项的默认值。在其他情况下，向导需要用户对一些选项做出反应。如果是这种情况，在完成所有必须输入的选项之前，"完成"按钮都是禁用的。本书的下载文件包中的示例就要求必须在第一步的文本框中输入内容。

在这个示例中，这些命令按钮的名称分别是 cmdCancel、cmdBack、cmdNext 和 cmdFinish。

15.3.3 编写向导按钮的程序

这 4 个向导按钮都需要编写过程来处理它们各自的 Click 事件，下面是 CancelButton 按钮控件的事件处理程序的代码。

```
Private Sub cmdCancel_Click()
    Dim Msg As String
    Dim Ans As Long
    Msg = "Cancel the wizard?"
    Ans = MsgBox(Msg, vbQuestion + vbYesNo, APPNAME)
    If Ans = vbYes Then Unload Me
End Sub
```

这个过程使用 MsgBox 函数(如图 15-12 所示)检验用户是否真的想退出向导。如果用户单击"是"按钮，就会卸载这个用户窗体，而不会发生任何动作。当然，这种检验是可选操作。

图 15-12　单击 Cancel 按钮显示出一个确认信息的消息框

Back 和 Next 这两个按钮的事件处理程序的代码分别如下所示：

```
Private Sub cmdBack_Click()
    Me.mpgWizard.Value = Me.mpgWizard.Value - 1
    UpdateControls
End Sub

Private Sub cmdNext_Click()
    Me.mpgWizard.Value = Me.mpgWizard.Value + 1
    UpdateControls
End Sub
```

上述两个过程的代码非常简单。它们先更改了 MultiPage 控件的 Value 属性的值，然后调用另一个名为 UpdateControls 的过程(其代码如下所示)。

```
Sub UpdateControls()
'   Enable back if not on page 1
    Me.cmdBack.Enabled = Me.mpgWizard.Value > 0
'   Enable next if not on the last page
    Me.cmdNext.Enabled = Me.mpgWizard.Value < Me.mpgWizard.Pages.Count - 1

'   Update the caption
    Me.Caption = APPNAME & " Step " _
        & Me.mpgWizard.Value + 1 & " of " _
        & Me.mpgWizard.Pages.Count

'   the Name field is required
    Me.cmdFinish.Enabled = Len(Me.tbxName.Text) > 0
End Sub
```

UpdateControls 过程负责启用和禁用 cmdBack 和 cmdNext 两个控件。

这个过程检测 MultiPage 控件的 Value 属性了解页面中显示的内容。如果显示了第一页，cmdBack 的 Enabled 属性就被设置为 False。如果显示了最后一页，cmdNext 的 Enabled 属性就被设置为 False。接下来，过程将用户窗体的标题改为用来显示当前的步骤以及步骤的总数。APPNAME 是公共常量，它定义在 Module1 模块中。然后，检查第一页中的姓名字段(名为 tbxName 的文本框)。这个字段是必需的，因此如果它为空，用户就不能单击 Finish 按钮。如果这个文本框是空的，就禁用 cmdFinish 按钮；否则就启用 cmdFinish 按钮。

15.3.4 编写向导中的相关代码

在大部分向导中，用户在某个特定步骤上做出的反应可能影响后续步骤中所显示的内容。在这个示例中，用户将在第三步中指出他或她使用的产品，然后在第四步中评价这些产品的等级。只有在用户指出某个具体产品后，作为产品等级的选项按钮才是可见的。

在程序中，通过监控多页控件的 Change 事件可以完成这一任务。只要多页控件的值发生改变(通过单击 Back 或 Next 按钮实现)，都会执行 mpgWizard_Change 过程。如果 MultiPage 控件在最后一个选项卡上(第四步)，这个过程就会检查第三步中的 CheckBox 控件的值，然后在第四步中做出相应的调整。

在这个示例中，代码使用了两个控件数组，其中一个是为产品 CheckBox 控件准备的(第三步)，另一个则是为 Frame 控件准备的(第四步)。这些代码使用了 For-Next 循环为没有使用的产品隐藏框架，然后调整它们的垂直位置。如果在第三步中没有选中任何一个复选框，那么到了第四步，除了一个文本框显示出 Click Finish to exit(表示单击 Finish 按钮退出，假如在第一步输入了名称的话)或 A name is required in Step1(表示必须在第一步中输入姓名，假如在第一步没有输入姓名的话)，其他所有控件都会隐藏起来。mpgWizard_Change 过程的代码如下所示：

```
Private Sub mpgWizard_Change()
    Dim TopPos As Long
    Dim FSpace As Long
    Dim AtLeastOne As Boolean
    Dim i As Long

'   Set up the Ratings page?
    If Me.mpgWizard.Value = 3 Then
'       Create an array of CheckBox controls
        Dim ProdCB(1 To 3) As MSForms.CheckBox
        Set ProdCB(1) = Me.chkExcel
        Set ProdCB(2) = Me.chkWord
        Set ProdCB(3) = Me.chkAccess

'       Create an array of Frame controls
        Dim ProdFrame(1 To 3) As MSForms.Frame
        Set ProdFrame(1) = Me.frmExcel
        Set ProdFrame(2) = Me.frmWord
        Set ProdFrame(3) = Me.frmAccess

        TopPos = 22
        FSpace = 8
        AtLeastOne = False

'       Loop through all products
        For i = 1 To 3
            If ProdCB(i).Value Then
                ProdFrame(i).Visible = True
                ProdFrame(i).Top = TopPos
                TopPos = TopPos + ProdFrame(i).Height + FSpace
                AtLeastOne = True
            Else
                ProdFrame(i).Visible = False
            End If
        Next i

'       Uses no products?
        If AtLeastOne Then
            Me.lblHeadings.Visible = True
            Me.imgRating.Visible = True
            Me.lblFinishMsg.Visible = False
        Else
```

```
                Me.lblHeadings.Visible = False
                Me.imgRating.Visible = False
                Me.lblFinishMsg.Visible = True
                If Len(Me.tbxName.Text) = 0 Then
                    Me.lblFinishMsg.Caption = _
                      "A name is required in Step 1."
                Else
                    Me.lblFinishMsg.Caption = _
                      "Click Finish to exit."
                End If
            End If
        End If
End Sub
```

15.3.5 使用向导执行任务

当用户单击 Finish 按钮时，该向导将执行它的任务：把用户窗体上的信息传递到工作表的下一个空行中。这个过程名为 **cmdFinish_Click**，它的代码非常简单。首先确定工作表的下一个空行，然后把这个值赋给一个变量(r)。这个过程剩余的代码部分将提取出控件的值并把数据输入工作表。

```
Private Sub cmdFinish_Click()
    Dim r As Long
    
    r = Application.WorksheetFunction. _
      CountA(Range("A:A")) + 1

'   Insert the name
    Cells(r, 1) = Me.tbxName.Text

'   Insert the gender
    Select Case True
        Case Me.optMale.Value: Cells(r, 2) = "Male"
        Case Me.optFemale: Cells(r, 2) = "Female"
        Case Me.optNoAnswer: Cells(r, 2) = "Unknown"
    End Select

'   Insert usage
    Cells(r, 3) = Me.chkExcel.Value
    Cells(r, 4) = Me.chkWord.Value
    Cells(r, 5) = Me.chkAccess.Value

'   Insert ratings
    If Me.optExcelNo.Value Then Cells(r, 6) = ""
    If Me.optExcelPoor.Value Then Cells(r, 6) = 0
    If Me.optExcelGood.Value Then Cells(r, 6) = 1
    If Me.optExcelExc.Value Then Cells(r, 6) = 2
    If Me.optWordNo.Value Then Cells(r, 7) = ""
    If Me.optWordPoor.Value Then Cells(r, 7) = 0
    If Me.optWordGood.Value Then Cells(r, 7) = 1
    If Me.optWordExc.Value Then Cells(r, 7) = 2
```

```
    If Me.optAccessNo.Value Then Cells(r, 8) = ""
    If Me.optAccessPoor.Value Then Cells(r, 8) = 0
    If Me.optAccessGood.Value Then Cells(r, 8) = 1
    If Me.optAccessExc.Value Then Cells(r, 8) = 2

    Unload Me
End Sub
```

测试向导后，如果所有部分都能正常运行，可以把 MultiPage 控件的 Style 属性值设置为 2–fmTabStyleNone 以隐藏选项卡。

15.4 模仿 MsgBox 函数

VBA 的 MsgBox 函数(第 12 章已经介绍过)有点特殊，因为与大部分函数的不同之处在于，它会显示出一个对话框。但与其他函数一样，它也会返回一个值：一个整数，这个整数表示用户单击的是哪个按钮。

本节介绍了为模仿 VBA 中的 MsgBox 函数而创建的一个自定义函数。表面看来，创建这类函数似乎很简单。但仔细想想，因为 MsgBox 函数接收的参数各种各样，所以它的用途极其广泛。因此，创建一个模仿 MsgBox 的函数并非一件很简单的事情。

> **注意：**
> 这个练习的目的并不在于创建一种可以替换 MsgBox 的消息函数，而是讲解如何开发一个结合了用户窗体且比较复杂的函数。然而，有些人认为只要能够自定义他们的消息就行。如果是这样，就会发现非常容易自定义这种函数。例如，可以更改字体、颜色以及按钮的文本等。

笔者模仿的 MsgBox 函数名为 MyMsgBox，然而这种模仿并不完美，MyMsgBox 函数存在以下一些缺陷：

- 不支持 Helpfile 参数(该参数将添加一个"帮助"按钮，当单击这个按钮时将打开一个帮助文件)。
- 不支持 Context 参数(该参数为帮助文件指定了上下文 ID)。
- 不支持"系统模式"选项，这种模式的对话框在对其做出反应之前会暂停 Windows 中的所有动作。
- 在调用该函数时不会发出声音。

MyMsgBox 函数的语法如下所示：

MyMsgBox(*prompt*[, *buttons*] [, *title*])

与 MsgBox 函数的语法相比，MyMsgBox 函数的语法除了没有使用最后两个可选参数(Helpfile 和 Context)外，其他的完全一样。MyMsgBox 函数还使用了与 MsgBox 函数相同的预定义常量：vbOKOnly、vbQuestion 以及 vbDefaultButton1 等。

> **注意：**
> 如果对上述 VBA 的 MsgBox 函数的参数不太熟悉，最好查阅帮助系统，以便熟悉它的参数。

15.4.1　模仿 MsgBox 函数：MyMsgBox 函数的代码

MyMsgBox 函数使用一个名为 UMsgBox 的用户窗体。这个函数根据传递过来的参数来设置用户窗体。它会调用其他一些过程来完成很多设置工作。

```
Function MyMsgBox(ByVal Prompt As String, _
    Optional ByVal Buttons As Long, _
    Optional ByVal Title As String) As Long
'   Emulates VBA's MsgBox function
'   Does not support the HelpFile or Context arguments
    With UMsgBox
'       Do the Caption
        If Len(Title) > 0 Then .Caption = Title _
            Else .Caption = Application.Name
        SetImage Buttons
        SetPrompt Prompt
        SetButtons Buttons
        .Height = .cmdLeft.Top + 54
        SetDefaultButton Buttons
        .Show
    End With
    MyMsgBox = UMsgBox.UserClick
End Function
```

> **在线资源：**
> 由于代码太长，所以并未列出 MyMsgBox 函数的完整代码，但是在本书的下载文件包中可以找到这个工作簿，文件名为 Msgbox Emulation.xlsm。这个工作簿已经创建好了，你可以很轻松地尝试各种操作。

图 15-13 显示了实际调用 MyMsgBox 函数的结果。看起来与 VBA 的消息框非常相似，但这里的消息文本使用了另一种字体，并使用了一些不同的图标。

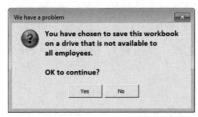

图 15-13　模仿 MsgBox 函数的结果

如果使用多监视器系统，显示的用户窗体的位置可能不在 Excel 窗口的正中间。为解决这个问题，用下面的代码来显示用户窗体 UMsgBox：

```
With UMsgBox
    .StartUpPosition = 0
```

```
        .Left = Application.Left + (0.5 * Application.Width) - (0.5 * .Width)
        .Top = Application.Top + (0.5 * Application.Height) - (0.5 * .Height)
        .Show
End With
```

下面的代码用于执行该函数：

```
Prompt = "You have chosen to save this workbook" & vbCrLf
Prompt = Prompt & "on a drive that is not available to" & vbCrLf
Prompt = Prompt & "all employees." & vbCrLf & vbCrLf
Prompt = Prompt & "OK to continue?"
Buttons = vbQuestion + vbYesNo
Title = "Network Location Notice"
Ans = MyMsgBox(Prompt, Buttons, Title)
```

15.4.2 MyMsgBox 函数的工作原理

MyMsgBox 函数检查参数，所调用的过程完成下列工作：

- 如果有图像，确定要显示哪个图像(以及隐藏哪些图像)
- 确定要显示哪个或哪些按钮(以及隐藏哪些按钮)
- 确定哪个按钮是默认按钮
- 使得按钮在对话框中居中
- 确定命令按钮的标题
- 确定对话框内文本的位置
- 确定对话框的宽度和高度(通过调用一个 API 函数来获取视频分辨率)
- 显示用户窗体

第二个参数(buttons)的情况比较复杂，这个参数可由许多常量累加组成。例如，第二个参数可能如下所示：

```
VbYesNoCancel + VbQuestion + VbDefaultButton3
```

上面这个参数创建了包含 3 个按钮的 MsgBox 消息框("是"、"否"和"取消"按钮)，显示了问号图标，并把第三个按钮设置成默认按钮。参数的实际值为 547(3+32+512)。

为确定在用户窗体上的显示内容，函数使用了名为 Bitwise And 的技术。这三个参数，每个参数都是某系列数字之一，这些数字不会跟其他参数重合。可以显示出来的 6 种按钮，其对应的数字是 0~5。如果将 0~5 的数字加起来，就可得到 15。图标值的最小值是 16，这比所有按钮对应的值的和都要大。

MyMsgBox 函数调用的过程之一是 SetDefaultButtons，如下所示。它使用 Bitwise And 将 Buttons 参数与常量进行比较，例如 vbDefaultButton3。如果 Bitwise And 的结果等于 vbDefaultButton3，就可以确定 vbDefaultButton3 是组成 Buttons 参数的选择之一，而不用管该参数中的任何其他选择。

```
Private Sub SetDefaultButton(Buttons As Long)
    With UMsgBox
        Select Case True
            Case (Buttons And vbDefaultButton4) = vbDefaultButton4
                .cmdLeft.Default = True
```

```
            .cmdLeft.TabIndex = 0
        Case (Buttons And vbDefaultButton3) = vbDefaultButton3
            .cmdRight.Default = True
            .cmdRight.TabIndex = 0
        Case (Buttons And vbDefaultButton2) = vbDefaultButton2
            .cmdMiddle.Default = True
            .cmdMiddle.TabIndex = 0
        Case Else
            .cmdLeft.Default = True
            .cmdLeft.TabIndex = 0
        End Select
    End With
End Sub
```

下面这个用户窗体(如图 15-14 所示)包含 4 个 Label 控件。每个 Label 控件都对应着一幅图，这些图像都粘贴到 Picture 属性中。用户窗体也有 3 个 CmmandButton 控件和一个 TextBox 控件。

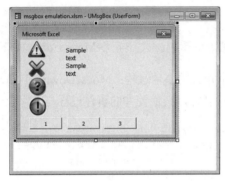

图 15-14　MyMsgBox 函数的用户窗体

> **注意:**
> 笔者最初使用 Image 控件来保存 4 个图标，但是图像显示时带有一个淡淡的边框。所以笔者转为使用 Label 控件，这样显示的图像就不带边框。

此外，还包含了其他 3 个事件处理程序(每个命令按钮对应一个事件处理程序)。这些例程确定单击了哪个按钮，然后通过为 UserClick 变量设置值的方法为函数返回一个值。

15.4.3　使用 MyMsgBox 函数

要在自己的工程中使用 MyMsgBox 函数，需要先导出 MyMsgBoxMod 模块和 UMsgBox 用户窗体，然后将这两个文件导入工程中。这样就可在代码中使用 MyMsgBox 函数了，方法与使用 MsgBox 函数一样。

15.5　带有可移动控件的用户窗体

图 15-15 所示的用户窗体包含 3 个 Image 控件，用户可以使用鼠标在对话框内拖放这些图像。虽

然不能确定这项技术的实际意义有多大，但是本节中给出的示例将帮助你理解与鼠标有关的事件。

图 15-15　可使用鼠标来拖放和重新排列这 3 个 Image 控件

> **在线资源：**
> 本书的下载文件包中提供了该示例，文件名为 Move Controls.xlsm。

每个 Image 控件都有两个相关的事件过程：MouseDown 和 MouseMove 事件。控件 Image1 的事件过程如下所示(除了控件名外，其他控件的事件过程与之完全一样)。

```
Private Sub Image1_MouseDown(ByVal Button As Integer, _
    ByVal Shift As Integer, ByVal X As Single, ByVal Y As Single)
'   Starting position when button is pressed
    OldX = X
    OldY = Y
    Image1.ZOrder 0
End Sub

Private Sub Image1_MouseMove(ByVal Button As Integer, _
    ByVal Shift As Integer, ByVal X As Single, ByVal Y As Single)
'   Move the image
    If Button = 1 Then
        Image1.Left = Image1.Left + (X - OldX)
        Image1.Top = Image1.Top + (Y - OldY)
    End If
End Sub
```

按下鼠标按钮后，就会发生 MouseDown 事件，并存储了鼠标指针在 X 和 Y 方向上的位置。同时该过程使用了两个公有变量来跟踪控件初始的位置：OldX 和 OldY。此外，该过程还修改了 ZOrder 属性，该属性使得该图像位于其他图像的"上面"。

移动鼠标时，就会反复发生 MouseMove 事件。事件过程将检查鼠标按钮，如果 Button 参数的值为 1，就意味着按下了鼠标左键。如果这样，就相对于原位置移动 Image 控件。

同时注意，当位于图像上时鼠标指针会发生变化。这是因为 MousePointer 属性设置为 15-fmMousePointerSizeAll。这种鼠标指针的风格通常用于指明可被移动的情况。

15.6 没有标题栏的用户窗体

Excel 没有提供一种直接的方法来显示没有标题栏的用户窗体。但通过使用一些 API 函数，这种想法也变成可能。图 15-16 显示了一个没有标题栏的用户窗体。

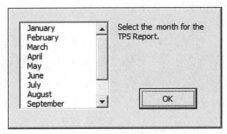

图 15-16　缺少标题栏的用户窗体

另一个不带标题栏的用户窗体示例如图 15-17 所示。该对话框包含一个 Image 控件和一个 CommandButton 控件。

图 15-17　另一个不带标题栏的用户窗体

在线资源：
本书的下载文件包在一个工作簿中提供了这两个示例，该工作簿的文件名为 No Title Bar.xlsm。示例文件包中还包含第 14 章中提供的欢迎界面的另一个版本。该版本(名为 Splash Screen2.xlsm)显示了不带标题栏的用户窗体。

显示不带标题栏的用户窗体需要 4 个 Windows API 函数：GetWindowLong、SetWindowLong、DrawMenuBar 和 FindWindowA 函数(关于这些函数的声明，可以参考下载文件包中的示例文件)。UserForm_Initialize 过程调用了如下函数：

```
Private Sub UserForm_Initialize()
    Dim lngWindow As Long, lFrmHdl As Long
    lFrmHdl = FindWindowA(vbNullString, Me.Caption)
    lngWindow = GetWindowLong(lFrmHdl, GWL_STYLE)
    lngWindow = lngWindow And (Not WS_CAPTION)
```

```
        Call SetWindowLong(lFrmHdl, GWL_STYLE, lngWindow)
        Call DrawMenuBar(lFrmHdl)
End Sub
```

在没有标题栏的情况下,随之而来的问题是用户无法重新定位对话框。解决的方法是使用前一节中描述的 MouseDown 和 MouseMove 事件。

> **注意:**
> 因为 FindWindowA 函数使用的是用户窗体的标题,所以如果 Caption 属性设置为空字符串,这项技术就无法奏效。

15.7 使用用户窗体模拟工具栏

本节将详细说明创建另一种工具栏:即通过一个非模态的用户窗体来模拟浮动的工具栏。图 15-18 显示了一个可能代替工具栏的用户窗体。它使用 Windows API 调用使标题栏比正常时略短,还显示带有方角(非圆角)的用户窗体。Close 按钮也略小。

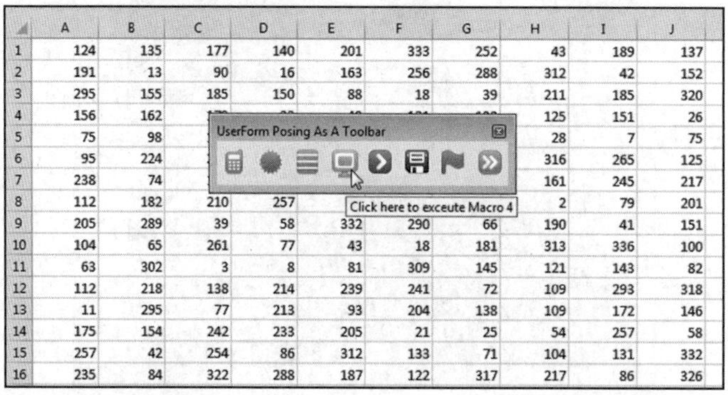

图 15-18 创建一个用户窗体,使它可以像工具栏一样运转

> **在线资源:**
> 本书的下载文件包中提供了这个示例,文件名为 Simulated Toolbar.xlsm。

该用户窗体含有 8 个 Image 控件,每个控件都执行一个宏。图 15-19 显示了 VBE 中的用户窗体。请注意下列几点:

- 这些控件并没有对齐。
- 显示的图像不是最终图像。
- 用户窗体并不是最终大小。
- 标题栏是标准尺寸。

VBA 代码很注重外观上的一些细节问题,包括从 Excel 的功能区借用图像。例如,下列语句将一个图像指派给 Image1 控件:

```
Image1.Picture = Application.CommandBars. _
    GetImageMso("ReviewAcceptChange", 32, 32)
```

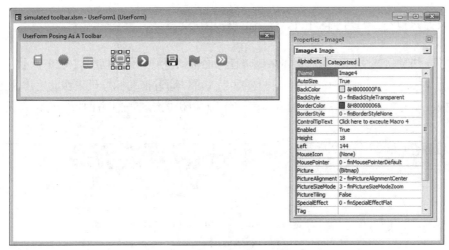

图 15-19　模拟工具栏的用户窗体

在线资源：
参阅第 17 章，可了解关于从功能区访问图像的更多信息。

代码还会对齐控件并调整用户窗体，使其不会浪费任何空间。此外，该代码还使用了 Windows API 函数使用户窗体的标题栏变得更小——就像一个真正的标题栏一样。为了让用户窗体看起来更像工具栏，这里还设置了每个 Image 控件的 ControlTipText 属性。当鼠标悬浮在控件上方时，该属性将显示与工具栏相同的工具提示。

如果打开了示例文件，可能还会注意到当鼠标悬浮在图像上时，图像还会有一些微小变化。这是因为每个 Image 控件都有一个关联的 MouseMove 事件处理程序，该程序将改变图像的大小。下面给出了控件 Image1 的 MouseMove 事件处理程序(其他图像的完全类似)：

```
Private Sub Image1_MouseMove(ByVal Button As Integer, _
   ByVal Shift As Integer, ByVal X As Single, ByVal Y As Single)
    Call NormalSize
    Image1.Width = 26
    Image1.Height = 26
End Sub
```

上述过程调用了 NormalSize 过程，该过程将使每个图像变成正常大小。

```
Private Sub NormalSize()
'   Make all controls normal size
    Dim ctl As Control
    For Each ctl In Controls
       ctl.Width = 24
       ctl.Height = 24
    Next ctl
End Sub
```

明显的效果是当光标移动到某个类似于实际工具栏中的控件上时，用户将得到一些视觉上的反馈信息。然而，对工具栏的模拟也只能到此为止了。不能重新调整用户窗体(如让图像以垂直方式而非水平方式显示)。当然，把这个伪工具栏停靠在其中一个 Excel 窗口边缘也是不可能的。

15.8 使用用户窗体来模仿任务面板

我花了一些时间试图通过用户窗体来模仿任务面板的外观,结果如图 15-20 所示。该示例与本章开头的非模态用户窗体示例相同(参见图 15-2)。可以通过拖动标题栏来移动用户窗体(方法与移动任务面板一样)。用户窗体在左上角还有一个 X(关闭)按钮。与任务面板一样,它只在需要时显示垂直滚动条。

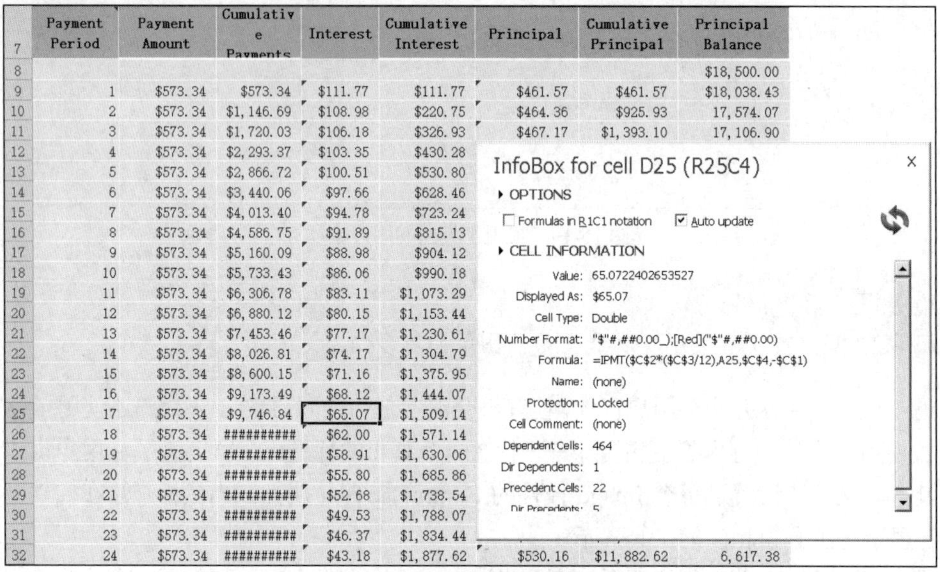

图 15-20 类似于任务面板的用户窗体

图中所示的任务面板的背景色是白色。任务面板的背景色可根据 Office 主题的变化(从 Excel 的"选项"对话框中的"常规"选项卡中指定)而发生改变。此处先把控件的背景色透明化,再通过代码来设置背景色:

```
Me.BackColor = RGB(255, 255, 255)
Frame1.BackColor = RGB(255, 255, 255)
Frame2.BackColor = RGB(255, 255, 255)
```

Frame 控件不能有透明的背景,因此必须分别为两个 Frame 控件设置背景色。

为创建一个其背景色与 Light Gray 主题相匹配的用户窗体,使用下列表达式:

`RGB(240, 240, 240)`

为模拟 Dark Gray 主题,使用下列表达式:

`RGB(222, 222, 222)`

虽然任务面板的基本外观已经设置完毕,但它在行为上仍有不足之处。例如,各部分不能折叠,不能将用户窗体停靠到屏幕一侧。用户不能调整其大小——但实际是可以的(见下一节)。

> **在线资源:**
> 本书的下载文件包中提供了这个示例,文件名为 Emulate Task Pane.xlm。

15.9 可调整大小的用户窗体

Excel 使用了几个可调整大小的对话框。例如，通过单击和拖放右下角可以调整"名称管理器"对话框的大小。

如果要创建一个可调整大小的用户窗体，很快就会发现并没有直接的方法来完成此项任务。其中一种解决方法是求助于 Windows 的 API 调用。这种方法确实可以起作用，但是创建起来比较复杂。而且，这种方法不会生成任何事件，所以当调整用户窗体的大小时，代码不能响应。本节提供了一种更简单的方法来创建用户可调整大小的用户窗体。

> **注意：**
> 精通这项技术的人是 Andy Pope，他是一名 Excel 专家，也是 Microsoft 的 MVP，现居住在英国。Andy 是笔者见过的最具有创造力的开发人员之一。要了解更多信息(以及很多有趣的下载信息)，可以访问他的网站：http://andypope.info。

图 15-21 显示了本节将要详细介绍的用户窗体。它含有一个 ListBox 控件，在该控件中显示的数据来自工作表。请注意列表框上的滚动条，它意味着里面有无法一次性全部显示的信息。此外请注意，对话框的右下角显示了一个大家熟悉的可调整大小的控件。

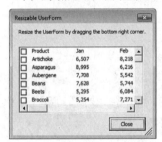

图 15-21　这是一个可调整大小的用户窗体

图 15-22 显示了经过用户调整大小后的同一个用户窗体。请注意，列表框的尺寸也增大了，Close 按钮仍停留在相同的相对位置上。可以把该用户窗体伸展到监视器的极限。

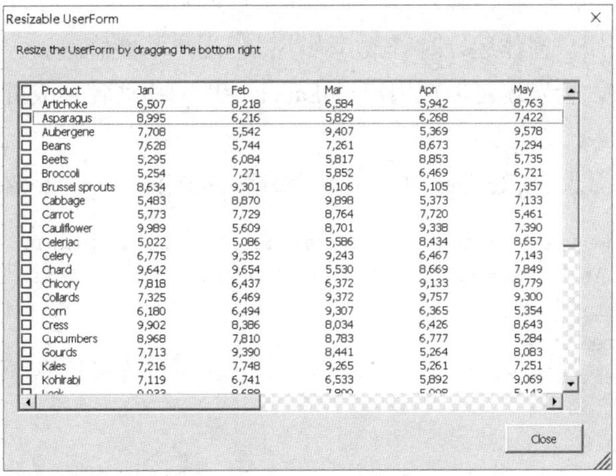

图 15-22　增加尺寸后的用户窗体

> **在线资源：**
> 本书的下载文件包中提供了这个示例，文件名为 Resizable Userform.xlsm。

右下角的可调整大小的控件实际上是一个Label控件，它显示了一个单独的字符：字母o(即字符 111)来自于Marlett字体的字符集 2。在UserForm_Initialize过程中，把该控件(名为objResizer)添加到用户窗体中：

```
Private Sub UserForm_Initialize()
'   Add a resizing control to bottom right corner of UserForm
    Set objResizer = Me.Controls.Add("Forms.label.1", MResizer, True)
    With objResizer
        .Caption = Chr(111)
        .Font.Name = "Marlett"
        .Font.Charset = 2
        .Font.Size = 14
        .BackStyle = fmBackStyleTransparent
        .AutoSize = True
        .ForeColor = RGB(100, 100, 100)
        .MousePointer = fmMousePointerSizeNWSE
        .ZOrder
        .Top = Me.InsideHeight - .Height
        .Left = Me.InsideWidth - .Width
    End With
End Sub
```

> **注意：**
> 尽管 Label 控件是在运行时添加的，但该对象的事件处理代码包含在了模块中。包含并不存在的对象的代码并不会引起什么问题。

这项技术依赖于如下一些事实：
- 用户可以移动用户窗体上的控件(参见前面的 15.5 节)。
- 存在可以识别鼠标移动和指针坐标的事件。具体来说，这些事件是 MouseDown 和 MouseMove 事件。
- VBA 代码可在用户窗体运行时修改其大小，但用户不能修改。

仔细思考上述事实，会发现可以把用户对 Label 控件的移动转换成可用于调整用户窗体尺寸的信息。

在用户单击 Label 对象 objResizer 时，将执行如下的 objResizer_MouseDown 事件处理程序：

```
Private Sub objResizer_MouseDown(ByVal Button As Integer, _
    ByVal Shift As Integer, ByVal X As Single, ByVal Y As Single)
    If Button = 1 Then
        LeftResizePos = X
        TopResizePos = Y
    End If
End Sub
```

只有当按下鼠标左键(即 Button 参数的值为 1)且光标位于 objResizer 标签上时,才会执行上述过程。单击按钮时 X 和 Y 的鼠标坐标保存在模块层次的变量中,即变量 LeftResizePos 和 TopResizePos。

随后的鼠标移动将触发 MouseMove 事件,并且 objResizer_MouseMove 事件处理程序也将开始运行。下面是该过程最初的情况:

```
Private Sub objResizer_MouseMove(ByVal Button As Integer, _
    ByVal Shift As Integer, ByVal X As Single, ByVal Y As Single)
    If Button = 1 Then
        With objResizer
            .Move .Left + X - LeftResizePos, .Top + Y - TopResizePos
            Me.Width = Me.Width + X - LeftResizePos
            Me.Height = Me.Height + Y - TopResizePos
            .Left = Me.InsideWidth - .Width
            .Top = Me.InsideHeight - .Height
        End With
    End If
End Sub
```

仔细研究上述代码,可发现在 Label 控件 objResizer 移动的基础上,也调整了用户窗体 Width 和 Height 属性的值。图 15-23 显示了在用户把 Label 控件往右下方移动后用户窗体的情况。

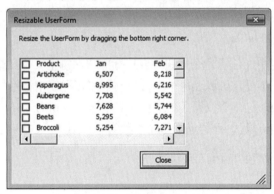

图 15-23 VBA 代码把 Label 控件的移动转换成用户窗体新的 Width 和 Height 属性值

当然,还有一个问题就是用户窗体中的其他控件没有对用户窗体的新尺寸做出反应。列表框的大小本应该增大,并且本应该重新布置命令按钮以便其能保持在左下角。

当用户窗体的大小发生改变后,还需要更多的 VBA 代码来调整控件。这些新代码位于 objResizer_MouseMove 事件处理程序中。完成此项工作的语句如下所示:

```
'   Adjust the ListBox
    On Error Resume Next
    With ListBox1
        .Width = Me.Width - 37
        .Height = Me.Height - 100
    End With
    On Error GoTo 0

'   Adjust the Close Button
```

```
With CloseButton
    .Left = Me.Width - 85
    .Top = Me.Height - 54
End With
```

根据用户窗体(即 Me)的大小，调整了两个控件。添加这些新代码后，对话框就可以很好地工作。用户可以随意地调整它的大小，控件也随之做出调整。

需要弄明白的是，创建可调整大小的对话框的主要困难在于弄清如何调整这些控件。如果含多个(多于 2 个或 3 个)控件，事情可能会变得更复杂。

15.10 用一个事件处理程序处理多个用户窗体控件

用户窗体上的每个命令按钮都必须有它自己的过程来处理它的事件。例如，如果有两个命令按钮，就至少需要两个事件处理程序来处理控件的 Click 事件：

```
Private Sub CommandButton1_Click()
' Code goes here
End Sub

Private Sub CommandButton2_Click()
' Code goes here
End Sub
```

换言之，不能指定当单击任意命令按钮时要执行的宏。每个 Click 事件处理程序都是直接与它的命令按钮相关联的。但是，可以让每个事件处理程序在程序中调用另一个通用的宏，但是必须传递参数以指出单击的是哪个按钮。在下例中，单击 CommandButton1 或 CommandButton2 按钮都会执行 ButtonClick 过程，而传递的单个参数会告诉 ButtonClick 过程单击的是哪个按钮。

```
Private Sub CommandButton1_Click()
    Call ButtonClick(1)
End Sub

Private Sub CommandButton2_Click()
    Call ButtonClick(2)
End Sub
```

如果用户窗体中有很多命令按钮，那么设置所有这些事件处理程序可能会比较麻烦。可能希望用一个过程来确定单击的是哪个按钮并采取相应的动作。

本节介绍了一种解决办法可以解决这种问题，就是使用类模块来定义一个新类。

> **注意：**
> 可在本书的下载文件包中找到这个示例，文件名为 Multiple Buttons.xlsm。

下面的步骤描述了如何重建如图 15-24 所示的示例用户窗体。

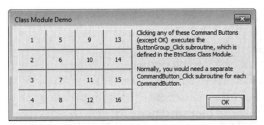

图 15-24　很多命令按钮都带有一个事件处理程序

(1) 像平常一样创建一个用户窗体并添加一些命令按钮(这个示例包含 16 个 CommandButton 控件)。该示例假设窗体名为 UserForm1。

(2) 在工程中插入一个类模块(选择"插入"|"类模块"命令)，将其命名为 BtnClass，然后输入下面的代码。

```
Public WithEvents ButtonGroup As MsForms.CommandButton

Private Sub ButtonGroup_Click()
    Dim Msg As String
    Msg = "You clicked " & ButtonGroup.Name & vbCrLf & vbCrLf
    Msg = Msg & "Caption: " & ButtonGroup.Caption & vbCrLf
    Msg = Msg & "Left Position: " & ButtonGroup.Left & vbCrLf
    Msg = Msg & "Top Position: " & ButtonGroup.Top
    MsgBox Msg, vbInformation, ButtonGroup.Name
End Sub
```

你将需要自定义 ButtonGroup_Click 过程。

> **提示：**
> 可采用这项技术来处理其他类型的控件。为此，需要在 Public WithEvents 声明的声明中修改类型名称。例如，如果使用选项按钮来代替命令按钮，那么可使用如下所示的声明语句：

```
Public WithEvents ButtonGroup As MsForms.OptionButton
```

(3) 插入一个普通的 VBA 模块并输入下面的代码。

```
Sub ShowDialog()
    UserForm1.Show
End Sub
```

这个例程只是显示用户窗体。

(4) 在用户窗体的代码模块中，输入如下的 UserForm_Initialize 代码。

```
Dim Buttons() As New BtnClass

Private Sub UserForm_Initialize()
    Dim ButtonCount As Long
    Dim ctl As Control

    ' Create the Button objects
    ButtonCount = 0
```

```
    For Each ctl In Me.Controls
        If TypeName(ctl) = "CommandButton" Then
            'Skip the OK Button
            If ctl.Name <> "cmdOK" Then
                ButtonCount = ButtonCount + 1
                ReDim Preserve Buttons(1 To ButtonCount)
                Set Buttons(ButtonCount).ButtonGroup = ctl
            End If
        End If
    Next ctl
End Sub
```

当发生用户窗体的 Initialize 事件时会触发这个过程。注意，这些代码把名为 cmdOK 的按钮放在按钮组外。因此，单击 cmdOK 按钮不会执行 ButtonGroup_Click 过程。

完成上述这些步骤后，可执行 ShowDialog 过程来显示用户窗体。单击任意一个命令按钮(除 OK 按钮之外)，都会执行 ButtonGroup_Click 过程。当单击某个按钮时，会显示相应的消息，如图 15-25 所示。

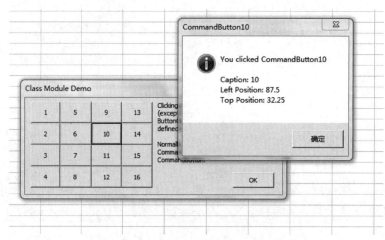

图 15-25　ButtonGroup_Click 过程描述单击的按钮

15.11　在用户窗体中选择颜色

本节中的示例是一个显示对话框的函数(类似于本章前面讨论过的 MyMsgBox 函数的概念)。这个函数名为 GetAColor，它将返回一个颜色的数值：

```
Function GetAColor() As Variant
    UGetAColor.Show
    GetAColor = UGetAColor.ColorValue
    Unload UGetAColor
End Function
```

GetAColor 函数的使用方式如下所示：

```
UserColor = GetAColor()
```

执行上述语句将显示出用户窗体。用户选择一个颜色，然后单击 OK 按钮。然后，该函数把这个用户选中的颜色值赋给 UserColor 变量。

该用户窗体如图 15-26 所示，它含有 3 个 ScrollBar 控件，每个滚动条都对应于一个颜色组件(分别是红色、绿色和蓝色)。每个滚动条数值的取值范围为 0～255。模块中包含滚动条的 Change 事件的过程。例如，下面所示为第一个滚动条改变时执行的过程：

```
Private Sub scbRed_Change()
    Me.lblRed.BackColor = RGB(Me.scbRed.Value, 0, 0)
    UpdateColor
End Sub
```

UpdateColor 过程调整显示的颜色样本，同时更新 RGB 值。

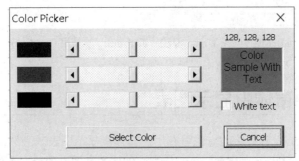

图 15-26　通过指定红色、绿色和蓝色分量，该对话框允许用户选择颜色

在线资源：
可在本书的下载文件包中找到这个示例，文件名为 Getacolor Function.xlsm。

GetAColor 用户窗体还有一个技巧：它可以记住选择的最后一个颜色。当函数结束后，这 3 个滚动条的数值就存储在 Windows 注册表中，方法是使用如下代码(其中，APPNAME 是在 Module1 中定义的字符串)：

```
SaveSetting APPNAME, "Colors", "RedValue", Me.scbRed.Value
SaveSetting APPNAME, "Colors", "BlueValue", Me.scbBlue.Value
SaveSetting APPNAME, "Colors", "GreenValue", scbGreen.Value
```

UserForm_Initialize 过程将检索这些数值并把它们赋给滚动条：

```
Me.scbRed.Value = GetSetting(APPNAME, "Colors", "RedValue", 128)
Me.scbGreen.Value = GetSetting(APPNAME, "Colors", "GreenValue", 128)
Me.scbBlue.Value = GetSetting(APPNAME, "Colors", "BlueValue", 128)
```

GetSetting 函数的最后一个参数是默认值，如果没有找到注册表键就会使用到这个值。在本例中，每个颜色的默认值为 128，这将产生一个中度的灰色。

SaveSetting 和 GetSetting 函数总是使用如下的注册表键：

```
HKEY_CURRENT_USER\Software\VB and VBA Program Settings\
```

图 15-27 显示了注册表中的数据，它是在运行了 Windows 的 Regedit.exe 程序后显示的。

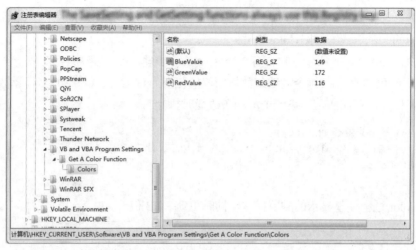

图 15-27　用户的 ScrollBar 值存储在 Windows 注册表中，在下次使用 GetAColor 函数时将检索这些值

15.12　在用户窗体中显示图表

很奇怪的是，Excel 没有直接的方法可在用户窗体中显示图表。当然，可复制该图表并将其粘贴到一个 Image 控件的 Picture 属性中，但是这样创建的是图表的静态图像，因此不会显示图表的任何变化。

这一节讲述了一种在用户窗体中显示图表的方法。图 15-28 显示了在 Image 对象中显示的一个带有图表的用户窗体。该图表实际上位于工作表中，而且用户窗体总是显示当前的图表。这种方法把图表复制到临时的图形文件中，然后使用 LoadPicture 函数把该临时文件指定为图像控件的 Picture 属性。

图 15-28　通过使用一点小技巧，用户窗体可显示"动态"图表

> **在线资源：**
> 在本书的下载文件包中可找到这个工作簿，文件名为 Chart in Userform.xlsm。

按如下常规步骤可在用户窗体中显示图表：
(1) 像平常一样创建图表。
(2) 插入一个用户窗体并添加一个 Image 控件。

(3) 编写 VBA 代码将图表保存为一个 GIF 文件，然后将这个 Image 控件的 Picture 属性设置为 GIF 文件。为此，需要使用 VBA 的 LoadPicture 函数。

(4) 根据需要添加其他组件。例如，这个演示文件中的用户窗体包含了可更改图表类型的控件，还可编写代码以显示多个图表。

15.12.1 将图表保存为 GIF 文件

下面的代码说明了如何从图表中创建 GIF 文件(将其命名为 temp.gif)，在这个示例中，工作表上的第一个图表对象名为 Data：

```
Set CurrentChart = Sheets("Data").ChartObjects(1).Chart
Fname = ThisWorkbook.Path & "\temp.gif"
CurrentChart.Export FileName:=Fname, FilterName:="GIF"
```

15.12.2 更改图像控件的 Picture 属性

如果用户窗体上的 Image 控件是 Image1，下面的语句将把图像(用 Fname 变量表示)加载到 Image 控件中：

```
Me.Image1.Picture = LoadPicture(Fname)
```

> **注意：**
> 这种技术很有用，但在保存图表以及随后检索图表时，时间会有点延迟。不过在速度较快的系统上，这种延迟几乎很难引起人们的注意。

15.13 使用户窗体半透明

通常，用户窗体是不透明的，也就是说，用户窗体底下的内容将被彻底覆盖。但是，可以使用户窗体半透明，从而使用户能够看到用户窗体下面的工作表。

创建半透明用户窗体需要调用多个 Windows API 函数。可以使用 0(用户窗体不可见)到 255(用户窗体完全不透明，这是一般情况)之间的值设置透明度。0~255 之间的每个值都指定了一个半透明程度。

图 15-29 显示了一个透明度为 128 的用户窗体。

> **在线资源：**
> 在本书的下载文件包中可以找到这个工作簿，文件名为 Semitransparent Userform.xlsm。

半透明窗体有什么好处呢？经过思考后，笔者想出了这种技术的一个潜在应用：创建灯箱效果。读者可能已经见过使用灯箱效果的网站。网页变暗(就像灯的亮度变低)，图像或弹出窗口随之显现。这种效果用于将用户的注意力集中到屏幕上的特定项上。

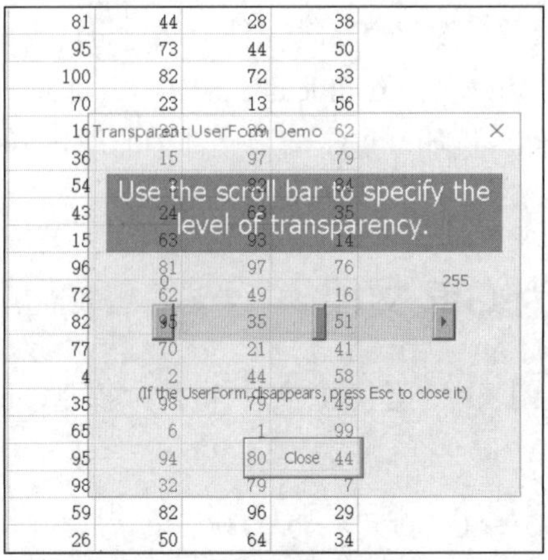

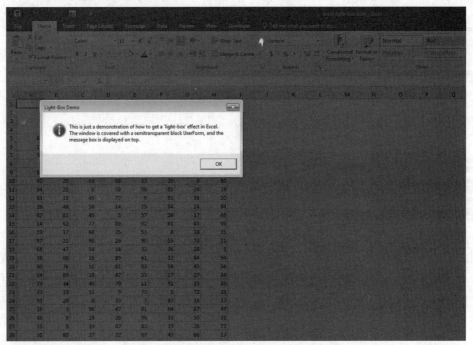

图 15-29 半透明用户窗体

图 15-30 所示为使用了灯箱效果的 Excel 工作簿。Excel 的窗口变暗，但是消息框正常显示。这如何实现呢？在一个黑色背景上创建一个用户窗体。然后编写代码，调整用户窗体的大小和位置，使其完全覆盖 Excel 窗口。

图 15-30 在 Excel 中创建灯箱效果

下面的代码实现了这种覆盖：

```
With Me
  .Height = Application.Height
  .Width = Application.Width
  .Left = Application.Left
  .Top = Application.Top
End With
```

然后,使用户窗体半透明,这就使 Excel 的窗口变暗。消息框(或另一个用户窗体)就显示在半透明用户窗体的上面。

> **在线资源:**
> 在本书的下载文件包中可以找到这个工作簿,文件名为 Excel Light-box.xlsm。

15.14 用户窗体上的数字推盘

本章最后一个示例是一个为人熟知的数字推盘,显示在一个用户窗体中(如图 15-31 所示)。这个数字推盘是 19 世纪末由 Noyes Chapman 发明的。可利用这个小游戏放松一下,同时读者可能发现这种编码方式很具有启发性。

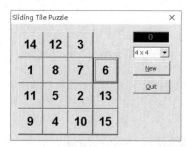

图 15-31 位于用户窗体中的一个数字推盘

目标是把面板上的方格(CommandButton 控件)按数字顺序安排。单击空格旁边的按钮,按钮就将移到这个空格上。ComboBox 控件允许用户从 3 个配置中进行选择:3×3、4×4 和 5×5。New 按钮将重新打乱方格,Label 控件将跟踪移动次数。

该应用程序使用了一个类模块来处理所有的按钮事件。

这里的 VBA 代码相当冗长,因此不再一一罗列。在检查该代码时应牢记如下几点:

- 通过代码把 CommandButton 控件添加到用户窗体中。数字和按钮的大小都是由 ComboBox 的值决定的。
- 通过模拟按钮上千次的随机单击来打乱方格。另一种方法是只赋给随机的数字,但这样可能导致一些无法解决的游戏。
- 空白区实际上是一个 CommandButton,其 Visible 属性被设置为 False。
- 类模块包含一个事件过程(MouseUp),一旦用户单击了该方格就会执行该过程。
- 当用户单击 CommandButton 方格时,它的 Caption 属性就与隐藏的按钮交换。实际上,代码并没有移动任何按钮。

> **在线资源:**
> 本书的下载文件包中提供了该工作簿,文件名为 Sliding Tile Puzzle.xlsm。

15.15 用户窗体上的电动扑克

最后这个示例是为了证明 Excel 并不一定很枯燥。图 15-32 所示的用户窗体被设置成一个类似于娱乐场所中的电动扑克。

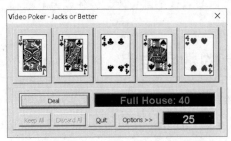

图 15-32 颇具特色的电动扑克游戏

这款游戏的功能是：
- 可以选择两种游戏：Joker's Wild 和 Jacks Or Better。
- 显示输赢记录的图表。
- 可修改牌的收益情况。
- 帮助(显示在工作表上)。
- 快速隐藏用户窗体的快捷按钮。

所缺少的只是娱乐场所的气氛了。

> **在线资源：**
> 本书的下载文件包中提供了该工作簿，文件名为 Video Poker.xlsm。

如你所料，这个示例的代码十分冗长，这里没有列出。如果查看工作簿，就可以从中找到许多有用的用户窗体提示，包括一个类模块的示例。

第 IV 部分
开发 Excel 应用程序

第 16 章　创建和使用加载项

第 17 章　使用功能区

第 18 章　使用快捷菜单

第 19 章　为应用程序提供帮助

第 20 章　理解类模块

第 21 章　兼容性问题

第16章

创建和使用加载项

本章内容：
- 概述加载项
- 详细介绍 Excel 的加载项管理器
- 创建加载项
- XLAM 加载项文件与 XLSM 文件的区别
- 操作加载项的 VBA 代码示例
- 检测是否正确安装了加载项

16.1 什么是加载项

Excel 中对开发人员最有用的功能之一是创建加载项的功能。创建加载项增加了工作的专业度，并且与标准的工作簿文件相比，提供了一些关键优势。

一般来说，电子表格加载项是指添加到电子表格中后使其拥有额外功能的东西。例如，Excel 中装有一些加载项。例如 Analysis ToolPak(添加了 Excel 本身所没有的统计和分析功能)，以及 Solver(执行高级的优化计算功能)。

有些加载项还提供可以用在公式中的新工作表函数。一个设计良好的加载项，其新功能必须与原有接口良好地整合，从而显示为 Excel 程序的一部分。

16.1.1 加载项与标准工作簿的比较

所有熟悉 Excel 的用户都可从 Excel 工作簿文件中创建加载项，而不需要额外的软件或编程工具。所有工作簿文件都可转换为加载项，但并不是每一个工作簿都适合用作加载项。从根本上讲，Excel 加载项是一个常规的 XLSM 工作簿，它与标准工作簿的区别如下：

- ThisWorkbook 对象的 IsAddin 属性为 True。默认情况下，该属性的值为 False。
- 工作簿窗口隐藏后，不能通过选择"视图"|"窗口"|"取消隐藏"命令显示窗口。这表示不能显示包含在加载项中的工作表或图表工作表，只能编写代码将工作表复制到一个标准的工作簿中才可以显示。

- 加载项并不是 Workbooks 集合的成员，而是 AddIns 集合的成员。但是，可以通过 Workbooks 集合来访问加载项(参见 16.5.1 节)。
- 可使用"加载项"对话框来安装或卸载加载项。安装完毕后，加载项在 Excel 会话期间保持已安装状态。
- "宏"对话框(通过选择"开发工具"|"代码"|"宏"或"视图"|"宏"|"宏"命令调用)并不显示包含在加载项中的宏名称。
- 存储在加载项中的自定义工作表函数可以用在公式中，而不需要在其名称前添加源工作簿的名称。

> **注意：**
> 以前，Excel 允许使用具有任意扩展名的加载项。从 Excel 2007 开始，仍然可以使用具有任意扩展名的加载项，但是如果扩展名不是 XLA 或 XLAM，那么会出现如图 16-1 所示的警告。即使该加载项是个已安装过的加载项，而且 Excel 启动时自动打开的，即使文件是可信任的，仍然会显示该提示。

图 16-1　如果加载项使用了一个非标准的文件扩展名，则会出现 Excel 警告

16.1.2　创建加载项的原因

由于以下某个原因，可能需要将 Excel 应用程序转换为加载项：

- **限制对代码或工作表的访问**：当将某个应用程序发布为加载项，并用密码保护其 VBA 工程时，用户就不能浏览或修改工作簿中的工作表或 VBA 代码了。因此，如果在应用程序中使用权限技术，则可以阻止他人复制代码——或至少使该操作变得困难一些。
- **将 VBA 代码与数据相分离**：如果将一个启用了宏因此包含了代码和数据的工作簿发送给用户，那更新代码就很困难。用户可能已更新代码或改变了已有的数据。如果给用户发送更新过代码的另一个工作簿，就会丢失已改变的数据。
- **使部署应用更轻松**：你可以把加载项放在网上共享，用户可直接从网上下载。如果发生改变，可从网络共享中把加载项替换掉。这样当用户重启 Excel 时，会加载新的加载项。
- **避免混淆**：如果有用户将应用程序加载为加载项，该文件就不可见了，从而降低了初学者混淆的可能性。与隐藏的工作簿不同，加载项不能显示出来。
- **简化对工作表函数的访问**：存储在加载项中的自定义工作表函数并不需要工作簿名称限定符。例如，如果将名为 MOVAVG 的自定义函数存储在名为 Newfuncs.xlsm 的工作簿中，就必须使用下列语法在其他工作簿的公式中使用该函数：

=Newfuncs.xlsm!MOVAVG(A1:A50)

但是如果该函数存储在一个打开的加载项中，则可使用如下更简单的语法，因为不再需要包含文件引用。

=MOVAVG(A1:A50)

- **向用户提供更简便的访问方式**：标识加载项的位置后，"加载宏"对话框中将用一个友好的名称显示该加载项，并为其提供说明信息。
- **更好地控制加载过程**：加载项可以在 Excel 启动时自动打开，不管存储在哪个目录中。
- **避免在卸载时显示提示框**：当加载项被关闭时，用户不会看到诸如"是否保存对×××的更改？"这样的提示。

关于 COM 加载项

Excel 还支持 COM(Component Object Model, 组件对象模型)加载项。这些文件具有.dll 或.exe 文件扩展名。可以编写 COM 加载项，使其与所有支持加载项的 Office 应用程序一起使用。另一个好处是，加载项的代码是经过编译的，因此可以提供更高的安全性。与 XLAM 加载项不同的是，COM 加载项不能包含 Excel 工作表或图表。COM 加载项是用 Visual Basic.NET 平台开发的。对创建 COM 加载项程序的讨论已经远超出了本书的范畴。

注意：

使用加载项的能力取决于用户在"信任中心"对话框中的"加载项"选项卡中的安全设置，如图 16-2 所示，选择"开发工具"|"代码"|"宏安全性"命令。如果"开发工具"选项卡没有显示，则选择"文件"|"选项"|"信任中心"命令，然后单击"信任中心设置"按钮。

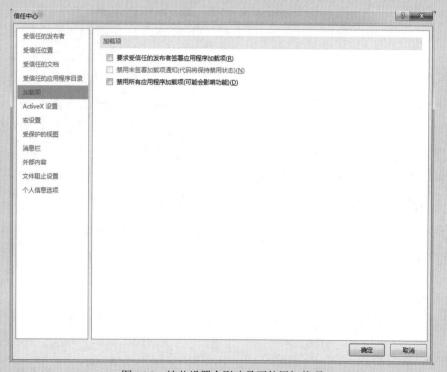

图 16-2　这些设置会影响是否使用加载项

16.2 理解 Excel 的加载项管理器

加载和卸载加载项最有效的方法是使用 Excel 的"加载宏"对话框，你可以通过以下方法之一进行访问：

- 选择"文件"|"选项"|"加载项"命令访问。然后，在"Excel 选项"对话框中，从"管理"下拉框中选择"Excel 加载项"，然后单击"转到"按钮。
- 选择"开发工具"|"加载项"|Excel|"加载项"。注意，默认情况下，"开发工具"选项卡是不可见的。
- 按 Alt+TI，这种在 Excel 早期版本中使用的快捷方式现在依然可用。

图 16-3 显示了"加载宏"对话框。列表中包含了 Excel 可以分辨的所有加载项名称，复选框标记用于识别打开的加载项。可通过清除或标记复选框来从该对话框打开或关闭加载项。当卸载插件时，并不会从系统中删除它。它依然保留在系统中，供以后安装。使用"浏览"按钮找到附加的插件，并将它们添加到列表中。

图 16-3 "加载宏"对话框

> **警告：**
> 可通过选择"文件"|"打开"命令来打开大多数加载项文件。由于加载项永远都不可能是活动的工作簿，因此不能通过选择"文件"|"关闭"命令来关闭加载项。可通过退出和重启 Excel 来删除加载项，或执行 VBA 代码来关闭加载项。例如：
>
> `Workbooks("myaddin.xlam").Close`
>
> 使用"文件"|"打开"命令打开加载项会打开文件，但是加载项不会被正式安装。

打开一个加载项时，你可能注意到 Excel 的一些不同之处。几乎所有情况下，用户界面都会以某种方式变化：Excel 会在功能区中显示一条新命令，或者在快捷菜单中显示新菜单项。例如，安装"分析工具库"加载项时，会给出一条新命令："数据"|"分析"|"数据分析"命令。安装 Excel 的"欧元工具"加载项时，会在"公式"选项卡中得到一个新组：解决方案。

如果加载项只包括自定义工作表函数，那么新函数会出现在"插入函数"对话框中。

> **注意：**
> 如果打开用 Excel 2007 之前的版本创建的加载项，加载项做出的任何用户界面修改都不会像

预期那样进行显示。而必须选择"加载项"|"菜单命令或加载项"|"自定义工具栏"来访问用户界面项(菜单和工具栏)。

16.3 创建加载项

如前所述，可将任何工作簿转换为加载项，但是并非所有工作簿都适合转换为加载项。首先，加载项必须包含宏，否则就没有任何用处。

一般来说，适合转换为加载项的工作簿是一个包含通用宏程序的工作簿。只包含工作表的工作簿转换为加载项后将会不可访问，因为加载项中的工作表对于用户来说是隐藏的。但可编写代码，将工作表的全部或部分从加载项中复制到一个可见的工作簿中。

从工作簿中创建加载项是很简单的。下面的步骤介绍了如何从一个常规工作簿文件中创建加载项：

(1) 开发应用程序，确保一切都正常工作。

(2) 在加载项中包含一种执行宏的方法

> **在线资源：**
> 参见第 17 章和第 18 章，可以获取更多关于修改 Excel 用户界面的信息。

(3) 激活 Visual Basic 编辑器(VBE)，在"工程"窗口中选择工作簿。

(4) 选择"工具"| xxx 属性(xxx 表示工程名称)，然后单击"保护"选项卡。选择"查看时锁定工程"复选框，然后输入密码(两次)。单击"确定"按钮。

只有想要阻止其他人浏览或修改自己的宏或用户窗体时，该步骤才是必需的。

(5) 重新激活 Excel，选择"开发工具"|"修改"|"文档面板"显示"文档属性"面板。

(6) 在"标题"字段中输入一个简洁的说明性标题，在"备注"字段中输入较详细的说明信息。

该步骤不是必需的，但通过在"加载宏"对话框中显示描述性文字，可使得加载项更容易使用。

(7) 选择"文件"|"另存为"对话框。

(8) 在"另存为"对话框中，从"保存类型"下拉列表中选择"Excel 加载宏"(*.xlam)。Excel 会提供标准加载项目录，但你可以将加载项保存到其他位置上。

(9) 单击"保存"按钮。

工作簿的一个副本被保存(具有.xlam 扩展名)，原始工作簿仍然保持打开的状态。

(10) 关闭原始工作簿，然后安装加载项版本。

(11) 测试加载项，确保其正确工作。

如果不能正确工作，则对代码做些修改。并且不要忘记保存修改。由于加载项不会显示在 Excel 窗口中，你必须从 VBE 保存它。

> **警告：**
> 转换为加载项的工作簿必须至少包含一个工作表，而且在创建加载项时工作表必须处于激活状态。如果图表工作表处于激活状态，那么将工作表保存为加载项的选项就不会出现在"另存为"对话框中。

> **关于密码的一些知识**
> Microsoft 从未宣称使用 Excel 可以创建确保源代码安全的应用程序。Excel 中提供的密码功能足以防止用户无意间访问你本想隐藏的部分应用程序。如果要绝对保证没有人曾经看过你的代码或公式，那么 Excel 并不是开发平台的最佳选择。

16.4 加载项示例

本节介绍了创建一个有用的加载项的步骤。示例中使用了笔者创建的一个实用程序，该实用程序可将图表导出为单独的图形文件。它会在"开始"选项卡中添加一个新组(即 Export Charts，也可按 Ctrl+Shift+E 来访问)。图 16-4 显示了这个实用程序的主对话框。这是一个比较复杂的实用程序，可能需要一点时间来熟悉它的工作方式。

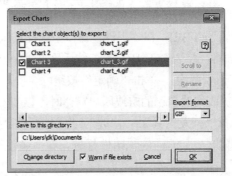

图 16-4　Export Charts 工作簿是一个有用的加载项

> **在线资源：**
> Export Charts 实用程序的 XLSM 版本(名为 Export Charts.xlsm)可以从本书的下载文件包中获取。可以使用该文件来创建前面介绍的加载项。

在这个示例中，将使用一个已经开发和调试好的工作簿。该工作簿包含下列项：

- **工作表 Sheet1**：不会使用该工作表，但是它必须存在，因为每个加载项必须至少有一个工作表。
- **用户窗体 UExport**：该对话框用作主用户界面。该用户窗体的代码模块包含一些事件处理程序。
- **用户窗体 URename**：当用户单击 Rename 按钮，修改要导出的图表的文件名时，显示这个对话框。

- **用户窗体USplash**：当工作簿打开时显示这个对话框。它简单地描述如何访问Export Charts实用程序，还包含一个Don't Show This Message Again复选框。
- **VBA 模块 Module1**：该模块包含一些过程，其中包括一个用来显示 UExport 对话框的主过程 StartExpotCharts。
- **ThisWorkbook 代码模块**：该模块包含一个读取保存的设置和显示启动消息的 Workbook_Open过程。
- **定制功能区的 XML 代码**：该定制在 Excel 外部完成。参见第 17 章，可以获取更多关于使用 RibbonX 来定制功能区的信息。

16.4.1 为加载项示例添加描述信息

要为加载项输入标题和简要描述，可选择"文件"|"信息"。在"标题"字段中输入加载项的标题。该文本会出现在"加载项"对话框的列表中。在"备注"字段中，输入对加载项的描述信息。该信息将在选择加载项时出现在"加载项"对话框的底部。如果你没看到"备注"字段，可以单击"显示所有属性"链接。选中加载项时，该信息会显示在"加载项"对话框的底部。

为加载项添加标题和描述信息都是可选的，但是笔者非常推荐进行这些操作。

16.4.2 创建加载项

要创建一个加载项，可按如下步骤进行操作：

(1) 激活 VBE，在"工程"窗口中选择要加载的加载项工作簿。

(2) 选择"调试"|"编译"命令。

该步骤强制编译 VBA 代码，并识别所有的语法错误，以便改正。将工作簿保存为加载项时，即使包含语法错误，Excel 也会创建加载项。

(3) 选择"工具"| xxx 属性(xxx 表示工程名称)显示"工程属性"对话框。单击"通用"选项卡，输入工程的新名称。

默认情况下，所有 VBA 工程都被命名为 VBAProject。在本例中，工程名称被修改为 ExpCharts。该步骤是可选的，但推荐使用。

(4) 最后使用*.XLSM 名称保存工作簿。

严格来说，该步骤并不是必需的，但它会给用户的 XLAM 加载项做一个 XLSM 备份(没有密码)。

(5) 在"工程属性"对话框仍然显示时，单击"保护"选项卡，选中"查看时锁定工程"复选框，输入密码(两次)，单击"确定"。

这时代码仍然是可见的，密码保护将在下次打开文件时起作用。如果不需要保护工程，可跳过该步骤。

(6) 在 Excel 中，选择"文件"|"另存为"命令。

Excel 会显示"另存为"对话框。

(7) 在"保存类型"下拉列表中，选择"Excel 加载宏"(*.xlam)。

(8) 单击"保存"按钮。

新的加载项已创建，原来的 XLSM 版本仍然是打开的。

在创建加载项时，Excel 会建议放到标准加载项目录中，但实际上加载项可以放在任何目录中。

> **关于 Excel 的加载项管理器**
>
> 通过 Excel 的"加载宏"对话框可以安装和卸载加载项。该对话框列出了所有可用加载项的名称。被选中的加载项都是打开的。
>
> 在 VBA 中，"加载宏"对话框列出了 AddIns 集合中每个 AddIn 对象的 Title 属性。每个带有复选标记的加载项的 Installed 属性都被设置为 True。
>
> 可以通过标记复选框来安装加载项，通过删除复选标记来清除已经安装的加载项。如果要向列表中添加一个加载项，则使用"浏览"按钮来定位加载项文件。默认情况下，"加载宏"对话框列出了下列类型的文件：
> - XLAM：从 XLSM 文件中创建的 Excel 2007 或更新版本的加载项
> - XLA：从 XLS 文件中创建的 Excel 2007 之前版本的加载项
> - XLL：独立编译过的 DLL 文件
>
> 如果单击"自动化"按钮，则可以浏览 COM 加载项。请注意，"自动化服务器"对话框可能列出许多文件，而且文件列表并不限于使用 Excel 的 COM 加载项。
>
> 可用 VBA 的 AddIns 集合的 Add 方法向 AddIns 集合中注册一个加载项文件，但是不能使用 VBA 删除加载项文件。还可通过将 AddIn 对象的 Installed 属性设置为 True，来用 VBA 代码打开一个加载项。将属性设置为 False 则关闭加载项。
>
> 退出 Excel 时，"加载项管理器"会将加载项的安装状态存储在 Windows 注册表中。因此，关闭 Excel 时，所有安装的加载项都会在下次启动 Excel 时自动打开。

16.4.3 安装加载项

为避免混淆，在安装从工作簿中创建的加载宏之前先关闭 XLSM 工作簿。

要安装一个加载项，可按如下步骤进行操作：

(1) 选择"文件" | "选项"命令，单击"加载项"选项卡。

(2) 从"管理"下拉列表中选择"Excel 加载项"，单击"转到"(或按 Alt+TI 组合键)。Excel 会显示"加载项"对话框。

(3) 单击"浏览"按钮，定位并双击刚才创建的加载项。

发现新的加载项后，"加载项"对话框会在列表中显示该加载项。如图 16-5 所示，"加载项"对话框还会显示用户在"文档属性"面板中提交的描述信息。

(4) 单击"确定"来关闭对话框和打开加载项。

当 Export Charts 加载项被打开时，"开始"选项卡会显示一个新组：Export Charts，该组有两个控件。一个控件显示 Export Charts 对话框，另一个控件显示帮助文件。

也可通过快捷键组合 Ctrl+Shift+E 来使用加载项。

图 16-5 "加载项"对话框以及新选择的加载项

16.4.4 测试加载项

安装加载项后,应该执行一些额外测试。对于该示例来说,打开一个新工作簿,并创建一些图表,来测试 Export Charts 实用程序中的各个功能。尽一切可能使其运行失败。最好寻求一个不熟悉该应用程序的人的帮助,对其进行破坏性测试。

如果发现错误,就可在加载项中(并不要求在原始文件中)改正代码。修改后,在 VBE 中选择"文件"|"保存"命令来保存文件。

16.4.5 发布加载项

要向其他 Excel 用户发布该加载项,可以简单地通过向他们提供一个 XLAM 文件副本(他们不需要 XLSM 版本)以及关于如何安装的说明书。如果用密码锁定文件,那么宏将不能被其他人浏览或修改,除非他们知道密码。

16.4.6 修改加载项

如果需要修改一个加载项,首先打开该加载项,如果使用了密码,则解锁该 VB 工程。要进行解锁,需要激活 VBE,然后在"工程"窗口中双击其工程名称。该工程会被要求输入密码。做出修改后,从 VBE 中保存文件(选择"文件"|"保存"命令)。

如果要创建一个加载项,并将其信息存储在一个工作表中,必须将其 IsAddIn 属性设置为 False,这样才能在 Excel 中浏览该工作簿。这些工作可在 ThisWorkbook 工程被选择后,在如图 16-6 所示的"属性"窗口中完成。做出修改后,将 IsAddin 属性设置回 True,然后保存文件。如果想让 IsAddIn 属性保持为 False,则 Excel 不允许以 XLAM 扩展名保存文件。

图 16-6　使加载项不再是加载项

> **创建加载项的检查列表**
>
> 在向外界发布加载项之前，你应该花费一些时间思考下列检查列表中的问题：
> - 是否用所有支持的平台和 Excel 版本都进行了加载项测试？
> - 是否为 VB 工程指定了一个新名称？默认情况下，每个工程都被命名为 VBAProject。应该为工程指定一个更有意义的名称。
> - 加载项是否对用户的目录结构和目录名称做出了假设？
> - 使用"加载项"对话框加载加载项时，其名称和描述是否正确和合适？
> - 如果加载项使用一个不能在工作表中使用的 VBA 函数，是否已将该函数声明为 Private 类型？如果没有，这些函数将出现在"插入函数"对话框中。
> - 是否记得将所有 Debug.Print 语句从代码中删除？
> - 是否强制重新编译加载项，以确保其不包含语法错误？
> - 是否考虑了国际性问题？
> - 加载项文件的速度是否进行了优化？参见 16.7 节。

16.5　比较 XLAM 和 XLSM 文件

本节首先将 XLAM 加载项文件与其 XLSM 源文件做了比较。本章后面将介绍可用来优化加载项性能的方法。

基于 XLSM 源文件的加载项与其原始大小是相同的。XLAM 文件中的 VBA 代码并没有被优化，因此使用加载项并没有加快执行速度。

16.5.1　XLAM 文件中的 VBA 集合成员

加载项是 AddIns 集合中的一个成员，但并不是 Workbooks 集合的正式成员。可通过使用 Application 对象的 Workbooks 方法，并将加载项的文件名作为索引来引用加载项。下列指令创建了一个对象变量，该变量表示的是名为 myaddin.xlam 的加载项：

```
Dim TestAddinAs Workbook
Set TestAddin = Workbooks("myaddin.xlam")
```

不能通过 Workbooks 集合中的索引号来引用加载项。如果使用下列代码来循环遍历 Workbooks 集合，则不会显示 myaddin.xlam 工作簿：

```
Dim w as Workbook
ForEach w in Application.Workbooks
    MsgBoxw.Name
Next w
```

另一方面，下面的 For-Next 循环会在"加载项"对话框中显示 myaddin.xlam——假设 Excel 中有的话：

```
Dim a as Addin
For Each a in Application.AddIns
    MsgBoxa.Name
Next a
```

16.5.2　XLSM 和 XLAM 文件的可见性

普通工作簿显示在一个或多个窗口中。例如，下列语句显示了活动工作簿的窗口数：

```
MsgBoxActiveWorkbook.Windows.Count
```

通过选择"视图"｜"窗口"｜"隐藏"命令或使用 VBA 修改 Visible 属性，来操纵工作簿中每个窗口的可见性。下列代码隐藏了活动工作簿中的所有窗口：

```
DimWin As Window
ForEach Win In ActiveWorkbook.Windows
    Win.Visible = False
Next Win
```

加载项文件永远是不可见的，并且没有正式的窗口，即使它们有不可见的工作表。因此，当选择"视图"｜"窗口"｜"切换窗口"命令时，加载项并不会出现在窗口列表中。如果 myaddin.xlam 文件是打开的，那么下列语句会返回 0：

```
MsgBoxWorkbooks("myaddin.xlam").Windows.Count
```

16.5.3　XLSM 和 XLAM 文件的工作表和图表工作表

加载项文件和普通的工作簿文件一样，可以包含任意数量的工作表或图表工作表。但是，如本章前面所述，XLSM 文件必须至少包含一个工作表，以便可以转换为加载项。很多情况下，这个工作表都是空的。

加载项打开时，VBA 代码可以像访问普通工作簿一样访问其工作表。因为加载项文件并不是 Workbooks 集合的一部分，因此必须通过加载项的名称而非索引号进行引用。下面的示例显示了 myaddin.xla 中的第一个工作表中单元格 A1 中的值，假设 myaddin.xla 是打开的。

```
MsgBoxWorkbooks("myaddin.xlam").Worksheets(1).Range("A1").Value
```

如果加载项包含一个希望让用户看到的工作表，则可将其复制到一个打开的工作簿中，或从工作表中创建一个新的工作簿。

例如，下列代码复制加载项的第一个工作表，并将其放在活动工作簿中(作为该工作簿中的最后一个工作表)：

```
Sub CopySheetFromAddin()
    Dim AddinSheet As Worksheet
    Dim NumSheets As Long
    Set AddinSheet = Workbooks("myaddin.xlam").Sheets(1)
    NumSheets = ActiveWorkbook.Sheets.Count
    AddinSheet.Copy After:=ActiveWorkbook.Sheets(NumSheets)
End Sub
```

注意，即使加载项的 VBA 工程使用密码保护，这个过程仍然可以工作。

从加载项的一个工作表中创建一个新工作簿甚至更简单：

```
Sub CreateNewWorkbook()
    Workbooks("myaddin.xlam").Sheets(1).Copy
End Sub
```

> **注意：**
> 上述示例假设了该段代码位于非加载项文件的文件中。加载项中的 VBA 代码必须使用 ThisWorkbook 来限定指向加载项中的工作表或单元格区域的引用。例如，下列程序假设是某个加载项文件中的 VBA 模块。该语句显示了工作表 Sheet1 中单元格 A1 的值：
>
> ```
> MsgBoxThisWorkbook.Sheets("Sheet1").Range("A1").Value
> ```

16.5.4 访问加载项中的 VBA 过程

访问加载项中的 VBA 过程与访问普通 XLSM 工作簿中的过程有一些不同。首先，选择"视图"|"宏"|"宏"命令时，"宏"对话框不会显示打开的加载项中的宏名称。看起来 Excel 在阻止访问这些宏。

> **提示：**
> 如果知道加载项中过程的名称，则可以直接输入到"宏"对话框中，单击"运行"按钮执行该过程。Sub 过程一定要在通用 VBA 模块中而非对象的代码模块中。

由于包含在加载项中的过程并没有在"宏"对话框中列出，所以必须提供其他方法进行访问。可以选择直接的方法(如快捷键和功能区命令)和间接的方法(如事件处理程序)。例如，可以选择 OnTime 方法，在一天的某个特定时刻执行一个过程。

可使用 Application 对象的 Run 方法来执行加载项中的过程。例如：

```
Application.Run "myaddin.xlam!DisplayNames"
```

另一个选择是使用 VBE 中的"工具"|"引用"命令来支持对加载项的引用。这样，就可以

在 VBA 代码中直接引用其中某个过程，而不必限定文件名。实际上，只要该过程没有被声明为 Private，并不需要使用 Run 方法，而是可以直接调用该过程。下列语句执行了添加为引用的加载项中名为 DisplayNames 的过程：

```
Sub RunTheAddingCode()
    DisplayNames
End Sub
```

> **注意：**
> 即使已经建立了对加载项的引用，加载项的宏名称仍然不会出现在"宏"对话框中。

加载项中定义的函数过程与 XLSM 工作簿中定义的函数过程使用起来一样。访问这些过程很容易，因为 Excel 会将这些过程的名称显示在"插入函数"对话框的"用户定义"类别下(默认情况下)。唯一的例外是如果用 Private 关键字声明 Function 过程，函数就不会出现在其中。正因为如此，如果自定义函数仅被其他 VBA 过程使用且不会在工作表公式中使用时，最好将自定义函数定义为 Private。

如前所述，可使用加载项中包含的工作表函数，而不必限定工作簿名称。例如，如果有一个名为 MOVAVG 的自定义函数存储在 newfuncs.xlsm 文件中，可使用下列指令从其他工作簿中的工作表寻址该函数：

```
=newfuncs.xlsm!MOVAVG(A1:A50)
```

但是，如果该函数存储在一个打开的加载项文件中，则可以省略文件引用，而是编写如下指令即可：

```
=MOVAVG(A1:A50)
```

记住，如果工作簿使用了在加载项中定义的函数，就会有一个指向该加载项的链接，因此，在使用工作簿时，该加载项也必须是可用的。

探究受保护的加载项

"宏"对话框并不会显示加载项中包含的过程名称。如果想要运行这样一个过程，该怎么办呢？不知道过程名称也可以运行它们，但是这需要使用"对象浏览器"对话框。

为说明问题，笔者安装了"欧元工具"加载项。这个加载项随 Excel 一起发布，并且是受保护的，所以不能查看其代码。安装这个加载项后，它会在功能区的"公式"选项卡下创建一个名为"解决方案"的新组。单击"欧元转换"按钮时，将显示"欧元转换"对话框。在这里可以转换包含货币的单元格区域。

为确定显示这个对话框的过程的名称，可执行下列步骤：

(1) 激活 VBE，然后选择"工程"窗口中的 EUROTOOL.XLAM 工程。
(2) 按 F2 键，激活"对象浏览器"对话框。
(3) 在"库"下拉列表中选择 EuroTool。这样就会显示 EUROTOOL.XLAM 加载项中的所有类，如图 16-7 所示。

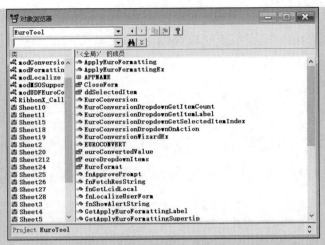

图 16-7　显示 EUROTOOL.XLAM 加载项中的所有类

(4) 在类列表中选择各个项目，查看它们属于哪些类以及包含哪些成员。

可以看到，这个加载宏中有不少工作表。Excel 允许复制受保护加载项中的工作表，所以如果想要查看其中某个工作表，使用如下语句，通过"立即"窗口将工作表复制到一个新工作簿中：

```
Workbooks("eurotool.xlam").Sheets(1).Copy
```

或者，为了检查全部工作表，执行如下语句，将该加载项转换为一个标准工作簿：

```
Workbooks("eurotool.xlam").IsAddin = False
```

图 16-8 显示了从 EUROTOOL.XLAM 中复制的工作表的一部分。这个工作表(和其他工作表)包含用于为不同语言本地化该加载项的信息。

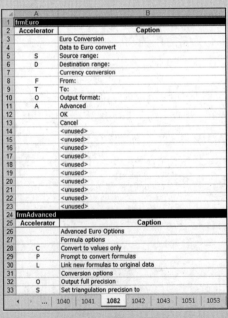

图 16-8　工作表的部分

这幅图很有趣，但是对识别我们寻找的过程名称没有帮助。

这个加载项有许多过程，笔者尝试执行几个可能的过程，但是没有一个显示了"欧元转换"对话框。然后，笔者查看 ThisWorkbook 代码模块中列出的成员，注意到一个名为 EuroConversionWizard 的过程。笔者尝试执行这个过程，但是得到了一个错误。然后笔者尝试另外一条命令：

```
Application.Run "eurotool.xlam!ThisWorkbook.EuroConversionWizard"
```

这次成功了。执行这条语句会显示"欧元转换"对话框。

根据该信息，可以编写 VBA 代码来显示"欧元转换"对话框——当然，假设你有理由这么做。

16.6 用 VBA 操作加载项

本节介绍了一些有助于编写用来操作加载项的 VBA 过程的信息。

AddIns 集合包含了所有 Excel 能够识别的加载项。这些加载项可以进行安装，也可以选择不安装。"加载项"对话框列出了 AddIns 集合的所有成员。其中选上复选标记的条目已经安装了。

> **新功能：**
> Excel 2010 新添加了一个集合：AddIns2。这个集合与 AddIns 集合相同，但是还包含使用"文件"|"打开"命令打开的加载项。在过去，访问这些加载项需要使用 XLM 宏。

16.6.1 向 AddIns 集合中添加项

构成 AddIns 集合的加载项文件可以存储在任何地方。Excel 将这些文件和它们的位置保存在 Windows 注册表中。在 Excel 2019 中，该列表存储在：

```
HKEY_CURRENT_USER\Software\Microsoft\Office\16.0\Excel\Add-in Manager
```

可使用 Windows 注册表编辑器(regedit.exe)来浏览注册表键。请注意，Excel 装载的标准加载项并不出现在该注册表键中。此外，存储在下列目录中的加载项文件也会出现在列表中，但并没有在注册表中列出：

```
C:\Program Files\Microsoft Office\Office16\Library
```

注意，系统中的路径可能会有所不同，这跟你所使用的 Windows 版本有关。你可以通过手动方式或通过使用 VBA 以编程方式将一个新的 AddIn 对象添加到 AddIns 集合中。如果要手动添加一个新的加载项到集合中，则需要显示"加载项"对话框，单击"浏览"按钮，并定位加载项。

如果要用 VBA 为 AddIns 集合添加一个新成员，则使用该集合的 Add 方法。下面是一个示例：

```
Application.AddIns.Add "c:\files\newaddin.xlam"
```

执行上述指令后，AddIns 集合就有了一个新成员，"加载项"对话框会在其列表中显示一个新项。如果该加载项已经存在于集合中，则不会发生任何操作，也不会产生错误。

如果加载项位于一个可移动的介质中(如光盘)，那么也可以用 Add 方法将该文件复制到 Excel 的库目录下。下例从驱动盘 E 盘中复制 myaddin.xla 文件，将其添加到 AddIns 集合中。Add 方法的第二个参数(本例中为 True)指定是否要复制该加载项。如果加载项位于一个硬盘驱动器中，则可忽略第二个参数。

```
Application.AddIns.Add "e:\myaddin.xla", True
```

> **注意：**
> 在 AddIns 集合中添加一个新文件时，并不会对该加载项进行安装。要安装加载项，则要将其 Installed 属性设置为 True。

> **警告：**
> Excel 正常关闭之前，Windows 注册表并不会进行更新。因此，如果 Excel 非正常结束(即崩溃)，那么该加载项的名称不会被添加到注册表中，Excel 重启时该加载项不会存在于 AddIns 集合中。

16.6.2 从 AddIns 集合中删除项

奇怪的是，并没有方法能从 AddIns 集合中删除加载项。AddIns 集合不包含 Delete 或 Remove 方法。从"加载项"对话框中删除加载项的一种方法是编辑 Windows 注册表数据库(使用 regedit.exe)。这样，下次启动 Excel 时，加载项就不会出现在"加载项"对话框中了。注意，这种方法并不能保证适用于所有加载项文件。

从 AddIns 集合中删除加载项的另一种方法是删除、移动或重命名其 XLAM(或 XLA)文件。下一次安装或卸载加载项时，会得到如图 16-9 所示的警告，也使用户可以根据该警告信息从 AddIns 集合中删除加载项。

图 16-9　删除 AddIns 集合中成员的一种方法

16.6.3 AddIn 对象属性

AddIn 对象是 AddIns 集合中的一个独立成员。例如，要显示 AddIns 集合中第一个成员的文件名，则使用下列语句：

```
MsgboxAddIns(1).Name
```

一个 AddIn 对象有 15 个属性，可以从帮助系统中了解到。其中 5 个属性是隐藏属性。其中一些属性有些容易混淆，因此将在接下来的部分介绍一些重要属性。

1. AddIn 对象的 Name 属性

该属性保存了加载项的文件名。Name 属性是一个只读属性，因此不能通过改变 Name 属性来修改文件名称。

2. AddIn 对象的 Path 属性

该属性保存了加载项存储的驱动器和路径。它并不包括反斜杠结束符或文件名。

3. AddIn 对象的 FullName 属性

该属性保存了加载项的驱动器、路径和文件名。该属性是多余的，因为这些信息也可从 Name 属性和 Path 属性中获取。下列指令生成的消息实际上是相同的：

```
MsgBoxAddIns(1).Path & "\" &AddIns(1).Name
MsgBoxAddIns(1).FullName
```

4. AddIn 对象的 Title 属性

这个被隐藏的 Title 属性保存了加载项的描述信息。Title 属性出现在"加载项"对话框中。当 Excel 从窗口中读取文件的 Title 属性时可以设置该属性，且不能从代码中修改该属性。要添加或修改加载项的 Title 属性，首先要将 IsAddin 属性设置为 False(这样加载项可以正常的工作簿形式出现在 Excel 中)，然后选择"文件"|"信息"，在"属性"区域对 Title 进行修改。别忘了将 IsAddin 属性设置回 True，并从 VBE 中保存加载项。因为在安装加载项时 Excel 仅读取文件属性，它不会知道这些变化，除非卸载并重新安装该加载项(或者重启 Excel)。

当然，也可通过 Windows 资源管理器来更改任何文件属性(包括 Title 属性)。在 Windows 资源管理器中右击加载项文件，从快捷菜单中选择"属性"。然后单击"详细信息"选项卡进行修改。如果文件已经在 Excel 中打开了，在 Windows 资源管理器所做的修改就不能被保存，因此在使用该方法前需要先卸载它或关闭 Excel。

通常，集合中的成员通过 Name 属性设置来寻址。AddIns 集合则不同，它使用 Title 属性来寻址。下列示例显示了 Analysis ToolPak 加载项的文件名(即 analys32.xll)，其 Title 属性为 Analysis ToolPak。

```
Sub ShowName()
    MsgBoxAddIns("Analysis Toolpak").Name
End Sub
```

当然，如果你碰巧知道加载项的索引号，也可以用索引号来引用某个特定的加载项。但在大多数情况下，需要通过使用 Name 属性来引用加载项。

5. AddIn 对象的 Comments 属性

这个属性存储了选择某个特定加载项时"加载项"对话框中显示的文本。与 Title 属性类似，读取文件的 Title 属性时可以设置该属性，且不能从代码中修改该属性。要修改该属性，也与上一节所述的修改 Title 属性的方法一样。Comments 属性可以长达 255 个字符，但是"加载宏"对话框只能显示大约 100 个字符。

6. AddIn 对象的 Installed 属性

如果当前已经安装了加载项(即如果在"加载项"对话框中选中该加载项)，Installed 属性为 True。将 Installed 属性设置为 True 会打开该加载项。将其设置为 False 则会卸载该加载项。下面的示例显示了如何使用 VBA 安装(即打开)Analysis ToolPak 加载项：

```
Sub InstallATP()
    AddIns("Analysis ToolPak").Installed = True
End Sub
```

执行该过程后，"加载项"对话框会在"分析工具库"旁边显示一个复选标记。如果加载项已经安装，那么将 Installed 属性设置为 True 并没有任何影响。如果要删除(卸载)加载项，将 Installed 属性设置为 False 即可。

> **警告：**
> 如果用"文件"|"打开"命令打开一个加载项，则并不会认为要正式安装。结果是其 Installed 属性为 False。只有加载项显示在"加载项"对话框中，并且旁边选上了复选标记时，它才会进行安装。

下面的 ListAllAddIns 过程创建了一个表，列出了 AddIns 集合的所有成员，并显示下列属性：Name、Title、Installed、Comments 和 Path 属性。

```
Sub ListAllAddins()
    Dim ai As AddIn
    Dim Row As Long
    Dim Table1 As ListObject
    Dim sh As Worksheet

    Set sh = ActiveSheet
    Sh.Cells.Clear
    Sh.Range("A1:E1") = Array("Name", "Title", "Installed", _
      "Comments", "Path")
    Row = 2
    On Error Resume Next
    For Each ai In Application.AddIns
        Sh.Cells(Row, 1) = ai.Name
        Sh.Cells(Row, 2) = ai.Title
        Sh.Cells(Row, 3) = ai.Installed
        Sh.Cells(Row, 4) = ai.Comments
        Sh.Cells(Row, 5) = ai.Path
        Row = Row + 1
    Next ai
    On Error GoTo 0
    Sh.Range("A1").Select
    Sh.ActiveSheet.ListObjects.Add
    Sh.ActiveSheet.ListObjects(1).TableStyle = _
      "TableStyleMedium2"
    sh.ListObjects(1).Range.EntireColumn.AutoFit
End Sub
```

图 16-10 显示了执行该过程的结果。如果修改代码，以便使用 AddIns2 集合，表中还会包含使用“文件”|“打开”命令打开的加载项(如果有)。AddIns2 集合只在 Excel 2010 或后续版本中提供。

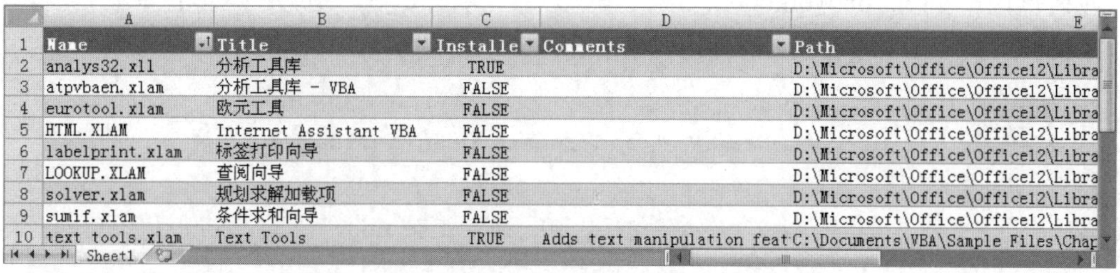

	A	B	C	D	E
1	Name	Title	Installe	Comments	Path
2	analys32.xll	分析工具库	TRUE		D:\Microsoft\Office\Office12\Libra
3	atpvbaen.xlam	分析工具库 - VBA	FALSE		D:\Microsoft\Office\Office12\Libra
4	eurotool.xlam	欧元工具	FALSE		D:\Microsoft\Office\Office12\Libra
5	HTML.XLAM	Internet Assistant VBA	FALSE		D:\Microsoft\Office\Office12\Libra
6	labelprint.xlam	标签打印向导	FALSE		D:\Microsoft\Office\Office12\Libra
7	LOOKUP.XLAM	查阅向导	FALSE		D:\Microsoft\Office\Office12\Libra
8	solver.xlam	规划求解加载项	FALSE		D:\Microsoft\Office\Office12\Libra
9	sumif.xlam	条件求和向导	FALSE		D:\Microsoft\Office\Office12\Libra
10	text tools.xlam	Text Tools	TRUE	Adds text manipulation feat	C:\Documents\VBA\Sample Files\Chap

图 16-10　该表列出了 AddIns 集合中的所有成员

在线资源：

可从本书的下载文件包中获取该过程，文件名为 List Add-in Information.xlsm。

注意：

可通过访问工作簿的 IsAddIn 属性来确定其是不是一个加载项。该属性并不是只读属性，因此可通过将 IsAddIn 属性设置为 True 来将工作簿转换成加载项。然而，也可通过将 IsAddIn 属性设置为 False 将加载项转换成工作簿。这样一来，加载项的工作表在 Excel 中就可见了(即使加载项的 VBA 工程被保护)。通过使用这种技术，笔者了解到 SOLVER.XLAM 中的大多数对话框都是旧式的 Excel 5/95 对话框编辑表，而不是用户窗体。另外，SOLVER.XLAM 包含了超过 15000 多种命名的区域。

16.6.4　作为工作簿访问加载项

有两种方法可打开加载项文件：通过使用“加载项”对话框和选择“文件”|“打开”命令。前一种方法是优先考虑的方法，这是因为：当用“文件”|“打开”命令打开加载项时，其 Installed 属性并未被设置为 True。因此，不能通过使用“加载项”对话框来关闭文件。事实上，关闭这种加载项的唯一方法是用如下的 VBA 语句：

```
Workbooks("myaddin.xlam").Close
```

警告：

对一个安装好的加载项使用 Close 方法会将加载项从内存中删除掉，但是并不会将其 Installed 属性设置为 False。因此，“加载项”对话框仍然会列出该加载项，让人以为其已经安装。删除一个安装好的加载项的正确方法是将加载项的 Installed 属性设置为 False。

Excel 的加载项功能有一点奇怪。这一组件(除了添加 AddIns2 集合以外)经过了许多年之后仍未得到改善。因此，作为一个开发人员，特别需要注意由安装和卸载加载项引起的问题。

16.6.5 AddIn 对象事件

AddIn对象包含两个事件：AddInInstall事件(安装加载项时出现)和AddInUninstall事件(卸载加载项时出现)。可在ThisWorkbook代码模块中为加载项的这两个事件编写事件处理程序。

下面的示例会在安装加载项时弹出一条消息：

```
Private Sub Workbook_AddInInstall()
    MsgBoxThisWorkbook.Name & " add-in has been installed."
End Sub
```

> **警告：**
> 不要混淆 AddInInstall 事件与 Open 事件。AddInInstall 事件只在第一次安装加载项时发生——并不是每次打开时都发生。如果需要在每次打开加载项时执行代码，则使用 Workbook_Open 过程。

> **交叉参考：**
> 关于事件的更多信息，请参见第 6 章。

16.7 优化加载项的性能

如果让一些 Excel 编程人员自动操作一项特定任务，很可能会得到一些不同的途径。并且很可能并不是所有的途径都能执行得很好。

下面是一些简单提示，可以用来确保代码尽可能快地运行。这些提示可以运用于所有的 VBA 代码，而不仅是加载项中的代码。

- **将 Application.ScreenUpdating 属性设置为 False**：用于向工作表中写入数据或执行一些会引起显示变化的行为时。
- **尽量为所有使用的变量声明数据类型，避免使用 Variant 类型**：在每个模块的顶端使用 Option Explicit 语句来强制自己声明所有变量。
- **创建对象变量时，避免过长的对象引用**：例如，如果正在使用图表的 Series 对象，则可以通过使用下列代码来创建一个对象变量：

```
Dim S1 As Series
Set S1 = ActiveWorkbook.Sheets(1).ChartObjects(1). _
    Chart.SeriesCollection(1)
```

- **尽可能将对象变量声明为一个具体的对象类型**：而不是仅使用 As Object。
- **适当时使用 With-End With 结构**：在合适时，为单个对象设置多个属性或调用多个方法。
- **删除所有无关代码**：如果已经使用宏录制器来创建过程，这就尤为重要了。
- **如有可能，用 VBA 数组而非工作表单元格区域来操作数据**：读取和写入工作表所花费的时间比在内存中操作数据要长得多。但这并非固定规则。为得到更好的结果，可以同时尝试两种选择。

- **如果代码向工作表中写入大量数据，考虑将计算模式设为"手动"**：如果在代码中将大量数据写入工作表。这样做可能会明显地提高速度。下面是在代码运行后将计算模式更改为手动和返回其原始设置的代码：

```
lCalcMode = Application.Calculation
Application.Calculation = xlCalculationManual
'Your code goes here
Application.Calculation = lCalcMode
```

- **避免将用户窗体控件链接到工作表单元格**：这样可能会在用户修改用户窗体控件时触发重新计算操作。
- **在创建加载项之前编译代码**：这样可能会增加文件大小，但是消除了 Excel 在执行过程前编译代码的需要。

16.8 加载项的特殊问题

加载项是强大的，但到目前为止，应当意识到"天下没有免费的午餐"。加载项也有自己的问题——或者，能否把这称为挑战？本节将介绍为广大用户开发加载项时需要知道的知识。

16.8.1 确保加载项已经安装

某些情况下，可能需要确保加载项已正确安装：即使用"加载项"对话框而不是"文件"|"打开"命令打开加载项。本节介绍了一种方法，用来确定加载项是如何被打开的，以及如果加载项没有正确安装，如何让用户正确安装加载项。

如果加载项没有正确安装，则代码会显示一条消息(如图 16-11 所示)。单击"是"按钮则安装加载项。单击"否"按钮则保持文件打开，但是不安装加载项。单击"取消"按钮则关闭文件。

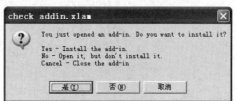

图 16-11　试图错误地打开加载项时，用户会看到该消息

下列代码是加载项的 ThisWorkbook 对象的代码模块。该技术依赖于这种情况：AddinInstall 事件在工作簿的 Open 事件之前发生。

```
Dim InstalledProperly As Boolean

Private Sub Workbook_AddinInstall()
    InstalledProperly = True
End Sub

Private Sub Workbook_Open()
```

```
    Dim ai As AddIn, NewAi As AddIn
    Dim M As String
    Dim Ans As Long

    'Was just installed using the Add-Ins dialog box?
    If InstalledProperly Then Exit Sub

    'Is it in the AddIns collection?
    For Each ai In AddIns
        If ai.Name = ThisWorkbook.Name Then
            If ai.Installed Then
                MsgBox "This add-in is properly installed.", _
                    vbInformation, ThisWorkbook.Name
                Exit Sub
            End If
        End If
    Next ai

    'It's not in AddIns collection, prompt user.
    Msg = "You just opened an add-in. Do you want to install it?"
    Msg = Msg & vbNewLine
    Msg = Msg & vbNewLine & "Yes - Install the add-in. "
    Msg = Msg & vbNewLine & "No - Open it, but don't install it."
    Msg = Msg & vbNewLine & "Cancel - Close the add-in"
    Ans = MsgBox(M, vbQuestion + vbYesNoCancel, _
        ThisWorkbook.Name)
    Select Case Ans
        Case vbYes
            ' Add it to the AddIns collection and install it.
            Set NewAi = Application.AddIns.Add(ThisWorkbook.FullName)
            NewAi.Installed = True
        Case vbNo
            'no action, leave it open
        Case vbCancel
            ThisWorkbook.Close
    End Select
End Sub
```

该过程包含下列几种可能性：

- 因为加载项已经安装，并在"加载项"对话框中列出和选中，所以会自动打开。用户看不到消息。
- 用户使用"加载项"对话框来安装加载项。用户看不到消息。
- 加载宏被手动打开(通过"文件"|"打开"命令)，它不是 **AddIns** 集合的成员。用户看到消息，必须采取 3 个动作中的某一个。
- 加载项被手动打开，它是 **AddIns** 集合的成员——但没有被安装(没有选中)。用户看到消息，必须采取 3 个动作中的某一个。

顺便提一句，该段代码还能用来简化他人对加载项的安装。只要告诉他们双击加载项的文件名(在 Excel 中打开)，并对提示信息单击"是"按钮进行响应。更好的方法是修改代码，使其不弹出对话框就会安装加载项。

> **在线资源：**
> 该加载项名为 Check Addin.xlam，可从本书的下载文件包中获取。试着用两种方法("加载项"对话框和选择"文件"｜"打开"命令)打开。

16.8.2 从加载项中引用其他文件

如果加载项使用了其他文件，则发布应用程序时要特别小心。不能假定用户运行应用程序的系统使用一种特定的存储结构。最简单的方法是将应用程序的所有文件复制到一个目录下。然后选择应用程序的工作簿的 Path 属性，来建立对其他所有文件的路径引用。

例如，如果应用程序使用自定义帮助文件，则要确保该帮助文件被复制到与应用程序相同的目录下。然后，可使用如下所示的过程来确保帮助系统能够进行定位：

```
SubGetHelp()
    Application.HelpThisWorkbook.Path& "\userhelp.chm"
End Sub
```

如果应用程序使用 API 调用标准的 Windows DLL，那么可假设这些可由 Windows 找到。但如果使用自定义 DLL，那么最好确保它们被正确安装在 Windows\System 目录下(目录名称可能是 Windows\System，也可能不是)。需要使用 GetSystemDirectory Windows API 函数来确定 System 目录的具体路径。

第17章

使用功能区

本章内容：
- 从用户角度看 Excel 功能区用户界面
- 使用 VBA 操作功能区
- 用 RibbonX 代码定制功能区
- 修改功能区的工作簿示例
- 创建一个老式工具栏的样例代码

17.1 功能区基础

从 Microsoft Office 2007 开始，沿用多年的菜单/工具栏式的用户界面已被弃用，被功能区取代。虽然功能区与菜单栏有些类似，但是你会发现它们有本质上的不同，尤其是 VBA 区域。

功能区由选项卡、组和控件这三层构成。选项卡位于顶层，每个选项卡由一个或多个组构成，而每个组又由一个或多个控件组成。

- **选项卡**：这是功能区层级中的顶层对象。可以用选项卡将绝大多数的功能操作进行逻辑分组。默认的功能区包含了"开始""插入""页面布局""公式""数据""审阅""视图"选项卡。你可将控件添加到已有的选项卡中，或创建新的选项卡。例如，你可使用公司的名称创建一个新的选项卡，里面包含的控件都是针对公司办公时需要执行的操作。
- **组**：这是功能区层级中的第二层对象。组中包含了很多不同类的控件，用来将功能区选项卡下的各种操作进行逻辑分组。默认的"公式"选项卡包含了"函数库""定义的名称""公式审核""计算"组。在组中，不是必须包含相关的控件，但这样分组有助于更方便地使用控件。
- **控件**：这是动作实际发生的区域。通过控件可与 Excel 或者定制的 VBA 代码进行交互。功能区支持各种控件，本章将具体讨论这些控件。

功能区支持许多类型的控件，不过本章不打算把每种类型的控件都讨论一遍，主要介绍一些常用控件。如果你习惯使用旧式菜单或工具栏，也会很喜欢功能区中控件的灵活度。图 17-1 中展示了包含一些较好控件类型的"页面布局"选项卡。下面主要讲解其中一些控件。

- **按钮**：按钮控件是最基本的功能区控件，如果你用惯旧式工具栏用户界面，对它也应该很熟悉。单击按钮，然后它就执行动作。"开始"选项卡中的"剪切"按钮执行内置的剪切动作。也可以用自定义按钮来执行你所编写的宏。
- **分割按钮**：分割按钮控件跟按钮控件类似，但带有其他功能。它可对按钮部分和列表部分进行横向或纵向分割。以箭头显示的列表部分会显示出一栏相似的按钮。"开始"选项卡中的"粘贴"分割按钮就是个很好的例子。按钮部分会执行正常的粘贴操作。如果单击箭头，就会将列表显示出来，你可以选择不同的粘贴操作，如"仅粘贴文本"或"保持格式"。
- **复选框**：复选框控件和用户窗体中的复选框类似。在未勾选时是一个空框，勾选后框中就出现一个对号。"页面布局"|"工作表选项"中的"网格线"控件就是关于复选框的一个好例子。
- **组合框**：如果你用过用户窗体，就会发现组合框控件也很熟悉。跟用户窗体中的控件同名，你可以在组合框的文本框部分(功能区中称为编辑框)输入文本，或者从列表中选择列表项。"开始"|"数字"组中的会计数字格式控件就是组合框的好例子。例如，你可以直接在文本框部分输入货币，也可以单击下拉箭头，从列表中选择一种数字格式。
- **菜单**：菜单控件显示了一组其他的控件。你可以在列表中包含按钮、分割按钮、复选框，甚至另一个菜单控件。这跟分割按钮还是有区别的，因为单击它会显示出列表。也就是说，它没有一个已有默认控件的选项。"开始"选项卡中的"条件格式"控件就是菜单控件的例子。

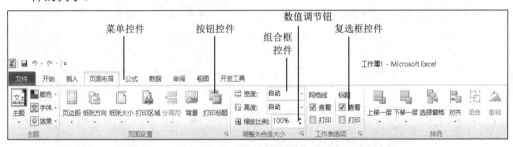

图 17-1　包含了很多不同控件类型的页面布局选项卡

功能区还提供了一些其他控件，包括开关按钮、Gallery 控件、编辑框控件、dynamicMenu 控件和标签控件。本章将用到其中一些控件，要了解更多控件知识，可以访问微软的网站 https://msdn.microsoft.com/en-us/library/bb386089.aspx。

17.2　自定义功能区

Excel 提供了几种方法可以让你向功能区中添加宏。这些功能不能让你创建一个定制的功能区，虽然它们不能满足定制功能，但可以简化功能区。

17.2.1 向功能区中添加按钮

使用功能区来执行代码的最简单方式就是利用 Excel 的定制功能区界面将宏添加到定制组中。在一个新的工作簿中,插入模块并将下面这个简单的过程添加进去:

```
Public Sub HelloWorld()
    MsgBox "Hello World!"
End Sub
```

> **在线资源:**
> 这个名为 Custom Ribbon and QAT.xlsm 的工作簿可从本书的下载文件包中找到。

返回到 Excel,在功能区中的任意地方右击,从快捷菜单中选择"自定义功能区",在 Excel 选项对话框中显示出了"自定义功能区"选项卡。"自定义功能区"选项卡主要由两个列表组成。左边的列表包含了所有可能的命令,而右边的列表展示了当前功能区中的功能。

这两个列表的顶部都是下拉列表框,可从中进行筛选,这样查找命令会更方便。从命令列表的下拉列表框中,选择如图 17-2 所示的"宏",这时左边的列表就会显示出所有可添加到功能区的可用宏,包括你刚才所创建的 HelloWorld 过程。

图 17-2 自定义功能区允许向功能区中添加宏

通过下面的步骤,可将 HelloWord 过程添加到"开始"选项卡中的自定义组中。

(1) 选择"自定义功能区"选项卡中右边列表内的"开始"选项卡。如果看不到"开始"选项卡,从该列表的下拉列表中选择"主选项卡"。

(2) 单击列表下方的"新建组"按钮,将自定义的组添加到"开始"选项卡中。

(3) 默认情况下，新建组的名称是"新建组(自定义)"。右击后选中"重命名"将新建组的名称改为 MyGroup。

(4) 选中自定义的组后，在左边列表中选择 HelloWorld 项，单击"添加>>"按钮，HelloWorld 宏就被添加到自定义组中。

(5) 在右边列表中选择 HelloWorld，右击后选中"重命名"按钮。在"重命名"对话框中，可以修改控件的标签以及从默认宏图标中选择其他图标。图 17-3 显示了"重命名"对话框，其中蓝色信息图标被选中，而"显示名称"框中，Hello 和 World 之间多了一个空格。

(6) 单击"确定"后关闭"Excel 选项"对话框。

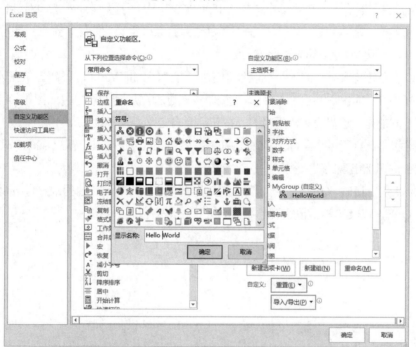

图 17-3　通过"重命名"对话框可为功能区按钮选择图标

现在"开始"选项卡包含一个名为 MyGroup 的自定义组，该组包含了一个标签名为 Hello World 的控件。图 17-4 显示了新的控件和单击该控件时显示的消息框。

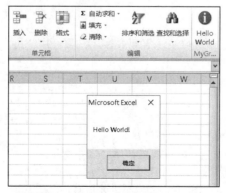

图 17-4　自定义功能区按钮执行宏

17.2.2 向快速访问工具栏中添加按钮

另一种访问宏的方法是将它们添加到快速工具栏(QAT)中。QAT 是一组按钮，不管选项卡是否在功能区中显示，这组按钮都是可见的。默认情况下，QAT 位于功能区中选项卡的上方，但也可在功能区下方显示。如果你更喜欢在功能区下方显示 QAT，可单击 QAT 右侧的向下小箭头，然后选择"在功能区下方显示"。

默认情况下，QAT 显示"保存""撤消"和"恢复"命令。在这个例子中，我们将上一节所创建的 HelloWorld 过程添加到 QAT 中，添加步骤与将按钮添加到功能区类似。

单击 QAT 的向下箭头，从菜单中选择"其他命令"，从而打开 Excel 选项对话框的"快速访问工具栏"选项卡。注意，这选项卡与前一节中提到的"自定义功能区"选项卡也非常相似。左边是一组命令，右边是 QAT 的当前状态。

接下来，从左边列表上方的下拉列表框中选择"宏"。HelloWorld 过程就显示在列表中。从左边列表中选择 HelloWorld，单击"添加>>"按钮将该过程添加到 QAT 中(如图 17-5 所示)。与自定义功能区不同的是，这里没有"重命名"按钮。要自定义 QAT 按钮，单击"修改"按钮，选择图标并修改名称。QAT 不会实际显示名称。在"修改按钮"对话框中改变"显示名称"就可以改变把光标放在按钮上出现的工具提示中的名称。

返回 Excel 主窗口时，QAT 中会包含 4 个按钮来执行 HelloWorld 过程。图 17-6 展示了位于功能区下方的 QAT，以及单击新按钮后的结果。

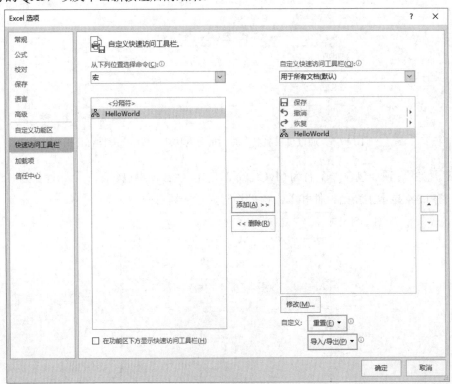

图 17-5　把宏添加到快速访问工具栏

图 17-6　新的 QAT 按钮执行宏

17.2.3　自定义功能区的局限性

现在，我们在功能区和快速工具栏都创建了一个自定义按钮，可轻松地执行 HelloWorld 过程了。在保存和关闭包含了 HelloWorld 的工作簿时，功能区和 QAT 上的按钮仍在原处。如果在关闭工作簿时单击这两个按钮中的任何一个，Excel 都会试图打开工作簿。如果 Excel 找不到它，则说明你已经删除或重命名工作簿，Excel 找不到宏时会弹出一条消息，如图 17-7 所示。

图 17-7　Excel 找不到与功能区按钮相关联的宏

要阻止出现该消息，可将宏作为必须加载的加载项来处理。第 16 章讲解了如何创建加载项。如果打开工作簿时只希望出现按钮，或者希望使用功能区而非按钮控件，就必须在工作簿中创建定制的功能区。

17.3　创建自定义的功能区

使用 VBA 不能执行任何功能区的修改操作。因此，需要编写 RibbonX 代码，将其插入工作簿文件中——这些都在 Excel 外部完成。不过，你可创建在激活自定义的功能区控件时执行的 VBA 宏。

RibbonX代码是用来描述控件的可扩展标记语言(XML)，主要描述控件在功能区中的显示位置、控件的外观以及控件激活时发生的事件。本书并没有详细介绍RibbonX——它太过复杂，甚至可用整本书来描述。

17.3.1 将按钮添加到现有的选项卡中

本节通过一步步的操作创建两个控件，这两个控件位于功能区"数据"选项卡的自定义组中。你将使用 Microsoft Office 自定义 UI 编辑器和 Microsoft 创建的应用程序，将表示新功能区的 XML 插入工作簿中。

> **在线资源：**
> Microsoft Office 的自定义 UI 编辑器可从 http://openxmldeveloper.org/blog/b/openxmldeveloper/archive/2006/05/26/customuieditor.aspx 下载。自定义 UI 编辑器需要 .NET 版本 3.0，这无法通过正常的 Microsoft 渠道提供。如果你未在计算机上安装 3.0 版本，你仍然可以在以下位置从 Microsoft 网站下载它：https://www.microsoft.com/en-us/download/details.aspx?id=3005。

> **查看错误信息**
> 在开始使用功能区定制之前，必须激活 RibbonX 错误的显示。访问"文件"|"选项"对话框，单击"高级"选项卡。向下滚动到"常规"部分，选中"显示加载项用户界面错误"复选框。
> 激活该设置后，打开工作簿时就会显示 RibbonX 错误(如果有)——这有助于调试。

下面列出创建一个工作簿的步骤，这个工作簿包含修改功能区的 RibbonX 代码。

(1) 创建一个新的 Excel 工作簿，并插入一个标准模块。
(2) 将工作簿保存为启用宏的工作簿，命名为 Ribbon Modification.xlsm。
(3) 关闭工作簿。
(4) 打开 Microsoft Office 的自定义 UI 编辑器。
(5) 单击自定义UI编辑器工具栏上的 Open 按钮并导航到 ribbon modification.xlsm，打开该文件。
(6) 从 Insert 菜单中选择 Office 2010 UI Part。这样可以向左边树状视图的工作簿中添加 customUI.xml 项。
(7) 在主窗口中输入如图 17-8 所示的代码，XML 是区分大小写的，所以要确保输入的代码与图中所示完全一样。

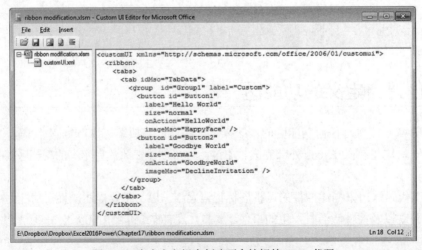

图 17-8　在自定义组中创建两个按钮的 XML 代码

(8) 单击工具栏上的 Validate 按钮，确保 XML 是有效的。如果没有出错，编辑器会显示出 Custom UI is well formed 消息。

(9) 单击工具栏上的 Generate Callbacks 按钮。图 17-9 显示了让按钮工作的过程。将这些过程复制到剪贴板上，后面再粘贴到工作簿中。

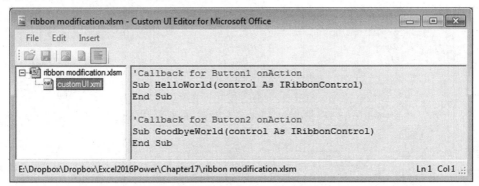

图 17-9　编辑器生成用于工作簿的 VBA 代码

(10) 双击树状视图中的 custonUI.xml 项，以返回 XML 窗口。

(11) 选择"文件"|"保存"命令，然后选择"文件"|"关闭"。

(12) 激活 Excel，打开工作簿。

(13) 按 Alt+F11 键打开 VBE，将第 9 步中复制的回调过程粘贴到第 1 步中创建的模块中。

(14) 在每个过程中添加 MsgBox 行，如图 17-10 所示。

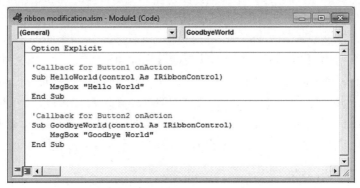

图 17-10　在 VBE 中修改回调过程

(15) 返回 Excel，激活"数据"选项卡，单击新创建的按钮，测试一下工作情况(如图 17-11 所示)。

在线资源：
该工作簿名为 Ribbon Modification.xlsm，可从本书的下载文件包中获取。

功能区的修改是基于具体文档的，理解这一点非常重要。换言之，只有当包含 RibbonX 代码的工作簿是一个活动工作簿时，才会显示新的功能区组。这与 Excel 2007 之前的版本中的用户界面修改有很大不同。

图 17-11 添加到"数据"选项卡中的两个新按钮

> **提示：**
> 要使任何工作簿在处于活动状态时能显示功能区自定义，请将工作簿转换为加载项文件或将 RibbonX 代码添加到个人宏工作簿中。

1. RibbonX 代码

本示例中使用的 RibbonX 代码是 XML。Excel 可读取 XML 并将之转换成 UI 元素，如选项卡、组和按钮。XML 由开始标记和结束标记(有些情况下使用自闭合标签)之间的数据组成。第一行定义 customUI 的模式——这是为了告诉 Excel 如何去读取 XML。最后一行是 customUI 的结束标记。

```
<customUI xmlns="http://schemas.microsoft.com/office/2006/01/customui">
```

```
</customUI>
```

这两个标记之间的任何内容都会被 Excel 解读为 RibbonX 代码。下一行，ribbon 标记指定你要使用 Ribbon。它的结束标记在倒数第二行中。XML 与 Ribbon 一样，是分层的。看一下图 17-8 就知道，button(按钮)标记是包含在 group(组)标记中的，而 group 标记又包含在 tab(选项卡)标记中，tab 标记包含在 tabs(多个选项卡)标记中，tabs 标记则包含在 ribbon(功能区)标记中。

标记还可包含属性。选项卡标记包含了 idMso 属性以告诉 Excel 使用哪个选项卡：

```
<tab idMso="TabData">
```

每个内置的选项卡和组都有一个唯一的 idMso。在这个示例中，TabData 告诉 Excel 使用哪个内置的 Data 选项卡。

> **在线资源：**
> 要获取内置的 Ribbon 元素的 idMso 值的完整列表，请访问微软的站点 http://www.microsoft.com/en-us/download/confirmation.aspx?id=727。

像组和按钮标记这样的自定义元素，使用的是 id 属性而不是 idMso。你可为 id 属性赋予任何值，如本例中的 Group1 和 Button1，只要是唯一的即可。下面列出示例中会用到的属性，并简单描述它们的主要作用。

- idMso：内置 UI 元素的唯一标识。

- id：为自定义元素创建的唯一标识。
- label：功能区中控件上的文本。
- size：按钮控件可被放大、缩小以及正常化。
- onAction：单击按钮时运行的 VBA 过程的名称。
- imageMso：标识内置的图片。可使用内置的图片用于自定义按钮上。具体见注解"使用 imageMso 图片"。

由于篇幅所限，无法列出所有 UI 元素的所有属性，你可在网上找到很多 RibbonX 示例，然后加以更改，以满足自己的需要。

> **注意：**
> RibbonX 代码区分大小写。例如，可用 IMAGEMSO 替代 imageMso，RibbonX 代码将无法正常工作。

使用 imageMso 图片

Miscrosoft Office 提供了超过 1000 张指定图片，这些图片与各种命令相关联。可以为自定义的功能区控件指定其中的任何图片(如果了解图片的名称)。

图 17-12 显示了一个工作簿，该工作簿包含了各种 Office 版本中所有 imageMso 图片的名称。滚动这些图片名称，会发现一次显示 50 个图片(以小图或大图的形式)，从活动单元格中的图片名称开始。该工作簿名为 Mso Image Browser.xlsm，可从本书的下载文件包中获取。

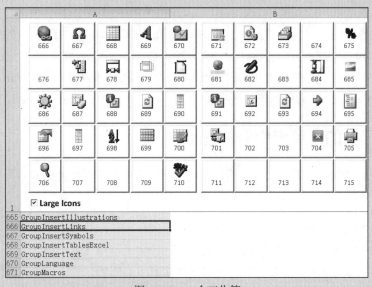

图 17-12　一个工作簿

还可在用户窗体上放置的图片控件中使用这些图片。下列语句将名为 ReviewAcceptChanges 的 imageMso 图片赋值给用户窗体上名为 Image1 的图片控件的 Picture 属性。图片大小被指定为 32 × 32 像素。

```
Image1.Picture = Application.CommandBars. _
GetImageMso("ReviewAcceptChange", 32, 32)
```

2. 回调过程

VBA 通过事件(详见第 6 章)来响应用户的动作。而功能区使用了另一种不同的技术——回调过程。本示例中的按钮通过 onAction 属性与 VBA 代码关联起来。大多数控件都有 OnAction 属性，不同的控件所发生的动作也是不一样的。按钮的动作是单击，但复选框的是动作是勾选或取消勾选。

大多数属性都有一个对应的回调属性，通常都有一个 get 前缀。例如，label 属性设置控件上显示的文本，那它就有一个 getLabel 属性。可为 VBA 过程的名称设置 getLabel 属性，以确定显示什么文本。本章后面还将讨论动态控件，但现在只需要理解回调过程并不仅限于 OnAction。

这两个 VBA 过程都包含一个名为 control 的参数，该参数是一个 IRibbonControl 对象。该对象具有下列 3 个属性，可从 VBA 代码中访问。

- Context：活动窗口的句柄，该窗口包含了触发回调的功能区。例如，可使用下列表达式来获取包含 RibbonX 代码的工作簿名称：

```
control.Context.Caption
```

- Id：包含了控件的名称，指定为 Id 参数。
- Tag：包含与控件相关联的所有随机文本。

VBA 回调过程的复杂度可根据需要设定。

3. Custom UI Part

在前面的第 6 步中，插入了 Office 2010 Custom UI Part。这个选择会使工作簿与 Excel 2007 及更早版本不兼容。Insert 菜单中的另一个选项是 Office 2007 Custom UI Part。如果你知道需要支持 Excel 2007，就应把 RibbonX 代码放入 Office 2007 Custom UI Part 中。

Microsoft 将功能区改为需要 Custom UI Part 后，就会提供新的 Custom UI Part。不用查找 2019 版的 Custom UI Part，2019 版的 Office 还在继续使用 Office 2010 Custom UI Part。

17.3.2 向已有的选项卡中添加复选框

本节介绍使用 RibbonX 来修改 UI 的另一个示例。这个工作簿在"页面布局"选项卡中创建了一个新组，并添加了一个切换分页符显示的复选框控件。

> **注意：**
> 虽然 Excel 中包含的命令超过 1700 个，却没有一个可切换分页符显示的命令。在打印或预览一个工作表后，隐藏分页符显示的唯一方法是使用"Excel 选项"对话框。因此，该示例还具有一些实际价值。

该示例有一些困难，因为它要求新的功能区控件与活动工作表同步。例如，如果激活一个不显示分页符的工作表，复选框控件就应当处于未选中状态。如果激活一个显示分页符的工作表，复选框控件就应当是被选中的。此外，分页符与图表工作表并不相关，因此，如果激活一个图表工作表，那么该复选框控件应该是禁用的。

1. RibbonX 代码

向"页面布局"选项卡中添加一个新组的 RibbonX 代码(使用复选框控件)如下：

```
<customUI
  xmlns="http://schemas.microsoft.com/office/2006/01/customui"
  onLoad="Initialize">
  <ribbon>
    <tabs>
      <tab idMso="TabPageLayoutExcel">
        <group id="FileName_Group1" label="Custom">
          <checkBox id="FileName_Checkbox1"
            label="Page Breaks"
            onAction="TogglePageBreakDisplay"
            getPressed="GetPressed"
            getEnabled="GetEnabled"/>
        </group>
      </tab>
    </tabs>
  </ribbon>
</customUI>
```

该 RibbonX 代码引用了下列 4 个 VBA 回调函数(每个函数都将在稍后进行介绍)。

- Initialize：打开工作簿时执行。
- TogglePageBreakDisplay：用户单击复选框控件时执行。
- GetPressed：控件失效(用户激活另一个工作表)时执行。
- GetEnabled：控件失效(用户激活另一个工作表)时执行。

图 17-13 显示了这个新控件。

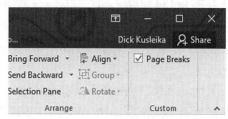

图 17-13　该复选框与活动工作表的分页符显示是同步的

2. VBA 代码

CustomUI 标签包含一个 onLoad 参数，该参数指定了 Initialize VBA 回调过程，如下所示(这段代码是在一个标准的 VBA 模块中)：

```
Public MyRibbon As IRibbonUI

Sub Initialize(Ribbon As IRibbonUI)
'   Executed when the workbook loads
    Set MyRibbon = Ribbon
End Sub
```

Initialize 过程创建了一个名为 MyRibbon 的 IRibbonUI 对象。注意，MyRibbon 是一个公有变

量，因此可从模块的其他过程中访问。

创建了一个简单的事件过程，该过程在工作表被激活时执行。它位于 ThisWorkbook 代码模块中，调用 CheckPageBreakDisplay 过程：

```
Private Sub Workbook_SheetActivate(ByVal Sh As Object)
    CheckPageBreakDisplay
End Sub
```

CheckPageBreakDisplay 过程使复选框控件失效。换言之，它销毁了与该控件相关的所有数据。

```
Sub CheckPageBreakDisplay()
'   Executed when a sheet is activated
    MyRibbon.InvalidateControl ("Checkbox1")
End Sub
```

当控件失效时，GetPressed 和 GetEnabled 过程被调用。

```
Sub GetPressed(control As IRibbonControl, ByRef returnedVal)
'   Executed when the control is invalidated
    On Error Resume Next
    returnedVal = ActiveSheet.DisplayPageBreaks
End Sub

Sub GetEnabled(control As IRibbonControl, ByRef returnedVal)
'   Executed when the control is invalidated
    returnedVal = TypeName(ActiveSheet) = "Worksheet"
End Sub
```

注意，returnedVal 参数是由 ByRef 进行传递。这意味着代码可改变该参数的值。这也确实发生了。在 GetPressed 过程中，returnedVal 变量被设置为活动工作表的 DisplayPageBreaks 属性的状态。产生的结果是，如果分页符被显示，则控件的 Pressed 参数为 True(并且控件被选中)。否则，控件未被选中。

在 GetEnabled 过程中，如果活动工作表是一个工作表(与图表工作表相对)，则 returnedVal 变量被设置为 True。因此，只有在活动工作表为一个工作表时，该控件才被激活。

还有一个 VBA 过程是 onAction 过程，名为 TogglePageBreakDisplay，用户选中或取消选中复选框时执行该过程。

```
Sub TogglePageBreakDisplay(control As IRibbonControl, pressed As Boolean)
'   Executed when check box is clicked
    On Error Resume Next
    ActiveSheet.DisplayPageBreaks = pressed
End Sub
```

如果用户选中复选框，则 pressed 参数为 True；如果取消选中复选框，则传递的参数为 False。代码据此设置 DisplayPageBreaks 属性。

在线资源：
该工作簿名为 Page Break Display.xlsm，可从本书的下载文件包中获取。文件包中还包含该工作簿的一个加载项版本(名为 Page Break Display Add-in.xlam)，它使得新的 UI 命令对所有工作簿都是可用的。加载项版本使用一个类模块来监视所有工作簿的工作表激活事件。参阅第 6 章获取关于事件的更多信息，参阅第 20 章获取更多关于类模块的信息。

17.3.3 功能区控件演示

图 17-14 显示了一个自定义的功能区选项卡(My Stuff)，其中包含 5 组控件。本节简要介绍了 RibbonX 代码和 VBA 回调过程。

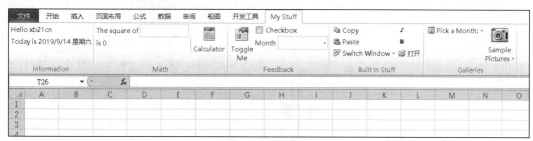

图 17-14　包含 5 组控件的新功能区选项卡

> **在线资源：**
> 该工作簿名为 Ribbon Controls Demo.xlsm，可从本书的下载文件包中获取。

1. 创建一个新选项卡

创建新选项卡的 RibbonX 代码如下：

```
<ribbon>
  <tabs>
    <tab id="FileName_CustomTab" label="My Stuff">
    </tab>
  </tabs>
</ribbon>
```

> **提示：**
> 如果要创建一个最小的 UI，可以使用 ribbon 标签的 startFromScratch 属性。如果将其设置为 True，那么所有的内置选项卡都会被隐藏。
>
> ```
> <ribbon startFromScratch="true" >
> ```

2. 创建一个功能区组

ribbon controls demo.xlsm 示例中的代码在 My Stuff 选项卡上创建了 4 个组。下面是创建这 4 个组的代码：

```
<group id="FileName_grpInfo" label="Information">
</group>

<group id="FileName_grpMath" label="Math">
</group>
```

```
<group id="FileName_grpFeedback" label="Feedback">
</group>

<group id="FileName_grpBuiltIn" label="Built In Stuff">
</group>

<group id="FileName_grpGalleries" label="Galleries">
</group>
```

<group>和</group>标签被放在创建新选项卡的<tab>和</tab>标签中。

3. 创建控件

下面的 RibbonX 代码创建了第一组(Information)中的控件。图 17-15 在功能区中显示了这些控件。

图 17-15　包含了两个标签的功能区组

```
<group id="FileName_grpInfo" label="Information">
  <labelControl id="FileName_lblUser" getLabel="getlblUser"/>
  <labelControl id="FileName_lblDate" getLabel="getlblDate"/>
</group>
```

两个标签控件都有一个相关联的 VBA 回调过程(名为 getlblUser 和 getlblDate)。这些过程如下：

```
Sub getlblUser(control As IRibbonControl, ByRef returnedVal)
    returnedVal = "Hello " & Application.UserName
End Sub

Sub getlblDate(control As IRibbonControl, ByRef returnedVal)
    returnedVal = "Today is " & Date
End Sub
```

加载 RibbonX 代码时，将执行这两个过程，使用用户名和日期动态更新 label 控件的标题。

图 17-16 显示了第二组中的控件，标签名为 Math。

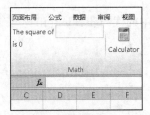

图 17-16　自定义功能区组中的 editBox 控件

Math 组的 RibbonX 代码如下所示：

```
<group id="FileName_grpMath" label="Math">
  <editBox id="FileName_ebxSquare"
    showLabel="true"
    label="The square of"
    onChange="ebxSquare_Change"/>

  <labelControl id="FileName_lblSquare"
    getLabel="getlblSquare"/>
  <separator id="FileName_sepMath"/>
  <button id="FileName_btnCalc"
    label="Calculator"
    size="large"
    onAction="ShowCalculator"
    imageMso="Calculator"/>
</group>
```

editBox 控件有一个名为 ebxSquare_Change 的 onChange 回调过程，该过程会更新标签以显示输入数字的平方(如果不能计算平方则出现错误消息)。ebxSquare_Change 过程如下：

```
Private sq As Double
Sub ebxSquare_Change(control As IRibbonControl, text As String)
    sq = Val(text) ^ 2
    MyRibbon.Invalidate
End Sub
```

标签控件显示 MyRibbon 无效时所更新的结果。功能区无效会使得所有的控件重新初始化。这个过程将 sq 变量设置为输入数字的平方，会由下一个过程中的标签来使用。

标签控件有一个名为 getlblSquare 的 getLabel 回调过程。当功能区无效时就运行该过程。

```
Sub getlblSquare(control As IRibbonControl, ByRef returnedVal)
    returnedVal = "is " & sq
End Sub
```

Separator 控件 sepMath 添加一条垂直线用最后一个控件将求平方的控件隔开。该组中的最后一个控件是一个简单按钮。它的 onAction 参数执行名为 ShowCalculator 的 VBA 过程——使用 VBA 的 Shell 函数来显示 Windows 计算器：

```
Sub ShowCalculator(control As IRibbonControl)
    On Error Resume Next
    Shell "calc.exe", vbNormalFocus
    If Err.Number <> 0 Then MsgBox "Can't start calc.exe"
End Sub
```

图 17-17 显示了第三组中的控件，标签名为 Feedback。

图 17-17　自定义功能区组中的 3 个控件

第二组中的 RibbonX 代码如下所示：

```
<group id="FileName_grpFeedback" label="Feedback">
  <toggleButton id="FileName_ToggleButton1"
    size="large"
    imageMso="FileManageMenu"
    label="Toggle Me"
    onAction="ToggleButton1_Click" />

  <checkBox id="FileName_Checkbox1"
    label="Checkbox"

    onAction="Checkbox1_Change"/>

  <comboBox id="FileName_Combo1"
    label="Month"
    onChange="Combo1_Change">
    <item id="FileName_Month1" label="January" />
    <item id="FileName_Month2" label="February"/>
    <item id="FileName_Month3" label="March"/>
    <item id="FileName_Month4" label="April"/>
    <item id="FileName_Month5" label="May"/>
    <item id="FileName_Month6" label="June"/>
    <item id="FileName_Month7" label="July"/>
    <item id="FileName_Month8" label="August"/>
    <item id="FileName_Month9" label="September"/>
    <item id="FileName_Month10" label="October"/>
    <item id="FileName_Month11" label="November"/>
    <item id="FileName_Month12" label="December"/>
  </comboBox>
</group>
```

组中包含了切换按钮、复选框和组合框控件。这些控件都很直观，每个控件都有一个相关的回调过程，可以简单显示控件的状态：

```
Sub ToggleButton1_Click(control As IRibbonControl, pressed As Boolean)
    MsgBox "Toggle value: " & pressed
End Sub

Sub Checkbox1_Change(control As IRibbonControl, pressed As Boolean)
    MsgBox "Checkbox value: " & pressed
End Sub

Sub Combo1_Change(control As IRibbonControl, text As String)
    MsgBox text
```

End Sub

> **注意：**
> 组合框控件还接受用户输入的文本。如果想要限定选择，可以使用下拉列表控件。

第四组中的控件由内置控件组成，如图 17-18 所示。为在自定义组中包含内置控件，只需要知道控件名称(通过 idMso 参数)就可以了。

图 17-18 该组中包含内置控件

RibbonX 代码如下所示：

```
<group id="FileName_grpBuiltIn" label="Built In Stuff">
  <control idMso="Copy" label="Copy" />
  <control idMso="Paste" label="Paste" enabled="true" />
  <control idMso="WindowSwitchWindowsMenuExcel"
    label="Switch Window" />
  <control idMso="Italic" />
  <control idMso="Bold" />
  <control idMso="FileOpen" />
 </group>
```

这些控件没有回调过程，因为它们执行标准动作。

图 17-19 显示最后一组控件，由两个 Gallery 控件组成。

图 17-19 功能区组包含两个 Gallery 控件

这两个 Gallery 控件的 RibbonX 代码如下所示：

```
<group id="FileName_grpGalleries" label="Galleries">
  <gallery id="FileName_galAppointments"
    imageMso="ViewAppointmentInCalendar"
    label="Pick a Month:"
    columns="2" rows="6"
    onAction="MonthSelected">
    <item id="FileName_January" label="January"
      imageMso="QuerySelectQueryType"/>
    <item id="FileName_February" label="February"
      imageMso="QuerySelectQueryType"/>
    <item id="FileName_March" label="March"
      imageMso="QuerySelectQueryType"/>
    <item id="FileName_April" label="April"
      imageMso="QuerySelectQueryType"/>
```

```xml
      <item id="FileName_May" label="May"
        imageMso="QuerySelectQueryType"/>
      <item id="FileName_June" label="June"
        imageMso="QuerySelectQueryType"/>
      <item id="FileName_July" label="July"
        imageMso="QuerySelectQueryType"/>
      <item id="FileName_August" label="August"
        imageMso="QuerySelectQueryType"/>
      <item id="FileName_September" label="September"
        imageMso="QuerySelectQueryType"/>
      <item id="FileName_October" label="October"
        imageMso="QuerySelectQueryType"/>
      <item id="FileName_November" label="November"
        imageMso="QuerySelectQueryType"/>
      <item id="FileName_December" label="December"
        imageMso="QuerySelectQueryType"/>
      <button id="FileName_Today"
        label="Today..."
        imageMso="ViewAppointmentInCalendar"
        onAction="ShowToday"/>
    </gallery>
    <gallery id="FileName_galPictures"
      label="Sample Pictures"
      columns="4"
      itemWidth="100" itemHeight="125"
      imageMso="Camera"
      onAction="galPictures_Click"
      getItemCount="galPictures_ItemCount"
      getItemImage="galPictures_ItemImage"
      size="large"/>
</group>
```

图 17-20 显示了第一个 Gallery 控件，月份名称分两列显示。

onAction 参数执行 MonthSelected 回调过程，以显示所选月份(存储为 id 参数)。

```vba
Sub MonthSelected(control As IRibbonControl, _
  id As String, index As Integer)
    MsgBox "You selected " & id
End Sub
```

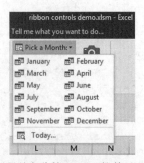

图 17-20　显示月份名称的 Gallery 控件以及一个按钮控件

名为 Pick a Month 的 Gallery 控件在底部包含了一个自身带有回调过程的按钮控件(标签名为 Today)：

```
Sub ShowToday(control As IRibbonControl)
    MsgBox "Today is " & Date
End Sub
```

第二个 Gallery 控件如图 17-21 所示，显示 8 张 JPG 图片。

图 17-21　显示图片的 Gallery 控件

这些图片都保存在名为 demopics 的文件夹中，跟工作簿在同一个文件夹内。Gallery 控件使用 getItemImage 回调过程来填充图片。第一次加载功能区时，如下所示的 onLoad 回调过程会在目录中创建一个图片文件数组，对图片计数，将信息存储在模块级变量 aFiles()和 ImgCnt 中，这样其他的回调过程可以读取这些信息。

```
Private ImgCnt As Long
Private aFiles() As String
Private sPath As String

Sub ribbonLoaded(ribbon As IRibbonUI)
    Set MyRibbon = ribbon

    Dim sFile As String
    sPath = ThisWorkbook.Path & "\demopics\"
    sFile = Dir(sPath & "*.jpg")
    Do While Len(sFile) > 0
        ImgCnt = ImgCnt + 1
        ReDim Preserve aFiles(1 To ImgCnt)
        aFiles(ImgCnt) = sFile
        sFile = Dir
    Loop
End Sub
```

单击 Gallery 控件，名为 galPictures_ItemCount 的 getItemCount 回调过程就会读取 ImgCnt 变量，并多次调用 galPictures_ItemImage。每次调用它时，索引参数就会递增 1。VBA 的 LoadPicture 函数用来将图片插入 Gallery 控件中。

```
Sub galPictures_ItemCount(control As IRibbonControl, _
   ByRef returnedVal)

    returnedVal = ImgCnt
End Sub

Sub galPictures_ItemImage(control As IRibbonControl, _
   index As Integer, ByRef returnedVal)

    Set returnedVal = LoadPicture(sPath & aFiles(index + 1))
End Sub
```

注意，像 Gallery 这样的动态控件，起始索引号都是 0。

17.3.4 dynamicMenu 控件示例

最有趣的功能区控件之一是 dynamicMenu 控件。该控件让 VBA 代码将 XML 数据导入控件中——为菜单提供基于上下文进行修改的基础。

创建 dynamicMenu 控件并不是一项简单的工作，但是该控件在使用 VBA 来动态修改功能区方面提供了极大的灵活性。

笔者创建了一个简单的 dynamicMenu 控件演示，为工作簿中的 3 个工作表分别显示不同的菜单。图 17-22 显示了工作表 Sheet1 被激活时显示的菜单。当工作表被激活时，VBA 过程会发送工作表的 XML 代码。对于该演示来说，XML 代码直接被存储在工作表中，使其便于阅读。XML 标记也可以作为字符串变量存储在代码中。

图 17-22　dynamicMenu 控件允许创建一个基于上下文而变化的菜单

创建新选项卡、新组和 dynamicMenu 控件的 RibbonX 代码如下：

```
<customUI xmlns="http://schemas.microsoft.com/office/2006/01/customui"
   onLoad="ribbonLoaded">
  <ribbon>
   <tabs>
    <tab id="FileName_CustomTab" label="Dynamic">
     <group id="FileName_group1" label="Dynamic Menu Demo">
```

```
            <dynamicMenu id="FileName_DynamicMenu"
                getContent="dynamicMenuContent"
                imageMso="RegionLayoutMenu"
                size = "large"
                label="Sheet-Specific Menu"/>
        </group>
    </tab>

    </tabs>
    </ribbon>
</customUI>
```

该示例需要一种方法使功能区在用户激活一个新的工作表时失效。这里使用了与本章前面的分页符显示示例(参见 17.3.2 节)相同的方法：声明一个Public类型变量MyRibbon，该变量为IRibbonUI 类型。使用 Workbook_SheetActivate 过程，在激活一个新的工作表时调用UpdateDynamicRibbon过程：

```
Sub UpdateDynamicRibbon()
'   Invalidate the Ribbon to force a call to dynamicMenuContent
    On Error Resume Next
    MyRibbon.Invalidate
    If Err.Number <> 0 Then
        MsgBox "Lost the Ribbon object. Save and reload."
    End If
End Sub
```

UpdateDynamicRibbon 过程使 MyRibbon 对象失效，强制调用 VBA 回调过程dynamicMenuContent(由RibbonX代码中的getContent参数引用的过程)。请注意错误处理代码。对VBA代码的某些编辑会破坏打开工作簿时创建的MyRibbon对象。使某个并不存在的对象失效时会引起错误，消息框会通知用户工作簿必须被保存和重新打开。

接下来是 dynamicMenuContent 过程。该过程循环遍历活动工作表的 A 列中的单元格，读取XML 代码，将其存储在名为 XMLcode 的变量中。添加完所有 XML 代码后，就被传递到returnedVal 参数中。实际结果是 dynamicMenu 控件中包含新代码，从而显示一个不同的菜单选项集。

```
Sub dynamicMenuContent(control As IRibbonControl, _
    ByRef returnedVal)
    Dim r As Long
    Dim XMLcode As String
'   Read the XML markup from the active sheet
    For r = 1 To Application.CountA(Range("A:A"))
        XMLcode = XMLcode & ActiveSheet.Cells(r, 1).Value & " "
    Next r
    returnedVal = XMLcode
End Sub
```

在线资源：
示例中包含的工作簿可以从本书的下载文件包中获取，文件名为 Dynamic menu. xlsm。

17.3.5 关于自定义功能区的其他内容

本节总结了探索自定义 Excel 功能区时需要记住的一些其他要点。

- 使用功能区时，确保打开了错误消息显示。参见 17.3.1 节中的补充说明。
- 请记住 RibbonX 代码是区分大小写的。
- 所有指定控件的 ID 都是英文的，在 Excel 的所有语言版本中都是一致的。因此，功能区修改的工作不用考虑使用的是 Excel 的哪种语言版本。
- 功能区修改只有在包含 RibbonX 代码的工作簿处于活动状态时才显示。要使功能区修改在所有工作簿中都能显示，RibbonX 代码必须位于加载项中。
- 内置控件在 Excel 窗口调整大小时自行调整。在 Excel 2007 中，自定义控件大小不会调整，但在 Excel 2010 及后续版本中则会进行调整。
- 无法从内置功能区组中添加或删除控件。
- 可以隐藏选项卡。下列 RibbonX 代码隐藏了 3 个选项卡：

```
<customUI xmlns="http://schemas.microsoft.com/office/2006/01/customui">
 <ribbon>
  <tabs>
   <tab idMso="TabPageLayoutExcel" visible="false" />
   <tab idMso="TabData" visible="false" />
   <tab idMso="TabReview" visible="false" />
  </tabs>
 </ribbon>
</customUI>
```

- 还可以隐藏选项卡中的组。下面的 RibbonX 代码隐藏了"插入"选项卡上的 4 个组(只留下"图表"组)：

```
<customUI xmlns="http://schemas.microsoft.com/office/2006/01/customui">
 <ribbon>
  <tabs>
   <tab idMso="TabInsert">
    <group idMso="GroupInsertTablesExcel" visible="false" />
    <group idMso="GroupInsertIllustrations" visible="false" />
    <group idMso="GroupInsertLinks" visible="false" />
    <group idMso="GroupInsertText" visible="false" />
   </tab>
  </tabs>
 </ribbon>
</customUI>
```

- 可将自己的宏赋给内置控件，这称为"重定义控件目标"。下列 RibbonX 代码截获了 3 个内置命令：

```
<customUI xmlns="http://schemas.microsoft.com/office/2006/01/customui">
<commands>
 <command idMso="FileSave" onAction="mySave"/>
 <command idMso="FilePrint" onAction="myPrint"/>
 <command idMso="FilePrintQuick" onAction="myPrint"/>
```

```
</commands>
</customUI>
```

- 还可以编写 RibbonX 代码来禁用一个或多个内置控件。下列代码禁用了"插入剪贴画"命令：

```
<customUI xmlns="http://schemas.microsoft.com/office/2006/01/customui">
<commands>
  <command idMso="ClipArtInsert" enabled="false"/>
</commands>
</customUI>
```

- 如果有两个或多个工作簿(或加载项)向同一个自定义的功能区组中添加控件，就要确保它们使用了相同的名称空间。在 RibbonX 代码顶部的<CustomUI>标签中执行这一操作。

17.4 VBA 和功能区

如本章前面所述，处理功能区的常见工作流程是创建 RibbonX 代码，使用回调过程来响应用户的动作。通过 VBA 还可通过其他一些方式与功能区交互，但这些方式都受到一定的限制。

下面是可以使用 VBA 对功能区执行的操作列表：

- 确定某个特定控件是否被启用。
- 确定某个特定控件是否可见。
- 确定某个特定控件是否被按下(对于切换按钮和复选框而言)。
- 获取控件的标签、屏幕提示或超级提示(即对控件更详细的描述)。
- 显示与控件相关联的图片。
- 执行与某个特定控件关联的命令。

17.4.1 访问功能区控件

Excel 包含的功能区控件超过 1700 个。每个功能区控件都有一个名称，使用 VBA 操作控件时可以使用该名称。

例如，下列语句显示一个消息框，其中显示了 ViewCustomViews 控件的 Enabled 状态(该控件位于"视图"|"工作簿视图"组中)。

```
MsgBox Application.CommandBars.GetEnabledMso("ViewCustomViews")
```

这个控件一般是启用的。但如果工作簿中包含表(使用"插入"|"表格"|"表格"命令创建)，ViewCustomViews 控件会被禁用。换句话说，工作簿可使用"自定义视图"功能或"表格"功能，但不能同时使用两者。

确定特定控件的名称需要手动来完成。首先，打开"Excel 选项"对话框中的"自定义功能区"选项卡。在左侧的列表框中定位控件，然后将鼠标指针移动到该项上。控件名会出现在弹出的屏幕提示的圆括号中(参见图 17-23)。

遗憾的是，不可能通过编写 VBA 代码来循环遍历功能区上的所有控件并显示控件名称列表。

17.4.2 使用功能区

上一节介绍了一个使用CommandBars对象的GetEnabledMso方法的示例。下面是CommandBars对象中所有与使用功能区相关的方法的列表。所有这些方法都包含一个参数idMso，该参数是字符串数据类型，表示的是命令的名称。你必须知道名称——无法使用索引号。

- ExecuteMso：执行控件。
- GetEnabledMso：如果启用指定的控件，则返回True。
- GetImageMso：返回控件的图片。
- GetLableMso：返回控件的标签。

图17-23　使用"Excel选项"对话框的"自定义功能区"选项卡来确定控件名称

- GetPressedMso：如果指定控件被按下，则返回True(适用于复选框和切换按钮控件)。
- GetScreentipMso：返回控件的屏幕提示(显示在控件中的文本)。
- GetSupertipMso：返回控件的超级提示(当鼠标指针移到控件上方时显现的对控件的描述)。

下列VBA语句切换"选择"任务窗格(Excel 2007中引入的一项新功能，帮助选择工作表上的对象)：

`Application.CommandBars.ExecuteMso "SelectionPane"`

以下语句显示了"选择性粘贴"对话框(如果Windows的"剪贴板为空"，则显示一条错误消息)：

`Application.CommandBars.ExecuteMso "PasteSpecialDialog"`

下面的命令告诉我们公式编辑栏是否可见(对应于"视图"|"显示"组中的"编辑栏"控件的状态)：

`MsgBox Application.CommandBars.GetPressedMso "ViewFormulaBar"`

要切换公式编辑栏，可使用下列语句：

```
Application.CommandBars.ExecuteMso "ViewFormulaBar"
```

要确保公式编辑栏可见，可使用下列代码：

```
With Application.CommandBars
  If Not .GetPressedMso("ViewFormulaBar") Then .ExecuteMso "ViewFormulaBar"
End With
```

为确保公式编辑栏不可见，可使用如下代码：

```
With Application.CommandBars
  If Not .GetPressedMso("ViewFormulaBar") Then .ExecuteMso "ViewFormulaBar"
End With
```

或者不使用功能区，而是设置 Application 对象的 DisplayFormulaBar 属性为 True 或 False。以下语句显示公式编辑栏(如果公式编辑栏已经可见，则没有效果)：

```
Application.DisplayFormulaBar = True
```

以下语句在"合并后居中"控件被激活时显示 True(该控件在工作表被保护或活动单元格位于表格内时被禁用)：

```
MsgBox Application.CommandBars.GetEnabledMso("MergeCenter")
```

下列 VBA 代码将 ActiveX 图片控件添加到活动工作表中，并使用 GetImageMso 方法来显示"开始"|"编辑"组中的"查找和选择"控件的望远镜图标：

```
Sub ImageOnSheet()
    Dim MyImage As OLEObject

    Set MyImage = ActiveSheet.OLEObjects.Add _
      (ClassType:="Forms.Image.1", _
       Left:=50, _
       Top:=50)
    With MyImage.Object
      .AutoSize = True
      .BorderStyle = 0
      .Picture = Application.CommandBars. _
        GetImageMso("FindDialog", 32, 32)
    End With
End Sub
```

要在用户窗体上的 Image 控件(名为 Image1)中显示功能区图标，可使用下面的过程：

```
Private Sub UserForm_Initialize()
    With Image1
       .Picture = Application.CommandBars.GetImageMso _
          ("FindDialog", 32, 32)
       .AutoSize = True
    End With
End Sub
```

17.4.3 激活选项卡

Microsoft 并没有提供一种直接的方法从 VBA 中激活功能区选项卡。但是，如果你真的想这么做，那么使用 SendKeys 方法是唯一的选择。SendKeys 方法模拟按键。激活"开始"选项卡的快捷键是 Alt+H。这些按键会在功能区中显示按键提示。要隐藏按键提示，只需按下 F6 键。有了这些信息，下列语句发送所需按键来激活"开始"选项卡：

```
Application.SendKeys "%h{F6}"
```

为避免显示按键提示，可关闭屏幕更新：

```
Application.ScreenUpdating = False
Application.SendKeys "%h{F6}"
Application.ScreenUpdateing=True
```

> **警告：**
> 应该将 SendKeys 作为最后采取的方法。要知道使用 SendKeys 方法并不一定完全可靠。例如，如果在用户窗体显示的情况下执行前面的示例，那么按键将被发送到用户窗体中，而不是功能区中。

17.5 创建老式工具栏

如果觉得自定义功能区工作过于繁杂，可以考虑使用 Excel 2007 之前的版本的 CommandBar 对象，来创建一个简单的自定义工具栏。这种方法适用于任何仅限于个人使用的工作簿。它提供了一种快速访问多个宏的简单方法。

本节介绍了一个示例文件，用户可根据需要进行调整。本书不打算占用很多篇幅进行说明。如果想要获取更多关于 CommandBar 对象的信息，可以在网上搜索或参考本书的旧版本 Excel 2003 版。CommandBar 对象的功能远比这里所介绍的示例要强大得多。

17.5.1 老式工具栏的局限性

如果决定要创建一个工具栏，就必须清楚了解下列局限性：
- 工具栏不能自由浮动。
- 总是显示在"加载项"|"自定义工具栏"组中(和其他工具栏一起)。
- Excel 会忽略 CommandBar 对象的一些属性和方法。

17.5.2 创建工具栏的代码

本节的代码假定工作簿中有两个宏(分别命名为 Macro1 和 Macro2)。还假定在工作簿打开时创建工具栏，在工作簿关闭时删除工具栏。

> **注意：**
> 在 Excel 2013 以前的版本中，无论工作簿是否是活动的，自定义工具栏都是可见的。然而在 Excel 2013 以后，自定义工具栏只在创建它的工作簿中可见，也在原工作簿活动时创建的新工作簿中可见。

在 ThisWorkbook 代码模块中，输入下列过程。第一个过程在工作簿打开时调用过程创建工具栏。第二个过程调用过程在工作簿关闭时删除工具栏：

```
Private Sub Workbook_Open()
    Call CreateToolbar
End Sub

Private Sub Workbook_BeforeClose(Cancel As Boolean)
    Call DeleteToolbar
End Sub
```

> **交叉参考：**
> 第 6 章中介绍了 Workbook_BeforeClose 事件中一个潜在的重要问题。Workbook_BeforeClose 事件处理程序运行后，会显示 Excel 的"是否保存..."提示。因此，如果用户单击"取消"按钮，工作簿仍然是打开的，但是自定义菜单项已经被删除。第 6 章还介绍了一种方法来处理这种问题。

CreatToolbar 过程如下：

```
Const TOOLBARNAME As String = "MyToolbar"

Sub CreateToolbar()
    Dim TBar As CommandBar
    Dim Btn As CommandBarButton

'   Delete existing toolbar (if it exists)
    On Error Resume Next
      CommandBars(TOOLBARNAME).Delete
    On Error GoTo 0

'   Create toolbar
    Set TBar = CommandBars.Add
    With TBar
        .Name = TOOLBARNAME
        .Visible = True
    End With

'   Add a button
    Set Btn = TBar.Controls.Add(Type:=msoControlButton)
    With Btn
        .FaceId = 300
        .OnAction = "Macro1"
        .Caption = "Macro1 Tooltip goes here"
    End With
```

```
    ' Add another button
    Set Btn = TBar.Controls.Add(Type:=msoControlButton)
    With Btn
        .FaceId = 25
        .OnAction = "Macro2"
        .Caption = "Macro2 Tooltip goes here"
    End With
End Sub
```

> **在线资源:**
> 包含这段代码的工作簿可从本书的下载文件包中获取，文件名为 Old-style Toolbar.xlsm。

图 17-24 显示了这个带有两个按钮的工具栏。

图 17-24　一个老式工具栏，位于"加载项"选项卡的"自定义工具栏"组中

笔者使用了一个模块级的常量 TOOLBAR 来存储工具栏的名称。该名称还可在 DeleteToolbar 过程中使用，因此使用常量可以确保两个过程使用相同的名称。

该过程一开始就删除了具有相同名称的现有工具栏(如果存在这样的工具栏)。在开发过程中包含这个语句是很有用的，它还能避免使用相同的名称创建工具栏时发生的错误。

工具栏通过使用 CommandBars 对象的 Add 方法进行创建。两个按钮则通过使用 Controls 对象的 Add 方法进行添加。每个按钮具有下列 3 个属性：

- FaceID：用来确定按钮上显示图片的数字。第 18 章将更详细地介绍 FaceID 图片。
- OnAction：单击按钮时执行的宏。
- Caption：将鼠标指针移到按钮上时出现的屏幕提示。

> **提示:**
> 如果不设置 FaceID 属性，也可用任意 imageMso 图片设置 Picture 属性。例如，下列语句显示一个绿色的复选标记：
>
> ```
> .Picture = Application.CommandBars.GetImageMso _
>     ("AcceptInvitation", 16, 16)
> ```

更多关于 imageMso 图片的信息可参见 17.3.1 节中的补充说明。

当工作簿被关闭时，Workbook_BeforeClose 事件过程被触发，该过程调用 DeleteToolBar 过程：

```
Sub DeleteToolbar()
    On Error Resume Next
    CommandBars(TOOLBARNAME).Delete
    On Error GoTo 0
End Sub
```

注意，在其创建后打开的工作簿窗口中没有删除工具栏。

第 18 章

使用快捷菜单

本章内容：
- 如何标识快捷菜单
- 如何自定义快捷菜单
- 如何禁用快捷菜单
- 如何将事件与快捷菜单相关联
- 如何创建一个全新的快捷菜单

18.1 命令栏简介

Excel 中的下列 3 个用户界面元素都用到 CommandBar 对象：
- 自定义工具栏
- 自定义菜单
- 自定义快捷(右击)菜单

从 Excel 2007 开始，CommandBar 对象的地位变得比较奇特。如果编写自定义菜单或工具栏的 VBA 代码，Excel 会拦截代码并忽略一些命令。通过使用"加载项"|"菜单命令"组或"加载项"|"自定义工具栏"组中的 CommandBar 对象可自定义菜单和工具栏。因此实际上，Excel 中的 CommandBar 对象仅限于快捷菜单操作。

本节介绍一些关于命令栏的背景信息。

18.1.1 命令栏的类型

Excel 支持 3 种类型的 CommandBar，通过其 Type 属性来区分。而 Type 属性可以取下面 3 个值中的任何一个：
- msoBarTypeNormal：工具栏(Type=0)
- msoBarTypeMenuBar：菜单栏(Type=1)
- msoBarTypePopUp：快捷菜单(Type=2)

虽然在 Excel 2007 及后续版本中没有使用工具栏和菜单栏，但这些 UI 元素仍然被包括在对象模型中,以便与老版本的应用程序相兼容。但是,无法在 Excel 2003 之后的版本中显示 Type 0 或 Type 1 的命令栏。在 Excel 2003 中,下列语句将显示标准工具栏:

```
CommandBars("Standard").Visible = True
```

而在 Excel 的后续版本中,该语句则会被忽略。

本章专门讨论 Type 2 类型的命令栏(快捷菜单)。

18.1.2 列出快捷菜单

Excel 2019 中有 67 个快捷菜单。运行下面的 ShowShortcutMenuNames 过程,该过程可以循环遍历所有的命令栏。如果 Type 属性为 msoBarTypePopUp(内置常量,其值为 2),则会显示快捷菜单的索引、名称及其包含的菜单项数。

```
Sub ShowShortcutMenuNames()
    Dim Row As Long
    Dim cbar As CommandBar

    Row = 1
    For Each cbar In CommandBars
        If cbar.Type = msoBarTypePopUp Then
            Cells(Row, 1) = cbar.Index
            Cells(Row, 2) = cbar.Name
            Cells(Row, 3) = cbar.Controls.Count
            Row = Row + 1
        End If
    Next cbar
End Sub
```

图 18-1 显示了该过程的部分输出。快捷菜单索引值的范围是 22~156。还要注意,并不是所有名称都是唯一的。例如,CommandBar 36 和 CommandBar 39 的 Name 都为 Cell。这是因为,当工作表为分页预览模式时,右击一个单元格会弹出一个不同的快捷菜单。

	A	B	C	D
1	22	PivotChart Menu	6	
2	35	Workbook tabs	16	
3	36	Cell	28	
4	37	Column	13	
5	38	Row	13	
6	39	Cell	21	
7	40	Column	19	
8	41	Row	19	
9	42	Ply	11	
10	43	XLM Cell	15	
11	44	Document	9	
12	45	Desktop	5	
13	46	Nondefault Drag and Drop	11	
14	47	AutoFill	12	
15	48	Button	12	
16	49	Dialog	4	
17	50	Series	5	
18	51	Plot Area	8	
19	52	Floor and Walls	3	
20	53	Trendline	2	
21	54	Chart	2	
22	55	Format Data Series	6	
23	56	Format Axis	4	
24	57	Format Legend Entry	4	

图 18-1　一个简单的宏生成了所有快捷菜单的列表

> **在线资源：**
> 该示例可从本书的下载文件包中获取，文件名为 Show Shortcut Menu Names.xlsm。

18.1.3 引用命令栏

可通过 Index 或 Name 属性来引用某个特定的 CommandBar 对象。例如，下列两个表达式都引用了右击 Excel 2016 中的列字母时显示的快捷菜单：

```
Application.CommandBars (37)
Application.CommandBars("Column")
```

CommandBars 集合是 Application 对象的成员。在标准 VBA 模块或工作表模块中引用该集合时，可以省略对 Application 对象的引用。例如，下列语句(包含在标准 VBA 模块中)显示了 CommandBars 集合中某个对象的名称，该对象的索引为 42：

```
MsgBox CommandBars(42).Name
```

从代码模块中为 ThisWorkbook 对象引用 CommandBars 集合时，必须首先引用 Application 对象，如下所示：

```
MsgBox Application.CommandBars(42).Name
```

> **注意：**
> 遗憾的是，CommandBars 的 Index 值在不同的 Excel 版本中并非始终保持不变。因此，最好使用名称，而不是索引值。名称也更具可读性，维护起来更方便。

18.2 引用命令栏中的控件

CommandBar 对象中包含 Control 对象，该对象是按钮或菜单。可通过 Index 属性或 Caption 属性引用控件。下面是一个简单的示例过程，显示了单元格快捷菜单中第一个菜单项的标题：

```
Sub ShowCaption()
    MsgBox CommandBars("Cell").Controls(1).Caption
End Sub
```

下列过程显示了右击工作表选项卡时，出现在快捷菜单中的每个控件的 Caption 属性(该快捷菜单名为 Ply)：

```
Sub ShowCaptions()
    Dim txt As String
    Dim ctl As CommandBarControl
    For Each ctl In CommandBars("Ply").Controls
        txt = txt & ctl.Caption & vbNewLine
    Next ctl
    MsgBox txt
End Sub
```

执行该过程后，会看到如图 18-2 所示的消息框。图中的&用来表示文本中的下画线字符(相应的按键会执行菜单项)。

图 18-2　显示控件的 Caption 属性

某些情况下，快捷菜单上的 Control 对象包含其他 Control 对象。例如，单元格右键菜单中的"筛选"控件包含其他一些控件。"筛选"控件是一个子菜单，而另外的项是子菜单项。

下列语句显示了"筛选"子菜单中的第一个子菜单项：

`MsgBoxCommandBars("Cell").Controls("Filter").Controls(1).Caption`

查找控件

如果所编写的代码将在不同语言版本的 Excel 中使用，就要避免使用 Caption 属性来访问某个具体的快捷菜单项。Caption 属性因语言而异，因此如果用户使用 Excel 的不同语言版本，代码就会失效。

你应当使用 FindControl 方法与控件的 ID(它们独立于 Excel 语言版本)。例如，假设要禁用右击工作表选项卡时显示的快捷菜单中的"剪切"菜单。如果该工作簿仅由 Excel 英文版本的用户使用，那么下列语句可完成该操作：

`CommandBars("Column").Controls("Cut").Enabled = False`

要确保该命令可在非英文版本中使用，则需要知道控件的 ID。下列语句告诉我们 ID 为 21：

`MsgBox CommandBars("Column").Controls("Cut").ID`

然后，如果要禁用该控件，可以使用下列语句：

`CommandBars("Column").FindControl(ID:=21).Enabled = False`

命令栏的名称并没有被国际化，因此对 CommandBars("Column")的引用总是有效的。如果两个命令栏有相同的名称，则使用第一个。

18.3　命令栏控件的属性

CommandBar 控件有一些属性可用于确定控件的外观和工作方式。下面列出 CommandBar 控件的一些最常用属性。

- Caption：控件中显示的文本。如果控件只显示图片，则鼠标指针移动到控件上时出现标题。
- ID：控件的数字标识符，这些标识符都是唯一的。
- FaceID：表示显示在控件文本旁的内置图形图片的数字。
- Type：该值用来确定控件是按钮(msoControlButton)还是子菜单(msoControlPopup)。
- Picture：显示在控件文本旁边的图形图片。如果想从功能区显示图形，则这个属性很有用。
- BeginGroup：如果分隔符栏出现在控件的前面，则为 True。
- OnAction：用户单击控件时所执行的 VBA 宏的名称。
- BuiltIn：如果控件是 Excel 内置控件，则为 True。
- Enabled：如果控件可以被单击，则为 True。
- Visible：如果控件可见，则为 True。许多快捷菜单都包含隐藏的控件。
- ToolTipText：当用户将鼠标指针移到控件上时出现的文本(快捷菜单不适用)。

18.4 显示所有的快捷菜单项

下面的 ShowShortcutMenuItems 过程创建了一个表，该表列出了每个快捷菜单上所有的第一级控件。对于每个控件，该表都包含快捷菜单的 Index 和 Name 属性值，以及 ID、Caption、Type、Enabled 和 Visible 属性值。

```
Sub ShowShortcutMenuItems()
  Dim Row As Long
  Dim Cbar As CommandBar
  Dim ctl As CommandBarControl

  Range("A1:G1") = Array("Index", "Name", "ID", "Caption", _
    "Type", "Enabled", "Visible")
  Row = 2
  Application.ScreenUpdating = False

  For Each Cbar In Application.CommandBars
    If Cbar.Type = 2 Then
      For Each ctl In Cbar.Controls
        Cells(Row, 1) = Cbar.Index
        Cells(Row, 2) = Cbar.Name

        Cells(Row, 3) = ctl.ID
        Cells(Row, 4) = ctl.Caption
        If ctl.Type = 1 Then
            Cells(Row, 5) = "Button"
        Else
            Cells(Row, 5) = "Submenu"
        End If
        Cells(Row, 6) = ctl.Enabled
        Cells(Row, 7) = ctl.Visible
```

```
        Row = Row + 1
      Next ctl
    End If
  Next Cbar

  ActiveSheet.ListObjects.Add(xlSrcRange, _
    Range("A1").CurrentRegion, , xlYes).Name = "Table1"
End Sub
```

图 18-3 显示了部分输出结果。

	A	B	C	D	E	F	G
1	Index	Name	ID	Caption	Type	Enabled	Visible
2	22	PivotChart Menu	460	Field Setti&ngs	Button	TRUE	TRUE
3	22	PivotChart Menu	1604	&Options...	Button	FALSE	TRUE
4	22	PivotChart Menu	459	&Refresh Data	Button	TRUE	TRUE
5	22	PivotChart Menu	3956	&Hide PivotChart Field Buttons	Button	FALSE	TRUE
6	22	PivotChart Menu	30254	For&mulas	Submenu	TRUE	TRUE
7	22	PivotChart Menu	5416	Remo&ve Field	Button	FALSE	TRUE
8	35	Workbook tabs	957	Sheet1	Button	TRUE	TRUE
9	35	Workbook tabs	957	&Sheet List	Button	TRUE	FALSE
10	35	Workbook tabs	957	&Sheet List	Button	TRUE	FALSE
11	35	Workbook tabs	957	&Sheet List	Button	TRUE	FALSE
12	35	Workbook tabs	957	&Sheet List	Button	TRUE	FALSE
13	35	Workbook tabs	957	&Sheet List	Button	TRUE	FALSE
14	35	Workbook tabs	957	&Sheet List	Button	TRUE	FALSE
15	35	Workbook tabs	957	&Sheet List	Button	TRUE	FALSE
16	35	Workbook tabs	957	&Sheet List	Button	TRUE	FALSE
17	35	Workbook tabs	957	&Sheet List	Button	TRUE	FALSE
18	35	Workbook tabs	957	&Sheet List	Button	TRUE	FALSE
19	35	Workbook tabs	957	&Sheet List	Button	TRUE	FALSE
20	35	Workbook tabs	957	&Sheet List	Button	TRUE	FALSE
21	35	Workbook tabs	957	&Sheet List	Button	TRUE	FALSE
22	35	Workbook tabs	957	&Sheet List	Button	TRUE	FALSE
23	35	Workbook tabs	957	&Sheet List	Button	TRUE	FALSE
24	36	Cell	21	Cu&t	Button	TRUE	TRUE
25	36	Cell	19	&Copy	Button	TRUE	TRUE
26	36	Cell	22	&Paste	Button	TRUE	TRUE
27	36	Cell	21437	Paste &Special...	Button	TRUE	TRUE
28	36	Cell	3624	&Paste Table	Button	TRUE	TRUE
29	36	Cell	25536	Smart &Lookup	Button	TRUE	TRUE
30	36	Cell	295	Insert C&ells...	Button	TRUE	TRUE

图 18-3　列出所有快捷菜单项

在线资源：

该示例名为 Show Shortcut Menu Items.xlsm，可从本书的下载文件包中获取。

18.5　使用 VBA 自定义快捷菜单

本节介绍了一些对 Excel 的快捷菜单进行操作的 VBA 代码的实际示例。这些示例可以让我们大致了解能用快捷菜单执行哪些操作，也可以按需要对这些快捷菜单进行修改。

快捷菜单和单文档界面

在 Excel 2013 之前的版本中，如果在代码中修改快捷菜单，修改会对所有工作簿生效。例如，如果向单元格的右击菜单中添加新项，那在任何工作簿(包括打开的其他工作簿)中右击单元格时都会出现这个新项。也就是说，对快捷菜单的修改是应用程序级别的。

从 Excel 2013 开始使用单文档界面，这会影响到快捷菜单。对快捷菜单所做的修改仅影响活动的工作簿窗口。在执行修改快捷菜单的代码时，除活动窗口外的所有窗口的快捷菜单不会被改变。这种做法跟 Excel 2013 之前版本的做法完全相反。

还有一个变化：如果用户在活动窗口显示修改后的快捷菜单时打开工作簿(或创建新工作簿)，新工作簿也会显示修改后的快捷菜单。换句话说，就是新窗口显示的快捷菜单与打开新窗口时处于活动状态的窗口所显示的快捷菜单是一样的。如果你编写代码来删除快捷菜单，只会在原工作簿中删除它们。

虽然快捷菜单的修改仅作用于单个工作簿，但仍存在潜在的问题：如果用户打开新的工作簿，新的工作簿会显示自定义的快捷菜单。因此，你需要修改代码，使得快捷菜单所执行的宏仅在设计了这些宏的工作簿中工作。

如果你想将自定义的快捷菜单作为在加载项中执行宏的方式，那么只能在打开加载项后打开的工作簿中使用菜单项。

使用 RibbonX 代码定制快捷菜单

也可使用 RibbonX 代码定制快捷菜单。当打开一个包含此类代码的工作簿时，快捷菜单的更改只会影响该工作簿。为使快捷菜单修改在所有工作簿中起作用，可将 RibbonX 代码放在一个加载项中。

这里有一个 RibbonX 代码的简单例子，它修改了"单元格"右键快捷菜单。如图 18-4 所示，代码在"超链接"菜单项后添加了一个快捷菜单项：

```
<customUI xmlns="http://schemas.microsoft.com/office/2009/07/
  customui">
    <contextMenus>
      <contextMenu idMso="ContextMenuCell">
        <button id="FileName_MyMenuItem"
          label="Run My Macro..."
          insertAfterMso="HyperlinkInsert"
          onAction="MyMacro"
          imageMso="AdvancedFileProperties"/>
      </contextMenu>
    </contextMenus>
</customUI>
```

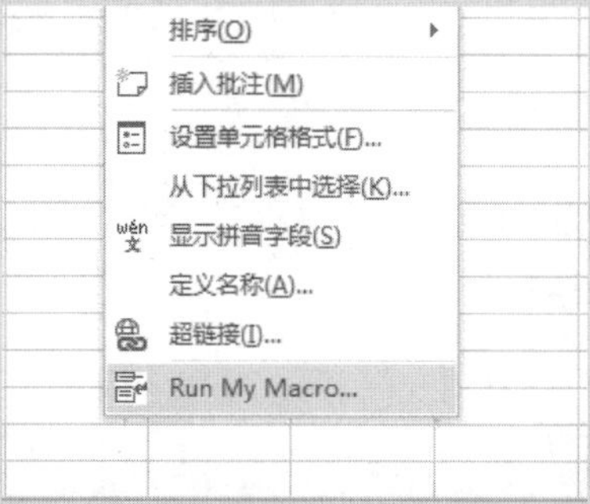

图 18-4 添加了一个快捷菜单项

使用 RibbonX 修改快捷菜单的做法是在 Excel 2010 中引入的，因此该技术不能在 Excel 2007

中使用。

正如第 17 章所述，需要使用单独的程序来添加 RibbonX 代码。

18.6 重置快捷菜单

Reset 方法将快捷菜单重置为默认的初始值(默认条件下)。下列过程将单元格快捷菜单重置为正常状态：

```
Sub ResetCellMenu()
    CommandBars("Cell").Reset
End Sub
```

在 Excel 2019 中，Reset 方法只影响活动窗口中的"单元格"快捷菜单。

前面已经提到过，Excel 提供了两个名为"单元格"的快捷菜单。上述代码重置了第一个"单元格"快捷菜单(索引值为 36)。如果要重置第二个"单元格"快捷菜单，只需要将名称替换为索引值(39)。但要记住，索引值在 Excel 的各个版本中并不一致。下面这个过程可更好地重置活动窗口中"单元格"快捷菜单的两个实例：

```
Sub ResetCellMenu()
    Dim cbar As CommandBar
    
    For Each cbar In Application.CommandBars
        If cbar.Name = "Cell" Then cbar.Reset
    Next cbar
End Sub
```

下列过程将所有的内置工具栏重置为初始状态：

```
Sub ResetAllShortcutMenus()
    Dim cbar As CommandBar
    
    For Each cbar In Application.CommandBars
        If cbar.Type = msoBarTypePopup Then
            cbar.Reset
            cbar.Enabled = True
        End If
    Next cbar
End Sub
```

在 Excel 2019 中，ResetAllShortcutMenus 过程只在活动窗口中起作用。要重置所有打开的窗口中的快捷菜单，代码会稍复杂些：

```
Sub ResetAllShortcutMenus2()
'   Works with all windows
    Dim cbar As CommandBar
    Dim activeWin As Window
    Dim win As Window
```

```
    ' Remember current active window
    Set activeWin = ActiveWindow
    ' Loop through each visible window
    Application.ScreenUpdating = False
    For Each win In Windows
        If win.Visible Then
            win.Activate
            For Each cbar In Application.CommandBars
                If cbar.Type = msoBarTypePopup Then
                    cbar.Reset
                    cbar.Enabled = True
                End If
            Next cbar
        End If
    Next win
    ' Activate original window
    activeWin.Activate
    Application.ScreenUpdating = True
End Sub
```

代码首先跟踪活动窗口并将它存储为对象变量(activeWin)。接着循环遍历所有打开的窗口，并激活每个窗口——但跳过隐藏的窗口，因为激活隐藏的窗口会使其可见。对于每个活动的窗口，它循环遍历每个 CommandBar，并重置快捷菜单。最终，代码重新激活原窗口。

> **在线资源：**
> ResetAllShortcutMenus 过程的两个版本都可从本书的下载文件包中获取，文件名为 Reset All Shortcut Menus.xlsm。

18.6.1 禁用快捷菜单

Enabled 属性可将某个快捷菜单全部禁用。例如，可以设置该属性，这样右击某个单元格时就不会显示正常的快捷菜单。下列语句禁用了活动窗口中工作簿的"单元格"快捷菜单：

```
Application.CommandBars("Cell").Enabled = False
```

如果要重置快捷菜单，只需要将其 Enabled 属性设置为 True。重置一个快捷菜单并不会启用它。

如果要禁用活动窗口中的所有快捷菜单，可使用下列过程：

```
Sub DisableAllShortcutMenus()
    Dim cb As CommandBar

    For Each cb In CommandBars
        If cb.Type = msoBarTypePopup Then _
            cb.Enabled = False
    Next cb
End Sub
```

18.6.2 禁用快捷菜单项

在应用程序运行时，可能需要禁用某个快捷菜单中的一个或多个快捷菜单项。当某个项被禁用时，其文本会变为浅灰色，单击该项也没有任何反应。下列过程禁用活动窗口中"行"和"列"快捷菜单的"隐藏"菜单项：

```
Sub DisableHideMenuItems()
    CommandBars("Column").Controls("Hide").Enabled = False
    CommandBars("Row").Controls("Hide").Enabled = False
End Sub
```

该过程并没有阻止用户使用其他方法隐藏行或列，例如"开始"|"单元格"组中的"格式"命令。

18.6.3 向"单元格"快捷菜单中添加一个新项

下面的 AddToShortcut 过程将一个新的菜单项添加到"单元格"快捷菜单中：Toggle Wrap Text。前面提到过，Excel 提供了两个"单元格"快捷菜单。该过程修改普通的右击菜单，但不是"分页预览"模式下的右击菜单。

```
Sub AddToShortCut()
'   Adds a menu item to the Cell shortcut menu
    Dim Bar As CommandBar
    Dim NewControl As CommandBarButton

    DeleteFromShortcut
    Set Bar = CommandBars("Cell")
    Set NewControl = Bar.Controls.Add _
        (Type:=msoControlButton)

    With NewControl
        .Caption = "Toggle &Wrap Text"
        .OnAction = "ToggleWrapText"
        .Picture = Application.CommandBars.GetImageMso _
            ("WrapText", 16, 16)
        .Style = msoButtonIconAndCaption
    End With
End Sub
```

图 18-5 显示了右击单元格后出现的新菜单项。

声明了一些变量后，第一个命令调用了 DeleteFromShortcut 过程(在本节后面列出)。该语句保证了只有一个 Toggle Wrap Text 菜单项出现在"单元格"快捷菜单中。请注意，该菜单项标有下画线的热键为 W，而不是 T。这是因为 T 已经被"剪切"菜单项使用过了。

Picture 属性通过引用功能区中 Wrap Text 命令使用的图片进行设置。关于功能区命令中所使用图片的更多信息请参见第 17 章。

选定菜单项时执行的宏由 OnAction 属性指定。本例中宏名为 ToggleWrapText。

```
Sub ToggleWrapText()
    On Error Resume Next
    CommandBars.ExecuteMso "WrapText"
    If Err.Number <> 0 Then MsgBox "Could not toggle Wrap Text"
End Sub
```

该过程执行了 WrapText 功能区命令。如果有错误发生(例如工作表被保护)，则用户会收到消息。

图 18-5　带有一个自定义菜单项的"单元格"快捷菜单

DeleteFromShortcut 过程将"单元格"快捷菜单中的新增菜单项删除。

```
Sub DeleteFromShortcut()
    On Error Resume Next
    CommandBars("Cell").Controls ("Toggle &Wrap Text").Delete
End Sub
```

大多数情况下，需要自动添加和删除快捷菜单增添项：当工作簿打开时添加快捷菜单项，当工作簿关闭时删除该菜单项。向 ThisWorkbook 代码模块中添加下面两个事件过程：

```
Private Sub Workbook_Open()
    AddToShortCut
End Sub

Private Sub Workbook_BeforeClose(Cancel As Boolean)
    DeleteFromShortcut
End Sub
```

打开工作簿时执行Workbook_Open过程，在工作簿关闭时但在工作簿实际关闭之前执行Workbook_BeforeClose过程。

顺便说一下，如果快捷菜单仅在 Excel 2019 中使用，那么不需要在关闭工作簿时删除它们，因为快捷菜单的修改只应用于活动工作簿窗口。

> **在线资源：**
> 本节描述的工作簿可从本书的下载文件包中获取，文件名为 Add to Cell Shortcut.xlsm。这个文件还包括该宏的另一个版本，将一个新快捷菜单项添加到所有打开的窗口中。

18.6.4 向快捷菜单添加一个子菜单

本节中的示例向"单元格"快捷菜单中添加了一个含有 3 个选项的子菜单。图 18-6 显示了右击某行之后的工作表。每个子菜单项都会执行一个宏，修改选定单元格中文本的大小写。

创建子菜单和子菜单项的代码如下：

```
Sub AddSubmenu()
    Dim Bar As CommandBar
    Dim NewMenu As CommandBarControl
    Dim NewSubmenu As CommandBarButton

    DeleteSubmenu
    Set Bar = CommandBars("Cell")
'   Add submenu
    Set NewMenu = Bar.Controls.Add _
        (Type:=msoControlPopup)
    NewMenu.Caption = "Ch&ange Case"
    NewMenu.BeginGroup = True

'   Add first submenu item
    Set NewSubmenu = NewMenu.Controls.Add _
       (Type:=msoControlButton)
    With NewSubmenu
        .FaceId = 38
        .Caption = "&Upper Case"
        .OnAction = "MakeUpperCase"
    End With

'   Add second submenu item
    Set NewSubmenu = NewMenu.Controls.Add _
       (Type:=msoControlButton)
    With NewSubmenu
        .FaceId = 40
        .Caption = "&Lower Case"
        .OnAction = "MakeLowerCase"
    End With

'   Add third submenu item
    Set NewSubmenu = NewMenu.Controls.Add _
       (Type:=msoControlButton)
    With NewSubmenu
```

```
        .FaceId = 476
        .Caption = "&Proper Case"
        .OnAction = "MakeProperCase"
    End With
End Sub
```

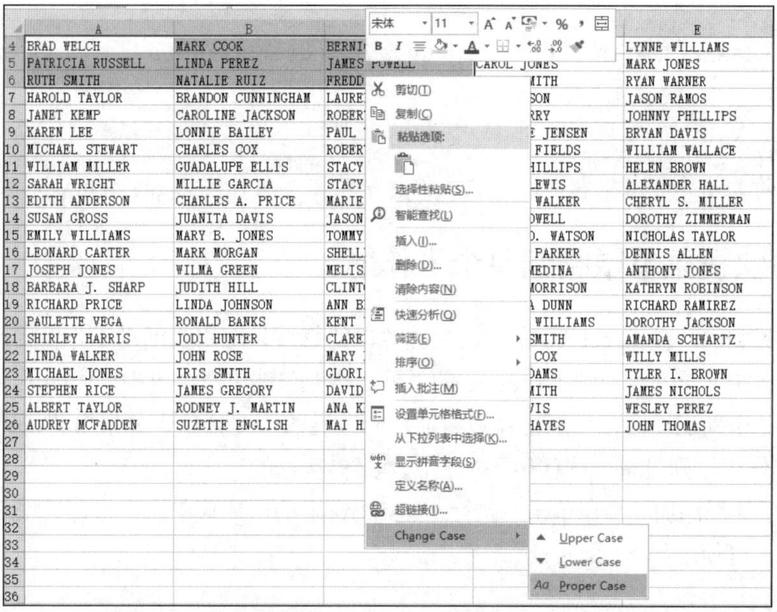

图 18-6　该快捷菜单有一个包含了 3 个子菜单项的子菜单

查找 FaceID 图像

快捷菜单项上显示的图标由两个属性设置中的任意一个确定。

- Picture：该选项允许使用功能区中的 imageMso。例如，可以参见本章的 18.2.5 节。
- FaceID：这是最简单的选项，因为 FaceID 属性只是一个数值，表示几百个图片中的某一个。

那么如何查找某个特定的 FaceID 图片所对应的数字呢？Excel 并没有提供方法，因此笔者创建了一个应用程序，可在其中输入开始的 FaceID 数值和结束的 FaceID 数值。单击某个按钮，图片就会在工作表中显示。每个图片都有一个与其 FaceID 值对应的数值。图 18-7 显示了 1～500 的 FaceID 值。该工作簿名为 show faceids.xlsm，可从本书的下载文件包中获取。

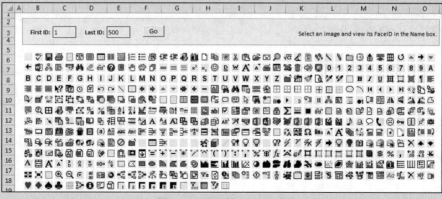

图 18-7　显示的 Face ID 值

过程中首先添加了子菜单，其 Type 属性为 msoControlPopup。然后添加了 3 个子菜单项，每个子菜单项的 OnAction 属性都不同。

删除子菜单的代码要简单多了：

```
Sub DeleteSubmenu()
    On Error Resume Next
    CommandBars("Cell").Controls("Cha&nge Case").Delete
End Sub
```

> **在线资源：**
> 本节描述的工作簿可以从本书的下载文件包中获取，文件名为 Shortcut with Submenu.xlsm。

18.6.5　将快捷菜单限制到单个工作簿

正如前面提到的，在 Excel 2019 中，快捷菜单的修改只应用于活动工作簿窗口(工作簿 A)。例如，你可能添加了一个新项到工作簿 A 的"单元格"右键快捷菜单中。但如果用户在工作簿 A 活动时打开了一个新工作簿，则新工作簿将显示修改过的快捷菜单。如果希望快捷菜单只在工作簿 A 活动时起作用，则可将一些代码添加到快捷菜单执行的宏中。

假定编写了代码添加一个在单击时执行 MyMacro 宏的快捷菜单。为将该过程限制到在其中定义它的工作簿，可使用如下代码：

```
Sub MyMacro()
    If Not ActiveWorkbook Is ThisWorkbook Then
        MsgBox "This shortcut menu doesn't work here."
    Else
'       [Macro code goes here]
    End If
End Sub
```

18.7　快捷菜单与事件

本节中的示例介绍了与事件一起使用的各种快捷菜单编程技术。

> **交叉参考：**
> 第 6 章详细介绍了事件编程。

18.7.1　自动添加和删除菜单

如果需要在工作簿打开时修改快捷菜单，则使用 Workbook_Open 事件。下列代码存储在 ThisWorkbook 对象的代码模块中，执行 ModifyShortcut 过程(该过程并未在此显示)：

```
Private Sub Workbook_Open()
    ModifyShortcut
End Sub
```

要使快捷菜单恢复到其修改之前的状态，则使用下面的过程。该过程在关闭工作簿之前执行，

并会执行 RestoreShortcut 过程(该过程并未在此显示):

```
Private Sub Workbook_BeforeClose(Cancel As Boolean)
    RestoreShortcut
End Sub
```

如果此代码只在 Excel 2013 或后续版本中使用,则在工作簿关闭时没必要恢复快捷菜单,因为修改只应用于活动工作簿,在工作簿关闭时会消失。

18.7.2 禁用或隐藏快捷菜单项

当某菜单项被禁用时,其文本显示为灰色阴影,单击该菜单项时没有任何反应。当某菜单项被隐藏时,就不会显示在快捷菜单中。当然,也可编写 VBA 代码来启用或禁用快捷菜单项。同样可编写 VBA 代码来隐藏快捷菜单项。当然,关键是要使用正确的事件。

例如,下面的代码在激活工作表 Sheet2 的同时禁用了 Change Case 快捷菜单项(该项已被添加到"单元格"菜单中)。该过程位于工作表 Sheet2 的代码模块中:

```
Private Sub Worksheet_Activate()
    CommandBars("Cell").Controls("Change Case").Enabled = False
End Sub
```

要在工作表 Sheet2 取消激活时启用该菜单项,则添加下列过程。其效果是,除激活工作表 Sheet2 外,Change Case 菜单项在所有其他情况下均可用。

```
Private Sub Worksheet_Deactivate()
    CommandBars("Cell").Controls("Change Case").Enabled = True
End Sub
```

要隐藏菜单项而不是禁用它,只需要用 Visible 属性代替 Enabled 属性。

18.7.3 创建一个上下文相关的快捷菜单

我们可以创建一个全新的快捷菜单,并通过激发特定的事件来显示它。下面的代码创建了一个名为 MyShortcut 的快捷菜单,并向其中添加了 6 个菜单项。这些菜单项的 OnAction 属性分别设置为执行一个简单的过程,显示"设置单元格格式"对话框中的某一个选项卡(参见图 18-8)。

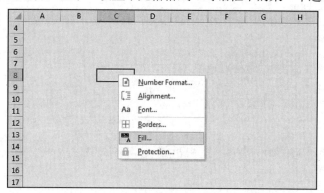

图 18-8 一个新的快捷菜单,仅当用户右击工作表阴影区域中的某单元格时才出现

```vba
Sub CreateShortcut()
    Set myBar = CommandBars.Add _
        (Name:="MyShortcut", Position:=msoBarPopup)

'   Add a menu item
    Set myItem = myBar.Controls.Add(Type:=msoControlButton)
    With myItem
        .Caption = "&Number Format..."
        .OnAction = "ShowFormatNumber"
        .FaceId = 1554
    End With

'   Add a menu item
    Set myItem = myBar.Controls.Add(Type:=msoControlButton)
    With myItem
        .Caption = "&Alignment..."
        .OnAction = "ShowFormatAlignment"
        .FaceId = 194
    End With

'   Add a menu item
    Set myItem = myBar.Controls.Add(Type:=msoControlButton)
    With myItem
        .Caption = "&Font..."
        .OnAction = "ShowFormatFont"
        .FaceId = 309
    End With

'   Add a menu item
    Set myItem = myBar.Controls.Add(Type:=msoControlButton)
    With myItem
        .Caption = "&Borders..."
        .OnAction = "ShowFormatBorder"
        .FaceId = 149
        .BeginGroup = True
    End With

'   Add a menu item
    Set myItem = myBar.Controls.Add(Type:=msoControlButton)
    With myItem
        .Caption = "&Patterns..."
        .OnAction = "ShowFormatPatterns"
        .FaceId = 687
    End With

'   Add a menu item
    Set myItem = myBar.Controls.Add(Type:=msoControlButton)
    With myItem
        .Caption = "Pr&otection..."
        .OnAction = "ShowFormatProtection"
        .FaceId = 225
```

```
        End With
End Sub
```

创建快捷菜单后，可通过使用 ShowPopup 方法来显示该菜单。下列过程位于 Worksheet 对象的代码模块中，当用户右击 data 单元格区域中的单元格时执行该过程：

```
Private Sub Worksheet_BeforeRightClick _
  (ByVal Target As Excel.Range, Cancel As Boolean)

    If Union(Target.Range("A1"), Range("data")).Address = _
      Range("data").Address Then
        CommandBars("MyShortcut").ShowPopup
        Cancel = True
    End If
End Sub
```

当用户右击时，如果活动单元格在名为 data 的单元格区域内，则显示 MyShortcut 菜单。将 Cancel 参数设置为 True，确保不显示正常的快捷菜单。请注意，浮动工具栏也没有显示。

甚至还可不使用鼠标来显示快捷菜单。创建一个简单的过程，并通过使用"宏"对话框中的"选项"按钮来指定一个快捷键。

```
Sub ShowMyShortcutMenu()
'   Ctrl+Shift+M shortcut key
    CommandBars("MyShortcut").ShowPopup
End Sub
```

> **在线资源：**
> 本书的下载文件包中包含了一个名为 Context-sensitive Shortcut Menu.xlsm 的示例，该示例创建了一个新的快捷菜单，并将其显示，代替正常的"单元格"快捷菜单。

第 **19** 章

为应用程序提供帮助

本章内容:
- 为应用程序提供用户帮助
- 仅使用 Excel 的组件提供帮助
- 显示用 HTML 帮助系统创建的帮助文件
- 将帮助文件与应用程序相关联
- 采用其他方式显示 HTML 帮助

19.1 Excel 应用程序的"帮助"

如果要在 Excel 中开发一个比较重要的应用程序,需要考虑为最终用户提供某种帮助。这样可使得用户在应用程序中更加运用自如,而且可减少用户打电话来询问基本问题所耗费的时间。另一个好处是帮助始终是可用的:也就是说,不会将应用程序的使用说明放到找不着的地方或埋在一堆书里。

为 Excel 应用程序提供帮助的方法有很多种,有简单的,也有复杂的。选择的方法取决于应用程序的范围和复杂度,以及想在该开发阶段投入多少精力。有些应用程序可能只需要一组关于如何启动的简单指示。其他应用程序可能需要成熟的、可搜索的"帮助"系统。最常见的情形是应用程序的需求介于两者之间。

本章将用户帮助分为下列两类。
- **非官方帮助系统**:这种显示帮助的方法使用标准的 Excel 组件(如用户窗体)。或者,你可以用文本文件、Word 文档或 PDF 文件简单地显示支持信息。
- **官方帮助系统**:这种帮助系统使用一个经过编译的 HTML 文件(带.chm 扩展名),该文件由 Microsoft 的 HTML Help Workshop 生成。

创建一个经过编译的帮助系统并不是一项微不足道的工作。但是如果应用程序比较复杂,或者应用程序将被相当多的人使用,那么就很值得努力了。

关于本章中的示例

本章中的许多示例都使用了一个通用的工作簿应用程序来演示提供帮助的各种方式。该应用程序使用存储在工作表中的数据来生成和打印套用信函。

在图19-1中可以看到，单元格显示了数据库中的记录总数(C2，通过公式计算出)、当前记录号(C3)、打印的第一个记录(C4)和打印的最后一个记录(C5)。要显示某个特定记录，用户只需要在单元格C3中输入一个值。要打印一系列套用信函，用户只需要在单元格C4和C5中指定第一个和最后一个记录号。

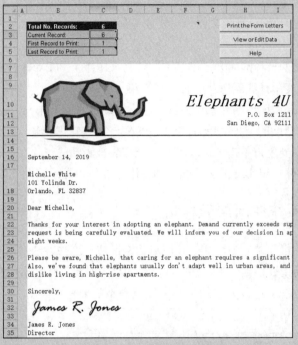

图19-1　单元格显示的内容

该应用程序非常简单，却是由一些相互没什么关联的组件构成的。本书用这个示例来演示显示上下文相关帮助的各种方法。

套用信函工作簿包含下列组件。

- Form：一个工作表，其中包含套用信函的文本。
- Data：一个工作表，其中包含一个7个字段的数据库表。
- HelpSheet：只显示在示例中的一个工作表，该示例将帮助文本存储在工作表。
- PrintMod：一个VBA模块，其中包含一些用来打印套用信函的宏。
- HelpMod：一个VBA模块，其中包含一些用来控制帮助显示的宏。该模块的内容因所演示的帮助类型而异。
- UHelp：仅在帮助技巧涉及用户窗体时，才会显示的用户窗体。

> **在线资源：**
>
> 本章的所有示例都可从下载的文件包中获取。因为多数示例都包含多个文件，所以每个示例都放在一个单独目录中。

19.2 使用 Excel 组件的帮助系统

给用户提供帮助的最直接方法可能是使用 Excel 本身所含的功能。这种方法最大的好处就是不需要学习如何创建 HTML 帮助文件——这是一项重大工作，可能比开发应用程序花费的时间更多。

本节提供了一些帮助技巧的简介，这些帮助技巧使用了下列 Excel 内置组件。

- **单元格批注**：使用批注就像获取它一样简单。
- **文本框控件**：采用简单的宏来切换显示包含帮助信息的文本框。
- **工作表**：添加帮助的一种简单方法就是插入一个工作表，输入帮助信息，将其选项卡命名为"帮助"。当用户单击该选项卡时，工作表被激活。
- **自定义用户窗体**：可实现很多功能，如在用户窗体中显示帮助文本。

19.2.1 为帮助系统使用单元格批注

给用户提供帮助的最简单方法可能是使用单元格批注。这种方法最适于描述单元格预期输入的类型。当用户将鼠标指针移到一个包含批注的单元格上时，批注会出现在一个小窗口中，像工具提示一样(参见图 19-2)。这种方法的另一个优点是不需要任何宏。

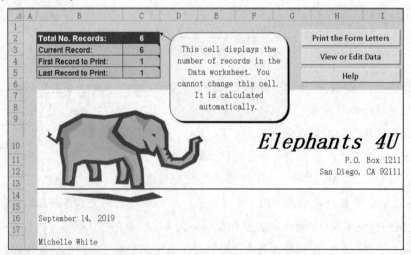

图 19-2 使用单元格批注来显示帮助

是否自动显示单元格批注是可以选择的。下面的 VBA 指令可放在 Workbook_Open 过程中，确保所有包含批注的单元格都显示单元格批注指针：

```
Application.DisplayCommentIndicator = xlCommentIndicatorOnly
```

在线资源：
演示如何使用单元格批注的工作簿可从本书的下载文件包中获取，文件名为 cell comments\formletter.xlsm。

提示：
大多数用户并没有意识到，批注还可以显示一幅图片。右击批注边框，从快捷菜单中选择"设置批注格式"。在"设置批注格式"对话框中，选择"颜色与线条"选项卡。单击"颜色"下拉列表，选择"填充效果"。在"填充效果"对话框中，单击"图片"选项卡，然后单击"选择图片"按钮选择图片文件。

还有一种方法是选择 Excel 的"数据"|"数据工具"|"数据验证"命令，将显示一个对话框，让用户指定单元格或单元格区域的验证条件。可以忽略数据验证，使用"数据验证"对话框中的"输入信息"选项卡来指定单元格被激活时显示的信息。文本限于大约 255 个字符。

19.2.2 为帮助系统使用文本框

使用文本框来显示帮助信息也很容易实现。只需要选择"插入"|"文本"|"文本框"命令来创建一个文本框，输入帮助文本，然后根据需要进行格式化。

提示：
除了使用文本框以外，还可以使用不同的形状，将文本添加到其中。选择"插入"|"插图"|"形状"，选择一种形状。然后开始输入文本。

图 19-3 的示例中设置了一种形状来显示帮助信息。本例添加了阴影效果，使对象看起来浮在工作表上。

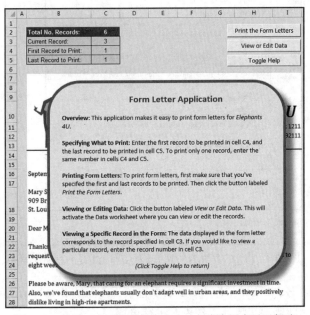

图 19-3　使用一个形状对象和文本一起来为用户显示帮助

大多数情况下，并不需要让文本框可见。因此，可向应用程序中添加一个按钮来执行一个宏，该宏用来切换文本框的 Visible 属性。下面是这种宏的一个示例。本例中，文本框的名称为 HelpText。

```
Sub:
 ToggleHelp()
    ActiveSheet.TextBoxes("HelpText").Visible = _
        Not ActiveSheet.TextBoxes("HelpText").Visible
End Sub
```

> **在线资源：**
> 演示使用文本框的帮助信息的工作簿可从本书下载文件包中获取，文件名为 textbox\formletter.xlsm。

19.2.3 使用工作表来显示帮助文本

向应用程序中添加帮助的另一种简单方法是创建一个宏，激活用于保存帮助信息的单独工作表。将该宏绑定到一个按钮控件上，就创建了一个快速帮助。

图 19-4 显示了一个样本帮助工作表。在本例中将包含帮助文本的单元格区域设计为模拟黄色便签纸的页面(这种尝试用户可能会喜欢，也可能不喜欢)。

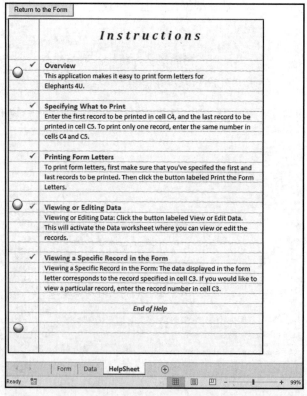

图 19-4　将用户帮助信息放在单独工作表中是一种简捷方法

为使用户可以滚动 HelpSheet 工作表，该宏设置了工作表的 ScrollArea 属性。由于该属性并没有存储在工作簿中，因此需要在激活工作表时进行设置。

```
Sub ShowHelp()
'   Activate help sheet
    Worksheets("HelpSheet").Activate
    ActiveSheet.ScrollArea = "A1:C35"
    Range("A1").Select
End Sub
```

工作表已被做了保护，以防止用户修改文本和选择单元格，还将第一行"冻结"，使得不论用户滚动到工作表下面多远的位置，Return to the Form 按钮始终都是可见的。

使用这种方法的主要缺点是，帮助文本在主工作区并不是可见的。一种可能的解决方法是编写宏来打开一个新窗口，显示该工作表。

> **在线资源：**
> 本书的下载文件包中包含了一个名为 worksheet\formletter.xlsm 的工作簿，该工作簿演示了使用工作表的帮助信息。

19.2.4 在用户窗体中显示帮助信息

给用户提供帮助的另一种方法是在用户窗体中显示文本。本节介绍了一些涉及用户窗体的技术。

1. 使用标签控件来显示帮助文本

图 19-5 显示的用户窗体包含两个 Label 控件：一个用于标题；另一个用于实际的帮助文本。SpinButton 控件支持用户在主题间导航。文本本身存储在一个工作表中，主题存储在 A 列，文本存储在 B 列。用一个宏把工作表中的文本转移给 Label 控件。

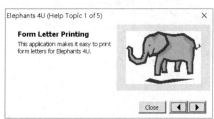

图 19-5　单击数值调节钮上的箭头按钮可修改标签中显示的文本

单击 SpinButton 控件将执行下列过程。该过程只是将两个 Label 控件的 Caption 属性设置为工作表(名为 HelpSheet)相应行中的文本：

```
Private Sub sbTopics_Change()
    HelpTopic = Me.sbTopics.Value
    Me.lblTitle.Caption = _
      Sheets("HelpSheet").Cells(HelpTopic, 1).Value
    Me.lblTopic.Caption = _
      Sheets("HelpSheet").Cells(HelpTopic, 2).Value
    Me.Caption = APPNAME & " (Help Topic " & HelpTopic & " of " _
      & Me.sbTopics.Max & ")"
End Sub
```

其中，APPNAME 是一个全局常量，包含应用程序的名称。

在用户窗体中使用控件提示

每个用户窗体控件都有一个 ControlTipText 属性，可用来存储简单的描述性文本。当用户将鼠标指针移到某个控件上时，控件提示(如果有)被显示在一个弹出窗口中。参见图 19-6。

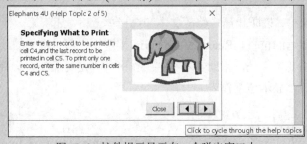

图 19-6　控件提示显示在一个弹出窗口中

在线资源：

演示该技术的工作簿可从本书的下载文件包中获取，文件名为 userform1\ formletter.xlsm。

2. 使用滚动标签来显示帮助文本

该技术将帮助文本显示在一个 Label 控件中。由于 Label 控件不能包含垂直滚动条，因此标签被放在 Frame 控件中，Frame 控件是可以放置滚动条的。图 19-7 显示了这样一个用户窗体的示例。用户可使用框架的滚动条来滚动文本。

图 19-7　向 Frame 控件中插入一个 Label 控件可以向标签中添加滚动条

用户窗体被初始化时，标签中显示的文本是从 HelpSheet 工作表中读取的。下面是该工作表的 UserForm_Initialize 过程：

```
Private Sub UserForm_Initialize()
    Dim LastRow As Long
    Dim r As Long
    Dim txt As String

    Me.Caption = APPNAME & " Help"
    LastRow = Sheets("HelpSheet").Cells(Rows.Count, 1).End(xlUp).Row
    txt = ""
```

```
    For r = 1 To LastRow
        txt = txt & Sheets("HelpSheet").Cells(r, 1).Text & vbCrLf
    Next r
    
    With Me.lblMain
        .Top = 0
        .Caption = txt
        .Width = 260
        .AutoSize = True
    End With
    
    Me.frmMain.ScrollHeight = Me.lblMain.Height
    Me.frmMain.ScrollTop = 0
End Sub
```

注意，代码调整了框架的 ScrollHeight 属性，确保滚动范围可以覆盖标签的整个高度。APPNAME 是一个全局常量，其中包括应用程序的名称。

由于标签不能显示格式化的文本，因此，使用 HelpSheet 工作表中的下画线字符来描述"帮助"主题标题。

> **在线资源：**
> 演示该技术的工作簿可从本书的下载文件包中获取，文件名为 userform2\ formletter.xlsm。

3. 使用组合框控件来选择"帮助"主题

这一部分的示例在前面示例的基础上有所提高。图 19-8 显示了包含一个 ComboBox 控件和 Label 控件的用户窗体。用户可通过单击 Previous 或 Next 按钮从组合框中选择一个主题或按顺序浏览主题。

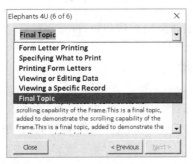

图 19-8　使用一个下拉列表控件来选择一个帮助主题

该示例比上一部分介绍的示例要复杂一些，但更灵活。它使用之前介绍的"在可滚动框架内包含标签"技术来支持任意长度的帮助文本。

帮助文本被存储在 HelpSheet 工作表的两列中(A 列和 B 列)。第一列包含了主题标题，第二列包含文本。组合框中的项被添加到 UserForm_Initialize 过程中。CurrentTopic 变量是一个模块级别的变量，其中存储了一个表示帮助主题的整数。

```
Private Sub UpdateForm()
    Me.cbxTopics.ListIndex = CurrentTopic - 1
```

```
    Me.Caption = APPNAME & _
      " (" & CurrentTopic & " of " & TopicCount & ")"

    With Me.lblMain
       .Caption = HelpSheet.Cells(CurrentTopic, 2).Value
       .AutoSize = False
       .Width = 212
       .AutoSize = True
    End With

    With Me.frmMain
       .ScrollHeight = Me.lblMain.Height + 5
       .ScrollTop = 1
    End With

    If CurrentTopic = 1 Then
       Me.cmdNext.SetFocus
    ElseIf CurrentTopic > TopicCount Then
       Me.cmdPrevious.SetFocus
    End If

    Me.cmdPrevious.Enabled = CurrentTopic > 1
    Me.cmdNext.Enabled = CurrentTopic < TopicCount
End Sub
```

> **在线资源：**
> 演示该技术的工作簿可从本书的下载文件包中获取，文件名为 userform3\ formletter.xlsm。

19.3 在 Web 浏览器中显示"帮助"

本节介绍了在 Web 浏览器中显示用户帮助的两种方法。

19.3.1 使用 HTML 文件

为 Excel 应用程序显示帮助的另一种方法是创建一个或多个 HTML 文件，提供一个超链接，在默认的 Web 浏览器中显示文件。HTML 文件可在本地存储，或存储在用户企业的内部网上。你可在单元格中创建一个指向帮助文件的超链接(并不需要使用宏)。图 19-9 的示例在浏览器中显示帮助信息。

简单易用的 HTML 编辑器是很容易获取的，基于 HTML 的帮助系统的复杂程度可以按需要进行选择。这种方法的一个缺点是需要发布很多 HTML 文件。对该问题的一个解决方法是使用 MHTML 文件，见接下来的描述。

此方法的另一个优点是，你可以更改帮助文件，而不必重新部署整个应用程序。例如，如果你在帮助文件中出现错误，则可以将仅对文件中的内容替换为正确的即可。

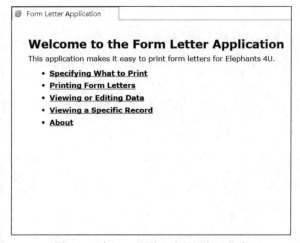

图 19-9　在 Web 浏览器中显示帮助信息

在线资源：
演示该技术的工作簿可从本书的下载文件包中获取，文件名为 web browser\ formletter.xlsm。

19.3.2　使用一个 MHTML 文件

MHTML(MIME Hypertext Markup Language 的缩写)是一种 Web 存档格式。MHTML 文件可以在 Microsoft IE 和其他一些浏览器中显示。

为 Excel 帮助系统使用 MHTML 文件的好处是，可在 Excel 中创建这些文件。可使用任意数量的工作表创建帮助文本。然后选择"文件"|"另存为"命令，单击"保存类型"下拉列表，选择"单个文件网页"(*.mht、*.mhtml)。VBA 宏不能以这种格式保存。

在 Excel 中，可创建一个超链接来显示 MHTML 文件。

图 19-10 显示了一个在 IE 中显示的 MHTML 文件。注意，文件的底部包含了链接到帮助主题的选项卡。这些选项卡对应用于创建 MHTML 文件的 Excel 工作簿中的工作簿选项卡。

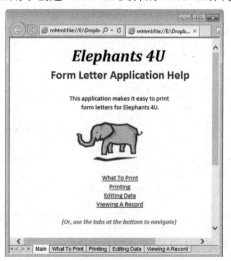

图 19-10　在 Web 浏览器中显示一个 MHTML 文件

在线资源：
演示该技术的工作簿可从本书的下载文件包中获取，文件名为 mhtml_file\ formletter.xlsm。其中还包括了一个用于创建 MHTML 文件(helpsource.xlsx)的工作簿。显然，如果从 Microsoft Office 链接的 MHTML 文件的文件名或路径中包含空格字符，则一些版本的 IE 不会显示这些文件。本书下载文件包中的示例使用一个 Windows API 函数(ShellExecute)显示 MHTML 文件(如果超链接失败)。

注意：
如果将多工作表的 Excel 工作簿保存为一个 MHTML 文件,文件中会包含 Javascrip 代码(可能会在打开文件时生成一个安全警告)。

19.4 使用 HTML 帮助系统

目前，Windows 应用程序中最常用的帮助系统是 HTML 帮助，HTML 帮助使用 CHM 文件。本节简要介绍 HTML 帮助编辑系统。关于创建这样的帮助系统的细节已经远远超出了本书的范围。但是，可在线找到很多信息和示例。

注意：
如果准备开发一个大型帮助系统，建议购买帮助编辑软件产品，该产品可以使你的工作变得简单。帮助编辑软件可以使开发帮助文件变得简单，这是因为该软件为你省略了很多繁杂的细节工作。很多的产品都是可用的，有免费软件、共享软件和商业软件可供选择。

编译过的 HTML 帮助系统将一连串 HTML 文件转换到一个简洁的帮助系统中。此外，还可以创建一个内容和索引的组合表，并使用关键字来实现优异的超链接性能。HTML 帮助还可以使用附加工具，如图形文件、ActiveX 控件、脚本和 DHTML(动态 HTML)。图 19-11 中的示例是一个简单的 HTML 帮助系统。

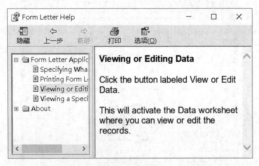

图 19-11　HTML 帮助的一个示例

在线资源：
演示该技术的工作簿可从本书的下载文件包中获取，文件名为 html help\ formletter.xlsm。

HTML帮助由HTML帮助阅读器显示，它使用的是IE的页面布局引擎。信息显示在一个窗口中，内容表、索引和搜索工具都显示在单独的窗格中。另外，帮助文本可以包含标准的超链接，用来显示其他主题，甚至可以是网上的文档。另一点很重要的是，HTML帮助可以访问存储在网站上的文件。这样可以帮助用户获取在帮助系统中获取不到的最新信息源。

创建HTML帮助系统需要一个专门的编译器(HTML Help Workshop)。HTML Help Workshop以及很多附加信息可从Microsoft的网站免费下载，访问如下地址可获得更多信息及下载内容：

https://docs.microsoft.com/zh-cn/previous-versions/windows/desktop/htmlhelp/microsoft-html-help-1-4-sdk

图19-12显示了创建图19-11中所示的帮助系统的HTML Help Workshop以及工程文件。

图19-12 使用HTML Help Workshop来创建帮助文件

19.4.1 使用Help方法来显示HTML帮助信息

使用Application对象的Help方法来显示帮助文件(可以是WinHelp HLP文件或HTML Help CHM文件)。即使帮助文件中没有定义过任何上下文标识符，该方法也是可用的。

Help方法的语法如下：

Application.Help(helpFile, helpContextID)

两个参数都是可选的。如果帮助文件的名称被省略，则显示Excel的帮助文件。如果上下文标识符参数被省略，则显示指定的默认主题的帮助文件。

下面的示例显示了myapp.chm的默认主题，假设与其被调用的工作簿在同一目录中。请注意，第二个参数被省略了。

```
Sub ShowHelpContents()
    Application.Help ThisWorkbook.Path & "\myapp.chm"
End Sub
```

下列指令显示了 myapp.chm HTML 帮助文件中上下文标识为 1002 的帮助主题。

```
Application.HelpThisWorkbook.Path& "\myapp.chm", 1002
```

19.4.2 将"帮助"文件与应用程序相关联

读者可将某个具体的 HTML 帮助文件与 Excel 应用程序关联起来，可使用以下两种方式：使用"工程属性"对话框，或通过编写 VBA 代码。

在 VBE 中，选择"工具"|"×××属性"命令(×××对应于工程名称)。在"工程属性"对话框中，单击"通用"选项卡，为工程指定一个编译过的 HTML 帮助文件。文件扩展名必须为.chm。

以下语句演示如何使用 VBA 语句将一个帮助文件与应用程序关联起来。下列指令建立了一个到 myfuncs.chm 的关联，假设帮助文件与工作簿在同一目录下：

```
ThisWorkbook.VBProject.HelpFile = ThisWorkbook.Path& "\myfuncs.chm"
```

> **注意：**
> 如果这条语句生成一个错误，则必须允许通过程序访问 VBA 工程。在 Excel 中，选择"开发工具"|"代码"|"宏安全性"命令，显示"信任中心"对话框。然后取消选中"信任对 VBA 工程对象模型的访问"复选框。

当帮助文件与应用程序关联后，可用下列方法调用某个具体的帮助主题：
- 在用户按下 F1 键的同时在"插入函数"对话框中选择一个自定义工作表函数。
- 在用户按下 F1 键的同时显示某个用户窗体。与活动控件相关联的帮助主题就会显示出来。

19.4.3 将一个帮助主题与一个 VBA 函数相关联

如果用 VBA 创建了自定义工作表函数，则可能需要将一个帮助文件和上下文标识符与每个函数关联起来。这些项被关联到函数后，在"插入函数"对话框中按 F1 键就可以显示帮助主题了。

关联方式

要为自定义工作表函数指定一个上下文标识符，可遵循下列步骤：
(1) 如常创建函数。
(2) 确保工程有一个相关联的帮助文件(参阅上一节)。
(3) 在 VBE 中，按 F2 键激活"对象浏览器"。
(4) 从"工程/库"下拉列表中选择工程。
(5) 在"类"窗口中，选择包含函数的模块。
(6) 在"成员"窗口中，选择函数。
(7) 右击函数，从快捷菜单中选择"属性"项。这样就会显示"成员选项"对话框，如图 19-13 所示。

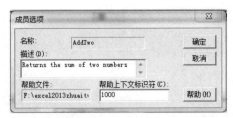

图 19-13　为自定义函数指定一个上下文标识符

(8) 为函数输入帮助主题的上下文标识符。

你也可以输入函数的描述信息。

> **注意：**
> "成员选项"对话框并不允许指定帮助文件。它始终使用与工程相关联的帮助文件。

你可能更喜欢编写 VBA 代码为自定义函数设置上下文标识符和帮助文件，可以使用 MacroOptions 方法来执行。

下列过程使用 MacroOptions 方法为两个自定义函数(AddTwo 和 Squared)指定描述信息、帮助文件和上下文标识符。只需要执行一次宏。

```
Sub SetOptions()
'   Set options for the AddTwo function
    Application.MacroOptions Macro:="AddTwo", _
        Description:="Returns the sum of two numbers", _
        HelpFile:=ThisWorkbook.Path & "\myfuncs.chm", _
        HelpContextID:=1000, _
        ArgumentDescriptions:=Array("The first number to add", _
          "The second number to add")

'   Set options for the Squared function
    Application.MacroOptions Macro:="Squared", _
        Description:="Returns the square of an argument", _
        HelpFile:=ThisWorkbook.Path & "\myfuncs.chm", _
        HelpContextID:=2000, _
        ArgumentDescriptions:=Array("The number to be squared")
End Sub
```

执行这些过程后，用户可通过在"插入函数"对话框中单击"有关该函数的帮助"链接来获取帮助。

> **在线资源：**
> 演示该技术的工作簿可以从本书的下载文件包中获取，文件名为 function help\ myfuncs.xlsm。

第20章

理解类模块

本章内容：
- 简要介绍类模块
- 类模块的几个典型应用
- 介绍与类模块相关的几个主要概念的示例

20.1 什么是类模块

对于大多数 VBA 程序员来说，类模块是一个神秘的概念。该功能容易让人混淆，但本章中的示例有助于揭开这个强大功能的神秘面纱。

"类模块"是一个特殊类型的 VBA 模块，可将其插入 VBA 工程中。基本上，类模块能够让程序员创建一个新对象。Excel 编程终归是操作对象。类模块允许创建新的对象，以及相应的属性、方法和事件。

你可能会问，"我真的需要创建新对象吗？"答案是：不需要。但是，当了解到这么做的一些好处后，你可能就想这么做。很多情况下，类模块只是作为函数或者过程的替代品而已。但它可能是一个更加方便和可控的选择。然而，在其他一些情况下，类模块是完成某个特定任务的唯一方法。

下面列举了类模块的一些典型用法。

- **封装代码及提升可读性**：例如，将所有与薪资相关的代码都移到用来表示雇员和薪水的对象中，这样更便于管理代码。
- **处理 Excel 中某些对象事件**：例如 Application 对象事件、Chart 对象事件或 QueryTable 对象事件，第 15 章列举了一个使用 Application 对象事件的例子。
- **将 Windows API 函数封装起来，使其在代码中更加容易使用**：例如，可以创建一个类，使得对 Num Lock 或者 Caps Lock 键状态的检测和设置更加简单。或者可以创建一个类，简化对 Windows 注册表的访问。
- **启用用户窗体中的多个对象来执行单个过程**：通常情况下，每个对象都有自己的事件处理程序。第 15 章中的示例展示了如何使用类模块使多个命令按钮都有单个 Click 事件处理程序。

- 创建可以导入其他工程中的可重用组件：创建通用类模块后，可将其导入其他工程中，从而缩减开发时间。

20.1.1 内置的类模块

如果你一直模仿学习本书的例子，那就已经使用过类模块了。Excel 会自动为工作簿对象、每个工作表对象和所有用户窗体对象创建类模块。没错，ThisWorkbook 是个类模块。当你将用户窗体插入工程中时，就正在插入类模块。

用户窗体的类模块和自定义类模块之间的区别在于，用户窗体有一个用户界面组件(窗体和它的控件)，而自定义类模块没有。不过，可在用户窗体的类模块中创建属性和方法，以拓展它的功能(毕竟它只是个类模块)。

20.1.2 自定义类模块

本章剩余内容都用来创建自定义的类模块。Excel 在内置的类模块中定义对象及其属性和方法。与内置的类模块不同的是，自定义类模块可以让你直接定义。创建什么自定义对象取决于你的应用程序。如果编写一个联系人管理应用程序，应该有一个 Company 类和一个 Contact 类。要编写一个销售提成计算器，应该有一个 Salesperson 类和一个 Invoice 类。类模块的好处之一是可以将它们设计成完全符合你的个人需求。

1. 类和对象

对于很多 VBA 开发人员来说，术语"类"和"对象"都是通用的。它们的关系十分紧密，但还是存在细微的差别。类模块定义对象，但这并不是实际的对象。

可以将类模块看成房子的蓝图。蓝图描述房子的所有属性和面积，但它还不是房子。你可以通过一张蓝图创建许多房子。同样，通过一个类也可创建许多对象。

2. 对象、属性和方法

从语法上来考虑对象、属性和方法有助于理解它们的关系。对象是名词，它们是事物。代表了实际事物，如雇员、客户、翻斗车等。它们还可以代表无形的事物，如交易等。当使用类模块设计应用程序时，需要先标识出域中的对象。

对象有属性。在语法中，属性可以看成是形容词。它们描述对象的特征。房子的一个特征是车库里可以停几辆车。如果创建了一个 house 类，就需要创建 GarageCarCount 属性。类似地，还可创建 ExteriorColor 属性来保存用来刷房子外墙的涂料颜色。没必要为对象所有可能的特征都创建属性，只需要创建对应用程序有重要作用的属性即可。Excel 中的 Font 对象，就只带了 Size 这个属性。你可以读取这个属性来了解字体的大小，或者可以通过设置这个属性来改变字体的大小。

可将"方法"看成语法中的动词。方法描述类模块所发生的动作。一般来讲，有两种类型的方法：一次改变多个属性的方法，和与外界进行交互的方法。Excel 的工作簿对象有 Name 属性，你可以读取这个属性，但不能改变它。要改变 Name 属性，必须使用方法(如 Save 或 SaveAs)，因为外界(即操作系统)需要知道工作簿的名称是什么。

20.2 创建 NumLock 类

类模块的优点之一是为复杂的难以使用的代码(如 Windows API)提供一个更好的接口。检测或者改变数字锁定键(NumLock)的状态需要数个 Windows API 函数，而且相当复杂。你可将 API 函数放到类模块中，然后创建比 API 函数更易于使用的属性和方法。

本节将循序渐进地指导读者创建一个简单却很有用的类模块。该类模块创建了一个 NumLock 类，这个类有一个属性(Value)和一个方法(Toggle)。

创建这个类后，通过使用如下指令，VBA 代码可确定当前 NumLock 键的状态。该指令显示了 Value 属性：

```
MsgBox clsNumLock.Value
```

此外，可通过使用 Toggle 方法来切换 Num Lock 键：

```
clsNumLock.Toggle
```

类设计完后不能简单地设置 Value 属性。Value 属性并不是存储在类中的值，而是键盘的实际状态。要改变 Value 属性，可以通过 Windows API 定义与键盘交互的方法，然后改变属性值。理解类模块包含定义对象(包括属性和方法)的代码是非常重要的。你可以在 VBA 通用代码模块中创建该对象的一个实例，然后操作其属性和方法。

为更好地理解创建类模块的过程，可按下面的指示进行操作。首先要创建一个空工作簿。

20.2.1 插入类模块

激活 Visual Basic Editor (VBE)，然后选择"插入"|"类模块"命令。该步骤添加了一个空的类模块 Class1。如果"属性"窗口没有显示，请按 F4 键来显示。然后，将这个类模块的名称改为 CNumLock(参见图 20-1)。

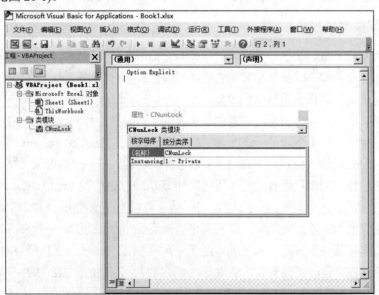

图 20-1　名为 CNumLock 的空类模块

20.2.2 给类模块添加 VBA 代码

在该步骤中，为 Value 属性创建代码。为检测或者改变 Num Lock 键的状态，类模块需要用 Windows API 声明来检测和设置 Num Lock 键。代码如下。

```
Private Declare Sub keybd_event Lib "user32" _
    (ByVal bVk As Byte, _
    ByVal bScan As Byte, _
    ByVal dwFlags As Long, ByVal dwExtraInfo As Long)

Private Declare PtrSafe Function GetKeyboardState Lib "user32" _
    (pbKeyState As Byte) As Long
Private Declare PtrSafe Function SetKeyboardState Lib "user32" _
    (lppbKeyState As Byte) As Long

'Constant declarations
Const VK_NUMLOCK = &H90
```

接下来，需要使用一个过程来获取 Num Lock 键的当前状态。这里将称其为对象的 Value 属性。可给这个属性任意命名。为获取状态，在代码中插入如下的 Property Get 过程：

```
Public Property Get Value() As Boolean
'   Get the current state
    Dim Keys(0 To 255) As Byte

    GetKeyboardState Keys(0)
    Value = CBool(Keys(VK_NUMLOCK))
End Property
```

> **交叉参考：**
> Property 过程的细节在本章的后面部分描述。请参见 20.3.1 节。

Property Get 过程使用 GetKeyboardState Windows API 函数来确定 Num Lock 键的当前状态，一旦 VBA 代码读取对象的 Value 属性，就会调用这个过程。例如，创建对象后，如下所示的 VBA 语句就会执行 Property Get 过程：

```
MsgBox clsNumLock.Value
```

如果读写 Value 属性，除 Property Get 过程外，还需要使用 Property Let 过程。因为我们通过 Toggle 方法来设置 Value 属性，没有 Property 过程。

现在需要一个过程来设置 Num Lock 的状态：开或者关。使用 Toggle 方法调用该过程：

```
Public Sub Toggle()
'   Toggles the state
'   Simulate Key Press
    keybd_event VK_NUMLOCK, &H45, KEYEVENTF_EXTENDEDKEY Or 0, 0

'   Simulate Key Release
    keybd_event VK_NUMLOCK, &H45, KEYEVENTF_EXTENDEDKEY _
        Or KEYEVENTF_KEYUP, 0
```

```
End Sub
```

注意，Toggle 方法是标准的 Sub 过程(不是 Property Let 或者 Property Get 过程)。如下所示的 VBA 语句通过执行 Toggle 过程来切换 clsNumLock 对象的状态。

```
clsNumLock.Toggle
```

20.2.3 使用 CNumLock 类

在使用 CNumLock 类之前，必须创建一个对象实例。下列语句就完成这样的工作，该语句位于常规 VBA 模块(不是类模块)中：

```
Dim clsNumLock As CNumLock
```

注意，对象类型是 CNumLock(即类模块的名称)。对象变量自身可以使用任何名称，但本例中的约定是，在类模块名称前用大写的 C 作为前缀，继承自这些类模块的对象变量用 cls 作为前缀。因此，CNumLock 类被实例化成 clsNumLock 对象变量。

下面的过程读取 clsNumLock 对象的 Value 属性，切换该值，再次读取值，为用户显示描述发生了什么事情的消息：

```
Public Sub NumLockTest()
    Dim clsNumLock As CNumLock
    Dim OldValue As Boolean

    Set clsNumLock = New CNumLock
    OldValue = clsNumLock.Value
    clsNumLock.Toggle
    DoEvents
    MsgBox "Num Lock was changed from " & _
        OldValue & " to " & clsNumLock.Value
End Sub
```

图 20-2 显示了运行 NumLockTest 的结果。使用 NumLock 类比直接使用 API 函数要简单得多。创建类模块后，通过导入类模块可以简单地在任何其他工程中重用它。

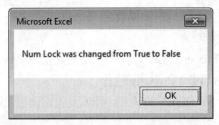

图 20-2　显示改变 NumLock 键状态的消息框

在线资源：
该示例完整的类模块可从本书的下载文件包中获取。该工作簿名为 Keyboard Classes.xlsm，还包含了检测和设置大写锁定键和滚动锁定键的状态的类模块。

20.3 属性、方法和事件编程

上一节的示例展示了如何使用 Value 读写属性和 Toggle 方法创建一个新的对象类。对象类可以包含任意数量的属性、方法和事件。

定义对象类的类模块的名称也是对象类的名称。默认情况下，类模块被命名为 Class1、Class2 等。通常，需要给对象类提供一个更有意义的名称。

20.3.1 对象属性编程

大多数对象都至少有一个属性，可以根据需要给它们定义任意多个属性。定义属性和创建对象后，便可以在代码中用标准的"点"语法使用它：

```
object.property
```

VBE 的"自动列出成员"选项与类模块中定义的对象协同工作。这就使编写代码时选择属性或者方法更加简单了。

所定义的对象属性可以是只读、只写或者读写方式的。可以使用单个过程定义一个只读属性——使用 Property Get 关键字。下面是 Property Get 过程的一个示例：

```
Public Property Get FileNameOnly() As String
    Dim Sep As String, LastSep As Long

    Sep = Application.PathSeparator
    LastSep = InStrRev(FullName, Sep)
    FileNameOnly = Right(FullName, Len(FullName) - LastSep)
End Property
```

Property Get 过程就像 Function 过程一样工作。代码进行计算，然后返回与过程名称相应的属性值。在该示例中，过程名为 FileNameOnly。返回的属性值是路径字符串(包含在 FullName 公共变量中)的文件名部分。例如，如果 FullName 是 c:\data\myfile.txt，过程返回一个 myfile.txt 属性值。当 VBA 代码引用对象和属性时，FileNameOnly 过程被调用。

对于读写属性，创建两个过程：Property Get 过程(读取属性值)和 Property Let 过程(写入属性值)。指派给属性的值将作为 Property Get 过程的最后参数(或仅有的参数)。

下面是两个示例过程：

```
Dim XLFile As Boolean

Property Get SaveAsExcelFile() As Boolean
    SaveAsExcelFile = XLFile
End Property

Property Let SaveAsExcelFile(bVal As Boolean)
    XLFile = bVal
End Property
```

> **注意：**
> 当属性是一个对象数据类型时，用 Property Set 代替 Property Let。

类模块中的公共变量也可以作为对象属性使用。在前面的示例中，Property Get 和 Property Let 过程可被删除，并用模块级别的声明代替：

```
Public SaveAsExcelFileAs Boolean
```

如果需要创建一个只写属性，那就创建没有对应的 Property Get 过程的单个 Property Let 过程。这种情况一般不可能发生。

前面的示例使用模块级别的布尔类型的变量，名为 XLFile。Property Get 过程只是将该变量的值作为属性的值返回。例如，如果对象名为 FileSys，下面的语句将显示 SaveAsExcelFile 属性当前的值：

```
MsgBox FileSys.SaveAsExcelFile
```

另一方面，Property Let 语句接收参数并使用该参数改变属性的值。例如，可以编写如下语句将 SaveAsExcelFile 属性设置为 True：

```
FileSys.SaveAsExcelFile = True
```

在该例中，True 值被传递给 Property Let 语句，因此改变了属性的值。

需要创建一个代表每个属性值的变量，这些属性在类模块中定义。

> **注意：**
> 常规的过程命名规则适用于属性过程。VBA 不允许使用保留字作为名称。因此，如果在创建属性过程时出现了语法错误，请尝试改变过程的名称。

20.3.2 对象的方法编程

对象类的方法是使用类模块中的标准 Sub 过程或者 Function 过程进行编程的。对象可能使用方法，也可能不使用方法。可以通过使用标准表示法执行方法：

```
object.method
```

就像其他任何 VBA 方法一样，为对象类编写的方法将执行几种类型的动作。下面的过程是一种可以使用两种文件格式保存工作簿的方法，具体使用的文件格式取决于 XLFile 变量的值。这个过程没有什么特别的地方。

```
Sub SaveFile()
    If XLFile Then
        ActiveWorkbook.SaveAs FileName:=FName, _
          FileFormat:=xlWorkbookNormal
    Else
        ActiveWorkbook.SaveAs FileName:=FName, _
          FileFormat:=xlCSV
    End If
End Sub
```

20.3.3 类模块事件

每个类模块都有两个事件：Initialize 和 Terminate 事件。当一个新的对象实例被创建时，Initialize 事件被触发；当对象被销毁时，Terminate 事件被触发。可能想使用 Initialize 事件设置默认的属性值。

这些事件处理程序过程的框架如下所示：

```
Private Sub Class_Initialize()
'    Initialization code goes here
End Sub

Private Sub Class_Terminate()
'    Termination code goes here
End Sub
```

当声明对象的过程或者模块执行完毕时，对象被销毁(它使用的内存被释放)。用户任何时候都可以通过将其设置为 Nothing 来销毁一个对象。例如，以下语句销毁了名为 MyObject 的对象：

```
Set MyObject = Nothing
```

20.4 QueryTable 事件

Excel 会为一些对象(如 ThisWorkbook 和 Sheet1)自动创建类模块。这些类模块在一定程度上类似于 Workbook_SheetActivate 和 Worksheet_SelectionChange 的事件。Excel 对象模型中的其他对象有事件，却必须创建自定义的类模块来使用它们。本节介绍如何使用 QueryTable 对象的事件。

图 20-3 展示了一个带有 Web 查询的工作表，起始位置为单元格 A5。Web 查询从网站上搜索金融信息并放到表中。其中唯一缺少的是 Web 查询最后更新的日期(通过日期可知道表中的价格是不是最新价格)。

在 VBA 中，Web 查询是 QueryTable 对象。QueryTable 对象有两个事件：BeforeRefresh 和 AfterRefresh。这些事件的名称很好地表明了它们的作用，激活时应该就能猜到是什么事件了。

为能使用 QueryTable 事件，需要：

- 创建一个自定义的类模块
- 利用 WithEvents 关键字声明 QueryTable
- 编写事件过程代码
- 创建 Public 变量使对象位于域中
- 创建过程将类实例化

	A	B	C	D	E	F	G	H
1								
2								
3								
4								
5	Currency	Last	Day High	Day Low	% Change	Bid	Ask	
6	EUR/USD	1.1191	1.1197	1.1181	0.02%	1.1191	1.1192	
7	GBP/USD	1.5145	1.5151	1.5138	0.01%	1.5145	1.515	
8	USD/JPY	120.45	120.49	120.39	-0.01%	120.45	120.47	
9	USD/CHF	0.9759	0.9766	0.9742	0.12%	0.9759	0.9769	
10	USD/CAD	1.3087	1.309	1.3076	0.03%	1.3087	1.3093	
11	AUD/USD	0.7077	0.7088	0.7075	-0.06%	0.7077	0.7085	
12								
13	DOW	16,776.43	304.06	1.85%				
14	S&P 500	1,987.05	35.69	1.83%				
15	NASDAQ	4,781.26	73.49	1.56%				
16	TR US Index	178.53	3.32	1.89%				
17								
18	EUR/USD	1.1191	0.02%					
19	GBP/USD	1.5145	0.01%					
20	USD/JPY	120.45	-0.01%					
21								
22								
23	Gold	1,135.60	1	0.09%				
24	Oil	46.32	0.06	0.13%				
25	Corn	393.75	4.5	1.16%				

图 20-3 搜索金融信息的 Web 查询

对于带有事件的对象来说，上述内容都是使用这些事件的基本操作步骤(不是所有步骤都需要)。使用 WithEvents 关键字时，VBA 仅会让你声明支持事件的对象。

> **添加方式**
>
> 通过下列步骤可以向工作表中添加一条消息，以便在 Web 查询最近更新时通知用户：
>
> (1) 在 VBE 中，选择"插入"|"类模块"以插入新的类模块。
> (2) 按 F4 进入"属性"对话框，将模块命名为 CQueryEvents。
> (3) 在类模块中输入下列代码：
>
> ```
> Private WithEvents qt As QueryTable
>
> Public Property Get QTable() As QueryTable
>     Set QTable = qt
> End Property
>
> Public Property Set QTable(rQTable As QueryTable)
>     Set qt = rQTable
> End Property
> ```
>
> 第一行声明一个模块级别的变量，该变量将存储 Web 查询。使用 WithEvents 关键字声明它。接着编写 Property Get 和 Property Set 过程，在类的外部设置变量。
>
> (4) 从代码面板(如图 20-4 所示)顶部的下拉列表框中选择 qt 和 AfterRefresh。这样会在事件模块中插入 Sub 和 End Sub 语句。如果 VBE 为默认事件过程 BeforeRefresh 插入语句，你可以删除他们。

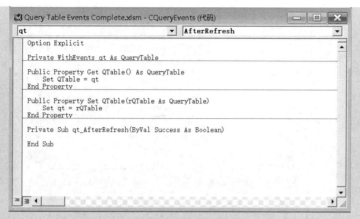

图 20-4　代码面板列出可用的事件

(5) 在事件过程中输入下列代码：

```
Private Sub qt_AfterRefresh(ByVal Success As Boolean)
    If Success Then
        Me.QTable.Parent.Range("A1").Value = _
            "Last updated: " & Format(Now, "mm-dd-yyyy hh:mm:ss")
    End If
End Sub
```

事件过程有一个内置参数 Success，如果查询更新时没有发生错误，就显示为 True。设置完类后，现在需要基于该类来创建对象。

(6) 插入一个标准的模块("插入"|"模块")。在这个练习中你可以接受默认的名称 Module1 或者按自己的需求修改名称。

(7) 将下面的代码输入到模块中：

```
Public clsQueryEvents As CQueryEvents

Sub Auto_Open()
    Set clsQueryEvents = New CQueryEvents
    Set clsQueryEvents.QTable = Sheet1.QueryTables(1)
End Sub
```

只要打开工作表，全局变量(以 Public 关键字声明)都会留在域中。这说明在工作簿关闭之前，类一直在"侦听"事件。当工作簿第一次打开时会运行 Auto_Open 过程。它创建 clsQueryEvents 对象，然后为 Sheet1 上的 Web 查询设置事件变量。

(8) 在 VBE 中，从立即窗口中运行 Auto_Open 或按 F5 键。

刷新 Sheet1 中的 Web 查询后，现在已经有代码可以运行了。你可以单击功能区中 Data 选项卡上的 Refresh All。如果你遵循这些步骤，可以看到如图 20-5 所示的内容。

	A	B	C	D	E	F	G
1	Last updated: 10-05-2015 18:30:12						
2							
3							
4							
5	Currency	Last	Day High	Day Low	% Change	Bid	Ask
6	EUR/USD	1.1191	1.1197	1.1181	0.02%	1.1191	1.1192
7	GBP/USD	1.5145	1.5151	1.5138	0.01%	1.5145	1.515
8	USD/JPY	120.45	120.49	120.39	-0.01%	120.45	120.47
9	USD/CHF	0.9759	0.9766	0.9742	0.12%	0.9759	0.9769
10	USD/CAD	1.3087	1.309	1.3076	0.03%	1.3087	1.3093
11	AUD/USD	0.7077	0.7088	0.7075	-0.06%	0.7077	0.7085
12							
13	DOW	16,776.43	304.06	1.85%			
14	S&P 500	1,987.05	35.69	1.83%			
15	NASDAQ	4,781.26	73.49	1.56%			
16	TR US Index	178.53	3.32	1.89%			

图 20-5　刷新 Web 查询后，记录最后的更新时间

在线资源：

名为 Query Table Events .xlsm 的工作簿在本书的下载文件包中可以获得。其中包含本节示例中所使用的 Web 查询。另一个名为 Query Table Events Complete .xlsm 的工作簿包含了 Web 查询和完整的代码。

20.5　创建存储类的类

使用类模块的好处之一是可以根据代码所能影响的对象来管理代码。例如，你可以创建 CEmployee 类来管理雇员对象，但你可能并非只有一个雇员。通常情况下，通过一个类可以创建出许多对象，而跟踪它们的最好办法是放在另一个类中。

在本节中，将会学习如何在一个佣金计算应用中创建父类和子类。你可以创建 CSalesRep 子类并在 CSalesReps 类中跟踪它的所有实例(通用规则是：子类名的复数是父类名)。同样，可创建 CInvoices 父类来存储 CIvoice 对象。

在线资源：

本节中带有所有数据和代码的工作簿 Commission Calc.xlsm 可从下载文件包中获得。

20.5.1　创建 CSalesRep 和 CSalesReps 类

图 20-6 展示了两个表。第一个表列出所有销售代表和一些佣金信息；第二个表列出了发货单信息。首先创建 CSalesRep 类模块，并输入下列代码：

```
Private mSalesRepID As Long
Private mSalesRep As String
Private mCommissionRate As Double
Private mThreshold As Double

Public Property Let SalesRepID(ByVal lSalesRepID As Long)
   mSalesRepID = lSalesRepID
End Property
Public Property Get SalesRepID() As Long
   SalesRepID = mSalesRepID
```

```
End Property

Public Property Let SalesRep(ByVal sSalesRep As String)
   mSalesRep = sSalesRep
End Property

Public Property Get SalesRep() As String
   SalesRep = mSalesRep
End Property

Public Property Let CommissionRate( _
   ByVal dCommissionRate As Double)
   mCommissionRate = dCommissionRate
End Property

Public Property Get CommissionRate() As Double
   CommissionRate = mCommissionRate
End Property

Public Property Let Threshold(ByVal dThreshold As Double)
   mThreshold = dThreshold
End Property

Public Property Get Threshold() As Double
   Threshold = mThreshold
End Property
```

可以看到，销售代表的表中每一列都有一个私有变量，每个变量都有对应的 Property Get 和 Property Let 语句。接下来添加另一个类模块 CSalesReps。这是个父类可存储所有 CSalesRep 对象。在父类中，创建 Collection 变量来存储所有子对象：

```
Private mSalesReps As New Collection
```

SalesRepID	SalesRep	CommissionRate	Threshhold
1	Elijah Smith	10%	2,500
2	Megan Clark	12%	3,000
3	Sofia Hawkins	8%	1,500
4	Joshua Morgan	10%	2,700
5	Alyssa Taylor	15%	1,800

Invoice	InvoiceDate	Amount	SalesRepID
5878	10/5/2015	1,712.30	2
2406	10/7/2015	717.54	1
9446	10/12/2015	790.20	3
6890	10/20/2015	4,717.88	1
5554	10/28/2015	1,579.42	5
4514	10/20/2015	4,434.27	4
1966	10/10/2015	2,950.90	4
8055	10/10/2015	4,178.96	5
5136	9/30/2015	2,642.72	3
7783	9/21/2015	4,972.47	1
6364	9/14/2015	2,316.59	2
8494	9/7/2015	2,153.92	5
1168	9/9/2015	4,368.97	3
2893	9/11/2015	4,109.44	4
1665	9/2/2015	3,471.14	2

图 20-6 Excel 表中存储的对象信息

现在需要将子对象放到集合中。利用下列代码在 CSalesReps 类模块中创建 Add 方法、Item 属性和 Count 属性：

```
Public Sub Add(clsSalesRep As CSalesRep)
```

```
    mSalesReps.Add clsSalesRep, CStr(clsSalesRep.SalesRepID)
End Sub

Public Property Get Count() As Long
    Count = mSalesReps.Count
End Property

Public Property Get Item(lId As Long) As CSalesRep
    Set Item = mSalesReps(lId)
End Property
```

可以注意到，所有操作都模仿 Collection 对象的 Add 方法以及 Item 和 Count 属性。Collection 对象的 key 参数应该是唯一的字符串，因此使用 SalesRepID 属性和 Cstr()函数来确保 key 是唯一的字符串。

上述就是创建父类的所有内容。简单地添加 Collection 变量，模仿你所需要的任何 Collection 属性和方法。

20.5.2　创建 CInvoice 和 CInvoices 类

通过下列代码来创建 CInvoice 类：

```
Private mInvoice As String
Private mInvoiceDate As Date
Private mAmount As Double

Public Property Let Invoice(ByVal sInvoice As String)
    mInvoice = sInvoice
End Property

Public Property Get Invoice() As String
    Invoice = mInvoice
End Property

Public Property Let InvoiceDate(ByVal dtInvoiceDate As Date)
    mInvoiceDate = dtInvoiceDate
End Property

Public Property Get InvoiceDate() As Date
    InvoiceDate = mInvoiceDate
End Property

Public Property Let Amount(ByVal dAmount As Double)
    mAmount = dAmount
End Property

Public Property Get Amount() As Double
    Amount = mAmount
End Property
```

这里不打算深入讲解 CInvoice，因为与 CSalesRep 一样，就是简单地为表中的每一列创建属性。但并没有为 SalesRepID 列创建属性，本节后面将介绍原因。下面是 CInvoices 类模块中的代码。

```
Private mInvoices As New Collection

Public Sub Add(clsInvoice As CInvoice)
    mInvoices.Add clsInvoice, clsInvoice.Invoice
End Sub

Public Property Get Count() As Long
    Count = mInvoices.Count
End Property
```

与 CSalesReps 类似，该类有 Collection 变量、Add 方法和 Count 属性。但没有 Item 属性，因为当前并不需要。但如果应用程序需要的话，可在后面添加 Item 属性。现在已经有两个父类和两个子类了。创建对象的最后一步是定义它们之间的关系。在 CSalesRep 中输入下列代码：

```
Private mInvoices As New Cinvoices

Public Property Get Invoices() As CInvoices
    Set Invoices = mInvoices
End Property
```

现在继承关系是 CsalesReps | CSalesRep | CInvoices | Cinvoice。

20.5.3 用对象填充父类

定义类后，创建新的 CSalesRep 和 CInvoice 对象，将它们添加到各自的父类中，下面两个过程执行这些操作：

```
Public Sub FillSalesReps(ByRef clsSalesReps As CSalesReps)
    Dim i As Long
    Dim clsSalesRep As CSalesRep
    Dim loReps As ListObject
    
    Set loReps = Sheet1.ListObjects(1)
    'loop through all the sales reps
    For i = 1 To loReps.ListRows.Count
        'create a new sales rep object
        Set clsSalesRep = New CSalesRep
        'Set the properties
        
        With loReps.ListRows(i).Range
            clsSalesRep.SalesRepID = .Cells(1).Value
            clsSalesRep.SalesRep = .Cells(2).Value
            clsSalesRep.CommissionRate = .Cells(3).Value
            clsSalesRep.Threshold = .Cells(4).Value
        End With
        
        'Add the child to the parent class
```

```vba
            clsSalesReps.Add clsSalesRep
            'Fill invoices for this rep
            FillInvoices clsSalesRep
    Next i
End Sub

Public Sub FillInvoices(ByRef clsSalesRep As CSalesRep)
    Dim i As Long
    Dim clsInvoice As CInvoice
    Dim loInv As ListObject

    'create a variable for the table
    Set loInv = Sheet2.ListObjects(1)

    'loop through the invoices table
    For i = 1 To loInv.ListRows.Count
        With loInv.ListRows(i).Range
            'Only if it's for this rep, add it
            If .Cells(4).Value = clsSalesRep.SalesRepID Then
                Set clsInvoice = New CInvoice
                clsInvoice.Invoice = .Cells(1).Value
                clsInvoice.InvoiceDate = .Cells(2).Value
                clsInvoice.Amount = .Cells(3).Value

                clsSalesRep.Invoices.Add clsInvoice
            End If
        End With
    Next i
End Sub
```

第一个过程接收 CSalesReps 参数。这是继承链上最顶级的类。这个过程遍历销售代表表中所有的行，创建新的 CSalesRep 对象，设置新对象的属性，将其添加到父类中。

在循环中，FillSalesReps 过程调用 FillInvoices，并将它传递给 CSalesRep 对象。只有这些与 CSaleRep 对象相关的发货单才会被创建并添加到该对象。CSalesReps 类只有一个，而 CInvoices 父类却不止一个。每个 CSalesRep 都有各自的 CSalesReps 实例来存储与之相关的发货单。使用如 CInvoices 这样的父类作为另一个类的子类，是一种虽然复杂却非常有用的编程技术。

20.5.4　计算佣金

插入一个标准模块，输入下列代码来计算佣金并输出结果：

```vba
Public Sub CalculateCommission()
    Dim clsSalesReps As CSalesReps
    Dim i As Long

    'Create a new parent object and fill it with child objects
    Set clsSalesReps = New CSalesReps
    FillSalesReps clsSalesReps
```

```
        'Loop through all the reps and print commissions
        For i = 1 To clsSalesReps.Count
            With clsSalesReps.Item(i)
                Debug.Print .SalesRep, _
                    Format(.Commission, "$#,##0.00")
            End With
        Next i
    End Sub
```

可以看到，上述过程中使用了尚未创建的 Commission 属性。在 CSalesRep 类中，插入下列代码来创建 Commission 属性：

```
Public Property Get Commission() As Double
    If Me.Invoices.Total < Me.Threshhold Then
        Commission = 0
    Else
        Commission = (Me.Invoices.Total - Me.Threshhold) _
            * Me.CommissionRate
    End If
End Property
```

如果所有发货单的总额少于所规定的阈值，该过程就将佣金设置为零。反之，如果总销售额超过阈值，就可以根据佣金率来计算佣金，即用佣金率乘以超过的数量。为获取发货单总额，这个属性使用 CInvoices 的 Total 属性。因为之前尚未创建该属性，可将下列代码插入 CInvoices 中完成创建操作：

```
Public Property Get Total() As Double
    Dim i As Long
    
    For i = 1 To mInvoices.Count
        Total = Total + mInvoices.Item(i).Amount
    Next i
End Property
```

图 20-7 展示了运行 CalculateCommissions 后在 Immediate 窗口中的输出结果。你可能会注意到，与编写正常的过程相比，使用的类模块需要的设置更多一些。如果编写的应用像示例那样简单的话，并没必要使用类模块。但如果你的应用更复杂，就会发现在类模块中管理代码会使得代码可读性更强，更易于维护，在需要时也更易于修改。

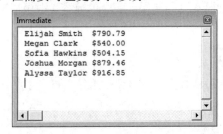

图 20-7　佣金计算结果输出到 Immediate 窗口中

第21章

兼容性问题

本章内容：
- 使 Excel 2019 应用程序能与 Excel 之前版本相兼容
- 声明可用在 32 位的 Excel 2013、64 位的 Excel 2019 和 Excel 早期版本中的 API 函数
- 开发国际通用的 Excel 应用程序时，需要了解哪些问题

21.1 什么是兼容性

"兼容性"是计算机领域的常用术语。它通常指软件在不同条件下的适应能力。这些条件可能是硬件、软件或两者的组合。例如，针对 Windows 编写的软件不可以直接在其他操作系统上运行，如 Mac OS X 或 Linux。

本章将讨论更具体的兼容性问题，它涉及 Excel 2019 应用程序如何在早期版本的 Excel(包括 Windows 以及 Mac 版本)上工作。事实上，两个版本的 Excel 使用相同格式的文件也不足以保证文件内容之间完全兼容。例如， Excel 97、Excel 2000、Excel 2002、Excel 2003 以及针对 Mac 平台的 Excel 2008 都使用相同的文件格式，但兼容性问题却很严重。特定版本的 Excel 可打开工作表文件或者加载项，但并不保证该版本可以执行其中包含的 VBA 宏指令。另一个示例是，Excel 2019 和 Excel 2007 使用相同的文件格式。如果应用程序使用了 Excel 2010 或后续版本中引入的功能，就不能指望 Excel 2007 用户能使用这些新功能。

Excel 是一个移动的目标，根本没办法保证完全的兼容。很多情况下，需要做相当多的额外工作才能达到兼容的目的。

> **注意：**
> 现在，Microsoft Office 可从网上获取，而且对于像平板和手机这样的 Windows RT 设备，我预计兼容性问题会更为复杂。这些非桌面的 Office 版本不支持 VBA、加载项以及依赖 ActiveX 控件的功能。

21.2 兼容性问题的类型

我们有必要知道一些潜在的兼容性问题，如下所示。具体内容在本章还要深入探讨。

- **文件格式问题**：工作簿可被保存为几种不同的 Excel 文件格式。早期版本的 Excel 可能无法打开后续版本所保存的工作簿。关于共享 Excel 2007~Excel 2019 文件的更多信息可参见稍后的补充说明"Microsoft Office 兼容包"。
- **新功能问题**：很显然，某个特定版本的 Excel 中引入的新功能是无法在之前的 Excel 版本中使用的。
- **Microsoft 问题**：无论什么理由，Microsoft 对某些种类的兼容性问题都有不可推卸的责任。例如，正如第 18 章所述，快捷菜单的索引值在 Excel 各个版本中并没有保持一致。
- **Windows 与 Mac 的问题**：如果应用程序必须用在两个平台上，就需要准备好花很多时间来解决兼容性问题。注意，针对 Mac 的 Excel 2008 中移除了 VBA，但在针对 Mac 的 Excel 2011 中又将其移回。
- **位问题**：Excel 2010 是第一个同时提供 32 位和 64 位版本的 Excel 版本。如果 VBA 代码中使用了 API 函数，那么当代码必须运行在 32 位或 64 位 Excel 中，或者其他 Excel 版本中时，必须注意一些潜在的问题。
- **国际化问题**：如果应用程序将被不同母语的人使用，那么必须解决一系列额外的问题。

阅读完本章后，很明确的一点是，只有一个方法可以保证兼容性：必须在每个目标平台和每个目标版本的 Excel 上测试应用程序。

> **注意：**
> 如果想通过阅读本章来寻找不同 Excel 版本之间的兼容性问题的完整列表，那么会感到失望。据笔者所知，这样的列表并不存在。事实上，编制这么一个表也是不可能的。这些问题的种类太多，太复杂了。

> **提示：**
> 有关潜在的兼容性问题，有一个很好的信息源是 Microsoft 的支持站点，其 URL 地址是 www.support.microsoft.com。该站点上的信息可以帮助用户识别出某个特定 Excel 版本中的故障。

> **Microsoft Office 兼容包**
> 如果打算和那些使用 Excel 2007 之前版本的用户共享 Excel 2019 应用程序，有两种选择。
> - 始终将文件保存为老的 XLS 文件格式。
> - 确保文件使用者已经安装了 Microsoft Office 兼容包。
>
> 可从 http://www.microsoft.com 免费下载 Microsoft Office 兼容包。安装后，Office 2003 用户可以使用 Word、Excel 和 PowerPoint 的新文件格式打开、编辑和保存文档、工作簿以及演示文件。
>
> 记住，兼容包并没有给早期版本的 Excel 增加任何 Excel 2007 和后续版本中的新功能。它只是让用户可以打开和保存新格式的文件。

21.3 避免使用新功能

如果应用程序必须同时用在 Excel 2019 以及早期版本中，就要避免使用想要支持的最早的 Excel 版本之后添加的新功能。另一个方法是有选择地集成新功能。换言之，代码可以判断什么版本的 Excel 正在被使用，然后决定是否使用新功能。

VBA 程序员必须注意不能使用早期版本中没有的任何对象、属性或方法。通常，最安全的方法是针对最低的版本号开发应用程序。为兼容 Excel 2003 以及后续版本，需要使用 Excel 2003 开发，然后用后续版本彻底地进行测试。

> **确定 Excel 的版本号**
>
> Application 对象的 Version 属性可以返回 Excel 的版本信息。返回的值是一个字符串，所以可能需要转换该值。使用 VBA 的 Val 函数可以很好地完成该任务。例如，如果用户正在使用 Excel 2007 或者更高的版本，则下面的函数会返回 True：
>
> ```
> Function XL12OrLater()
>     XL12OrLater = Val(Application.Version) >= 12
> EndFunction
> ```

Excel 2007 的版本号是 12，Excel 2010 的版本号是 14，Excel 2013 的版本号是 15，Excel 2016 的版本号是 16，你可能认为 Excel 2019 的版本号会是 17，但你错了，Excel 2019 的版本号还是 16，我们假设这是一个错误，但微软既没有承认这一点，也没有表示会修改它。如果它在未来得到修改也不必感到惊讶，但现在确实没有简单的方法来区分 Excel 2016 和 Excel 2019。

Excel 2007 引入了一个非常有用的功能，即 Compatibility Checker(兼容性检查器)，如图 21-1 所示。选择"文件"｜"信息"｜"检查问题"｜"检查兼容性"命令来显示该对话框。兼容性检查器可检测文件被一个早期版本的 Excel 打开时可能引起的任何兼容性问题。

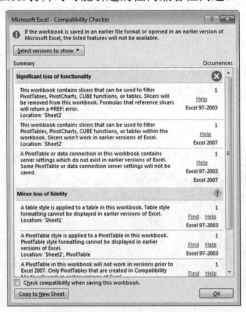

图 21-1　兼容性检查器

但是，兼容性检查器并不检测 VBA 代码，而兼容性问题主要就是由 VBA 代码引起的。不过，可以下载 Microsoft Office Code Compatibility Inspector(可在 www.microsoft.com 上搜索它)。这个工具会作为加载项安装，并在"开发工具"选项卡中添加新命令。它可以帮助定位 VBA 代码中潜在的兼容性问题。检查器会给代码添加注释来标识潜在的问题，而且也会创建报告。撰写本书时，已编写了针对 Office 2010 版本的 Microsoft Office Code Compatibility Inspector，但还没有进行更新(但它仍然安装了)。图 21-2 显示了一个摘要报告。

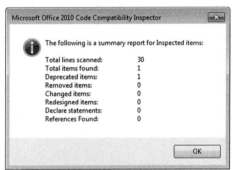

图 21-2　来自 Microsoft Office Code Compatibility Inspector 的摘要报告

21.4　在 Mac 机器上是否可用

最普遍的问题之一就是 Mac 机上的兼容性问题。Mac 平台上的 Excel 在整个 Excel 市场中只占非常小的份额，并且很多开发人员都选择忽略它。好消息是，老版本 Excel 的文件格式在所有平台上都是兼容的。但坏消息是，各个版本所支持的功能并不一致，并且 VBA 宏的兼容性也非常不尽如人意。事实上，针对 Mac 机器的 Excel 2008 不支持 VBA。

可通过编写 VBA 代码来判断应用程序所运行的平台。下面的函数将访问 Application 对象的 OperatingSystem 属性，如果操作系统是 Windows 的任何版本(也就是说，返回的字符串中包含文本 Win)，它将返回 True：

```
Function WindowsOS() As Boolean
    WindowsOS = Application.OperatingSystem Like "*Win*"
End Function
```

Windows 版本的 Excel 和 Mac 版本的 Excel 存在很多细微差别。其中有很多是外观上的差别(如默认字体的差别)，但其他差别就要严重得多。例如，Mac 版本的 Excel 不包含 ActiveX 控件。并且默认情况下，有些 Mac 版本使用的是 1904 日期系统，而 Windows 版本的 Excel 使用的是 1900 日期系统，所以使用日期的工作簿在日期上可能差 4 年。

另一个局限涉及 Windows API 函数：在 Mac 版本的 Excel 中，它们是不起作用的。如果你的应用程序基于这样的函数，就需要开发一个替代方案。

这里有一个潜在兼容性问题的例子。如果代码要处理路径和文件名，那么在路径中要使用适当的分隔符(在 Mac 中使用冒号，在 Windows 中使用反斜杠)。较好的方法是避免硬编码确切的路径分隔符，而由 VBA 来确定用什么分隔符。下面的语句将路径分隔符分配给一个名为 PathSep 的变量。

```
PathSep = Application.PathSeparator
```

该语句执行后,代码就可使用 PathSep 变量来替代硬编码的冒号或反斜杠。

大多数开发人员选择在一个平台上开发,然后修改该应用程序,使其能在另一个平台上工作,而不是试图让单个文件兼容两个平台。换言之,可能需要维护两个版本的应用程序。

只有一个办法可以确保应用程序和 Mac 版本的 Excel 兼容:必须在 Mac 机器上彻底地测试应用程序——并准备好为没有正常工作的过程开发一些替代方案。

> **在线资源:**
> Ron de Bruin(荷兰的 Microsoft Excel MPV)创建了一个网页,其中有许多与 Mac 版本的 Excel 和 Windows 版本的 Excel 之间的兼容性相关的例子。该网页的 URL 地址为:http://www.rondebruin.nl/mac.htm。

21.5 处理 64 位 Excel

从 Excel 2010 开始,可以把 Excel 安装为 32 位或 64 位应用程序。后者只在运行 64 位的 Windows 时才可以正常工作。64 位 Excel 版本可以处理更大的工作簿,因为它利用了 64 位 Windows 中更大的地址空间。

大多数用户并不需要 64 位的 Excel,因为他们在一个工作簿中要处理的数据量没有那么大。还要注意,64 位的版本并不能提高性能。实际上,64 位版本中的一些操作还可能执行得更慢。

一般来说,使用 32 位版本创建的工作簿和加载项可在 64 位版本中工作得很好。然而注意,ActiveX 控件在 64 位版本中不可用。另外,如果工作簿中包含的 VBA 代码使用了 Windows API 函数,则 32 位的 API 函数声明在 64 位版本中不能编译。

例如,下面的声明在 32 位 Excel 版本中工作得很好,但在 64 位的 Excel 中会产生编译错误:

```
Declare Function GetWindowsDirectoryA Lib "kernel32" _
 (ByVallpBuffer As String, ByValnSize As Long) As Long
```

下面的声明在 Excel 2010 及后续版本(包括 32 位和 64 位版本)中工作得很好,但在早期版本中会产生编译错误:

```
Declare PtrSafe Function GetWindowsDirectoryA Lib "kernel32" _
 (ByVallpBuffer As String, ByValnSize As Long) As Long
```

要同时在 32 位和 64 位的 Excel 中使用这个 API 函数,必须使用两个条件编译指令,声明该函数的下列两个版本:

- 如果代码使用的是 VBA 的版本 7(Office 2010 及后续版本中包含该版本),VBA 7 将返回 True。
- 如果代码运行的是 64 位的 Excel,Win64 会返回 True。

下面显示了如何使用这些指令声明与 32 位和 64 位 Excel 兼容的 API 函数:

```
#If VBA7 And Win64 Then
  Declare PtrSafe Function GetWindowsDirectoryA Lib "kernel32" _
```

```
  (ByVal lpBuffer As String, ByVal nSize As Long) As Long
#Else
  Declare Function GetWindowsDirectoryA Lib "kernel32" _
  (ByVal lpBuffer As String, ByVal nSize As Long) As Long
#End If
```

当 VBA7 和 Win64 都是 True 时(只有 16 位的 Excel 2010 和后续版本才是这种情况)，使用第一条 Declare 语句。在其他所有版本中，使用第二条 Declare 语句。

21.6　创建一个国际化应用程序

最后一个兼容性问题与语言和国际化设置有关。Excel 有很多不同语言的版本可供选择。以下语句显示了对应 Excel 版本的国家代码：

```
MsgBox Application.International(xlCountryCode)
```

美国/英国版本的 Excel 国家代码是 1。其他代码参见表 21-1。

表 21-1　Excel 国家代码

国家代码	国家/地区	语言
1	美国	英语
7	俄罗斯	俄语
30	希腊	希腊语
31	荷兰	荷兰语
33	法国	法语
34	西班牙	西班牙语
36	匈牙利	匈牙利语
39	意大利	意大利语
42	捷克	捷克语
45	丹麦	丹麦语
46	瑞典	瑞典语
47	挪威	挪威语
48	波兰	波兰语
49	德国	德语
55	巴西	葡萄牙语
66	泰国	泰国语
81	日本	日语
82	韩国	韩语
84	越南	越南语
86	中国	简体中文
90	土耳其	土耳其语
91	印度	印度语

(续表)

国家代码	国家/地区	语言
92	巴基斯坦	乌尔都语
351	葡萄牙	葡萄牙语
358	芬兰	芬兰语
966	沙特阿拉伯	阿拉伯语
972	以色列	希伯来语
982	伊朗	波斯语

Excel还支持语言包，所以一个Excel副本实际上可以显示任意数量的不同语言。该语言主要用于两个方面：用户界面和执行模式。

可以通过如下语句，确定用户界面当前使用的语言：

```
MsgboxApplication.LanguageSettings.LanguageID(msoLanguageIDUI)
```

英语的语言ID是1033。

如果应用程序将被那些使用其他语言的人使用，就需要确保对话框中使用适当的语言。同样，也要注意区分用户的小数和千位数分隔符。在美国，通常是使用句点和逗号。但是，其他国家的用户使用的系统中可能采用了其他字符。另一个问题是日期和时间的格式：美国是为数不多的几个使用"月/日/年"(不合逻辑)格式的国家之一。

如果开发的应用程序只用于本公司，可能不必考虑国际化的问题。但是，如果公司在世界各地都设有办事处，或者计划在本国之外发布应用程序，就需要处理一系列问题，以保证应用程序能正常运行。接下来将讨论这些问题。

21.7 多语言应用程序

一个明显需要考虑的问题就是应用程序中所使用的语言。例如，如果使用一个或多个对话框，就可能需要让文本内容以用户的语言显示。幸运的是，这并不会十分困难(当然，前提是你自己可以翻译文本的内容，或者有人会翻译)。

> **在线资源：**
> 本书的下载文件包中包含一个示例，该示例说明了如何让用户在对话框中从3种语言里作出选择：英语、西班牙语或德语。文件名是Multilingual Wizard.xlsm。

多语言向导中的第一步包含3个选项按钮，使用户可以选择一种语言。3种语言的文本保存在一个工作表上。

UserForm_Initialize过程包含的代码通过检查International属性来尝试猜测用户的语言。

```
Select Case Application.International(xlCountryCode)
    Case 34 'Spanish
        UserLanguage = 2
    Case 49 'German
```

```
            UserLanguage = 3
        Case Else 'default to English
            UserLanguage = 1 'default
End Select
```

图 21-3 展示了用 3 种语言显示文本的用户窗体。

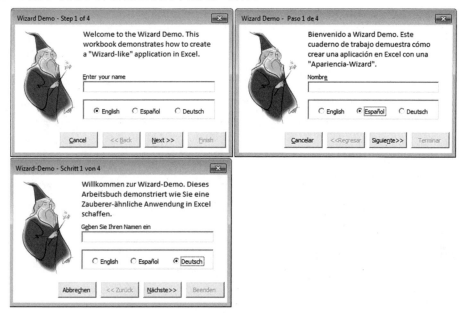

图 21-3　英语、西班牙语和德语的 Wizard Demo

21.8　VBA 语言的考虑

通常来说，不需要关心 VBA 代码用什么语言来书写。Excel 使用两个对象库：Excel 对象库和 VBA 对象库。安装 Excel 时，默认注册的对象库是英文版本的(无论使用哪种语言版本的 Excel 都是如此)。

21.9　使用本地属性

如果代码要显示工作表信息(例如公式或者一个单元格区域的地址)，那么可能要使用本地语言。例如，下面的语句在单元格 A1 中显示了公式：

```
MsgBox Range("A1").Formula
```

对于国际化的应用程序而言，更好的方法是使用 FormulaLocal 属性，而不是 Formula 属性：

```
MsgBox Range("A1").FormulaLocal
```

其他一些属性也有本地版本，如表 21-2 所示(详细内容请参照帮助系统)。

表 21-2　具有本地版本的属性

属性	本地版本	返回的内容
Address	AddressLocal	地址
Category	CategoryLocal	函数类别(仅限于 XLM 宏)
Formula	FormulaLocal	公式
FormulaR1C1	FormulaR1C1Local	公式，使用 R1C1 表示法
Name	NameLocal	名称
NumberFormat	NumberFormatLocal	数字格式
RefersTo	RefersToLocal	引用
RefersToR1C1	RefersToR1C1Local	引用，使用 R1C1 表示法

21.10　系统设置识别

一般来说，不能想当然地认为用户的系统和开发应用程序时所用的系统是一样的。对于国际化应用程序而言，你需要知道如下设置。

- **小数分隔符**：用来分隔值的小数部分。
- **千位分隔符**：用来对值的每 3 个数字位进行分隔。
- **列表分隔符**：用来分隔列表中的项。

可通过访问 Application 对象的 International 属性来确定当前分隔符。例如，下列语句展示了小数分隔符，小数分隔符并不总是句点：

```
MsgBoxApplication.International(xlDecimalSeparator)
```

可通过 International 属性来访问的 45 个国际化设置，如表 21-3 所示。

表 21-3　International 属性使用的常量

常量	返回值
xlCountryCode	Microsoft Excel 的国家版本
xlCountrySetting	Windows "控制面板"中的当前国家设置
xlDecimalSeparator	小数分隔符
xlThousandsSeparator	千位分隔符
xlListSeparator	列表分隔符
xlUpperCaseRowLetter	大写行字母(对于 R1C1 样式的引用)
xlUpperCaseColumnLetter	大写列字母
xlLowerCaseRowLetter	小写行字母
xlLowerCaseColumnLetter	小写列字母
xlLeftBracket	在 R1C1 相对引用中，用来代替左方括号([)的字符
xlRightBracket	在 R1C1 相对引用中，用来代替右方括号(])的字符
xlLeftBrace	在数组字面值中，用来代替左大括号({)的字符
xlRightBrace	在数组字面值中，用来代替右大括号(?)的字符

(续表)

常量	返回值
xlColumnSeparator	在数组字母值中，用来分隔列的字符
xlRowSeparator	在数组字面值中，用来分隔行的字符
xlAlternateArraySeparator	当前排列分隔符和小数分隔符一样的情况下，所使用的排列分隔符
xlDateSeparator	日期分隔符(/)
xlTimeSeparator	时间分隔符(:)
xlYearCode	数字格式中的"年"符号(y)
xlMonthCode	"月"符号(m)
xlDayCode	"日"符号(d)
xlHourCode	"小时"符号(h)
xlMinuteCode	"分"符号(m)
xlSecondCode	"秒"符号(s)
xlCurrencyCode	货币符号
xlGeneralFormatName	通用数字格式名称
xlCurrencyDigits	货币格式中使用的小数位数
xlCurrencyNegative	货币格式中负数货币值的表示
xlNoncurrencyDigits	非货币格式中使用的小数位数
xlMonthNameChars	为保持向后兼容，总是返回 3 个字符；可从 Microsoft Windows 中读取缩写的月份名称，并且可以是任意长度
xlWeekdayNameChars	为保持向后兼容，总是返回 3 个字符；可从 Microsoft Windows 中读取缩写的星期名称，并且可以是任意长度
xlDateOrder	代表日期元素顺序的整数
xl24HourClock	如果使用的是 24 小时制，则返回 True；如果使用的是 12 小时制，则返回 False
xlNonEnglishFunctions	如果系统没有用英语显示函数，则为 True
xlMetric	如果使用公制度量系统，则为 True；如果使用英制度量系统，则为 False
xlCurrencySpaceBefore	如果在货币符号前有空格，则为 True
xlCurrencyBefore	如果货币符号在货币值的前面，则为 True；如果货币符号在货币值的后面，则为 False
xlCurrencyMinusSign	如果系统用减号表示负数，则为 True；如果用圆括号表示负数，则为 False
xlCurrencyTrailingZeros	如果显示零货币值的后缀零，则为 True
xlCurrencyLeadingZeros	如果显示零货币值的前导零，则为 True
xlMonthLeadingZero	如果在月份中显示前导零，则为 True(当月份显示为数字时)
xlDayLeadingZero	如果在日期中显示前导零，则为 True
xl4DigitYears	如果系统使用 4 位数年份，则返回 True；如果系统使用两位数年份，则返回 False
xlMDY	如果日期顺序是以长格式显示的月-日-年，则返回 True；如果顺序是日/月/年，则返回 False
xlTimeLeadingZero	如果时间中显示前导零，则为 True

21.11 日期和时间设置

如果应用程序用的是格式化的日期,并且将在别的国家使用,那么应该确保用户熟悉该日期的形式。最好的办法就是通过 VBA 的 DateSerial 函数来确定日期,让 Excel 来处理格式细节(它会使用用户的短日期格式)。

下面的过程使用 DateSerial 函数将日期分配给 StartDate 变量。该日期随后以本地短日期格式写入单元格 A1。

```
Sub WriteDate()
    Dim StartDate As Date
    StartDate = DateSerial(2016, 4, 15)
    Range("A1") = StartDate
End Sub
```

如果需要对日期做其他格式处理,则可以在将日期输入单元格后,用代码来实现。Excel 提供了几种指定的日期和时间格式,还有其他非常多的指定的数字格式。这些格式在联机帮助中有详细介绍(可搜索 named date/time formats 或 named numeric formats)。

附录 A

VBA 语句和函数引用

本附录包含了一个完整列表，列出了所有的 VBA(Visual Basic for Applications)语句(见表 A-1)和内置函数(见表 A-2)。详细信息可参见 Excel 的联机帮助。

A.1 VBA 语句

VBA 语句是在构成 VBA 语言的 Visual Basic 应用程序规范中定义的关键。语句用于控制程序流、操作数据、处理错误、与文件系统通信以及充当标签。而函数主要返回一个或多个值。

表 A-1 VBA 语句汇总

语句	动作
AppActivate	激活一个应用程序窗口
Beep	通过计算机扬声器发出一个音调
Call	将控制权转移到另一个过程
ChDir	改变当前目录
ChDrive	改变当前驱动器
Close	关闭一个文本文件
Const	声明一个常量值
Date	设置当前系统日期
Declare	声明对动态链接库(Dynamic Link Library，DLL)中外部过程的引用
DefBool	将以指定字母开头的变量的默认数据类型设置为 Boolean
DefByte	将以指定字母开头的变量的默认数据类型设置为 Byte
DefCur	将以指定字母开头的变量的默认数据类型设置为 Currency
DefDate	将以指定字母开头的变量的默认数据类型设置为 Date
DefDec	将以指定字母开头的变量的默认数据类型设置为 Decimal
DefDbl	将以指定字母开头的变量的默认数据类型设置为 Double
DefInt	将以指定字母开头的变量的默认数据类型设置为 Integer

(续表)

语句	动作
DefLng	将以指定字母开头的变量的默认数据类型设置为 Long
DefLngLng	将以指定字母开头的变量的默认数据类型设置为 LongLong
DefLngPtr	将以指定字母开头的变量的默认数据类型设置为 LongPtr
DefObj	将以指定字母开头的变量的默认数据类型设置为 Object
DefSng	将以指定字母开头的变量的默认数据类型设置为 Single
DefStr	将以指定字母开头的变量的默认数据类型设置为 String
DefVar	将以指定字母开头的变量的默认数据类型设置为 Variant
DeleteSetting	在 Windows 注册表中，从应用程序项目中删除区域或注册表项设置
Dim	声明变量及其数据类型(可选)
Do-Loop	遍历一组指令
End	程序本身使用，用来退出程序；也用来结束一个以 If、With、Sub、Function、Property、Type 或 Select 开头的语句块
Enum	声明枚举类型
Erase	重新初始化一个数组
Error	模拟一个特定的错误条件
Event	声明一个用户定义的事件
Exit Do	退出 Do-Loop 代码块
Exit For	退出 For-Next 代码块
Exit Function	退出 Function 过程
Exit Property	退出一个属性过程
Exit Sub	退出一个子过程
FileCopy	复制一个文件
For Each-Next	遍历序列中每个成员的指令集
For-Next	按指定次数遍历一个指令集
Function	声明 Function 过程的名称和参数
Get	从文本文件中读取数据
GoSub…Return	从一个过程跳到另一个过程执行，执行后返回
GoTo	跳到过程中指定的语句
If-Then-Else	有条件地执行语句
Implements	指定将在类模块中实现的接口或类
Input #	从顺序文本文件中读取数据
Kill	从磁盘中删除文件
Let	将表达式的值赋给一个变量或属性
Line Input #	从顺序文本文件中读取一行数据

(续表)

语句	动作
Load	加载一个对象,但是不进行显示
Lock…Unlock	控制访问一个文本文件
Lset	左对齐一个字符串变量中的字符串
Mid	用其他字符代替字符串中的字符
MkDir	创建一个新目录
Name	重命名一个文件或目录
On Error	在出现错误时给出具体指示
On…GoSub	根据条件转到特定行执行
On…GoTo	根据条件转到特定行执行
Open	打开一个文本文件
Option Base	修改数组的默认下限
Option Compare	比较字符串时声明默认比较方式
Option Explicit	强制声明模块中的所有变量
Option Private	指明整个模块都是私有的
Print #	向顺序文件中写入数据
Private	声明一个本地数组或变量
Property Get	声明一个 Property Get 过程的名称和参数
Property Let	声明一个 Property Let 过程的名称和参数
Property Set	声明一个 Property Set 过程的名称和参数
Public	声明一个公共数组或变量
Put	向文本文件中写入一个变量
RaiseEvent	引发一个用户定义的事件
Randomize	初始化随机数字生成器
ReDim	修改数组的维度
Rem	包含一个注释行(与单引号[']相同)
Reset	关闭所有打开的文本文件
Resume	当错误处理程序结束后,恢复运行
RmDir	删除一个空目录
RSet	右对齐一个字符串变量中的字符串
SaveSetting	在 Windows 注册表中保存或创建应用程序记录
Seek	设置文本文件中下一个访问的位置
Select Case	有条件地执行语句
SendKeys	将按键发送到活动窗口中
Set	将对象引用赋值给一个变量或属性

(续表)

语句	动作
SetAttr	修改文件的属性信息
Static	在过程级别中声明变量，以便在代码运行过程中始终保存变量的值
Stop	暂停程序的执行
Sub	声明 Sub 过程的名称和参数
Time	设置系统时间
Type	定义一个自定义数据类型
Unload	从内存中删除一个对象
While…Wend	只要指定条件为真，遍历一个指令集
Width #	设置文本文件的输出行宽度
With	设置一个对象的一系列属性
Write #	向顺序文本文件中写入数据

A.2 函数

函数是内置在 VBA 标准库中的代码。函数可以接受零个、一个或多个参数并返回一个值（尽管该值可能是一些复杂的东西，如对象）。

你可在 VBA 代码中直接使用 Excel 的工作表函数。如果与 Excel 中所使用的等效的 VBA 函数不可用，可直接在 VBA 代码中使用 Excel 的工作表函数，只要在函数名称前加上对 WorksheetFunction 对象的引用即可。例如，VBA 中没有将弧度转换为角度的函数。因为 Excel 有一个具有这种功能的工作表函数，所以可按如下所示使用 VBA 指令：

```
Deg = Application.WorksheetFunction.Degrees(3.14)
```

> **注意：**
> 在 Excel 2019 中没有新增 VBA 函数。

表 A-2   VBA 函数概述

函数	动作
Abs	返回一个数的绝对值
Array	返回包含一个数组的变量
Asc	将字符串的第一个字符转换成它的 ASCII 值
Atn	返回一个数的反正切值
CallByName	执行方法，设置或返回对象的某个属性
CBool	将表达式转换成 Boolean 数据类型
CByte	将表达式转换成 Byte 数据类型
CCur	将表达式转换成 Currency 数据类型

(续表)

函数	动作
CDate	将表达式转换成 Date 数据类型
CDbl	将表达式转换成 Double 数据类型
CDec	将表达式转换成 Decimal 数据类型
Choose	选择和返回参数列表中的某个值
Chr	将字符代码转换成字符串
CInt	将表达式转换成 Integer 数据类型
CLng	将表达式转换成 Long 数据类型
Cos	返回一个数的余弦值
CreateObject	创建一个 OLE 自动化对象
CSng	将表达式转换成 Single 数据类型
CStr	将表达式转换成 String 数据类型
CurDir	返回当前的路径
CVar	将表达式转换成 Variant 数据类型
CVDate	将表达式转换成 Date 数据类型(考虑到兼容性,不建议使用)
CVErr	返回对应于错误编号的用户定义的错误值
Date	返回当前的系统日期
DateAdd	给某个日期添加时间间隔
DataDiff	返回某两个日期的时间间隔
DatePart	返回日期的特定部分
DateSerial	将日期转换成序列号
DateValue	将字符串转换成日期
Day	返回一月中的某一日
DDB	返回某个资产的折旧
Dir	返回与模式匹配的文件或者目录的名称
DoEvents	转让控制权,以便让操作系统处理其他的事件
Environ	返回一个操作系统环境字符串
EOF	如果到达文本文件的末尾就返回 True
Error	返回对应于错误编号的错误消息
Exp	返回自然对数底(e)的某次方
FileAttr	返回文本文件的文件模式
FileDateTime	返回上次修改文件时的日期和时间
Filelen	返回文件中的字节数
Filter	返回指定筛选条件的一个字符串数组的子集
Fix	返回一个数的整数部分

(续表)

函数	动作
Format	以某种特殊格式显示表达式
FormatCurrency	返回用系统货币符号格式化后的表达式
FormatDateTime	返回格式化为日期或者时间的表达式
FormatNumber	返回格式化为数值的表达式
FormatPercent	返回格式化为百分数的表达式
FreeFile	当处理文本文件时，返回下一个可用的文件编号
FV	返回年金终值
GetAllSettings	返回 Windows 注册表中的设置和值的列表
GetAttr	返回表示文件属性的代码
GetObject	从文件中检索出一个 OLE 自动化对象
GetSetting	返回 Windows 注册表中应用程序项的特定设置
Hex	从十进制数转换成十六进制数
Hour	返回一天中的某一钟点
IIf	求出表达式的值并返回两部分之一
Input	返回顺序文本文件中的字符
InputBox	显示一个消息框提示用户输入信息
InStr	返回字符串在另一个字符串中的位置
InstrRev	从字符串的末尾开始算起，返回字符串在另一个字符串中的位置
Int	返回一个数的整数部分
IPmt	返回在一段时间内对年金所支付的利息值
IRR	返回一系列周期性现金流的内部利率
IsArray	如果变量是数组，就返回 True
IsDate	如果变量是日期，就返回 True
IsEmpty	如果没有初始化变量，就返回 True
IsError	如果表达式的值为一个错误值，就返回 True
IsMissing	如果没有向过程传递可选的参数，就返回 True
IsNull	如果表达式包含一个 Null 值，就返回 True
InNumeric	如果表达式的值是一个数值，就返回 True
IsObject	如果表达式引用了 OLE 自动化对象，就返回 True
Join	将包含在数组中的字符串连接起来
LBound	返回数组维可用的最小下标
LCase	返回转换成小写字母的字符串
Left	从字符串的左边开始算起，返回指定数量的字符
Len	返回字符串中的字符数量

(续表)

函数	动作
Loc	返回当前读或写文本文件的位置
LOF	返回打开的文本文件中的字节数
Log	返回一个数的自然对数
LTrim	返回不带前导空格的字符串的副本
Mid	返回字符串中指定数量的字符
Minute	返回一小时中的某分钟
MIRR	返回一系列修改过的周期性现金流的内部利率
Month	作为数字返回某个月份
MonthName	作为字符串返回某个月份
MsgBox	显示模态消息框
Now	返回当前的系统日期和时间
NPer	返回年金总期数
NPV	返回投资净现值
Oct	从十进制数转换成八进制数
Partition	返回代表值写入的单元格区域的字符串
Pmt	返回年金支付额
Ppmt	返回年金的本金偿付额
PV	返回年金现值
QBColor	返回红/绿/蓝(RGB)颜色码
Rate	返回每一期的年金利率
Replace	返回其中的子字符串被另一个字符串取代的字符串
RGB	返回代表 RGB 颜色值的数值
Right	从字符串的右边开始算起，返回字符串指定数量的字符
Rnd	返回 0~1 之间的某个随机数
Round	返回取整后的数值
RTrim	返回不带尾随空格的字符串的副本
Second	返回特定时间的秒部分的值
Seek	返回当前在文本文件中的位置
Sgn	返回表示一个数正负号的整数
Shell	运行可执行的程序
Sin	返回一个数的正弦值
SLN	返回指定期间一项资产的直线折旧
Space	返回带指定空格数的字符串
Spc	当打印某个文件时定位输出

(续表)

函数	动作
Split	返回一个包含指定数目的子字符串的一维数组
Sqr	返回一个数的平方根
Str	返回代表一个数值的字符串
StrComp	返回指示字符串比较结果的值
CtrConv	返回转换后的字符串
String	返回重复的字符或字符串
StrReverse	返回顺序反向的字符串
Switch	求出一系列 Boolean 表达式的值，返回与第一个为 True 的表达式关联的值
SYD	返回某项资产在指定期间用年数总计法计算的折旧
Tab	当打印文件时定位输出
Tan	返回数值的正切值
Time	返回当前的系统时间
Timer	返回从午夜开始到现在经过的秒数
TimeSerial	返回具有特定时、分和秒的时间
TimeValue	将字符串转换成时间序列号
Trim	返回不带前导空格和/或尾随空格的字符串
TypeName	返回描述变量数据类型的字符串
UBound	返回数组维可用的最大下标
UCase	将字符串转换成大写字母
Val	返回包含于字符串内的数字
VarType	返回指示变量子类型的值
Weekday	返回代表一周内的星期几的数值
WeekdayName	返回代表一周内的星期几的字符串
Year	返回年份